등업을 위한 강력한 한 권!

257유형 **2827**문항

수매씽

MATHING

고등 **수학(상)**

동아출판

등업을 위한 강력한 한 권!

0 실력과 성적을 한번에 잡는 유형서
- 최다 유형, 최다 문항, 세분화된 유형
- 교육청·평가원 최신 기출 유형 반영
- 다양한 타입의 문항과 접근 방법 수록

수매씽 고등 수학(상)

집필진	구명석(대표 저자) 김민철, 문지웅, 안상철, 양병문, 오광석, 유상민, 이지수, 이태훈, 장호섭
발행일	2022년 9월 10일
인쇄일	2023년 9월 30일
펴낸곳	동아출판㈜
펴낸이	이욱상
등록번호	제300-1951-4호(1951. 9. 19.)
개발총괄	김영지
개발책임	이상민
개발	박지나, 김형순, 박수미, 최서진, 곽지은, 김주영
디자인책임	목진성
표지 디자인	이소연
표지 일러스트	심건우, 이창호
내지 디자인	김재혁
대표번호	1644-0600
주소	서울시 영등포구 은행로 30 (우 07242)

학습 계획을 세우고 매일 실천해 보세요.

	SUNDAY	MONDAY	TUESDAY	WEDNESDAY	THURS
DATE	/ D- 단원 유형 ~ 단원 유형	/ D- 단원 유형 ~ 단원 유형	/ D- 단원 유형 ~ 단원 유형	/ D- 단원 유형 ~ 단원 유형	/ D 단원 유형 ~
DATE	/ D- 단원 유형 ~ 단원 유형	/ D- 단원 유형 ~ 단원 유형	/ D- 단원 유형 ~ 단원 유형	/ D- 단원 유형 ~ 단원 유형	/ D 단원 유형 ~
DATE	/ D- 단원 유형 ~ 단원 유형	/ D- 단원 유형 ~ 단원 유형	/ D- 단원 유형 ~ 단원 유형	/ D- 단원 유형 ~ 단원 유형	/ D 단원 유형 ~
DATE	/ D- 단원 유형 ~ 단원 유형	/ D- 단원 유형 ~ 단원 유형	/ D- 단원 유형 ~ 단원 유형	/ D- 단원 유형 ~ 단원 유형	/ D 단원 유형 ~
DATE	/ D- 단원 유형 ~ 단원 유형	/ D- 단원 유형 ~ 단원 유형	/ D- 단원 유형 ~ 단원 유형	/ D- 단원 유형 ~ 단원 유형	/ D 단원 유형 ~
DATE	/ D- 단원 유형 ~ 단원 유형	/ D- 단원 유형 ~ 단원 유형	/ D- 단원 유형 ~ 단원 유형	/ D- 단원 유형 ~ 단원 유형	/ D 단원 유형 ~
DATE	/ D- 단원 유형 ~ 단원 유형	/ D- 단원 유형 ~ 단원 유형	/ D- 단원 유형 ~ 단원 유형	/ D- 단원 유형 ~ 단원 유형	/ D 단원 유형 ~
DATE	/ D- 단원 유형 ~ 단원 유형	/ D- 단원 유형 ~ 단원 유형	/ D- 단원 유형 ~ 단원 유형	/ D- 단원 유형 ~ 단원 유형	/ D 단원 유형 ~

● **복습 필수 문항** 복습이 필요한 문항 번호를 쓰고 시험 전에 훑어 보세요.

AY	FRIDAY	SATURDAY
- 단원 유형	/ D- 단원 유형 ~ 단원 유형	/ D- 단원 유형 ~ 단원 유형
- 단원 유형	/ D- 단원 유형 ~ 단원 유형	/ D- 단원 유형 ~ 단원 유형
- 단원 유형	/ D- 단원 유형 ~ 단원 유형	/ D- 단원 유형 ~ 단원 유형
- 단원 유형	/ D- 단원 유형 ~ 단원 유형	/ D- 단원 유형 ~ 단원 유형
- 단원 유형	/ D- 단원 유형 ~ 단원 유형	/ D- 단원 유형 ~ 단원 유형
- 단원 유형	/ D- 단원 유형 ~ 단원 유형	/ D- 단원 유형 ~ 단원 유형
- 단원 유형	/ D- 단원 유형 ~ 단원 유형	/ D- 단원 유형 ~ 단원 유형
- 단원 유형	/ D- 단원 유형 ~ 단원 유형	/ D- 단원 유형 ~ 단원 유형

자료 제공

오른쪽 QR 이미지를 찍어서 자료를 확인해 보세요.

오답노트 & 플래너

Wrong Answer Notes & Planner

오답노트를 통해 틀린 문제를 다시 풀어 보고
관련된 개념도 살펴보자!

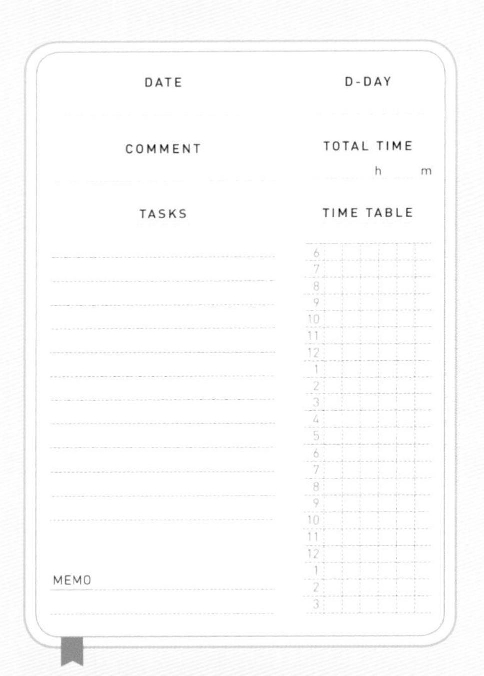

플래너에 하루의 공부 목표를
세워서 알차게 공부해 보자!

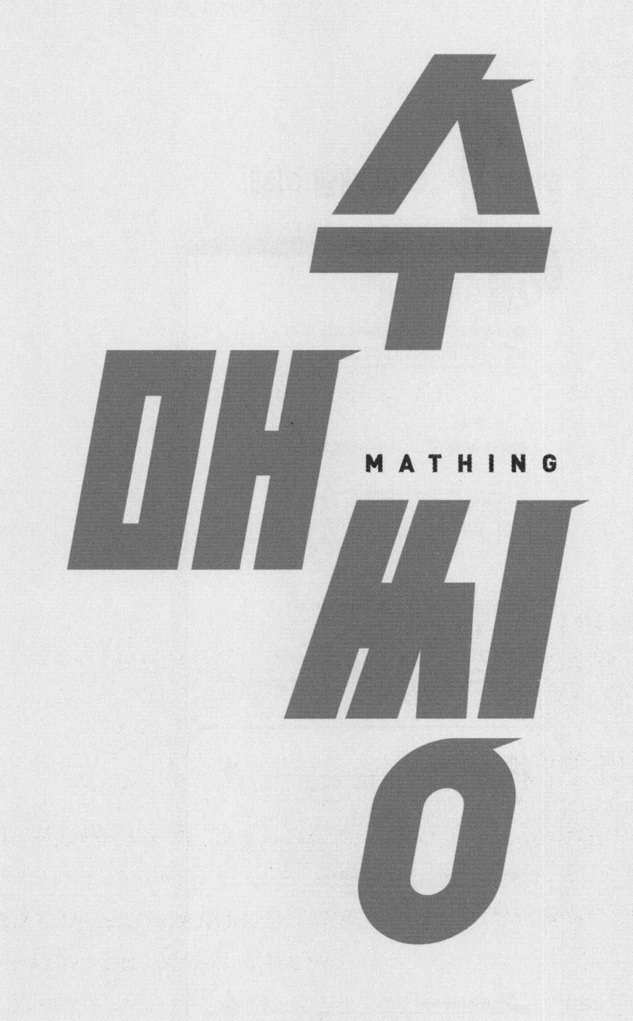

고등 수학(상)

구성과 특징

Structure

STEP 1 핵심 개념 이해

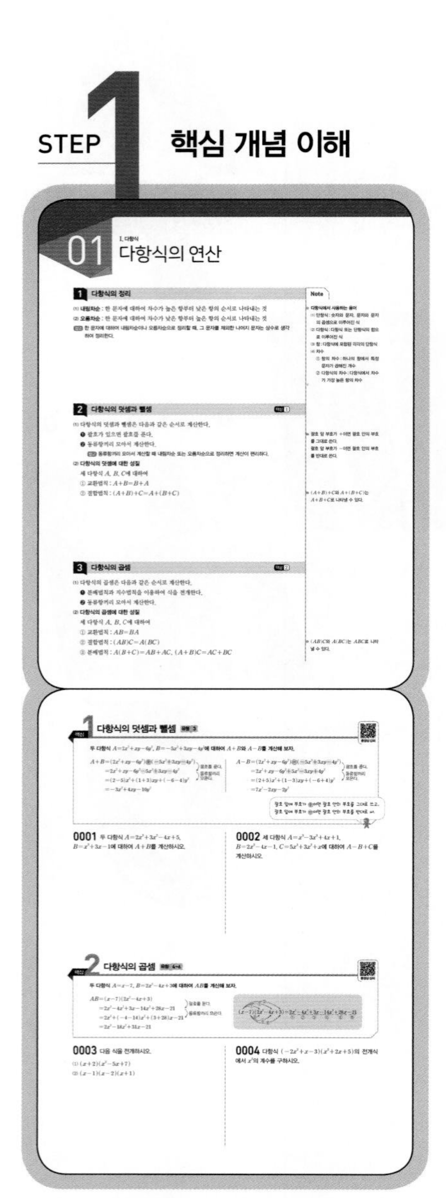

- 중단원의 개념을 정리하고, 핵심 개념에서 중요한 개념을 도식화하여 직관적인 이해를 돕습니다.
  핵심 개념에 대한 설명을 **동영상 강의**로 확인할 수 있습니다.

STEP 2 유형 학습

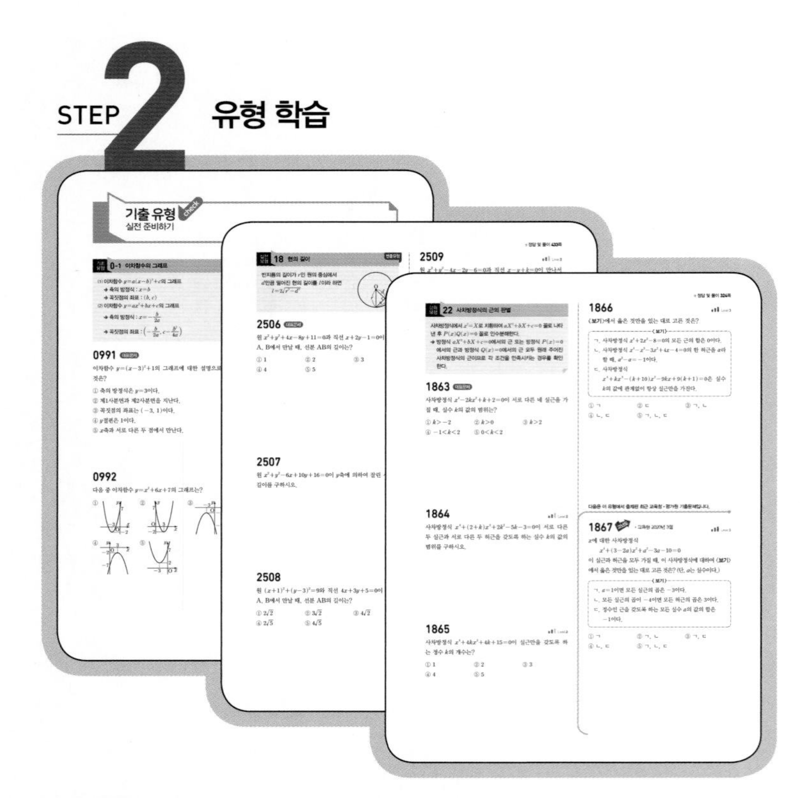

- **기초 유형** 이전 학년에서 배운 내용을 유형으로 확인합니다.
- **실전 유형 / 심화 유형** 세분화된 최적의 내신 출제 유형으로 구성하고, 유형마다 최신 **교육청 · 평가원 기출문제**를 분석하여 수록하였습니다.
  또, 유형 중 출제율이 높은 **빈출유형**, 여러 개념이나 유형이 복합된 **복합유형**은 별도 표기하였습니다. 고난도 문항과 신경향 문항도 확인할 수 있습니다.

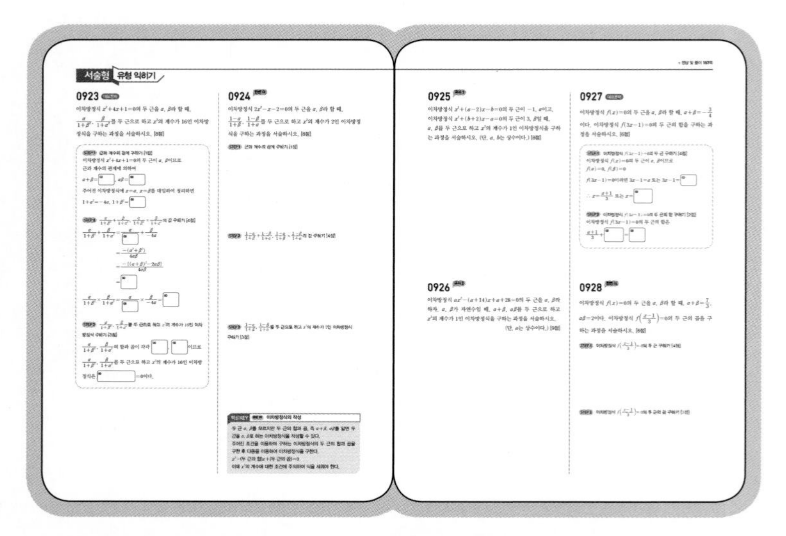

- **서술형 유형 익히기** 내신 빈출 서술형 문제를 **대표문제 – 한번 더 – 유사문제**의 set 문제로 구성하여 서술형 내신 대비를 철저히 할 수 있습니다. **핵심 KEY**에서 서술형 문항을 분석한 내용을 담았습니다.

최다유형 최다문항 수매씽!

등급 up! 실전에 강한 유형서

STEP 3 실전 완벽 대비

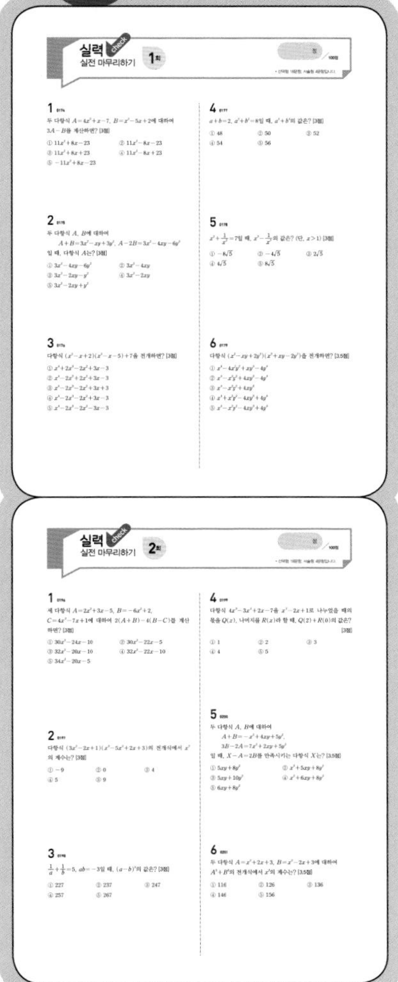

- 시험에 꼭 나오는 예상 기출문제를 선별하여 1회/2회로 구성하였습니다. 실제 시험과 유사한 문항 수로, 문항별 배점을 제시하여 실제 시험처럼 제한된 시간 내에 문제를 해결하고 채점해 봄으로써 자신의 실력을 확인할 수 있습니다.

정답 및 풀이 "꼼꼼하게 활용해 보세요."

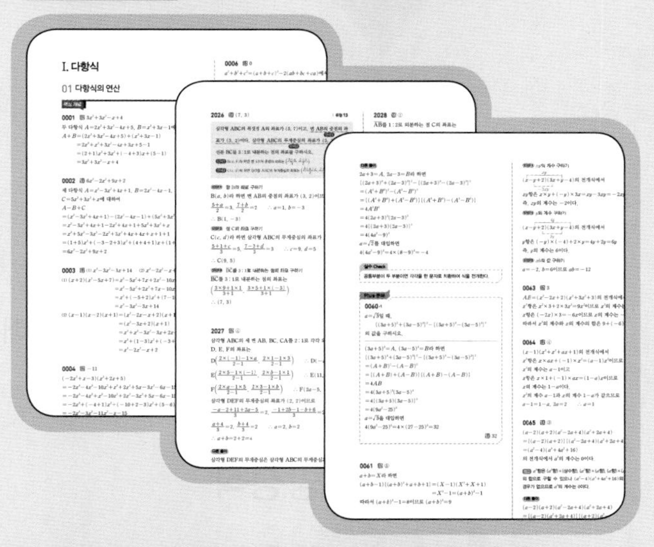

- 유형의 대표문제를 분석하여 단서를 제시하고 단계별 풀이를 통해 문제해결에 접근할 수 있습니다.
  다른 풀이, **개념 Check**, **실수 Check**, **Tip**, **참고** 등을 제시하여 이해하기 쉽고 친절합니다.
  상수준의 어려운 문제는 **+Plus 문제**를 추가로 제공하여 내신 고득점을 대비할 수 있습니다.

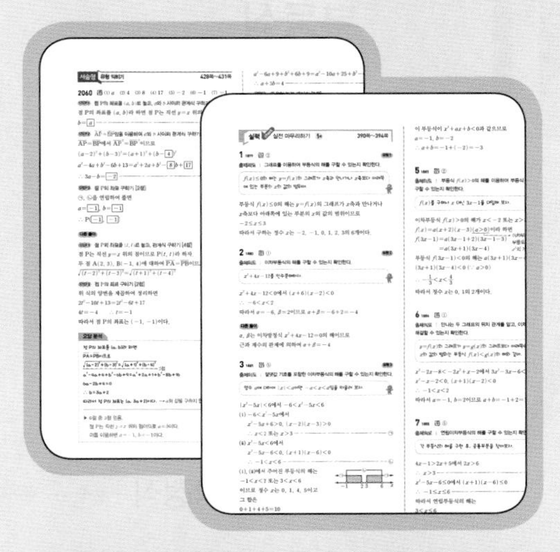

- 서술형 문제는 단계별 풀이 외에도 실제 답안 예시/오답 분석을 통해 다른 학생들이 실제로 작성한 답안을 살펴볼 수 있습니다. 또, 부분점수를 얻을 수 있는 포인트를 부분점수표로 제시하였습니다.
  실전 중단원 마무리 문제는 출제의도와 문제해결 방안을 확인할 수 있습니다.

차례

Contents

고등 수학(상)

I

다항식

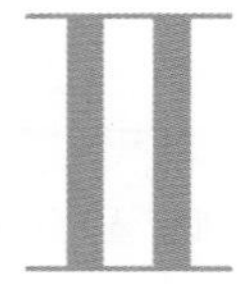

방정식

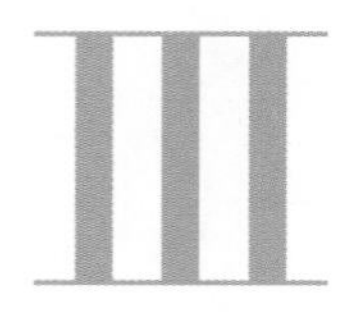

부등식

도형의 방정식

다항식의 연산 01

01 I. 다항식

다항식의 연산

1 다항식의 정리

(1) **내림차순** : 한 문자에 대하여 차수가 높은 항부터 낮은 항의 순서로 나타내는 것

(2) **오름차순** : 한 문자에 대하여 차수가 낮은 항부터 높은 항의 순서로 나타내는 것

참고 한 문자에 대하여 내림차순이나 오름차순으로 정리할 때, 그 문자를 제외한 나머지 문자는 상수로 생각하여 정리한다.

2 다항식의 덧셈과 뺄셈 핵심 1

(1) 다항식의 덧셈과 뺄셈은 다음과 같은 순서로 계산한다.

❶ 괄호가 있으면 괄호를 푼다.

❷ 동류항끼리 모아서 계산한다.

참고 동류항끼리 모아서 계산할 때 내림차순 또는 오름차순으로 정리하면 계산이 편리하다.

(2) **다항식의 덧셈에 대한 성질**

세 다항식 A, B, C에 대하여

① 교환법칙 : $A+B=B+A$

② 결합법칙 : $(A+B)+C=A+(B+C)$

3 다항식의 곱셈 핵심 2

(1) 다항식의 곱셈은 다음과 같은 순서로 계산한다.

❶ 분배법칙과 지수법칙을 이용하여 식을 전개한다.

❷ 동류항끼리 모아서 계산한다.

(2) **다항식의 곱셈에 대한 성질**

세 다항식 A, B, C에 대하여

① 교환법칙 : $AB=BA$

② 결합법칙 : $(AB)C=A(BC)$

③ 분배법칙 : $A(B+C)=AB+AC$, $(A+B)C=AC+BC$

Note

다항식에서 사용하는 용어

(1) 단항식 : 숫자와 문자, 문자와 문자의 곱셈으로 이루어진 식

(2) 다항식 : 다항식 또는 단항식의 합으로 이루어진 식

(3) 항 : 다항식에 포함된 각각의 단항식

(4) 차수

① 항의 차수 : 하나의 항에서 특정 문자가 곱해진 개수

② 다항식의 차수 : 다항식에서 차수가 가장 높은 항의 차수

괄호 앞 부호가 $+$이면 괄호 안의 부호를 그대로 쓴다.
괄호 앞 부호가 $-$이면 괄호 안의 부호를 반대로 쓴다.

$(A+B)+C$와 $A+(B+C)$는 $A+B+C$로 나타낼 수 있다.

$(AB)C$와 $A(BC)$는 ABC로 나타낼 수 있다.

4 곱셈 공식

핵심 3

(1) $(a+b)^2=a^2+2ab+b^2$, $(a-b)^2=a^2-2ab+b^2$

(2) $(a+b)(a-b)=a^2-b^2$

(3) $(x+a)(x+b)=x^2+(a+b)x+ab$

(4) $(ax+b)(cx+d)=acx^2+(ad+bc)x+bd$

(5) $(a+b+c)^2=a^2+b^2+c^2+2ab+2bc+2ca$

(6) $(a+b)^3=a^3+3a^2b+3ab^2+b^3$, $(a-b)^3=a^3-3a^2b+3ab^2-b^3$

(7) $(a+b)(a^2-ab+b^2)=a^3+b^3$, $(a-b)(a^2+ab+b^2)=a^3-b^3$

(8) $(x+a)(x+b)(x+c)=x^3+(a+b+c)x^2+(ab+bc+ca)x+abc$

$(x-a)(x-b)(x-c)=x^3-(a+b+c)x^2+(ab+bc+ca)x-abc$

(9) $(a^2+ab+b^2)(a^2-ab+b^2)=a^4+a^2b^2+b^4$

(10) $(a+b+c)(a^2+b^2+c^2-ab-bc-ca)=a^3+b^3+c^3-3abc$

Note

5 곱셈 공식의 변형

핵심 3

(1) $a^2+b^2=(a+b)^2-2ab=(a-b)^2+2ab$

(2) $a^3+b^3=(a+b)^3-3ab(a+b)$, $a^3-b^3=(a-b)^3+3ab(a-b)$

(3) $a^2+b^2+c^2=(a+b+c)^2-2(ab+bc+ca)$

(4) $a^2+b^2+c^2-ab-bc-ca=\frac{1}{2}\{(a-b)^2+(b-c)^2+(c-a)^2\}$

$a^2+b^2+c^2+ab+bc+ca=\frac{1}{2}\{(a+b)^2+(b+c)^2+(c+a)^2\}$

(5) $a^3+b^3+c^3=(a+b+c)(a^2+b^2+c^2-ab-bc-ca)+3abc$

(1), (2)에서 a에 x, b에 $\frac{1}{x}$을 대입하면

$x^2+\frac{1}{x^2}=\left(x+\frac{1}{x}\right)^2-2$

$=\left(x-\frac{1}{x}\right)^2+2$

$x^3+\frac{1}{x^3}=\left(x+\frac{1}{x}\right)^3-3\left(x+\frac{1}{x}\right)$

$x^3-\frac{1}{x^3}=\left(x-\frac{1}{x}\right)^3+3\left(x-\frac{1}{x}\right)$

6 다항식의 나눗셈

핵심 4

(1) 다항식의 나눗셈은 두 다항식을 내림차순으로 정리한 다음 자연수의 나눗셈과 같은 방법으로 계산한다.

주의 이때 나머지의 차수가 나누는 식의 차수보다 낮아질 때까지 나눈다.

(2) **다항식의 나눗셈에 대한 등식**

다항식 A를 다항식 $B\,(B\neq0)$로 나누었을 때의 몫을 Q, 나머지를 R라 하면

$$A=BQ+R$$

이때 R는 상수이거나 (R의 차수)$<$(B의 차수)이다.

특히 $R=0$, 즉 $A=BQ$이면 A는 B로 나누어떨어진다고 한다.

참고 다항식의 나눗셈 결과 나머지가 음수일 수도 있다.

Q는 quotient(몫)의 첫 글자이고, R는 remainder(나머지)의 첫 글자이다.

핵심 1 다항식의 덧셈과 뺄셈 유형 3

두 다항식 $A=2x^2+xy-6y^2$, $B=-5x^2+3xy-4y^2$에 대하여 $A+B$와 $A-B$를 계산해 보자.

$A+B=(2x^2+xy-6y^2)+(-5x^2+3xy-4y^2)$
$\quad=2x^2+xy-6y^2-5x^2+3xy-4y^2$ ← 괄호를 푼다.
$\quad=(2-5)x^2+(1+3)xy+(-6-4)y^2$ ← 동류항끼리 모은다.
$\quad=-3x^2+4xy-10y^2$

$A-B=(2x^2+xy-6y^2)-(-5x^2+3xy-4y^2)$
$\quad=2x^2+xy-6y^2+5x^2-3xy+4y^2$ ← 괄호를 푼다.
$\quad=(2+5)x^2+(1-3)xy+(-6+4)y^2$ ← 동류항끼리 모은다.
$\quad=7x^2-2xy-2y^2$

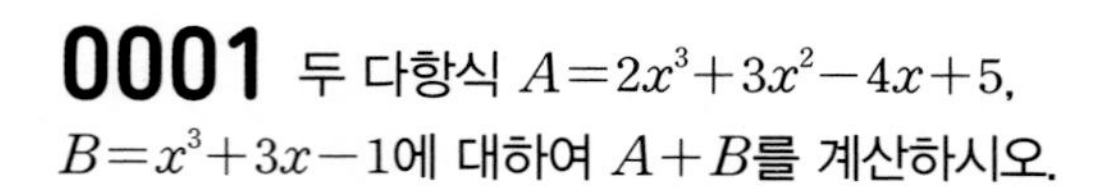

괄호 앞에 부호가 +이면 괄호 안의 부호를 그대로 쓰고,
괄호 앞에 부호가 −이면 괄호 안의 부호를 반대로 써.

0001 두 다항식 $A=2x^3+3x^2-4x+5$, $B=x^3+3x-1$에 대하여 $A+B$를 계산하시오.

0002 세 다항식 $A=x^3-3x^2+4x+1$, $B=2x^2-4x-1$, $C=5x^3+3x^2+x$에 대하여 $A-B+C$를 계산하시오.

핵심 2 다항식의 곱셈 유형 4~6

두 다항식 $A=x-7$, $B=2x^2-4x+3$에 대하여 AB를 계산해 보자.

$AB=(x-7)(2x^2-4x+3)$
$\quad=2x^3-4x^2+3x-14x^2+28x-21$ ← 괄호를 푼다.
$\quad=2x^3+(-4-14)x^2+(3+28)x-21$ ← 동류항끼리 모은다.
$\quad=2x^3-18x^2+31x-21$

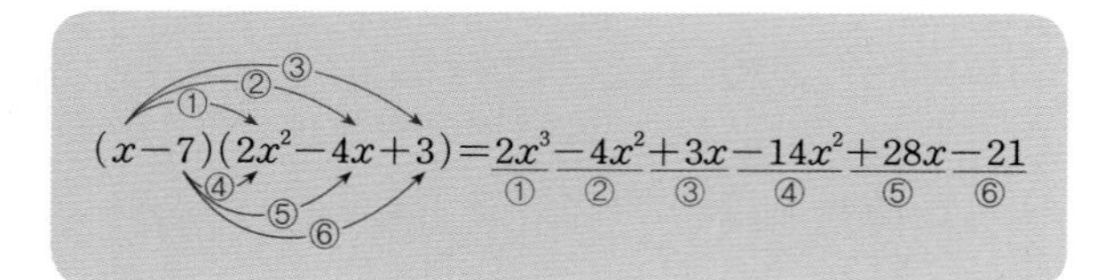

0003 다음 식을 전개하시오.

(1) $(x+2)(x^2-5x+7)$

(2) $(x-1)(x-2)(x+1)$

0004 다항식 $(-2x^2+x-3)(x^2+2x+5)$의 전개식에서 x^2의 계수를 구하시오.

핵심 3 곱셈 공식 유형 4, 7~11

곱셈 공식을 변형해 보자.

(1) $(a+b)^3=a^3+3a^2b+3ab^2+b^3$ (이항, $=3ab(a+b)$)

→ $a^3+b^3=(a+b)^3-3ab(a+b)$

(2) $(a-b)^3=a^3-3a^2b+3ab^2-b^3$ (이항, $=-3ab(a-b)$)

→ $a^3-b^3=(a-b)^3+3ab(a-b)$

(3) $(a+b+c)^2=a^2+b^2+c^2+2ab+2bc+2ca$ (이항, $=2(ab+bc+ca)$)

→ $a^2+b^2+c^2=(a+b+c)^2-2(ab+bc+ca)$

(4) $(a+b+c)(a^2+b^2+c^2-ab-bc-ca)=a^3+b^3+c^3-3abc$ ($=\frac{1}{2}\{(a-b)^2+(b-c)^2+(c-a)^2\}$, 이항)

→ $a^3+b^3+c^3=\frac{1}{2}(a+b+c)\{(a-b)^2+(b-c)^2+(c-a)^2\}+3abc$

0005 $x+y=2$, $xy=-2$일 때, $\frac{x^2}{y}+\frac{y^2}{x}$의 값을 구하시오.

0006 $a+b+c=3$, $a^2+b^2+c^2=9$일 때, $ab+bc+ca$의 값을 구하시오.

핵심 4 다항식의 나눗셈 유형 12~14

두 다항식 $A=2x^3-x^2-3$, $B=-x+1$에 대하여 A를 B로 나누었을 때의 몫과 나머지를 구해 보자.

$A\div B=(2x^3-x^2-3)\div(-x+1)$

$$\begin{array}{r|l} & -2x^2-x-1 \quad \leftarrow \text{몫} \\ -x+1 & 2x^3-x^2\qquad-3 \\ & 2x^3-2x^2 \quad \leftarrow (-x+1)\times(-2x^2) \\ \hline & x^2 \\ & x^2-x \quad \leftarrow (-x+1)\times(-x) \\ \hline & x-3 \\ & x-1 \quad \leftarrow (-x+1)\times(-1) \\ \hline & -2 \quad \leftarrow \text{나머지} \end{array}$$

나머지의 차수가 나누는 식의 차수보다 낮아질 때까지 나눈다.

→ $\underset{A}{2x^3-x^2-3}=\underset{B}{(-x+1)}\times\underset{\text{몫}}{(-2x^2-x-1)}+\underset{\text{나머지}}{(-2)}$

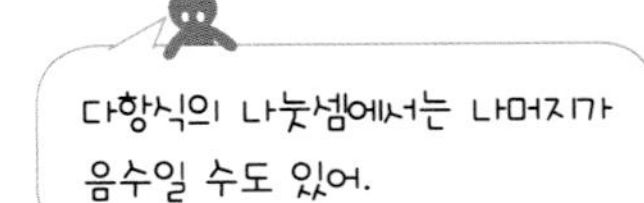

자연수의 나눗셈과 비교해 보면

$$\begin{array}{r|l} & 5 \quad \leftarrow \text{몫} \\ 4 & 23 \\ & 20 \quad \leftarrow 4\times5 \\ \hline & 3 \quad \leftarrow \text{나머지} \end{array}$$

$23\div4$

→ $23=4\times5+3$ (몫 5, 나머지 3)

0007 다항식 $4x^3-2x^2+3x+1$을 x^2-x+1로 나누었을 때의 몫과 나머지를 구하시오.

0008 다항식 $2x^3-3x^2+x-5$를 다항식 A로 나누었을 때의 몫이 $2x-5$이고, 나머지가 $8x-10$일 때, 다항식 A를 구하시오.

기출 유형 check
실전 준비하기

17유형, 154문항입니다.

기초유형 0-1 지수법칙 | 중2

$a\neq0$이고 m, n이 자연수일 때, 다음 법칙이 성립한다.

(1) $a^m\times a^n=a^{m+n}$

(2) $(a^m)^n=a^{mn}$

(3) $a^m\div a^n=\begin{cases} a^{m-n} & (m>n\text{일 때}) \\ 1 & (m=n\text{일 때}) \\ \dfrac{1}{a^{n-m}} & (m<n\text{일 때}) \end{cases}$

(4) $(ab)^n=a^nb^n$

(5) $\left(\dfrac{a}{b}\right)^n=\dfrac{a^n}{b^n}$ (단, $b\neq0$)

0009 대표문제

다음 중 옳지 않은 것은?

① $a^2\times a^4=a^6$

② $(a^2)^3=a^6$

③ $(a^2b^3)^2=a^4b^5$

④ $\left(\dfrac{a}{b^3}\right)^4=\dfrac{a^4}{b^{12}}$

⑤ $a^2b^5\div ab^4=ab$

0010 Level 1

$27^4=(3^a)^4=3^b$일 때, 자연수 a, b에 대하여 $a+b$의 값은?

① 11 ② 12 ③ 13

④ 14 ⑤ 15

0011 Level 2

$(-2x^2y)^3\times(xy^3)^2=Ax^By^C$일 때, 상수 A, B, C에 대하여 $A+B-C$의 값을 구하시오.

0012 Level 2

$(4^2)^a\div2^{3b}=16^c$일 때, 다음 중 자연수 a, b, c에 대한 식으로 알맞은 것은?

① $2a-3b=4c$ ② $2a+3b=4c$

③ $4a-3b=4c$ ④ $4a+3b=4c$

⑤ $4a-3b=2c$

0013 Level 2

$(x^2y)^3\times\left(\dfrac{x}{y^2}\right)^2\div(x^3y^2)^4$을 계산하면?

① x^3y^9 ② x^4y^9 ③ $\dfrac{1}{x^4y^8}$

④ $\dfrac{1}{x^3y^9}$ ⑤ $\dfrac{1}{x^4y^9}$

기초 유형 0-2 곱셈 공식과 곱셈 공식의 변형 | 중3

(1) **곱셈 공식**

① $(a+b)^2=a^2+2ab+b^2$, $(a-b)^2=a^2-2ab+b^2$

② $(a+b)(a-b)=a^2-b^2$

③ $(x+a)(x+b)=x^2+(a+b)x+ab$

④ $(ax+b)(cx+d)=acx^2+(ad+bc)x+bd$

(2) **곱셈 공식의 변형**

① $a^2+b^2=(a+b)^2-2ab=(a-b)^2+2ab$

② $(a+b)^2=(a-b)^2+4ab$, $(a-b)^2=(a+b)^2-4ab$

0014 대표문제

다음 중 옳은 것은?

① $(a+b)^2=(a-b)^2+2ab$

② $(a-b)^2=a^2-b^2$

③ $(a-b)^2=(b-a)^2$

④ $(-a+b)^2=-(a+b)^2$

⑤ $(2a+b)^2=4(a+b)^2$

0015 Level 1

$(a+b)(a-b)=1$일 때, b^2-a^2의 값은?

① -2 ② -1 ③ 0
④ 1 ⑤ 2

0016 Level 1

$(x-a)(x-4)=x^2+bx+28$일 때, 상수 a, b에 대하여 $a-b$의 값을 구하시오.

0017 Level 2

$(a+b)^2=14$, $ab=2$일 때, $(a-b)^2$의 값은?

① 5 ② 6 ③ 7
④ 8 ⑤ 9

0018 Level 2

$x+\frac{1}{x}=5$일 때, $\left(x-\frac{1}{x}\right)^2$의 값은?

① 6 ② 11 ③ 16
④ 21 ⑤ 26

실전유형 1 다항식의 여러 가지 용어

(1) **다항식** : 다항식 또는 단항식의 합으로 이루어진 식
(2) **계수** : 항에서 특정한 문자를 제외한 나머지 부분
(3) **차수**
① 항의 차수 : 하나의 항에서 특정 문자가 곱해진 개수
② 다항식의 차수 : 다항식에서 차수가 가장 높은 항의 차수
(4) **동류항** : 문자와 차수가 같은 항
(5) **상수항** : 특정한 문자를 포함하지 않는 항 또는 수만 있는 항

0019 대표문제

다항식 $8x^2+y^4x-4y+7$에 대하여 ☐ 안에 알맞은 수 또는 식을 써넣으시오.

(1) x, y에 대한 이 다항식의 차수는 ☐이다.

(2) x에 대한 이 다항식의 차수는 ☐이다.

(3) x에 대한 상수항은 ☐이다.

0020

Level 2

세 다항식 A, B, C가 다음과 같을 때, 세 다항식 A, B, C에서 xy^2의 계수를 모두 곱한 것은?

A : $xy^2z-2xy^2+xz^2+3x^3y^2$
B : $4xy^2$
C : $x^2y^3-7xy^2+xy+5$

① 56　② $28(z-2)$　③ $-28z$
④ $-28(z-2)$　⑤ $-8(z-2)$

실전유형 2 내림차순과 오름차순

다항식 $x^3+4xy^2-y^2+3x-2y+5$를
(1) x에 대하여 내림차순으로 정리하면
$x^3+(4y^2+3)x-y^2-2y+5$
x를 제외한 나머지 문자는 모두 상수로 생각한다.
(2) y에 대하여 오름차순으로 정리하면
$x^3+3x+5-2y+(4x-1)y^2$
y를 제외한 나머지 문자는 모두 상수로 생각한다.

0021 대표문제

다항식 $xy^2-y^3+5x+7y^2+1$을 y에 대하여 내림차순으로 정리한 식과 y^2의 계수를 구하시오.

0022

Level 1

다항식 $8x^5y-3x^3y^2+2x^2y^4-xy^3+1$을 다음 방법으로 정리하시오.

(1) y에 대한 내림차순
(2) y에 대한 오름차순

0023

Level 1

x에 대하여 오름차순인 다항식만을 〈**보기**〉에서 있는 대로 고른 것은?

〈보기〉
ㄱ. x^2-5x+6　ㄴ. $y^2+8x^3-6x^4$
ㄷ. $7x^2y^2+3xy^3-y^4$　ㄹ. $9y^3+8xy-2x^2y+x^6$

① ㄱ, ㄷ　② ㄴ, ㄹ　③ ㄱ, ㄴ, ㄷ
④ ㄱ, ㄴ, ㄹ　⑤ ㄴ, ㄷ, ㄹ

0024

Level 1

다항식 $a^3b^2+ab-7b^2+ab^3-8b+4ab$에서 b에 대한 일차항의 계수를 구하시오.

0025

Level 2

다음 중 다항식 $a^5b^2-4ab+3a^2b^2+a^2b-7b+2$에 대한 설명으로 옳지 않은 것은?

① b에 대하여 내림차순으로 정리하면 $(a^5+3a^2)b^2+(a^2-4a-7)b+2$이다.
② 항은 모두 5개이다.
③ a^2b^2의 계수는 3이다.
④ a에 대한 이 다항식의 차수는 5이다.
⑤ b^2에 대한 동류항은 a^5b^2, $3a^2b^2$이다.

0026

Level 2

다음은 다항식 $8a^2b^3-3a^3b+4b+5ab^4+1$을 정리하는 과정에 대한 설명이다.

> 다항식 $8a^2b^3-3a^3b+4b+5ab^4+1$을 (가) 에 대하여 (나) 으로 정리하면 $-3ba^3+8b^3a^2+5b^4a+4b+1$이고, (다) 에 대하여 (라) 으로 정리하면 $1+(-3a^3+4)b+8a^2b^3+5ab^4$이다.

(가), (나), (다), (라)에 알맞은 것은?

	(가)	(나)	(다)	(라)
①	a	내림차순	b	내림차순
②	a	오름차순	b	내림차순
③	a	내림차순	b	오름차순
④	b	내림차순	a	오름차순
⑤	b	오름차순	a	내림차순

실전유형 3 다항식의 덧셈과 뺄셈

(1) 다항식의 덧셈과 뺄셈은 동류항끼리 모아서 계산한다. 이때 뺄셈의 경우 빼는 식의 각 항의 부호를 바꾸어 더한다.
(2) 구하려는 식이 복잡한 경우, 식을 먼저 간단히 한 후 주어진 다항식을 대입한다.

0027 대표문제

두 다항식 $A=x^2+5xy-4y^2$, $B=2x^2-xy+y^2$에 대하여 $(2A-B)-(A+B)$를 계산하면?

① $-3x^2+7xy-6y^2$
② $-3x^2-7xy-6y^2$
③ $-3x^2-7xy+6y^2$
④ $3x^2+7xy-6y^2$
⑤ $3x^2-7xy+6y^2$

0028

Level 1

다항식 $x^2+2xy+2y^2-(2x^2+xy-y^2)$을 간단히 하면?

① x^2+xy+y^2
② $-x^2+xy+y^2$
③ $x^2+3xy+y^2$
④ $-x^2+xy+3y^2$
⑤ $x^2+3xy+3y^2$

0029

Level 1

두 다항식 $A=x^2+2x-y$, $B=2x^2-y^2+y$에 대하여 $A+B$를 계산하시오.

0030

Level 2

세 다항식 $A=x^3-2x^2+7x$, $B=2x^3+3x-4$, $C=3x^3-5$에 대하여 $(A+2B)-(C-3B)$를 계산하면?

① $8x^3-2x^2+22x+15$　② $8x^3-2x^2+22x-15$
③ $8x^3-2x^2-22x-15$　④ $8x^3+2x^2+22x+15$
⑤ $8x^3+2x^2-22x+15$

0031

Level 2

두 다항식 $A=2x^2-3y^2+2xy$, $B=x^2+5y^2-xy$에 대하여 $2X-3A=2B+X$를 만족시키는 다항식 X를 구하시오.

0032

Level 2

세 다항식 $A=x^3-x^2+x+1$, $B=x^2+2x+1$, $C=x^3-2$에 대하여 $4(X+A)=2B+3C$를 만족시키는 다항식 X는?

① $-\frac{1}{4}x^3+\frac{3}{2}x^2-2$　② $-\frac{1}{4}x^3+\frac{2}{3}x^2-2$
③ $-\frac{1}{2}x^3+3x^2-4$　④ $\frac{1}{4}x^3+\frac{3}{2}x^2-2$
⑤ $\frac{1}{2}x^3+3x^2-4$

0033

Level 2

두 다항식 A, B에 대하여 $A-B=-x^2+2xy+4y^2$, $A+3B=3x^2-2xy$일 때, 다항식 $2A+B$는?

① $x^2+xy+5y^2$　② $x^2-xy+5y^2$
③ $x^2+2xy+5y^2$　④ $-x^2+2xy-y^2$
⑤ $-x^2+2xy+y^2$

0034

Level 2

세 다항식 A, B, C에 대하여 $A+B=2x^2+x+1$, $B+C=2x+3$, $C+A=-x+2$일 때, 다항식 $2A+C$를 구하시오.

다음은 이 유형에서 출제된 최근 교육청 • 평가원 기출문제입니다.

0035 • 교육청 2021년 3월

Level 1

두 다항식

$A=3x^2+2xy$, $B=-x^2+xy$

에 대하여 $A+2B$를 간단히 하면?

① x^2+3xy　② x^2+4xy　③ x^2+5xy
④ $2x^2+4xy$　⑤ $2x^2+5xy$

0036 • 교육청 2019년 6월

Level 1

두 다항식 $A=3x^2+4x-2$, $B=x^2+x+3$에 대하여 $A-B$를 간단히 하면?

① $2x^2+3x-5$ ② $2x^2+3x-3$ ③ $2x^2+3x-1$
④ $2x^2-3x+3$ ⑤ $2x^2-3x+5$

0037 • 교육청 2020년 6월

Level 2

그림과 같이 8개의 다항식을 사각형 모양으로 배열하고 각 변에 배열된 3개의 다항식의 합을 각각 A, B, C, D라 하자. 다항식 A, B, C, D가 x의 값에 관계없이 모두 같을 때, 두 다항식의 합 $P(x)+Q(x)$는?

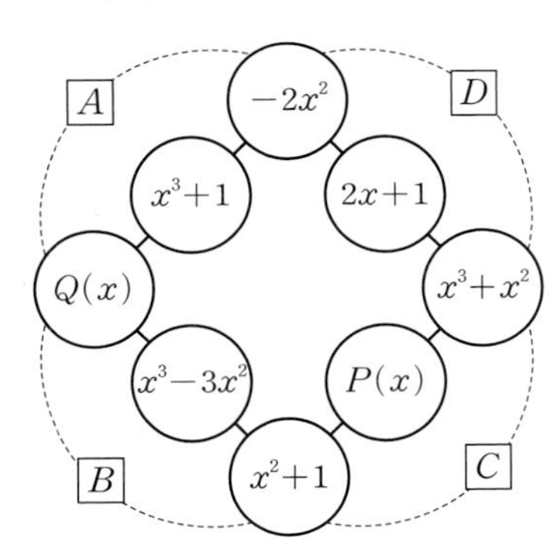

① $-3x^2+2x$ ② $-2x^2+4x$ ③ $-x^2+4x+1$
④ $2x^2+4x$ ⑤ $3x^2+2x$

실전 유형 4 다항식의 곱셈과 곱셈 공식

빈출유형

(1) **다항식의 곱셈** : 분배법칙을 이용하여 식을 전개한 후 동류항끼리 모아서 계산한다.

(2) **곱셈 공식**

① $(a+b+c)^2=a^2+b^2+c^2+2ab+2bc+2ca$

② $(a+b)^3=a^3+3a^2b+3ab^2+b^3$
$(a-b)^3=a^3-3a^2b+3ab^2-b^3$

③ $(a+b)(a^2-ab+b^2)=a^3+b^3$
$(a-b)(a^2+ab+b^2)=a^3-b^3$

④ $(x+a)(x+b)(x+c)$
$=x^3+(a+b+c)x^2+(ab+bc+ca)x+abc$

⑤ $(a+b+c)(a^2+b^2+c^2-ab-bc-ca)$
$=a^3+b^3+c^3-3abc$

⑥ $(a^2+ab+b^2)(a^2-ab+b^2)=a^4+a^2b^2+b^4$

0038 대표문제

다음 중 옳지 않은 것은?

① $(2x-3)^3=8x^3-36x^2+54x-27$
② $(x-2y)(x^2+2xy+4y^2)=x^3-8y^3$
③ $(2x+y+z)^2=4x^2+y^2+z^2+4xy+2yz+4zx$
④ $(x^2-x+5)(3x-4)=3x^3-7x^2+19x-20$
⑤ $(4x^2+2xy+y^2)(4x^2-2xy+y^2)=16x^4+8x^2y^2+y^4$

0039

Level 1

두 다항식 $A=x^3-x$, $B=y^2+1$에 대하여 AB를 계산하시오.

0040

Level 1

다항식 $(x-1)(x+1)(x^2+1)(x^4+1)$을 전개하면?

① x^8　② x^8+1　③ x^8-1
④ x^8+x^4+1　⑤ x^8-x^4+1

0041

Level 2

세 다항식 $A=x^3-3x^2-3$, $B=x^2+4x-5$, $C=x^2+3x-7$에 대하여 $(A+B)(B-C)$를 계산하면?

① x^4-16　② x^4+16
③ x^4-8x^2+8　④ x^4-8x^3-16
⑤ x^4+4x^3+16

0042

Level 2

세 다항식 $A=(x-1)(x-2)$, $B=(x+1)(x-2)$, $C=(x-2)(x+3)$에 대하여 $A+B+C$를 계산하면?

① $3x^2-3x-6$　② $3x^2+3x-6$
③ $3x^2-2x+6$　④ $3x^2+2x+6$
⑤ $3x^2+3x+6$

0043

Level 2

다항식 $(x+a)(x-b)(x+2)$를 전개한 식이 $x^3+3x^2+cx-24$일 때, c의 값은? (단, a, b, c는 상수이다.)

① -14　② -12　③ -10
④ 10　⑤ 12

0044

Level 2

〈보기〉에서 옳은 것만을 있는 대로 고른 것은?

〈보기〉

ㄱ. $(3x+5y)^3=27x^3+135x^2y+225xy^2+125y^3$
ㄴ. $(2x+7y)(4x^2-14xy+49y^2)=8x^3-343y^3$
ㄷ. $(9x^2-15xy+25y^2)(9x^2+15xy+25y^2)$
$=81x^4+225x^2y^2+625y^4$

① ㄱ　② ㄱ, ㄴ　③ ㄱ, ㄷ
④ ㄴ, ㄷ　⑤ ㄱ, ㄴ, ㄷ

● 정답 및 풀이 17쪽

0045

Level 2

다항식

$$(a+b+c)^2+(-a+b+c)^2+(a-b+c)^2+(a+b-c)^2$$

을 전개하면?

① $4a^2+4b^2+4c^2$

② $4a^2+4b^2+4c^2-4ab+2bc$

③ $4a^2+4b^2+4c^2-2ab+2bc+2ca$

④ $4a^2+4b^2+4c^2+2ab+2bc-4ca$

⑤ $4a^2+4b^2+4c^2+4ab-4bc-4ca$

0046

Level 2

다항식 $(ax+2y)^3$을 전개한 식이 $64x^3+2bx^2y+bxy^2+8y^3$일 때, 상수 a, b에 대하여 $\dfrac{b}{a}$의 값을 구하시오.

0047

Level 2

두 다항식 $A=x+\sqrt{2}$, $B=x-\sqrt{2}$에 대하여 A^3B^3을 계산하시오.

0048

Level 2

두 다항식 $A=(x+1)(x+2)$, $B=x+3$에 대하여 $X+2A=4AB-X$를 만족시키는 다항식 X는?

① $2x^3+17x^2+17x+10$

② $2x^3+15x^2+19x+10$

③ $2x^3+13x^2+17x+10$

④ $2x^3+11x^2+19x+10$

⑤ $2x^3+9x^2+17x+10$

다음은 이 유형에서 출제된 최근 교육청 • 평가원 기출문제입니다.

0049 • 교육청 2020년 6월

Level 2

$(3x+ay)^3$의 전개식에서 x^2y의 계수가 54일 때, 상수 a의 값을 구하시오.

0050 • 교육청 2020년 3월

Level 2

세 실수 x, y, z가

$$x^2+y^2+4z^2=62,\ xy-2yz+2zx=13$$

을 만족시킬 때, $(x-y-2z)^2$의 값을 구하시오.

실전 유형 5 공통부분이 있는 다항식의 전개

(1) 공통부분이 보이면 공통부분을 한 문자로 치환하여 전개한다.
(2) 공통부분이 보이지 않으면 공통부분이 생기도록 짝을 지어 전개한 후 치환한다.

0051 대표문제

다항식 $(x^2+2x+4)(x^2+2x-5)$를 전개한 식이 $x^4+ax^3+bx^2+cx-20$일 때, $a+b-c$의 값은?
(단, a, b, c는 상수이다.)

① 5 ② 6 ③ 7
④ 8 ⑤ 9

0052

Level 1

다항식 $(x^2+x+1)(x^2+x+2)$를 바르게 전개한 것은?

① $x^4+2x^3+2x^2+x$
② $x^4+2x^3+3x^2+2x$
③ $x^4+2x^3+3x^2+3x+2$
④ $x^4+2x^3+3x^2+2x+3$
⑤ $x^4+2x^3+4x^2+3x+2$

0053

Level 1

다항식 $(x^3+x^2+x+2)(x^3+x^2+x-2)$를 전개하시오.

0054

Level 2

다항식 $(x-6)(x-4)(x-1)(x+1)$을 바르게 전개한 것은?

① $x^4-10x^3+23x^2+10x-24$
② $x^4-10x^3-23x^2-10x+24$
③ $x^4+10x^3-23x^2+10x-24$
④ $x^4+5x^3+23x^2+10x-24$
⑤ $x^4-5x^3+23x^2+10x-24$

0055

Level 2

다항식 $x(x-1)(x+1)(x+2)$를 전개한 식이 $x^4+ax^3+bx^2+cx$일 때, a^3+b^2+c의 값을 구하시오.
(단, a, b, c는 상수이다.)

0056

Level 2

다항식 $(x+y)(x+y-1)(x+y+1)$의 전개식에서 x^3의 계수, x^2의 계수, x의 계수를 곱한 것은?

① $3y^3-3y$ ② $-3y^3$ ③ $9y^3$
④ $-9y^3$ ⑤ $9y^3-3y$

0057

Level 2

두 실수 a, b에 대하여 $(a-b-2)(a-b+2)=6$일 때, $(a-b)^2$의 값을 구하시오.

0058

Level 2

세 실수 a, b, c에 대하여

$$(a+b+c)(a-b+c)=(a+b-c)(-a+b+c)$$

일 때, a, b, c에 대한 관계식으로 옳은 것은?

① $a+b=c$ ② $a+c=b$ ③ $a^2+b^2=c^2$
④ $a^2+c^2=b^2$ ⑤ $b^2+c^2=a^2$

0059 신경향

Level 2

세 변의 길이가 각각 $\overline{AB}=c$, $\overline{BC}=a$, $\overline{CA}=b$인 삼각형 ABC에 대하여

$$(a+b-c)(a+b+c)=2ab$$

를 만족시킬 때, 삼각형 ABC는 어떤 삼각형인가?

① $\overline{BC}=\overline{CA}$인 이등변삼각형
② $\overline{AB}=\overline{CA}$인 이등변삼각형
③ 정삼각형
④ $\angle B=90^\circ$인 직각삼각형
⑤ $\angle C=90^\circ$인 직각삼각형

0060

Level 3

$a=\sqrt{2}$일 때,

$$\{(2a+3)^3+(2a-3)^3\}^2-\{(2a+3)^3-(2a-3)^3\}^2$$

의 값은?

① -4 ② -2 ③ 0
④ 2 ⑤ 4

+Plus 문제

다음은 이 유형에서 출제된 최근 교육청 • 평가원 기출문제입니다.

0061 • 교육청 2018년 11월

Level 2

두 실수 a, b에 대하여 $(a+b-1)\{(a+b)^2+a+b+1\}=8$일 때, $(a+b)^3$의 값은?

① 5 ② 6 ③ 7
④ 8 ⑤ 9

실전 유형 6 다항식의 전개식에서 특정한 항의 계수 구하기 빈출유형

특정한 항의 계수를 구할 때는 모든 항을 전개하지 않고 특정한 항이 나오는 경우만 계산하여 계수를 구하면 편리하다.

0062 대표문제

다항식 $(x-y+2)(3x+y-4)$의 전개식에서 xy의 계수를 a, y의 계수를 b라 할 때, ab의 값은?

① -12 ② -6 ③ 1
④ 6 ⑤ 12

0063 Level 2

두 다항식 $A=x^2-2x+2$, $B=x^3+3x^2+3$에 대하여 AB의 전개식에서 x^2의 계수와 x의 계수의 합을 구하시오.

0064 Level 2

다항식 $(x-1)(x^3+x^2+ax+1)$의 전개식에서 x^2의 계수와 x의 계수가 같을 때, 상수 a의 값은?

① -2 ② -1 ③ 0
④ 1 ⑤ 2

0065 Level 2

다항식 $(a-2)(a+2)(a^2-2a+4)(a^2+2a+4)$의 전개식에서 a^3의 계수는?

① -64 ② -8 ③ 0
④ 8 ⑤ 64

0066 Level 2

다항식 $(ax^2-2x)^3+x^4-3ax^3$의 전개식에서 x^4의 계수가 25일 때, 상수 a의 값과 x^3의 계수의 합은?

① -14 ② -13 ③ -12
④ -11 ⑤ -10

0067 Level 2

다항식 $(2x-3)^3(x+1)^2$의 전개식에서 x^3의 계수를 구하시오.

0068

Level 2

두 다항식 A, B에 대하여 $\langle A,\ B\rangle = A^2+AB-B^2$이라 할 때, 다항식 $\langle x^2-2x-1,\ x+3\rangle$의 전개식에서 x^2의 계수는?

① -1 ② 0 ③ 1
④ 2 ⑤ 3

0069

Level 2

다항식 $(x^2-x-1)^3$의 전개식에서 x^2의 계수를 a라 하고 다항식 $(x^3+x^2-x-1)^3$의 전개식에서 x^2의 계수를 b라 할 때, $a-b$의 값은?

① -3 ② -1 ③ 0
④ 1 ⑤ 3

0070 고난도

Level 3

다항식 $(1+2x+3x^2+4x^3+\cdots+50x^{49})^2$의 전개식에서 x^5의 계수는?

① 14 ② 28 ③ 48
④ 56 ⑤ 66

다음은 이 유형에서 출제된 최근 교육청 • 평가원 기출문제입니다.

0071 • 교육청 2019년 9월

Level 1

$(x+3)(x^2+2x+4)$의 전개식에서 x의 계수를 구하시오.

0072 • 교육청 2020년 9월

Level 1

$(x^2+2x+5)^2$의 전개식에서 x의 계수를 구하시오.

0073 • 교육청 2018년 6월

Level 1

$(2x+3y)(4x-y)$의 전개식에서 xy의 계수는?

① 7 ② 8 ③ 9
④ 10 ⑤ 11

실전유형 7 문자가 두 개인 곱셈 공식의 변형 빈출유형

두 문자의 조건을 확인한 후 다음 곱셈 공식의 변형을 이용한다.

(1) $a^2+b^2=(a+b)^2-2ab=(a-b)^2+2ab$

(2) $(a+b)^2=(a-b)^2+4ab$, $(a-b)^2=(a+b)^2-4ab$

(3) $a^3+b^3=(a+b)^3-3ab(a+b)$

(4) $a^3-b^3=(a-b)^3+3ab(a-b)$

0074 대표문제

$x+y=1$, $x^2+y^2=3$일 때, x^3-y^3의 값은? (단, $x-y>0$)

① $\sqrt{5}$ ② $2\sqrt{5}$ ③ $3\sqrt{5}$
④ $4\sqrt{5}$ ⑤ $5\sqrt{5}$

0075

Level 1

합이 3이고 곱이 -2인 두 실수 a, b에 대하여 a^3+b^3의 값을 구하시오.

0076

Level 1

$x=2+\sqrt{6}$, $y=-2+\sqrt{6}$일 때, x^3-y^3의 값은?

① 86 ② 88 ③ 90
④ 92 ⑤ 94

0077

Level 2

$x-y=4$, $x^3-y^3=28$일 때, x^4+y^4의 값을 구하시오.

0078

Level 2

$x+y=2$, $x^3+y^3=20$일 때, $\dfrac{y^3}{x}+\dfrac{x^3}{y}$의 값은?

① -56 ② -28 ③ 28
④ 32 ⑤ 56

0079

Level 2

두 양수 a, b에 대하여 $a^2+ab+b^2=10$, $a^2-ab+b^2=4$일 때, a^3+b^3의 값은?

① $4\sqrt{13}$ ② $5\sqrt{13}$ ③ $6\sqrt{13}$
④ $8\sqrt{13}$ ⑤ $10\sqrt{13}$

정답 및 풀이 21쪽

0080

Level 3

$a+b=4$, $a^3+b^3=28$일 때, a^5+b^5의 값은?

① 82 ② 164 ③ 244
④ 328 ⑤ 492

+Plus 문제

0081

Level 3

$a+b=2$, $ab=-1$일 때, 〈**보기**〉에서 옳은 것만을 있는 대로 고른 것은?

〈보기〉

ㄱ. $a^3+b^3=14$
ㄴ. $a^5+b^5=82$
ㄷ. $a^7+b^7=478$

① ㄱ ② ㄴ ③ ㄷ
④ ㄱ, ㄴ ⑤ ㄱ, ㄴ, ㄷ

다음은 이 유형에서 출제된 최근 교육청・평가원 기출문제입니다.

0082 ・교육청 2021년 3월

Level 1

$a-b=2$, $ab=\frac{1}{3}$일 때, a^3-b^3의 값은?

① 8 ② 9 ③ 10
④ 11 ⑤ 12

0083 ・교육청 2020년 6월

Level 1

$x-y=2$, $x^3-y^3=12$일 때, xy의 값은?

① $\frac{1}{3}$ ② $\frac{2}{3}$ ③ 1
④ $\frac{4}{3}$ ⑤ $\frac{5}{3}$

0084 ・교육청 2019년 6월

Level 2

$x-y=3$, $x^3-y^3=18$일 때, x^2+y^2의 값은?

① 7 ② 8 ③ 9
④ 10 ⑤ 11

0085 ・교육청 2017년 9월

Level 2

두 실수 a, b에 대하여 $a+b=3$, $a^2+b^2=7$일 때, a^4+b^4의 값은?

① 39 ② 41 ③ 43
④ 45 ⑤ 47

실전 유형 8 $x\pm\frac{1}{x}$ 꼴을 이용한 곱셈 공식의 변형

$x^2-px\pm1=0$ 꼴의 식이 주어진 경우 양변을 $x\,(x\neq0)$로 나누어 $x\pm\frac{1}{x}=p$ 꼴로 정리한 후 다음 곱셈 공식의 변형을 이용한다.

(1) $x^2+\frac{1}{x^2}=\left(x+\frac{1}{x}\right)^2-2=\left(x-\frac{1}{x}\right)^2+2$

(2) $x^3+\frac{1}{x^3}=\left(x+\frac{1}{x}\right)^3-3\left(x+\frac{1}{x}\right)$

(3) $x^3-\frac{1}{x^3}=\left(x-\frac{1}{x}\right)^3+3\left(x-\frac{1}{x}\right)$

0086 대표문제

$x^2+x-1=0$일 때, $x^2+\frac{1}{x^2}$의 값은?

① 1　② 2　③ 3
④ 4　⑤ 5

0087 Level 2

$x^2+\frac{1}{x^2}=5$일 때, $x^3+\frac{1}{x^3}$의 값은? (단, $x>0$)

① $2\sqrt{7}$　② $3\sqrt{2}$　③ $3\sqrt{7}$
④ $4\sqrt{3}$　⑤ $4\sqrt{7}$

0088 Level 2

$x+\frac{1}{x}=3$, $y-\frac{1}{y}=4$일 때, $\left(x^3+\frac{1}{x^3}\right)\left(y^3-\frac{1}{y^3}\right)$의 값을 구하시오.

0089 Level 2

$x^2-2x-1=0$일 때, $x^3-\frac{1}{x^3}$의 값은?

① 11　② 12　③ 13
④ 14　⑤ 15

0090 Level 2

$x^2-4x+1=0$일 때, $\left(x^2-\frac{1}{x^2}\right)^2$의 값은?

① 48　② 96　③ 192
④ 240　⑤ 256

0091 Level 2

$x+\frac{1}{x}=2\sqrt{2}$일 때, $x^3-\frac{1}{x^3}$의 값을 구하시오. (단, $x>1$)

0092

Level 2

양수 x에 대하여 $x^4-7x^2+1=0$일 때, $x+\frac{1}{x}$의 값은?

① 1 ② 3 ③ 5
④ 7 ⑤ 9

0093

Level 2

$x^2-4x+2=0$일 때, $x^3+\frac{8}{x^3}$의 값을 구하시오.

0094

Level 2

$x^2-3x-1=0$일 때, $\frac{1-x^2}{x}-\frac{x^4+1}{x^2}$의 값은?

① -14 ② -11 ③ -8
④ -5 ⑤ -2

0095

Level 2

$x^2-5x+1=0$일 때, $x^3+x^2+x+\frac{1}{x}+\frac{1}{x^2}+\frac{1}{x^3}$의 값은?

① 123 ② 128 ③ 133
④ 138 ⑤ 143

0096

Level 3

$x^4+x^3-2x^2-x+1=0$을 만족시키는 모든 $x-\frac{1}{x}$의 값의 합은?

① -2 ② -1 ③ 0
④ 1 ⑤ 2

0097 고난도

Level 3

$x^2-6x-2=0$일 때, $\left(x^4-\frac{16}{x^4}\right)^2=2^a\times3^b\times5^c\times11^d$이다. $a+b+c+d$의 값은? (단, a, b, c, d는 상수이다.)

① 11 ② 12 ③ 13
④ 14 ⑤ 15

+Plus 문제

심화유형 9 문자가 세 개인 곱셈 공식의 변형

세 문자의 조건을 확인한 후 다음 곱셈 공식의 변형을 이용한다.

(1) $a^2+b^2+c^2=(a+b+c)^2-2(ab+bc+ca)$

(2) $a^3+b^3+c^3=(a+b+c)(a^2+b^2+c^2-ab-bc-ca)+3abc$

(3) $a^2+b^2+c^2-ab-bc-ca=\frac{1}{2}\{(a-b)^2+(b-c)^2+(c-a)^2\}$

0098 대표문제

$a^2+b^2+c^2=15$, $ab+bc+ca=-1$, $abc=-1$일 때, $\left(\frac{1}{ab}+\frac{1}{bc}+\frac{1}{ca}\right)^2$의 값은?

① 11 ② 13 ③ 15
④ 17 ⑤ 19

0099

Level 2

$x+y+z=5$, $x^2+y^2+z^2=29$, $xyz=-24$일 때, $x^3+y^3+z^3$의 값을 구하시오.

0100

Level 2

$a+b+c=3$, $a^3+b^3+c^3=27$, $ab+bc+ca=-1$일 때, abc의 값은?

① -9 ② -3 ③ 0
④ 3 ⑤ 9

0101

Level 2

$a+b+c=-4$, $\frac{1}{a}+\frac{1}{b}+\frac{1}{c}=-1$, $a^2+b^2+c^2=24$일 때, abc의 값은?

① -8 ② -4 ③ 0
④ 4 ⑤ 8

0102

Level 2

$a-b=2+\sqrt{3}$, $b-c=2-\sqrt{3}$일 때, $a^2+b^2+c^2-ab-bc-ca$의 값을 구하시오.

0103

Level 2

$a+b+c=1$, $a^2+b^2+c^2=5$일 때, $(a-b)^2+(b-c)^2+(c-a)^2$의 값을 구하시오.

0104

Level 2

$a+b+c=3$, $a^2+b^2+c^2=13$, $a^3+b^3+c^3=27$일 때, abc의 값은?

① -18 ② -6 ③ -3
④ 3 ⑤ 6

0105

Level 2

0이 아닌 세 실수 a, b, c에 대하여 $a^2b^2+b^2c^2+c^2a^2=9$, $(ab+bc+ca)^2=9$일 때, $a+b+c$의 값은?

① -1 ② 0 ③ 1
④ 2 ⑤ 3

0106

Level 2

$x+y+z=5$, $x^2+y^2+z^2=15$일 때,

$$(x+y)(y+z)+(y+z)(z+x)+(z+x)(x+y)$$

의 값은?

① 20 ② 25 ③ 30
④ 35 ⑤ 40

0107

Level 2

$a+b+c=1$, $a^2+b^2+c^2=3$일 때,

$$(a+b)^3+(b+c)^3+(c+a)^3-3(a+b)(b+c)(c+a)$$

의 값은?

① 6 ② 8 ③ 10
④ 12 ⑤ 14

0108

Level 2

$x+y+z=5$, $xy+yz+zx=-4$, $xyz=4$일 때, $(x+y)(y+z)(z+x)$의 값을 구하시오.

다음은 이 유형에서 출제된 최근 교육청 • 평가원 기출문제입니다.

0109 • 교육청 2019년 3월

Level 2

$(a+b-c)^2=25$, $ab-bc-ca=-2$일 때, $a^2+b^2+c^2$의 값은?

① 27 ② 29 ③ 31
④ 33 ⑤ 35

실전 유형 10 곱셈 공식을 이용한 수의 계산

곱셈 공식을 이용한 수의 계산은 먼저 수를 문자로 표현하고, 적용 가능한 곱셈 공식을 찾는다.

0110 대표문제

$x=2$일 때, $(x+1)(x^2+1)(x^4+1)$의 값은?

① 31 ② 63 ③ 127
④ 255 ⑤ 511

0111 Level 1

$(5-1)(5+1)(5^2+1)(5^4+1)$을 간단히 하면?

① 5^4-1 ② 5^6-1 ③ 5^8-1
④ $5^{10}-1$ ⑤ $5^{12}-1$

0112 Level 2

$a=2$일 때, $(a^2-1)(a^2-a+1)(a^2+a+1)$의 값은?

① -63 ② -31 ③ 1
④ 31 ⑤ 63

0113 Level 2

$(1+9)(1+9^2)(1+9^4)(1+9^8)$을 간단히 하면?

① $\frac{3^{32}-1}{27}$ ② $\frac{3^{32}-1}{16}$ ③ $\frac{3^{32}-1}{8}$
④ $\frac{3^{32}-1}{4}$ ⑤ $\frac{3^{32}-1}{2}$

0114 Level 2

$P=(2^2+1)(2^4+1)(2^8+1)(2^{16}+1)(2^{32}+1)$일 때, 두 자연수 m, n에 대하여 $P=\frac{1}{m}(2^n-1)$ 꼴로 나타낼 수 있다. $m+n$의 값은?

① 63 ② 65 ③ 67
④ 69 ⑤ 71

0115 Level 2

$x=2$일 때, $\frac{(\sqrt{x}+1)(\sqrt{x}-1)(x+1)}{x}=k$이다. $4k$의 값은?

(단, k는 상수이다.)

① $\frac{3}{4}$ ② $\frac{3}{2}$ ③ 3
④ 6 ⑤ 12

0116

Level 2

$(7+1)(7^4+7^2+1)=\frac{7^b-1}{a}$을 만족시키는 자연수 a, b에 대하여 $a+b$의 값을 구하시오.

0117

Level 2

$101\times9901-99\times10101$의 값은?

① 0　② 1　③ 2　④ 100　⑤ 2×100^3

다음은 이 유형에서 출제된 최근 교육청 • 평가원 기출문제입니다.

0118 • 교육청 2019년 6월

Level 2

$2016\times2019\times2022=2019^3-9a$가 성립할 때, 상수 a의 값은?

① 2018　② 2019　③ 2020　④ 2021　⑤ 2022

심화유형 11 곱셈 공식의 도형에의 활용

복합유형

주어진 도형의 길이, 넓이, 부피 등을 문자로 나타낸 후 곱셈 공식을 이용한다.

0119 대표문제

그림과 같은 직육면체가 있다. 이 직육면체의 겉넓이가 94이고, $\overline{BG}^2+\overline{GD}^2+\overline{DB}^2=100$일 때, 모든 모서리의 길이의 합은?

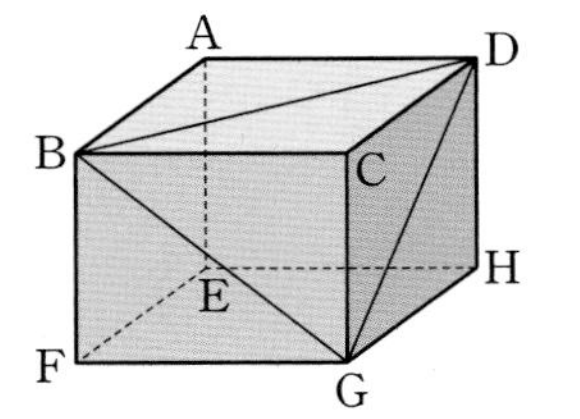

① 24　② 36　③ 48　④ 60　⑤ 72

0120

Level 1

가로의 길이가 $x-1$, 세로의 길이가 $x+1$, 높이가 x인 직육면체의 부피를 A, 한 모서리의 길이가 x인 정육면체의 부피를 B라 할 때, $A-B$를 x에 대한 식으로 나타내면?

① x　② $-x$　③ x^3-x　④ $-x^3+x$　⑤ $2x^3$

0121

Level 2

그림과 같이 둘레의 길이가 68인 직사각형이 반지름의 길이가 13인 원에 내접한다. 이 직사각형의 넓이를 구하시오.

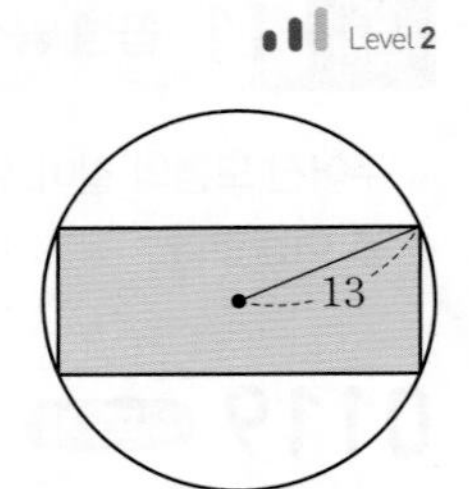

0122 고난도

Level 3

[그림 1]과 같이 2 이상의 서로소인 두 자연수 a, b에 대하여 세 모서리의 길이가 각각 $a+b$, $a+b$, $a+2b$인 직육면체가 있다. 이 직육면체를 [그림 2]와 같이 각 모서리의 길이가 a 또는 b가 되도록 12개의 작은 직육면체로 나누었을 때, 부피가 150인 직육면체는 5개이다. $a+2b$의 값을 구하시오.

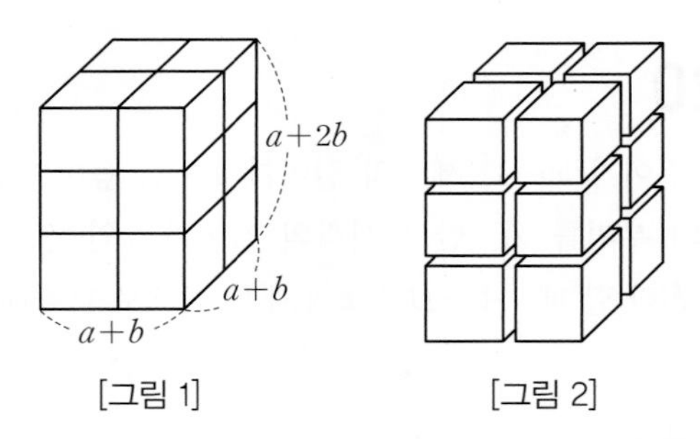

[그림 1] [그림 2]

다음은 이 유형에서 출제된 최근 교육청 • 평가원 기출문제입니다.

0123 • 교육청 2017년 6월

Level 2

서로 다른 두 양수 a, b에 대하여 한 변의 길이가 각각 a, $2b$인 두 개의 정사각형과 가로와 세로의 길이가 각각 a, b이고 넓이가 4인 직사각형이 있다. 두 정사각형의 넓이의 합이 가로와 세로의 길이가 각각 a, b인 직사각형의 넓이의 5배와 같을 때, 한 변의 길이가 $a+2b$인 정사각형의 넓이는?

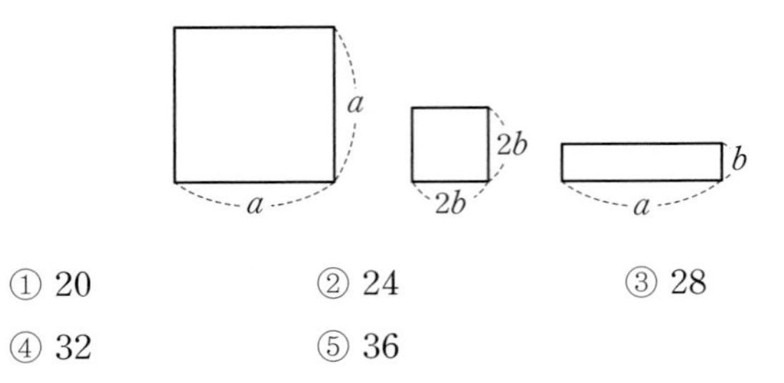

① 20 ② 24 ③ 28
④ 32 ⑤ 36

0124 • 교육청 2019년 11월

Level 2

그림과 같이 $\angle C=90^\circ$인 직각삼각형 ABC가 있다. $\overline{AB}=2\sqrt{6}$이고 삼각형 ABC의 넓이가 3일 때, $\overline{AC}^3+\overline{BC}^3$의 값을 구하시오.

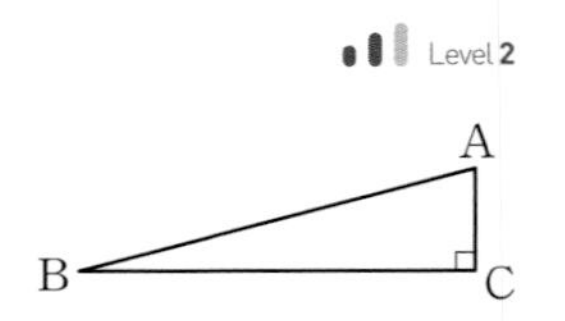

0125 · 교육청 2021년 6월

Level 2

그림과 같이 겉넓이가 148이고, 모든 모서리의 길이의 합이 60인 직육면체 ABCD−EFGH가 있다. $\overline{BG}^2+\overline{GD}^2+\overline{DB}^2$의 값은?

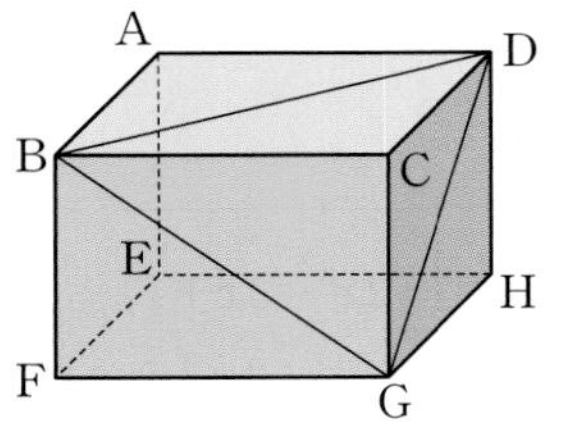

① 136 ② 142 ③ 148
④ 154 ⑤ 160

0126 · 교육청 2017년 3월

Level 3

[그림 1]과 같이 모든 모서리의 길이가 1보다 큰 직육면체가 있다. 이 직육면체와 크기와 모양이 같은 나무토막의 한 모퉁이에서 한 모서리의 길이가 1인 정육면체 모양의 나무토막을 잘라내어 버리고 [그림 2]와 같은 입체도형을 만들었다. [그림 2]의 입체도형의 겉넓이는 236이고, 모든 모서리의 길이의 합은 82일 때, [그림 1]에서 직육면체의 대각선의 길이는?

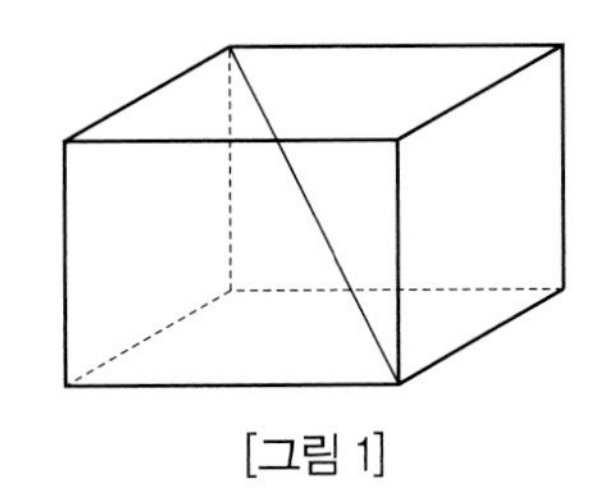
[그림 1]

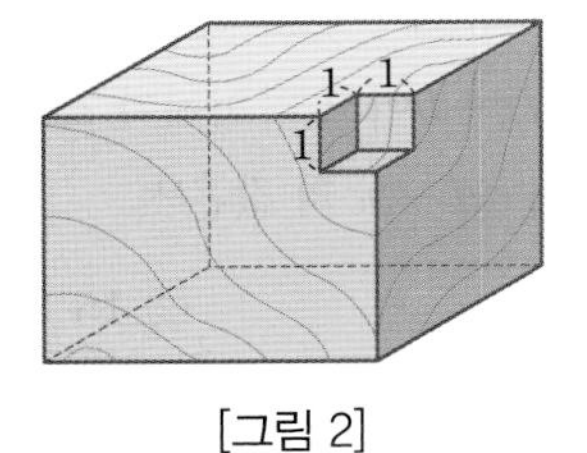

[그림 2]

① $2\sqrt{30}$ ② $5\sqrt{5}$ ③ $\sqrt{130}$
④ $3\sqrt{15}$ ⑤ $2\sqrt{35}$

실전유형 12 다항식의 나눗셈에서 몫과 나머지

다항식을 내림차순으로 정리한 다음 자연수의 나눗셈과 같은 방법으로 계산한다. 이때 나머지의 차수가 나누는 식의 차수보다 낮아질 때까지 나눈다.

0127 대표문제

다항식 $2x^3+5x^2-x-5$를 x^2+2로 나누었을 때의 몫을 $Q(x)$, 나머지를 $R(x)$라 할 때, $Q(1)-R(2)$의 값을 구하시오.

0128

Level 1

다항식 x^3-x^2+x+1을 x^2+x+1로 나누는 과정에서 상수 a, b, c, d에 대하여 $a+b+c+d$의 값은?

$$\begin{array}{r|l} & ax-2 \\ x^2+x+1 & x^3-x^2+x+1 \\ & x^3+x^2+x \\ \hline & -2x^2+bx+1 \\ & -2x^2-2x-2 \\ \hline & cx+d \end{array}$$

① 2 ② 3 ③ 4
④ 5 ⑤ 6

0129

Level 1

다항식 $4x^3-2x^2+x+3$을 x^2-x+2로 나누는 과정에서 (가), (나), (다)에 알맞은 것은?

$$\begin{array}{r} \boxed{(가)}+2 \\ x^2-x+2\,\big)\,4x^3-2x^2+\ \ x+3 \\ 4x^3-4x^2+8x \\ \hline \boxed{(나)} \\ 2x^2-2x+4 \\ \hline \boxed{(다)} \end{array}$$

	(가)	(나)	(다)
①	$-4x$	$-2x^2-7x+3$	$5x+1$
②	$-4x$	$-2x^2+7x+3$	$5x+1$
③	$4x$	$2x^2+7x+3$	$5x-1$
④	$4x$	$2x^2-7x+3$	$-5x-1$
⑤	$4x$	$2x^2-7x+3$	$-5x+1$

0130

Level 1

다항식 $4x^3-2x^2+3x+1$을 $-x^2-x+1$로 나누었을 때의 몫과 나머지를 구하시오.

0131

Level 2

〈보기〉에서 구한 몫과 나머지가 옳은 것만을 있는 대로 고른 것은?

〈보기〉

ㄱ. $(2x^3-3x+1)\div(x^2-x)$
→ 몫 : $2x+2$, 나머지 : $-x+1$

ㄴ. $(3x^3+x^2-x-4)\div(x+1)$
→ 몫 : $3x^2-2x+1$, 나머지 : -5

ㄷ. $(-x^4+x^2-2x)\div(-x^2+2)$
→ 몫 : x^2+1, 나머지 : $-4x$

① ㄱ　② ㄱ, ㄴ　③ ㄱ, ㄷ
④ ㄴ, ㄷ　⑤ ㄱ, ㄴ, ㄷ

0132

Level 2

다항식 $3x^3-2x^2+3x+7$을 x^2-x+2로 나누었을 때의 몫이 $ax+b$이고 나머지가 $cx+d$일 때, 상수 a, b, c, d에 대하여 $ad-bc$의 값은?

① 14　② 15　③ 16
④ 17　⑤ 18

0133

Level 2

다항식 x^3-x^2+x-1을 $x-2$로 나누었을 때의 몫을 $Q(x)$, 나머지를 $R(x)$라 할 때, $2Q(x)-3R(x)$는?

① $2x^2+2x-15$ ② $2x^2+2x-12$
③ $2x^2+2x-9$ ④ $2x^2+2x+6$
⑤ $2x^2+2x+21$

0134

Level 2

두 다항식 $P(x)=3x^3+x+13$, $Q(x)=x^2-x+1$에 대하여 다항식 $P(x)+4x$를 다항식 $Q(x)$로 나누었을 때의 나머지가 $5x+a$일 때, 상수 a의 값은?

① 6 ② 7 ③ 8
④ 9 ⑤ 10

0135

Level 2

다항식 $x^4-x^3+3x^2-5x-8$을 x^2+5로 나누었을 때의 몫을 $Q(x)$, 나머지를 a라 하자. $Q(a)=b$일 때, ab의 값은? (단, a, b는 상수이다.)

① -2 ② -1 ③ 0
④ 1 ⑤ 2

0136

Level 2

밑변의 길이가 $a+3$, 높이가 $Q(a)$인 삼각형의 넓이는 $\frac{1}{2}(a^3+5a^2+5a-3)$이다. 이때 $Q(a)$는?

① a^2+2a+1 ② a^2+2a+2 ③ a^2+2a-1
④ a^2+2a-2 ⑤ a^2+a-1

다음은 이 유형에서 출제된 최근 교육청 · 평가원 기출문제입니다.

0137 • 교육청 2019년 3월

Level 2

다항식 $2x^3-x^2+x+3$을 $x+1$로 나눈 몫을 $Q(x)$라 할 때, $Q(-1)$의 값을 구하시오.

01

실전 유형 13 다항식의 나눗셈 - $A=BQ+R$ 꼴 빈출유형

다항식 A를 다항식 $B\,(B\neq0)$로 나누었을 때의 몫을 Q, 나머지를 R라 하면
→ $A=BQ+R$ (단, R의 차수는 B의 차수보다 낮다.)

0138 대표문제

다항식 $x^3+5x^2+11x+2$를 다항식 $P(x)$로 나누었을 때의 몫이 x^2+2x+5이고 나머지가 -13일 때, 다항식 $P(x)$는?

① x ② $x+1$ ③ $x+2$
④ $x+3$ ⑤ $x+4$

0139

Level 1

다항식 A를 $x+1$로 나누었을 때의 몫이 $x-1$이고 나머지가 1일 때, 다항식 A는?

① x^3+1 ② x^3 ③ x^2+x+2
④ x^2 ⑤ x^2-1

0140

Level 2

다항식 $f(x)$를 x^2+x+1로 나누었을 때의 몫이 $x-1$이고 나머지가 1일 때, **<보기>**에서 옳은 것만을 있는 대로 고른 것은?

〈 보기 〉
ㄱ. $f(x)=x^3$
ㄴ. $f(x)$를 x^2+2x로 나누었을 때의 몫은 $x-4$이다.
ㄷ. $f(x)$를 x^2+2x로 나누었을 때의 나머지를 $R(x)$라 하면 $R(2)=8$이다.

① ㄱ ② ㄱ, ㄴ ③ ㄱ, ㄷ
④ ㄴ, ㄷ ⑤ ㄱ, ㄴ, ㄷ

0141

Level 2

다항식 $4x^3-2x^2+8x$를 다항식 $A(x)$로 나누었을 때의 몫이 $2x^2+4$이고 나머지가 4일 때, $A(1)$의 값은?

① -2 ② -1 ③ 0
④ 1 ⑤ 2

0142

Level 2

두 다항식 A, B를 $x+1$로 나누었을 때의 몫이 각각 $2x+1$, $x-1$이고, 나머지는 같을 때, 다항식 $A-B$를 $x+2$로 나누었을 때의 나머지는?

① 0 ② 1 ③ 2
④ 3 ⑤ 4

0143

Level 2

다항식 $2x^3-3x^2+ax-2$가 x^2-x+b로 나누어떨어질 때, 상수 a, b에 대하여 $a+b$의 값은?

① 1 ② 3 ③ 5
④ 7 ⑤ 9

0144

Level 2

다항식 $3x^3+2x^2-6$을 ax^2+bx로 나누었을 때의 몫이 $3x+5$이고 나머지가 $R(x)$일 때, $a-bR(a)$의 값은?
(단, a, b는 상수이다.)

① -2 ② -1 ③ 0
④ 1 ⑤ 2

0145

Level 2

두 다항식 $A=-x+1$, $B=2x-1$에 대하여 다항식 $f(x)$를 A로 나누었을 때의 몫이 $B+3$이고 나머지가 -2이다. 다항식 $f(x)$를 B로 나누었을 때의 몫을 A에 대한 식으로 나타내면?

① $A-\frac{3}{2}$ ② $A-\frac{1}{2}$ ③ $A+\frac{1}{2}$
④ $A+\frac{3}{2}$ ⑤ $A+\frac{5}{2}$

0146

Level 2

$x^2-4x+1=0$일 때, $3x^4-13x^3+7x^2-x+8$의 값을 구하시오.

0147

Level 2

상수가 아닌 두 다항식 $f(x)$, $g(x)$에 대하여 $f(x)$를 $g(x)$로 나눈 몫을 $Q(x)$, 나머지를 $R(x)$라 할 때, 〈**보기**〉에서 옳은 것만을 있는 대로 고른 것은?
(단, $f(x)$의 차수는 $g(x)$의 차수보다 낮지 않다.)

〈**보기**〉
ㄱ. $f(x)-R(x)$는 $g(x)$로 나누어떨어진다.
ㄴ. $f(x)+g(x)$를 $g(x)$로 나눈 나머지는 $R(x)$이다.
ㄷ. $f(x)$를 $Q(x)$로 나눈 나머지는 $R(x)$이다.

① ㄴ ② ㄱ, ㄴ ③ ㄱ, ㄷ
④ ㄴ, ㄷ ⑤ ㄱ, ㄴ, ㄷ

다음은 이 유형에서 출제된 최근 교육청 • 평가원 기출문제입니다.

0148 • 교육청 2020년 6월

Level 2

다항식 $f(x)$를 x^2+1로 나눈 나머지가 $x+1$이다. $\{f(x)\}^2$을 x^2+1로 나눈 나머지가 $R(x)$일 때, $R(3)$의 값은?

① 6 ② 7 ③ 8
④ 9 ⑤ 10

실전 유형 14 다항식의 나눗셈에서 몫과 나머지의 변형

다항식 $f(x)$를 $x+\frac{b}{a}$ $(a\neq0)$로 나누었을 때의 몫을 $Q(x)$, 나머지를 R라 하면

$$f(x)=\left(x+\frac{b}{a}\right)Q(x)+R$$
$$=\frac{1}{a}(ax+b)Q(x)+R$$
$$=(ax+b)\times\frac{1}{a}Q(x)+R$$

→ 다항식 $f(x)$를 $ax+b$로 나누었을 때의 몫은 $\frac{1}{a}Q(x)$, 나머지는 R이다.

0149 대표문제

다항식 $f(x)$를 $3x-2$로 나누었을 때의 몫을 $Q(x)$, 나머지를 R라 할 때, 다항식 $f(x)$를 $x-\frac{2}{3}$로 나누었을 때의 몫과 나머지는?

	몫	나머지
①	$\frac{1}{3}Q(x)$	$\frac{1}{3}R$
②	$\frac{1}{3}Q(x)$	R
③	$Q(x)$	R
④	$3Q(x)$	$\frac{1}{3}R$
⑤	$3Q(x)$	R

0150

Level 1

다항식 $f(x)$를 $x-\frac{1}{4}$로 나누었을 때의 몫이 $4x^2-8x+12$이고 나머지가 3일 때, 다항식 $f(x)$를 $4x-1$로 나누었을 때의 몫은?

① x^2-2x+3
② $2x^2-4x+6$
③ $4x^2-8x+12$
④ $8x^2-16x+24$
⑤ $16x^2-32x+48$

0151

Level 2

다항식 $f(x)$를 $4x-2$로 나누었을 때의 몫을 $A(x)$, 나머지를 R_1이라 하고, $x-\frac{1}{2}$로 나누었을 때의 몫을 $B(x)$, 나머지를 R_2라 하자. $\frac{A(x)}{B(x)}+\frac{R_2}{R_1}$의 값은?

(단, $B(x)\neq0$, $R_1\neq0$)

① $\frac{1}{2}$
② $\frac{5}{4}$
③ $\frac{11}{2}$
④ $\frac{17}{4}$
⑤ 5

0152

Level 2

다항식 $f(x)$를 $x-\frac{1}{3}$로 나눈 몫이 $3x^2-6x+9$이고 나머지가 3일 때, 다항식 $f(x)$를 $3x-1$로 나눈 몫 $Q(x)$를 $x-1$로 나누었을 때의 나머지를 구하시오.

0153

Level 2

다항식 $f(x)$를 일차식 $px+q$로 나누었을 때의 몫을 $Q(x)$, 나머지를 R라 할 때, 〈보기〉에서 옳은 것만을 있는 대로 고른 것은? (단, p, q는 상수이다.)

〈보기〉

ㄱ. R는 상수이다.

ㄴ. 다항식 $f(x)$를 $x+\frac{q}{p}$로 나누었을 때의 몫을 $Q_1(x)$, p^2x+pq로 나누었을 때의 몫을 $Q_2(x)$라 할 때, $\frac{Q_1(x)-Q_2(x)}{Q(x)}=p-\frac{1}{p}$이다.

ㄷ. 다항식 $f(x)$를 $x+\frac{q}{p}$로 나누었을 때의 나머지를 R_1, p^2x+pq로 나누었을 때의 나머지를 R_2라 할 때, $R_1-R_2=0$이다.

① ㄱ　② ㄱ, ㄴ　③ ㄱ, ㄷ
④ ㄴ, ㄷ　⑤ ㄱ, ㄴ, ㄷ

0154

Level 2

다항식 $f(x)$를 $(2x-3)^2$으로 나누었을 때의 몫을 $Q(x)$, 나머지를 $R(x)$라 하면 $6\left(x-\frac{3}{2}\right)^2$으로 나누었을 때의 몫은 $mQ(x)$, 나머지는 $nR(x)$이다. 상수 m, n에 대하여 $m+n$의 값을 구하시오.

0155

Level 2

다항식 $P(x)$를 $x-1$로 나누었을 때의 몫을 $Q(x)$, 나머지를 r라 할 때, 다항식 $xP(x)$를 $x-1$로 나누었을 때의 몫을 구하는 과정에서 (가), (나)에 알맞은 것은?

다항식 $P(x)$를 $x-1$로 나누었을 때의 몫이 $Q(x)$, 나머지가 r이므로

$P(x)=(x-1)Q(x)+r$

양변에 x를 곱하면

$xP(x)=x(x-1)Q(x)+rx$

이때 $rx=r\{($ (가) $)+1\}$이므로

$xP(x)=x(x-1)Q(x)+rx$

$=x(x-1)Q(x)+r\{($ (가) $)+1\}$

$=x(x-1)Q(x)+r($ (가) $)+r$

$=(x-1)\times\{$ (나) $\}+r$

이다.

따라서 다항식 $xP(x)$를 $x-1$로 나누었을 때의 몫은 (나) 이다.

	(가)	(나)
①	$x-1$	$xQ(x)+r$
②	$x-1$	$xQ(x)-r$
③	$x-1$	$xQ(x)$
④	$x+1$	$xQ(x)+r$
⑤	$x+1$	$xQ(x)-r$

0156

Level 2

다항식 $P(x)$를 $x-1$로 나누었을 때의 몫을 $Q(x)$, 나머지를 r라 할 때, 다항식 $(x+1)P(x)$를 x^2-1로 나누었을 때의 몫과 나머지를 차례로 구하면?

① $Q(x)$, r
② $Q(x)$, $r(x-1)$
③ $Q(x)$, $r(x+1)$
④ $(x+1)Q(x)$, r
⑤ $(x+1)Q(x)$, $r(x+1)$

0157

Level 3

다항식 $P(x)$를 일차식 $ax-2a$로 나누었을 때의 몫을 $Q(x)$, 나머지를 r라 하자. 다항식 $xP(x)$를 $x-2$로 나누었을 때의 몫과 나머지의 합은? (단, a는 상수이다.)

① $aQ(x)+r$
② $axQ(x)+r$
③ $aQ(x)+2r$
④ $axQ(x)+2r$
⑤ $axQ(x)+3r$

0158 고난도

Level 3

다항식 $P(x)$를 $x+1$로 나누었을 때의 몫을 $Q(x)$, 나머지를 r라 하자. 자연수 n에 대하여 다항식 $x^nP(x)$를 $x^{n-1}(x+1)$로 나누었을 때의 나머지는?

① $-r$
② r
③ rx^{n-1}
④ $-rx^{n-1}$
⑤ $rx^{n-1}-r$

+Plus 문제

심화유형 15 다항식의 연산의 실생활에의 활용

다항식의 연산을 활용한 문제는 다음과 같은 순서로 해결한다.
❶ 문제에 제시된 변수와 상수를 문자로 표현한다.
❷ 문자를 사용하여 문제에 제시된 조건에 알맞게 식을 세운다.
❸ 다항식의 사칙연산을 이용하여 구하고자 하는 값 또는 관계식을 구한다.

0159 대표문제

별의 표면에서 단위 시간당 방출하는 총 에너지를 광도라고 한다. 별의 반지름의 길이를 R(km), 표면 온도를 T(K), 광도를 L(W)이라 할 때, 다음과 같은 관계식이 성립한다.

$L=4\pi R^2\times\sigma T^4$ (단, σ는 슈테판-볼츠만 상수이다.)

광도가 L_{A}인 별 A와 광도가 L_{B}인 별 B가 다음 조건을 만족시킬 때, $\frac{L_{\mathrm{B}}}{L_{\mathrm{A}}}$의 값을 구하시오.

(가) 별 A의 반지름은 별 B의 반지름의 4배이다.
(나) 별 A의 표면 온도는 별 B의 표면 온도의 절반이다.

0160

Level 2

실린더에 담긴 액체의 높이를 h(m), 액체의 밀도를 ρ(kg/m^3), 액체의 무게에 의한 밑면에서의 압력을 P(N/m^2)라 할 때, 다음과 같은 관계식이 성립한다.

$P=\rho gh$ (단, g는 중력가속도이다.)

실린더 A에 담긴 액체의 높이는 0.5 m, 실린더 B에 담긴 액체의 높이는 0.1 m이고, 실린더 A에 담긴 액체의 밀도는 실린더 B에 담긴 액체의 밀도의 $\frac{3}{2}$배이다. 실린더 A에 담긴 액체의 무게에 의한 밑면에서의 압력을 P_{A}라 하고, 실린더 B에 담긴 액체의 무게에 의한 밑면에서의 압력을 P_{B}라 할 때, $\frac{P_{\mathrm{A}}}{P_{\mathrm{B}}}$의 값을 구하시오.

● 정답 및 풀이 33쪽

0161

Level 2

어떤 퇴적물 입자를 정지된 유체 속으로 떨어뜨리게 되면 처음 얼마 동안은 중력의 영향으로 그 입자는 가속을 받게 되나 유체의 저항력으로 인하여 곧 입자에 작용하는 중력과 유체의 저항력이 같게 되어 이 퇴적물 입자는 일정한 속도로 가라앉게 된다.

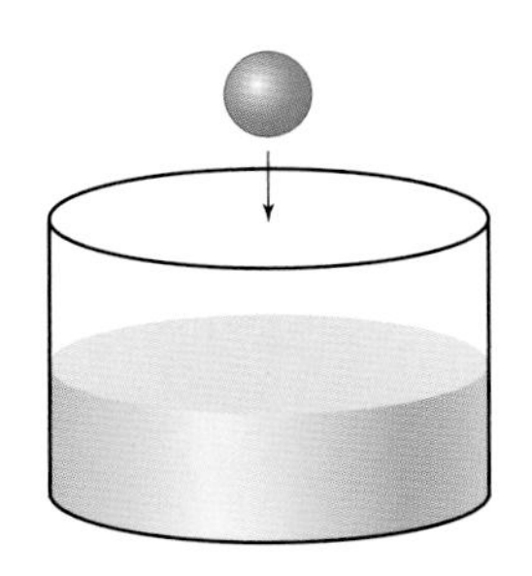

점성도가 μ이고 밀도가 λ인 유체 내에서 퇴적물의 일정한 하강 속도를 V, 퇴적물 입자의 밀도를 σ, 퇴적물 입자의 직경을 D라 하면 다음과 같은 관계식이 성립한다.

$$V=\frac{(\sigma-\lambda)g}{18\mu}D^2 \text{ (단, } g\text{는 중력가속도이다.)}$$

점성도가 $k\ (k>0)$이고 밀도가 $c\ (c>0)$인 유체 속으로 두 퇴적물 입자 A, B를 각각 떨어뜨렸을 때, 두 퇴적물 입자 A, B의 일정한 하강 속도를 각각 V_A, V_B라 하자.
두 퇴적물 입자 A, B의 밀도가 각각 $4c$, $5c$이고, 퇴적물 입자 A의 직경과 퇴적물 입자 B의 직경의 비가 8 : 3일 때, $\frac{V_A}{V_B}$의 값은?

① $\frac{32}{9}$　② 4　③ $\frac{16}{3}$
④ 8　⑤ $\frac{32}{3}$

다음은 이 유형에서 출제된 최근 교육청 • 평가원 기출문제입니다.

0162 • 교육청 2021년 6월

Level 2

물체가 등속 원운동을 하기 위해 원의 중심방향으로 작용하는 일정한 크기의 힘을 구심력이라 한다. 질량이 m인 물체가 반지름의 길이가 r인 원의 궤도를 따라 v의 속력으로 등속 원운동을 할 때 작용하는 구심력의 크기 F는 그림과 같다.

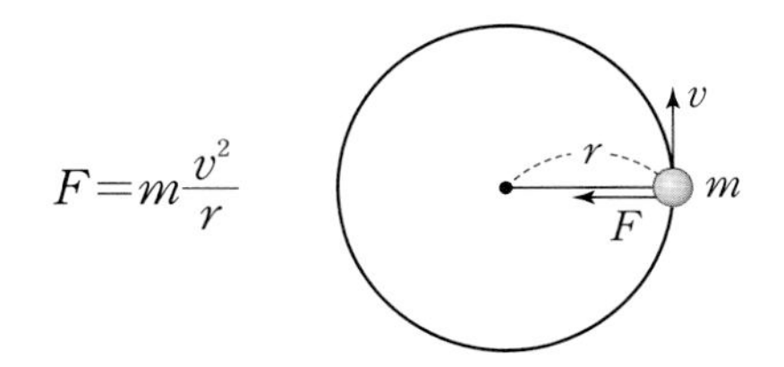

물체 A와 물체 B는 반지름의 길이가 각각 r_A, r_B인 원의 궤도를 따라 등속 원운동을 한다.
물체 A의 질량은 물체 B의 질량의 3배이고, 물체 A의 속력은 물체 B의 속력의 $\frac{1}{2}$배이다. 물체 A와 물체 B의 구심력의 크기가 같을 때, $\frac{r_A}{r_B}$의 값은?

① $\frac{3}{8}$　② $\frac{1}{2}$　③ $\frac{5}{8}$
④ $\frac{3}{4}$　⑤ $\frac{7}{8}$

01

서술형 유형 익히기

0163 대표문제

다항식 $(4x^3-3x^2+2x+1)^2$의 전개식에서 x^5의 계수와 x^4의 계수의 합을 구하는 과정을 서술하시오. [6점]

STEP 1 x^5의 계수 구하기 [2점]

다항식 $(4x^3-3x^2+2x+1)^2$, 즉

$(4x^3-3x^2+2x+1)(4x^3-3x^2+2x+1)$의 전개식에서

x^5항은

$4x^3\times(-3x^2)+(-3x^2)\times$ (1) $=$ (2) x^5

이므로 x^5의 계수는 (3) 이다.

STEP 2 x^4의 계수 구하기 [2점]

$(4x^3-3x^2+2x+1)(4x^3-3x^2+2x+1)$의 전개식에서

x^4항은

$4x^3\times 2x+(-3x^2)\times($ (4) $)+$ (5) $\times 4x^3$

$=$ (6) x^4

이므로 x^4의 계수는 (7) 이다.

STEP 3 x^5의 계수와 x^4의 계수의 합 구하기 [2점]

x^5의 계수와 x^4의 계수의 합은 (8) 이다.

0164 한번 더

다항식 $(x^3-2x^2+2x+1)^2$의 전개식에서 x^2의 계수와 x의 계수의 합을 구하는 과정을 서술하시오. [6점]

STEP 1 x^2의 계수 구하기 [2점]

STEP 2 x의 계수 구하기 [2점]

STEP 3 x^2의 계수와 x의 계수의 합 구하기 [2점]

핵심 KEY 유형 6 다항식의 전개식에서 특정한 항의 계수 구하기

곱으로 이루어진 다항식의 전개식에서 특정한 항의 계수를 구하는 문제이다.
주어진 식이 복잡한 경우에는 모든 항을 전개하지 않고 분배법칙을 이용하여 특정한 항이 나오는 항들만 전개하여 그 항의 계수를 구할 수 있다.

0165 유사 1

두 다항식 A, B에 대하여 $A▲B$를

$A▲B=A^2-AB-B^2$

이라 할 때, 다항식 $(x^4+x+2)▲(x^3+2x^2+3x)$의 전개식에서 x^3의 계수와 x의 계수의 합을 구하는 과정을 서술하시오. [8점]

0166 유사 2

다항식 $(x^3+ax^2+b)(3x^2-2bx+5)$의 전개식에서 x^4의 계수와 x^2의 계수가 각각 19일 때, 상수 a, b에 대하여 $a+b$의 값을 구하는 과정을 서술하시오. [8점]

0167 대표문제

$a+b+c=3$, $ab+bc+ca=-1$, $abc=2$일 때, $a^3+b^3+c^3$의 값을 구하는 과정을 서술하시오. [6점]

STEP 1 곱셈 공식을 변형하여 $a^2+b^2+c^2$의 값 구하기 [3점]

$(a+b+c)^2=a^2+b^2+c^2+$ (1) $(ab+$ (2) $+ca)$에서

$a^2+b^2+c^2=(a+b+c)^2-$ (3) $($ (4) $+bc+ca)$

$a+b+c=3$, $ab+bc+ca=-1$이므로

$a^2+b^2+c^2=$ (5)

STEP 2 곱셈 공식을 변형하여 $a^3+b^3+c^3$의 값 구하기 [3점]

$(a+b+c)(a^2+b^2+c^2-ab-bc-ca)=a^3+b^3+c^3-3abc$ 에서

$a^3+b^3+c^3$

$=(a+b+c)(a^2+b^2+c^2-ab-bc-ca)+$ (6)

$a+b+c=3$, $a^2+b^2+c^2=$ (7), $ab+bc+ca=-1$, $abc=2$이므로

$a^3+b^3+c^3=$ (8)

0168 한번 더

$a+b+c=4$, $a^2+b^2+c^2=20$, $a^3+b^3+c^3=103$일 때, abc의 값을 구하는 과정을 서술하시오. [6점]

STEP 1 곱셈 공식을 변형하여 $ab+bc+ca$의 값 구하기 [3점]

STEP 2 곱셈 공식을 변형하여 abc의 값 구하기 [3점]

0169 유사 1

세 실수 a, b, c에 대하여 $a-b=3-\sqrt{2}$, $b-c=3+\sqrt{2}$일 때, $a^2+b^2+c^2-ab-bc-ca$의 값을 구하는 과정을 서술하시오. [7점]

0170 유사 2

그림과 같이 가로의 길이, 세로의 길이, 높이가 각각 x, y, z인 직육면체의 겉넓이가 72이고, 모든 모서리의 길이의 합이 44일 때, 직육면체의 대각선의 길이를 구하는 과정을 서술하시오. [8점]

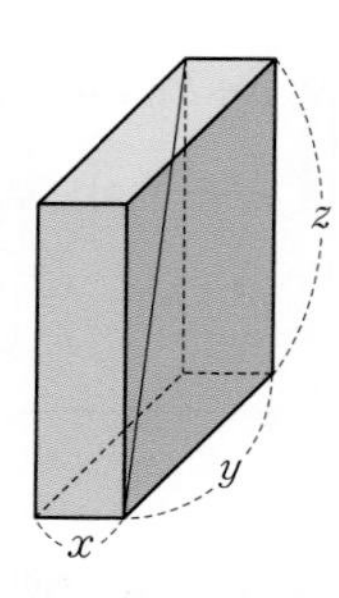

핵심 KEY 유형 9, 유형 11 **문자가 세 개인 곱셈 공식의 변형과 활용**

문자가 세 개인 곱셈 공식
$(a+b+c)^2=a^2+b^2+c^2+2ab+2bc+2ca$,
$(a+b+c)(a^2+b^2+c^2-ab-bc-ca)=a^3+b^3+c^3-3abc$
등을 변형하여 다항식의 값을 구하는 문제이다.
여러 개의 곱셈 공식을 연립하여 문제를 해결할 수도 있다.
직육면체의 가로의 길이, 세로의 길이, 높이를 각각 세 문자로 나타내고, 겉넓이, 부피 등 제시된 조건을 이용하는 문제에 활용할 수 있다.

0171 대표문제

다항식 $2x^3+4x^2+5x-10$을 $5x-2$로 나누었을 때의 몫을 $Q_1(x)$, 나머지를 R_1이라 하고, 다항식 $2x^3+4x^2+5x-10$을 $x-\frac{2}{5}$로 나누었을 때의 몫을 $Q_2(x)$, 나머지를 R_2라 할 때, $\frac{Q_2(x)}{Q_1(x)}+\frac{R_2}{R_1}$의 값을 구하는 과정을 서술하시오. [7점]

STEP 1 **다항식의 나눗셈을 $A=BQ+R$ 꼴로 나타내기 [2점]**

다항식 $2x^3+4x^2+5x-10$을 $5x-2$로 나누었을 때의 몫이 $Q_1(x)$, 나머지가 R_1이므로

$2x^3+4x^2+5x-10=($ (1) $)Q_1(x)+$ (2)

STEP 2 **$A=BQ+R$ 꼴에서 몫을 변형하여 $Q_1(x)$와 $Q_2(x)$ 사이의 관계식 구하기 [2점]**

$2x^3+4x^2+5x-10=$ (3) $\left(x-\frac{2}{5}\right)Q_1(x)+R_1$

이므로 다항식 $2x^3+4x^2+5x-10$을 $x-\frac{2}{5}$로 나누었을 때의 몫 $Q_2(x)$는

$Q_2(x)=$ (4) $Q_1(x)$

STEP 3 **$A=BQ+R$ 꼴에서 몫을 변형하여 R_1과 R_2 사이의 관계식 구하기 [1점]**

$2x^3+4x^2+5x-10=\left(x-\frac{2}{5}\right)5Q_1(x)+R_1$

이므로 다항식 $2x^3+4x^2+5x-10$을 $x-\frac{2}{5}$로 나누었을 때의 나머지 R_2는

$R_2=$ (5)

STEP 4 **$\frac{Q_2(x)}{Q_1(x)}+\frac{R_2}{R_1}$의 값 구하기 [2점]**

$\frac{Q_2(x)}{Q_1(x)}=$ (6), $\frac{R_2}{R_1}=$ (7) 이므로

$\frac{Q_2(x)}{Q_1(x)}+\frac{R_2}{R_1}=$ (8)

0172 한번 더

다항식 x^3+2x^2+7x-9를 $-x+7$로 나누었을 때의 몫을 $Q_1(x)$, 나머지를 R_1이라 하고, 다항식 x^3+2x^2+7x-9를 $3x-21$로 나누었을 때의 몫을 $Q_2(x)$, 나머지를 R_2라 할 때, $\frac{Q_2(x)}{Q_1(x)}+\frac{R_2}{R_1}$의 값을 구하는 과정을 서술하시오. [7점]

STEP 1 다항식의 나눗셈을 $A=BQ+R$ 꼴로 나타내기 [2점]

STEP 2 $A=BQ+R$ 꼴에서 몫을 변형하여 $Q_1(x)$와 $Q_2(x)$ 사이의 관계식 구하기 [2점]

STEP 3 $A=BQ+R$ 꼴에서 몫을 변형하여 R_1과 R_2 사이의 관계식 구하기 [1점]

STEP 4 $\frac{Q_2(x)}{Q_1(x)}+\frac{R_2}{R_1}$의 값 구하기 [2점]

0173 유사 1

다항식 $6x^3-ax^2+2x+9$를 $6x^2-x-2$로 나누었을 때의 몫이 $Q_1(x)$, 나머지가 $3x+7$이다. 다항식 $6x^3-ax^2+2x+9$를 $(3x-2)Q_1(x)$로 나누었을 때의 몫을 $Q_2(x)$, 나머지를 $R_2(x)$라 할 때, $Q_2(4)+R_2(4)$의 값을 구하는 과정을 서술하시오. (단, a는 상수이다.) [7점]

핵심 KEY 유형 13, 유형 14 다항식의 나눗셈에서 몫과 나머지의 변형

다항식의 나눗셈 $A(x)\div B(x)$의 몫 $Q(x)$와 나머지 $R(x)$에 대하여 등식 $A(x)=B(x)Q(x)+R(x)$로 나타내고, 몫 $Q(x)$와 나머지 $R(x)$를 변형하여 해결하는 문제이다.
$B(x)Q(x)$항의 곱의 관계를 적절하게 변형하여 문제를 해결한다.
나머지 $R(x)$의 차수는 나누는 식 $B(x)$의 차수보다 낮거나 $R(x)$가 상수임에 주의하여 식을 변형한다.

실력 check 실전 마무리하기 1회

점 / 100점

• 선택형 18문항, 서술형 4문항입니다.

1 0174

두 다항식 $A=4x^2+x-7$, $B=x^2-5x+2$에 대하여 $3A-B$를 계산하면? [3점]

① $11x^2+8x-23$　② $11x^2-8x-23$　③ $11x^2+8x+23$　④ $11x^2-8x+23$　⑤ $-11x^2+8x-23$

2 0175

두 다항식 A, B에 대하여

$$A+B=3x^2-xy+3y^2,\ A-2B=3x^2-4xy-6y^2$$

일 때, 다항식 A는? [3점]

① $3x^2-4xy-6y^2$　② $3x^2-4xy$　③ $3x^2-2xy-y^2$　④ $3x^2-2xy$　⑤ $3x^2-2xy+y^2$

3 0176

다항식 $(x^2-x+2)(x^2-x-5)+7$을 전개하면? [3점]

① $x^4+2x^3-2x^2+3x-3$
② $x^4-2x^3+2x^2+3x-3$
③ $x^4-2x^3-2x^2+3x+3$
④ $x^4-2x^3-2x^2+3x-3$
⑤ $x^4-2x^3-2x^2-3x-3$

4 0177

$a+b=2$, $a^2+b^2=8$일 때, a^4+b^4의 값은? [3점]

① 48　② 50　③ 52　④ 54　⑤ 56

5 0178

$x^2+\frac{1}{x^2}=7$일 때, $x^3-\frac{1}{x^3}$의 값은? (단, $x>1$) [3점]

① $-8\sqrt{5}$　② $-4\sqrt{5}$　③ $2\sqrt{5}$　④ $4\sqrt{5}$　⑤ $8\sqrt{5}$

6 0179

다항식 $(x^2-xy+2y^2)(x^2+xy-2y^2)$을 전개하면? [3.5점]

① $x^4-4x^2y^2+xy^3-4y^4$
② $x^4-x^2y^2+4xy^3-4y^4$
③ $x^4-x^2y^2+4xy^3$
④ $x^4+x^2y^2-4xy^3+4y^4$
⑤ $x^4-x^2y^2-4xy^3+4y^4$

정답 및 풀이 38쪽

7 0180

두 다항식 $A=-x^3+x+4$, $B=-x-1$에 대하여 다항식 $(A-B)^3-(A-B)(A^2+AB+B^2)$의 전개식에서 x^4의 계수는? [3.5점]

① -18 ② -21 ③ -24
④ -27 ⑤ -36

8 0181

$x+y+z=2$, $xy+yz+zx=4$, $xyz=7$일 때, $(x+y)(y+z)(z+x)-2$의 값은? [3.5점]

① -3 ② -1 ③ 1
④ 3 ⑤ 5

9 0182

$9(10+1)(10^4+10^2+1)(10^6+1)$을 간단히 하면? [3.5점]

① $10^{14}-1$ ② 10^{14} ③ $10^{12}-1$
④ 10^{12} ⑤ 10^6-1

10 0183

다항식 $f(x)$를 $4x-2$로 나누었을 때의 몫이 $Q(x)$이고 나머지가 -2일 때, 다항식 $(x-2)f(x)$를 $x-\frac{1}{2}$로 나누었을 때의 몫과 나머지는? [3.5점]

	몫	나머지
①	$4(x-2)Q(x)$	3
②	$4(x-2)Q(x)$	-3
③	$4(x-2)Q(x)-2$	3
④	$4(x-2)Q(x)-2$	-3
⑤	$4(x-2)Q(x)-2$	$-\frac{1}{2}$

11 0184

$a^2+4b^2+c^2=17$, $2ab-2bc-ac=4$일 때, $|a+2b-c|$의 값은? [4점]

① $2\sqrt{6}$ ② 5 ③ $\sqrt{26}$
④ $3\sqrt{3}$ ⑤ $2\sqrt{7}$

12 0185

두 다항식 A, B에 대하여 $A\star B$를
$A\star B=A^2+AB+B^2$이라 할 때, 다항식 $(3x^4+4x-7)\star(-x^3+6x-3)$의 전개식에서 x^2의 계수와 x의 계수의 합은? [4점]

① -70 ② -80 ③ -90
④ -100 ⑤ -110

13 0186

$x^2+3x+1=0$일 때, $2x^3-4x^2+70-\frac{4}{x^2}+\frac{2}{x^3}$의 값은? [4점]

① 6 ② 7 ③ 8
④ 9 ⑤ 10

14 0187

$\frac{8(9^2+1)}{9^2-9+1}$을 간단히 하면? [4점]

① $\frac{9^3+1}{9^4+1}$ ② $\frac{9^4-1}{9^3+1}$ ③ $\frac{9^4+1}{9^3+1}$
④ $\frac{9^3-1}{9^2+1}$ ⑤ $\frac{9^3+1}{9^2+1}$

15 0188

가로의 길이가 $x-2$, 세로의 길이가 x^2+2x+4, 높이가 x인 직육면체의 부피를 A, 한 모서리의 길이가 $x-3$인 정육면체의 부피를 B라 할 때, $A-B$의 전개식에서 x의 계수는? [4점]

① -35 ② -27 ③ -19
④ 19 ⑤ 35

16 0189

다항식 x^3-3x^2+5를 x^2-5x+2로 나누었을 때의 몫을 $Q(x)$, 나머지를 $R(x)$라 하자. 이때 다항식 $R(x)$를 다항식 $Q(x)$로 나누었을 때의 몫과 나머지의 합은? [4.5점]

① -7 ② -4 ③ 0
④ 2 ⑤ 4

17 0190

a차 다항식 $A(x)$를 b차 다항식 $B(x)$로 나누었을 때의 몫을 $Q(x)$, 나머지를 $R(x)$라 할 때, 〈**보기**〉에서 옳은 것만을 있는 대로 고른 것은?

(단, a, b는 자연수이고, $a\geq b$이다.) [4.5점]

〈보기〉

ㄱ. $Q(x)$의 차수는 $\frac{a}{b}$이다.
ㄴ. $Q(x)$의 차수는 $R(x)$의 차수보다 높다.
ㄷ. $b=4$일 때, $R(x)$의 차수는 3 이하이다.

① ㄱ ② ㄷ ③ ㄱ, ㄴ
④ ㄴ, ㄷ ⑤ ㄱ, ㄴ, ㄷ

18 0191

다항식 $P(x)$를 $(3x-1)^3$으로 나누었을 때의 나머지가 $9x^2+ax$이고, 다항식 $P(x)$를 $(3x-1)^2$으로 나누었을 때의 나머지가 $7x+b$일 때, 상수 a, b에 대하여 $a+b$의 값은? [4.5점]

① -2 ② -1 ③ 0
④ 1 ⑤ 2

서술형

19 0192

$a+b=2$, $ab=-1$, $x+y=5$, $xy=4$이고, $m=ax+by$, $n=bx+ay$라 할 때, m^3+n^3의 값을 구하는 과정을 다음 단계에 따라 서술하시오. [7점]

(1) $m+n$의 값을 구하시오. [2점]

(2) mn의 값을 구하시오. [3점]

(3) m^3+n^3의 값을 구하시오. [2점]

20 0193

그림과 같이 모든 모서리의 길이의 합이 $32\sqrt{2}$인 직육면체 ABCD$-$EFGH가 있다. $\overline{AG}=4\sqrt{3}$일 때, 이 직육면체의 겉넓이를 구하는 과정을 서술하시오. [8점]

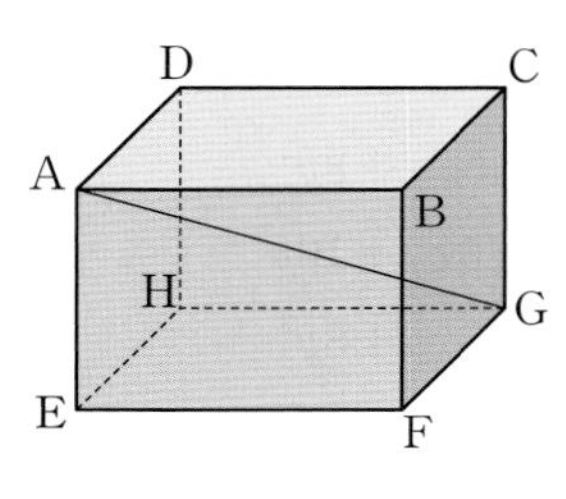

21 0194

세 실수 x, y, z에 대하여 $x+y+z=3\sqrt{2}$, $x^2+y^2+z^2=6$일 때, xyz의 값을 구하는 과정을 서술하시오. [9점]

22 0195

다항식 $2x^3+ax^2-23x+19$를 $2x^2+7x-15$로 나누었을 때의 몫이 $Q_1(x)$, 나머지가 $-x+4$이다. 다항식 $2x^3+ax^2-23x+19$를 $x+5$로 나누었을 때의 몫을 $Q(x)$, 나머지를 R라 할 때, $Q\left(\frac{3}{2}\right)+R$의 값을 구하는 과정을 서술하시오. (단, a는 상수이다.) [10점]

실력 check 실전 마무리하기 2회

점 / 100점

• 선택형 18문항, 서술형 4문항입니다.

1 0196

세 다항식 $A=2x^2+3x-5$, $B=-6x^2+2$, $C=4x^2-7x+1$에 대하여 $2(A+B)-4(B-C)$를 계산하면? [3점]

① $30x^2-24x-10$　② $30x^2-22x-5$　③ $32x^2-20x-10$　④ $32x^2-22x-10$　⑤ $34x^2-20x-5$

2 0197

다항식 $(3x^2-2x+1)(x^3-5x^2+2x+3)$의 전개식에서 x^2의 계수는? [3점]

① -9　② 0　③ 4　④ 5　⑤ 9

3 0198

$\frac{1}{a}+\frac{1}{b}=5$, $ab=-3$일 때, $(a-b)^2$의 값은? [3점]

① 227　② 237　③ 247　④ 257　⑤ 267

4 0199

다항식 $4x^3-3x^2+2x-7$을 x^2-2x+1로 나누었을 때의 몫을 $Q(x)$, 나머지를 $R(x)$라 할 때, $Q(2)+R(0)$의 값은? [3점]

① 1　② 2　③ 3　④ 4　⑤ 5

5 0200

두 다항식 A, B에 대하여

$A+B=-x^2+4xy+5y^2$,
$3B-2A=7x^2+2xy+5y^2$

일 때, $X-A=2B$를 만족시키는 다항식 X는? [3.5점]

① $5xy+8y^2$　② $x^2+5xy+8y^2$　③ $5xy+10y^2$　④ $x^2+6xy+8y^2$　⑤ $6xy+8y^2$

6 0201

두 다항식 $A=x^2+2x+3$, $B=x^2-2x+3$에 대하여 A^3+B^3의 전개식에서 x^2의 계수는? [3.5점]

① 116　② 126　③ 136　④ 146　⑤ 156

7 0202

$x-\frac{1}{x}=\sqrt{7}$일 때, $x^3+\frac{1}{x^3}$의 값은? (단, $x>0$) [3.5점]

① $8\sqrt{11}$ ② $8\sqrt{13}$ ③ $9\sqrt{11}$
④ $9\sqrt{13}$ ⑤ $10\sqrt{11}$

8 0203

$999\times(1000^2+1000+1)=10^A-B$일 때, 자연수 A, B에 대하여 $A+B$의 값은? [3.5점]

① 8 ② 9 ③ 10
④ 11 ⑤ 12

9 0204

그림과 같은 직육면체 ABCD−EFGH의 겉넓이가 122이고, $\overline{BG}^2+\overline{GD}^2+\overline{DB}^2=148$일 때, 이 직육면체의 모든 모서리의 길이의 합은? [3.5점]

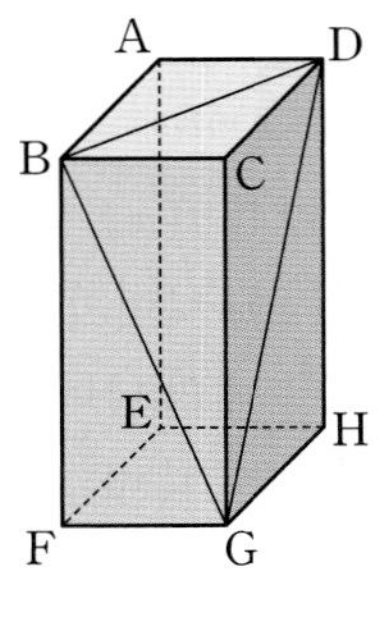

① 56 ② 60
③ 64 ④ 68
⑤ 72

10 0205

다항식 $6x^3+5x^2-5x+11$을 ax^2+bx로 나누었을 때의 몫이 $2x-1$이고 나머지가 $R(x)$일 때, $b+R(a)$의 값은?
(단, a, b는 상수이다.) [3.5점]

① 9 ② 10 ③ 11
④ 12 ⑤ 13

11 0206

다음 중 옳지 않은 것은? [4점]

① $(x-y+z)(x+y-z)=x^2-y^2-z^2+2yz$
② $(x-3)(x-2)(x-1)x=x^4-6x^3+11x^2-6x$
③ $(3x-2)^3=27x^3-54x^2+36x-8$
④ $(x+2y)(x^2-xy+1)=x^3+x^2y+2xy^2+x-2y$
⑤ $(4x^2+6x+9)(4x^2-6x+9)=16x^4+36x^2+81$

12 0207

다항식 $(x-1)(x+4)(x-3)(x+2)+21$의 전개식에서 x^2의 계수를 a, 상수항을 b라 할 때, $a+b$의 값은? [4점]

① 26 ② 28 ③ 30
④ 32 ⑤ 34

13 0208

세 변의 길이가 각각 a, b, c인 삼각형 ABC에 대하여

$$(a+b+c)(-a+b-c)+(a+b-c)(-a+b+c)=0$$

을 만족시킬 때, 이 삼각형은 어떤 삼각형인가? [4점]

① 정삼각형
② $a=b$인 이등변삼각형
③ $b=c$인 이등변삼각형
④ 빗변의 길이가 b인 직각삼각형
⑤ 빗변의 길이가 c인 직각삼각형

14 0209

$x^2-5x+1=0$일 때, $x-\frac{1}{x}$의 값은? (단, $x>1$) [4점]

① $2\sqrt{5}$ ② $\sqrt{21}$ ③ $\sqrt{22}$
④ $\sqrt{23}$ ⑤ $2\sqrt{6}$

15 0210

$a+b+c=2$, $a^2+b^2+c^2=8$, $\frac{1}{a}+\frac{1}{b}+\frac{1}{c}=1$일 때, $\frac{1}{a^2}+\frac{1}{b^2}+\frac{1}{c^2}$의 값은? [4점]

① 1 ② 3 ③ 5
④ 7 ⑤ 9

16 0211

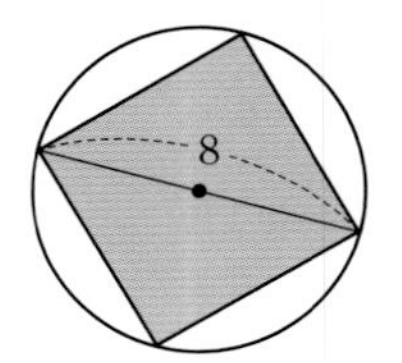

그림과 같이 지름의 길이가 8인 원에 내접하는 직사각형의 넓이가 32일 때, 이 직사각형의 둘레의 길이는? [4점]

① $8\sqrt{2}$ ② $12\sqrt{2}$
③ $16\sqrt{2}$ ④ $20\sqrt{2}$
⑤ $24\sqrt{2}$

17 0212

다항식 $(x^6+x^4+x^3+x)^3$의 전개식에서 x^{13}의 계수는? [4.5점]

① 7 ② 8 ③ 9
④ 10 ⑤ 11

18 0213

다항식 $f(x)-x+1$을 $14x^2+3x-2$로 나누었을 때의 몫이 $Q(x)$, 나머지가 $x+3$일 때, 다항식 $f(x)$를 $2x+1$로 나누었을 때의 나머지는 a이고, 다항식 $f(x)$를 $7x-2$로 나누었을 때의 나머지는 b이다. $a+7b$의 값은? [4.5점]

① 16 ② 17 ③ 18
④ 19 ⑤ 20

서술형

19 0214

$x=\frac{1+\sqrt{3}}{2}$, $y=\frac{1-\sqrt{3}}{2}$일 때, $4x^6-4y^6$의 값을 구하는 과정을 서술하시오. [7점]

20 0215

$a+b+c=5$, $ab+bc+ca=8$, $abc=4$일 때, $(a+b)(b+c)(c+a)$의 값을 구하는 과정을 서술하시오. [7점]

21 0216

다항식 $(x^3+ax^2+4)(2x^2+bx+c)$의 전개식에서 x^4의 계수가 7, x^2의 계수가 11이고 상수항이 12일 때, 상수 a, b, c에 대하여 $a+b+c$의 값을 구하는 과정을 서술하시오. [10점]

22 0217

다항식 $P(x)$를 $x-2$로 나누었을 때의 몫이 $Q(x)$, 나머지는 -1이고, 다항식 $Q(x)$를 $x+1$로 나누었을 때의 나머지는 3이다. 다항식 $P(x)$를 $(x+1)(x-2)$로 나누었을 때의 나머지를 $R_1(x)$, $x+1$로 나누었을 때의 나머지를 R_2라 할 때, $R_1(1)-R_2$의 값을 구하는 과정을 서술하시오. [10점]

얘기를 **들어 준다**는 건

무거운 마음을 잠시

기대게 해 주는 것

그래서 귀 기울여 준다고 하나 봐

귀 기울이다

나머지정리와 인수분해 02

02

I. 다항식

나머지정리와 인수분해

1 항등식

(1) 등식의 문자에 어떤 값을 대입하여도 항상 성립하는 등식을 그 문자에 대한 항등식이라 한다.

참고 다음은 모두 x에 대한 항등식을 나타낸다.
① 모든 x에 대하여 성립하는 등식
② 임의의 x에 대하여 성립하는 등식
③ x의 값에 관계없이 항상 성립하는 등식
④ 어떤 x의 값에 대하여도 항상 성립하는 등식

(2) **항등식의 성질**

① $ax^2+bx+c=0$이 x에 대한 항등식이면 $a=0$, $b=0$, $c=0$이다.
또한, $a=0$, $b=0$, $c=0$이면 $ax^2+bx+c=0$은 x에 대한 항등식이다.

② $ax^2+bx+c=a'x^2+b'x+c'$이 x에 대한 항등식이면 $a=a'$, $b=b'$, $c=c'$이다.
또한, $a=a'$, $b=b'$, $c=c'$이면 $ax^2+bx+c=a'x^2+b'x+c'$은 x에 대한 항등식이다.

Note

- 등식의 문자에 특정한 값을 대입하였을 때에만 성립하는 등식을 방정식이라 한다.
- 항등식의 성질은 차수에 관계없이 모든 다항식에 대하여 성립한다.
$ax+by+c=0$이 x, y에 대한 항등식이면 $a=0$, $b=0$, $c=0$이다.

2 미정계수법

핵심 1

항등식의 뜻과 성질을 이용하여 등식에서 미지의 계수를 정하는 방법을 **미정계수법**이라 한다.

(1) **계수비교법** : 등식의 양변의 동류항의 계수를 비교하여 계수를 정하는 방법

(2) **수치대입법** : 등식의 문자에 적당한 수를 대입하여 계수를 정하는 방법

3 나머지정리와 인수정리

핵심 2~3

(1) x에 대한 다항식 A를 다항식 $B\ (B\neq0)$로 나누었을 때의 몫을 Q, 나머지를 R라 하면 등식 $A=BQ+R$는 x에 대한 항등식이다.

(2) **나머지정리**

다항식 $P(x)$를 일차식 $x-\alpha$로 나누었을 때의 나머지를 R라 하면

$$R=P(\alpha)$$

참고 다항식 $P(x)$를 일차식 $ax+b$로 나누었을 때의 나머지를 R라 하면

$$R=P\left(-\frac{b}{a}\right)\ (\text{단, } a, b\text{는 상수이다.})$$

(3) **인수정리**

① 다항식 $P(x)$에 대하여 $P(\alpha)=0$이면 $P(x)$는 일차식 $x-\alpha$로 나누어떨어진다.

② 다항식 $P(x)$가 일차식 $x-\alpha$로 나누어떨어지면 $P(\alpha)=0$이다.

참고 다음은 모두 다항식 $P(x)$가 일차식 $x-\alpha$로 나누어떨어짐을 나타낸다.
① 다항식 $P(x)$를 일차식 $x-\alpha$로 나누었을 때의 나머지가 0이다.
② 다항식 $P(x)$에 대하여 $P(\alpha)=0$이다.
③ $x-\alpha$는 $P(x)$의 인수이다.

- 다항식을 일차식으로 나누었을 때의 나머지는 상수이다.

4 조립제법

핵심 4

각 항의 계수만을 이용하여 다항식을 일차식으로 나누었을 때의 몫과 나머지를 구하는 방법을 조립제법이라 한다.

예 조립제법을 이용하여 나눗셈 $(x^3-x+4)\div(x+1)$을 하면 몫은 x^2-x, 나머지는 4이다.

-1	1	0	-1	4
		-1	1	0
	1	-1	0	4

Note

조립제법을 이용할 때에는 차수가 높은 항의 계수부터 차례대로 적고, 계수가 0인 것도 적는다.

5 인수분해

(1) 하나의 다항식을 두 개 이상의 다항식의 곱으로 나타내는 것을 그 다항식을 인수분해한다고 한다.

(2) **인수분해 공식**

① $a^2+2ab+b^2=(a+b)^2$, $a^2-2ab+b^2=(a-b)^2$

② $a^2-b^2=(a+b)(a-b)$

③ $x^2+(a+b)x+ab=(x+a)(x+b)$

④ $acx^2+(ad+bc)x+bd=(ax+b)(cx+d)$

⑤ $a^2+b^2+c^2+2ab+2bc+2ca=(a+b+c)^2$

⑥ $a^3+3a^2b+3ab^2+b^3=(a+b)^3$, $a^3-3a^2b+3ab^2-b^3=(a-b)^3$

⑦ $a^3+b^3=(a+b)(a^2-ab+b^2)$, $a^3-b^3=(a-b)(a^2+ab+b^2)$

⑧ $a^4+a^2b^2+b^4=(a^2+ab+b^2)(a^2-ab+b^2)$

⑨ $a^3+b^3+c^3-3abc=(a+b+c)(a^2+b^2+c^2-ab-bc-ca)$

$$=\frac{1}{2}(a+b+c)\{(a-b)^2+(b-c)^2+(c-a)^2\}$$

인수분해의 기본은 $ma+mb-mc=m(a+b-c)$와 같이 다항식을 공통인수로 묶어서 곱으로 나타내는 것이다.

인수분해 공식은 곱셈 공식의 좌변과 우변을 바꾸어 놓은 것과 같다.

다항식을 인수분해할 때에는 일반적으로 계수가 유리수인 범위까지 인수분해한다.

6 복잡한 식의 인수분해

핵심 5~6

(1) **공통부분이 있는 다항식의 인수분해**

공통부분을 하나의 문자로 치환하여 인수분해한다.

(2) **x^4+ax^2+b 꼴의 다항식의 인수분해**

① $x^2=X$로 치환하여 X^2+aX+b를 인수분해한다.

② ax^2을 적당히 분리하여 $(x^2+A)^2-(Bx)^2$ 꼴로 변형한 후 인수분해한다.

(3) **문자가 여러 개인 다항식의 인수분해**

① 차수가 가장 낮은 한 문자에 대하여 내림차순으로 정리한 후 인수분해한다.

② 차수가 모두 같을 때에는 어느 한 문자에 대하여 내림차순으로 정리한 후 인수분해한다.

(4) **인수정리를 이용한 다항식의 인수분해**

$P(x)$가 삼차 이상의 다항식일 때, 다음과 같은 순서로 인수분해한다.

❶ $P(\alpha)=0$을 만족시키는 상수 α의 값을 구한다.

❷ 조립제법을 이용하여 $P(x)$를 $x-\alpha$로 나누었을 때의 몫 $Q(x)$를 구한다.

❸ $P(x)=(x-\alpha)Q(x)$의 꼴로 나타낸다.

❹ $Q(x)$가 더 이상 인수분해되지 않을 때까지 인수분해한다.

x^4+ax^2+b (a, b는 상수)와 같이 차수가 짝수인 항과 상수항으로만 이루어진 다항식을 복이차식이라 한다.

계수가 모두 정수인 다항식 $P(x)$에 대하여 $P(\alpha)=0$을 만족시키는 α의 값은 $\pm\frac{(P(x)\text{의 상수항의 약수})}{(P(x)\text{의 최고차항의 계수의 약수})}$ 중에서 찾을 수 있다.

핵심 1 미정계수법 유형 1~2

등식 $a(x-1)+b(x+2)=6x$가 x에 대한 항등식이 되도록 상수 a, b의 값을 각각 구해 보자.

● 계수비교법

등식의 좌변을 전개하여 x에 대하여 정리하면

$(a+b)x-a+2b=6x$

이 등식이 x에 대한 항등식이므로

양변의 동류항의 계수를 비교하면

$a+b=6$, $-a+2b=0$

두 식을 연립하여 풀면

$a=4$, $b=2$

● 수치대입법

등식의 양변에 $x=1$을 대입하면

$a(1-1)+b(1+2)=6\times1$

$\therefore b=2$

등식의 양변에 $x=-2$를 대입하면

$a(-2-1)+b(-2+2)=6\times(-2)$

$\therefore a=4$

수치대입법을 이용할 때에는 미정계수의 개수만큼 x의 값을 대입해.

0218 등식 $(a-1)x^2+(b+3)x+2-c=0$이 x의 값에 관계없이 항상 성립할 때, 상수 a, b, c의 값을 각각 구하시오.

0219 다음 등식이 x에 대한 항등식일 때, 상수 a, b, c의 값을 각각 구하시오.

(1) $a(x+1)^2+b(x-2)+c=x^2+3x+4$

(2) $ax+bx(x-1)+c(x-1)=x^2-x+2$

핵심 2 나머지정리 유형 6

다항식 $P(x)=x^2-3x+3$을 $x-2$, $2x+1$로 나누었을 때의 나머지를 각각 구해 보자.

다항식 $P(x)=x^2-3x+3$을 $x-2$로 나누었을 때의 나머지는

$P(2)=2^2-3\times2+3=1$

→ $x-2=0$을 만족시키는 x의 값을 대입한다.

다항식 $P(x)=x^2-3x+3$을 $2x+1$로 나누었을 때의 나머지는

$P\left(-\frac{1}{2}\right)=\left(-\frac{1}{2}\right)^2-3\times\left(-\frac{1}{2}\right)+3=\frac{19}{4}$

→ $2x+1=0$을 만족시키는 x의 값을 대입한다.

나머지정리를 이용하면 다항식을 일차식으로 나누었을 때의 나머지를 나눗셈을 직접 하지 않아도 구할 수 있어.

0220 다항식 $P(x)=x^3-2x^2+1$을 다음 일차식으로 나누었을 때의 나머지를 구하시오.

(1) $x+1$

(2) $3x-2$

0221 다항식 $P(x)=x^3+ax^2-5x+6$을 $x-1$로 나누었을 때의 나머지가 1일 때, 상수 a의 값을 구하시오.

● 정답 및 풀이 46쪽

핵심 3 인수정리 유형 12

인수정리를 이용하여 다항식 $P(x)=x^3-2x^2-x+2$의 인수를 구해 보자.

$P(-2)=(-2)^3-2\times(-2)^2-(-2)+2=-12\neq0$ → $P(x)$는 $x+2$로 나누어떨어지지 않는다.

$P(-1)=(-1)^3-2\times(-1)^2-(-1)+2=0$ → $P(x)$는 $x+1$로 나누어떨어진다.

$P(0)=0^3-2\times0^2-0+2=2\neq0$ → $P(x)$는 x로 나누어떨어지지 않는다.

$P(1)=1^3-2\times1^2-1+2=0$ → $P(x)$는 $x-1$로 나누어떨어진다.

$P(2)=2^3-2\times2^2-2+2=0$ → $P(x)$는 $x-2$로 나누어떨어진다.

➔ 다항식 $P(x)$는 $x+1$, $x-1$, $x-2$로 나누어떨어지므로
$x+1$, $x-1$, $x-2$는 모두 $P(x)$의 인수이다.

인수정리를 이용하면 나눗셈을 직접 하지 않아도 다항식이 어떤 일차식으로 나누어떨어지는지 알 수 있어.

0222 다음 일차식이 다항식 $P(x)$의 인수인 것에는 ○표, 인수가 아닌 것에는 ×표 하시오.

(1) $x-1$, $P(x)=x^3-2x^2-5x+6$ ( )

(2) $x+2$, $P(x)=x^3+x-5$ ( )

(3) $3x-1$, $P(x)=-6x^3+2x^2$ ( )

0223 다항식 $P(x)=x^3+ax^2-9$가 $x+3$으로 나누어떨어질 때, 상수 a의 값을 구하시오.

핵심 4 조립제법 유형 15

다항식 $2x^3-x^2-3$을 $x+1$로 나누었을 때의 몫과 나머지를 조립제법을 이용하여 구해 보자.

$x+1=0$을 만족시키는 x의 값

-1	2	-1	0	-3
	$\times(-1)$	-2	3	-3
	2	-3	3	-6

몫 : $2x^2-3x+3$ 나머지 : -6

계수가 0인 것도 적어야 해.

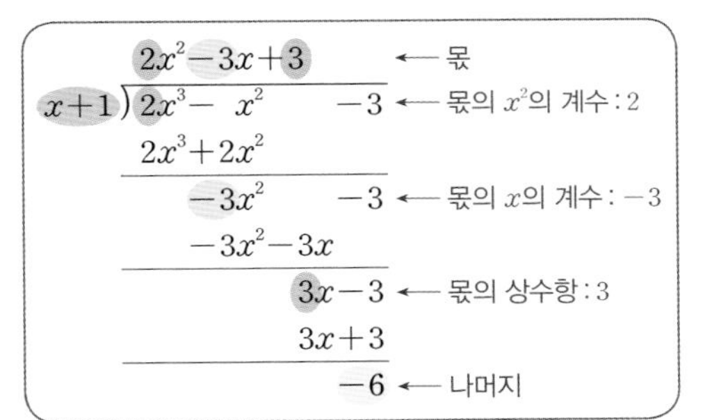

0224 다항식 x^3-x-4를 $x-3$으로 나누었을 때의 몫과 나머지를 조립제법을 이용하여 구하시오.

0225 다항식 $x^4+2x^3-x^2-x+1$을 $x+2$로 나누었을 때의 몫과 나머지를 조립제법을 이용하여 구하시오.

핵심 5 복잡한 다항식의 인수분해 (1) 유형 18~19

● 공통부분이 있는 다항식을 인수분해해 보자.

$(x^2+2x-3)(x^2+2x+6)+20$ ← $x^2+2x=X$로 치환하기
$=(X-3)(X+6)+20$ ← 전개하기
$=X^2+3X+2$ ← 인수분해하기
$=(X+1)(X+2)$ ← $X=x^2+2x$ 대입하기
$=(x^2+2x+1)(x^2+2x+2)$
$=(x+1)^2(x^2+2x+2)$

● x^4+ax^2+b 꼴의 다항식을 인수분해해 보자.

x^4+4
$=x^4+4+4x^2-4x^2$
$=(x^4+4x^2+4)-4x^2$
$=(x^2+2)^2-(2x)^2$ ← A^2-B^2 꼴로 변형하기
$=(x^2+2x+2)(x^2-2x+2)$ ← 인수분해하기

0226 다음 식을 인수분해하시오.

(1) $(x^2+x)^2+2(x^2+x)-3$

(2) $(x+1)^4+(x+1)^2-20$

0227 다항식 x^4-10x^2+9를 인수분해하시오.

핵심 6 복잡한 다항식의 인수분해 (2) 유형 20~21

● 문자가 여러 개인 다항식을 인수분해해 보자.

$x^2+3xy+2y^2-2x-y-3$ ← x에 대하여 내림차순으로 정리하기
$=x^2+(3y-2)x+(2y^2-y-3)$ ← 인수분해하기
$=x^2+(3y-2)x+(2y-3)(y+1)$
$=(x+2y-3)(x+y+1)$

● 인수정리를 이용하여 다항식을 인수분해해 보자.

다항식 $P(x)=x^3-4x^2+x+6$에 대하여
$P(-1)=0$
이므로 인수정리에 의하여 $P(x)$는 $x+1$을 인수로 가진다.
조립제법을 이용하여 인수분해하면

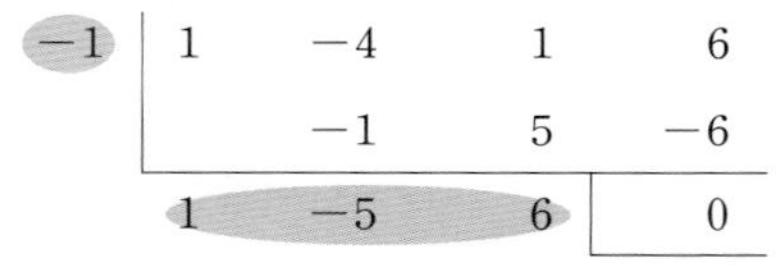

-1	1	-4	1	6
		-1	5	-6
	1	-5	6	0

$P(\alpha)=0$을 만족시키는 α의 값은 $\pm\frac{(6의\ 약수)}{(1의\ 약수)}$ 중에서 찾을 수 있어.

$\therefore x^3-4x^2+x+6=(x+1)(x^2-5x+6)$
$=(x+1)(x-2)(x-3)$

0228 다항식 $x^2+y^2+2xy-5x-5y+6$을 인수분해하시오.

0229 다항식 $x^4+3x^3-7x^2-27x-18$을 인수분해하시오.

● 정답 및 풀이 46쪽

27유형, 176문항입니다.

기초유형 0 인수분해 | 중3

(1) $ma+mb=m(a+b)$
(2) $a^2+2ab+b^2=(a+b)^2$, $a^2-2ab+b^2=(a-b)^2$
(3) $a^2-b^2=(a+b)(a-b)$
(4) $x^2+(a+b)x+ab=(x+a)(x+b)$
(5) $acx^2+(ad+bc)x+bd=(ax+b)(cx+d)$

0230 대표문제

다음 중 $10m^2+13m-3$의 인수인 것은?

① $2m-3$ ② $2m+3$ ③ $5m+1$
④ $10m+1$ ⑤ $10m+3$

0231 Level 1

$a(b-1)-b+1$을 인수분해하시오.

0232 Level 1

$3x^2-12y^2$이 $a(bx+cy)(bx-cy)$로 인수분해될 때, 자연수 a, b, c에 대하여 $a+b+c$의 값은?

① 4 ② 5 ③ 6
④ 7 ⑤ 8

0233 Level 2

$x-3$이 x^2-ax-6의 인수일 때, 상수 a의 값은?

① 1 ② 2 ③ 3
④ 4 ⑤ 5

0234 Level 2

$9x^2+24x+a$가 완전제곱식이 되도록 하는 상수 a의 값을 구하시오.

0235 Level 2

$(3x+y)^2-5(3x+y+2)-4$가 x와 y의 계수가 자연수인 두 일차식의 곱으로 인수분해될 때, 이 두 일차식의 합은?

① $x-3y+2$ ② $2x+4y+3$ ③ $2x+6y+5$
④ $6x+2y-5$ ⑤ $6x+3y+7$

실전유형 1 항등식의 미정계수 구하기 – 계수비교법 빈출유형

식을 전개하고 내림차순으로 정리한 후 양변의 동류항의 계수를 비교하여 미정계수를 구한다.

참고 곱셈 공식, 분배법칙 등을 이용하여 다항식을 전개하기 쉬운 경우에 이용한다.

0236 대표문제

x의 값에 관계없이 등식 $(4a-3)x+3=2x+(3-x)b$가 항상 성립할 때, 상수 a, b에 대하여 ab의 값은?

① -3　② -1　③ 1　④ 3　⑤ 5

0237

Level 1

등식 $x^3+ax^2-36=(x+c)(x^2+bx-12)$가 x에 어떤 값을 대입하여도 성립할 때, 상수 a, b, c에 대하여 $a+b+c$의 값을 구하시오.

0238

Level 2

등식 $(k-2)x-4ky-(6+k)=0$이 실수 k의 값에 관계없이 항상 성립할 때, 상수 x, y에 대하여 $x+y$의 값은?

① -5　② -4　③ -3　④ -2　⑤ -1

0239

Level 2

등식 $a(x-2y)+b(x+y)-1=5x-y+2c$가 x, y에 대한 항등식일 때, 상수 a, b, c에 대하여 abc의 값은?

① -6　② -3　③ 0　④ 3　⑤ 6

0240

Level 2

상수항이 1인 이차식 $P(x)$가 모든 실수 x에 대하여

$$\{P(x)\}^2=P(x^2)+2x^2$$

을 만족시킬 때, 다항식 $P(x)$의 x^2의 계수는?

① 1　② 2　③ 3　④ 4　⑤ 5

0241

Level 3

모든 x, y의 값에 대하여 $\dfrac{ax-by+5}{3x+2y-1}$의 값이 항상 일정할 때, 상수 a, b에 대하여 $a+b$의 값은? (단, $3x+2y-1\neq0$)

① -9　② -7　③ -5　④ -3　⑤ -1

+Plus 문제

실전유형 2 항등식의 미정계수 구하기 - 수치대입법 빈출유형

미정계수의 개수만큼 등식에서 문자에 적당한 수를 대입하여 미정계수를 구한다. 이때 각 항에서 인수를 0으로 하는 값을 대입하면 계산이 편리하다.

참고 각 항이 다항식의 곱의 형태로 주어진 경우에 이용한다.

0242 대표문제

등식 $x^2-ax+4=bx(x-2)+c(x+2)(x-1)$이 x에 대한 항등식일 때, 상수 a, b, c에 대하여 $a+b+c$의 값은?

① 1 ② 3 ③ 5 ④ 7 ⑤ 9

0243 Level 1

x의 값에 관계없이 등식

$5x^2-7x+4=ax(x-1)+b(x-1)(x-2)+cx(x-2)$

가 항상 성립할 때, 상수 a, b, c에 대하여 abc의 값을 구하시오.

0244 Level 2

모든 실수 x에 대하여 등식

$$2x^2-x+3=ab(x+1)^2+(a+b)(x-1)-4$$

가 성립할 때, 상수 a, b에 대하여 a^2+b^2의 값은?

① 20 ② 21 ③ 22 ④ 23 ⑤ 24

0245 Level 2

다항식 $f(x)=x^2-x+3$에 대하여 등식 $f(x+a)=x^2+bx+9$는 x에 어떤 값을 대입하여도 성립한다. 상수 a, b에 대하여 $a+b$의 값은? (단, $a>0$)

① 7 ② 8 ③ 9 ④ 10 ⑤ 11

0246 Level 2

다항식 $P(x)$에 대하여 등식

$$(x-1)(x^2-3)P(x)=x^4+ax^2+b$$

는 x에 대한 항등식이다. 상수 a, b에 대하여 $a-b+P(3)$의 값은?

① -6 ② -5 ③ -4 ④ -3 ⑤ -2

0247 Level 2

다항식 $P(x)$가 모든 실수 x에 대하여 등식

$$x(x-2)P(x)+a(x-1)=(x+1)b+4$$

를 만족시킬 때, $P(1)$의 값은? (단, a, b는 상수이다.)

① -2 ② -1 ③ 0 ④ 1 ⑤ 2

0248 고난도

Level 3

두 다항식 $f(x)$, $g(x)$가 모든 실수 x에 대하여 다음 조건을 만족시킬 때, $g(4)$의 값을 구하시오.

> (가) $g(x)=x^2f(x)$
> (나) $g(x)+(3x^2+4x)f(x)=x^3+ax^2+2x+b$
> (단, a, b는 상수이다.)

다음은 이 유형에서 출제된 최근 교육청 • 평가원 기출문제입니다.

0249 • 교육청 2018년 6월

Level 1

등식 $x^3-x^2+x+3=(x-1)(x^2+1)+a$가 x에 대한 항등식일 때, 상수 a의 값은?

① 2 ② 4 ③ 6
④ 8 ⑤ 10

0250 • 교육청 2020년 3월

Level 2

다항식 $P(x)$가 모든 실수 x에 대하여 등식

$$x(x+1)(x+2)=(x+1)(x-1)P(x)+ax+b$$

를 만족시킬 때, $P(a-b)$의 값은? (단, a, b는 상수이다.)

① 1 ② 2 ③ 3
④ 4 ⑤ 5

실전유형 3 항등식의 미정계수 구하기 – 조건을 만족시키는 항등식

조건식을 한 문자에 대하여 정리한 후, 주어진 등식에 대입하여 미정계수를 구한다.

0251 대표문제

$x+y=2$를 만족시키는 모든 실수 x, y에 대하여 등식

$$ax+3y+b-4=0$$

이 성립할 때, 상수 a, b에 대하여 ab의 값은?

① -12 ② -6 ③ -3
④ 2 ⑤ 8

0252

Level 2

$\frac{x+1}{2}=y+1$을 만족시키는 임의의 두 실수 x, y에 대하여 등식

$$ax^2+bx-6y^2+(x+1)y+2c=0$$

이 성립할 때, 상수 a, b, c에 대하여 $a+b+c$의 값은?

① -3 ② -2 ③ -1
④ 0 ⑤ 1

0253

Level 2

이차방정식

$$x^2+(k-2)x+(k+3)m+n+1=0$$

이 실수 k의 값에 관계없이 항상 $x=1$을 근으로 가질 때, 상수 m, n에 대하여 mn의 값은?

① -3 ② -2 ③ 2
④ 3 ⑤ 6

실전 유형 4 항등식에서 계수의 합 구하기

등식 $P(x)=a_nx^n+a_{n-1}x^{n-1}+a_{n-2}x^{n-2}+\cdots+a_0$에서

(1) $a_0+a_1+a_2+\cdots+a_{n-1}+a_n$의 값 구하기

➜ 등식의 양변에 $x=1$을 대입

$P(1)=a_0+a_1+\cdots+a_n$

(2) $a_0-a_1+a_2-\cdots+(-1)^na_n$의 값 구하기

➜ 등식의 양변에 $x=-1$을 대입

$P(-1)=a_0-a_1+\cdots+(-1)^na_n$

(3) a_0의 값 구하기

➜ 등식의 양변에 $x=0$을 대입

$P(0)=a_0$

0254 대표문제

등식

$$(x^2-2x-1)^6=a_0+a_1x+a_2x^2+\cdots+a_{12}x^{12}$$

이 x에 대한 항등식일 때, $a_0+a_2+a_4+a_6+a_8+a_{10}+a_{12}$의 값은? (단, a_0, a_1, a_2, $\cdots$, a_{12}는 상수이다.)

① -64 ② -32 ③ 32
④ 64 ⑤ 128

0255 Level 1

모든 실수 x에 대하여 등식

$$p_5x^5+p_4x^4+p_3x^3+p_2x^2+p_1x+p_0=(3x-1)^5$$

이 성립할 때, $p_0+p_1+p_2+p_3+p_4+p_5$의 값을 구하시오.

(단, p_0, p_1, p_2, $\cdots$, p_5는 상수이다.)

0256 Level 1

모든 실수 x에 대하여 등식

$$(x^2+x-1)^9=a_0+a_1x+a_2x^2+\cdots+a_{18}x^{18}$$

이 성립할 때, $a_0-a_1+a_2-a_3+\cdots+a_{18}$의 값을 구하시오.

(단, a_0, a_1, a_2, $\cdots$, a_{18}은 상수이다.)

0257 Level 2

임의의 실수 x에 대하여 등식

$$(x^2-x+2)^5=a_0+a_1x+a_2x^2+\cdots+a_{10}x^{10}$$

이 성립할 때, $a_1+a_2+a_3+\cdots+a_{10}$의 값을 구하시오.

(단, a_0, a_1, a_2, $\cdots$, a_{10}은 상수이다.)

0258 Level 2

상수 a_0, a_1, $\cdots$, a_8에 대하여

$-a_1+a_2-a_3+a_4-a_5+a_6-a_7+a_8=80$이고, 등식

$$(x^2+px+1)^4=a_0+a_1x+a_2x^2+\cdots+a_8x^8$$

은 x에 대한 항등식일 때, 양수 p의 값은?

① 4 ② 5 ③ 6
④ 7 ⑤ 8

0259

Level 2

모든 실수 x에 대하여 등식

$$x^{10}+1=a_{10}(x-2)^{10}+a_9(x-2)^9+\cdots+a_1(x-2)+a_0$$

이 성립할 때, $a_{10}+a_8+a_6+a_4+a_2+a_0$의 값은?

(단, a_0, a_1, a_2, $\cdots$, a_{10}은 상수이다.)

① $\frac{3(3^9-1)}{2}$　② $\frac{3^{10}-1}{2}$　③ $\frac{3^{10}}{2}$
④ $\frac{3^{10}+1}{2}$　⑤ $\frac{3(3^9+1)}{2}$

0260

Level 3

다항식 $(x-3)^4(x^4-2x+2)^8$을 전개하였을 때, 상수항을 포함한 모든 계수의 합을 구하시오.

+Plus 문제

다음은 이 유형에서 출제된 최근 교육청 • 평가원 기출문제입니다.

0261 • 교육청 2020년 11월

Level 1

모든 실수 x에 대하여 등식

$$(x+2)^3=ax^3+bx^2+cx+d$$

가 성립할 때, $a+b+c+d$의 값은?

(단, a, b, c, d는 상수이다.)

① 21　② 24　③ 27
④ 30　⑤ 33

실전유형 5 다항식의 나눗셈과 항등식

다항식의 나눗셈에 대한 등식은 항등식이다.
즉, 다항식 $A(x)$, $B(x)$에 대하여 $A(x)$를 $B(x)$로 나누었을 때의 몫을 $Q(x)$, 나머지를 $R(x)$라 하면

$$A(x)=B(x)Q(x)+R(x)$$

는 x에 대한 항등식이다. (단, ($R(x)$의 차수)$<$($B(x)$의 차수))

예 최고차항의 계수가 a인 삼차식 $P(x)$를 이차식 x^2+px+q로 나누었을 때의 몫을 $ax+b$, 나머지를 $cx+d$라 하면

$$P(x)=(x^2+px+q)(ax+b)+cx+d$$

0262 대표문제

다항식 x^3+ax^2+b를 x^2-x-1로 나누었을 때의 나머지가 $4x-1$일 때, 상수 a, b에 대하여 $\frac{b}{a}$의 값은?

① -2　② -1　③ 1
④ 2　⑤ 3

0263

Level 1

다항식 x^3-ax^2+bx+3이 x^2-2x-1로 나누어떨어질 때, 상수 a, b에 대하여 $a-b$의 값을 구하시오.

0264

Level 2

다항식 x^4-ax^2+bx-9를 x^2+x-3으로 나누었을 때의 나머지는 $2x-3$이다. 이때의 몫을 $Q(x)$라 할 때, 상수 a, b에 대하여 $Q(a+b)$의 값은?

① 56　② 62　③ 68
④ 74　⑤ 80

● 정답 및 풀이 51쪽

0265

Level 2

다항식 $P(x)=x^3+ax^2+bx+c$를 $(x+1)^2$으로 나누었을 때의 나머지가 $-11x-13$이고, $(x+2)^2$으로 나누었을 때의 나머지가 4일 때, $P(-3)$의 값은? (단, a, b, c는 상수이다.)

① -4 ② -2 ③ 2
④ 4 ⑤ 6

0266

Level 2

다항식 $x^{10}+1$을 x^2-1로 나누었을 때의 나머지를 $R(x)$라 할 때, $R(3)$의 값은?

① 1 ② 2 ③ 3
④ 4 ⑤ 5

0267

Level 2

다항식 $x^{15}-x^{10}+x^5-1$을 x^3-x로 나누었을 때의 나머지를 $R(x)$라 할 때, $R(-2)$의 값을 구하시오.

다음은 이 유형에서 출제된 최근 교육청 • 평가원 기출문제입니다.

0268 • 교육청 2021년 3월

Level 2

다항식 $(x+2)(x-1)(x+a)+b(x-1)$이 x^2+4x+5로 나누어떨어질 때, $a+b$의 값을 구하시오.

(단, a, b는 상수이다.)

0269 • 교육청 2017년 6월

Level 2

x에 대한 삼차다항식

$$P(x)=(x^2-x-1)(ax+b)+2$$

에 대하여 $P(x+1)$을 x^2-4로 나눈 나머지가 -3일 때, $50a+b$의 값을 구하시오. (단, a, b는 상수이다.)

0270 고난도 • 교육청 2021년 6월

Level 3

최고차항의 계수가 1인 삼차다항식 $f(x)$가 다음 조건을 만족시킨다.

> (가) $f(0)=0$
> (나) $f(x)$를 $(x-2)^2$으로 나눈 나머지가 $2(x-2)$이다.

$f(x)$를 $x-1$로 나눈 몫을 $Q(x)$라 할 때, $Q(5)$의 값은?

① 3 ② 6 ③ 9
④ 12 ⑤ 15

02

실전유형 **6 나머지정리** 빈출유형

(1) 다항식 $P(x)$를 일차식 $x-a$로 나누었을 때의 나머지
→ $P(a)$

(2) 다항식 $P(x)$를 일차식 $ax+b$로 나누었을 때의 나머지
→ $P\left(-\frac{b}{a}\right)$

참고 다항식 $P(x)$를 일차식으로 나누었을 때의 나머지는 항상 상수이다.

0271 대표문제

다항식 $P(x)$를 $x-1$로 나누었을 때의 나머지가 -4이고, 다항식 $Q(x)$를 $x-1$로 나누었을 때의 나머지가 3일 때, 다항식 $P(x)+5Q(x)$를 $x-1$로 나누었을 때의 나머지는?

① 8 ② 9 ③ 10
④ 11 ⑤ 12

0272

Level 1

다항식 $P(x)$를 $2x-1$로 나누었을 때의 나머지가 -2일 때, 다항식 $\{P(x)\}^2$을 $2x-1$로 나누었을 때의 나머지를 구하시오.

0273

Level 2

다항식 $P(x)$를 $x+3$으로 나누었을 때의 나머지가 7일 때, 다항식 $(x+5)P(x)$를 $x+3$으로 나누었을 때의 나머지는?

① 7 ② 14 ③ 21
④ 28 ⑤ 35

0274

Level 2

다항식 $P(x)$를 일차식 $ax+b$로 나누었을 때의 나머지가 R일 때, 다항식 $\left(ax+\frac{1}{R}\right)P(x)$를 $ax+b$로 나누었을 때의 나머지와 항상 같은 것은? (단, a, b는 상수이다.)

① $1-aR$ ② $1-bR$ ③ $a-bR$
④ $\frac{b}{a}R$ ⑤ $\frac{b}{aR}$

0275

Level 2

다항식 $P(x)=3x^2+x+1$을 $3x+n$으로 나누었을 때의 나머지가 5일 때, $P(x)$를 $3x-2n$으로 나누었을 때의 나머지를 구하시오. (단, n은 자연수이다.)

0276

Level 2

두 다항식 $P(x)$, $Q(x)$에 대하여 $2P(x)+Q(x)$를 $x-2$로 나누었을 때의 나머지가 2이고, $P(x)-2Q(x)$를 $x-2$로 나누었을 때의 나머지가 -9일 때, 다항식 $P(x)+Q(x)$를 $x-2$로 나누었을 때의 나머지를 구하시오.

0277

Level 2

다항식 $x^{10}+1$을 $x+1$로 나누었을 때의 몫을 $Q(x)$, 나머지를 R라 할 때, $Q(1)+R$의 값을 구하시오.

실전유형 7 나머지정리 – 미정계수 구하기

나머지정리를 이용하여 다항식의 미정계수를 구한다.

0278 대표문제

다항식 $P(x)=x^3+ax^2+2x-5$를 $x+1$로 나누었을 때의 나머지가 1일 때, $P(x)$를 $x-1$로 나누었을 때의 나머지는? (단, a는 상수이다.)

① 3 ② 4 ③ 5 ④ 6 ⑤ 7

0279

Level 1

다항식 x^3+ax^2-x+2를 $x+2$로 나누었을 때의 나머지와 $x-3$으로 나누었을 때의 나머지가 같을 때, 상수 a의 값은?

① -6 ② -4 ③ -2 ④ 2 ⑤ 4

0280

Level 2

다항식 x^3+ax^2+bx+3을 $x-1$로 나누었을 때의 나머지가 6, $x+1$로 나누었을 때의 나머지가 -6이다. 이 다항식을 $x-3$으로 나누었을 때의 나머지는? (단, a, b는 상수이다.)

① 12 ② 15 ③ 18 ④ 21 ⑤ 24

0281

Level 2

다항식 $3x^2+kx-2$를 $x+2$로 나누었을 때의 나머지를 R_1, $x-2$로 나누었을 때의 나머지를 R_2라 하자. $R_1R_2=36$일 때, 양수 k의 값은?

① 1 ② 2 ③ 3 ④ 4 ⑤ 5

0282

Level 2

다항식 $P(x)=x^2-ax+b$를 $x+5$로 나누었을 때의 나머지를 R_1, $x-a$로 나누었을 때의 나머지를 R_2라 하면 $R_1-R_2=10$이다. $P(x)$를 $x-b$로 나누었을 때의 나머지가 -4일 때, $P(1)$의 값을 구하시오. (단, a, b는 상수이다.)

0283

Level 3

다항식 x^3-3x^2+ax+3을 $x-2$로 나누었을 때의 몫을 $Q(x)$, 나머지를 R라 할 때, 몫 $Q(x)$의 상수항을 포함한 모든 계수의 합이 -3이다. 이때 나머지 R의 값은? (단, a는 상수이다.)

① -5 ② -4 ③ -3 ④ -2 ⑤ -1

실전 유형 **8** 나머지정리 - 이차 이상의 식으로 나누었을 때 빈출유형

다항식을 이차식으로 나누었을 때의 나머지는 일차식이거나 상수이므로 $ax+b$ (a, b는 상수)라 할 수 있다.

0284 대표문제

다항식 $P(x)$를 $x-1$로 나누었을 때의 나머지가 3이고, $x-2$로 나누었을 때의 나머지가 4이다. $P(x)$를 x^2-3x+2로 나누었을 때의 나머지를 $R(x)$라 할 때, $R(3)$의 값은?

① 1 ② 2 ③ 3
④ 4 ⑤ 5

0285 Level 2

다항식 $P(x)$를 $x-2$로 나누었을 때의 나머지가 4이고, $x+1$로 나누었을 때의 나머지가 -2일 때, 다항식 $x^2P(x)$를 $(x-2)(x+1)$로 나누었을 때의 나머지를 구하시오.

0286 Level 2

다항식 $P(x)$를 $x(x-1)$로 나누었을 때의 나머지가 $2x-1$이고, $(x-1)(x-2)$로 나누었을 때의 나머지가 $4x-3$이다. $P(x)$를 $x(x-1)(x-2)$로 나누었을 때의 나머지를 $R(x)$라 할 때, $R(-1)$의 값은?

① -1 ② 0 ③ 1
④ 2 ⑤ 4

0287 Level 2

다항식 $P(x)$를 $x-5$로 나누었을 때의 나머지가 1이고, 다항식 $Q(x)$를 $2x^2-9x-5$로 나누었을 때의 나머지가 11일 때, 다항식 $2P(x)+3Q(x)$를 $x-5$로 나누었을 때의 나머지는?

① 25 ② 30 ③ 35
④ 40 ⑤ 45

0288 Level 2

다항식 $P(x)$를 $x-3$으로 나누었을 때의 나머지가 8이고, $x+2$로 나누었을 때의 나머지가 -2이다. $P(x)$를 $(x-3)(x+2)$로 나누었을 때의 몫과 나머지가 서로 같을 때, $P(1)$의 값을 구하시오.

0289 Level 2

다항식 $P(x)$를 x^2-9로 나누었을 때의 나머지가 $-x+1$이고, x^2+3x+2로 나누었을 때의 나머지가 $x+3$이다. $P(x)$를 x^2-2x-3으로 나누었을 때의 나머지는?

① $-x-1$ ② $-x+1$ ③ $-x+3$
④ $x-1$ ⑤ $x+1$

● 정답 및 풀이 55쪽

0290

Level 2

다항식 $P(x)$를 x^2+3x-4로 나누었을 때의 나머지가 $-x+2$이고, $x-2$로 나누었을 때의 나머지가 -3이다. 다항식 $P(x)$를 x^2-3x+2로 나누었을 때의 나머지를 $R(x)$라 할 때, $R(-1)$의 값은?

① 3　② 6　③ 9　④ 12　⑤ 15

0291

Level 3

다항식 $P(x)$를 $(x-1)^2$으로 나누면 나머지가 $2x+1$이고, $x-3$으로 나누면 나머지가 3이다. $P(x)$를 $(x-1)^2(x-3)$으로 나누었을 때의 나머지를 $R(x)$라 할 때, $R(2)$의 값은?

① -1　② 0　③ 1　④ 2　⑤ 4

0292 고난도

Level 3

다음 조건을 만족시키는 삼차식 $P(x)$에 대하여 $P(x)$를 x^2-x로 나누었을 때의 나머지를 $R(x)$라 할 때, $R(3)$의 값을 구하시오.

(가) $P(x)+P(2-x)=2$
(나) $P(2)=-7$

+Plus 문제

실전유형 9 나머지정리 - $P(ax+b)$를 $x-a$로 나누었을 때

다항식 $P(ax+b)$를 $x-\alpha$로 나누었을 때의 나머지
➜ $P(a\alpha+b)$

0293 대표문제

다항식 $P(x)$를 x^2-3x+2로 나누었을 때의 나머지가 $x+1$일 때, 다항식 $P(x-6)$을 $x-8$로 나누었을 때의 나머지를 구하시오.

0294

Level 2

다항식 $P(x)$를 x^2-5x+4로 나누었을 때의 나머지가 $5x$일 때, 다항식 $(2x^2-x+1)P(2x+1)$을 $2x-3$으로 나누었을 때의 나머지를 구하시오.

0295

Level 2

두 다항식 $f(x)$, $g(x)$에 대하여 $f(x)-g(x)$를 $x-3$으로 나누었을 때의 나머지가 7이고, $2f(x)+3g(x)$를 $x-3$으로 나누었을 때의 나머지가 4이다. 이때 다항식 $g(4x-1)$을 $x-1$로 나누었을 때의 나머지는?

① -2　② -1　③ 0　④ 1　⑤ 2

0296

Level 2

다항식 $P(x)=x^2-ax+b$에 대하여 다항식 $P(x-10)$을 $x-11$로 나누었을 때의 나머지가 4이고, 다항식 $P(x+13)$을 $x+15$로 나누었을 때의 나머지가 -2이다. 상수 a, b에 대하여 $a+b$의 값을 구하시오.

실전유형 10 나머지정리 - 몫을 $x-a$로 나누었을 때

다항식 $P(x)$를 다항식 $S(x)$로 나누었을 때의 몫을 $Q(x)$라 하면 몫 $Q(x)$를 $x-a$로 나누었을 때의 나머지
→ $Q(a)$

0297 대표문제

다항식 $P(x)$를 $x+1$로 나누었을 때의 몫이 $Q(x)$, 나머지가 2이고, $Q(x)$를 $x-3$으로 나누었을 때의 나머지가 1일 때, $P(x)$를 $x-3$으로 나누었을 때의 나머지는?

① 2 ② 4 ③ 6
④ 8 ⑤ 10

0298

Level 2

다항식 x^3-ax+9를 $x-2$로 나누었을 때의 몫이 $Q(x)$, 나머지가 3일 때, $Q(x)$를 $x-10$으로 나누었을 때의 나머지는? (단, a는 상수이다.)

① 108 ② 110 ③ 112
④ 117 ⑤ 124

0299

Level 2

다항식 $x^{23}+x^{22}+x$를 $x+1$로 나누었을 때의 몫을 $Q(x)$라 할 때, $Q(x)$를 $x-1$로 나누었을 때의 나머지는?

① -2 ② -1 ③ 0
④ 1 ⑤ 2

0300

Level 2

$P\left(-\frac{2}{3}\right)=9$를 만족시키는 다항식 $P(x)$에 대하여 다항식 $(x-2)^2P(x)$를 $3x+2$로 나누었을 때의 몫을 $Q(x)$라 할 때, $Q(x)$를 $x-2$로 나누었을 때의 나머지는?

① -10 ② -9 ③ -8
④ -7 ⑤ -6

0301

Level 2

다항식 $P(x)$를 x^2+x+1로 나누었을 때의 나머지가 $3x+2$이고, 이때의 몫을 $x-1$로 나누었을 때의 나머지가 2이다. $P(x)$를 x^3-1로 나누었을 때의 나머지를 $R(x)$라 할 때, $R(-2)$의 값을 구하시오.

0302

Level 2

다항식 $P(x)$를 x^3+2x^2+4x+8로 나누었을 때의 몫이 $Q(x)$, 나머지가 $x-12$이고, $Q(x)$를 $x-2$로 나누었을 때의 나머지가 1이다. $P(x)$를 x^4-16으로 나누었을 때의 나머지를 $R(x)$라 할 때, $R(-1)$의 값은?

① -8 ② -6 ③ -4
④ -2 ⑤ 0

심화유형 11 나머지정리의 활용 – 수의 나눗셈

복합유형

자연수 A, B에 대하여 A를 B로 나누었을 때의 나머지
➔ A를 x에 대한 다항식으로, B를 x에 대한 일차식으로 나타내고 나머지정리를 이용하여 구한다.

0303 대표문제

50^{100}을 49로 나누었을 때의 나머지는?

① 0 ② 1 ③ 2
④ 2^2 ⑤ 2^3

0304

Level 2

$417^{10}+417^9+2$를 416으로 나누었을 때의 나머지는?

① 4 ② 8 ③ 12
④ 16 ⑤ 20

0305

Level 3

31^{13}을 30으로 나누었을 때의 나머지와 32^{21}을 33으로 나누었을 때의 나머지의 합을 구하시오.

다음은 이 유형에서 출제된 최근 교육청 • 평가원 기출문제입니다.

0306 • 교육청 2021년 6월

Level 2

다음은 2022^{10}을 505로 나누었을 때의 나머지를 구하는 과정이다.

> 다항식 $(4x+2)^{10}$을 x로 나누었을 때의 몫을 $Q(x)$, 나머지를 R라고 하면
> $(4x+2)^{10}=xQ(x)+R$이다.
> 이때 $R=$ (가) 이다.
> 등식 $(4x+2)^{10}=xQ(x)+$ (가) 에
> $x=505$를 대입하면
> $2022^{10}=505\times Q(505)+$ (가)
> $=505\times\{Q(505)+$ (나) $\}+$ (다) 이다.
> 따라서 2022^{10}을 505로 나누었을 때의 나머지는 (다) 이다.

위의 (가), (나), (다)에 알맞은 수를 각각 a, b, c라 할 때, $a+b+c$의 값은?

① 1038 ② 1040 ③ 1042
④ 1044 ⑤ 1046

0307 • 교육청 2020년 6월

Level 2

$(2020+1)(2020^2-2020+1)$을 2017로 나눈 나머지를 구하시오.

02

실전유형 12 인수정리

빈출유형

다항식 $P(x)$에 대하여

(1) $P(\alpha)=0$이면 $P(x)$는 $x-\alpha$로 나누어떨어진다.

(2) $P(x)$가 $x-\alpha$로 나누어떨어지면 $P(\alpha)=0$이다.

참고 $P\left(-\frac{b}{a}\right)=0$이면 $P(x)$는 $ax+b$로 나누어떨어진다.

0308 대표문제

다항식 $P(x)=x^3-kx^2-x+2$가 $x+2$로 나누어떨어질 때, $P(x)$를 $x-1$로 나누었을 때의 나머지는?

(단, k는 상수이다.)

① 1 ② 2 ③ 3
④ 4 ⑤ 5

0309

Level 1

다항식 $8x^4+4x^3-6x+k$가 $2x-1$로 나누어떨어질 때, 상수 k의 값을 구하시오.

0310

Level 2

다항식 $P(x)=ax^3+bx-6$이 $x+3$, $x-2$로 각각 나누어떨어질 때, $P(x)$를 $x+1$로 나누었을 때의 나머지는?

(단, a, b는 상수이다.)

① -14 ② -13 ③ -12
④ -11 ⑤ -10

0311

Level 2

다항식 $(kx^3+2)(kx^2-6)-5kx$가 $x+1$을 인수로 갖도록 하는 모든 상수 k의 값의 합은?

① 11 ② 12 ③ 13
④ 14 ⑤ 15

0312

Level 2

다항식 $P(x)=x^3+ax+b$에 대하여 $P(x)-3$은 $x+1$로 나누어떨어지고, $P(x)+1$은 $x-1$로 나누어떨어질 때, $P(2)$의 값은? (단, a, b는 상수이다.)

① 1 ② 2 ③ 3
④ 4 ⑤ 5

0313

Level 3

두 다항식 $f(x)$, $g(x)$에 대하여 $f(x)+g(x)-4x$는 $x-1$로 나누어떨어지고, $f(3x)-g(3x)+6x$는 $3x-1$로 나누어떨어질 때, $f(2x)+2g(2x)$를 $2x-1$로 나누었을 때의 나머지는?

① 3 ② 4 ③ 5
④ 6 ⑤ 7

+Plus 문제

다음은 이 유형에서 출제된 최근 교육청 · 평가원 기출문제입니다.

0314 · 교육청 2018년 9월

Level 1

x에 대한 다항식 x^3-2x-a가 $x-2$로 나누어떨어지도록 하는 상수 a의 값을 구하시오.

0315 · 교육청 2021년 6월

Level 2

다항식 $f(x)=x^3+ax^2+bx+6$을 $x-1$로 나누었을 때의 나머지는 4이다. $f(x+2)$가 $x-1$로 나누어떨어질 때, $b-a$의 값은? (단, a, b는 상수이다.)

① 4 ② 5 ③ 6
④ 7 ⑤ 8

0316 · 교육청 2020년 6월

Level 2

이차항의 계수가 1인 이차다항식 $f(x)$에 대하여 $f(x)+2$는 $x+2$로 나누어떨어지고, $f(x)-2$는 $x-2$로 나누어떨어질 때, $f(10)$의 값을 구하시오.

실전유형 13 인수정리 – 이차식으로 나누었을 때

다항식 $P(x)$가 이차식 $(x-\alpha)(x-\beta)$로 나누어떨어지면
$P(\alpha)=0$, $P(\beta)=0$

0317 대표문제

다항식 x^3+ax^2-2x+b가 x^2-x-6을 인수로 가질 때, 상수 a, b에 대하여 $a+b$의 값은?

① 15 ② 16 ③ 17
④ 18 ⑤ 19

0318

Level 2

다항식 $P(x)=2x^3-x^2+ax+b$가 $2x^2+x-1$로 나누어떨어질 때, $P(2)$의 값은? (단, a, b는 상수이다.)

① 5 ② 6 ③ 7
④ 8 ⑤ 9

0319

Level 2

다항식 $P(x)=2x^4+ax^3+bx^2+x-6$이 $(x+1)(x-1)$로 나누어떨어질 때, $P(x)$를 $x-2$로 나누었을 때의 나머지는? (단, a, b는 상수이다.)

① 30 ② 32 ③ 34
④ 36 ⑤ 38

0320

Level 2

다항식 $P(x)=3x^3-x^2+ax+b$에 대하여 $P(x-2)$가 $x^2-7x+12$로 나누어떨어질 때, 상수 a, b에 대하여 $b-a$의 값을 구하시오.

0321

Level 2

삼차식 $P(x)$에 대하여 $P(x)$가 $(x+1)^2$으로 나누어떨어지고, $6-P(x)$가 $(x+2)(x-1)$로 나누어떨어질 때, $P(x)$를 $x+4$로 나누었을 때의 나머지는?

① 63 ② 72 ③ 81
④ 90 ⑤ 99

0322

Level 2

다항식 $P(x)-5$가 x^2-4로 나누어떨어질 때, 다항식 $P(x+1)$을 x^2+2x-3으로 나누었을 때의 나머지를 구하시오.

심화유형 14 인수정리의 활용

다항식 $P(x)$에 대하여 $P(a)=P(b)=P(c)=k$이면 인수정리에 의하여 다항식 $P(x)-k$는 $x-a$, $x-b$, $x-c$로 각각 나누어떨어진다.

0323 대표문제

최고차항의 계수가 1인 삼차식 $P(x)$에 대하여

$$P(0)=P(2)=P(3)=6$$

일 때, $P(x)$를 $x+1$로 나누었을 때의 나머지는?

① -6 ② -5 ③ -4
④ -3 ⑤ -2

0324

Level 2

최고차항의 계수가 2인 삼차식 $P(x)$가 다음 조건을 만족시킬 때, $P(0)$의 값을 구하시오.

(가) $P(-4)=P(1)=P(2)$
(나) $P(x)$는 $x+5$로 나누어떨어진다.

0325 고난도

Level 3

삼차식 $P(x)$에 대하여

$$P(1)=1,\ P(2)=\frac{1}{2},\ P(3)=\frac{1}{3},\ P(4)=\frac{1}{4}$$

일 때, $P(x)$를 $x-5$로 나누었을 때의 나머지는?

① $-\frac{1}{5}$ ② 0 ③ $\frac{2}{5}$
④ 5 ⑤ 24

+Plus 문제

실전유형 15 조립제법

x에 대한 다항식 ax^3+bx^2+cx+d를 $x-\alpha$로 나누었을 때의 몫과 나머지를 다음과 같이 조립제법을 이용하여 구하면

$$\begin{array}{c|cccc} \alpha & a & b & c & d \\ & & a\alpha & \alpha p & \alpha q \\ \hline & a & p & q & r=d+\alpha q \end{array}$$

$p=b+a\alpha$, $q=c+\alpha p$

몫은 ax^2+px+q, 나머지는 r이다.

0326 대표문제

오른쪽과 같이 조립제법을 이용하여 다항식 x^3+ax^2-x+b를 $x-1$로 나누었을 때의 몫과 나머지를 구하는 과정에서 a, b, c, d, e의 값으로 옳지 않은 것은?

$$\begin{array}{c|cccc} e & 1 & a & -1 & b \\ & & c & d & -2 \\ \hline & 1 & -1 & -2 & 3 \end{array}$$

① $a=-2$ ② $b=4$ ③ $c=1$
④ $d=-1$ ⑤ $e=1$

0327

Level 2

조립제법을 이용하여 다항식 $P(x)=x^2+1$을 $x+2$로 나누었을 때의 몫과 나머지를 구하는 과정이 오른쪽과 같다.

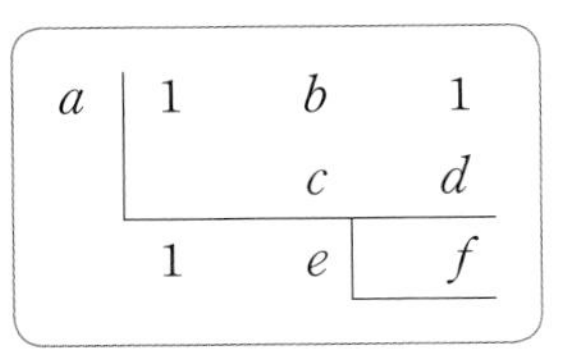

$P(x)$를 $x+2$로 나누었을 때의 몫을 $Q(x)$, 나머지를 R라 할 때, $Q(b)+R$의 값을 구하시오.

0328

Level 2

조립제법을 이용하여 다항식 $P(x)=2x^3-3x^2-x+2$를 $x+\frac{3}{2}$으로 나누었을 때의 몫과 나머지를 구하면 다음과 같다. $P(x)$를 $2x+3$으로 나누었을 때의 몫을 $Q(x)$, 나머지를 R라 할 때, $Q(1)-R$의 값을 구하시오.

$$\begin{array}{c|cccc} -\frac{3}{2} & 2 & -3 & -1 & 2 \\ & & -3 & 9 & -12 \\ \hline & 2 & -6 & 8 & -10 \end{array}$$

다음은 이 유형에서 출제된 최근 교육청 • 평가원 기출문제입니다.

0329 • 교육청 2020년 6월

Level 2

다음은 다항식 $3x^3-7x^2+5x+1$을 $3x-1$로 나눈 몫과 나머지를 구하기 위하여 조립제법을 이용하는 과정이다.

조립제법을 이용하면

$$\begin{array}{c|cccc} \frac{1}{3} & 3 & -7 & 5 & 1 \\ & & \square & \square & 1 \\ \hline & 3 & \square & \square & 2 \end{array}$$

이므로

$3x^3-7x^2+5x+1=\left(x-\frac{1}{3}\right)($ (가) $)+2$

$=(3x-1)($ (나) $)+2$

이다.

따라서 몫은 (나) 이고, 나머지는 2이다.

위의 (가), (나)에 들어갈 식을 각각 $f(x)$, $g(x)$라 할 때, $f(2)+g(2)$의 값은?

① 1 ② 2 ③ 3
④ 4 ⑤ 5

심화유형 16 조립제법 - 항등식의 미정계수 구하기

(1) 다항식 $P(x)$를 $x-a$로 나누었을 때의 몫을 $Q_1(x)$, 나머지를 R_1이라 하고, 몫 $Q_1(x)$를 $x-a$로 나누었을 때의 몫을 $Q_2(x)$, 나머지를 R_2라 하면

$$P(x)=(x-a)Q_1(x)+R_1$$
$$=(x-a)\{(x-a)Q_2(x)+R_2\}+R_1$$
$$=Q_2(x)(x-a)^2+R_2(x-a)+R_1$$

(2) 다항식 $P(x)$가 $(x-a)^2$으로 나누어떨어진다.
→ $P(a)=0$

0330 대표문제

x의 값에 관계없이 등식

$$x^3-2x^2-3=a(x+1)^3+b(x+1)^2+c(x+1)+d$$

가 성립할 때, 상수 a, b, c, d에 대하여 $a-b+c-d$의 값은?

① 15 ② 16 ③ 17 ④ 18 ⑤ 19

0331 Level 2

조립제법을 이용하여 다항식 $P(x)=x^4+ax+b$를 $x-1$로 나누었을 때의 몫을 $x-1$로 나누는 과정이 다음과 같다.

1	1	0	0	a	b
		1	1	1	$a+1$
1	1	1	1	$a+1$	$a+b+1$
		1	2	3	
	1	2	3	$a+4$	

$P(x)$가 $(x-1)^2$을 인수로 가질 때, $P(x)$를 $x+2$로 나누었을 때의 나머지는? (단, a, b는 상수이다.)

① 11 ② 15 ③ 19 ④ 23 ⑤ 27

0332 Level 2

조립제법을 이용하여 다항식 $P(x)$를 $x-2$로 나누었을 때의 몫을 $x-2$로 나누는 과정이 다음과 같다.
$P(x)=3(x-2)^2+6(x-2)+7$일 때, 상수 a, b, c의 값으로 알맞은 것은?

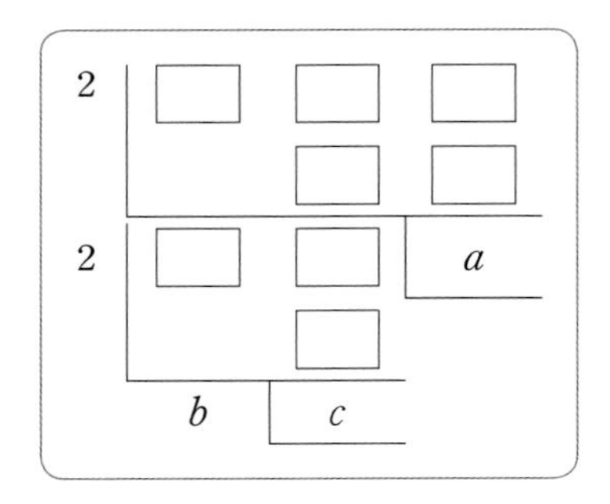

	a	b	c
①	2	3	7
②	3	2	6
③	6	3	7
④	7	3	6
⑤	7	6	3

0333 Level 3

모든 실수 x에 대하여

$$8x^3-4x^2+2x+1$$
$$=a(2x-1)^3+b(2x-1)^2+c(2x-1)+d$$

가 성립할 때, 상수 a, b, c, d에 대하여 $a+b+c+d$의 값을 구하시오.

다음은 이 유형에서 출제된 최근 교육청 · 평가원 기출문제입니다.

0334 · 교육청 2018년 6월 Level 2

x에 대한 다항식 x^4+ax+b가 $(x-2)^2$으로 나누어떨어질 때, 몫을 $Q(x)$라 하자. 두 상수 a, b에 대하여 $a+b+Q(2)$의 값을 구하시오.

실전유형 17 인수분해 공식을 이용한 다항식의 인수분해

(1) $a^2+b^2+c^2+2ab+2bc+2ca=(a+b+c)^2$

(2) $a^3+3a^2b+3ab^2+b^3=(a+b)^3$

$a^3-3a^2b+3ab^2-b^3=(a-b)^3$

(3) $a^3+b^3=(a+b)(a^2-ab+b^2)$

$a^3-b^3=(a-b)(a^2+ab+b^2)$

(4) $a^4+a^2b^2+b^4=(a^2+ab+b^2)(a^2-ab+b^2)$

(5) $a^3+b^3+c^3-3abc$

$=(a+b+c)(a^2+b^2+c^2-ab-bc-ca)$

$=\frac{1}{2}(a+b+c)\{(a-b)^2+(b-c)^2+(c-a)^2\}$

0335 대표문제

다음 중 옳지 않은 것은?

① $8x^3+12x^2+6x+1=(2x+1)^3$

② $x^3-9x^2+27x-27=(x-3)^3$

③ $8x^3+27=(2x+3)(4x^2-6x+9)$

④ $x^6-y^6=(x^2+y^2)(x^2-xy+y^2)(x^2+xy+y^2)$

⑤ $x^3-y^3+8z^3+6xyz$
$=(x-y+2z)(x^2+y^2+4z^2+xy+2yz-2zx)$

0336 Level 1

다음 중 다항식 x^3-3x^2+3x-1의 인수인 것은?

① $x-3$　② $x+1$　③ x^2-2x+1　④ x^2+2x+1　⑤ x^2-6x+9

0337 Level 2

다항식 $(x+3y)^3+64y^3$을 인수분해하시오.

0338 Level 2

다항식 $a^4+9a^2b^2+81b^4$이 $a^2-pab+qb^2$을 인수로 가질 때, pq의 값을 구하시오. (단, p, q는 자연수이다.)

0339 Level 2

$9x^2+pxy^2+qy^4$이 다항식 $27x^3+64y^6$의 인수일 때, $p+q$의 값은? (단, p, q는 정수이다.)

① 1　② 2　③ 3　④ 4　⑤ 5

0340 Level 2

다항식을 인수분해한 것으로 옳은 것만을 〈보기〉에서 있는 대로 고른 것은?

〈보기〉

ㄱ. $4x^2+9y^2+z^2-12xy+6yz-4zx=(2x-3y-z)^2$

ㄴ. $8x^3-12x^2+6x-1=(2x-1)^3$

ㄷ. $x^4+9x^2+81=(x^2+3x+3)(x^2-3x+3)$

ㄹ. $x^3-27y^3+8z^3+18xyz$
$=(x-3y+2z)(x^2+9y^2+4z^2+6xy+12yz-4zx)$

① ㄱ, ㄴ　② ㄱ, ㄷ　③ ㄱ, ㄹ　④ ㄴ, ㄹ　⑤ ㄱ, ㄴ, ㄷ

실전유형 18 공통부분이 있는 다항식의 인수분해 빈출유형

공통부분이 있으면 다음과 같은 순서로 인수분해한다.
❶ 공통부분을 문자로 치환한다.
❷ 치환한 식을 전개한 후 인수분해한다.
❸ 치환한 문자에 원래 식을 대입하여 정리한다.
참고 $(x+a)(x+b)(x+c)(x+d)+k$ 꼴은 공통부분이 생기도록 2개씩 짝지어 전개한 후 인수분해한다.

0341 대표문제

다음 중 다항식 $(x^2+5x+4)(x^2+5x+6)-8$의 인수인 것은?

① $x+2$ ② $x+3$ ③ x^2+5x
④ x^2+5x+2 ⑤ x^2+5x+3

0342 Level 1

다음은 다항식 $(x+1)(x+3)(x+5)(x+7)+7$을 인수분해하는 과정이다.

$(x+1)(x+3)(x+5)(x+7)+7$
$=(x^2+8x+7)(x^2+8x+$ (가) $)+7$
$x^2+8x=X$로 치환하면
$(x^2+8x+7)(x^2+8x+$ (가) $)+7$
$=(X+7)(X+$ (가) $)+7$
$=X^2+$ (나) $X+112$
$=(X+$ (다) $)(X+14)$
$=(x^2+8x+$ (다) $)(x^2+8x+14)$

(가), (나), (다)에 알맞은 수를 각각 p, q, r라 할 때, $p+q+r$의 값은?

① 25 ② 30 ③ 35
④ 40 ⑤ 45

0343 Level 2

다음 중 다항식 $(x-y+z-1)(x-1)-yz$의 인수인 것은?

① $x-y$ ② $x-z$ ③ $y+z$
④ $x-y+1$ ⑤ $x+z-1$

0344 Level 2

다항식 $(x-y)^3+(y-x-2)^3+8$을 인수분해하시오.

0345 Level 2

다항식 $(x^2+2x)^2-3x^2-6x-40$을 인수분해하면 $(x-a)(x+b)(x^2+cx+d)$일 때, 자연수 a, b, c, d에 대하여 $a+b+c+d$의 값은?

① 11 ② 12 ③ 13
④ 14 ⑤ 15

0346

Level 2

다항식 $(x+1)(x-2)(x+3)(x+6)-100$이 두 이차식의 곱 $(x^2+ax-17)(x^2+bx+c)$로 인수분해될 때, 상수 a, b, c에 대하여 abc의 값은?

① 16　② 32　③ 64
④ 128　⑤ 192

0347

Level 2

다항식
$(x+2)^3-6(x+2)^2(x-y)+12(x+2)(x-y)^2-8(x-y)^3$
을 인수분해하면?

① $(-7x+8y+2)^3$　② $(-x+8y+2)^3$
③ $(-x+2y+2)^3$　④ $(x+y+4)^3$
⑤ $(3x-2y+2)^3$

0348

Level 2

다항식 $(x^2-2x)(x^2-10x+24)+k$가 이차식의 완전제곱식으로 인수분해되도록 하는 상수 k의 값을 구하시오.

실전 유형 19 x^4+ax^2+b 꼴의 다항식의 인수분해

(1) $x^2=X$로 치환하여 X^2+aX+b가 인수분해되면 인수분해한 후 X에 x^2을 대입하여 정리한다.
(2) $x^2=X$로 치환하여 X^2+aX+b가 인수분해되지 않으면 이차항을 적당히 더하거나 빼서 A^2-B^2 꼴로 변형한 후 인수분해한다.

0349 대표문제

다항식 x^4-13x^2+36을 인수분해하면 $(x+a)(x+b)(x+c)(x+d)$이다. 상수 a, b, c, d에 대하여 $a<b<c<d$일 때, $ab+cd$의 값은?

① 8　② 10　③ 12
④ 14　⑤ 16

0350

Level 2

다항식 x^4-50x^2+625를 인수분해하면 $(x+a)^2(x+b)^2$이다. 상수 a, b에 대하여 $a<b$일 때, $b-a$의 값을 구하시오.

0351

Level 2

다항식 x^4+2x^2+9가 $(x^2+ax+b)(x^2-ax+b)$로 인수분해될 때, 자연수 a, b에 대하여 $a+b$의 값은?

① 4　② 5　③ 6
④ 7　⑤ 8

0352

Level 2

다음 중 다항식 $(x+1)^4-10(x+1)^2+24$의 인수인 것은?

① $x-3$ ② $x-2$ ③ $x-1$
④ x^2+2x+2 ⑤ x^2+2x+3

0353

Level 2

$ax+by$가 다항식 $3x^4-11x^2y^2-4y^4$의 인수일 때, 자연수 a, b에 대하여 $a+b$의 값을 구하시오.

0354

Level 2

다항식 $x^4-3x^2y^2+9y^4$을 인수분해하시오.

0355

Level 2

다항식을 인수분해한 것으로 옳은 것만을 〈**보기**〉에서 있는 대로 고른 것은?

〈**보기**〉

ㄱ. $x^4+x^2-20=(x^2+5)(x+2)(x-2)$
ㄴ. $x^4-13x^2+4=(x^2+3x-2)(x^2-3x-2)$
ㄷ. $8x^2y^2-x^4-4y^4=-(x^2+2xy-2y^2)(x^2-2xy-2y^2)$

① ㄱ ② ㄱ, ㄴ ③ ㄱ, ㄷ
④ ㄴ, ㄷ ⑤ ㄱ, ㄴ, ㄷ

0356

Level 2

다항식 x^4-6x^2+a가 $(x^2+bx-1)(x^2+cx-1)$로 인수분해될 때, 상수 a, b, c에 대하여 $a^2+b^2+c^2$의 값은?

① 1 ② 3 ③ 5
④ 7 ⑤ 9

0357

Level 2

다항식 $(x-1)^4+3(x-1)^2-4$가 최고차항의 계수가 1인 두 일차식 $f(x)$, $g(x)$와 이차식 $h(x)$의 곱으로 인수분해될 때, $f(3)+g(3)+h(3)$의 값은?

(단, $f(x)$, $g(x)$, $h(x)$의 모든 계수는 정수이다.)

① 9 ② 10 ③ 11
④ 12 ⑤ 13

실전 유형 20 문자가 여러 개인 다항식의 인수분해

(1) 차수가 가장 낮은 문자에 대하여 내림차순으로 정리한 후 인수분해한다.
(2) 모든 문자의 차수가 같으면 한 문자를 선택하여 내림차순으로 정리한다.

0358 대표문제

다음 중 다항식 $4a^2-4ab+b^2-2a+b-6$의 인수인 것은?

① $2a-b-3$ ② $2a-b-2$ ③ $2a+b-3$
④ $2a+b-2$ ⑤ $2a+b+2$

0359 Level 1

다항식 y^2+xy-z^2-zx를 인수분해하시오.

0360 Level 2

다항식 $-2x^2+2y^2-3xy+5x-5y+3$을 인수분해하면 $(ax+by+c)(x+dy+e)$일 때, $a+b+c+d+e$의 값은?
(단, a, b, c, d, e는 상수이다.)

① -4 ② -3 ③ -2
④ -1 ⑤ 0

0361 Level 2

다항식 $x^3-2x^2y+xy^2-x^2z+2xyz-y^2z$를 인수분해하시오.

0362 Level 2

다항식을 인수분해한 것으로 옳은 것만을 〈보기〉에서 있는 대로 고른 것은?

〈보기〉

ㄱ. $x^3-y^3+x^2z-y^2z+xz^2-yz^2$
$=(x-y)(x^2+y^2+z^2+xy+yz+zx)$

ㄴ. $2x^2-y^2+xy+11x+2y+15$
$=(x+y+3)(2x-y+5)$

ㄷ. $x^2-2y^2+z^2+xy-yz-2zx$
$=(x-y-z)(x+2y-z)$

① ㄱ ② ㄱ, ㄴ ③ ㄱ, ㄷ
④ ㄴ, ㄷ ⑤ ㄱ, ㄴ, ㄷ

0363 Level 2

다항식 $ab(a-b)+bc(b-c)+ca(c-a)$를 인수분해하면?

① $(a-b)(b-c)(c-a)$
② $(a-b)(b+c)(c-a)$
③ $-(a-b)(b-c)(c-a)$
④ $-(a-b)(b+c)(c-a)$
⑤ $-(a-b)(b-c)(c+a)$

0364

Level 2

다항식 $(a+b+c)(bc+ca+ab)-abc$의 인수인 것만을 〈**보기**〉에서 있는 대로 고르시오.

〈**보기**〉

ㄱ. $a+b$　　ㄴ. $a-b$

ㄷ. $b-c$　　ㄹ. $c+a$

0365

Level 2

다항식 $(a+b)(b+c)(c+a)+abc$가 a, b, c에 대한 다항식 A에 대하여 $(a+b+c)\times A$ 꼴로 인수분해될 때, 다항식 A로 옳은 것은?

① $ab-bc-ca$　② $-ab+bc-ca$

③ $ab+bc+ca$　④ $ab+bc-ca$

⑤ $ab-bc+ca$

0366

Level 2

다항식 $a^2bc+ac^2+acd-abd-cd-d^2$을 인수분해하시오.

0367

Level 2

a, b, c에 대한 두 일차식 $pa-b$, $b-qc$가 a, b, c에 대한 다항식 $ab^2-2a^2b+4a^2c-4ac^2-b^2c+2bc^2$의 인수일 때, 정수 p, q에 대하여 pq의 값은?

① -4　② -3　③ 2

④ 3　⑤ 4

0368

Level 2

x, y에 대한 다항식 $x^2+xy-2y^2+ax+x-y+3$이 x, y에 대한 두 일차식의 곱으로 인수분해될 때, 자연수 a의 값은?

① 1　② 2　③ 3

④ 4　⑤ 5

다음은 이 유형에서 출제된 최근 교육청 · 평가원 기출문제입니다.

0369 · 교육청 2021년 6월

Level 2

x, y에 대한 이차식 $x^2+kxy-3y^2+x+11y-6$이 x, y에 대한 두 일차식의 곱으로 인수분해되도록 하는 자연수 k의 값을 구하시오.

실전유형 21 인수정리를 이용한 다항식의 인수분해 빈출유형

삼차 이상의 다항식 $P(x)$는 다음과 같은 순서로 인수분해한다.
❶ $P(\alpha)=0$을 만족시키는 α의 값을 구한다.
❷ 조립제법을 이용하여 $P(x)$를 $x-\alpha$로 나누고 몫을 구하여 인수분해한다.

0370 대표문제

다항식 $2x^3-7x^2-12x+45$를 인수분해하면 $(x-a)^2(bx+c)$일 때, 상수 a, b, c에 대하여 $a+b+c$의 값은?

① 2 ② 4 ③ 6
④ 8 ⑤ 10

0371 Level 2

다항식 $x^4-7x^3+5x^2+7x-6$을 인수분해하시오.

0372 Level 2

다음 중 두 다항식 $3x^3-7x^2-4x+2$, x^4-8x^2+4의 공통 인수인 것은?

① $3x-1$ ② $3x+1$ ③ x^2-2x-2
④ x^2-2x+2 ⑤ x^2+2x+2

0373 Level 2

다항식 $P(x)=x^4+x^3-ax^2-x+6$이 $x-2$로 나누어떨어질 때, $P(x)$를 인수분해하면? (단, a는 상수이다.)

① $(x-3)(x-2)(x-1)(x+1)$
② $(x-3)(x-2)(x+1)^2$
③ $(x-2)(x+1)^2(x+3)$
④ $(x-2)(x-1)(x+1)(x+3)$
⑤ $(x-2)(x-1)^2(x+3)$

0374 Level 2

다항식 $x^4+ax^2+2ax+b$가 $(x-1)^2(x^2+cx+d)$로 인수분해될 때, 상수 a, b, c, d에 대하여 $a+b+c+d$의 값은?

① 4 ② 5 ③ 6
④ 7 ⑤ 8

0375 Level 2

다항식 $P(x)=x^3+(a+1)x^2-5x-a+4$가 다항식 $f(x)$에 대하여 $(x+a)f(x)$로 인수분해될 때, $f(a)$의 값은?
(단, a는 상수이다.)

① -3 ② -1 ③ 1
④ 3 ⑤ 5

실전 유형 22 $ax^4+bx^3+cx^2+bx+a$ 꼴의 사차식의 인수분해

$ax^4+bx^3+cx^2+bx+a$ 꼴의 사차식은 다음과 같은 순서로 인수분해한다.

❶ 각 항을 x^2으로 묶는다.

❷ $x^2+\frac{1}{x^2}=\left(x+\frac{1}{x}\right)^2-2$임을 이용하여 $x+\frac{1}{x}$에 대한 식으로 변형한다.

❸ $x+\frac{1}{x}$에 대한 식을 인수분해한다.

참고 $ax^4+bx^3+cx^2-bx+a$ 꼴의 사차식은 각 항을 x^2으로 묶고 $x^2+\frac{1}{x^2}=\left(x-\frac{1}{x}\right)^2+2$임을 이용하여 $x-\frac{1}{x}$에 대한 식으로 변형한 후 인수분해한다.

0376 대표문제

다음 중 다항식 $x^4-3x^3+4x^2-3x+1$의 인수인 것은?

① x^2-x+1　② x^2+x+1　③ x^2+x-1
④ x^2+3x-1　⑤ x^2-3x-1

0377 Level 2

다항식 $x^4+2x^3-6x^2+2x+1$의 인수인 것만을 〈보기〉에서 있는 대로 고른 것은?

〈보기〉

ㄱ. $x-1$
ㄴ. $(x+1)^2$
ㄷ. x^2+4x+1

① ㄱ　② ㄴ　③ ㄱ, ㄴ
④ ㄱ, ㄷ　⑤ ㄴ, ㄷ

0378 Level 2

다항식 $x^4+4x^3-7x^2-4x+1$을 인수분해하면 $(x^2-x+a)(x^2+bx+c)$일 때, 상수 a, b, c에 대하여 $a+b+c$의 값은?

① -2　② -1　③ 1
④ 2　⑤ 3

0379 Level 2

최고차항의 계수가 1인 두 이차식 $f(x)$, $g(x)$에 대하여 $x^4+7x^3+14x^2+7x+1=f(x)g(x)$가 성립할 때, $f(2)+g(2)$의 값을 구하시오.

0380 Level 2

다항식 $x^4+3ax^3+2(6a-7)x^2+3ax+1$이 이차항의 계수가 1인 두 이차식의 곱으로 인수분해될 때, 두 이차식의 x의 계수의 합은? (단, a는 상수이다.)

① $3a-4$　② $3a-2$　③ $3a$
④ $6a-5$　⑤ $6a-3$

실전유형 23 인수분해의 활용 – 식의 값 구하기

곱셈 공식과 인수분해 공식을 이용하여 식을 변형한 후 주어진 조건을 식에 대입하여 식의 값을 구한다.

0381 대표문제

$x+y=6$, $x-y=2\sqrt{2}$일 때, $x^3-x^2y-xy^2+y^3$의 값은?

① 32 ② 40 ③ 48
④ 56 ⑤ 64

0382 Level 1

$x-y=3$, $x^2+xy+y^2=39$일 때, x^3-y^3의 값을 구하시오.

0383 Level 2

$a+b+c=0$일 때, $\frac{a^3+b^3+c^3}{6abc}$의 값은? (단, $abc \neq 0$)

① $-\frac{1}{2}$ ② $-\frac{1}{3}$ ③ $\frac{1}{3}$
④ $\frac{1}{2}$ ⑤ 1

0384 Level 2

$x=1+\sqrt{2}$, $y=1-\sqrt{2}$일 때, $x^4y+3x^3y^2+3x^2y^3+xy^4$의 값은?

① -27 ② -8 ③ -1
④ 1 ⑤ 8

0385 Level 2

$x+y=4$, $xy=2$일 때, $x^4+x^2y^2+y^4$의 값을 구하시오.

0386 고난도 Level 3

자연수 a, b에 대하여

$a^2b+6ab+2a^2+12a+9b+18$

의 값이 605일 때, ab의 값은?

① 12 ② 15 ③ 18
④ 21 ⑤ 24

+Plus 문제

실전 유형 **24** 인수분해의 활용 – 복잡한 수 계산하기

복잡한 수의 계산은 수를 문자로 치환하여 인수분해한 후 문자에 수를 대입하여 계산할 수 있다.

0387 대표문제

$\dfrac{1001^3-1}{1002\times1001+1}$의 값은?

① 998 ② 999 ③ 1000
④ 1001 ⑤ 1002

0388 Level 2

$\dfrac{127^3-123^3}{127^2+127\times123+123^2}$의 값은?

① 1 ② 4 ③ 123
④ 127 ⑤ 250

0389 Level 2

$\sqrt{11^3+5^3+3\times16\times55}$의 값은?

① 16 ② 25 ③ 36
④ 49 ⑤ 64

0390 Level 2

다항식 $P(x)=x^4+2x^3-2x-1$에 대하여 $P(9)$의 값은?

① 8000 ② 9000 ③ 10000
④ 11000 ⑤ 12000

0391 Level 2

다음 중 7^6-1의 소인수가 아닌 것은?

① 2 ② 3 ③ 13
④ 19 ⑤ 43

0392 신경향 Level 2

자연수 $19^3+3\times19^2-34\times19+48$을 소인수분해하면 $2^a\times3^b\times17^c$일 때, $a+b+c$의 값은?

(단, a, b, c는 자연수이다.)

① 5 ② 6 ③ 7
④ 8 ⑤ 9

0393

Level 2

등식 $\frac{32^4+32^2+1}{32^2+33}=31^2+k$를 만족시키는 상수 k의 값은?

① 29　② 30　③ 31
④ 32　⑤ 33

다음은 이 유형에서 출제된 최근 교육청 · 평가원 기출문제입니다.

0394 · 교육청 2019년 3월

Level 2

$\sqrt{10\times13\times14\times17+36}$의 값을 구하시오.

0395 · 교육청 2019년 11월

Level 3

등식

$$(182\sqrt{182}+13\sqrt{13})\times(182\sqrt{182}-13\sqrt{13})=13^4\times m$$

을 만족하는 자연수 m의 값은?

① 211　② 217　③ 223
④ 229　⑤ 235

심화유형 25 인수분해의 활용 – 삼각형 모양 판단하기

주어진 식을 인수분해하여 삼각형의 세 변의 길이 사이의 관계를 구한 후 삼각형의 모양을 판단한다.
삼각형의 세 변의 길이가 각각 a, b, c일 때
(1) $a=b$ 또는 $b=c$ 또는 $c=a$ → 이등변삼각형
(2) $a=b=c$ → 정삼각형
(3) $a^2=b^2+c^2$ → 빗변의 길이가 a인 직각삼각형

0396 대표문제

삼각형의 세 변의 길이 a, b, c에 대하여

$$a^2-b^2+ac-bc=0$$

이 성립할 때, 이 삼각형은 어떤 삼각형인가?

① 정삼각형
② 빗변의 길이가 a인 직각삼각형
③ 빗변의 길이가 b인 직각삼각형
④ $a=b$인 이등변삼각형
⑤ $a=c$인 이등변삼각형

0397

Level 2

삼각형의 세 변의 길이 a, b, c에 대하여

$$a^3+b^3+c^3-3abc=0$$

이 성립할 때, 이 삼각형은 어떤 삼각형인지 말하시오.

02

0398

Level 2

삼각형의 세 변의 길이 a, b, c에 대하여

$$(a^2+c^2)(a^2+1)=b^4+b^2c^2+b^2+c^2$$

이 성립할 때, 이 삼각형은 어떤 삼각형인가?

① 정삼각형
② 빗변의 길이가 b인 직각삼각형
③ 빗변의 길이가 c인 직각삼각형
④ $a=b$인 이등변삼각형
⑤ $a=c$인 이등변삼각형

0399

Level 2

삼각형의 세 변의 길이 a, b, c에 대하여

$$a^3+b^3+ab(a+b)-c^2(a+b)+a^2+b^2-c^2=0$$

이 성립할 때, 이 삼각형은 어떤 삼각형인가?

① 정삼각형
② 빗변의 길이가 b인 직각삼각형
③ 빗변의 길이가 c인 직각삼각형
④ $a=b$인 이등변삼각형
⑤ $b=c$인 이등변삼각형

0400

Level 3

삼각형의 세 변의 길이 a, b, c에 대하여

$$a(c^2-b^2)+b(a^2+c^2)+a^3-b^3=0$$

이 성립한다. 이 삼각형의 넓이가 20일 때, ac의 값은?

① 10 ② 20 ③ 30
④ 40 ⑤ 50

심화유형 26 인수분해의 활용 – 도형에 활용하기

도형에서 변의 길이와 넓이, 부피 등이 다항식으로 주어질 때, 주어진 식을 인수분해하여 두 개 이상의 다항식의 곱의 꼴로 나타내면 도형에서 변의 길이와 둘레의 길이, 넓이, 부피 등을 구할 수 있다.

0401 대표문제

높이가 $x-2$이고 부피가 x^3+ax^2+4인 직육면체가 있다. 이 직육면체의 모든 모서리의 길이가 일차항의 계수가 1인 x에 대한 일차식으로 나타내어질 때, 모든 모서리의 길이의 합은? (단, $x>2$이고, a는 상수이다.)

① $12x-12$ ② $12x-8$ ③ $12x+4$
④ $12x+8$ ⑤ $12x+12$

0402

Level 2

그림과 같이 한 모서리의 길이가 $n+1$인 정육면체의 각 꼭짓점에서 한 모서리의 길이가 2인 정육면체를 떼어낸 모양의 입체도형을 만들었을 때, 이 입체도형의 부피는? (단, $n>3$인 자연수이다.)

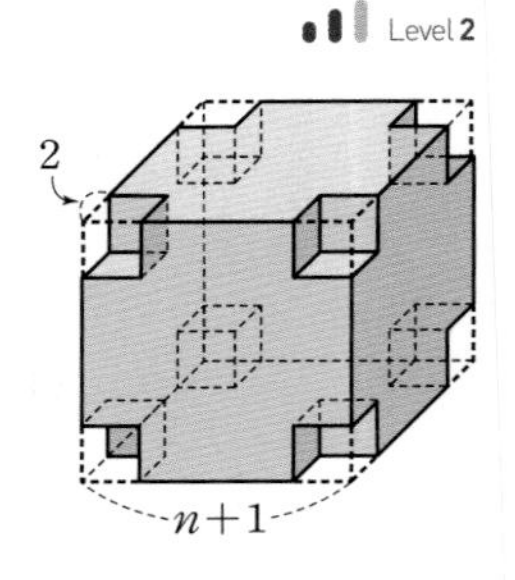

① $(n-2)(n^2+6n+21)$ ② $(n-2)(n^2+6n+22)$
③ $(n-3)(n^2+6n+21)$ ④ $(n-3)(n^2+6n+22)$
⑤ $(n+3)(n^2+6n+21)$

다음은 이 유형에서 출제된 최근 교육청 · 평가원 기출문제입니다.

0403 · 교육청 2019년 6월

Level 2

그림과 같이 한 변의 길이가 $a+6$인 정사각형 모양의 색종이에서 한 변의 길이가 a인 정사각형 모양의 색종이를 오려 내었다. 오려낸 후 남아 있는 ▣ 모양의 색종이의 넓이가 $k(a+3)$일 때, 상수 k의 값은?

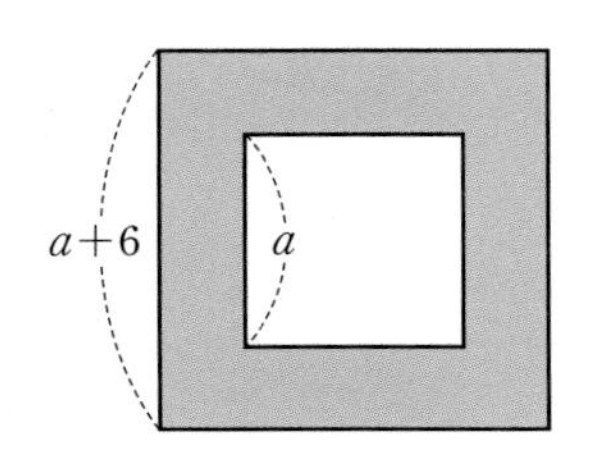

① 3　② 6　③ 9
④ 12　⑤ 15

0404 · 교육청 2020년 11월

Level 2

그림과 같이 세 모서리의 길이가 각각 x, x, $x+3$인 직육면체 모양에 한 모서리의 길이가 1인 정육면체 모양의 구멍이 두 개 있는 나무 블록이 있다. 세 정수 a, b, c에 대하여 이 나무 블록의 부피를 $(x+a)(x^2+bx+c)$로 나타낼 때, $a\times b\times c$의 값은? (단, $x>1$)

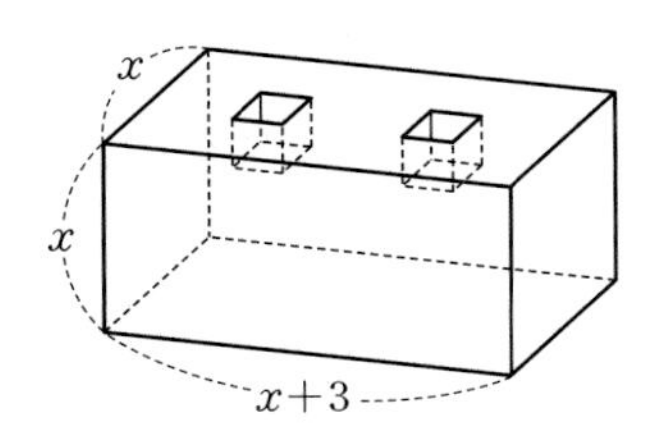

① -5　② -4　③ -3
④ -2　⑤ -1

0405 · 교육청 2019년 3월

Level 3

[그림 1]은 한 변의 길이가 $3x$인 정사각형 모양의 색종이에서 사다리꼴 모양의 A 부분과 직사각형 모양의 B 부분을 잘라 내고 남은 부분을 나타낸 것이다.

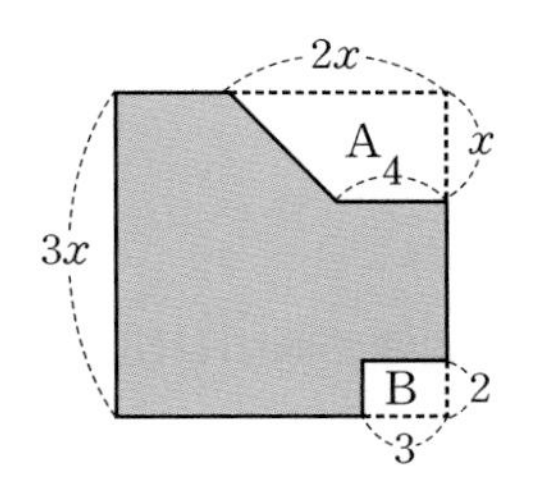

[그림 1]

[그림 1]의 색종이를 여러 조각으로 나누어 겹치지 않게 빈틈없이 붙여서 [그림 2]와 같이 세로의 길이가 $2x-2$인 직사각형 모양을 만들었다.

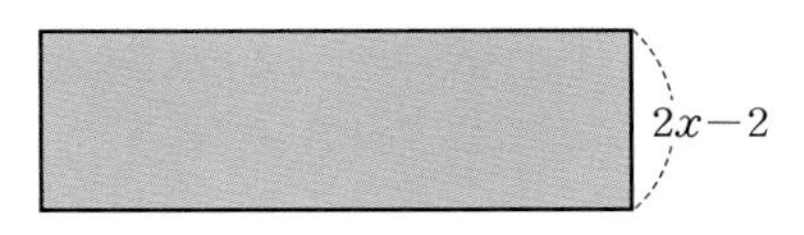

[그림 2]

이 직사각형의 가로의 길이는? (단, $x>2$)

① $3x+3$　② $3x+4$　③ $4x+2$
④ $4x+3$　⑤ $4x+4$

서술형 유형 익히기

0406 대표문제

등식 $2x^3+ax^2-x+b=(x-1)(2x^2+cx-3)$이 x에 대한 항등식일 때, 상수 a, b, c에 대하여 abc의 값을 구하는 과정을 서술하시오. [6점]

STEP 1 양변을 x에 대하여 정리하기 [2점]
주어진 등식의 우변을 전개하여 x에 대하여 내림차순으로 정리하면
$(x-1)(2x^2+cx-3)$
$=2x^3+($(1) $\square$$)x^2-($(2) $\square$$)x+3$

STEP 2 계수비교법을 이용하여 a, b, c의 값 구하기 [2점]
이 등식이 x에 대한 항등식이므로 양변의 동류항의 계수를 비교하여 a, b, c의 값을 구하면
$a=$(1) $\square$, $-1=-($(2) $\square$$)$, $b=3$
$\therefore a=$(3) $\square$, $b=$(4) $\square$, $c=$(5) $\square$

STEP 3 abc의 값 구하기 [2점]
$abc=$(6) $\square$

0407 한번 더

등식 $x^3-2x^2+ax+b=(x+3)(x^2-cx+3)$이 x의 값에 관계없이 항상 성립할 때, 상수 a, b, c에 대하여 $a+b+c$의 값을 구하는 과정을 서술하시오. [6점]

STEP 1 양변을 x에 대하여 정리하기 [2점]

STEP 2 계수비교법을 이용하여 a, b, c의 값 구하기 [2점]

STEP 3 $a+b+c$의 값 구하기 [2점]

0408 유사 1

등식 $p(3x-y)+q(x+5y)+r=x+21y-2$가 x, y의 값에 관계없이 항상 성립할 때, 상수 p, q, r에 대하여 $p^2+q^2+r^2$의 값을 구하는 과정을 서술하시오. [6점]

0409 유사 2

모든 실수 x에 대하여 등식
$ax(x+1)-b(x+1)(x-2)+cx(x-2)=3x^2-2x+4$
가 성립할 때, 상수 a, b, c에 대하여 abc의 값을 구하는 과정을 서술하시오. [6점]

핵심 KEY 유형 1, 유형 2 항등식의 미정계수 구하기

항등식의 미정계수를 계수비교법이나 수치대입법을 이용하여 구하는 문제이다.
주어진 등식에서 다항식을 전개하기 쉬운 경우 계수비교법을, 각 항이 다항식의 곱의 형태로 주어진 경우 수치대입법을 이용하면 계산이 편리하다.

0410 대표문제

다항식 $P(x)$를 $x+1$로 나누었을 때의 나머지가 -4이고, $x+2$로 나누었을 때의 나머지가 -7이다. $P(x)$를 x^2+3x+2로 나누었을 때의 나머지를 구하는 과정을 서술하시오. [8점]

STEP 1 나머지정리를 이용하여 $P(-1)$의 값 구하기 [2점]

$P(x)$를 $x+1$로 나누었을 때의 나머지가 -4이므로 나머지정리에 의하여

$P(-1)=$ (1) ☐

STEP 2 나머지정리를 이용하여 $P(-2)$의 값 구하기 [2점]

$P(x)$를 $x+2$로 나누었을 때의 나머지가 -7이므로 나머지정리에 의하여

$P(-2)=$ (2) ☐

STEP 3 $P(x)$를 x^2+3x+2로 나누었을 때의 나머지 구하기 [4점]

$P(x)$를 x^2+3x+2로 나누었을 때의 몫을 $Q(x)$, 나머지를 $ax+b$ (a, b는 상수)라 하면

$P(x)=(x^2+3x+2)Q(x)+$ (3) ☐

$P(x)=(x+1)($ (4) ☐ $)Q(x)+ax+b$ ······ ㉠

㉠의 양변에 $x=-1$을 대입하면

$P(-1)=-a+b$

$P(-1)=$ (1) ☐ 이므로 $-a+b=$ (1) ☐ ······ ㉡

㉠의 양변에 $x=-2$를 대입하면

$P(-2)=-2a+b$

$P(-2)=$ (2) ☐ 이므로 $-2a+b=$ (2) ☐ ······ ㉢

㉡, ㉢을 연립하여 풀면 $a=$ (5) ☐, $b=$ (6) ☐

따라서 $P(x)$를 x^2+3x+2로 나누었을 때의 나머지는

(7) ☐ 이다.

핵심 KEY 유형 8, 유형 13 나머지정리와 인수정리

다항식 A를 다항식 B로 나누었을 때, 나머지의 차수는 다항식 B의 차수보다 낮음을 이용하여 나머지를 미정계수를 이용하여 나타낸다. 미정계수는 주어진 조건에 맞게 나머지정리나 인수정리를 이용하면 구할 수 있다.

0411 한번 더

다항식 $P(x)$를 $x-1$로 나누었을 때의 나머지가 5이고, $2x-1$로 나누었을 때의 나머지가 -1이다. $P(x)$를 $2x^2-3x+1$로 나누었을 때의 나머지를 구하는 과정을 서술하시오. [8점]

STEP 1 나머지정리를 이용하여 $P(1)$의 값 구하기 [2점]

STEP 2 나머지정리를 이용하여 $P\left(\frac{1}{2}\right)$의 값 구하기 [2점]

STEP 3 $P(x)$를 $2x^2-3x+1$로 나누었을 때의 나머지 구하기 [4점]

0412 유사 1

다항식 $P(x)=2x^3-x^2+ax+b$가 x^2-1로 나누어떨어질 때, $P(x)$를 $x+2$로 나누었을 때의 나머지를 구하는 과정을 서술하시오. (단, a, b는 상수이다.) [8점]

0413 유사 2

다항식 $P(x)$를 $x-3$으로 나누었을 때의 나머지가 3이고, $P(x)$는 $x(x+1)(x-2)$로 나누어떨어진다. $P(x)$를 $x(x-2)(x-3)$으로 나누었을 때의 나머지를 구하는 과정을 서술하시오. [9점]

0414 대표문제

다항식 $(x+1)(x+2)(x+3)(x+4)-3$을 인수분해하면 $(x^2+ax+3)(x^2+ax+b)$일 때, 상수 a, b에 대하여 ab의 값을 구하는 과정을 서술하시오. [8점]

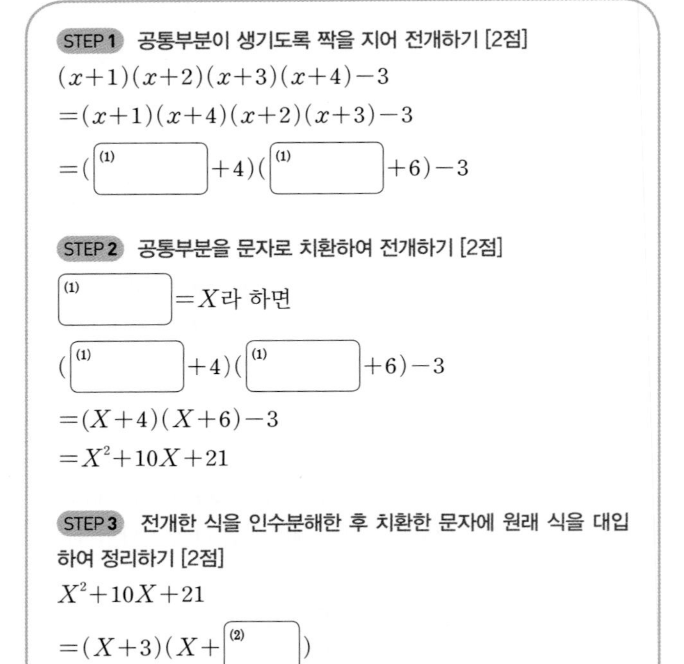

STEP 1 공통부분이 생기도록 짝을 지어 전개하기 [2점]

$(x+1)(x+2)(x+3)(x+4)-3$
$=(x+1)(x+4)(x+2)(x+3)-3$
$=($ (1) $+4)($ (1) $+6)-3$

STEP 2 공통부분을 문자로 치환하여 전개하기 [2점]

(1) $=X$라 하면

$($ (1) $+4)($ (1) $+6)-3$
$=(X+4)(X+6)-3$
$=X^2+10X+21$

STEP 3 전개한 식을 인수분해한 후 치환한 문자에 원래 식을 대입하여 정리하기 [2점]

$X^2+10X+21$
$=(X+3)(X+$ (2) $)$
$=($ (1) $+3)($ (1) $+$ (2) $)$

STEP 4 ab의 값 구하기 [2점]

$a=$ (3) , $b=$ (4) 이므로

$ab=$ (5)

핵심 KEY 유형 18 공통부분이 있는 다항식의 인수분해

4개의 일차식의 곱으로 이루어진 $(x+a)(x+b)(x+c)(x+d)$ 꼴이 있으면 공통부분이 생기도록 짝을 지어 전개한 후 치환하여 인수분해한다. 이때 상수항의 합 또는 상수항의 곱이 같아지도록 두 개씩 짝을 지어 전개하면 공통부분이 생긴다.

0415 한번 더

다항식 $(x-4)(x-2)(x+3)(x+5)+40$을 인수분해하면 $(x^2+ax+b)(x^2+cx+d)$일 때, 상수 a, b, c, d에 대하여 $ac+bd$의 값을 구하는 과정을 서술하시오. [8점]

STEP 1 공통부분이 생기도록 짝을 지어 전개하기 [2점]

STEP 2 공통부분을 문자로 치환하여 전개하기 [2점]

STEP 3 전개한 식을 인수분해한 후 치환한 문자에 원래 식을 대입하여 정리하기 [2점]

STEP 4 $ac+bd$의 값 구하기 [2점]

0416 유사 1

다항식 $(x^2-6x+5)(x^2-2x-3)+7$을 인수분해하는 과정을 서술하시오. [8점]

0417 유사 2

등식
$(2x-4)(2x-1)(2x+2)(2x+5)+a=(4x^2+bx+c)^2$
이 x의 값에 관계없이 항상 성립할 때, 상수 a, b, c에 대하여 $a+b+c$의 값을 구하는 과정을 서술하시오. [10점]

실력 check 실전 마무리하기 1회

점 / 100점

• 선택형 19문항, 서술형 4문항입니다.

1 0418

등식 $(x^2+ax+4)(x+b)=x^3-3x^2+cx-8$이 x에 대한 항등식일 때, 상수 a, b, c에 대하여 $a+b+c$의 값은? [3점]

① 3 ② 4 ③ 5 ④ 6 ⑤ 7

2 0419

등식

$$a(x+1)(x-3)+b(x-1)(x+1)+c(x-1)(x-3)$$
$$=4x^2-10x+10$$

이 모든 x에 대하여 성립할 때, 상수 a, b, c에 대하여 $a+b+c$의 값은? [3점]

① 1 ② 2 ③ 3 ④ 4 ⑤ 5

3 0420

등식 $(k+1)x+(2-k)y+3k-9=0$이 k의 값에 관계없이 항상 성립하도록 상수 x, y의 값을 정할 때, $x+y$의 값은? [3점]

① 4 ② 5 ③ 6 ④ 7 ⑤ 8

4 0421

다항식 $P(x)$를 $x-4$로 나누었을 때의 나머지가 2일 때, 다항식 $(x-1)P(x)$를 $x-4$로 나누었을 때의 나머지는? [3점]

① 4 ② 5 ③ 6 ④ 7 ⑤ 8

5 0422

다음 중 다항식 $x^3-(x-3y)^3$의 인수인 것은? [3점]

① $3xy$ ② $x-3y$ ③ $2x^2-3xy-x-3y$ ④ $x^2-3xy-3y$ ⑤ $x^2-3xy+3y^2$

6 0423

다항식 $Q(x)$에 대하여

$$x^3+ax^2+bx+4=(x^2-3x+2)Q(x)-x+2$$

가 x에 대한 항등식일 때, ab의 값은?

(단, a, b는 상수이다.) [3.5점]

① -8　② -4　③ 2
④ 4　⑤ 8

7 0424

다항식 $P(x)=ax^3+x^2-2x+b$를 $x-1$, $x+1$로 나누었을 때의 나머지가 각각 -1, -3일 때, $P(x)$를 $x-2$로 나누었을 때의 나머지는? (단, a, b는 상수이다.) [3.5점]

① 20　② 21　③ 22
④ 23　⑤ 24

8 0425

다항식 $P(x)$를 $x-1$로 나누었을 때의 몫이 $Q(x)$, 나머지가 2이고, $P(x)$를 $x+2$로 나누었을 때의 나머지가 -1이다. 이때 $Q(x)$를 $x+2$로 나누었을 때의 나머지는? [3.5점]

① -2　② -1　③ 0
④ 1　⑤ 2

9 0426

다항식 x^3-ax^2-5x+b가 x^2-x-6으로 나누어떨어질 때, 상수 a, b에 대하여 ab의 값은? [3.5점]

① 8　② 9　③ 10
④ 12　⑤ 15

10 0427

조립제법을 이용하여 다항식 $2x^3+3x^2-6x+1$을 $2x-1$로 나누었을 때의 몫과 나머지를 구하는 과정이 오른쪽과 같다. 〈**보기**〉에서 옳은 것만을 있는 대로 고른 것은? (단, a, b, c, d, e는 상수이다.) [3.5점]

a	2	3	-6	1
		b	2	d
	2	4	c	e

〈보기〉

ㄱ. $c+e=-5$
ㄴ. 나머지는 -1이다.
ㄷ. 몫은 $2x^2+4x-4$이다.

① ㄱ　② ㄴ　③ ㄱ, ㄴ
④ ㄴ, ㄷ　⑤ ㄱ, ㄴ, ㄷ

11 0428

다항식 $x^4+2x^3-4x^2-5x-6$을 인수분해하면 $(x-2)(x+a)(x^2+bx+c)$일 때, 정수 a, b, c에 대하여 $a+b-c$의 값은? [3.5점]

① 1 ② 3 ③ 5
④ 7 ⑤ 9

12 0429

$k=23^3+8\times23^2+9\times23-18$일 때, 다음 중 k의 값과 같은 것은? [3.5점]

① $21\times25\times29$ ② $21\times26\times29$ ③ $22\times25\times32$
④ $22\times26\times29$ ⑤ $22\times26\times32$

13 0430

다항식 $P(x)$를 x^2+2x-3으로 나누었을 때의 나머지가 $2x+5$이고, x^2-x-2로 나누었을 때의 나머지가 $3x-2$이다. $P(x)$를 x^2+x-6으로 나누었을 때의 나머지를 $R(x)$라 할 때, $R(1)$의 값은? [4점]

① 2 ② 3 ③ 4
④ 5 ⑤ 6

14 0431

다항식 $P(x)$를 $x-2$로 나누었을 때의 나머지가 4이고, x^2-3x+2로 나누었을 때의 나머지가 $x+k$일 때, $P(2x-1)$을 $x-1$로 나누었을 때의 나머지는?

(단, k는 상수이다.) [4점]

① -5 ② -1 ③ 1
④ 3 ⑤ 5

15 0432

다항식 x^3+ax^2-7x+b가 $(x-1)^2$으로 나누어떨어질 때, 상수 a, b에 대하여 ab의 값은? [4점]

① 2 ② 4 ③ 6
④ 8 ⑤ 10

16 0433

다항식 $(x^2-1)(x^2+8x+15)+12$를 인수분해하면 $(x^2+ax+b)(x^2+cx-3)$일 때, 상수 a, b, c에 대하여 $a+b+c$의 값은? [4점]

① 7 ② 8 ③ 9
④ 10 ⑤ 11

17 0434

다항식을 인수분해한 식 (가), (나)에서 자연수 a, b, c, d에 대하여 $a+b+c+d$의 값은? [4점]

(가) $x^4+2x^2+9=(x^2+ax+b)(x^2-ax+b)$
(나) $x^2y+2xy+x^2+2x+y+1=(x+c)^2(y+d)$

① 6 ② 7 ③ 8
④ 9 ⑤ 10

18 0435

삼각형의 세 변의 길이 a, b, c에 대하여

$$a^2b+b^2c-c^2a+ab^2-bc^2-ca^2=0$$

이 성립할 때, 이 삼각형은 어떤 삼각형인가? [4점]

① 빗변의 길이가 a인 직각삼각형
② 빗변의 길이가 c인 직각삼각형
③ $a=b$인 이등변삼각형
④ $b=c$인 이등변삼각형
⑤ 정삼각형

19 0436

그림과 같이 선으로 연결되어 있는 다항식에 대하여 위의 두 다항식의 곱이 그 아래의 다항식과 같다. 다항식 A, B, C, D에 대하여 $A+B+C+D$를 계산하면?

(단, 다항식 A, B는 일차식이다.) [4.5점]

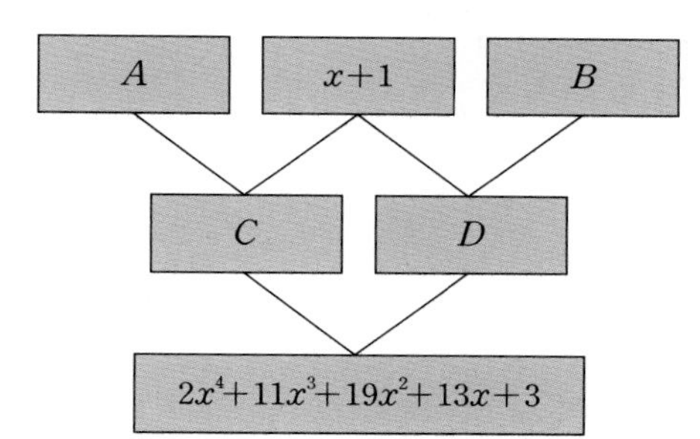

① $3x^2-7x+3$ ② $3x^2-8x-1$
③ $3x^2-9x+8$ ④ $3x^2+10x+8$
⑤ $3x^2+10x+9$

서술형

20 0437

두 다항식 $A(x)$, $B(x)$에 대하여 $A(x)-B(x)$를 $x+1$로 나누었을 때의 나머지가 3이고, $A(x)B(x)$를 $x+1$로 나누었을 때의 나머지가 -1일 때, $\{A(x)\}^2+\{B(x)\}^2$을 $x+1$로 나누었을 때의 나머지를 구하는 과정을 서술하시오. [6점]

21 0438

다항식 $(x^2-5x+6)(x^2+3x+2)-32$를 인수분해하는 과정을 서술하시오. [8점]

22 0439

다항식 $P(x)$를 x^2+1로 나누었을 때의 나머지가 $-x+2$이고, $x+1$로 나누었을 때의 나머지가 7이다. $P(x)$를 $(x^2+1)(x+1)$로 나누었을 때의 나머지를 구하는 과정을 서술하시오. [9점]

23 0440

x^3의 계수가 1인 삼차식 $P(x)$에 대하여

$$P(1)=-1,\ P(2)=-2,\ P(3)=-3$$

일 때, $P(x)$를 $x-4$로 나누었을 때의 나머지를 구하는 과정을 서술하시오. [9점]

● 정답 및 풀이 83쪽

실력 check 실전 마무리하기 2회

점 / 100점

• 선택형 19문항, 서술형 4문항입니다.

1 0441

등식 $4x^3+ax^2-5x+b=(cx-1)(2x^2+3x-1)$이 x에 대한 항등식일 때, 상수 a, b, c에 대하여 $a+b+c$의 값은? [3점]

① 3 ② 4 ③ 5 ④ 6 ⑤ 7

2 0442

다항식 $P(x)$에 대하여

$$(x+3)(x^2-2)P(x)=x^4+ax^2+b$$

가 모든 실수 x에 대하여 성립할 때, $P(1)$의 값은? (단, a, b는 상수이다.) [3점]

① -1 ② -2 ③ -3 ④ -4 ⑤ -5

3 0443

$x-3=-2y$를 만족시키는 임의의 실수 x, y에 대하여 등식 $x^2+ax-ay^2+by+c=0$이 성립할 때, 상수 a, b, c에 대하여 $a+b+c$의 값은? [3점]

① 3 ② 4 ③ 5 ④ 6 ⑤ 7

4 0444

조립제법을 이용하여 다항식 $2x^3+3x^2+2$를 $x+1$로 나누었을 때의 몫과 나머지를 구하는 과정이다. 다음 중 상수 a, b, c, d, e의 값으로 옳지 않은 것은? [3점]

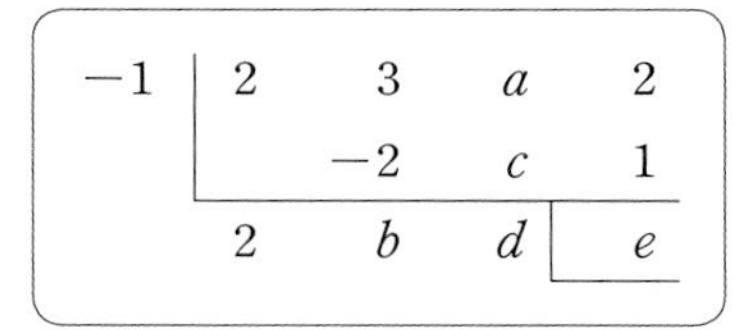

-1	2	3	a	2
		-2	c	1
	2	b	d	e

① $a=0$ ② $b=1$ ③ $c=-1$ ④ $d=1$ ⑤ $e=3$

5 0445

다항식 $P(x)=8x^3-2x^2+x+k$가 $2x-1$로 나누어떨어질 때, 다음 중 $P(x)$의 인수인 것은? (단, k는 상수이다.) [3점]

① $4x^2+x-4$ ② $4x^2+x-2$ ③ $4x^2+x+1$ ④ $4x^2+x+2$ ⑤ $4x^2+2x+1$

6 0446

두 다항식 $A(x)$, $B(x)$에 대하여 $A(x)+B(x)$를 $x-1$로 나누었을 때의 나머지가 -6이고, $A(x)-B(x)$를 $x-1$로 나누었을 때의 나머지가 4일 때, $A(x)B(x)$를 $x-1$로 나누었을 때의 나머지는? [3.5점]

① 2　② 3　③ 4　④ 5　⑤ 6

7 0447

삼차식 $P(x)$에 대하여 $P(-1)=P(1)=0$이다. $P(x)$를 $x+2$로 나누었을 때의 나머지가 -21이고, $x-2$로 나누었을 때의 나머지가 15일 때, $P(3)$의 값은? [3.5점]

① 45　② 54　③ 64　④ 72　⑤ 81

8 0448

다항식 $P(x)$에 대하여 $P(x)$를 $x-2$로 나누었을 때의 나머지가 4이고, $P(x)$는 $(x+1)(x-5)$로 나누어떨어진다. $P(6x-1)+P(3-x)$를 $x-1$로 나누었을 때의 나머지는? [3.5점]

① 1　② 2　③ 3　④ 4　⑤ 5

9 0449

다음 중 다항식 $x^3-y^3+x^2y-xy^2$의 인수가 아닌 것은? [3.5점]

① $x+y$　② $x-y$　③ x^2-y^2　④ $(x+y)^2$　⑤ $(x-y)^2$

10 0450

다항식 x^4-x^2+16이 $(x^2+ax+b)(x^2-cx+d)$로 인수분해될 때, 자연수 a, b, c, d에 대하여 $a+b+c+d$의 값은? [3.5점]

① 10　② 12　③ 14　④ 16　⑤ 18

11 0451

다항식 $a^2(b-c)+b^2(c-a)+c^2(a-b)$를 인수분해하면? [3.5점]

① $(a-b)(b-c)(c-a)$
② $(a-b)(b-c)(c+a)$
③ $-(a-b)(b-c)(c-a)$
④ $-(a+b)(b-c)(c-a)$
⑤ $-(a-b)(b+c)(c-a)$

12 0452

등식 $(x^2+x+1)^3=a_6x^6+a_5x^5+\cdots+a_1x+a_0$이 x에 대한 항등식일 때, 〈**보기**〉에서 옳은 것만을 있는 대로 고른 것은? (단, a_0, a_1, $\cdots$, a_6은 상수이다.) [4점]

〈보기〉

ㄱ. $a_0=1$
ㄴ. $a_6-a_5+a_4-a_3+a_2-a_1=0$
ㄷ. $a_0+a_2+a_4+a_6=14$

① ㄱ ② ㄱ, ㄴ ③ ㄱ, ㄷ
④ ㄴ, ㄷ ⑤ ㄱ, ㄴ, ㄷ

13 0453

다항식 $P(x)=x^{20}+x^{18}+x^{16}+ax^2+bx+c$를 $x-1$로 나누었을 때의 나머지가 14이고, x^2+x+1로 나누었을 때의 나머지가 $2x+3$이다. $P(x)$를 x^2-x+1로 나누었을 때의 나머지를 $R(x)$라 할 때, $R(-1)$의 값은? (단, a, b, c는 상수이다.) [4점]

① -6 ② -3 ③ 0
④ 3 ⑤ 6

14 0454

다항식 $P(x)$를 $2x^2+5x-3$으로 나누었을 때의 나머지가 $-2x+3$일 때, 다항식 $(4x^2+4x)P(6x)$를 $2x+1$로 나누었을 때의 나머지는? [4점]

① -9 ② -6 ③ -3
④ 6 ⑤ 9

15 0455

4^{104}을 5로 나누었을 때의 나머지는? [4점]

① 0 ② 1 ③ 2
④ 3 ⑤ 4

16 0456

등식 $(x-1)^3+a(x-1)^2+b(x-1)+c=x^3-x^2-2x+7$이 x에 대한 항등식일 때, 상수 a, b, c에 대하여 abc의 값은? [4점]

① -12 ② -10 ③ -8
④ -6 ⑤ -4

17 0457

다음 중 두 다항식 $x^4+2x^3-6x^2+2x+1$, $(x^2+4x)^2+5(x^2+4x)+4$의 공통인수인 것은? [4점]

① $x-1$ ② $x+1$ ③ $x+2$
④ x^2+4x+1 ⑤ x^2+4x+4

18 0458

다음 중 6^6-1의 소인수가 아닌 것은? [4점]

① 5 ② 7 ③ 31
④ 43 ⑤ 47

19 0459

그림과 같이 직사각형 A의 세로의 길이는 $(x-1)^2$이고, 세 직사각형 A, B, C의 넓이는 각각 x^3+ax+2, $x^2-2ax+8$, $2x^3-3ax^2-2ax+8$이다. 직사각형 C의 가로의 길이가 bx^2+x+c일 때, $a+b+c$의 값은?

(단, a, b, c는 상수이다.) [4점]

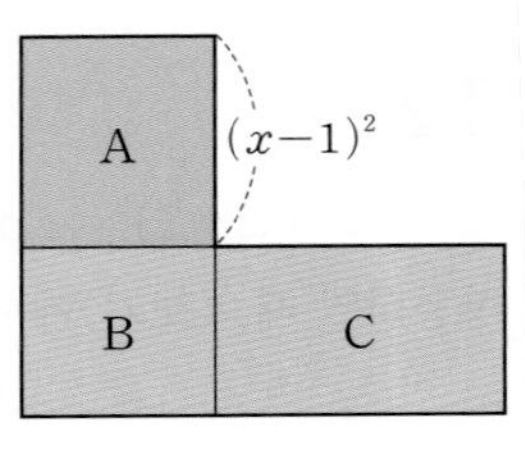

① -2 ② -1 ③ 0
④ 1 ⑤ 2

서술형

20 0460

모든 실수 x에 대하여 등식

$$4x^2-5x+5=a(x-2)^2+b(x-1)$$

이 성립할 때, $b-a$의 값을 구하는 과정을 서술하시오.

(단, a, b는 상수이다.) [6점]

21 0461

다항식 $P(x)$를 $x+1$로 나누었을 때의 나머지가 -2이고, $x-3$으로 나누었을 때의 나머지가 -6일 때, $P(x)$를 x^2-2x-3으로 나누었을 때의 나머지를 구하는 과정을 서술하시오. [8점]

22 0462

두 자연수 a, b에 대하여 $a^2b+2ab+a^2+2a+b+1$의 값이 847일 때, $a^3-3a^2b+3ab^2-b^3$의 값을 구하는 과정을 서술하시오. [8점]

23 0463

다항식 x^3+x^2-5x-7을 이차항의 계수가 1인 서로 다른 두 이차식 $A(x)$, $B(x)$로 나누었을 때의 나머지가 $3x+5$로 같다. 다항식 $A(x)+B(x)$를 $x-1$로 나누었을 때의 나머지를 구하는 과정을 서술하시오. [10점]

콘센트를 보지 않고

전기 플러그 하나 꽂는 것도

이리 어려운데

눈을 맞추지 않고서

어떻게 사람 마음이 맞을 수 있겠어

화해는 **만나서**

복소수 03

03

II. 방정식

복소수

1 복소수

핵심 1

(1) 허수단위 i

제곱하여 -1이 되는 수를 기호 i로 나타내고, 이를 **허수단위**라 한다. 즉,

$$i^2=-1,\ i=\sqrt{-1}$$

(2) 복소수

실수 a, b에 대하여 $a+bi$ 꼴로 나타내어지는 수를 **복소수**라 하고, a를 이 복소수의 **실수부분**, b를 이 복소수의 **허수부분**이라 한다.

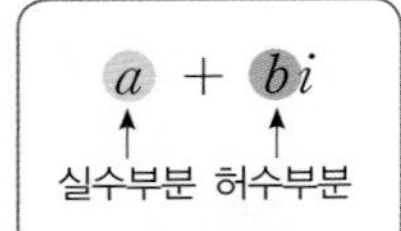

(3) 복소수의 분류

① 허수 : 실수가 아닌 복소수

② 복소수의 분류

$$\text{복소수 } a+bi \begin{cases} \text{실수 } a & (b=0) \\ \text{허수 } a+bi\ (b\neq 0) & \begin{cases} \text{순허수 } bi & (a=0) \\ \text{순허수가 아닌 허수 } a+bi & (a\neq 0) \end{cases} \end{cases}$$

(단, a, b는 실수)

Note

- 허수단위 i는 허수를 뜻하는 영어 단어 imaginary number의 첫 문자이다.
- 복소수 $z=a+bi$ (a, b는 실수)에 대하여
  ① z가 실수 → $b=0$
  ② z가 허수 → $b\neq 0$
  ③ z가 순허수 → $a=0$, $b\neq 0$

2 복소수가 서로 같을 조건

핵심 2

두 복소수 $a+bi$, $c+di$ (a, b, c, d는 실수)에 대하여

① $a=c$, $b=d$이면 $a+bi=c+di$
  $a+bi=c+di$이면 $a=c$, $b=d$

② $a=0$, $b=0$이면 $a+bi=0$
  $a+bi=0$이면 $a=0$, $b=0$

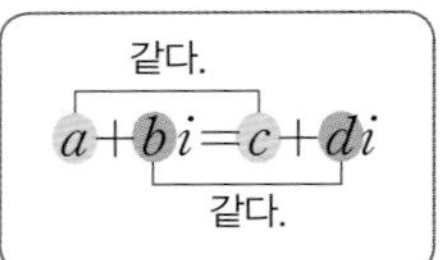

3 켤레복소수

복소수 $a+bi$ (a, b는 실수)에 대하여 허수부분의 부호를 바꾼 복소수 $a-bi$를 $a+bi$의 **켤레복소수**라 하고, 기호로 $\overline{a+bi}$로 나타낸다. 즉,

$$\overline{a+bi}=a-bi$$

참고 a, b가 실수일 때, $\overline{a-bi}=a+bi$이므로 두 복소수 $a+bi$와 $a-bi$는 서로 켤레복소수이다.

4 복소수의 사칙연산

핵심 3~5

Note

(1) 복소수의 사칙연산

a, b, c, d가 실수일 때

① 덧셈 : $(a+bi)+(c+di)=(a+c)+(b+d)i$

② 뺄셈 : $(a+bi)-(c+di)=(a-c)+(b-d)i$

③ 곱셈 : $(a+bi)(c+di)=(ac-bd)+(ad+bc)i$

④ 나눗셈 : $\dfrac{a+bi}{c+di}=\dfrac{(a+bi)(c-di)}{(c+di)(c-di)}=\dfrac{ac+bd}{c^2+d^2}+\dfrac{bc-ad}{c^2+d^2}i$ (단, $c+di\neq0$)

▶ 복소수와 그 켤레복소수의 곱은 실수이므로 분모의 켤레복소수를 분자, 분모에 곱하면 분모는 실수가 된다.

참고 세 복소수 z_1, z_2, z_3에 대하여

① 교환법칙 : $z_1+z_2=z_2+z_1$, $z_1z_2=z_2z_1$

② 결합법칙 : $(z_1+z_2)+z_3=z_1+(z_2+z_3)$, $(z_1z_2)z_3=z_1(z_2z_3)$

③ 분배법칙 : $z_1(z_2+z_3)=z_1z_2+z_1z_3$, $(z_1+z_2)z_3=z_1z_3+z_2z_3$

(2) 켤레복소수의 성질

두 복소수 z_1, z_2와 각각의 켤레복소수 $\overline{z_1}$, $\overline{z_2}$에 대하여

① $\overline{(\overline{z_1})}=z_1$

② $\overline{z_1}=z_1$ ➔ z_1은 실수

③ $\overline{z_1}=-z_1$ ➔ z_1은 순허수 또는 0

④ $z_1+\overline{z_1}=$(실수), $z_1\overline{z_1}=$(실수)

⑤ $\overline{z_1+z_2}=\overline{z_1}+\overline{z_2}$, $\overline{z_1-z_2}=\overline{z_1}-\overline{z_2}$

⑥ $\overline{z_1z_2}=\overline{z_1}\times\overline{z_2}$, $\overline{\left(\dfrac{z_1}{z_2}\right)}=\dfrac{\overline{z_1}}{\overline{z_2}}$ (단, $z_2\neq0$)

(3) i의 거듭제곱

i^n (n은 자연수)은 i, -1, $-i$, 1이 반복되어 나타나므로 다음과 같은 규칙을 갖는다.

$i^{4k+1}=i$, $i^{4k+2}=-1$, $i^{4k+3}=-i$, $i^{4k}=1$ (단, k는 자연수)

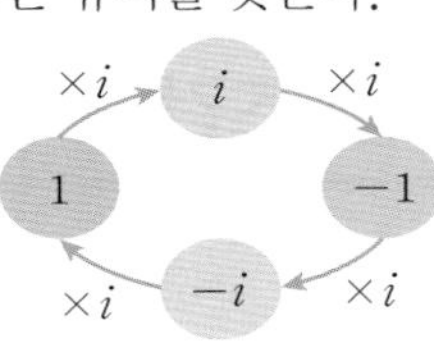

▶ i^k (k는 자연수)에서 k를 4로 나누었을 때의 나머지가 같으면 그 값이 서로 같다.

5 음수의 제곱근

핵심 6

(1) 음수의 제곱근

$a>0$일 때

① $\sqrt{-a}=\sqrt{a}i$

② $-a$의 제곱근은 $\pm\sqrt{a}i$

▶ $\sqrt{a}i$, $-\sqrt{a}i$를 한꺼번에 $\pm\sqrt{a}i$로 나타낸다.

(2) 음수의 제곱근의 성질

① $a<0$, $b<0$이면 $\sqrt{a}\sqrt{b}=-\sqrt{ab}$

② $a>0$, $b<0$이면 $\dfrac{\sqrt{a}}{\sqrt{b}}=-\sqrt{\dfrac{a}{b}}$

▶ $a<0$, $b<0$ 이외의 경우에는 $\sqrt{a}\sqrt{b}=\sqrt{ab}$
$a>0$, $b<0$ 이외의 경우에는 $\dfrac{\sqrt{a}}{\sqrt{b}}=\sqrt{\dfrac{a}{b}}$ (단, $b\neq0$)

참고 0이 아닌 실수 a, b에 대하여

① $\sqrt{a}\sqrt{b}=-\sqrt{ab}$이면 $a<0$, $b<0$

② $\dfrac{\sqrt{a}}{\sqrt{b}}=-\sqrt{\dfrac{a}{b}}$이면 $a>0$, $b<0$

핵심 1 복소수의 분류 유형 1, 5

복소수를 분류해 보자.

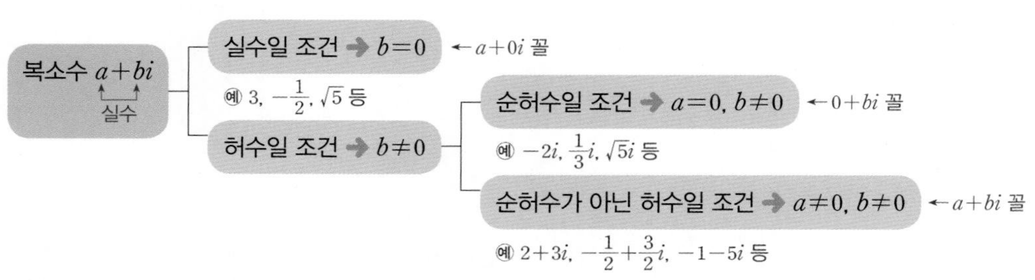

$0i=0$으로 정하면 실수 4는 $4+0i$로 나타낼 수 있으므로 실수도 복소수야.

참고 복소수 $a+bi$에서 a는 실수부분, b는 허수부분이다.

0464 〈보기〉에서 실수, 허수, 순허수를 각각 찾으시오.

〈보기〉

ㄱ. i^2　　ㄴ. $1-2i$　　ㄷ. $2+\sqrt{6}$

ㄹ. 0　　ㅁ. $5i$　　ㅂ. $\sqrt{2}+i$

0465 복소수 $ix^2+(1+2i)x-(2+3i)$가 순허수가 되도록 하는 실수 x의 값을 구하시오.

핵심 2 복소수가 서로 같을 조건 유형 7

복소수가 서로 같을 조건을 알아보자.

(1) $a+bi=4+5i$이면 $a=4,\ b=5$ (같다. / 같다.)

(2) $a+bi=0$이면 $a+bi=0+0i$이므로 $a=0,\ b=0$ (같다. / 같다.)

실수부분끼리, 허수부분끼리 각각 비교해.

0466 등식 $(x+1)+(y-2)i=0$을 만족시키는 실수 $x,\ y$의 값을 각각 구하시오.

0467 등식 $\overline{x-2+3i}=1+yi$를 만족시키는 실수 $x,\ y$의 값을 각각 구하시오.

● 정답 및 풀이 89쪽

핵심 3 복소수의 덧셈과 뺄셈 유형 2

동영상 강의

두 복소수 $3+2i$, $1+5i$에 대하여 덧셈과 뺄셈을 해 보자.

(1) $(3+2i)+(1+5i)=(3+1)+(2+5)i=4+7i$

(2) $(3+2i)-(1+5i)=(3-1)+(2-5)i=2-3i$

허수단위 i를 문자처럼 생각하고 계산하면 돼.

0468 $5i-(1+2i)$를 계산하시오.

0469 $(1+2i)+(3-i)$를 계산하시오.

핵심 4 복소수의 곱셈과 나눗셈 유형 3

동영상 강의

두 복소수 $1+3i$, $2-i$에 대하여 곱셈과 나눗셈을 해 보자.

(1) $(1+3i)(2-i)$

$=2-i+6i-3i^2$ ← 분배법칙 이용하여 전개하기

$=2-i+6i+3$ ← $i^2=-1$ 대입하기

$=(2+3)+(-1+6)i$

$=5+5i$

(2) $\dfrac{1+3i}{2-i}$

$=\dfrac{(1+3i)(2+i)}{(2-i)(2+i)}$ ← 분모의 켤레복소수 곱하기

$=\dfrac{2+i+6i+3i^2}{4-i^2}$

$=\dfrac{2+i+6i-3}{4-(-1)}=-\dfrac{1}{5}+\dfrac{7}{5}i$ ← $i^2=-1$ 대입하기

$i^2=-1$임을 잊지 마!

0470 다음을 계산하시오.

(1) $(-3+i)(1-2i)$

(2) $\dfrac{4-i}{1+2i}$

0471 $(2-3i)+i(-1+4i)$를 계산하여 $a+bi$ 꼴로 나타내시오. (단, a, b는 실수이다.)

핵심 5 허수단위 i의 거듭제곱 유형 13

i의 거듭제곱의 규칙성을 찾아보자.

$i^1=i$
$i^2=-1$
$i^3=i^2\times i=(-1)\times i=-i$
$i^4=i^3\times i=(-i)\times i=-i^2=1$
$i^5=i^4\times i=1\times i=i$
$i^6=i^5\times i=i\times i=i^2=-1$
$i^7=i^6\times i=(-1)\times i=-i$
$i^8=i^7\times i=(-i)\times i=-i^2=1$
⋮

자연수 k에 대하여

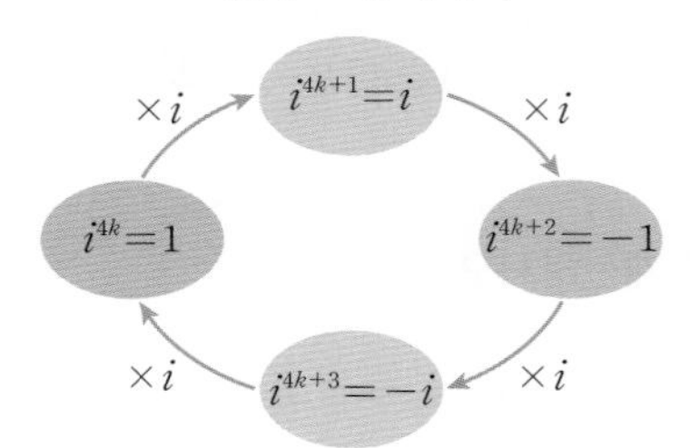

i의 지수가 클 때는 $i^4=1$임을 이용하여 지수를 낮춰 봐.

0472 i^{50}을 간단히 하시오.

0473 $i+i^2+i^3+i^4+i^5+i^6+i^7+i^8+i^9$을 간단히 하시오.

핵심 6 음수의 제곱근 유형 15

음수의 제곱근의 성질을 이용해 보자.

(1) $\sqrt{-2}\sqrt{-7}=\sqrt{2}i\times\sqrt{7}i=\sqrt{2\times7}i^2=-\sqrt{14}$

(2) $\dfrac{\sqrt{3}}{\sqrt{-5}}=\dfrac{\sqrt{3}}{\sqrt{5}i}=\dfrac{\sqrt{3}\times i}{\sqrt{5}i\times i}=\dfrac{\sqrt{3}i}{\sqrt{5}i^2}=\dfrac{\sqrt{3}i}{-\sqrt{5}}=-\dfrac{\sqrt{3}}{\sqrt{5}}i=-\sqrt{\dfrac{3}{5}}i=-\sqrt{\dfrac{3}{-5}}$

$\sqrt{(음수)}=\sqrt{(양수)}\,i$임을 이용하면 성질을 이해할 수 있어.

0474 다음을 $a+bi$ (a, b는 실수) 꼴로 나타내시오.

(1) $\sqrt{-2}\sqrt{3}$

(2) $\sqrt{-2}\sqrt{-8}$

(3) $\dfrac{\sqrt{-2}}{\sqrt{-8}}$

(4) $\dfrac{\sqrt{18}}{\sqrt{-2}}$

0475 $\sqrt{-3}\sqrt{-12}+\dfrac{\sqrt{-64}}{\sqrt{-4}}=a+bi$일 때, 실수 a, b의 값을 각각 구하시오.

기출 유형 check 실전 준비하기

19유형, 179문항입니다.

기초 유형 0-1 제곱근 | 중3

(1) **제곱근의 성질**

$a>0$일 때

① $(\sqrt{a})^2=(-\sqrt{a})^2=a$

② $\sqrt{a^2}=\sqrt{(-a)^2}=a$

(2) **제곱근의 곱셈과 나눗셈**

$a>0$, $b>0$일 때

① $\sqrt{a}\sqrt{b}=\sqrt{ab}$

② $\dfrac{\sqrt{a}}{\sqrt{b}}=\sqrt{\dfrac{a}{b}}$

0476 대표문제

다음 중 옳지 않은 것은?

① $-4\sqrt{10}\div2\sqrt{2}=-2\sqrt{5}$ ② $-\sqrt{36}\times\left(-\dfrac{1}{6\sqrt{2}}\right)=\dfrac{\sqrt{2}}{2}$

③ $\dfrac{\sqrt{8}}{\sqrt{2}}=2$ ④ $\sqrt{72}\times\sqrt{\dfrac{1}{2}}=6$

⑤ $2\sqrt{3}\div\dfrac{1}{2\sqrt{3}}=1$

0477 Level 1

다음 중 그 값이 나머지 넷과 다른 하나는?

① $\sqrt{(-2)^2}$ ② $\sqrt{2^2}$ ③ $(-\sqrt{2})^2$

④ $-(-\sqrt{2})^2$ ⑤ $(\sqrt{2})^2$

0478 Level 1

$\sqrt{64}-\sqrt{(-4)^2}+\sqrt{(-2)^2}$을 계산하면?

① 2 ② 6 ③ 8

④ 10 ⑤ 14

0479 Level 2

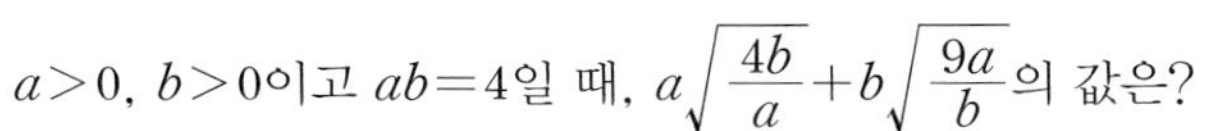

$a>0$, $b>0$이고 $ab=4$일 때, $a\sqrt{\dfrac{4b}{a}}+b\sqrt{\dfrac{9a}{b}}$의 값은?

① 2 ② 4 ③ 6

④ 8 ⑤ 10

0480 Level 2

$3\sqrt{a}\times\sqrt{5}\times2\sqrt{5a}=90$일 때, 자연수 a의 값을 구하시오.

기초 유형 0-2 분모의 유리화 | 중3

$a>0$, $b>0$일 때

(1) $\dfrac{1}{\sqrt{a}}=\dfrac{\sqrt{a}}{a}$ ➔ 분자, 분모에 각각 $\sqrt{a}$를 곱한다.

(2) $\dfrac{1}{\sqrt{a}+\sqrt{b}}=\dfrac{\sqrt{a}-\sqrt{b}}{a-b}$ ➔ 분자, 분모에 각각 $\sqrt{a}-\sqrt{b}$를 곱한다.

0481 대표문제

$\dfrac{\sqrt{6}-\sqrt{5}}{\sqrt{6}+\sqrt{5}}-\dfrac{\sqrt{6}+\sqrt{5}}{\sqrt{6}-\sqrt{5}}$를 간단히 하면?

① $-4\sqrt{30}$ ② $-2\sqrt{30}$ ③ 0
④ $2\sqrt{30}$ ⑤ $4\sqrt{30}$

0482

Level 1

$\dfrac{\sqrt{8}-2\sqrt{3}}{\sqrt{2}}$의 분모를 유리화하시오.

0483

Level 1

$\dfrac{2-\sqrt{2}}{2+\sqrt{2}}=a+b\sqrt{2}$일 때, $a-b$의 값은?

(단, a, b는 유리수이다.)

① 1 ② 2 ③ 3
④ 4 ⑤ 5

0484

Level 1

$\dfrac{\sqrt{5}+2}{\sqrt{3}-1}$의 분모를 유리화하였더니 $a\sqrt{15}+b\sqrt{5}+c\sqrt{3}+1$이 되었다. $a+b+c$의 값은? (단, a, b, c는 유리수이다.)

① 1 ② 2 ③ 3
④ 4 ⑤ 5

0485

Level 1

$\dfrac{5}{\sqrt{18}}=a\sqrt{2}$, $\dfrac{1}{2\sqrt{5}}=b\sqrt{5}$일 때, ab의 값은?

(단, a, b는 유리수이다.)

① $\dfrac{1}{12}$ ② $\dfrac{1}{6}$ ③ $\dfrac{1}{4}$
④ $\dfrac{1}{3}$ ⑤ 1

0486

Level 2

$x=\sqrt{5}$일 때, $2x$는 $\dfrac{1}{x}$의 몇 배인가?

① 2배 ② 4배 ③ 6배
④ 8배 ⑤ 10배

실전 유형 1 복소수의 뜻과 분류

실수 a, b에 대하여

복소수 $a+bi$ $\begin{cases} \text{실수 } a\ (b=0) \\ \text{허수 } \begin{cases} \text{순허수 } bi\ (a=0,\ b\neq0) \\ \text{순허수가 아닌 허수 } a+bi\ (a\neq0,\ b\neq0) \end{cases} \end{cases}$

0487 대표문제

다음 중 복소수에 대한 설명으로 옳은 것은?

① 0은 복소수가 아니다.
② i는 허수이지만 복소수는 아니다.
③ $5-4i$는 순허수이다.
④ $2-3i$의 실수부분은 2, 허수부분은 $-3i$이다.
⑤ $\sqrt{2}i$의 실수부분은 0, 허수부분은 $\sqrt{2}$이다.

0488

Level 1

〈보기〉에서 복소수 $a+bi$ (a, b는 실수)에 대한 설명으로 옳은 것만을 있는 대로 고른 것은?

〈보기〉
ㄱ. 실수부분은 a이다.
ㄴ. $a=0$이면 허수이다.
ㄷ. $a\neq0$, $b=0$이면 실수이다.

① ㄱ ② ㄴ ③ ㄱ, ㄷ
④ ㄴ, ㄷ ⑤ ㄱ, ㄴ, ㄷ

0489

Level 1

다음 복소수 중 순허수의 개수를 구하시오.

2π, $\sqrt{-1}$, $5+\sqrt{3}$, $i+4$, $11i$, $2-\sqrt{5}i$

0490

Level 1

$\dfrac{1-\sqrt{2}i}{2}$의 실수부분을 a, $i-2$의 허수부분을 b라 할 때, $a-b$의 값은?

① -1 ② $-\dfrac{1}{2}$ ③ 0
④ $\dfrac{1}{2}$ ⑤ 1

0491

Level 1

다음 복소수 중 허수가 아닌 것은?

① $-\sqrt{2}i$ ② $\sqrt{3}i-\sqrt{3}i^2$ ③ $2i+i^2$
④ $\dfrac{i}{3}$ ⑤ $(-\sqrt{5}i)^2$

0492

Level 1

다음 중 복소수에 대한 설명으로 옳지 않은 것은?

① $i^2=-1$이다.
② 2의 허수부분은 0이다.
③ $3i$는 허수이다.
④ $2+3i$의 실수부분은 2, 허수부분은 3이다.
⑤ $\dfrac{4i-1}{5}$의 허수부분은 4이다.

0493

Level 1

다음 중 복소수에 대한 설명으로 옳은 것은?

① 복소수의 허수부분은 실수이다.
② 실수는 복소수가 아니다.
③ 허수를 제곱하면 음수가 된다.
④ i는 음수이다.
⑤ 허수는 항상 bi ($b\neq0$인 실수) 꼴로 나타낼 수 있다.

0494

Level 1

다음 복소수 중 실수의 개수를 구하시오.

$$-3i,\quad \sqrt{3}-2i,\quad 1+\sqrt{2},\quad i-\sqrt{-1},\quad -i^2,\quad \frac{1+i}{2}$$

0495

Level 1

다음 중 실수의 개수를 a, 허수의 개수를 b, 복소수의 개수를 c라 할 때, $a-b+c$의 값은?

$$-4,\quad i,\quad -\sqrt{2},\quad 1+i^2,\quad 1+\pi,\quad 2-5i$$

① 4 ② 5 ③ 6
④ 7 ⑤ 8

실전 유형 **2 복소수의 덧셈과 뺄셈**

허수단위 i를 문자처럼 생각하고 다항식에서와 같은 방법으로 계산한다.

0496 대표문제

다음 복소수의 계산 중 옳은 것은?

① $(7+3i)+(4-6i)=28-18i$
② $(i-5)-(2i-9)=i-4$
③ $(1-i^2)+(1-i^2)=0$
④ $(4+2i)+(-1+5i)=3+7i$
⑤ $(7+2i)-(4-3i)=3-i$

0497

Level 1

$(i-\sqrt{2})+(-4i+2\sqrt{2})$의 값은?

① $-3\sqrt{2}+5i$ ② $\sqrt{2}-3i$ ③ $\sqrt{2}+5i$
④ $3\sqrt{2}-5i$ ⑤ $\sqrt{2}+3i$

0498

Level 1

다음 복소수의 계산 중 옳지 않은 것은?

① $(6-4i)+(3+i)=9-3i$
② $(3-i)+(2i-7)=-4+i$
③ $-2-(i-3)=1-i$
④ $(1-i)-3=-2-i$
⑤ $(-2+i)-(4-3i)=-6-2i$

0499

Level 1

$(5-3i)-(4i-7)$을 계산하여 $a+bi$ 꼴로 나타낼 때, $a+b$의 값은? (단, a, b는 실수이다.)

① 1　② 2　③ 3　④ 4　⑤ 5

0500

Level 1

$(-5+12i)-(2-3i)+(-7i+1)$의 값을 구하시오.

0501

Level 1

두 복소수 $z_1=4-3i$, $z_2=-1+2i$에 대하여

$p=z_1+z_2$, $q=z_2-z_1$

이라 할 때, $p-q$의 실수부분은?

① 5　② 6　③ 7　④ 8　⑤ 9

0502

Level 2

$(-1+2i)+(2-3i)+(-3+4i)+(4-5i)+\cdots+(10-11i)$

를 계산하여 $a+bi$ 꼴로 나타낼 때, $2a-b$의 값을 구하시오. (단, a, b는 실수이다.)

0503

Level 2

$z_1=-9+5i$일 때, 다음 조건을 만족시키는 복소수 z_2는?

(가) z_1+z_2는 순허수이다.
(나) z_1-z_2의 허수부분은 7이다.

① $-9+3i$　② $-9-3i$　③ $9+2i$　④ $9-2i$　⑤ $9-i$

0504

Level 2

두 복소수 z_1, z_2에 대하여

$z_1+z_2=-1+2i$, $z_1-z_2=3+8i$

일 때, $2z_1+z_2$의 값은?

① $-13i$　② $7i$　③ $-2+4i$　④ $4+7i$　⑤ $4+13i$

실전유형 3 복소수의 곱셈과 나눗셈

(1) **복소수의 곱셈** : 계산이 끝난 후 $i^2=-1$로 바꾸어 정리한다.
(2) **복소수의 나눗셈** : 분모의 켤레복소수를 분자, 분모에 곱하여 계산한다.

0505 대표문제

다음 복소수의 계산 중 옳지 않은 것은?

① $\frac{2+3i}{1-2i}=-\frac{4}{5}+\frac{7}{5}i$
② $(2+3i)(2-3i)=13$
③ $(4+i)(1+2i)=2+7i$
④ $i(1+i)=-1+i$
⑤ $(1+\sqrt{3}i)^2=-2+2\sqrt{3}i$

0506

Level 1

$(3-i)(1+2i)$의 값은?

① $1+3i$ ② $1+5i$ ③ $5+i$
④ $5+3i$ ⑤ $5+5i$

0507

Level 1

$\frac{1+i}{1-i}$를 계산하여 $a+bi$ 꼴로 나타낸 것은?

(단, a, b는 실수이다.)

① 1 ② i ③ $1+i$
④ $1+2i$ ⑤ $2+2i$

0508

Level 1

$\frac{(2-3i)+(5i-1)}{1-i}$의 실수부분을 a, 허수부분을 b라 할 때, $a+b$의 값은?

① -2 ② -1 ③ 0
④ 1 ⑤ 2

0509

Level 2

다음 복소수의 계산 중 옳은 것은?

① $(3+4i)(1-2i)=11+2i$
② $(3+i)^2=10+6i$
③ $(3+2i)(3-2i)=5$
④ $(2+3i)(3-i)=9+7i$
⑤ $\frac{1}{1-i}-\frac{1}{1+i}=1$

0510

Level 2

$(3+2i)(2-i)+\frac{2+\sqrt{2}i}{\sqrt{2}-2i}$를 계산하여 $a+bi$ 꼴로 나타낼 때, $a+b$의 값을 구하시오. (단, a, b는 실수이다.)

0511 신경향

Level 2

$(1-i)(2+3i)$를 계산하여 $a+bi$ 꼴로 나타낼 때, a, b를 두 근으로 하고 최고차항의 계수가 1인 이차방정식은?

(단, a, b는 실수이다.)

① $x^2+6x+5=0$　② $x^2+6x-5=0$
③ $x^2-6x+5=0$　④ $x^2-6x-5=0$
⑤ $x^2-6x-7=0$

0512

Level 3

그림에서 (+)는 위쪽 두 개의 네모 안에 적힌 두 복소수의 합을 아래쪽 네모에 쓰는 것을, (×)는 위쪽 두 개의 네모 안에 적힌 두 복소수의 곱을 아래쪽 네모에 쓰는 것을 나타낸다. 다음을 만족시키는 두 복소수 z_1, z_2에 대하여 $z_1\overline{z_1}+z_2\overline{z_2}$의 값을 구하시오.

(단, $\overline{z_1}$, $\overline{z_2}$는 각각 z_1, z_2의 켤레복소수이다.)

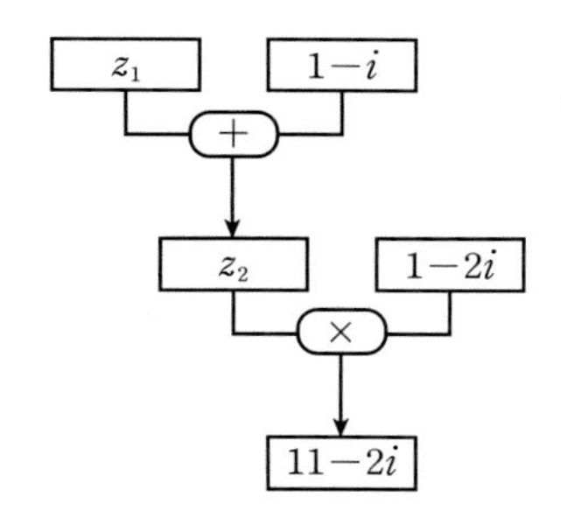

다음은 이 유형에서 출제된 최근 교육청 · 평가원 기출문제입니다.

0513 · 교육청 2019년 3월

Level 1

$i(2-i)$의 값은? (단, $i=\sqrt{-1}$)

① $-1-2i$　② $-1+2i$　③ $1-2i$
④ $1+2i$　⑤ $2+i$

0514 · 교육청 2018년 9월

Level 2

버튼을 한 번 누르면 복소수가 하나씩 적힌 세 개의 공이 굴러 나오는 기계가 있다.

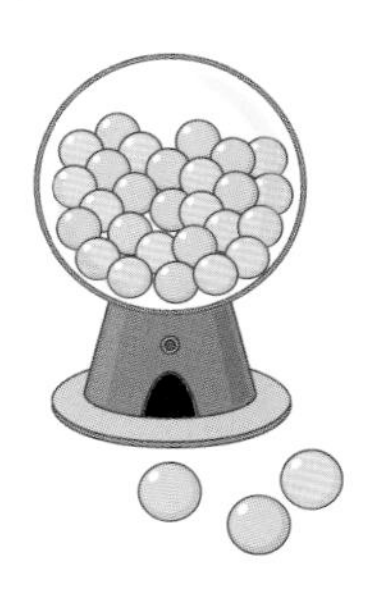

어느 상점에서 이 기계를 이용한 사람에게 굴러 나온 세 개의 공 중 두 개를 선택하게 하여 적힌 수의 곱이 자연수가 될 때, 그 자연수만큼 사탕으로 교환해 준다고 한다. 한 학생이 버튼을 한 번 눌렀더니 세 복소수 $2-3i$, $1+2i$, $6+9i$가 각각 적힌 세 개의 공이 굴러 나왔다. 이 학생이 a개의 사탕으로 교환해 갔을 때, 자연수 a의 값은? (단, $i=\sqrt{-1}$)

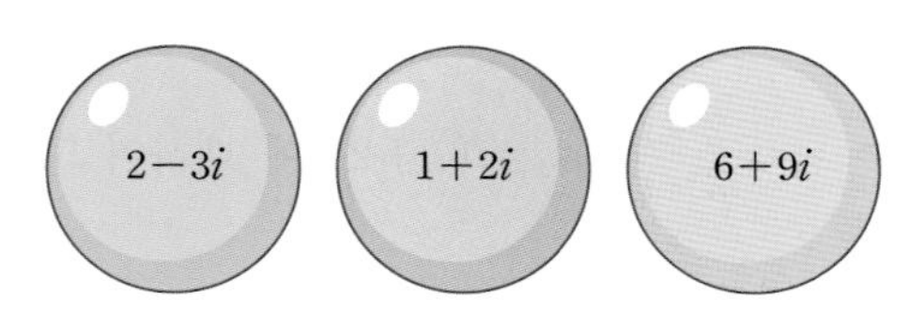

① 37　② 38　③ 39
④ 40　⑤ 41

실전유형 4 복소수가 주어질 때 식의 값 구하기 빈출유형

복소수 $z=a+bi$ (a, b는 실수)가 주어지고 z에 대한 식의 값을 구할 때는
(1) z의 값을 바로 대입한다.
(2) $z-a=bi$로 변형한 후 양변을 제곱하여 z에 대한 이차방정식을 만들고, 이를 주어진 식에 대입한다.

0515 대표문제

$z=\frac{-1-\sqrt{7}i}{2}$일 때, z^2+z의 값은?

① -5　② -4　③ -3
④ -2　⑤ -1

0516 Level 1

$z=1+3i$일 때, z^2-2z의 값을 구하시오.

0517 Level 1

두 복소수 $z_1=\frac{2+i}{2-i}$, $z_2=i(1+2i)$에 대하여 $5z_1+z_2$의 값은?

① $-5i$　② $-2+i$　③ 0
④ $-1+3i$　⑤ $1+5i$

0518 Level 1

$z=\frac{1}{1+i}$일 때, $2z^2-2z+5$의 값은?

① -2　② 0　③ 4
④ $3-2i$　⑤ $3+i$

0519 Level 1

$z=\frac{2-i}{2+i}$일 때, $z^2+\frac{1}{z^2}$의 값은?

① $-\frac{24}{25}$　② $-\frac{22}{25}$　③ $-\frac{18}{25}$
④ $-\frac{16}{25}$　⑤ $-\frac{14}{25}$

0520 Level 2

$z=\frac{1-\sqrt{3}i}{2}$일 때, $2z^2-4z+1$의 값은?

① $-2-\sqrt{3}i$　② $-2+\sqrt{3}i$　③ -2
④ $1-\sqrt{3}i$　⑤ $2+\sqrt{3}i$

0521

Level 2

$z=\frac{1+3i}{1-i}$일 때, z^3+3z^2+3z+1의 값은?

① 1 ② $-8i$ ③ $8i$
④ $-2+2i$ ⑤ $2+2i$

0522

Level 3

$z^2=z+1-i$일 때, $z^6-3z^5+2z^4+z^3-z^2+4$의 값은?

① -6 ② -2 ③ 0
④ 2 ⑤ 6

0523 고난도

Level 3

0이 아닌 실수 a, b에 대하여 $f(a, b)=\frac{bi+a}{bi-a}$라 할 때, $f(2, 1)+f(4, 2)+f(6, 3)+\cdots+f(20, 10)$의 값을 구하시오.

+Plus 문제

다음은 이 유형에서 출제된 최근 교육청 • 평가원 기출문제입니다.

0524 • 교육청 2021년 6월

Level 2

$x=-2+3i$, $y=2+3i$일 때, $x^3+x^2y-xy^2-y^3$의 값은? (단, $i=\sqrt{-1}$)

① 144 ② 150 ③ 156
④ 162 ⑤ 168

0525 • 교육청 2019년 6월

Level 2

두 복소수 $\alpha=\frac{1-i}{1+i}$, $\beta=\frac{1+i}{1-i}$에 대하여 $(1-2\alpha)(1-2\beta)$의 값은? (단, $i=\sqrt{-1}$이다.)

① 1 ② 2 ③ 3
④ 4 ⑤ 5

0526 • 교육청 2017년 6월

Level 2

두 복소수 $\alpha=\frac{1+i}{2i}$, $\beta=\frac{1-i}{2i}$에 대하여 $(2\alpha^2+3)(2\beta^2+3)$의 값은? (단, $i=\sqrt{-1}$이다.)

① 6 ② 10 ③ 14
④ 18 ⑤ 22

실전 유형 5 복소수 z가 실수 또는 순허수가 되는 조건

복소수 $z=a+bi$ (a, b는 실수)에 대하여
(1) z가 실수 ➔ $b=0$
(2) z가 순허수 ➔ $a=0$, $b\neq0$

0527 대표문제

복소수 $(x^2-10)+(x^2-6x+5)i$가 실수가 되도록 하는 모든 실수 x의 값의 합은?

① -6　② -5　③ 5
④ 6　⑤ 10

0528 Level 1

복소수 $i(x+2i)^2$이 실수가 되도록 하는 양수 x의 값은?

① 1　② 2　③ 3
④ 4　⑤ 5

0529 Level 1

복소수 $(1+xi)(1-3i)$가 순허수가 되도록 하는 실수 x의 값을 구하시오.

0530 Level 2

복소수 $(1+i)x^2-(3+7i)x+(6+12i)$가 실수가 되도록 하는 모든 실수 x의 값의 합을 구하시오.

0531 Level 2

복소수 $\dfrac{(1+i)(x+3i)^2}{1-i}$이 자연수가 되도록 하는 정수 x의 값은?

① -3　② -2　③ -1
④ 1　⑤ 3

0532 Level 2

두 복소수 $z_1=2+i$, $z_2=1+2i$에 대하여 $\dfrac{2+xi}{z_1+z_2}$가 순허수가 되도록 하는 실수 x의 값은?

① -1　② -2　③ -3
④ -4　⑤ -5

0533

Level 2

복소수 $\frac{(3+i)(1-i)}{2}+\frac{x-i}{1-i}$가 실수가 되도록 하는 실수 x의 값은?

① 1 ② 2 ③ 3
④ 4 ⑤ 5

0534

Level 2

복소수 $x(x-3)+x(x-4)i+(2+3i)$가 순허수가 되도록 하는 실수 x의 값을 구하시오.

0535

Level 2

복소수 $z=(i-1)x^2+(3+i)x-2i-1$이 실수가 되도록 하는 음수 x의 값을 a, 그때의 z의 값을 b라 할 때, $a+b$의 값을 구하시오.

실전유형 6 복소수 z^2이 실수가 되는 조건

빈출유형

복소수 $z=a+bi$ (a, b는 실수)에 대하여
(1) z^2이 양의 실수 ➜ z는 0이 아닌 실수 ➜ $a\neq0$, $b=0$
(2) z^2이 음의 실수 ➜ z는 순허수 ➜ $a=0$, $b\neq0$
(3) z^2이 실수 ➜ z는 실수 또는 순허수 ➜ $a=0$ 또는 $b=0$

0536 대표문제

복소수 $z=(1+i)x^2+(2-5i)x+4i-3$에 대하여 z^2이 음의 실수가 되도록 하는 실수 x의 값은?

① -3 ② -1 ③ 1
④ 4 ⑤ 5

0537

Level 1

복소수 $z=(1+i)x^2-(4i+3)x+2+3i$에 대하여 z^2이 양의 실수가 되도록 하는 실수 x의 값은?

① 1 ② 2 ③ 3
④ 4 ⑤ 5

0538

Level 1

복소수 $z=(1+i)x^2-(3-3i)x+2-4i$에 대하여 $z^2<0$이 되도록 하는 실수 x의 값은?

① -4 ② -1 ③ 1
④ 2 ⑤ 4

0539

Level 2

복소수 $z=x(1+i)+1$에 대하여 z^2이 음의 실수일 때, $z+z^2+z^3+z^4$의 값은? (단, x는 실수이다.)

① -3 ② -2 ③ 0
④ 2 ⑤ 4

0540

Level 2

복소수 $z=x^2(1+i)-3-i$에 대하여 z^2이 실수가 되도록 하는 모든 실수 x의 값의 곱은?

① 3 ② 5 ③ 7
④ 9 ⑤ 11

0541

Level 2

복소수 $z=(1+i)x^2-(3-3i)x-4+2i$에 대하여 z^2이 음의 실수일 때, z^2의 값을 구하시오. (단, x는 실수이다.)

0542

Level 2

복소수 $z=(x^2+3x+2)+(x^2+2x)i$에 대하여 z^2이 음의 실수가 되도록 하는 실수 x의 값을 a, 그때의 z의 값을 b라 할 때, ab의 값을 구하시오.

0543

Level 2

복소수 $z=(x+4i)(x-3i)+x^2(i-2)-11$에 대하여 z^2과 $z-2i$가 모두 실수가 되도록 하는 실수 x의 값을 구하시오.

0544

Level 3

복소수 $z=(1+i)x^2-(1+2i)x-2-3i$에 대하여 z^2이 허수일 때, 실수 x의 값이 될 수 있는 것을 모두 구한 것은?

① 2 ② $-1,\ 3$
③ $-3,\ -2,\ 1$ ④ $-1,\ 2,\ 3$
⑤ $-1,\ 2,\ 3$을 제외한 모든 실수

+Plus 문제

실전유형 7 복소수가 서로 같을 조건 빈출유형

복소수를 포함한 등식에서 실수부분은 실수부분끼리, 허수부분은 허수부분끼리 정리한 후 다음 조건을 이용한다.
a, b, c, d가 실수일 때
(1) $a+bi=c+di$ ➜ $a=c$, $b=d$
(2) $a+bi=0$ ➜ $a=0$, $b=0$

0545 대표문제

등식 $(1+i)x+(3-i)y=11-5i$를 만족시키는 실수 x, y에 대하여 $x+y$의 값은?

① 1 ② 3 ③ 5
④ 7 ⑤ 9

0546 Level 1

등식 $(x+y-8)+(-x+y+2)i=0$을 만족시키는 실수 x, y에 대하여 $2x-y$의 값은?

① 3 ② 4 ③ 5
④ 6 ⑤ 7

0547 Level 1

등식 $x+xyi-3=i-y$를 만족시키는 실수 x, y에 대하여 x^3+y^3의 값은?

① 14 ② 16 ③ 18
④ 20 ⑤ 22

0548 Level 1

등식 $\overline{(1+i)(x+yi)}=5-i$를 만족시키는 실수 x, y에 대하여 x^3+y^3의 값은?

① 16 ② 19 ③ 26
④ 35 ⑤ 37

0549 Level 2

등식 $\dfrac{x}{1-2i}+\dfrac{y}{1+2i}=3-2i$를 만족시키는 실수 x, y에 대하여 $\dfrac{x}{y}$의 값은?

① -1 ② $-\dfrac{1}{2}$ ③ 0
④ $\dfrac{1}{2}$ ⑤ 1

0550 Level 2

$xy>0$인 실수 x, y에 대하여 등식

$$|x+y|+(y-2)i=5-3i$$

가 성립할 때, x^2-y^2의 값을 구하시오.

0551

Level 2

등식 $x^2i-3xyi+xy+y^2i-5=0$을 만족시키는 양의 실수 x, y에 대하여 $x+y$의 값을 구하시오.

0552

Level 2

등식 $(2+i)^2x+(2-i)^2y=15-4i$를 만족시키는 실수 x, y에 대하여 xy의 값은?

① 2 ② 4 ③ 6
④ 8 ⑤ 10

0553

Level 2

등식 $x+yi=\frac{1}{1-ai}$을 만족시키는 실수 x, y에 대하여 $x+2y=1$이 성립할 때, 자연수 a의 값을 구하시오.

0554

Level 3

등식 $(a-bi)^2=8i$를 만족시키는 실수 a, b에 대하여 $20a+b$의 값을 구하시오. (단, $a>0$)

+Plus 문제

다음은 이 유형에서 출제된 최근 교육청 · 평가원 기출문제입니다.

0555 · 교육청 2021년 3월

Level 1

등식 $3x+(2+i)y=1+2i$를 만족시키는 두 실수 x, y에 대하여 $x+y$의 값은? (단, $i=\sqrt{-1}$)

① 1 ② 2 ③ 3
④ 4 ⑤ 5

0556 · 교육청 2019년 9월

Level 2

두 실수 a, b에 대하여 $\frac{2a}{1-i}+3i=2+bi$일 때, $a+b$의 값은? (단, $i=\sqrt{-1}$)

① 6 ② 7 ③ 8
④ 9 ⑤ 10

실전 유형 8 켤레복소수가 주어질 때 식의 값 구하기

서로 켤레복소수인 z_1, z_2를 이용하여 식의 값을 구할 때는
(1) z_1, z_2의 값을 바로 대입한다.
(2) 주어진 식을 z_1+z_2, z_1z_2가 포함된 식으로 변형한 후 z_1+z_2, z_1z_2의 값을 대입한다.

0557 대표문제

두 복소수 $z_1=1+2i$, $z_2=1-2i$에 대하여 $\frac{z_2}{z_1}+\frac{z_1}{z_2}$의 값은?

① $-\frac{6}{5}$ ② $-\frac{2}{5}$ ③ $\frac{2}{5}$
④ 1 ⑤ $\frac{6}{5}$

0558 Level 1

두 복소수 $z_1=5+i$, $z_2=5-i$에 대하여 z_1z_2의 값은?

① 24 ② 25 ③ 26
④ 27 ⑤ 28

0559 Level 1

두 복소수 $z_1=1+i$, $z_2=1-i$에 대하여 $\frac{z_1+1}{z_1}+\frac{z_2+1}{z_2}$의 값은?

① 1 ② 2 ③ 3
④ 4 ⑤ 5

0560 Level 1

두 복소수 $z_1=\frac{\sqrt{7}+i}{2}$, $z_2=\frac{\sqrt{7}-i}{2}$에 대하여 $z_1^2-z_2^2$의 값은?

① -7 ② 0 ③ 7
④ $-\sqrt{7}i$ ⑤ $\sqrt{7}i$

0561 Level 1

두 복소수 $z_1=2+\sqrt{3}i$, $z_2=2-\sqrt{3}i$에 대하여 $z_1^3+z_2^3$의 값을 구하시오.

0562 Level 2

두 복소수 $z_1=3+\sqrt{5}i$, $z_2=3-\sqrt{5}i$에 대하여 $(z_1+z_2)\left(\frac{1}{z_1}+\frac{1}{z_2}\right)$의 값을 구하시오.

0563

Level 2

두 복소수 $z_1=\frac{1+\sqrt{3}i}{4}$, $z_2=\frac{1-\sqrt{3}i}{4}$에 대하여 $\frac{{z_1}^2}{z_2}+\frac{{z_2}^2}{z_1}$의 값은?

① -1　② -2　③ -3
④ -4　⑤ -5

0564

Level 2

두 복소수 $z_1=\frac{-1+\sqrt{2}i}{3}$, $z_2=\frac{-1-\sqrt{2}i}{3}$에 대하여 ${z_1}^3+{z_1}^2z_2+z_1{z_2}^2+{z_2}^3$의 값은 $\frac{q}{p}$이다. $p+q$의 값은?
(단, p와 q는 서로소인 자연수이다.)

① 27　② 29　③ 31
④ 33　⑤ 35

0565

Level 2

실수 a, b에 대하여 복소수 $z=a+bi$이고 $z\bar{z}=1$일 때, $z+\frac{1}{z}$의 값은? (단, $\bar{z}$는 z의 켤레복소수이다.)

① 0　② $2a$　③ $-2a$
④ $2bi$　⑤ $-2bi$

실전유형 9 켤레복소수의 성질

빈출유형

0이 아닌 복소수 z의 켤레복소수를 $\bar{z}$라 할 때
(1) $z+\bar{z}=$(실수)
(2) $z\bar{z}=$(실수)
(3) $z=\bar{z}$ → z는 실수
(4) $z=-\bar{z}$ → z는 순허수

0566 대표문제

복소수 z와 그 켤레복소수 $\bar{z}$에 대하여 〈**보기**〉에서 옳은 것만을 있는 대로 고른 것은?

〈보기〉
ㄱ. $z+\bar{z}=0$이면 z는 실수이다.
ㄴ. $z\bar{z}=0$이면 $z=0$이다.
ㄷ. $(1+z)(1+\bar{z})$는 실수이다.

① ㄱ　② ㄴ　③ ㄱ, ㄴ
④ ㄴ, ㄷ　⑤ ㄱ, ㄴ, ㄷ

0567

Level 1

다음 중 $z=-\bar{z}$를 만족시키는 복소수 z는?
(단, $\bar{z}$는 z의 켤레복소수이다.)

① $1-\sqrt{2}i$　② $2+\sqrt{3}$　③ $i(1+i)$
④ $(2-\sqrt{5})i$　⑤ -5

0568

Level 1

다음 중 $z=\bar{z}$를 만족시키는 복소수 z가 될 수 있는 것의 개수를 구하시오. (단, $\bar{z}$는 z의 켤레복소수이다.)

$\sqrt{7}+i$,　$-i$,　$\sqrt{3}-\sqrt{5}i$,　$-4+\sqrt{3}$
$5i$,　i^2,　$(1+\sqrt{2})i$,　0

0569

Level 1

복소수 z에 대하여 z^2이 음의 실수일 때, 다음 중 옳은 것은? (단, $\overline{z}$는 z의 켤레복소수이다.)

① $z+\overline{z}=-1$ ② $z+\overline{z}=0$ ③ $z+\overline{z}=1$
④ $z\overline{z}=0$ ⑤ $z\overline{z}=-1$

0570

Level 2

복소수 z의 켤레복소수를 $\overline{z}$라 할 때, 다음 중 옳은 것은?

① 어떤 복소수 z에 대하여 $z\overline{z}<0$이다.
② $z+\overline{z}$는 순허수이다.
③ $z=\overline{z}$이면 z는 허수이다.
④ $\dfrac{1}{z}+\dfrac{1}{\overline{z}}$은 실수이다. (단, $z\neq0$)
⑤ $\overline{z}$가 순허수이면 z^2은 양의 실수이다.

0571

Level 2

두 복소수 z_1, z_2에 대하여 〈**보기**〉에서 옳은 것만을 있는 대로 고른 것은? (단, $\overline{z_2}$는 z_2의 켤레복소수이다.)

〈보기〉
ㄱ. $z_2=-\overline{z_2}$이면 z_2는 실수이다.
ㄴ. $z_1=\overline{z_2}$일 때, $z_1z_2=0$이면 $z_1=0$이다.
ㄷ. $z_1=\overline{z_2}$이면 z_1+z_2, z_1z_2는 모두 실수이다.

① ㄱ ② ㄷ ③ ㄱ, ㄴ
④ ㄴ, ㄷ ⑤ ㄱ, ㄴ, ㄷ

0572

Level 2

복소수 $z=(x-1)(x+2)+(x^2+3x+2)i$에 대하여 $\overline{z}=-z$를 만족시키는 모든 실수 x의 값의 합을 구하시오.
(단, $\overline{z}$는 z의 켤레복소수이다.)

0573

Level 2

0이 아닌 복소수

$$z=8x^2+2x-3+(8x^2-10x+3)i$$

에 대하여 $z-\overline{z}=0$이 성립할 때, 실수 x의 값을 구하시오.
(단, $\overline{z}$는 z의 켤레복소수이다.)

다음은 이 유형에서 출제된 최근 교육청 • 평가원 기출문제입니다.

0574 • 교육청 2020년 6월

Level 2

복소수 $z=x^2-(5-i)x+4-2i$에 대하여 $\overline{z}=-z$를 만족시키는 모든 실수 x의 값의 합은?
(단, $i=\sqrt{-1}$이고, $\overline{z}$는 z의 켤레복소수이다.)

① 1 ② 2 ③ 3
④ 4 ⑤ 5

심화유형 10 켤레복소수의 성질을 이용한 계산

두 복소수 z_1, z_2의 켤레복소수를 각각 $\overline{z_1}$, $\overline{z_2}$라 할 때

(1) $\overline{(\overline{z_1})}=z_1$

(2) $\overline{z_1+z_2}=\overline{z_1}+\overline{z_2}$, $\overline{z_1-z_2}=\overline{z_1}-\overline{z_2}$

(3) $\overline{z_1z_2}=\overline{z_1}\times\overline{z_2}$, $\overline{\left(\dfrac{z_1}{z_2}\right)}=\dfrac{\overline{z_1}}{\overline{z_2}}$ (단, $z_2\neq0$)

0575 대표문제

두 복소수 $z_1=1+2i$, $z_2=-3+5i$에 대하여 $z_1\overline{z_1}-\overline{z_1}z_2-z_1\overline{z_2}+z_2\overline{z_2}$의 값은?

(단, $\overline{z_1}$, $\overline{z_2}$는 각각 z_1, z_2의 켤레복소수이다.)

① 10 ② 15 ③ 20
④ 25 ⑤ 30

0576

Level 2

두 복소수 z_1, z_2에 대하여 $\overline{z_1}+\overline{z_2}=5+3i$, $\overline{z_1}\overline{z_2}=4-i$일 때, $\dfrac{1}{z_1}+\dfrac{1}{z_2}$의 값은?

(단, $\overline{z_1}$, $\overline{z_2}$는 각각 z_1, z_2의 켤레복소수이다.)

① $1+i$ ② $1-i$ ③ $2+2i$
④ $2-2i$ ⑤ $2+3i$

0577

Level 2

두 복소수 z_1, z_2에 대하여 $z_1\overline{z_2}=1$, $z_1+\dfrac{1}{z_1}=2i$일 때, $z_2+\dfrac{1}{z_2}$의 값은?

(단, $\overline{z_1}$, $\overline{z_2}$는 각각 z_1, z_2의 켤레복소수이다.)

① -2 ② 2 ③ $-2i$
④ i ⑤ $2i$

0578

Level 2

두 복소수 z_1, z_2에 대하여 $\overline{z_1}+\overline{z_2}=-5-2i$, $\overline{z_1}\times\overline{z_2}=8+3i$일 때, $(z_1+5)(z_2+5)$의 값은?

(단, $\overline{z_1}$, $\overline{z_2}$는 각각 z_1, z_2의 켤레복소수이다.)

① $8-7i$ ② $8-3i$ ③ $3+i$
④ $8+7i$ ⑤ $13+3i$

0579

Level 2

두 복소수 z_1, z_2에 대하여 $\overline{z_1+z_2}=-2+3i$일 때, $z_1\overline{z_1}+z_2\overline{z_2}+z_1\overline{z_2}+\overline{z_1}z_2$의 값은?

(단, $\overline{z_1}$, $\overline{z_2}$는 각각 z_1, z_2의 켤레복소수이다.)

① 9 ② 13 ③ 17
④ 21 ⑤ 25

0580

Level 2

두 복소수 z_1, z_2에 대하여 $\overline{z_1}-\overline{z_2}=3i$, $\overline{z_1}\times\overline{z_2}=5$일 때, $z_1{}^2+z_2{}^2$의 값을 구하시오.

(단, $\overline{z_1}$, $\overline{z_2}$는 각각 z_1, z_2의 켤레복소수이다.)

0581

Level 2

두 복소수 $z_1=(a-1)+i$, $z_2=2+(b+1)i$에 대하여 $\overline{z_1}+\overline{z_2}=z_1+z_2$, $\overline{z_1}\times\overline{z_2}=z_1z_2$일 때, $a+b$의 값은?
(단, a, b는 실수이고 $\overline{z_1}$, $\overline{z_2}$는 각각 z_1, z_2의 켤레복소수이다.)

① -2　② -1　③ 0
④ 1　⑤ 2

0582

Level 3

실수가 아닌 복소수 z와 그 켤레복소수 $\overline{z}$에 대하여
$z\overline{z}-\dfrac{\overline{z}}{z}=4$일 때, z^2의 값을 구하시오.

+Plus 문제

0583

Level 3

0이 아닌 복소수 z와 그 켤레복소수 $\overline{z}$에 대하여
$\dfrac{1}{z}-\dfrac{2}{\overline{z}}=1+6i$일 때, $5z$의 값을 구하시오.

0584

Level 3

두 복소수 z_1, z_2에 대하여
$z_1\overline{z_1}=z_2\overline{z_2}=3$, $(z_1+z_2)(\overline{z_1+z_2})=3$일 때,
$(z_1+z_2)\left(\dfrac{1}{z_1}+\dfrac{1}{z_2}\right)$의 값을 구하시오.
(단, $\overline{z_1}$, $\overline{z_2}$는 각각 z_1, z_2의 켤레복소수이다.)

0585

Level 3

실수가 아닌 복소수 z에 대하여 $\dfrac{z}{z^2+1}$가 실수일 때, 다음 중 옳은 것은? (단, $z^2+1\neq0$이고 $\overline{z}$는 z의 켤레복소수이다.)

① $z+\overline{z}=1$　② $z+\overline{z}=-1$　③ $z\overline{z}=1$
④ $z\overline{z}=-1$　⑤ $\dfrac{\overline{z}}{z}=-1$

0586 고난도

Level 3

두 복소수 z_1, z_2가 다음 조건을 만족시킬 때, $\dfrac{z_1}{z_2}+\dfrac{z_2}{z_1}$의 값은? (단, $\overline{z_1}$, $\overline{z_2}$는 각각 z_1, z_2의 켤레복소수이다.)

(가) $\dfrac{1}{z_1}+\dfrac{1}{z_2}=\dfrac{1}{5}+\dfrac{1}{10}i$
(나) $z_1\overline{z_1}=20$
(다) $z_2\overline{z_2}=20$

① -3　② -2　③ -1
④ 0　⑤ 1

심화 유형 11 켤레복소수의 활용 복합유형

❶ 켤레복소수의 성질을 이용하여 식을 변형한다.
❷ $z=a+bi$ (a, b는 실수)를 대입하여 식을 정리한 후, 조건을 확인한다.

0587 대표문제

실수가 아닌 두 복소수 z, w에 대하여 $z+\overline{w}=0$일 때, 〈**보기**〉에서 항상 실수인 것만을 있는 대로 고른 것은?
(단, $\overline{z}$, $\overline{w}$는 각각 z, w의 켤레복소수이다.)

〈 보기 〉
ㄱ. $\dfrac{\overline{z}}{w}$
ㄴ. $i(z+w)$
ㄷ. $\overline{z}w$
ㄹ. $wz+z\overline{z}$

① ㄱ, ㄴ ② ㄴ, ㄷ ③ ㄷ, ㄹ
④ ㄱ, ㄴ, ㄹ ⑤ ㄱ, ㄷ, ㄹ

0588 Level 2

두 복소수 z, w에 대하여 〈**보기**〉에서 옳은 것만을 있는 대로 고른 것은? (단, $\overline{z}$는 z의 켤레복소수이다.)

〈 보기 〉
ㄱ. $z^2+w^2=0$이면 $z=0$이고 $w=0$이다.
ㄴ. $z+wi=w+zi$이면 $z=w$이다.
ㄷ. $z\overline{z}=-1$을 만족시키는 복소수 z는 존재하지 않는다.

① ㄱ ② ㄴ ③ ㄷ
④ ㄴ, ㄷ ⑤ ㄱ, ㄴ, ㄷ

0589 Level 2

실수가 아닌 두 복소수 z, w에 대하여 $z+w$, zw가 모두 실수일 때, 〈**보기**〉에서 옳은 것만을 있는 대로 고른 것은?
(단, $\overline{z}$, $\overline{w}$는 각각 z, w의 켤레복소수이다.)

〈 보기 〉
ㄱ. $\overline{z-w}=w-z$
ㄴ. $\overline{z}+w=z+\overline{w}$
ㄷ. $\overline{zw}=zw$

① ㄴ ② ㄷ ③ ㄱ, ㄴ
④ ㄱ, ㄷ ⑤ ㄱ, ㄴ, ㄷ

0590 Level 2

실수가 아닌 두 복소수 z, w에 대하여 $3z+2\overline{w}=0$일 때, 〈**보기**〉에서 항상 실수인 것만을 있는 대로 고른 것은?
(단, $\overline{z}$, $\overline{w}$는 각각 z, w의 켤레복소수이다.)

〈 보기 〉
ㄱ. $\overline{z}\times\overline{w}$
ㄴ. $\dfrac{z}{w}$
ㄷ. $\dfrac{\overline{z}}{2}-\dfrac{w}{3}$

① ㄱ ② ㄴ ③ ㄱ, ㄴ
④ ㄴ, ㄷ ⑤ ㄱ, ㄴ, ㄷ

0591

Level 2

복소수 $z=a+bi$ (a, b는 0이 아닌 실수)에 대하여 z^2-z가 실수일 때, 〈**보기**〉에서 옳은 것만을 있는 대로 고른 것은? (단, $\bar{z}$는 z의 켤레복소수이다.)

〈보기〉

ㄱ. $\overline{z^2-z}$는 실수이다.

ㄴ. $z+\bar{z}=1$

ㄷ. $z\bar{z}>\frac{1}{4}$

① ㄱ ② ㄴ ③ ㄱ, ㄴ
④ ㄴ, ㄷ ⑤ ㄱ, ㄴ, ㄷ

다음은 이 유형에서 출제된 최근 교육청 • 평가원 기출문제입니다.

0592 • 교육청 2017년 6월

Level 2

복소수 $z=a+bi$ (a, b는 0이 아닌 실수)에 대하여 $iz=\bar{z}$일 때, 〈**보기**〉에서 옳은 것만을 있는 대로 고른 것은? (단, $i=\sqrt{-1}$이고, $\bar{z}$는 z의 켤레복소수이다.)

〈보기〉

ㄱ. $z+\bar{z}=-2b$

ㄴ. $i\bar{z}=-z$

ㄷ. $\frac{\bar{z}}{z}+\frac{z}{\bar{z}}=0$

① ㄱ ② ㄷ ③ ㄱ, ㄴ
④ ㄴ, ㄷ ⑤ ㄱ, ㄴ, ㄷ

실전유형 12 등식을 만족시키는 복소수 구하기

빈출유형

복소수 z와 그 켤레복소수 $\bar{z}$에 대하여 등식이 주어질 때
❶ $z=a+bi$, $\bar{z}=a-bi$ (a, b는 실수)로 놓고 등식에 대입한다.
❷ 복소수가 서로 같을 조건을 이용하여 a, b의 값을 구한다.

0593 대표문제

등식 $(1+i)z+2i\bar{z}=-5+3i$를 만족시키는 복소수 z의 실수부분을 a, 허수부분을 b라 할 때, $a-b$의 값을 구하시오. (단, $\bar{z}$는 z의 켤레복소수이다.)

0594

Level 1

등식 $(1-i)z+5i\bar{z}=5-3i$를 만족시키는 복소수 z는? (단, $\bar{z}$는 z의 켤레복소수이다.)

① $-1-i$ ② $-1+i$ ③ i
④ $1-i$ ⑤ $1+i$

0595

Level 1

복소수 z와 그 켤레복소수 $\bar{z}$가 $z+\bar{z}=8$, $z\bar{z}=25$를 만족시킬 때, 다음 중 복소수 z가 될 수 있는 것은?

① $4-3i$ ② $4-i$ ③ $5-i$
④ $4+2i$ ⑤ $3+4i$

0596
Level 1

복소수 z와 그 켤레복소수 $\overline{z}$에 대하여 등식 $(1+i)z+4\overline{z}=-8-10i$가 성립할 때, $z\overline{z}$의 값은?

① 3 ② 5 ③ 8
④ 10 ⑤ 13

0597
Level 2

〈보기〉에서 등식 $(1-i)z+(1+i)\overline{z}=6$을 만족시키는 복소수 z가 될 수 있는 것만을 있는 대로 고른 것은?
(단, $\overline{z}$는 z의 켤레복소수이다.)

〈보기〉
ㄱ. $2+i$ ㄴ. $4-i$ ㄷ. $-3i$

① ㄱ ② ㄴ ③ ㄷ
④ ㄱ, ㄴ ⑤ ㄴ, ㄷ

0598
Level 2

복소수 z와 그 켤레복소수 $\overline{z}$에 대하여 $z+\overline{z}=4$, $z\overline{z}=13$이 성립할 때, 복소수 z를 모두 구하시오.

0599
Level 2

복소수 z에 대하여 $\overline{z-zi}=3-i$일 때, $2z+i$의 값을 구하시오.

0600
Level 2

복소수 z와 그 켤레복소수 $\overline{z}$에 대하여 $z-\overline{z}=-6i$, $z^2+(\overline{z})^2=32$가 성립할 때, 복소수 z를 모두 구하시오.

다음은 이 유형에서 출제된 최근 교육청 • 평가원 기출문제입니다.

0601 • 교육청 2018년 6월
Level 2

5 이하의 두 자연수 a, b에 대하여 복소수 z를 $z=a+bi$라 할 때, $\frac{z}{\overline{z}}$의 실수부분이 0이 되게 하는 모든 복소수 z의 개수는? (단, $i=\sqrt{-1}$이고, $\overline{z}$는 z의 켤레복소수이다.)

① 1 ② 2 ③ 3
④ 4 ⑤ 5

● 정답 및 풀이 104쪽

실전유형 13 i의 거듭제곱

자연수 k에 대하여 i^k의 값은 i, -1, $-i$, 1이 반복되어 나타나므로 4개씩 묶어 더하면 0이 된다.

(1) $i^k+i^{k+1}+i^{k+2}+i^{k+3}=0$

(2) $\frac{1}{i}+\frac{1}{i^2}+\frac{1}{i^3}+\frac{1}{i^4}=i^3+i^2+i+1=0$

0602 대표문제

$1-i+i^2-i^3+i^4-\cdots+i^{100}$을 간단히 하면?

① $1-i$　② $1+i$　③ 1　④ i　⑤ $-i$

0603 Level 1

$\frac{1}{i}+\frac{1}{i^2}+\frac{1}{i^3}+\frac{1}{i^4}+\cdots+\frac{1}{i^{200}}$을 간단히 하시오.

0604 Level 2

등식 $(i+i^2)+(i^2+i^3)+\cdots+(i^9+i^{10})=a+bi$를 만족시키는 실수 a, b에 대하여 a^2+b^2의 값은?

① 2　② 3　③ 4　④ 5　⑤ 6

0605 Level 2

$2\left(1+\frac{1}{i}+\frac{1}{i^2}+\cdots+\frac{1}{i^{100}}\right)+(i+i^2+i^3+\cdots+i^{100})^2$을 간단히 하면?

① -2　② -1　③ 0　④ 1　⑤ 2

0606 Level 2

복소수 $z=\frac{1}{1+i+i^2+i^3+\cdots+i^{50}}$에 대하여 z^3-3z^2+4z의 값을 구하시오.

0607 Level 2

실수 a, b에 대하여 등식

$$\frac{1}{i}+\frac{2}{i^2}+\frac{3}{i^3}+\frac{4}{i^4}+\cdots+\frac{100}{i^{100}}=a+bi$$

가 성립할 때, $a+b$의 값은?

① -100　② -50　③ 0　④ 50　⑤ 100

0608

Level 3

복소수 $z=\frac{1}{i}$에 대하여 $z^n+z=0$을 만족시키는 100 이하의 자연수 n의 개수는?

① 23　② 24　③ 25
④ 26　⑤ 27

+Plus 문제

다음은 이 유형에서 출제된 최근 교육청 • 평가원 기출문제입니다.

0609 • 교육청 2020년 6월

Level 1

$i+2i^2+3i^3+4i^4+5i^5=a+bi$일 때, $3a+2b$의 값을 구하시오. (단, $i=\sqrt{-1}$이고, a, b는 실수이다.)

0610 고난도 • 교육청 2020년 6월

Level 3

50 이하의 두 자연수 m, n에 대하여 $\left\{i^n+\left(\frac{1}{i}\right)^{2n}\right\}^m$의 값이 음의 실수가 되도록 하는 순서쌍 (m, n)의 개수를 구하시오. (단, $i=\sqrt{-1}$이다.)

실전유형 14 복소수의 거듭제곱

빈출유형

자연수 n에 대하여

(1) $(1\pm i)^n$ 꼴을 포함한 식의 값
→ $(1+i)^2=2i$, $(1-i)^2=-2i$임을 이용

(2) $\left(\frac{1+i}{1-i}\right)^n$, $\left(\frac{1-i}{1+i}\right)^n$ 꼴을 포함한 식의 값
→ $\frac{1+i}{1-i}=i$, $\frac{1-i}{1+i}=-i$임을 이용

(3) $\left(\frac{-1\pm\sqrt{3}i}{2}\right)^n$, $\left(\frac{1\pm\sqrt{3}i}{2}\right)^n$ 꼴을 포함한 식의 값
→ $\left(\frac{-1\pm\sqrt{3}i}{2}\right)^3=1$, $\left(\frac{1\pm\sqrt{3}i}{2}\right)^3=-1$임을 이용

0611 대표문제

$\left(\frac{1+i}{\sqrt{2}}\right)^{100}+\left(\frac{1-i}{\sqrt{2}}\right)^{100}$을 간단히 하면?

① -2　② $-i$　③ 0
④ i　⑤ 2

0612

Level 1

$(1+i)^8+(1-i)^8$을 간단히 하면?

① -32　② -16　③ 0
④ 16　⑤ 32

0613

Level 1

등식 $\left(\frac{1+i}{1-i}\right)^{10}+2i=a+bi$를 만족시키는 실수 a, b에 대하여 $a+b$의 값은?

① -1　② 0　③ 1
④ 2　⑤ 3

0614

Level 2

$z=\frac{1+i}{\sqrt{2}}$일 때, $1+z^2+z^4+z^6+z^8$을 간단히 하시오.

0615

Level 2

$z=\frac{1-i}{\sqrt{2}}$일 때, $z^{50}+(\overline{z})^{50}$의 값은?

(단, $\overline{z}$는 z의 켤레복소수이다.)

① $-2i$ ② $1-i$ ③ 0
④ $1+i$ ⑤ $2i$

0616

Level 2

$3\left(\frac{1+i}{1-i}\right)^8+\left(\frac{1-i}{1+i}\right)^3$을 간단히 하여 $a+bi$ 꼴로 나타낼 때, $a+b$의 값은? (단, a, b는 실수이다.)

① 1 ② 2 ③ 3
④ 4 ⑤ 5

0617

Level 2

복소수 $z=\frac{1-i}{1+i}$에 대하여 $z^n=-1$이 되도록 하는 50 이하의 자연수 n의 개수는?

① 11 ② 12 ③ 13
④ 14 ⑤ 15

0618

Level 2

함수 $f(x)=x^{20}+\frac{1}{x^{20}}$일 때, $f\left(\frac{1-i}{1+i}\right)$의 값은?

① $-2i$ ② -2 ③ 0
④ 2 ⑤ $2i$

0619

Level 2

복소수 $z=\frac{1-i}{1+i}$에 대하여 $f(n)=z^n$이라 할 때, $f(1)+f(2)+f(3)+\cdots+f(n)=-1$이 되도록 하는 300 이하의 자연수 n의 개수는?

① 73 ② 74 ③ 75
④ 76 ⑤ 77

0620

Level 2

자연수 n에 대하여 $f(n)=\left(\frac{1+i}{1-i}\right)^n$일 때, 〈**보기**〉에서 옳은 것만을 있는 대로 고른 것은?

(단, $\overline{f(n)}$는 $f(n)$의 켤레복소수이다.)

〈 보기 〉

ㄱ. $f(1)f(2)=f(11)$

ㄴ. $\overline{f(119)}=-f(119)$

ㄷ. $f(1)+f(2)+f(3)+\cdots+f(18)=1-i$

① ㄱ ② ㄷ ③ ㄱ, ㄴ
④ ㄴ, ㄷ ⑤ ㄱ, ㄴ, ㄷ

0621

Level 3

자연수 n에 대하여

$$z(n)=\left(\frac{1+i}{1-i}\right)^n+\left(\frac{-1+\sqrt{3}i}{2}\right)^n,$$

$$f(n)=z(1)+z(2)+z(3)+\cdots+z(n)$$

이라 할 때, $f(99)$의 값을 구하시오.

0622

Level 3

두 복소수 $z=\frac{1-i}{\sqrt{2}}$, $w=\frac{1+\sqrt{3}i}{2}$에 대하여 $z^n=w^n$을 만족시키는 가장 작은 자연수 n의 값을 구하시오.

+Plus 문제

다음은 이 유형에서 출제된 최근 교육청 • 평가원 기출문제입니다.

0623 • 교육청 2021년 6월

Level 3

$\left(\frac{\sqrt{2}}{1+i}\right)^n+\left(\frac{\sqrt{3}+i}{2}\right)^n=2$를 만족시키는 자연수 n의 최솟값을 구하시오. (단, $i=\sqrt{-1}$)

0624 • 교육청 2021년 9월

Level 3

복소수 $z=\frac{-1+\sqrt{3}i}{2}$에 대하여 〈**보기**〉에서 옳은 것만을 있는 대로 고른 것은? (단, $i=\sqrt{-1}$)

〈 보기 〉

ㄱ. $z^3=1$

ㄴ. $z^4+z^5=-1$

ㄷ. $z^n+z^{2n}+z^{3n}+z^{4n}+z^{5n}=-1$을 만족시키는 100 이하의 모든 자연수 n의 개수는 66이다.

① ㄱ ② ㄴ ③ ㄱ, ㄴ
④ ㄱ, ㄷ ⑤ ㄱ, ㄴ, ㄷ

0625 • 교육청 2020년 11월

Level 3

복소수 $z=\frac{i-1}{\sqrt{2}}$에 대하여 $z^n+(z+\sqrt{2})^n=0$을 만족시키는 25 이하의 자연수 n의 개수를 구하시오. (단, $i=\sqrt{-1}$)

실전유형 15 음수의 제곱근의 계산

(1) 음수의 제곱근은 허수단위 i를 사용하여 나타낸다.
→ $a>0$일 때, $\sqrt{-a}=\sqrt{a}i$
(2) 음수의 제곱근의 성질을 이용하여 계산한다.
→ $a<0$, $b<0$이면 $\sqrt{a}\sqrt{b}=-\sqrt{ab}$
$a>0$, $b<0$이면 $\dfrac{\sqrt{a}}{\sqrt{b}}=-\sqrt{\dfrac{a}{b}}$

0626 대표문제

다음 중 옳지 않은 것은?

① $\dfrac{\sqrt{-6}}{\sqrt{-2}}=\sqrt{3}$　② $\dfrac{\sqrt{-6}}{\sqrt{3}}=\sqrt{2}i$
③ $\sqrt{-27}\sqrt{-3}=-9$　④ $\sqrt{-12}-\sqrt{-3}=\sqrt{3}i$
⑤ $\dfrac{\sqrt{32}}{\sqrt{-2}}=4i$

0627 Level 1

$(3+\sqrt{-2})(3-\sqrt{-2})+(\sqrt{-5})^2$을 간단히 하시오.

0628 Level 1

복소수 $z=\dfrac{\sqrt{27}}{\sqrt{-3}}+\sqrt{-3}\sqrt{-27}$에 대하여 $\bar{z}$의 값은?
(단, $\bar{z}$는 z의 켤레복소수이다.)

① $-9-3i$　② $9+3i$　③ $9-3i$
④ $-3+9i$　⑤ $-9+3i$

0629 Level 2

$(3+2i)(1+i)+\sqrt{-2}\sqrt{-8}+\dfrac{\sqrt{-8}}{\sqrt{-2}}$을 간단히 하면?

① $-1+5i$　② $-1+i$　③ $1+2i$
④ $1+3i$　⑤ $3+5i$

0630 Level 2

$\sqrt{-3}\sqrt{-12}+\sqrt{-3}\sqrt{3}+\dfrac{\sqrt{-64}}{\sqrt{-4}}+\dfrac{\sqrt{64}}{\sqrt{-4}}=a+bi$일 때, 실수 a, b에 대하여 a^2+b^2의 값은?

① 1　② 2　③ 3
④ 4　⑤ 5

0631 Level 2

〈보기〉에서 옳은 것만을 있는 대로 고른 것은?

〈보기〉
ㄱ. $\sqrt{-7}\times\dfrac{\sqrt{35}}{\sqrt{-5}}=7$
ㄴ. $\sqrt{2}\times\dfrac{\sqrt{6}}{\sqrt{-3}}=-2i$
ㄷ. $\sqrt{-5}\times\dfrac{\sqrt{-10}}{\sqrt{2}}=5$

① ㄱ　② ㄴ　③ ㄱ, ㄴ
④ ㄱ, ㄷ　⑤ ㄱ, ㄴ, ㄷ

0632

Level 2

복소수 $z=\frac{3-\sqrt{-9}}{3+\sqrt{-9}}$에 대하여 $z\bar{z}$의 값은?

(단, $\bar{z}$는 z의 켤레복소수이다.)

① $-2i$ ② -1 ③ 0
④ 1 ⑤ $2i$

0633

Level 2

$a>0$일 때, $\frac{\sqrt{a^2}}{a}+\frac{\sqrt{-a}\sqrt{-a}+\sqrt{a}\sqrt{-a}}{\sqrt{(-a)^2}}-\frac{\sqrt{a}}{\sqrt{-a}}$를 간단히 하시오.

0634

Level 3

$1<a<2$일 때,

$\sqrt{a-2}\times\sqrt{2-a}-\frac{\sqrt{2-a}}{\sqrt{a-2}}\times\sqrt{\frac{a-2}{2-a}}+\sqrt{a+1}\times\sqrt{-a-1}$

을 간단히 하시오.

실전유형 **16 음수의 제곱근의 성질** 빈출유형

0이 아닌 실수 a, b에 대하여

(1) $\sqrt{a}\sqrt{b}=-\sqrt{ab}$ → $a<0$, $b<0$

(2) $\frac{\sqrt{a}}{\sqrt{b}}=-\sqrt{\frac{a}{b}}$ → $a>0$, $b<0$

0635 대표문제

0이 아닌 실수 a, b에 대하여 $\frac{\sqrt{a}}{\sqrt{b}}=-\sqrt{\frac{a}{b}}$일 때,

$|2a+1|+|1-2b|-|2b-1|+|a|$를 간단히 하시오.

0636

Level 1

$a<0$, $b>0$일 때, 다음 중 옳은 것은?

① $\sqrt{a}\sqrt{b}=-\sqrt{ab}$ ② $\sqrt{-a}\sqrt{b}=\sqrt{-ab}$
③ $\sqrt{a^2b}=a\sqrt{b}$ ④ $\sqrt{ab^2}=-b\sqrt{a}$
⑤ $\frac{\sqrt{b}}{\sqrt{a}}=\sqrt{\frac{b}{a}}$

0637

Level 2

0이 아닌 실수 a, b에 대하여 $\sqrt{a}\sqrt{b}=-\sqrt{ab}$일 때, 〈**보기**〉에서 옳은 것만을 있는 대로 고른 것은?

〈보기〉

ㄱ. $\sqrt{a^2b}=a\sqrt{b}$
ㄴ. $\sqrt{-a}\sqrt{-b}=\sqrt{ab}$
ㄷ. $\frac{\sqrt{-a}}{\sqrt{b}}=-\sqrt{-\frac{a}{b}}$

① ㄱ ② ㄴ ③ ㄱ, ㄴ
④ ㄴ, ㄷ ⑤ ㄱ, ㄴ, ㄷ

● 정답 및 풀이 109쪽

0638

Level 2

0이 아닌 실수 a, b에 대하여 $\frac{\sqrt{b}}{\sqrt{a}}=-\sqrt{\frac{b}{a}}$일 때, 다음 중 $\sqrt{a}\sqrt{-b}$와 같은 것은?

① $\sqrt{ab}$ ② $\sqrt{-ab}$ ③ $-\sqrt{a}\sqrt{b}$
④ $-\sqrt{ab}$ ⑤ $-\sqrt{-ab}$

0639

Level 2

0이 아닌 실수 a, b에 대하여 $\frac{\sqrt{b}}{\sqrt{a}}=-\sqrt{\frac{b}{a}}$일 때, $\sqrt{ab}-\sqrt{a}\sqrt{b}+\sqrt{2a}\sqrt{2a}-\sqrt{4a^2}$을 간단히 하면?

① 0 ② $-4a$ ③ $4a$
④ $2\sqrt{ab}$ ⑤ $-2\sqrt{ab}$

0640

Level 2

실수 a에 대하여 $\sqrt{\frac{a+1}{a-2}}=-\frac{\sqrt{a+1}}{\sqrt{a-2}}$일 때, $\sqrt{(a+2)^2}+\sqrt{(a-3)^2}$을 간단히 하면? (단, $a\neq2$)

① $-2a+1$ ② -5 ③ $2a-1$
④ 0 ⑤ 5

0641

Level 2

0이 아닌 실수 a, b에 대하여 $\sqrt{\frac{a}{b}}=-\frac{\sqrt{a}}{\sqrt{b}}$일 때, $\sqrt{a^2}-\sqrt{b^2}-2|b-a|$를 간단히 하면?

① $3a+b$ ② $-a+3b$ ③ 0
④ $-2a+b$ ⑤ $a-2b$

0642

Level 2

등식 $\frac{\sqrt{a-2}}{\sqrt{a-3}}=-\sqrt{\frac{a-2}{a-3}}$를 만족시키는 실수 a에 대하여 $|a-1|+|a-2|+|a-3|+|a-4|$를 간단히 하면? (단, $a\neq3$)

① 1 ② 2 ③ 3
④ 4 ⑤ 5

0643

Level 2

0이 아닌 실수 a, b, c에 대하여 $\sqrt{a}\sqrt{b}=-\sqrt{ab}$, $\frac{\sqrt{c}}{\sqrt{a}}=-\sqrt{\frac{c}{a}}$일 때, $\sqrt{(a-c)^2}-|b|$를 간단히 하면?

① $-a-b+c$ ② $-a+b-c$ ③ $-a+b+c$
④ $a-b-c$ ⑤ $a+b-c$

0644

Level 2

0이 아닌 실수 a, b, c가 다음 조건을 만족시킬 때, a, b, c의 대소 관계로 옳은 것은?

(가) $b+c<a$

(나) $\dfrac{\sqrt{b}}{\sqrt{a}}=-\sqrt{\dfrac{b}{a}}$

① $a<c<b$　② $b<a<c$　③ $b<c<a$
④ $c<a<b$　⑤ $c<b<a$

0645

Level 3

0이 아닌 실수 a, b에 대하여 $\dfrac{\sqrt{b}}{\sqrt{a}}=-\sqrt{\dfrac{b}{a}}$일 때, 복소수 $(\sqrt{a}-\sqrt{-b})(\sqrt{-a}-\sqrt{-b})$의 허수부분은?

① $-\sqrt{-ab}$　② $b-\sqrt{ab}$　③ $a-\sqrt{-ab}$
④ $-b-\sqrt{-ab}$　⑤ $-a-\sqrt{-ab}$

+Plus 문제

0646

Level 3

0이 아닌 실수 a, b에 대하여

$$\sqrt{(a-b)^2}+|a|-3\sqrt{b^2}=0,\ \frac{\sqrt{b}}{\sqrt{a}}=-\sqrt{\frac{b}{a}}$$

일 때, 다음 중 옳지 <u>않은</u> 것은?

① $a=-b$　② $a^2-b^2=0$　③ $a^2+b^2>0$
④ $\sqrt{a}\sqrt{b}=-\sqrt{ab}$　⑤ $a^3+b^3=0$

실전유형 17 새로운 연산 기호에 대한 문제

주어진 연산 기호의 규칙에 따라 계산한다.

0647 대표문제

임의의 두 복소수 z_1, z_2에 대하여 연산 ◎을 $z_1◎z_2=z_1+z_2-z_1z_2$라 할 때, $(5+3i)◎(1-2i)$의 값은?

① $-5+8i$　② $-5+12i$　③ $-3+8i$
④ $7+8i$　⑤ $7+12i$

0648

Level 1

임의의 두 복소수 z_1, z_2에 대하여 연산 ★을 $z_1★z_2=(z_1+z_2i)(z_1i+z_2)$라 할 때, $(1+i)★(1-i)$의 값을 구하시오.

0649

Level 1

임의의 두 복소수 z_1, z_2에 대하여 연산 ♣을 $z_1♣z_2=2z_1-\dfrac{z_2}{z_1}$라 할 때, $(1+i)♣(5-3i)$의 허수부분을 구하시오.

0650

Level 1

임의의 두 복소수 z_1, z_2에 대하여 연산 ▽을 $z_1 \triangledown z_2=(z_1+z_2)^2$이라 할 때, $(1+2i)\triangledown(x+3i)$가 음의 실수가 되도록 하는 실수 x의 값은?

① -2　② -1　③ 0
④ 1　⑤ 2

0651

Level 1

임의의 두 복소수 z_1, z_2에 대하여 연산 ⊗을 $z_1 \otimes z_2=2z_1z_2$라 할 때, $(1+i)\otimes(x-i)$가 순허수가 되도록 하는 실수 x의 값은?

① -2　② -1　③ 0
④ 1　⑤ 2

0652

Level 2

임의의 두 복소수 z_1, z_2에 대하여 연산 ⊙을 $z_1 \odot z_2=z_1+z_2-\overline{z_1-z_2}$라 할 때, $(5+2i)\odot(3-i)+(x+2i)\odot(3+yi)$의 값은?
(단, x, y는 실수이고 $\overline{z_1-z_2}$는 z_1-z_2의 켤레복소수이다.)

① 0　② $x+2yi$　③ $2x+yi$
④ $6+4i$　⑤ $12+8i$

0653

Level 2

임의의 복소수 $z=a+bi$ (a, b는 0이 아닌 실수)에 대하여 $\langle z\rangle=\dfrac{b}{a}$라 할 때, **〈보기〉**에서 옳은 것만을 있는 대로 고른 것은? (단, $\bar{z}$는 z의 켤레복소수이다.)

〈보기〉
ㄱ. $\langle\overline{1+3i}\rangle=-3$
ㄴ. $\left\langle\dfrac{1}{z}\right\rangle=-\langle z\rangle$
ㄷ. $\left\langle\bar{z}+\dfrac{1}{z}\right\rangle=\langle z\rangle$

① ㄱ　② ㄴ　③ ㄱ, ㄴ
④ ㄱ, ㄷ　⑤ ㄱ, ㄴ, ㄷ

0654 고난도

Level 3

임의의 복소수 $z=a+bi$ (a, b는 실수)에 대하여 $z^*=b+ai$라 할 때, **〈보기〉**에서 옳은 것만을 있는 대로 고른 것은? (단, $\bar{z}$는 z의 켤레복소수이다.)

〈보기〉
ㄱ. $z\bar{z}=z^*\overline{z^*}$
ㄴ. $z^2=(z^*)^2$일 때, $z=z^*$이다.
ㄷ. $z^2=z^*$를 만족시키는 모든 복소수 z의 값의 합은 0이다.

① ㄱ　② ㄱ, ㄴ　③ ㄱ, ㄷ
④ ㄴ, ㄷ　⑤ ㄱ, ㄴ, ㄷ

서술형 유형 익히기

0655 대표문제

$x=\frac{5}{2+i}$, $y=\frac{5}{2-i}$일 때, x^3+y^3의 값을 구하는 과정을 서술하시오. [6점]

STEP 1 복소수 x, y 간단히 하기 [2점]

$x=\frac{5}{2+i}=\frac{5(\text{(1)}\square)}{(2+i)(\text{(2)}\square)}=\text{(3)}\square-i$

$y=\frac{5}{2-i}=\frac{5(\text{(4)}\square)}{(2-i)(\text{(5)}\square)}=\text{(6)}\square+i$

STEP 2 $x+y$, xy의 값 구하기 [2점]

$x+y=\text{(7)}\square$

$xy=\text{(8)}\square$

STEP 3 x^3+y^3의 값 구하기 [2점]

$x^3+y^3=(x+y)^3-3xy(x+y)$이므로

$x^3+y^3=\text{(9)}\square$

0656 한번 더

$x=\frac{6}{\sqrt{2}+i}$, $y=\frac{6}{\sqrt{2}-i}$일 때, x^3+y^3의 값을 구하는 과정을 서술하시오. [6점]

STEP 1 복소수 x, y 간단히 하기 [2점]

STEP 2 $x+y$, xy의 값 구하기 [2점]

STEP 3 x^3+y^3의 값 구하기 [2점]

0657 유사 1

$x=\frac{2}{1+i}$, $y=\frac{1}{1-i}$일 때, x^3+8y^3의 값을 구하는 과정을 서술하시오. [6점]

0658 유사 2

두 복소수 x, y에 대하여 $x=\frac{5}{1+2i}$이고 $xy=5$일 때, x^3-y^3의 값을 구하는 과정을 서술하시오. [6점]

핵심 KEY 유형 4 . 유형 8 복소수가 주어질 때 식의 값 구하기

복소수가 주어질 때, 곱셈 공식을 이용하여 식의 값을 구하는 문제이다. 주어진 복소수 x, y가 서로 켤레복소수인 경우에는 $x+y$, $x-y$, xy를 구하고 곱셈 공식을 이용하여 식의 값을 구하면 된다. 문제에 따라 $x+2y$, $2xy$를 이용하는 경우도 있을 수 있다.
x, y를 직접 대입해서 구할 수도 있으나 계산 양이 많아짐에 유의한다.

0659 대표문제

0이 아닌 복소수 z와 그 켤레복소수 $\overline{z}$에 대하여 $z^2=\overline{z}$일 때, 복소수 z를 모두 구하는 과정을 서술하시오. [7점]

STEP 1 $z=a+bi$로 놓고 z와 $\overline{z}$를 등식에 대입하기 [2점]

$z=a+bi$ (a, b는 실수)라 하면

$\overline{z}=$ (1) ☐

$z^2=\overline{z}$에서 $(a+bi)^2=a-bi$

$\therefore a^2-b^2+$ (2) ☐ $=a-bi$

STEP 2 복소수가 서로 같을 조건 이용하기 [1점]

복소수가 서로 같을 조건에 의하여

$a^2-b^2=a$, $2ab=$ (3) ☐

STEP 3 복소수 z 구하기 [4점]

$2ab=-b$에서 $b(2a+1)=0$이므로

(i) $b=0$이면

$a^2-b^2=a$에서 $a^2=a$

$\therefore a=$ (4) ☐ 또는 $a=1$

이때 $z\neq0$이므로 $a=$ (5) ☐

(ii) $a=-\frac{1}{2}$이면

$a^2-b^2=a$에서 $b^2=\frac{3}{4}$

$\therefore b=\pm\frac{\text{(6) ☐}}{2}$

(i), (ii)에서 $z=$ (7) ☐ 또는 $z=$ (8) ☐ $\pm\frac{\sqrt{3}}{2}i$

핵심 KEY 유형 12 등식을 만족시키는 복소수 구하기

$z=a+bi$ (a, b는 실수)로 놓고 주어진 등식을 만족시키는 복소수를 찾는 문제이다. 복소수가 서로 같을 조건 'a, b, c, d가 실수일 때, $a+bi=c+di$이면 $a=c$, $b=d$이다.'를 이용한다.
복소수 z가 0이 아니므로 $b=0$일 때, $a\neq0$이어야 함에 주의한다.

0660 한번 더

0이 아닌 복소수 z와 그 켤레복소수 $\overline{z}$에 대하여 $z^2=-2\overline{z}$일 때, 복소수 z를 모두 구하는 과정을 서술하시오. [7점]

STEP 1 $z=a+bi$로 놓고 z와 $\overline{z}$를 등식에 대입하기 [2점]

STEP 2 복소수가 서로 같을 조건 이용하기 [1점]

STEP 3 복소수 z 구하기 [4점]

0661 유사 1

등식 $iz+2\bar{z}=1-i$를 만족시키는 복소수 z에 대하여 $z\bar{z}$의 값을 구하는 과정을 서술하시오.

(단, $\bar{z}$는 z의 켤레복소수이다.) [6점]

0662 유사 2

다음 조건을 만족시키는 복소수 z를 구하는 과정을 서술하시오. (단, $\bar{z}$는 z의 켤레복소수이다.) [8점]

(가) $(z-\bar{z}-i)+z\bar{z}=5-5i$
(나) $z+\bar{z}<0$

0663 대표문제

복소수 $z=\dfrac{1+i}{1-i}$에 대하여 $z+2z^2+3z^3+\cdots+100z^{100}$의 값을 구하는 과정을 서술하시오. [7점]

STEP 1 복소수 z 간단히 하기 [1점]

분모의 켤레복소수를 분모, 분자에 곱하면

$$z=\frac{1+i}{1-i}=\frac{(1+i)(\boxed{(1)\quad})}{(1-i)(\boxed{(2)\quad})}=\frac{2i}{2}=i$$

STEP 2 z의 거듭제곱의 규칙성 찾기 [4점]

$z=i$이므로

$z^2=-1,\ z^3=-i,\ z^4=1,\ z^5=i,\ \cdots$

즉, z의 거듭제곱은 4개의 값이 반복되어 나타나므로

$z+2z^2+3z^3+4z^4=i-2-3i+4=2-\boxed{(3)\quad}i$

$5z^5+6z^6+7z^7+8z^8=5i-6-7i+8=\boxed{(4)\quad}-2i$

⋮

$97z^{97}+98z^{98}+99z^{99}+100z^{100}=97i-98-99i+100$
$=2-2i$

STEP 3 $z+2z^2+3z^3+\cdots+100z^{100}$의 값 구하기 [2점]

$z+2z^2+3z^3+\cdots+100z^{100}$
$=(z+2z^2+3z^3+4z^4)+\cdots$
$+(97z^{97}+98z^{98}+99z^{99}+100z^{100})$
$=(2-2i)\times\boxed{(5)\quad}$
$=\boxed{(6)\quad}-\boxed{(7)\quad}i$

핵심 KEY 유형 14 복소수의 거듭제곱

$\dfrac{1+i}{1-i}=i$임을 이용하여 복소수의 거듭제곱의 합을 구하는 문제이다. $z,\ z^2,\ z^3,\ \cdots$을 구해 보며 거듭제곱의 규칙성을 찾아 주어진 식의 값을 구한다.
계수가 변함에 따라 몇 개 항의 합의 규칙을 찾아야 함에 주의한다.

● 정답 및 풀이 114쪽

0664 한번 더

복소수 $z=\frac{1-i}{1+i}$에 대하여 $\frac{1}{z}+\frac{2}{z^2}+\frac{3}{z^3}+\cdots+\frac{100}{z^{100}}$의 값을 구하는 과정을 서술하시오. [7점]

STEP 1 복소수 z 간단히 하기 [1점]

STEP 2 z의 거듭제곱의 규칙성 찾기 [4점]

STEP 3 $\frac{1}{z}+\frac{2}{z^2}+\frac{3}{z^3}+\cdots+\frac{100}{z^{100}}$의 값 구하기 [2점]

0665 유사 1

자연수 n에 대하여 $f(n)=\left(\frac{1+i}{\sqrt{2}}\right)^{2n}+\left(\frac{1-i}{\sqrt{2}}\right)^{2n}$이라 할 때, $f(n)$의 값으로 가능한 모든 수의 합을 구하는 과정을 서술하시오. [8점]

0666 유사 2

$z=\frac{\sqrt{3}+i}{2}$, $w=\frac{1+\sqrt{3}i}{2}$일 때, $z^m w^n=-1$을 만족시키는 15 이하의 자연수 m, n에 대하여 $m+2n$의 최댓값을 구하는 과정을 서술하시오. [9점]

실력 check 실전 마무리하기 1회

점 / 100점

• 선택형 21문항, 서술형 4문항입니다.

1 0667

〈보기〉에서 순허수인 것만을 있는 대로 고른 것은? [3점]

〈보기〉

ㄱ. $i-1$ ㄴ. $(\sqrt{-3})^2$ ㄷ. $\sqrt{-4}$

① ㄱ ② ㄴ ③ ㄷ
④ ㄱ, ㄴ ⑤ ㄴ, ㄷ

2 0668

$3+2i$의 실수부분을 a, $-5-i$의 허수부분을 b라 할 때, $a+b$의 값은? [3점]

① $3-i$ ② $3+i$ ③ -2
④ 0 ⑤ 2

3 0669

두 복소수 $z_1=4+5i$, $z_2=3-4i$에 대하여 z_1-z_2의 값은? [3점]

① $1-9i$ ② $1-5i$ ③ 1
④ $1+5i$ ⑤ $1+9i$

4 0670

$(1+4i)+2(1+3i)-3(2-i)$의 값은? [3점]

① $-3+5i$ ② $-3+7i$ ③ $-3+9i$
④ $-3+11i$ ⑤ $-3+13i$

5 0671

$z=4+2i$일 때, $z^3-8z^2+20z+1$의 값은? [3점]

① -2 ② -1 ③ 0
④ 1 ⑤ 2

6 0672

복소수 $z=x(2-i)+3(-4+i)$에 대하여 $z^2>0$이 되도록 하는 실수 x의 값은? [3점]

① 3 ② 4 ③ 5
④ 6 ⑤ 7

● 정답 및 풀이 116쪽

7 0673

등식 $(2-i)x+(1+2i)y=11-3i$를 만족시키는 실수 x, y에 대하여 $x+y$의 값은? [3점]

① 3 ② 4 ③ 5
④ 6 ⑤ 7

8 0674

두 복소수 $z_1=2+2\sqrt{3}i$, $z_2=2-2\sqrt{3}i$에 대하여 $\frac{z_2}{z_1}+\frac{z_1}{z_2}$의 값은? [3점]

① -5 ② -4 ③ -3
④ -2 ⑤ -1

9 0675

$\left(\frac{1+i}{\sqrt{2}}\right)^{182}$을 간단히 하면? [3점]

① -1 ② 1 ③ $1+i$
④ $-i$ ⑤ i

10 0676

임의의 두 복소수 z_1, z_2에 대하여 연산 ◎을
$z_1◎z_2=z_1+z_2-z_1z_2$라 할 때, $(1+2i)◎(2+i)$의 값은? [3점]

① $-3-2i$ ② $-2+3i$ ③ $-1+2i$
④ $3-2i$ ⑤ $3+2i$

11 0677

두 복소수 $z_1=\frac{2}{1+i}$, $z_2=\frac{2}{1-i}$에 대하여 $z_1{}^3+z_2{}^3$의 값은? [3.5점]

① -2 ② -4 ③ -6
④ -8 ⑤ -10

12 0678

복소수 $z=(1+i)x^2-(2+i)x-(3+2i)$에 대하여 $z=\overline{z}$를 만족시키는 모든 실수 x의 값의 합은?

(단, $\overline{z}$는 z의 켤레복소수이다.) [3.5점]

① -2 ② -1 ③ 0
④ 1 ⑤ 2

13 0679

등식 $z\overline{z}+3(z-\overline{z})=4-6i$를 만족시키는 복소수 z가 $a+bi$ 또는 $c+di$일 때, $a+b+c+d$의 값은?
(단, $\overline{z}$는 z의 켤레복소수이고 a, b, c, d는 실수이다.) [3.5점]

① -2 ② -1 ③ 0
④ 1 ⑤ 2

14 0680

$\frac{1}{i}+\frac{1}{i^2}+\frac{1}{i^3}+\cdots+\frac{1}{i^{123}}$을 간단히 하면? [3.5점]

① -1 ② 1 ③ $1+i$
④ $-i$ ⑤ i

15 0681

$\sqrt{2}\sqrt{-8}-\sqrt{-27}\sqrt{-3}+(\sqrt{-6})^2=a+bi$일 때, 실수 a, b에 대하여 $a+b$의 값은? [3.5점]

① 6 ② 7 ③ 8
④ 9 ⑤ 10

16 0682

복소수 $(1+i)x^2+(1-i)x-6-2i$가 순허수가 되도록 하는 실수 x의 값은? [4점]

① -3 ② -1 ③ 1
④ 3 ⑤ 5

● 정답 및 풀이 117쪽

17 0683

두 복소수 z_1, z_2에 대하여 $\overline{z_1-z_2}=4+3i$일 때,
$z_1\overline{z_1}+z_2\overline{z_2}-z_1\overline{z_2}-\overline{z_1}z_2$의 값은?

(단, $\overline{z_1}$, $\overline{z_2}$는 각각 z_1, z_2의 켤레복소수이다.) [4점]

① 9 ② 13 ③ 17
④ 21 ⑤ 25

18 0684

실수가 아닌 두 복소수 z, w에 대하여 $z+\overline{w}=0$일 때,
〈**보기**〉에서 항상 실수인 것만을 있는 대로 고른 것은?

(단, $\overline{z}$, $\overline{w}$는 각각 z, w의 켤레복소수이다.) [4점]

〈**보기**〉

ㄱ. $w-\overline{z}$ ㄴ. $z+w$ ㄷ. $\frac{w}{z}$

① ㄱ ② ㄴ ③ ㄷ
④ ㄱ, ㄴ ⑤ ㄴ, ㄷ

19 0685

$i+2i^2+3i^3+4i^4+\cdots+100i^{100}=a+bi$일 때, $a-b$의 값은? (단, a, b는 실수이다.) [4점]

① -100 ② -50 ③ 0
④ 50 ⑤ 100

20 0686

복소수 $z=\frac{1+i}{\sqrt{2}i}$에 대하여 $z^n=1$이 되도록 하는 100 이하의 자연수 n의 개수는? [4점]

① 12 ② 15 ③ 18
④ 21 ⑤ 24

21 0687

복소수 $z=\frac{\sqrt{2}i}{1+i}$에 대하여 $z^n+z^{n+2}+z^{n+4}=1$을 만족시키는 자연수 n의 최솟값은? [4.5점]

① 2 ② 4 ③ 6
④ 8 ⑤ 10

03

서술형

22 0688

복소수 $z=a+bi$ (a, b는 실수)에 대하여 $z^2=3+4i$, $z^3=2+11i$일 때, $a+b$의 값을 구하는 과정을 서술하시오. [6점]

23 0689

복소수 z가 다음 조건을 만족시킬 때, $\frac{z+\overline{z}}{2}$의 값을 구하는 과정을 서술하시오. (단, $\overline{z}$는 z의 켤레복소수이다.) [6점]

(가) $(1+2i)+z$는 양의 실수이다.
(나) $z\overline{z}=6$

24 0690

두 복소수 $z=\frac{1+i}{\sqrt{2}}$, $w=\frac{-1+\sqrt{3}i}{2}$에 대하여 $z^n=w^n$을 만족시키는 100 이하의 자연수 n을 모두 구하는 과정을 서술하시오. [8점]

25 0691

0이 아닌 실수 a, b에 대하여 $\sqrt{a}\sqrt{b}+\sqrt{ab}=0$일 때, $\sqrt{(1-a)^2}+|a+b|+\sqrt{a^2}$을 $la+mb+n$ 꼴로 나타내는 과정을 서술하시오. (단, l, m, n은 실수이다.) [8점]

● 정답 및 풀이 118쪽

실력 check 실전 마무리하기 2회

점 / 100점

• 선택형 21문항, 서술형 4문항입니다.

1 0692

$\sqrt{-9}=ai$일 때, 실수 a의 값은? [3점]

① -3　② $-\sqrt{3}$　③ 1
④ $\sqrt{3}$　⑤ 3

2 0693

〈보기〉에서 복소수 $z=a+bi$ (a, b는 실수)에 대한 설명으로 옳은 것만을 있는 대로 고른 것은? [3점]

〈 보기 〉
ㄱ. 허수부분은 bi이다.
ㄴ. $a=0$이면 z는 순허수이다.
ㄷ. $b=0$이면 z는 실수이다.

① ㄱ　② ㄴ　③ ㄷ
④ ㄱ, ㄴ　⑤ ㄴ, ㄷ

3 0694

$(\sqrt{3}i+1)-(-3+\sqrt{3}i)$의 값은? [3점]

① $-2-2\sqrt{3}i$　② $-2-\sqrt{3}i$　③ -2
④ 4　⑤ $4+2\sqrt{3}i$

4 0695

$(1-3i)(2+i)+(3-2i)^2$의 값은? [3점]

① $8-17i$　② $8-14i$　③ $10-17i$
④ $10-14i$　⑤ $12-17i$

5 0696

$z=2-\sqrt{3}i$일 때, z^2-4z+1의 값은? [3점]

① -2　② -4　③ -6
④ -8　⑤ -10

6 0697

등식 $(2i+1)x-(i-1)y=-1+4i$를 만족시키는 실수 x, y에 대하여 xy의 값은? [3점]

① -2　② -1　③ 0
④ 1　⑤ 2

7 0698

등식 $\frac{x}{1+i}+\frac{y}{1-i}=2-i$를 만족시키는 실수 x, y에 대하여 xy의 값은? [3점]

① 3 ② 4 ③ 5
④ 6 ⑤ 7

8 0699

두 복소수 $z_1=\sqrt{3}+\sqrt{2}i$, $z_2=\sqrt{3}-\sqrt{2}i$에 대하여 $z_1^{\,2}+z_2^{\,2}$의 값은? [3점]

① 1 ② 2 ③ 3
④ 4 ⑤ 5

9 0700

$\left(\frac{1+i}{1-i}\right)^{1111}$을 간단히 하면? [3점]

① -1 ② 1 ③ $1+i$
④ $-i$ ⑤ i

10 0701

다음 중 옳지 않은 것은? [3점]

① $\sqrt{-2}\sqrt{3}=\sqrt{-6}$
② $\sqrt{-2}\sqrt{-32}=-8$
③ $\frac{\sqrt{-8}}{\sqrt{-2}}=2$
④ $\frac{\sqrt{32}}{\sqrt{-8}}=2i$
⑤ $\frac{\sqrt{-27}}{\sqrt{3}}=3i$

11 0702

두 복소수 z_1, z_2에 대하여 $z_1+z_2=2+3i$, $z_1-z_2=4-5i$일 때, $4z_1+z_2$의 값은? [3.5점]

① 9 ② 10 ③ 11
④ $11-5i$ ⑤ $11-8i$

12 0703

$z=\frac{1}{1-i}$일 때, $2z^2-4z+3$의 값은? [3.5점]

① 3　② $1-i$　③ $-1-i$
④ $1+i$　⑤ $3-i$

13 0704

복소수 $(x+\sqrt{5}i)^2 i$가 실수가 되도록 하는 양수 x의 값은? [3.5점]

① 1　② 2　③ $\sqrt{5}$
④ $2\sqrt{5}$　⑤ 5

14 0705

복소수 $z=x^2+(i-2)x+i-3$에 대하여 z^2이 음의 실수가 되도록 하는 실수 x의 값은? [4점]

① -1　② 0　③ 1
④ 2　⑤ 3

15 0706

복소수 z와 그 켤레복소수 $\overline{z}$에 대하여 〈**보기**〉에서 옳은 것만을 있는 대로 고른 것은? [4점]

〈 보기 〉

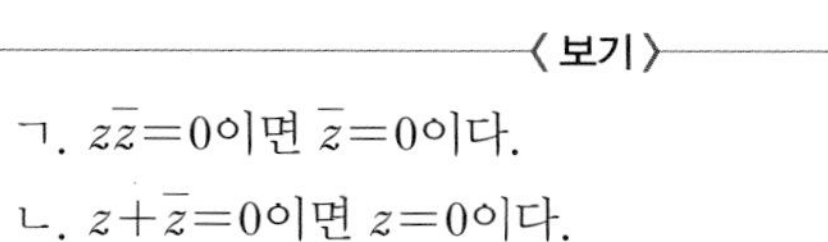

ㄱ. $z\overline{z}=0$이면 $\overline{z}=0$이다.
ㄴ. $z+\overline{z}=0$이면 $z=0$이다.
ㄷ. $z=\overline{z}$이면 z는 실수이다.

① ㄱ　② ㄱ, ㄴ　③ ㄱ, ㄷ
④ ㄴ, ㄷ　⑤ ㄱ, ㄴ, ㄷ

16 0707

0이 아닌 복소수 z에 대하여 〈**보기**〉에서 항상 실수인 것만을 있는 대로 고른 것은? (단, $\overline{z}$는 z의 켤레복소수이다.) [4점]

〈 보기 〉

ㄱ. $z\overline{z}$　ㄴ. $z+\frac{1}{\overline{z}}$　ㄷ. $z^2+(\overline{z})^2$

① ㄱ　② ㄱ, ㄴ　③ ㄱ, ㄷ
④ ㄴ, ㄷ　⑤ ㄱ, ㄴ, ㄷ

17 0708

자연수 n에 대하여

$f(n)=\frac{1}{i}-\frac{1}{i^2}+\frac{1}{i^3}-\frac{1}{i^4}+\cdots+\frac{(-1)^{n+1}}{i^n}$이라 할 때,

$f(n)=0$이 되도록 하는 100 이하의 자연수 n의 개수는? [4점]

① 21 ② 22 ③ 23 ④ 24 ⑤ 25

18 0709

등식 $\left(\frac{2}{1-i}\right)^{2n}+\left(\frac{2}{1+i}\right)^{2n}=2^{n+1}$을 만족시키는 두 자리 자연수 n의 개수는? [4점]

① 21 ② 22 ③ 23 ④ 24 ⑤ 25

19 0710

$z=\sqrt{-2}\sqrt{-18}-\frac{\sqrt{18}}{\sqrt{-2}}$일 때, $z\bar{z}$의 값은?

(단, $\bar{z}$는 z의 켤레복소수이다.) [4점]

① 35 ② 40 ③ 45 ④ 50 ⑤ 55

20 0711

$a<0<b$일 때, 〈**보기**〉에서 옳은 것만을 있는 대로 고른 것은? [4점]

〈보기〉

ㄱ. $\sqrt{(a-b)^2}=a-b$

ㄴ. $\sqrt{a}\sqrt{b}=-\sqrt{ab}$

ㄷ. $\frac{\sqrt{-a}}{\sqrt{-b}}=-\sqrt{\frac{a}{b}}$

① ㄱ ② ㄷ ③ ㄱ, ㄴ ④ ㄴ, ㄷ ⑤ ㄱ, ㄴ, ㄷ

21 0712

함수 $f(x)=ax^2+bx+c$에 대하여 $f(1+i)=2-i$일 때, $f(1-i)$의 값은? (단, a, b, c는 실수이다.) [4.5점]

① $2-i$ ② $1-i$ ③ 0 ④ $1+i$ ⑤ $2+i$

서술형

22 0713

두 복소수 z_1, z_2와 각각의 켤레복소수 $\overline{z_1}$, $\overline{z_2}$에 대하여 $\overline{z_1}-\overline{z_2}=2i$, $\overline{z_1 z_2}=1+8i$일 때, $z_1{}^2+z_2{}^2$의 값을 구하는 과정을 서술하시오. [6점]

23 0714

복소수 z가 $z+\overline{z}=2$, $z\overline{z}=4$를 만족시킬 때, $\left(\frac{\overline{z}}{z}\right)^3$의 값을 구하는 과정을 서술하시오. (단, $\overline{z}$는 z의 켤레복소수이다.) [6점]

24 0715

복소수 $z=\frac{1-i}{1+i}$에 대하여 $z+z^2+z^3+\cdots+z^{51}$의 값을 구하는 과정을 서술하시오. [7점]

25 0716

다음은 $\sqrt{-3}\sqrt{12}-\sqrt{-2}\sqrt{-8}+\frac{\sqrt{20}}{\sqrt{-5}}$을 간단히 하는 과정이다. 잘못된 부분을 찾아 설명하고, 바르게 고치는 과정을 서술하시오. [8점]

$$\sqrt{-3}\sqrt{12}-\sqrt{-2}\sqrt{-8}+\frac{\sqrt{20}}{\sqrt{-5}}$$
$$=\sqrt{(-3)\times12}-\sqrt{(-2)\times(-8)}+\sqrt{\frac{20}{-5}}$$
$$=\sqrt{-36}-\sqrt{16}+\sqrt{-4}$$
$$=6i-4+2i$$
$$=-4+8i$$

네 인생의 주인공은 너지

하지만 다른 사람들이

널 위한 조연은 아니지

나도 주인공이거든

존중

이차방정식 04

Ⅱ. 방정식

04 이차방정식

1 이차방정식의 실근과 허근

계수가 실수인 이차방정식 $ax^2+bx+c=0\ (a\neq0)$의 근은

$$x=\frac{-b\pm\sqrt{b^2-4ac}}{2a}$$

계수가 실수인 이차방정식은 복소수의 범위에서 항상 2개의 근을 가진다.

이때 실수인 근을 실근, 허수인 근을 허근이라 한다.

$b^2-4ac\geq0$이면 $\sqrt{b^2-4ac}$가 실수 ➜ 이차방정식은 실근을 가진다.

$b^2-4ac<0$이면 $\sqrt{b^2-4ac}$가 허수 ➜ 이차방정식은 허근을 가진다.

Note

- 특별한 언급이 없으면 이차방정식의 계수는 실수, 근은 복소수의 범위에서 생각한다.

2 이차방정식의 풀이 (핵심 1)

(1) **인수분해를 이용한 풀이**

x에 대한 이차방정식이 $(ax-b)(cx-d)=0$ 꼴로 인수분해되면

$$ax-b=0 \text{ 또는 } cx-d=0 \qquad \therefore x=\frac{b}{a} \text{ 또는 } x=\frac{d}{c}$$

(2) **근의 공식을 이용한 풀이**

계수가 실수인 이차방정식 $ax^2+bx+c=0\ (a\neq0)$의 근은

$$x=\frac{-b\pm\sqrt{b^2-4ac}}{2a}$$

참고 x의 계수가 짝수인 이차방정식 $ax^2+2b'x+c=0\ (a\neq0)$의 근은

$$x=\frac{-b'\pm\sqrt{b'^2-ac}}{a}$$

- x에 대한 방정식 $ax=b$는
  $a\neq0$일 때 하나의 해 $x=\frac{b}{a}$를 갖고,
  $a=0$일 때 $b\neq0$이면 해가 없으며,
  $a=0$일 때 $b=0$이면 해가 무수히 많다.
- **완전제곱식을 이용한 풀이**
  x에 대한 이차방정식이
  $(x+p)^2=q$ 꼴로 변형되면
  $x+p=\pm\sqrt{q} \qquad \therefore x=-p\pm\sqrt{q}$
- $b=2b'$일 때(x의 계수가 짝수일 때)
  $$x=\frac{-2b'\pm\sqrt{(2b')^2-4ac}}{2a}=\frac{-2b'\pm2\sqrt{b'^2-ac}}{2a}=\frac{-b'\pm\sqrt{b'^2-ac}}{a}$$

3 이차방정식의 판별식 (핵심 2)

계수가 실수인 이차방정식 $ax^2+bx+c=0\ (a\neq0)$의 **판별식**을 $D=b^2-4ac$라 할 때

(1) $D>0$이면 서로 다른 두 실근을 가진다.

(2) $D=0$이면 중근(서로 같은 두 실근)을 가진다.

((1), (2)) $D\geq0$이면 실근을 가진다.

(3) $D<0$이면 서로 다른 두 허근을 가진다.

참고 $b^2-4ac>0$이면 $\sqrt{b^2-4ac}$가 실수 ➜ $x=\frac{-b\pm\sqrt{b^2-4ac}}{2a}$가 서로 다른 두 실근이다.

$b^2-4ac=0$이면 $\sqrt{b^2-4ac}=0$ ➜ $x=-\frac{b}{2a}$는 중근(서로 같은 두 실근)이다.

$b^2-4ac<0$이면 $\sqrt{b^2-4ac}$가 허수 ➜ $x=\frac{-b\pm\sqrt{b^2-4ac}}{2a}$가 서로 다른 두 허근이다.

- D는 Discriminant(판별식)의 첫 문자이다.
- 판별식은 계수가 실수인 이차방정식의 근을 판별할 때만 사용한다.
- x의 계수가 짝수인 이차방정식 $ax^2+2b'x+c=0\ (a\neq0)$에서는 $\frac{D}{4}=b'^2-ac$를 판별식으로 이용하면 계산이 편리하다.

4 두 수를 근으로 하는 이차방정식

(1) 두 수 α, β를 근으로 하고 x^2의 계수가 1인 이차방정식은

$(x-\alpha)(x-\beta)=0$이므로 $x^2-(\alpha+\beta)x+\alpha\beta=0$

(2) 이차방정식 $ax^2+bx+c=0$ $(a\neq0)$의 두 근을 α, β라 할 때,

이차식 ax^2+bx+c를 복소수의 범위에서 인수분해하면

$$ax^2+bx+c=a(x-\alpha)(x-\beta)$$

Note

- 두 수 α, β를 근으로 하고 x^2의 계수가 a인 이차방정식은 $a(x-\alpha)(x-\beta)=0$이므로 $a\{x^2-(\alpha+\beta)x+\alpha\beta\}=0$
- 계수가 실수인 이차식은 복소수의 범위에서 항상 두 일차식의 곱으로 인수분해할 수 있다.

04

5 이차방정식의 근과 계수의 관계 핵심 3

이차방정식 $ax^2+bx+c=0$ $(a\neq0)$의 두 근을 α, β라 하면

두 근의 합 ➔ $\alpha+\beta=-\dfrac{b}{a}$

두 근의 곱 ➔ $\alpha\beta=\dfrac{c}{a}$

참고 이차방정식 $ax^2+bx+c=0$ $(a\neq0)$의 두 근이 $\alpha=\dfrac{-b+\sqrt{b^2-4ac}}{2a}$, $\beta=\dfrac{-b-\sqrt{b^2-4ac}}{2a}$이면

$$\alpha+\beta=\frac{-2b}{2a}=-\frac{b}{a}$$

$$\alpha\beta=\frac{(-b)^2-(\sqrt{b^2-4ac})^2}{4a^2}=\frac{4ac}{4a^2}=\frac{c}{a}$$

- 두 수 α, β를 근으로 하는 이차방정식 $ax^2+bx+c=0$ $(a\neq0)$은 $a(x-\alpha)(x-\beta)=0$이므로 $a\{x^2-(\alpha+\beta)x+\alpha\beta\}=0$ $ax^2-a(\alpha+\beta)x+a(\alpha\beta)=0$ 에서 $b=-a(\alpha+\beta)$ $\quad\therefore \alpha+\beta=-\dfrac{b}{a}$ $c=a(\alpha\beta)$ $\quad\therefore \alpha\beta=\dfrac{c}{a}$
- 두 근의 차는 $|\alpha-\beta|=\dfrac{\sqrt{b^2-4ac}}{|a|}$ (단, a, α, β는 실수이다.)

6 이차방정식의 켤레근의 성질 핵심 4

이차방정식 $ax^2+bx+c=0$ $(a\neq0)$에서

(1) a, b, c가 유리수일 때, 한 근이 $p+q\sqrt{m}$이면 다른 한 근은 $p-q\sqrt{m}$이다.

(단, p, q는 유리수, $q\neq0$, $\sqrt{m}$은 무리수이다.)

(2) a, b, c가 실수일 때, 한 근이 $p+qi$이면 다른 한 근은 $p-qi$이다.

(단, p, q는 실수, $q\neq0$, $i=\sqrt{-1}$이다.)

주의 이차방정식의 계수가 모두 유리수라는 조건이 없으면 한 근이 $p+q\sqrt{m}$일 때, 다른 한 근이 반드시 $p-q\sqrt{m}$이 되는 것은 아니다.

예 (1) a, b, c가 유리수일 때, 이차방정식 $ax^2+bx+c=0$의 한 근이 $x=1+\sqrt{2}$이면 다른 한 근은 $x=1-\sqrt{2}$이다.

(2) a, b, c가 실수일 때, 이차방정식 $ax^2+bx+c=0$의 한 근이 $x=3-i$이면 다른 한 근은 $x=3+i$이다.

- $q\neq0$일 때, $p+q\sqrt{m}$과 $p-q\sqrt{m}$, $p+qi$와 $p-qi$를 각각 켤레근이라 한다.

핵심 1 이차방정식의 풀이 유형 1~5, 21

동영상 강의

● **인수분해를 이용한 풀이**

$x^2-5x+4=0$의 해 구하기

$x^2-5x+4=0$에서 좌변을 인수분해하면

$(x-1)(x-4)=0$

$x-1=0$ 또는 $x-4=0$ ← $AB=0$이면 $A=0$ 또는 $B=0$이다.

$\therefore x=1$ 또는 $x=4$

● **근의 공식을 이용한 풀이**

$x^2+x-3=0$의 해 구하기

$x^2+x-3=0$에서 근의 공식을 이용하면

$x=\dfrac{-1\pm\sqrt{1^2-4\times1\times(-3)}}{2\times1}$ ← 근의 공식 : $x=\dfrac{-b\pm\sqrt{b^2-4ac}}{2a}$

$=\dfrac{-1\pm\sqrt{13}}{2}$

0717 인수분해를 이용하여 다음 이차방정식을 푸시오.

(1) $x^2+4x+3=0$

(2) $x^2-9=0$

(3) $9x(x-2)=x^2-9$

0718 근의 공식을 이용하여 다음 이차방정식을 푸시오.

(1) $x^2+4x+1=0$

(2) $x^2-x+3=0$

(3) $3x^2+x-1=0$

핵심 2 이차방정식의 근의 판별 유형 6~12

동영상 강의

판별식의 부호에 따라 이차방정식의 근을 판별해 보자.

계수가 실수인 이차방정식 $ax^2+bx+c=0$의 근이 $x=\dfrac{-b\pm\sqrt{b^2-4ac}}{2a}$일 때, 판별식을 $D=b^2-4ac$라 하면

판별식 D의 부호	$\sqrt{b^2-4ac}$	근의 판별
$D>0$	$\sqrt{b^2-4ac}$는 실수	서로 다른 두 실근
$D=0$	$\sqrt{b^2-4ac}=0$ (실수)	서로 같은 두 실근(중근)
$D<0$	$\sqrt{b^2-4ac}$는 허수	서로 다른 두 허근

$D\geq0$인 경우 이차방정식은 실근을 가진다.

참고 x의 계수가 짝수인 이차방정식 $ax^2+2b'x+c=0$의 근은 $x=\dfrac{-b'\pm\sqrt{b'^2-ac}}{a}$이므로

판별식에서 $D=b^2-4ac$가 아닌 $\dfrac{D}{4}=b'^2-ac$를 이용하여도 결과는 같다.

0719 〈보기〉에서 조건을 만족시키는 이차방정식을 있는 대로 고르시오.

〈보기〉

ㄱ. $x^2+4x+2=0$　　ㄴ. $x^2-2x+6=0$

ㄷ. $2x^2-3x+1=0$　　ㄹ. $x^2+2x+1=0$

ㅁ. $x^2+4x-2=0$　　ㅂ. $2x^2+x+3=0$

(1) 서로 다른 두 실근을 가진다.

(2) 중근을 가진다.

(3) 서로 다른 두 허근을 가진다.

0720 x에 대한 이차방정식 $x^2+(2a-1)x+a^2+1=0$의 해가 다음과 같을 때, 실수 a의 값 또는 범위를 구하시오.

(1) 서로 다른 두 실근을 가진다.

(2) 중근을 가진다.

(3) 서로 다른 두 허근을 가진다.

● 정답 및 풀이 123쪽

핵심 3 이차방정식의 근과 계수의 관계 유형 14~20, 23~26

이차방정식의 계수로부터 두 근의 합과 곱을 구해 보자.

이차방정식 $ax^2+bx+c=0\ (a\neq 0)$의 두 근을 α, β라 하면

$ax^2+bx+c=a(x-\alpha)(x-\beta)$

$\qquad\qquad\quad =ax^2-a(\alpha+\beta)x+a\alpha\beta$

양변의 동류항의 계수를 비교하면

$b=-a(\alpha+\beta)$ $\xrightarrow{\div(-a)}$ $\alpha+\beta=-\dfrac{b}{a}$

$c=a\alpha\beta$ $\xrightarrow{\div a}$ $\alpha\beta=\dfrac{c}{a}$

(이차방정식의 근과 계수의 관계)

$2x^2-4x-6=0$의 두 근은 -1, 3

두 근의 합 : $(-1)+3=-\dfrac{-4}{2}$ ➔ 2

두 근의 곱 : $(-1)\times 3=\dfrac{-6}{2}$ ➔ -3

0721 다음 이차방정식에서 두 근의 합과 곱을 각각 구하시오.

(1) $x^2+3x+2=0$

(2) $3x^2-10x+3=0$

(3) $x^2-x-5=0$

0722 이차방정식 $x^2+2x-4=0$의 두 근을 α, β라 할 때, 다음 식의 값을 구하시오.

(1) $\alpha+\beta$ (2) $\alpha\beta$

(3) $\alpha^2+\beta^2$ (4) $\dfrac{\alpha}{\beta}+\dfrac{\beta}{\alpha}$

핵심 4 이차방정식의 켤레근 유형 22

근의 공식 : $x=\dfrac{-b\pm\sqrt{b^2-4ac}}{2a}$ (켤레근이 나온다.)

이차방정식 $ax^2+bx+c=0\ (a\neq 0)$

- 계수 a, b, c가 유리수 ➔ 한 근이 $p+q\sqrt{m}$이면 다른 한 근은 $p-q\sqrt{m}$ (단, p, q는 유리수, $\sqrt{m}$은 무리수, $q\neq 0$)
- 계수 a, b, c가 실수 ➔ 한 근이 $p+qi$이면 다른 한 근은 $p-qi$ (단, p, q는 실수, $i=\sqrt{-1}$, $q\neq 0$)

계수가 유리수인 이차방정식 $x^2+4x+2=0$의 근은

근의 공식에 의하여 $x=\dfrac{-4\pm 2\sqrt{2}}{2}$

$\therefore$ $x=-2+\sqrt{2}$ 또는 $x=-2-\sqrt{2}$ (켤레근)

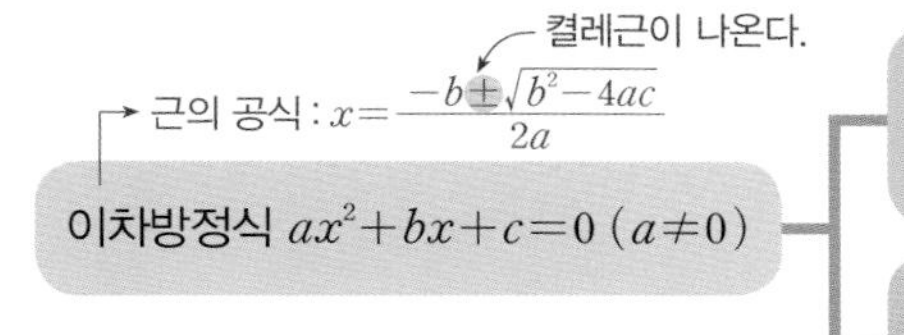

지금까지 배운 수체계를 생각해 봐.

유리수 → 무리수 → 실수 → 복소수(허수)

└ 계수가 실수 → 허수를 포함한 켤레근

└ 계수가 유리수 → 무리수를 포함한 켤레근

0723 이차방정식 $x^2+ax+b=0$의 한 근이 $1+\sqrt{2}$일 때, 다음을 구하시오. (단, a, b는 유리수이다.)

(1) 다른 한 근 (2) a의 값 (3) b의 값

0724 이차방정식 $x^2+ax+b=0$의 한 근이 $1+i$일 때, 다음을 구하시오. (단, a, b는 실수이다.)

(1) 다른 한 근 (2) a의 값 (3) b의 값

기출 유형 check
실전 준비하기

29유형, 198문항입니다.

기초유형 0 이차방정식의 풀이 | 중3

(1) **인수분해를 이용한 이차방정식의 풀이**
$x^2+2x-3=0$의 좌변을 인수분해하면
$(x+3)(x-1)=0$ $\quad\therefore x=-3$ 또는 $x=1$

(2) **완전제곱식을 이용한 이차방정식의 풀이**
$x^2+2x-3=0$에서 $x^2+2x=3$
$x^2+2x+1=3+1$, $(x+1)^2=4$
$x+1=2$ 또는 $x+1=-2$ $\quad\therefore x=1$ 또는 $x=-3$

(3) **이차방정식의 근의 공식을 이용한 풀이**
이차방정식 $ax^2+bx+c=0$ $(a\neq0)$의 해는
$$x=\frac{-b\pm\sqrt{b^2-4ac}}{2a}\ (\text{단, } b^2-4ac\geq0)$$
예 $x^2-4x-2=0$에서 근의 공식을 이용하면
$$x=\frac{-(-4)\pm\sqrt{(-4)^2-4\times1\times(-2)}}{2\times1}=2\pm\sqrt{6}$$

0725 대표문제

다음 두 이차방정식의 공통인 근을 구하시오.

$$3x^2-11x-4=0,\qquad x^2-2x-8=0$$

0726 Level 1

이차방정식 $6x^2-10x=9x+7$의 두 근 사이에 있는 모든 정수의 합은?

① 2 ② 3 ③ 4
④ 5 ⑤ 6

0727 Level 1

이차방정식 $x^2+6x+5=0$을 $(x+m)^2=n$ 꼴로 나타낼 때, 자연수 m, n에 대하여 $m+n$의 값은?

① 1 ② 3 ③ 5
④ 7 ⑤ 9

0728 Level 2

이차방정식 $4(x-3)^2=4$에서 두 근의 곱은?

① 2 ② 4 ③ 6
④ 8 ⑤ 10

0729 Level 2

이차방정식 $8x^2+4x-3=0$의 해가 $x=\dfrac{p\pm\sqrt{q}}{4}$일 때, $p-q$의 값은? (단, p, q는 유리수이다.)

① -10 ② -8 ③ -6
④ -4 ⑤ -2

실전유형 1 허근을 갖는 이차방정식의 풀이

계수가 실수인 이차방정식은 복소수의 범위에서 항상 근을 갖는다. 이때 실수인 근을 실근, 허수인 근을 허근이라 한다.

0730 대표문제

이차방정식 $4x^2+4x+5=0$의 근이 $x=a\pm bi$일 때, 유리수 a, b에 대하여 $4a^2+b^2$의 값을 구하시오.

0731 Level 1

이차방정식 $x^2+2x+5=0$을 푸시오.

0732 Level 2

이차방정식 $x^2-\sqrt{3}x+1=0$의 근이 $x=\frac{a\pm bi}{2}$일 때, 실수 a, b에 대하여 a^2+b^2의 값은?

① 2 ② 4 ③ 6
④ 8 ⑤ 10

실전유형 2 이차방정식의 풀이

(1) **인수분해를 이용한 풀이**
이차방정식을 (x에 대한 이차식)$=0$ 꼴로 정리한 후 좌변을 두 일차식의 곱으로 인수분해한다.

(2) **근의 공식을 이용한 풀이**
① 이차방정식 $ax^2+bx+c=0$의 근은
$$x=\frac{-b\pm\sqrt{b^2-4ac}}{2a}$$
② 이차방정식 $ax^2+2b'x+c=0$의 근은
$$x=\frac{-b'\pm\sqrt{b'^2-ac}}{a}$$

0733 대표문제

이차방정식 $x^2-4x+4=0$의 근과 이차방정식 $x^2+4x-4=0$의 양의 실근의 합은?

① 2 ② $2\sqrt{2}$ ③ 4
④ $4-2\sqrt{2}$ ⑤ $4+2\sqrt{2}$

0734 Level 1

이차방정식 $(x-1)(x-4)=x(1-x)$를 풀면?

① $x=0$ 또는 $x=1$ ② $x=0$ 또는 $x=2$
③ $x=1$ 또는 $x=2$ ④ $x=1$ 또는 $x=4$
⑤ $x=3$ 또는 $x=4$

0735

Level 1

이차방정식 $3(x+2)(x+3)=2x^2+11x+7$을 풀면?

① $x=\frac{-2\pm\sqrt{7}i}{2}$　② $x=\frac{2\pm\sqrt{7}i}{2}$
③ $x=-2\pm\sqrt{7}i$　④ $x=2\pm\sqrt{7}i$
⑤ $x=2\pm7i$

0736

Level 2

이차방정식

$$(x+1)(x-4)+(x+1)(3x-2)=(x-1)(x+2)+(x-1)(2x+1)$$

을 푸시오.

0737

Level 2

이차방정식 $(x+1)(3x-5)=(x-1)(x+3)$의 두 근 중 작은 근을 α라 할 때, $4\alpha+4\sqrt{2}$의 값은?

① -4　② -2　③ 0
④ 2　⑤ 4

0738

Level 2

이차방정식 $(x-1)(3x+5)=(x+1)(x-3)$의 해가 $x=a\pm\sqrt{b}$일 때, 유리수 a, b에 대하여 $5a^2-b^2$의 값을 구하시오.

0739

Level 2

두 수 a, b에 대하여 $a*b=(a+b)-ab$라 할 때, $(x*x)-\{3*(-x)\}=0$을 만족시키는 x의 값은?

① $x=1$ 또는 $x=3$　② $x=-1$ 또는 $x=3$
③ $x=-1$ 또는 $x=-3$　④ $x=\pm\sqrt{3}$
⑤ $x=\pm\sqrt{3}i$

0740

Level 2

두 수 a, b에 대하여 $a*b=(a-b)+2ab$라 할 때, $(x*x)-(2*x)=0$을 만족시키는 x의 값을 구하시오.

실전유형 3 이차항의 계수가 무리수인 이차방정식의 풀이

이차항의 계수가 무리수인 이차방정식은 이차항의 계수를 유리화한 후 인수분해하거나 근의 공식을 이용하여 근을 구한다.

0741 대표문제

이차방정식 $(\sqrt{2}+1)x^2-(2+\sqrt{2})x+1=0$의 근이 $x=a$ 또는 $x=b+\sqrt{c}$일 때, 정수 a, b, c에 대하여 $a^2+b^2+c^2$의 값은?

① 3　② 6　③ 9　④ 12　⑤ 16

0742

Level 2

이차방정식 $(\sqrt{3}-1)x^2-(3-\sqrt{3})x+(\sqrt{3}-1)=0$의 근이 $a\pm bi$일 때, 실수 a, b에 대하여 a^2+b^2의 값은?

① 1　② 2　③ 3　④ 4　⑤ 5

0743

Level 2

이차방정식 $\sqrt{2}(x^2+x+1)=x^2+3x$의 두 근을 α, β라 할 때, $2\beta-\alpha$의 값을 구하시오. (단, $\alpha<\beta$)

실전유형 4 한 근이 주어진 이차방정식

빈출유형

이차방정식에 주어진 한 근을 대입하여 미정계수를 구한다.
➔ 이차방정식 $ax^2+bx+c=0$의 한 근이 α이면
$a\alpha^2+b\alpha+c=0$

0744 대표문제

이차방정식 $x^2+ax+\sqrt{2}=0$의 한 근이 $1+\sqrt{2}$일 때, 상수 a의 값을 구하시오.

0745

Level 1

이차방정식 $x^2-ax-9=0$의 두 근이 $x=3$ 또는 $x=b$일 때, 상수 a, b에 대하여 $a-b$의 값은?

① 1　② 2　③ 3　④ 4　⑤ 5

0746

Level 1

이차방정식 $x^2+kx-6=0$의 한 근이 $\sqrt{3}$일 때, 상수 k의 값과 다른 한 근을 구하시오.

0747

Level 1

이차방정식 $x^2-(a+4)x+3a+3=0$의 한 근이 2일 때, x에 대한 이차방정식 $x^2+(a+2)x-a^2-4a-5=0$의 근을 구하시오. (단, a는 상수이다.)

0748

Level 2

x에 대한 방정식 $(k+1)x^2+(a+1)x+k(b-2)=0$이 실수 k의 값에 관계없이 $x=2$를 근으로 가질 때, 상수 a, b에 대하여 $b-a$의 값은?

① -5 ② -3 ③ -1
④ 1 ⑤ 3

0749

Level 2

x에 대한 이차방정식 $x^2+a(k+3)x+b(k-1)=0$이 실수 k의 값에 관계없이 항상 $x=1$을 근으로 가질 때, 상수 a, b에 대하여 $a+5b$의 값은?

① -1 ② $-\frac{1}{4}$ ③ 0
④ $\frac{1}{4}$ ⑤ 1

0750

Level 2

x에 대한 이차방정식 $ax^2+(k+3)x-b(2+k)+a+3=0$이 실수 k의 값에 관계없이 항상 $x=-2$를 근으로 가질 때, 상수 a, b에 대하여 $10ab$의 값은?

① 1 ② 2 ③ 3
④ 4 ⑤ 5

다음은 이 유형에서 출제된 최근 교육청 • 평가원 기출문제입니다.

0751 • 교육청 2020년 11월

Level 1

이차방정식 $x^2+2x+a=0$의 두 근이 -3, b일 때, 두 상수 a, b에 대하여 $a+b$의 값은?

① -2 ② -1 ③ 0
④ 1 ⑤ 2

0752 • 교육청 2021년 6월

Level 1

x에 대한 이차방정식 $x^2+ax-4=0$의 두 근이 -4, b일 때, 두 상수 a, b에 대하여 $a+b$의 값을 구하시오.

실전 유형 5 절댓값 기호를 포함한 이차방정식의 풀이

$|x|=\begin{cases} x & (x\geq 0) \\ -x & (x<0) \end{cases}$ 임을 이용하여 x의 값의 범위에 따라 식을 정리한 후 방정식을 푼다.

→ 절댓값 기호 안의 식의 값이 0이 되는 x의 값을 기준으로 x의 값의 범위를 나눈다.

0753 대표문제

방정식 $x^2-|x-1|x=0$을 풀면?

① $x=-2$ 또는 $x=0$ ② $x=-2$ 또는 $x=-\frac{1}{2}$
③ $x=-\frac{1}{2}$ 또는 $x=0$ ④ $x=0$ 또는 $x=\frac{1}{2}$
⑤ $x=0$ 또는 $x=2$

0754

Level 2

방정식 $x^2-2|x|-2=0$의 모든 근의 곱은?

① $-2-\sqrt{3}$ ② $-2-2\sqrt{3}$ ③ $-2+2\sqrt{3}$
④ $-4-\sqrt{3}$ ⑤ $-4-2\sqrt{3}$

0755

Level 2

방정식 $x^2=\sqrt{x^2}+2$를 풀면?

① $x=-1$ 또는 $x=1$ ② $x=-1$ 또는 $x=2$
③ $x=-2$ 또는 $x=1$ ④ $x=-2$ 또는 $x=2$
⑤ $x=-2$ 또는 $x=\sqrt{2}$

0756

Level 2

방정식 $|x^2-x-3|=3$에서 모든 근의 합을 구하시오.

0757

Level 2

방정식 $|x^2-4|=3x$의 근 중에서 가장 큰 근을 구하시오.

0758

Level 2

방정식 $\sqrt{x^2-2x+1}=|2x-5|$의 두 근을 각각 α, β라 할 때, $\alpha+\beta$의 값을 구하시오.

0759

Level 2

방정식 $\sqrt{x^4}+2\sqrt{x^2}-5=0$의 두 근을 각각 α, β라 할 때, $\alpha^2+\beta^2$의 값은?

① $16-4\sqrt{6}$ ② $14-4\sqrt{6}$ ③ $7-2\sqrt{6}$
④ $7+2\sqrt{6}$ ⑤ $14+4\sqrt{6}$

0760

Level 3

방정식 $x^2+|x|=\sqrt{(x-1)^2}+3$의 모든 근의 곱은?

① $-6\sqrt{6}$ ② $-4\sqrt{2}$ ③ $-2\sqrt{2}$
④ $-\sqrt{6}$ ⑤ $-\frac{\sqrt{6}}{2}$

+Plus 문제

실전유형 6 이차방정식이 실근을 가질 조건

빈출유형

계수가 실수인 이차방정식 $ax^2+bx+c=0$이 서로 다른 두 실근을 가지면

→ $D=b^2-4ac>0$

주의 실근을 가지면 $D\geq 0$이다.

0761 대표문제

이차방정식 $x^2-8x+3k+2=0$이 서로 다른 두 실근을 갖도록 하는 자연수 k의 개수는?

① 4 ② 5 ③ 6
④ 7 ⑤ 8

0762

Level 1

〈**보기**〉에서 실근을 갖는 이차방정식만을 있는 대로 고른 것은?

〈보기〉

ㄱ. $x^2+4x-1=0$
ㄴ. $x^2+6x+9=0$
ㄷ. $x^2-2x+7=0$

① ㄱ ② ㄴ ③ ㄱ, ㄴ
④ ㄴ, ㄷ ⑤ ㄱ, ㄴ, ㄷ

0763

Level 2

이차방정식 $x^2-7x+k-3=0$이 실근을 가질 때, 정수 k의 최댓값은?

① 13 ② 14 ③ 15
④ 16 ⑤ 17

0764

Level 3

x에 대한 이차방정식 $(k^2-1)x^2-2(k-1)x+1=0$이 실근을 갖도록 하는 정수 k의 최댓값은?

① -2 ② -1 ③ 0
④ 1 ⑤ 2

다음은 이 유형에서 출제된 최근 교육청 · 평가원 기출문제입니다.

0765 · 교육청 2018년 3월

Level 2

x에 대한 이차방정식

$$(a^2-9)x^2=a+3$$

이 서로 다른 두 실근을 갖도록 하는 10보다 작은 자연수 a의 개수는?

① 3 ② 4 ③ 5
④ 6 ⑤ 7

실전 유형 7 이차방정식이 중근을 가질 조건

빈출유형

계수가 실수인 이차방정식 $ax^2+bx+c=0$이 중근을 가지면
➔ $D=b^2-4ac=0$

0766 대표문제

x에 대한 이차방정식 $x^2+2x+3-k^2-k=0$이 중근을 갖도록 하는 모든 상수 k의 값의 곱을 구하시오.

0767

Level 2

두 이차방정식 $2x^2+(1-a)x+2=0$,
$x^2+(1-a)x+a-1=0$이 모두 중근을 갖도록 하는 상수 a의 값을 구하시오.

0768

Level 2

이차방정식 $x^2-4x+2k-1=0$이 실근을 가지고, x에 대한 이차방정식 $x^2-2kx-2k^2+15k-18=0$이 중근을 갖도록 하는 상수 k의 값은?

① -3 ② -2 ③ 1
④ 2 ⑤ 3

0769

Level 2

x에 대한 이차방정식 $x^2+2(a-b)x+a^2+b^2+2b-4=0$이 중근을 갖도록 하는 정수 a, b에 대하여 ab의 최댓값은?

① -1　② 0　③ 1
④ 3　⑤ 4

0770

Level 3

x에 대한 이차방정식 $(k^2-4)x^2-2(2-k)x-3=0$이 중근을 갖도록 하는 상수 k의 값은?

① -3　② -2　③ -1
④ 1　⑤ 2

0771 고난도

Level 3

이차방정식 $x^2+2ax+3a-k=0$이 중근을 갖도록 하는 서로 다른 실수 a의 값이 2개일 때, 자연수 k의 개수는?

① 1　② 2　③ 3
④ 4　⑤ 5

실전유형 8 이차방정식이 허근을 가질 조건

계수가 실수인 이차방정식 $ax^2+bx+c=0$이 허근을 가지면
→ $D=b^2-4ac<0$

0772 대표문제

x에 대한 이차방정식 $x^2+2kx+k^2+6k-5=0$이 허근을 갖도록 하는 정수 k의 최솟값은?

① 1　② 2　③ 3
④ 4　⑤ 5

0773

Level 1

이차방정식 $x^2+4x+2-k=0$이 허근을 갖도록 하는 실수 k의 값의 범위는?

① $k<-2$　② $k\le-2$　③ $k<2$
④ $k\le2$　⑤ $k<6$

0774

Level 2

이차방정식 $x^2+2x-a+4=0$이 중근을 가질 때, 다음 중 이차방정식 $ax^2-5x+a+1=0$의 근에 대한 설명으로 옳은 것은? (단, a는 상수이다.)

① 판별할 수 없다.
② 중근을 가진다.
③ 서로 다른 두 실근을 가진다.
④ 서로 다른 두 허근을 가진다.
⑤ 실근 한 개와 허근 한 개를 가진다.

실전 유형 9 항상 중근을 갖는 이차방정식 복합유형

이차방정식의 판별식 D에 대하여 $D=0$이 k에 대한 항등식이면 이차방정식은 k의 값에 관계없이 항상 중근을 가진다.

0775 대표문제

x에 대한 이차방정식 $4x^2+2(2k+m)x+k^2-k+2n=0$이 실수 k의 값에 관계없이 항상 중근을 가질 때, $m+n$의 값은? (단, m, n은 상수이다.)

① $-\frac{7}{8}$　② $-\frac{1}{8}$　③ 0
④ $\frac{1}{8}$　⑤ $\frac{7}{8}$

0776

Level 2

x에 대한 이차방정식 $x^2-2(k-1)x+k^2-4ak+2b+2=0$이 실수 k의 값에 관계없이 항상 중근을 가질 때, $4a+2b$의 값은? (단, a, b는 상수이다.)

① -1　② 0　③ 1
④ 2　⑤ 3

0777

Level 2

x에 대한 이차방정식 $x^2-2ax+a^2-4a=mx+n$이 실수 a의 값에 관계없이 항상 중근을 가질 때, $m+n$의 값은? (단, m, n은 상수이다.)

① -16　② -12　③ -8
④ -4　⑤ 0

0778

Level 2

x에 대한 이차방정식 $x^2-2(k+a)x+k^2+ak=2x-b$가 실수 k의 값에 관계없이 항상 중근을 가질 때, 상수 a, b에 대하여 a^2+b^2의 값을 구하시오.

0779

Level 2

x에 대한 이차방정식 $x^2+2(a-k)x+k^2+4k+2b=0$이 실수 k의 값에 관계없이 항상 중근을 가질 때, x에 대한 이차방정식 $(1-a)x^2-bx-1=0$의 근을 구하시오. (단, a, b는 상수이다.)

다음은 이 유형에서 출제된 최근 교육청 • 평가원 기출문제입니다.

0780 • 교육청 2021년 6월

Level 2

x에 대한 이차방정식 $x^2-2(m+a)x+m^2+m+b=0$이 실수 m의 값에 관계없이 항상 중근을 가질 때, $12(a+b)$의 값은? (단, a, b는 상수이다.)

① 9　② 10　③ 11
④ 12　⑤ 13

심화유형 10 계수가 문자인 이차방정식의 근의 판별

계수가 실수인 이차방정식 $ax^2+bx+c=0$의 근은
판별식 $D=b^2-4ac$의 부호를 확인하여 판별한다.

0781 대표문제

이차방정식 $x^2+ax+b=0$이 서로 다른 두 실근을 가질 때, 이차방정식 $x^2+(a-2c)x+b-ac=0$의 근을 판별하면?
(단, a, b, c는 실수이다.)

① 중근을 가진다.
② 서로 다른 두 실근을 가진다.
③ 서로 다른 두 허근을 가진다.
④ 실근과 허근을 가진다.
⑤ 판별할 수 없다.

0782

Level 1

$k<3$일 때, x에 대한 이차방정식 $x^2-2kx+k^2-3k+9=0$의 근을 판별하시오.

0783

Level 2

실수 a, b, c에 대하여 $ac=-b$일 때, 이차방정식 $ax^2+2(b+1)x-4c=0$의 근을 판별하면?

① 실근을 가진다.
② 중근을 가진다.
③ 서로 다른 두 실근을 가진다.
④ 서로 다른 두 허근을 가진다.
⑤ 판별할 수 없다.

0784

Level 2

0이 아닌 두 실수 a, b에 대하여 $\frac{\sqrt{a}}{\sqrt{b}}=-\sqrt{\frac{a}{b}}$가 성립할 때, 이차방정식 $x^2+ax+b=0$의 근을 판별하시오.

0785

Level 2

x에 대한 이차방정식 $x^2-4ax+4b^2+4b+2=0$이 중근을 가질 때, 이차방정식 $bx^2+2ax+b+1=0$의 근을 판별하면?
(단, a, b는 실수이다.)

① 중근을 가진다.
② 서로 다른 두 실근을 가진다.
③ 서로 다른 두 허근을 가진다.
④ 실근과 허근을 가진다.
⑤ 판별할 수 없다.

0786

Level 2

이차방정식 $x^2+2ax+b=0$은 서로 다른 두 실근을 가지고, 이차방정식 $x^2+2bx+a=0$은 서로 다른 두 허근을 가질 때, 이차방정식 $x^2+(2a+1)x+\left(b+\frac{1}{2}\right)^2=0$의 근을 판별하시오. (단, a, b는 실수이다.)

0787

Level 3

서로 다른 세 실수 a, b, c에 대하여 이차방정식
$x^2-2(a+b+c)x+ab+bc+ca=0$의 근을 판별하면?

① 중근을 가진다.
② 서로 다른 두 실근을 가진다.
③ 서로 다른 두 허근을 가진다.
④ 실근과 허근을 가진다.
⑤ 판별할 수 없다.

0788 신경향

Level 3

〈**보기**〉에서 두 이차방정식 $x^2+ax+b=0$, $x^2+bx+a=0$의 근에 대한 설명으로 옳은 것만을 있는 대로 고른 것은?
(단, a, b는 실수이다.)

〈보기〉

ㄱ. $ab\le 0$이면 $x^2+ax+b=0$, $x^2+bx+a=0$ 중 적어도 하나는 실근을 가진다.
ㄴ. $a+b\le 0$이면 $x^2+ax+b=0$, $x^2+bx+a=0$ 중 적어도 하나는 실근을 가진다.
ㄷ. $ab\le a+b\le 0$이면 $x^2+ax+b=0$, $x^2+bx+a=0$ 중 적어도 하나는 허근을 가진다.

① ㄱ ② ㄴ ③ ㄱ, ㄴ
④ ㄱ, ㄷ ⑤ ㄱ, ㄴ, ㄷ

실전유형 11 이차식이 완전제곱식이 될 조건

이차식 ax^2+bx+c가 x에 대한 완전제곱식이면
→ 이차방정식 $ax^2+bx+c=0$이 중근을 가진다.
→ 이차방정식 $ax^2+bx+c=0$의 판별식을 D라 하면
$D=0$

0789 대표문제

x에 대한 이차식 $(k+2)x^2+(4k+8)x+3k+10$이 완전제곱식일 때, 실수 k의 값은?

① -2 ② -1 ③ 0
④ 1 ⑤ 2

0790

Level 2

x에 대한 이차식 $(k-1)x^2-4x+k$가 완전제곱식이 되도록 하는 실수 k의 값을 모두 구하시오.

0791

Level 2

x에 대한 이차식 $m(m+2)x^2+2mx+2$가 완전제곱식이 되도록 하는 실수 m의 값을 구하시오.

0792

Level 2

x에 대한 이차식 $3x^2-4(a-1)x+4a^2-2a+1$이 $3(x+k)^2$으로 인수분해될 때, 실수 a, k에 대하여 $\frac{k}{a}$의 값은? (단, $a>0$)

① $\frac{1}{4}$ ② $\frac{1}{2}$ ③ 1
④ 2 ⑤ 4

0793

Level 3

x에 대한 이차식 $x^2+2(k-1)x+2k^2-a+3$이 완전제곱식이 되도록 하는 실수 k의 값이 오직 한 개뿐일 때, 실수 a의 값은?

① 1 ② 2 ③ 4
④ 5 ⑤ 7

0794 고난도

Level 3

x에 대한 이차식 $ax^2-2(k-1)x+k^2+a-bk$가 실수 k의 값에 관계없이 완전제곱식이 될 때, 상수 a, b에 대하여 $a+b$의 값을 구하시오.

+Plus 문제

실전유형 12 이차방정식의 판별식과 삼각형의 모양 복합유형

판별식을 이용하여 주어진 이차방정식의 근을 판별한 후 다음을 이용하여 삼각형의 모양을 판단한다.
삼각형의 세 변의 길이가 a, b, c $(a\le b\le c)$일 때
(1) $a=b=c$ → 정삼각형
(2) $a=b$ 또는 $b=c$ 또는 $c=a$ → 이등변삼각형
(3) $a^2+b^2<c^2$ → 둔각삼각형
(4) $a^2+b^2=c^2$ → 직각삼각형

0795 대표문제

삼각형 ABC의 세 변의 길이를 $\overline{BC}=a$, $\overline{CA}=b$, $\overline{AB}=c$라 하자. 이차방정식 $(a-b)x^2+2cx+a+b=0$이 중근을 가질 때, 삼각형 ABC는 어떤 삼각형인가?

① 정삼각형
② $\angle A=90^\circ$인 직각삼각형
③ $\angle B=90^\circ$인 직각삼각형
④ $\overline{BC}=\overline{CA}$인 이등변삼각형
⑤ $\overline{AB}=\overline{CA}$인 이등변삼각형

0796

Level 2

x에 대한 이차방정식 $x^2+2ax+b^2+c^2=0$이 서로 다른 두 실근을 가질 때, a, b, c를 세 변의 길이로 하는 삼각형은 어떤 삼각형인가? (단, a, b, c는 양수이다.)

① 예각삼각형
② $a=b$인 이등변삼각형
③ 빗변의 길이가 a인 직각삼각형
④ 빗변의 길이가 b인 직각삼각형
⑤ 둔각삼각형

● 정답 및 풀이 134쪽

0797

Level 2

x에 대한 이차방정식 $a(1+x^2)+2bx+c(1-x^2)=0$이 중근을 가질 때, a, b, c를 세 변의 길이로 하는 삼각형은 어떤 삼각형인지 구하시오. (단, a, b, c는 양수이다.)

0798

Level 2

x에 대한 이차방정식 $b(1-x^2)+2ax+c(1+x^2)=0$이 서로 다른 두 허근을 가질 때, a, b, c를 세 변의 길이로 하는 삼각형은 어떤 삼각형인가? (단, a, b, c는 양수이다.)

① 정삼각형
② 빗변의 길이가 a인 직각삼각형
③ 빗변의 길이가 c인 직각삼각형
④ $a=b$인 직각이등변삼각형
⑤ 둔각삼각형

0799

Level 2

x에 대한 이차방정식 $(a+b)x^2-2cx-(b-a)=0$이 서로 다른 두 실근을 가질 때, a, b, c를 세 변의 길이로 하는 삼각형은 어떤 삼각형인가? (단, $0<c<b<a$)

① 정삼각형
② 예각삼각형
③ $b=c$인 이등변삼각형
④ 빗변의 길이가 a인 직각삼각형
⑤ 둔각삼각형

0800

Level 2

x에 대한 두 이차방정식 $4x^2-2(a+b)x+ab=0$, $(a+c)x^2-2bx+(c-a)=0$이 모두 중근을 가질 때, a, b, c를 세 변의 길이로 하는 삼각형은 어떤 삼각형인가?
(단, a, b, c는 양수이다.)

① 정삼각형
② 예각삼각형
③ $b=c$인 이등변삼각형
④ 빗변의 길이가 c인 직각이등변삼각형
⑤ 둔각삼각형

0801

Level 2

x에 대한 이차식 $(a+c)x^2+2bx+(a-c)$가 완전제곱식일 때, a, b, c를 세 변의 길이로 하는 삼각형은 어떤 삼각형인가? (단, a, b, c는 양수이다.)

① 정삼각형
② 이등변삼각형
③ 직각삼각형
④ 둔각삼각형
⑤ 예각삼각형

0802

Level 3

x에 대한 이차식 $x^2+2(a+b+c)x+3(ab+bc+ca)$가 완전제곱식일 때, a, b, c를 세 변의 길이로 하는 삼각형은 어떤 삼각형인지 구하시오. (단, a, b, c는 양수이다.)

+Plus 문제

04

실전유형 13 이차방정식의 근을 대입하여 식의 값 구하기

이차방정식에 주어진 근을 대입한 후 식을 변형하여 주어진 식의 값을 구한다.

→ 이차방정식 $ax^2+bx+c=0$의 한 근을 α라 하면 $a\alpha^2+b\alpha+c=0$임을 이용하여 식의 값을 구한다.

0803 대표문제

이차방정식 $x^2-x+5=0$의 두 근을 α, β라 할 때, $(1-\alpha+\alpha^2)(1-\beta+\beta^2)$의 값은?

① 8 ② 16 ③ 25
④ 32 ⑤ 36

0804 Level 1

이차방정식 $x^2-2x+7=0$의 한 근을 α라 할 때, $\alpha+\dfrac{7}{\alpha}$의 값을 구하시오.

0805 Level 1

이차방정식 $x^2-x+1=0$의 두 근을 α, β라 할 때, $(\alpha^2-\alpha+4)+\left(\beta+\dfrac{1}{\beta}\right)$의 값은?

① 1 ② 2 ③ 3
④ 4 ⑤ 5

0806 Level 1

이차방정식 $x^2-5x+1=0$의 두 근을 α, β라 할 때, $2\alpha+\beta+\dfrac{2}{\alpha}+\dfrac{1}{\beta}$의 값은?

① 5 ② 10 ③ 15
④ 20 ⑤ 25

0807 Level 2

이차방정식 $x^2-2x+3=0$의 한 근을 α라 할 때, $\alpha^4+\alpha^3+3\alpha$의 값을 구하시오.

0808 Level 2

이차방정식 $x^2+x-5=0$의 한 근을 α라 할 때, $\dfrac{\alpha^2+2\alpha}{\alpha+5}+\dfrac{\alpha+5}{\alpha^2+2\alpha}$의 값은?

① -5 ② -2 ③ 1
④ 2 ⑤ 5

0809

Level 2

이차방정식 $3x^2-9x+1=0$의 한 근을 α라 할 때, $\frac{1}{\alpha}+\frac{1}{3-\alpha}$의 값을 구하시오.

0810

Level 2

이차방정식 $x^2-x-3=0$의 한 근을 α라 할 때, $\frac{\alpha+2}{\alpha+1}+\frac{\alpha-3}{\alpha-2}$의 값은?

① -3 ② -1 ③ 1 ④ 3 ⑤ 5

다음은 이 유형에서 출제된 최근 교육청 • 평가원 기출문제입니다.

0811

• 교육청 2018년 6월

Level 2

이차방정식 $2x^2+6x-9=0$의 두 근을 α, β라 할 때, $2(2\alpha^2+\beta^2)+6(2\alpha+\beta)$의 값을 구하시오.

실전유형 14 근과 계수의 관계와 곱셈 공식의 변형을 이용하여 식의 값 구하기

빈출유형

이차방정식 $ax^2+bx+c=0$의 두 근이 α, β일 때, 주어진 식의 값은 다음과 같은 순서로 구한다.

❶ 근과 계수의 관계를 이용하여 $\alpha+\beta$, $\alpha\beta$의 값을 구한다.
❷ 곱셈 공식의 변형을 이용하여 주어진 식을 $\alpha+\beta$, $\alpha\beta$에 대한 식으로 나타낸다.
❸ ❷의 식에 ❶의 값을 대입한다.

참고 이차방정식 $ax^2+bx+c=0$의 두 근이 α, β이면

$$\alpha+\beta=-\frac{b}{a},\ \alpha\beta=\frac{c}{a}$$

0812 대표문제

이차방정식 $x^2+3x+4=0$의 두 근을 α, β라 할 때, $\frac{\alpha+1}{\beta}+\frac{\beta+1}{\alpha}$의 값은?

① -1 ② $-\frac{1}{2}$ ③ 0 ④ $\frac{1}{2}$ ⑤ 1

0813

Level 1

이차방정식 $2x^2-4x+1=0$의 두 근을 α, β라 할 때, $(1-2\alpha)(1-2\beta)$의 값은?

① -1 ② $\frac{1}{2}$ ③ 1 ④ 2 ⑤ $\frac{5}{2}$

0814
Level 1

이차방정식 $2x^2-3x+4=0$의 두 근을 α, β라 할 때, $\frac{1}{\alpha^2}+\frac{1}{\beta^2}$의 값은?

① $-\frac{1}{16}$　② $-\frac{3}{16}$　③ $-\frac{5}{16}$
④ $-\frac{7}{16}$　⑤ $-\frac{9}{16}$

0815
Level 2

이차방정식 $2x^2-6x+1=0$의 두 근을 α, β라 할 때, $\alpha^2-\beta^2$의 값은? (단, $\alpha>\beta$)

① $\sqrt{7}$　② $\frac{3\sqrt{7}}{2}$　③ $2\sqrt{7}$
④ $\frac{5\sqrt{7}}{2}$　⑤ $3\sqrt{7}$

0816
Level 2

이차방정식 $x^2-3x+1=0$의 두 근을 α, β라 할 때, $\alpha^3+\beta^3$의 값은?

① 12　② 15　③ 18
④ 21　⑤ 24

0817
Level 2

이차방정식 $x^2-4x+1=0$의 두 근을 α, β라 할 때, $\frac{\beta^2}{\alpha}+\frac{\alpha^2}{\beta}$의 값을 구하시오.

0818
Level 2

이차방정식 $x^2-5x+1=0$의 두 근을 α, β라 할 때, $(\sqrt{\alpha}-\sqrt{\beta})^2$의 값은?

① 3　② 4　③ 5
④ 6　⑤ 7

0819
Level 3

방정식 $|x^2-6x|=7$의 근을 α, β, γ, δ라 할 때, $\frac{1}{\alpha}+\frac{1}{\beta}+\frac{1}{\gamma}+\frac{1}{\delta}$의 값을 구하시오.

실전 유형 15 근과 계수의 관계를 이용하여 복잡한 식의 값 구하기 빈출유형

이차방정식 $ax^2+bx+c=0$의 두 근이 α, β일 때,
$a\alpha^2+b\alpha+c=0$, $a\beta^2+b\beta+c=0$임을 이용하여 주어진 식을 변형한다.

0820 대표문제

이차방정식 $x^2-2x+6=0$의 두 근을 α, β라 할 때,
$(1-\alpha^2+3\alpha)(1-\beta^2+3\beta)$의 값은?

① 25 ② 36 ③ 47
④ 58 ⑤ 69

0821

Level 2

이차방정식 $x^2-3x+1=0$의 두 근을 α, β라 할 때,
$(\alpha^2+5\alpha+2)(\beta^2+5\beta+2)$의 값을 구하시오.

0822

Level 2

이차방정식 $x^2-x-3=0$의 두 근을 α, β라 할 때,
$(\alpha^3-\alpha^2-\alpha-1)(\beta^3-\beta^2-\beta-1)$의 값은?

① -13 ② -6 ③ 6
④ 13 ⑤ 26

0823

Level 2

이차방정식 $x^2-3x-1=0$의 두 근을 α, β라 할 때,
$\alpha^3-2\alpha^2+\alpha\beta+4\beta$의 값을 구하시오.

0824

Level 2

이차방정식 $x^2+4x-3=0$의 두 근을 α, β라 할 때,
$\dfrac{6\beta}{\alpha^2+4\alpha-4}+\dfrac{6\alpha}{\beta^2+4\beta-4}$의 값은?

① -4 ② 3 ③ 16
④ 24 ⑤ 25

0825

Level 3

이차방정식 $x^2+5x+1=0$의 두 근을 α, β라 하고,
이차방정식 $x^2-2x+3=0$의 두 근을 p, q라 할 때,
$(p+\alpha)(p+\beta)(q+\alpha)(q+\beta)$의 값을 구하시오.

0826 고난도

Level 3

이차방정식 $2x^2+3x+4=0$의 두 근을 α, β라 할 때, 〈**보기**〉에서 옳은 것만을 있는 대로 고른 것은?

〈 보기 〉

ㄱ. $8\alpha^3+8\beta^3=45$

ㄴ. $(4\alpha^2+6\alpha+5)(4\beta^2+6\beta+5)=9$

ㄷ. 이차방정식 $(x-2\alpha)(x-2\beta)=7x$의 두 근의 합은 4이다.

① ㄱ ② ㄱ, ㄴ ③ ㄱ, ㄷ
④ ㄴ, ㄷ ⑤ ㄱ, ㄴ, ㄷ

다음은 이 유형에서 출제된 최근 교육청·평가원 기출문제입니다.

0827 · 교육청 2019년 6월

Level 2

이차방정식 $x^2+x-1=0$의 서로 다른 두 근을 α, β라 하자. 다항식 $P(x)=2x^2-3x$에 대하여 $\beta P(\alpha)+\alpha P(\beta)$의 값은?

① 5 ② 6 ③ 7
④ 8 ⑤ 9

0828 · 교육청 2021년 9월

Level 2

이차방정식 $x^2+2x+3=0$의 서로 다른 두 근을 α, β라 할 때, $\dfrac{1}{\alpha^2+3\alpha+3}+\dfrac{1}{\beta^2+3\beta+3}$의 값은?

① $-\dfrac{1}{3}$ ② $-\dfrac{1}{2}$ ③ $-\dfrac{2}{3}$
④ $-\dfrac{5}{6}$ ⑤ -1

실전유형 16 이차방정식의 두 근의 관계식이 주어졌을 때 미정계수 구하기 빈출유형

이차방정식의 두 근 α, β에 대한 관계식이 주어지면 이 관계식을 $\alpha+\beta$, $\alpha\beta$에 대한 식으로 변형한 후, 근과 계수의 관계를 이용하여 미정계수를 구한다.

0829 대표문제

이차방정식 $2x^2+(k+5)x+k=0$의 두 근 α, β가 $\dfrac{1}{\alpha}+\dfrac{1}{\beta}=4$를 만족시킬 때, 정수 k의 값은?

① -5 ② -4 ③ -3
④ -2 ⑤ -1

0830

Level 1

이차방정식 $x^2-(2a+5b)x+(4a-b)=0$의 두 근 α, β가 $\alpha+\beta=12$, $\alpha\beta=35$를 만족시킬 때, 상수 a, b에 대하여 $a+b$의 값은?

① 7 ② $\dfrac{15}{2}$ ③ 8
④ $\dfrac{17}{2}$ ⑤ 9

● 정답 및 풀이 139쪽

0831

Level 1

이차방정식 $x^2-(k+3)x+3k-1=0$의 두 근 α, β가 $\alpha^2+\beta^2=12$를 만족시킬 때, 양수 k의 값을 구하시오.

0832

Level 1

x에 대한 이차방정식 $x^2+3kx+k^2-2k=0$의 두 근 α, β에 대하여 $(\alpha-\beta)^2=13$일 때, 정수 k의 값을 구하시오.

0833

Level 2

이차방정식 $x^2+ax+b=0$의 두 근 α, β가

$$\alpha^2+\beta^2=0,\ \frac{1}{\alpha}+\frac{1}{\beta}=1$$

을 만족시킬 때, 상수 a, b에 대하여 $a+b$의 값은?

① 0　② 1　③ 2　④ 3　⑤ 4

0834

Level 2

이차방정식 $x^2-(2k-1)x+2k-2=0$의 두 근 α, β에 대하여 $\alpha+\beta>0$이고 $\alpha^2+\beta^2=5$일 때, 상수 k의 값은?

① -1　② 0　③ 1　④ 2　⑤ 3

0835

Level 2

이차방정식 $x^2+ax+b=0$의 두 근 α, β가

$$\alpha^2+\beta^2=2,\ (\alpha+1)(\beta+1)=4$$

를 만족시킬 때, 상수 a, b에 대하여 a^2-b^2의 값은? (단, $a<0$)

① -33　② -3　③ 3　④ 16　⑤ 25

0836

Level 2

이차방정식 $x^2-ax+b=0$의 두 근 α, β가

$$(\alpha-2)(\beta-2)=-2,\ (3\alpha-1)(3\beta-1)=7$$

을 만족시킬 때, 상수 a, b에 대하여 ab의 값을 구하시오.

04

0837

Level 2

이차방정식 $2x^2-x+|k-1|=0$의 두 근 α, β에 대하여 $\alpha^2\beta+\alpha\beta^2=2$를 만족시키는 모든 정수 k의 값의 합은?

① -5 ② -2 ③ 0
④ 2 ⑤ 5

0838

Level 3

이차방정식 $x^2-8x+a=0$의 두 근 α, β에 대하여 $|\alpha|+|\beta|=10$일 때, $(\alpha-1)(\beta-1)$의 값을 구하시오.

(단, a는 상수이다.)

+Plus 문제

다음은 이 유형에서 출제된 최근 교육청·평가원 기출문제입니다.

0839 · 교육청 2019년 6월

Level 1

x에 대한 이차방정식 $x^2-kx+4=0$의 두 근을 α, β라 할 때, $\dfrac{1}{\alpha}+\dfrac{1}{\beta}=5$이다. 상수 k의 값을 구하시오.

심화유형 17 이차방정식의 두 근의 조건이 주어졌을 때 미정계수 구하기

이차방정식의 두 근에 대한 조건이 주어진 경우 두 근을 다음과 같이 놓고 근과 계수의 관계를 이용한다.

(1) 두 근의 차가 k ➔ α, $\alpha+k$
(2) 한 근이 다른 근의 k배 ➔ α, $k\alpha$ $(\alpha\neq0)$
(3) 두 근의 비가 $m:n$ ➔ $m\alpha$, $n\alpha$ $(\alpha\neq0)$
(4) 두 근이 연속하는 정수 ➔ α, $\alpha+1$ (α는 정수)

0840 대표문제

이차방정식 $x^2-(k+1)x+6=0$의 두 근의 비가 $2:3$이 되도록 하는 모든 실수 k의 값의 곱을 구하시오.

0841

Level 2

x에 대한 이차방정식 $x^2+kx+k^2-61=0$의 두 근의 비가 $4:5$일 때, 양수 k의 값은?

① 5 ② 6 ③ 7
④ 8 ⑤ 9

0842

Level 2

x에 대한 이차방정식 $x^2+3mx+m^2+\dfrac{4}{9}=0$의 한 근이 다른 근의 2배일 때, 양수 m의 값은?

① $\dfrac{1}{3}$ ② $\dfrac{2}{3}$ ③ 1
④ $\dfrac{4}{3}$ ⑤ $\dfrac{5}{3}$

0843

Level 2

이차방정식 $x^2-kx+k=0$의 한 근이 다른 한 근의 7배일 때, 실수 k의 값은? (단, $k\neq0$)

① $\frac{24}{7}$ ② $\frac{32}{7}$ ③ $\frac{40}{7}$
④ $\frac{48}{7}$ ⑤ $\frac{64}{7}$

0844

Level 2

이차방정식 $x^2-(a+3)x+3a-1=0$의 두 근의 차가 2일 때, 실수 a의 값은?

① 1 ② 2 ③ 3
④ 4 ⑤ 5

0845

Level 2

x에 대한 이차방정식 $x^2+3x-a^2-2a=0$의 두 근의 차가 5일 때, 모든 실수 a의 값의 합을 구하시오.

0846

Level 2

x에 대한 이차방정식 $x^2+(2m-1)x+2m^2-4m-5=0$의 두 근의 차가 3이 되도록 하는 모든 실수 m의 값의 곱은?

① -5 ② -3 ③ 1
④ 3 ⑤ 5

0847

Level 2

이차방정식 $x^2-kx+k+5=0$의 두 근이 연속하는 정수일 때, 모든 실수 k의 값의 합은?

① -4 ② -3 ③ 3
④ 4 ⑤ 7

0848

Level 2

x에 대한 이차방정식 $x^2-2(k-1)x+k^2-3k+5=0$의 두 근이 연속하는 홀수일 때, 실수 k의 값을 구하시오.

실전 유형 18 두 이차방정식이 주어졌을 때 미정계수 구하기

주어진 두 이차방정식의 근이 모두 α, β에 대한 식이면 다음과 같은 순서로 푼다.
❶ 근과 계수의 관계를 이용하여 α, β에 대한 식을 세운다.
❷ ❶에서 세운 두 식을 연립하여 미정계수를 구한다.

0849 대표문제

이차방정식 $x^2+ax+b=0$의 두 근이 α, β이고, 이차방정식 $x^2+bx+a=0$의 두 근이 $\frac{1}{\alpha}$, $\frac{1}{\beta}$일 때, 실수 a, b에 대하여 $a+b$의 값은?

① 1 ② 2 ③ 3
④ 4 ⑤ 5

0850

Level 2

이차방정식 $ax^2+bx+c=0$의 두 근의 합이 2, 두 근의 곱이 3일 때, 이차방정식 $cx^2+bx+a=0$의 두 근의 합을 p, 두 근의 곱을 q라 하자. 이때 $9pq$의 값은?

(단, a, b, c는 상수이다.)

① 1 ② 2 ③ 3
④ 4 ⑤ 5

0851

Level 2

이차방정식 $x^2+px+q=0$의 두 근이 3, α이고, 이차방정식 $x^2+(p-4)x+q+2=0$의 두 근이 5, β일 때, $p+q+\alpha\beta$의 값을 구하시오. (단, p, q, α, β는 실수이다.)

0852

Level 2

이차방정식 $ax^2-7x+b=0$의 두 근이 -1, m이고, 이차방정식 $bx^2-11x+a=0$의 두 근이 $\frac{1}{3}$, n일 때, mn의 값은? (단, a, b, m, n은 실수이다.)

① -3 ② -1 ③ 1
④ 3 ⑤ 5

0853

Level 2

이차방정식 $x^2+ax+b=0$의 두 근이 α, β이고, 이차방정식 $x^2-bx+a=0$의 두 근이 $\alpha+2$, $\beta+2$일 때, 실수 a, b에 대하여 $\frac{a}{b}$의 값을 구하시오.

0854

Level 2

이차방정식 $x^2-ax+b=0$의 두 근이 α, β이고, 이차방정식 $x^2-(2a+1)x+2=0$의 두 근이 $\alpha+\beta$, $\alpha\beta$일 때, 실수 a, b에 대하여 a^2+b^2의 값을 구하시오.

0855

Level 2

이차방정식 $x^2+ax-12=0$의 두 근이 α, β이고, 이차방정식 $x^2-2bx-4=0$의 두 근이 $\alpha+\beta$, $\alpha\beta$일 때, 실수 a, b에 대하여 $a-4b$의 값은?

① 16 ② 18 ③ 21
④ 23 ⑤ 25

0856

Level 2

0이 아닌 세 실수 p, q, r에 대하여
이차방정식 $x^2+px+q=0$의 두 근이 α, β이고, 이차방정식 $x^2+rx+p=0$의 두 근이 3α, 3β일 때, $\frac{r}{q}$의 값은?

① 1 ② $\frac{8}{3}$ ③ $\frac{16}{3}$
④ 8 ⑤ 27

+Plus 문제

실전유형 **19 이차방정식의 작성** 빈출유형

두 수 α, β를 근으로 하고 x^2의 계수가 a $(a\neq0)$인 이차방정식은
→ $a(x-\alpha)(x-\beta)=0$
→ $a\{x^2-(\alpha+\beta)x+\alpha\beta\}=0$

0857 대표문제

이차방정식 $3x^2-5x+4=0$의 두 근을 α, β라 할 때, $\alpha+1$, $\beta+1$을 두 근으로 하고 x^2의 계수가 3인 이차방정식을 구하시오.

0858

Level 1

이차방정식 $x^2+4x-3=0$의 두 근을 α, β라 할 때, $\alpha-2$, $\beta-2$를 두 근으로 하고 x^2의 계수가 1인 이차방정식은?

① $x^2-7=0$ ② $x^2+7=0$
③ $x^2-8x+9=0$ ④ $x^2+8x+9=0$
⑤ $x^2-8x-9=0$

0859

Level 1

이차방정식 $2x^2-2x+1=0$의 두 근이 α, β일 때, 다음 중 α^2, β^2을 두 근으로 하는 이차방정식은?

① $x^2+1=0$ ② $x^2-4=0$
③ $4x^2+1=0$ ④ $4x^2-1=0$
⑤ $4x^2-x+1=0$

04

0860

Level 2

다음은 이차방정식 $ax^2+bx+c=0\ (c\neq0)$의 두 근을 α, β라 할 때, 이차방정식 $cx^2+bx+a=0$의 두 근은 $\frac{1}{\alpha}$, $\frac{1}{\beta}$임을 보이는 과정이다.

> $\frac{1}{\alpha}$, $\frac{1}{\beta}$을 두 근으로 하고 x^2의 계수가 c인 이차방정식은
>
> $c\left(x^2-\boxed{(가)}x+\boxed{(나)}\right)=0$ ······ ㉠
>
> 이차방정식 $ax^2+bx+c=0\ (c\neq0)$의 두 근이 α, β이므로 근과 계수의 관계에 의하여
>
> $\alpha+\beta=-\frac{b}{a}$, $\alpha\beta=\frac{c}{a}$ ······ ㉡
>
> ㉠에 ㉡을 대입하면
>
> $c\left(x^2-\boxed{(다)}x+\frac{a}{c}\right)=0$
>
> 위 식을 정리하면 $cx^2+bx+a=0$이다.
>
> 따라서 이차방정식 $cx^2+bx+a=0$의 두 근은 $\frac{1}{\alpha}$, $\frac{1}{\beta}$이다.

(가), (나), (다)에 알맞은 것은?

	(가)	(나)	(다)
①	$\frac{1}{\alpha+\beta}$	$\frac{1}{\alpha\beta}$	$-\frac{b}{c}$
②	$\frac{1}{\alpha+\beta}$	$\frac{1}{\alpha\beta}$	$\frac{b}{c}$
③	$\frac{1}{\alpha+\beta}$	$\alpha\beta$	$-\frac{b}{c}$
④	$\frac{\alpha+\beta}{\alpha\beta}$	$\frac{1}{\alpha\beta}$	$-\frac{b}{c}$
⑤	$\frac{\alpha+\beta}{\alpha\beta}$	$\alpha\beta$	$\frac{b}{c}$

0861

Level 2

이차방정식 $4x^2+2x-1=0$의 두 근을 α, β라 할 때, $\frac{1}{\alpha}$, $\frac{1}{\beta}$을 두 근으로 하고 x^2의 계수가 1인 이차방정식을 구하시오.

0862

Level 2

이차방정식 $3x^2-5x+2=0$의 두 근을 α, β라 할 때, α^2, β^2을 두 근으로 하는 이차방정식을 구했더니 $9x^2+mx+n=0$이라고 한다. 상수 m, n에 대하여 $m+n$의 값은?

① -11　② -9　③ 2
④ 5　⑤ 7

0863

Level 2

이차방정식 $x^2-x+2=0$의 두 근을 α, β라 할 때, $\alpha^2+\beta$, $\beta^2+\alpha$를 두 근으로 하고 x^2의 계수가 1인 이차방정식을 구하시오.

● 정답 및 풀이 145쪽

0864

Level 2

이차방정식 $x^2-3x-1=0$의 두 근을 α, β라 할 때, $\alpha^2+\frac{1}{\beta}$, $\beta^2+\frac{1}{\alpha}$을 두 근으로 하고 x^2의 계수가 1인 이차방정식을 구하시오.

0865

Level 2

이차방정식 $3x^2-6x+2=0$의 두 근을 α, β라 할 때, $\alpha^2-\alpha\beta+\beta^2$, $\frac{\beta^2}{\alpha}+\frac{\alpha^2}{\beta}$을 두 근으로 하고 x^2의 계수가 1인 이차방정식은?

① $x^2-6x+12=0$
② $x^2+6x-20=0$
③ $x^2+8x+20=0$
④ $x^2-8x-12=0$
⑤ $x^2-8x+12=0$

0866

Level 3

이차방정식 $x^2-ax+4=0$의 두 근이 α, β일 때, $\alpha+\beta$, $\alpha\beta$를 두 근으로 하는 이차방정식은 $x^2-px+q=0$이다. $pq=-16$일 때, $a+p+q$의 값을 구하시오.

(단, a, p, q는 상수이다.)

실전 유형 20 잘못 보고 푼 이차방정식 바르게 풀기

이차방정식 $ax^2+bx+c=0$을 푸는데
(1) x의 계수를 잘못 보고 풀었다.
→ 상수항을 제대로 보았다.
→ 두 근의 곱은 $\frac{c}{a}$이다.
(2) 상수항을 잘못 보고 풀었다.
→ x의 계수를 제대로 보았다.
→ 두 근의 합은 $-\frac{b}{a}$이다.

0867 대표문제

이차방정식 $2x^2+ax+b=0$에서 a를 잘못 보고 풀었더니 두 근이 2, $\frac{3}{2}$이었고, b를 잘못 보고 풀었더니 두 근이 -2, -1이었다. 실수 a, b에 대하여 $a-b$의 값을 구하시오.

0868

Level 2

지나와 시원이가 이차방정식 $ax^2+bx+c=0$을 푸는데, 지나는 b를 잘못 보고 근을 구했더니 -2, 5였고, 시원이는 c를 잘못 보고 근을 구했더니 $-3+\sqrt{5}$, $-3-\sqrt{5}$였다. 원래의 이차방정식의 두 근의 합을 p, 두 근의 곱을 q라 할 때, $p+q$의 값을 구하시오. (단, a, b, c는 실수이다.)

0869

Level 2

지수와 은우가 이차방정식 $x^2+ax+b=0$의 근을 구하려고 한다. 그런데 지수는 x의 계수를 잘못 보고 풀어 두 근 $-1+2i$, $-1-2i$를 얻었고, 은우는 상수항을 잘못 보고 풀어 두 근 -3, 5를 얻었다. 이차방정식 $x^2+ax+b=0$의 두 근을 바르게 구한 값이 α, β라 할 때, $(\alpha+1)(\beta+1)$의 값은? (단, a, b는 실수이다.)

① 5 ② 8 ③ 11
④ 14 ⑤ 17

0870

Level 3

어떤 이차방정식에서 x^2의 계수와 상수항을 바꾸어서 근을 구했더니, 두 근 중 한 근만 원래의 이차방정식의 근과 같았고, 나머지 한 근은 2였다. 원래의 이차방정식의 두 근을 α, β라 할 때, $\alpha^2+\beta^2$의 값을 구하시오.

0871

Level 3

이차방정식 $ax^2+bx+c=0$ (a, b, c는 실수)의 근을 구하는데, 근의 공식을 $x=\dfrac{-b\pm\sqrt{b^2-ac}}{2a}$로 잘못 적용하여 두 근 -3, 2를 얻었다. 원래의 이차방정식의 두 근을 α, β라 할 때, $\alpha\beta$의 값은?

① -24 ② -16 ③ -8
④ 1 ⑤ 8

실전유형 21 근의 공식을 이용한 이차식의 인수분해

이차식 ax^2+bx+c가 쉽게 인수분해되지 않으면 다음과 같은 순서로 인수분해한다.

❶ 근의 공식을 이용하여 이차방정식 $ax^2+bx+c=0$의 두 근 α, β를 구한다.
❷ $ax^2+bx+c=a(x-\alpha)(x-\beta)$로 인수분해한다.

0872 대표문제

이차식 x^2-2x+5를 복소수의 범위에서 인수분해하면?

① $(x-1-\sqrt{2}i)(x-1+\sqrt{2}i)$
② $(x+1-\sqrt{2}i)(x+1+\sqrt{2}i)$
③ $(x-1-2i)(x-1+2i)$
④ $(x+1-2i)(x+1+2i)$
⑤ $(x-2-5i)(x-2+5i)$

0873

Level 1

다음 중 이차식 $x^2+6x+45$의 인수인 것은?

① $x+3-6i$ ② $x-3-6i$ ③ $x+3+7i$
④ $x-3+7i$ ⑤ $x-3-9i$

0874

Level 2

이차식 x^2+2x-1이 x의 계수가 1인 두 일차식의 곱으로 인수분해될 때, 두 일차식의 합은?

① $2x+1$ ② $2x+\sqrt{2}$ ③ $2x+2$
④ $2x-1$ ⑤ $2x-\sqrt{2}$

실전 유형 **22** 이차방정식의 켤레근 빈출유형

(1) 계수가 모두 유리수인 이차방정식의 한 근이 $p+q\sqrt{m}$이면 다른 한 근은 $p-q\sqrt{m}$이다.
(단, p, q는 유리수, $q\neq0$, $\sqrt{m}$은 무리수이다.)

(2) 계수가 모두 실수인 이차방정식의 한 근이 $p+qi$이면 다른 한 근은 $p-qi$이다.
(단, p, q는 실수, $q\neq0$, $i=\sqrt{-1}$)

0875 대표문제

이차방정식 $x^2+ax+b=0$의 한 근이 $2+\sqrt{5}$일 때, 유리수 a, b에 대하여 a^2+b^2의 값을 구하시오.

0876

Level 1

이차방정식 $x^2+ax+b=0$의 한 근이 $-2+\sqrt{11}$일 때, 유리수 a, b에 대하여 $a+b$의 값은?

① -3 ② -1 ③ 0
④ 1 ⑤ 3

+Plus 문제

0877

Level 1

이차방정식 $x^2-4mx+n=0$의 한 근이 $2+\sqrt{3}i$일 때, 실수 m, n에 대하여 $m+n$의 값은?

① 4 ② 5 ③ 6
④ 7 ⑤ 8

0878

Level 2

실수 a, b, c, d에 대하여 이차방정식 $x^2-ax+b=0$의 두 근은 $1-\sqrt{3}i$, α이고, 이차방정식 $x^2-cx+d=0$의 두 근은 $-1+\sqrt{3}i$, β일 때, $\alpha+\beta+a+b+c+d$의 값을 구하시오.

0879

Level 2

실수 a, b에 대하여 이차방정식 $x^2+ax+b=0$의 한 근이 $1+\sqrt{2}i$이고, 이차방정식 $bx^2+ax+1=0$의 두 근이 α, β일 때, $(\alpha-1)(\beta-1)$의 값은?

① $\frac{2}{3}$ ② $\frac{1}{3}$ ③ $-\frac{1}{3}$
④ $-\frac{2}{3}$ ⑤ -1

0880

Level 2

유리수 a, b에 대하여 이차방정식 $x^2-ax+b=0$의 한 근이 $3-2\sqrt{2}$이다. 이차방정식 $x^2-ax+(a-b)=0$의 두 근을 α, β라 할 때, $\dfrac{\alpha^2\beta+\alpha\beta^2+2}{(\alpha-\beta)^2}$의 값은?

① 1 ② 2 ③ 3
④ 4 ⑤ 5

0881

Level 2

두 실수 m, n에 대하여 이차방정식 $x^2+mx+n=0$의 한 근이 $1+i$일 때, $\frac{1}{m}$, n을 두 근으로 하고 x^2의 계수가 2인 이차방정식을 구하시오.

0882

Level 2

유리수 a, b에 대하여 이차방정식 $x^2+ax+b=0$의 한 근이 $-2+\sqrt{3}$일 때, 다음 중 $\frac{1}{a-1}$, $\frac{1}{b+1}$을 두 근으로 하는 이차방정식은?

① $x^2-5x+6=0$
② $x^2+5x-6=0$
③ $6x^2-5x-1=0$
④ $6x^2+5x+1=0$
⑤ $6x^2-5x+1=0$

0883

Level 2

이차방정식 $x^2-x+1=0$의 두 근을 α, β라 할 때, $(1+\overline{\alpha}+\beta^2)(1+\overline{\beta}+\alpha^2)$의 값을 구하시오.

(단, $\overline{\alpha}$, $\overline{\beta}$는 각각 α, β의 켤레복소수이다.)

0884 신경향

Level 3

이차방정식 $x^2+px+q=0$의 두 허근 α, β가 $\alpha^2=2\beta+1$을 만족시킬 때, 실수 p, q에 대하여 $p+q$의 값은?

① 1
② 2
③ 3
④ 4
⑤ 5

0885

Level 3

다항식 $f(x)=x^2+ax+b$ (a, b는 실수)가 다음 두 조건을 만족시킨다.

(가) 다항식 $f(x)$를 $x-1$로 나눈 나머지는 1이다.
(나) 실수 p에 대하여 이차방정식 $f(x)=0$의 한 근은 $p-i$이다.

$2a+b$의 값을 구하시오.

다음은 이 유형에서 출제된 최근 교육청 • 평가원 기출문제입니다.

0886 • 교육청 2021년 9월

Level 1

계수가 실수인 이차방정식의 한 근이 $2-3i$이고 다른 한 근을 α라 하자. 두 실수 a, b에 대하여 $\frac{1}{\alpha}=a+bi$일 때, $a+b$의 값은? (단, $i=\sqrt{-1}$)

① $-\frac{1}{13}$
② $-\frac{2}{13}$
③ $-\frac{3}{13}$
④ $-\frac{4}{13}$
⑤ $-\frac{5}{13}$

실전유형 23 두 실근의 부호가 주어진 이차방정식

이차방정식 $ax^2+bx+c=0$의 두 실근을 α, β라 할 때

(1) $\alpha>0$, $\beta>0$ ➜ $D\geq0$, $\alpha+\beta=-\frac{b}{a}>0$, $\alpha\beta=\frac{c}{a}>0$

(2) $\alpha<0$, $\beta<0$ ➜ $D\geq0$, $\alpha+\beta=-\frac{b}{a}<0$, $\alpha\beta=\frac{c}{a}>0$

(3) $\alpha<0<\beta$ ➜ $\alpha\beta=\frac{c}{a}<0$

0887 대표문제

이차방정식 $ax^2+bx+c=0$의 두 근이 모두 양수일 때, 이차방정식 $bx^2+cx+a=0$의 두 근의 부호는?

(단, a, b, c는 모두 실수이다.)

① 두 근이 모두 양수이다.
② 두 근이 모두 음수이다.
③ 한 근은 양수, 다른 한 근은 음수이다.
④ 한 근은 0, 다른 한 근은 양수이다.
⑤ 한 근은 0, 다른 한 근은 음수이다.

0888

Level 2

이차방정식 $ax^2+bx+c=0$에서

$ab>0$, $bc<0$, $b^2-4ac>0$

일 때, 다음 중 옳은 것은?

① 두 근은 서로 다른 양수이다.
② 두 근은 서로 다른 음수이다.
③ 음수인 근의 절댓값이 양수인 근보다 크다.
④ 음수인 근의 절댓값이 양수인 근보다 작다.
⑤ 음수인 근의 절댓값이 양수인 근과 같다.

0889

Level 2

이차방정식 $x^2+ax+b=0$의 서로 다른 두 실근을 α, β라 하면 두 실근의 부호가 서로 다르고, 이차방정식 $x^2+(16a+b)x-2b=0$의 두 근은 $\alpha+\beta$, $\alpha\beta$이다. 실수 a, b에 대하여 $a-b$의 값을 구하시오.

0890

Level 2

x에 대한 이차방정식 $x^2-(6k^2+k-1)x+6k-1=0$의 두 실근 α, β가 다음 두 조건을 만족시킬 때, 상수 k의 값은?

(가) $\alpha^2=\beta^2$　　　(나) $\alpha\beta<0$

① $-\frac{1}{2}$　② 0　③ $\frac{1}{3}$
④ $\frac{1}{2}$　⑤ 1

0891

Level 2

〈보기〉에서 x에 대한 이차방정식 $x^2+2(n+1)x+n^2+1=0$의 두 근에 대한 설명으로 옳은 것만을 있는 대로 고른 것은? (단, n은 자연수이다.)

〈보기〉
ㄱ. $n=3$이면 두 근은 모두 자연수이다.
ㄴ. 두 근은 서로 다른 허수이다.
ㄷ. 두 근은 모두 음수이다.

① ㄱ　② ㄷ　③ ㄱ, ㄴ
④ ㄴ, ㄷ　⑤ ㄱ, ㄴ, ㄷ

실전유형 24 두 실근의 절댓값 조건이 주어진 이차방정식

이차방정식 $ax^2+bx+c=0$의 두 실근 α, β의 절댓값이 같고 부호가 서로 다르면

→ $\alpha+\beta=0$, $\alpha\beta=\frac{c}{a}<0$

0892 대표문제

이차방정식 $x^2-(2k-1)x+36=0$의 두 근의 절댓값의 비가 $4:1$이 되도록 하는 모든 상수 k의 값의 곱을 구하시오.

0893 Level 1

x에 대한 이차방정식 $x^2-(k^2-6k+5)x+(2k-6)=0$이 절댓값이 같고 부호가 서로 다른 두 실근을 갖도록 하는 상수 k의 값을 구하시오.

0894 Level 1

이차방정식 $x^2-2(k+3)x-90=0$의 두 실근의 절댓값의 비가 $2:5$가 되도록 하는 모든 상수 k의 값의 합은?

① -6　② -4　③ -2　④ 0　⑤ 2

0895 Level 2

이차방정식 $x^2-kx+k-1=0$의 두 실근의 절댓값의 비가 $1:4$가 되도록 하는 모든 상수 k의 값의 곱을 구하시오.

(단, $k<1$)

0896 Level 2

x에 대한 이차방정식 $k^2x^2-(k-3)x-2k^2=0$의 두 근을 α, β라 할 때, $\alpha>\beta$이고 $|\alpha|>|\beta|$를 만족시키는 정수 k의 최솟값은?

① 2　② 3　③ 4　④ 5　⑤ 6

0897 Level 3

이차방정식 $4x^2-12x-k=0$의 두 실근의 절댓값의 합이 4일 때, 상수 k의 값을 구하시오.

25 이차방정식 $f(x)=0$의 근을 알 때, $f(ax+b)=0$의 근 구하기

이차방정식 $f(x)=0$의 두 근이 α, β이면

➜ $f(\alpha)=0$, $f(\beta)=0$

➜ $f(ax+b)=0$의 두 근은 $ax+b=\alpha$ 또는 $ax+b=\beta$에서

$x=\dfrac{\alpha-b}{a}$ 또는 $x=\dfrac{\beta-b}{a}$

0898 대표문제

이차방정식 $f(x)=0$의 두 근을 α, β라 할 때, $\alpha+\beta=7$이다. 이차방정식 $f(3x-2)=0$의 두 근의 합을 구하시오.

0899

Level 1

방정식 $f(x)=0$의 한 근이 $x=-3$일 때, 다음 중 $x=4$를 반드시 근으로 갖는 x에 대한 방정식은?

① $f(x+7)=0$　② $f(x+1)=0$
③ $f(x-1)=0$　④ $f(x-7)=0$
⑤ $f(x^2-12)=0$

0900

Level 2

이차방정식 $f(x)=0$의 두 근을 α, β라 할 때, $\alpha+\beta=\dfrac{7}{2}$이다. 이차방정식 $f\left(4x-\dfrac{1}{4}\right)=0$의 두 근의 합은?

① -1　② 1　③ 3
④ 5　⑤ 7

0901

Level 2

이차방정식 $f(x)=0$의 두 근을 α, β라 할 때, $\alpha+\beta=-2$, $\alpha\beta=1$이다. 이차방정식 $f(-2x+3)=0$의 두 근의 곱을 구하시오.

0902

Level 2

이차방정식 $f(x)=0$의 두 근을 α, β라 할 때, $\alpha+\beta=3$, $\alpha\beta=1$이다. 이차방정식 $f(3x-2)=0$의 두 근의 차는?

① $\dfrac{5\sqrt{5}}{3}$　② $\dfrac{4\sqrt{5}}{3}$　③ $\sqrt{5}$
④ $\dfrac{2\sqrt{5}}{3}$　⑤ $\dfrac{\sqrt{5}}{3}$

0903

Level 2

이차방정식 $f(2x-3)=0$의 두 근의 합이 4일 때, 이차방정식 $f(x)=0$의 두 근의 합은?

① 2 ② 3 ③ 4
④ 5 ⑤ 6

0904

Level 3

이차방정식 $f(x)=0$의 두 근을 α, β라 하면 $\alpha+\beta=5$이고, 이차방정식 $f(5x)=0$의 두 근의 곱이 1이다. 이때 $\alpha+\beta$, $\alpha\beta$를 두 근으로 하고 x^2의 계수가 1인 이차방정식은?

① $x^2-5x+1=0$ ② $x^2-5x+25=0$
③ $x^2+5x-25=0$ ④ $x^2-30x+125=0$
⑤ $x^2+30x+125=0$

다음은 이 유형에서 출제된 최근 교육청 • 평가원 기출문제입니다.

0905 • 교육청 2020년 6월

Level 2

x에 대한 이차방정식 $f(x)=0$의 두 근의 합이 16일 때, x에 대한 이차방정식 $f(2020-8x)=0$의 두 근의 합을 구하시오.

심화유형 26 $f(x)=k$의 두 근이 α, β인 이차식 $f(x)$ 구하기

이차방정식 $f(x)=k$의 두 근이 α, β이면
이차방정식 $f(x)-k=0$의 두 근이 α, β이므로
→ $f(x)-k=a(x-\alpha)(x-\beta)$

0906 대표문제

이차방정식 $x^2+x-3=0$의 서로 다른 두 근을 α, β라 할 때, 이차식 $f(x)$는 $f(\alpha)=f(\beta)=4$를 만족시킨다. x^2의 계수가 1인 이차식 $f(x)$는?

① x^2+x-2 ② x^2-x-1
③ x^2+x+1 ④ x^2-2x+2
⑤ x^2+2x+4

0907

Level 2

이차방정식 $2x^2-4x+3=0$의 두 근을 α, β라 할 때, $f(\alpha)-2=f(\beta)-2=0$을 만족시키고 x^2의 계수가 2인 이차식 $f(x)$의 상수항은?

① -5 ② -3 ③ 0
④ 3 ⑤ 5

0908

Level 2

이차식 $f(x)$에 대하여 이차방정식 $f(x)+2x-14=0$의 두 근을 α, β라 하자.

$\alpha+\beta=-2$, $\alpha\beta=-8$이고, $f(-1)=-11$

일 때, $f(2)$의 값은?

① -20 ② -9 ③ 4
④ 10 ⑤ 17

0909

Level 2

이차방정식 $x^2-2x+2=0$의 두 근을 α, β라 할 때, $f(\alpha)=2-\beta$, $f(\beta)=2-\alpha$를 만족시키고 x^2의 계수가 1인 이차방정식 $f(x)=0$의 두 근의 합은?

① 0 ② 1 ③ 2
④ 3 ⑤ 4

0910 고난도

Level 3

이차방정식 $x^2-3x+1=0$의 두 근을 α, β라 할 때, 이차식 $f(x)=x^2+px+q$가 $f(\alpha^2)=3\beta$, $f(\beta^2)=3\alpha$를 만족시킨다. 상수 p, q에 대하여 $p+q$의 값은?

① -3 ② -1 ③ 1
④ 3 ⑤ 5

+Plus 문제

심화유형 27 이차식을 두 일차식의 곱으로 인수분해하기

x, y에 대한 이차식이 x, y에 대한 두 일차식의 곱으로 인수분해될 때, 미지수의 값은 다음과 같은 순서로 구한다.

❶ 주어진 이차식을 한 문자에 대한 이차방정식으로 만든 다음 근의 공식을 이용하여 근을 구한다.

❷ 이차식이 두 일차식의 곱으로 인수분해되려면 ❶에서 구한 근에서 근호 안의 식이 완전제곱식이어야 한다.

→ 근호 안의 식을 이차방정식으로 놓으면 판별식 $D=0$이어야 한다.

0911 대표문제

x, y에 대한 이차식 $x^2-xy-6y^2+x+7y-k$가 x, y에 대한 두 일차식의 곱으로 인수분해될 때, 실수 k의 값을 구하시오.

0912

Level 2

x, y에 대한 이차식 $3x^2+y^2+4xy+x-y+a$가 x, y에 대한 두 일차식의 곱으로 인수분해될 때, 실수 a의 값은?

① 2 ② 1 ③ -1
④ -2 ⑤ -4

0913

Level 2

x, y에 대한 이차식 $2x^2-7xy+ky^2+x-13y-3$이 x, y에 대한 두 일차식의 곱으로 인수분해될 때, 실수 k의 값은?

① -8 ② -4 ③ -1
④ 3 ⑤ 6

0914

Level 2

x, y에 대한 이차식 x^2-2y^2+ky-1이 $(x-ay+b)(x+ay-b)$로 인수분해될 때, 양수 a, b, k에 대하여 $k^2+(ab)^2$의 값은?

① 5 ② 8 ③ 10
④ 13 ⑤ 18

0915

Level 2

x, y에 대한 이차식 $2x^2-3xy+ay^2-3x+y+1$이 x, y에 대한 두 일차식의 곱으로 인수분해될 때, 두 일차식의 합은? (단, a는 실수이다.)

① $x-2y-1$ ② $x+2y+1$ ③ $2x+y-1$
④ $3x-y-2$ ⑤ $3x+3y$

실전유형 28 이차방정식의 활용

이차방정식의 활용 문제는 다음과 같은 순서로 푼다.
❶ 구해야 하는 값을 미지수 x로 놓는다.
❷ 주어진 조건을 이용하여 x에 대한 방정식을 세운다.
❸ 방정식을 풀어 x의 값을 구한다.
❹ 구한 x의 값이 문제의 조건에 맞는지 확인한다.

0916 대표문제

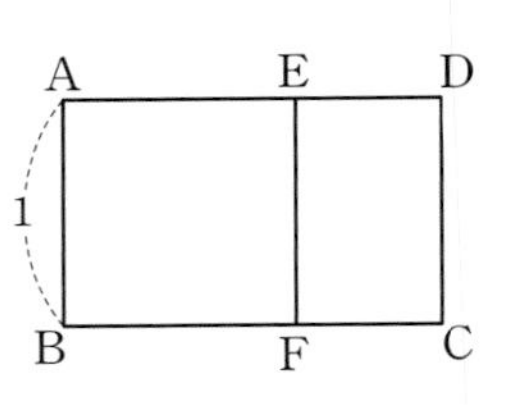

그림과 같이 직사각형 ABCD에서 세로의 길이를 한 변으로 하는 정사각형 ABFE를 잘라내고 남은 직사각형 DEFC가 원래의 직사각형 ABCD와 닮음일 때, 이런 직사각형을 황금직사각형이라 한다. $\overline{AB}$의 길이가 1일 때, $\overline{AD}$의 길이는? (단, $\overline{AD}>1$)

① $\sqrt{5}-1$ ② $\frac{1+\sqrt{5}}{2}$ ③ $\frac{2\sqrt{5}-1}{2}$
④ $1+\sqrt{5}$ ⑤ $2\sqrt{5}$

0917

Level 1

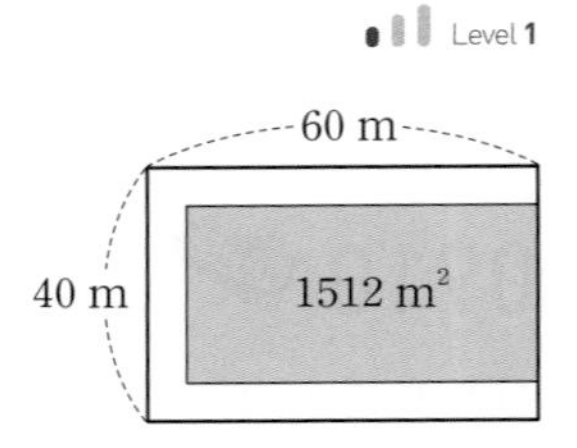

그림과 같이 가로, 세로의 길이가 각각 60 m, 40 m인 직사각형 모양의 땅에 폭이 일정한 ㄷ자 모양의 길을 만들었더니, 남은 땅의 넓이가 1512 m^2이다. 이때 길의 폭은 몇 m인가?

① 2 m ② 3 m ③ 4 m
④ 5 m ⑤ 6 m

0918

Level 2

그림과 같이 가로, 세로의 길이가 각각 72, 28인 직사각형 ABCD가 있다. 이 직사각형의 가로의 길이는 매초마다 3씩 줄어들고, 세로의 길이는 매초마다 4씩 늘어난다고 한다. 가로와 세로의 길이가 동시에 변하기 시작하여 t초가 지난 후의 직사각형의 넓이가 처음 직사각형의 넓이와 같아진다고 할 때, t의 값을 구하시오.

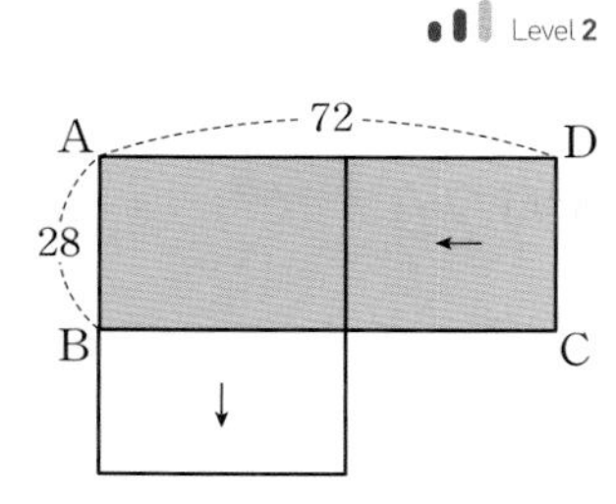

0919

Level 2

그림과 같이 원 O가 정사각형의 두 꼭짓점을 지나고, 한 변에 접하면서 겹쳐 있다. 원의 넓이를 S_1, 정사각형의 넓이를 S_2라 할 때, $S_1 : S_2$는?

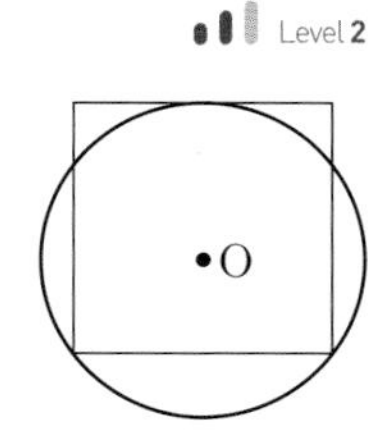

① $8 : 5\pi$　② $25\pi : 64$　③ $5\pi : 8$
④ $3\pi : 5$　⑤ $9\pi : 25$

0920

Level 2

어떤 물건의 가격을 x %만큼 인상한 후, 다시 x %만큼 인하하였더니 처음 가격보다 1.44 % 낮아졌다. 이때 x의 값은?

① 9　② 10　③ 11
④ 12　⑤ 13

다음은 이 유형에서 출제된 최근 교육청 • 평가원 기출문제입니다.

0921 • 교육청 2017년 6월

Level 2

이차방정식 $x^2-4x+2=0$의 두 실근을 α, $\beta\,(\alpha<\beta)$라 하자. 그림과 같이 $\overline{AB}=\alpha$, $\overline{BC}=\beta$인 직각삼각형 ABC에 내접하는 정사각형의 넓이와 둘레의 길이를 두 근으로 하는 x에 대한 이차방정식이 $4x^2+mx+n=0$일 때, 두 상수 m, n에 대하여 $m+n$의 값은?
(단, 정사각형의 두 변은 선분 AB와 선분 BC 위에 있다.)

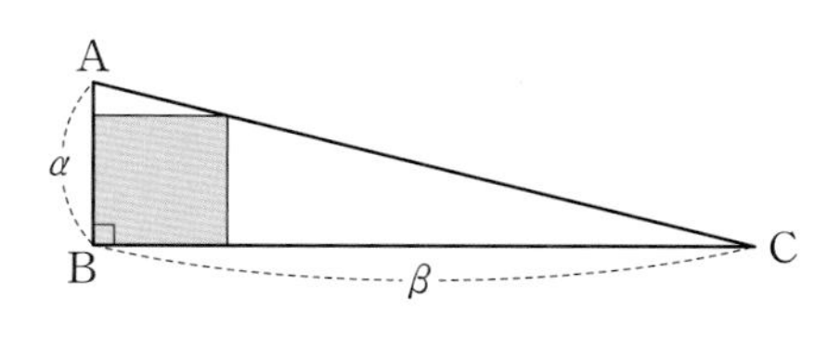

① -11　② -10　③ -9
④ -8　⑤ -7

0922 고난도 • 교육청 2021년 6월

Level 3

그림과 같이 한 변의 길이가 1인 정오각형 ABCDE가 있다. 두 대각선 AC와 BE가 만나는 점을 P라 하면 $\overline{BE} : \overline{PE} = \overline{PE} : \overline{BP}$가 성립한다.
대각선 BE의 길이를 x라 할 때,
$1-x+x^2-x^3+x^4-x^5+x^6-x^7+x^8=p+q\sqrt{5}$이다.
$p+q$의 값은? (단, p, q는 유리수이다.)

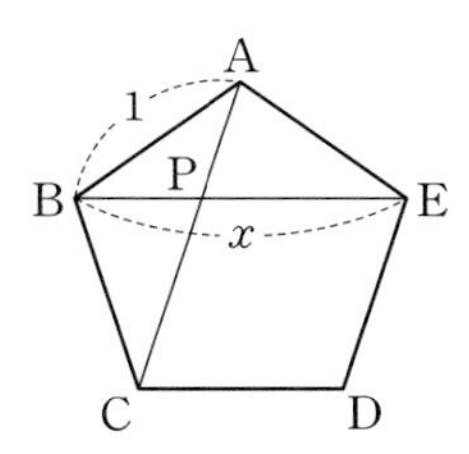

① 22　② 23　③ 24
④ 25　⑤ 26

서술형 유형 익히기

0923 대표문제

이차방정식 $x^2+4x+1=0$의 두 근을 α, β라 할 때, $\frac{\alpha}{1+\beta^2}$, $\frac{\beta}{1+\alpha^2}$를 두 근으로 하고 x^2의 계수가 16인 이차방정식을 구하는 과정을 서술하시오. [8점]

STEP 1 근과 계수의 관계 구하기 [1점]

이차방정식 $x^2+4x+1=0$의 두 근이 α, β이므로
근과 계수의 관계에 의하여

$\alpha+\beta=$ (1) ☐, $\alpha\beta=$ (2) ☐

주어진 이차방정식에 $x=\alpha$, $x=\beta$를 대입하여 정리하면

$1+\alpha^2=-4\alpha$, $1+\beta^2=$ (3) ☐

STEP 2 $\frac{\alpha}{1+\beta^2}+\frac{\beta}{1+\alpha^2}$, $\frac{\alpha}{1+\beta^2}\times\frac{\beta}{1+\alpha^2}$의 값 구하기 [4점]

$$\frac{\alpha}{1+\beta^2}+\frac{\beta}{1+\alpha^2}=\frac{\alpha}{\text{(3) ☐}}+\frac{\beta}{-4\alpha}$$

$$=\frac{-(\alpha^2+\beta^2)}{4\alpha\beta}$$

$$=\frac{-\{(\alpha+\beta)^2-2\alpha\beta\}}{4\alpha\beta}$$

$$=\text{(4) ☐}$$

$$\frac{\alpha}{1+\beta^2}\times\frac{\beta}{1+\alpha^2}=\frac{\alpha}{\text{(3) ☐}}\times\frac{\beta}{-4\alpha}=\text{(5) ☐}$$

STEP 3 $\frac{\alpha}{1+\beta^2}$, $\frac{\beta}{1+\alpha^2}$를 두 근으로 하고 x^2의 계수가 16인 이차방정식 구하기 [3점]

$\frac{\alpha}{1+\beta^2}$, $\frac{\beta}{1+\alpha^2}$의 합과 곱이 각각 (4) ☐, (5) ☐이므로

$\frac{\alpha}{1+\beta^2}$, $\frac{\beta}{1+\alpha^2}$를 두 근으로 하고 x^2의 계수가 16인 이차방정식은 (6) ☐ $=0$이다.

0924 한번 더

이차방정식 $2x^2-x-2=0$의 두 근을 α, β라 할 때, $\frac{1-\alpha}{1+\beta}$, $\frac{1-\beta}{1+\alpha}$를 두 근으로 하고 x^2의 계수가 2인 이차방정식을 구하는 과정을 서술하시오. [8점]

STEP 1 근과 계수의 관계 구하기 [1점]

STEP 2 $\frac{1-\alpha}{1+\beta}+\frac{1-\beta}{1+\alpha}$, $\frac{1-\alpha}{1+\beta}\times\frac{1-\beta}{1+\alpha}$의 값 구하기 [4점]

STEP 3 $\frac{1-\alpha}{1+\beta}$, $\frac{1-\beta}{1+\alpha}$를 두 근으로 하고 x^2의 계수가 2인 이차방정식 구하기 [3점]

핵심 KEY 유형 19 이차방정식의 작성

두 근 α, β를 모르지만 두 근의 합과 곱, 즉 $\alpha+\beta$, $\alpha\beta$를 알면 두 근을 α, β로 하는 이차방정식을 작성할 수 있다.
주어진 조건을 이용하여 구하는 이차방정식의 두 근의 합과 곱을 구한 후 다음을 이용하여 이차방정식을 구한다.
x^2-(두 근의 합)$x+$(두 근의 곱)$=0$
이때 x^2의 계수에 대한 조건에 주의하여 식을 세워야 한다.

0925 유사 1

이차방정식 $x^2+(a-2)x-b=0$의 두 근이 -1, α이고, 이차방정식 $x^2+(b+2)x-a=0$의 두 근이 3, β일 때, α, β를 두 근으로 하고 x^2의 계수가 1인 이차방정식을 구하는 과정을 서술하시오. (단, a, b는 상수이다.) [8점]

0926 유사 2

이차방정식 $ax^2-(a+14)x+a+28=0$의 두 근을 α, β라 하자. α, β가 자연수일 때, $\alpha+\beta$, $\alpha\beta$를 두 근으로 하고 x^2의 계수가 1인 이차방정식을 구하는 과정을 서술하시오.

(단, a는 상수이다.) [9점]

0927 대표문제

이차방정식 $f(x)=0$의 두 근을 α, β라 할 때, $\alpha+\beta=-\frac{3}{4}$이다. 이차방정식 $f(3x-1)=0$의 두 근의 합을 구하는 과정을 서술하시오. [6점]

STEP 1 이차방정식 $f(3x-1)=0$의 두 근 구하기 [4점]

이차방정식 $f(x)=0$의 두 근이 α, β이므로

$f(\alpha)=0$, $f(\beta)=0$

$f(3x-1)=0$이려면 $3x-1=\alpha$ 또는 $3x-1=$ (1) ☐

$\therefore x=\frac{\alpha+1}{3}$ 또는 $x=$ (2) ☐

STEP 2 이차방정식 $f(3x-1)=0$의 두 근의 합 구하기 [2점]

이차방정식 $f(3x-1)=0$의 두 근의 합은

$\frac{\alpha+1}{3}+$ (2) ☐ $=$ (3) ☐

0928 한번 더

이차방정식 $f(x)=0$의 두 근을 α, β라 할 때, $\alpha+\beta=\frac{7}{3}$, $\alpha\beta=2$이다. 이차방정식 $f\left(\frac{x-1}{3}\right)=0$의 두 근의 곱을 구하는 과정을 서술하시오. [6점]

STEP 1 이차방정식 $f\left(\frac{x-1}{3}\right)=0$의 두 근 구하기 [4점]

STEP 2 이차방정식 $f\left(\frac{x-1}{3}\right)=0$의 두 근의 곱 구하기 [2점]

0929 유사 1

이차방정식 $f(3x-2)=0$의 두 근의 합이 5이고 곱이 3일 때, 이차방정식 $f(x)=0$의 두 근의 차를 구하는 과정을 서술하시오. [7점]

0930 유사 2

이차방정식 $f(5x-2)=0$의 두 근을 α, β라 할 때, $\alpha+\beta=8$이다. 이차방정식 $f(1-x)=0$의 두 근의 합을 구하는 과정을 서술하시오. [6점]

핵심 KEY 유형 25 **이차방정식 $f(x)=0$의 근을 알 때, $f(ax+b)=0$의 근 구하기**

방정식의 근의 의미를 활용하는 유형으로, 두 이차방정식 $f(x)=0$, $f(ax+b)=0$ 중에서 한 이차방정식의 근을 알면 다른 한 이차방정식의 근을 구할 수 있다.
방정식 $f(x)=0$의 한 근이 α이면 $f(\alpha)=0$이므로 방정식 $f(ax+b)=0$의 근은 $ax+b=\alpha$를 만족시키는 x의 값이다.
이때 $f(a\alpha+b)=0$, $f(a\beta+b)=0$으로 착각하여 풀지 않도록 주의한다.

0931 대표문제

이차방정식 $x^2-4x+7=0$의 두 근을 α, β라 할 때, 다음 조건을 모두 만족시키는 이차식 $f(x)$에 대하여 이차방정식 $f(x)=0$의 두 근의 합을 구하는 과정을 서술하시오. [8점]

(가) $f(\alpha)=5-\beta$
(나) $f(\beta)=5-\alpha$
(다) $f(1)=10$

STEP 1 근과 계수의 관계 구하기 [1점]
이차방정식 $x^2-4x+7=0$의 두 근이 α, β이므로
근과 계수의 관계에 의하여
$\alpha+\beta=$ (1) ____, $\alpha\beta=$ (2) ____

STEP 2 $f(\alpha)$, $f(\beta)$를 각각 α, β에 대한 식으로 나타내기 [2점]
(가)에서 $f(\alpha)=5-\beta=$ (3) ____ $+\alpha$
(나)에서 $f(\beta)=5-\alpha=$ (3) ____ $+\beta$

STEP 3 이차식 $f(x)$ 구하기 [3점]
α, β는 이차방정식 $f(x)-($ (4) ____ $)=0$의 두 근이므로
상수 a에 대하여
$f(x)-($ (4) ____ $)=a(x-\alpha)(x-\beta)$
$=a\{x^2-(\alpha+\beta)x+\alpha\beta\}$
$=a(x^2-$ (1) ____ $x+$ (2) ____ $)$
(다)에서 $f(1)=10$이므로 $a=$ (5) ____

STEP 4 이차방정식 $f(x)=0$의 두 근의 합 구하기 [2점]
이차방정식 $f(x)=0$에서 근과 계수의 관계에 의하여 두 근의 합은 (6) ____ 이다.

핵심 KEY 유형 26 **$f(x)=k$의 두 근이 α, β인 이차식 $f(x)$ 구하기**

이차식 $f(x)$가 $f(\alpha)=k$, $f(\beta)=k$이면 α, β는 이차방정식 $f(x)-k=0$의 두 근임을 이용하는 문제이다. 즉, $f(x)-k=a(x-\alpha)(x-\beta)$ (a는 상수)로 놓을 수 있다.
이때 x^2의 계수를 1로 잘못 생각하지 않도록 주의한다. x^2의 계수는 문제에 주어진 조건을 이용하여 구할 수 있다.

0932 한번 더

이차방정식 $x^2-5x+3=0$의 두 근을 α, β라 할 때, 다음 조건을 모두 만족시키는 이차식 $f(x)$에 대하여 이차방정식 $f(x)=0$의 두 근의 곱을 구하는 과정을 서술하시오. [8점]

(가) $f(\alpha)=-2\beta$
(나) $f(\beta)=-2\alpha$
(다) $f(0)=-13$

STEP 1 근과 계수의 관계 구하기 [1점]

STEP 2 $f(\alpha)$, $f(\beta)$를 각각 α, β에 대한 식으로 나타내기 [2점]

STEP 3 이차식 $f(x)$ 구하기 [3점]

STEP 4 이차방정식 $f(x)=0$의 두 근의 곱 구하기 [2점]

0933 유사 1

이차방정식 $3x^2+6x+5=0$의 두 근을 α, β라 할 때, $f(\alpha)=\beta$, $f(\beta)=\alpha$, $f(0)=3$을 만족시키는 이차식 $f(x)$에 대하여 $f(-1)$의 값을 구하는 과정을 서술하시오. [7점]

0934 유사 2

이차방정식 $x^2-3x+4=0$의 두 근을 α, β라 할 때, 이차식 $f(x)=ax^2+bx+7$에 대하여 $f(\alpha)=5\beta$, $f(\beta)=5\alpha$를 만족시키는 상수 a, b의 값을 구하는 과정을 서술하시오. [8점]

실력 check 실전 마무리하기 1회

점 / 100점

• 선택형 20문항, 서술형 4문항입니다.

1 0935

이차방정식 $5x^2+3x+1=0$의 근이 $x=\frac{a\pm\sqrt{b}i}{10}$일 때, 실수 a, b에 대하여 $a+b$의 값은? [3점]

① 6 ② 7 ③ 8 ④ 9 ⑤ 10

2 0936

이차방정식 $2x^2+ax-2=0$의 두 근이 -2, b일 때, 상수 a, b에 대하여 $a+b$의 값은? [3점]

① $\frac{3}{2}$ ② 2 ③ $\frac{5}{2}$ ④ 3 ⑤ $\frac{7}{2}$

3 0937

이차방정식 $x^2+2x-1=0$의 한 근을 α라 할 때, $\alpha^2+\frac{1}{\alpha^2}$의 값은? [3점]

① 6 ② 7 ③ 8 ④ 9 ⑤ 10

4 0938

이차방정식 $x^2-6x+3=0$의 두 근의 차는? [3점]

① $\sqrt{6}$ ② $2\sqrt{6}$ ③ $3\sqrt{6}$ ④ $4\sqrt{6}$ ⑤ $5\sqrt{6}$

5 0939

이차식 x^2-2x+3을 복소수의 범위에서 인수분해하면? [3점]

① $(x-1-\sqrt{2}i)^2$
② $(x-1+\sqrt{2}i)^2$
③ $(x-1-\sqrt{2}i)(x-1+\sqrt{2}i)$
④ $(x-1-\sqrt{2}i)(x+1+\sqrt{2}i)$
⑤ $(x+1-\sqrt{2}i)(x+1+\sqrt{2}i)$

6 0940

방정식 $x^2+|x-2|=4$의 모든 근의 합은? [3.5점]

① 0 ② 1 ③ 2 ④ 3 ⑤ 4

7 0941

x에 대한 이차방정식 $x^2-2(2m+a)x+4m^2-2m+b=0$이 실수 m의 값에 관계없이 항상 중근을 가질 때, 상수 a, b에 대하여 $12(b-a)$의 값은? [3.5점]

① 9 ② 10 ③ 11
④ 12 ⑤ 13

8 0942

실수 a, b에 대하여 $ab<0$이고 $a<b$일 때, 〈**보기**〉에서 항상 서로 다른 두 실근을 가지는 이차방정식만을 있는 대로 고른 것은? [3.5점]

〈 보기 〉

ㄱ. $x^2+ax-b=0$
ㄴ. $x^2+bx+a=0$
ㄷ. $x^2+2bx+b^2-a=0$

① ㄱ ② ㄱ, ㄴ ③ ㄱ, ㄷ
④ ㄴ, ㄷ ⑤ ㄱ, ㄴ, ㄷ

9 0943

x에 대한 이차식 $x^2+(k-4)x+k-1$이 완전제곱식이 되도록 하는 모든 실수 k의 값의 합은? [3.5점]

① 10 ② 11 ③ 12
④ 13 ⑤ 14

10 0944

이차방정식 $x^2-6x+4=0$의 두 근을 α, β라 할 때, $\sqrt{\alpha}+\sqrt{\beta}$의 값은? [3.5점]

① $\sqrt{6}$ ② $\sqrt{7}$ ③ $2\sqrt{2}$
④ 3 ⑤ $\sqrt{10}$

11 0945

이차방정식 $x^2+3x+4=0$의 서로 다른 두 근을 α, β라 할 때, $\dfrac{1}{\alpha^2+4\alpha+3}+\dfrac{1}{\beta^2+4\beta+3}$의 값은? [3.5점]

① $-\dfrac{2}{5}$ ② $-\dfrac{1}{2}$ ③ $-\dfrac{4}{7}$
④ $-\dfrac{5}{8}$ ⑤ $-\dfrac{2}{3}$

12 0946

이차방정식 $x^2-(2k-1)x+k+1=0$의 두 근 α, β에 대하여 $\alpha^2+\beta^2=9$일 때, 양수 k의 값은? [3.5점]

① $\frac{1}{2}$ ② $\frac{3}{2}$ ③ $\frac{5}{2}$
④ $\frac{7}{2}$ ⑤ $\frac{9}{2}$

13 0947

이차방정식 $2x^2+ax+b=0$의 한 근이 $\frac{1}{1-i}$일 때, 실수 a, b에 대하여 $a+b$의 값은? [3.5점]

① -2 ② -1 ③ 0
④ 1 ⑤ 2

14 0948

삼각형 ABC의 세 변의 길이를 각각 a, b, c라 하자. 이차방정식 $(a+b)x^2+2cx+a-b=0$이 중근을 가질 때, 삼각형 ABC는 어떤 삼각형인가? (단, a, b, c는 양수이다.) [4점]

① 정삼각형
② $a=b$인 이등변삼각형
③ $b=c$인 이등변삼각형
④ 빗변의 길이가 a인 직각삼각형
⑤ 빗변의 길이가 c인 직각삼각형

15 0949

이차방정식 $x^2+(6-2k)x+11-k=0$의 두 근 α, β에 대하여 $\alpha : \beta=1:3$일 때, 양수 k의 값은? [4점]

① $\frac{13}{3}$ ② $\frac{14}{3}$ ③ 5
④ $\frac{16}{3}$ ⑤ $\frac{17}{3}$

16 0950

이차방정식 $x^2-2x+a=0$의 두 근을 α, β라 할 때, $\alpha+\beta$, $\alpha\beta$를 두 근으로 하는 이차방정식은 $x^2-bx-6=0$이다. 상수 a, b에 대하여 $a+b$의 값은? [4점]

① -4 ② -2 ③ 0
④ 2 ⑤ 4

● 정답 및 풀이 163쪽

17 0951

이차방정식 $x^2+6x-5=0$의 두 근을 α, β라 할 때, $\alpha+2$, $\beta+2$를 두 근으로 하는 이차방정식은 $x^2+ax+b=0$이다. 상수 a, b에 대하여 $a+b$의 값은? [4점]

① -5 ② -7 ③ -9
④ -11 ⑤ -13

18 0952

x에 대한 이차방정식 $x^2-4(n-3)x-n^2-16=0$의 두 근에 대하여 〈**보기**〉에서 옳은 것만을 있는 대로 고른 것은?
(단, n은 자연수이다.) [4점]

〈 보기 〉
ㄱ. $n=3$이면 두 근은 모두 자연수이다.
ㄴ. 두 근은 서로 다른 실수이다.
ㄷ. $n>3$이면 두 근은 모두 양수이다.

① ㄱ ② ㄴ ③ ㄱ, ㄴ
④ ㄴ, ㄷ ⑤ ㄱ, ㄴ, ㄷ

19 0953

$-2<x<0$일 때, 이차방정식 $2x^2+3[x]=x$의 모든 근의 곱은? (단, $[x]$는 x보다 크지 않은 최대의 정수이다.) [4.5점]

① $\frac{5}{2}$ ② 2 ③ $\frac{3}{2}$
④ 1 ⑤ $\frac{1}{2}$

20 0954

x에 대한 이차방정식 $x^2-2k^2x-2k+8=0$의 두 실근을 α, β라 할 때, $\frac{\sqrt{\beta}}{\sqrt{\alpha}}=-\sqrt{\frac{\beta}{\alpha}}$이다. 정수 k의 최솟값은?
[4.5점]

① 0 ② 1 ③ 2
④ 3 ⑤ 4

04

서술형

21 0955

실수 a, b에 대하여 이차방정식 $x^2+ax+b=0$의 한 근이 $2-\sqrt{3}i$일 때, a, b를 두 근으로 하는 이차방정식이 $x^2+mx+n=0$이다. 실수 m, n에 대하여 $m-n$의 값을 구하는 과정을 서술하시오. [6점]

22 0956

정삼각형 ABC의 변 BC의 길이는 그대로 두고 변 AB의 길이를 1만큼, 변 AC의 길이를 9만큼 늘여 새로운 삼각형을 만들었더니 직각삼각형이 되었다. 처음 정삼각형 ABC의 한 변의 길이를 구하는 과정을 서술하시오. [6점]

23 0957

이차방정식 $x^2+ax+b=0$을 푸는데 지나는 a를 잘못 보고 풀었더니 두 근이 -3, 1이었고, 우진이는 b를 잘못 보고 풀었더니 두 근이 $1+2i$, $1-2i$였다. 이차방정식 $x^2+ax+b=0$의 근을 바르게 구하는 과정을 다음 단계에 따라 서술하시오. (단, a, b는 실수이다.) [8점]

(1) 실수 b의 값을 구하시오. [3점]

(2) 실수 a의 값을 구하시오. [3점]

(3) 이차방정식 $x^2+ax+b=0$의 근을 구하시오. [2점]

24 0958

이차방정식 $f(x)=0$의 두 근을 α, β라 할 때, $\alpha+\beta=1$, $\alpha\beta=3$이다. 이차방정식 $f(2x+1)=0$의 두 근의 곱을 구하는 과정을 서술하시오. [8점]

● 정답 및 풀이 164쪽

실전 마무리하기 2회

점 / 100점

• 선택형 20문항, 서술형 4문항입니다.

1 0959

이차방정식 $x^2+3x-30=4x$의 두 근 중에서 더 큰 근을 a라 할 때, a^2-3a의 값은? [3점]

① 6 ② 12 ③ 18
④ 24 ⑤ 30

2 0960

x에 대한 방정식 $kx^2+2ax+(k-1)b=0$이 실수 k의 값에 관계없이 $x=1$을 근으로 가질 때, 상수 a, b에 대하여 $a+b$의 값은? [3점]

① $-\frac{3}{2}$ ② $-\frac{1}{2}$ ③ 0
④ $\frac{1}{2}$ ⑤ $\frac{3}{2}$

3 0961

x에 대한 이차방정식 $x^2+2(k-3)x+k^2-k-24=0$이 서로 다른 두 실근을 갖도록 하는 자연수 k의 개수는? [3점]

① 4 ② 5 ③ 6
④ 7 ⑤ 8

4 0962

〈보기〉에서 허근을 가지는 이차방정식만을 있는 대로 고른 것은? [3점]

〈 보기 〉
ㄱ. $x^2-7x-1=0$
ㄴ. $x^2+3x+16=0$
ㄷ. $x^2-9x+21=0$

① ㄱ ② ㄴ ③ ㄱ, ㄴ
④ ㄴ, ㄷ ⑤ ㄱ, ㄴ, ㄷ

5 0963

이차방정식 $2x^2-x+3=0$의 두 근이 α, β일 때, $(2\alpha^2-\alpha+1)(2\beta^2-\beta+4)$의 값은? [3점]

① -2 ② -1 ③ 0
④ 1 ⑤ 2

6 0964

이차방정식 $2x^2+x-8=0$의 두 근을 α, β라 할 때, $(2-\alpha)(2-\beta)$의 값은? [3점]

① -2 ② -1 ③ 0
④ 1 ⑤ 2

7 0965

두 수 $2+\sqrt{3}$, $2-\sqrt{3}$을 근으로 하는 이차방정식이 $x^2+ax+b=0$일 때, $a+b$의 값은? (단, a, b는 상수이다.) [3점]

① -3 ② -1 ③ 0
④ 1 ⑤ 3

8 0966

이차방정식 $x^2+ax+b=0$의 한 근이 $3-\sqrt{2}$일 때, 유리수 a, b에 대하여 $a+b$의 값은? [3점]

① -2 ② -1 ③ 0
④ 1 ⑤ 2

9 0967

방정식 $2|x-1|=x^2-1$의 모든 근의 곱은? [3.5점]

① -6 ② -5 ③ -4
④ -3 ⑤ -2

10 0968

x에 대한 이차방정식 $x^2-2(k-a)x+(k-1)^2-b=0$이 실수 k의 값에 관계없이 항상 중근을 가질 때, 상수 a, b에 대하여 $2a+b$의 값은? [3.5점]

① 5 ② 4 ③ 3
④ 2 ⑤ 1

11 0969

이차방정식 $x^2-5x+1=0$의 서로 다른 두 근을 α, β라 할 때, $\alpha^2+5\beta+1$의 값은? [3.5점]

① 20 ② 25 ③ 30
④ 35 ⑤ 40

● 정답 및 풀이 166쪽

12 0970

이차방정식 $x^2+(1-m)x+m=0$의 두 근이 연속하는 자연수일 때, 상수 m의 값은? [3.5점]

① 2 ② 3 ③ 4
④ 5 ⑤ 6

13 0971

이차방정식 $x^2-ax+8=0$의 두 근을 α, β라 할 때, 이차방정식 $x^2+bx+15=0$의 두 근은 $\alpha+1$, $\beta+1$이다. 상수 a, b에 대하여 $a-b$의 값은? [3.5점]

① -2 ② 0 ③ 2
④ 14 ⑤ 15

14 0972

이차방정식 $2x^2-x+2=0$의 두 근을 α, β라 할 때, 다음 중 α^2+1, β^2+1을 두 근으로 하는 이차방정식은? [3.5점]

① $x^2+1=0$ ② $x^2-4=0$
③ $4x^2+1=0$ ④ $4x^2-1=0$
⑤ $4x^2-x+1=0$

15 0973

x에 대한 이차식 $x^2-2(m+a)x+(a^2+4a+n)$이 실수 a의 값에 관계없이 항상 완전제곱식일 때, 상수 m, n에 대하여 $2m+n$의 값은? [4점]

① 4 ② 5 ③ 6
④ 7 ⑤ 8

16 0974

이차방정식 $x^2-kx+2k+4=0$의 두 근의 차가 2가 되도록 하는 모든 실수 k의 값의 합은? [4점]

① 6 ② 7 ③ 8
④ 9 ⑤ 10

17 0975

이차방정식 $f(x)=0$의 두 근을 α, β라 할 때, $\alpha+\beta=-1$이다. 이차방정식 $f(3x-2)=0$의 두 근의 합은? [4점]

① -2 ② -1 ③ 0
④ 1 ⑤ 2

18 0976

그림과 같이 두 점 $\mathrm{A}(6, 0)$, $\mathrm{B}(0, 12)$를 지나는 직선 위에 있는 점 P에서 y축에 내린 수선의 발을 M이라 할 때, 삼각형 MOP의 넓이가 삼각형 ABO의 넓이의 $\frac{1}{4}$이다. 이때 점 P의 좌표는? (단, O는 원점이다.) [4점]

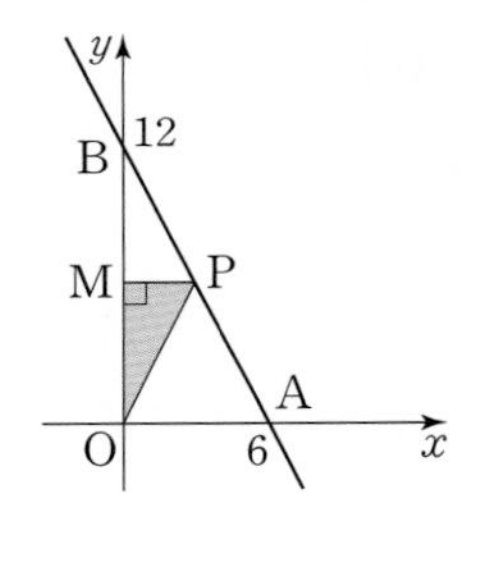

① $(2, 4)$ ② $(3, 6)$ ③ $(4, 2)$
④ $(6, 3)$ ⑤ $(8, 3)$

19 0977

이차방정식 $x^2+2ax-b=0$의 두 근 α, β가 $|\alpha-\beta|<8$을 만족시킬 때, 자연수 a, b의 모든 순서쌍 (a, b)의 개수는? [4.5점]

① 29 ② 31 ③ 33
④ 35 ⑤ 37

20 0978

이차방정식 $x^2+x-4=0$의 서로 다른 두 근을 α, β라 하자. 다음 조건을 모두 만족시키는 이차식 $f(x)$에 대하여 $f(3)$의 값은? [4.5점]

> (가) $f(x)$의 x^2의 계수는 1이다.
> (나) $f(\alpha)=f(\beta)=2$

① 6 ② 8 ③ 10
④ 12 ⑤ 14

서술형

21 0979

이차방정식 $x^2+6x-k=0$이 중근을 가질 때, x에 대한 이차방정식 $(1-k)x^2-2kx+8=0$의 근을 판별하는 과정을 서술하시오. (단, k는 상수이다.) [6점]

(1) 상수 k의 값을 구하시오. [3점]

(2) 이차방정식 $(1-k)x^2-2kx+8=0$의 근을 판별하시오. [3점]

22 0980

이차방정식 $3x^2-9x-k=0$의 두 실근 α, β에 대하여 $|\alpha|+|\beta|=5$일 때, 상수 k의 값을 구하는 과정을 서술하시오. (단, $\alpha<\beta$) [8점]

23 0981

이차방정식 $2x^2-6x+5=0$의 두 근을 α, β라 할 때, $\alpha+\frac{1}{\alpha}$, $\beta+\frac{1}{\beta}$을 두 근으로 하고 x^2의 계수가 1인 이차방정식을 구하는 과정을 서술하시오. [8점]

24 0982

예나와 하늘이가 이차방정식 $x^2+ax+b=0$의 근을 구하려고 한다. 예나는 x의 계수를 잘못 보고 풀어 두 근 $3+i$, $3-i$를 얻었고, 하늘이는 상수항을 잘못 보고 풀어 두 근 $1+2i$, $1-2i$를 얻었다. 이차방정식 $x^2+ax+b=0$의 두 근을 바르게 구하는 과정을 서술하시오.

(단, a, b는 실수이다.) [8점]

한 걸음 한 걸음

단계를 밟아 나아가라

내가 아는 한

무언가 성취하는 데

그것 말고 **다른 방법은 없다**

– 마이클 조던 –

이차방정식과 이차함수 05

Ⅱ. 방정식

05 이차방정식과 이차함수

1 이차방정식과 이차함수의 관계

이차함수 $y=ax^2+bx+c$의 그래프와 x축의 교점의 x좌표는 이차방정식 $ax^2+bx+c=0$의 실근과 같다.
따라서 이차함수 $y=ax^2+bx+c$의 그래프와 x축의 교점의 개수는 이차방정식 $ax^2+bx+c=0$의 실근의 개수와 같다.

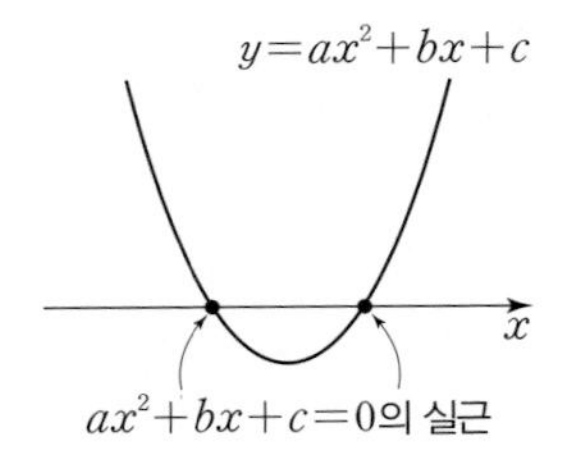

Note

2 이차함수의 그래프와 x축의 위치 관계

핵심 1

이차함수 $y=ax^2+bx+c$의 그래프와 x축의 위치 관계는 이차방정식 $ax^2+bx+c=0$의 판별식 $D=b^2-4ac$의 부호에 따라 다음과 같다.

판별식 D의 부호	$D>0$	$D=0$	$D<0$
$ax^2+bx+c=0$의 근	서로 다른 두 실근	중근(서로 같은 두 실근)	서로 다른 두 허근
$y=ax^2+bx+c\ (a>0)$의 그래프와 x축			
$y=ax^2+bx+c\ (a<0)$의 그래프와 x축			
$y=ax^2+bx+c$의 그래프와 x축의 위치 관계	서로 다른 두 점에서 만난다.	한 점에서 만난다.(접한다.)	만나지 않는다.

$D\geq 0$이면 이차함수 $y=ax^2+bx+c$의 그래프와 x축이 적어도 한 점에서 만난다.

3 이차함수의 그래프와 직선의 위치 관계

핵심 2

이차함수 $y=ax^2+bx+c$의 그래프와 직선 $y=mx+n$의 위치 관계는 이차방정식 $ax^2+bx+c=mx+n$, 즉 $ax^2+(b-m)x+c-n=0$의 판별식 D의 부호에 따라 다음과 같다.

판별식 D의 부호	$D>0$	$D=0$	$D<0$
$ax^2+(b-m)x+c-n=0$의 근	서로 다른 두 실근	중근(서로 같은 두 실근)	서로 다른 두 허근
$y=ax^2+bx+c\ (a>0)$의 그래프와 직선 $y=mx+n\ (m>0)$			
$y=ax^2+bx+c$의 그래프와 직선 $y=mx+n$의 위치 관계	서로 다른 두 점에서 만난다.	한 점에서 만난다.(접한다.)	만나지 않는다.

$D\geq 0$이면 이차함수 $y=ax^2+bx+c$의 그래프와 직선 $y=mx+n$이 적어도 한 점에서 만난다.

4 이차함수의 최대, 최소 핵심 3

(1) **함수의 최댓값과 최솟값**

어떤 함수의 함숫값 중에서 가장 큰 값을 그 함수의 최댓값, 가장 작은 값을 그 함수의 최솟값이라 한다.

(2) **이차함수의 최댓값과 최솟값**

이차함수 $y=a(x-p)^2+q$의 최댓값과 최솟값은 다음과 같다.

① $a>0$이면 $x=p$일 때 최솟값은 q이고, 최댓값은 없다.

② $a<0$이면 $x=p$일 때 최댓값은 q이고, 최솟값은 없다.

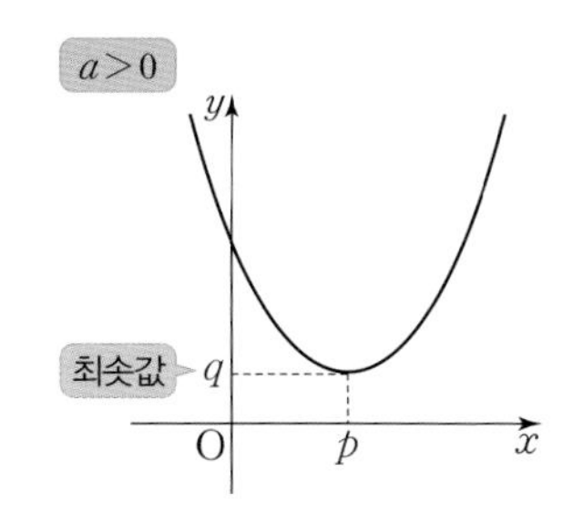

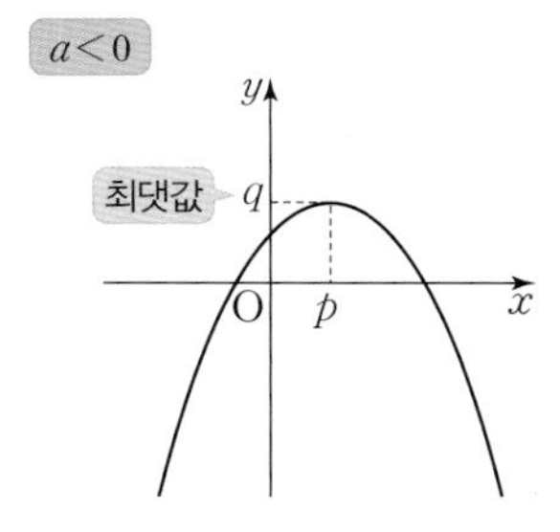

참고 이차함수 $y=ax^2+bx+c$의 최댓값과 최솟값은 이차함수의 식을 $y=a(x-p)^2+q$ 꼴로 변형하여 구한다.

Note

▶ x의 값의 범위가 실수 전체일 때, 이차함수의 최댓값과 최솟값은 그래프의 꼭짓점의 y좌표이다.

5 제한된 범위에서 이차함수의 최대, 최소 핵심 4

$\alpha \le x \le \beta$에서 이차함수 $f(x)=a(x-p)^2+q$의 최댓값과 최솟값은 다음과 같다.

(1) 꼭짓점의 x좌표가 제한된 범위에 속할 때($\alpha \le p \le \beta$일 때)

$f(\alpha)$, $f(p)$, $f(\beta)$ 중에서 가장 큰 값이 최댓값이고, 가장 작은 값이 최솟값이다.

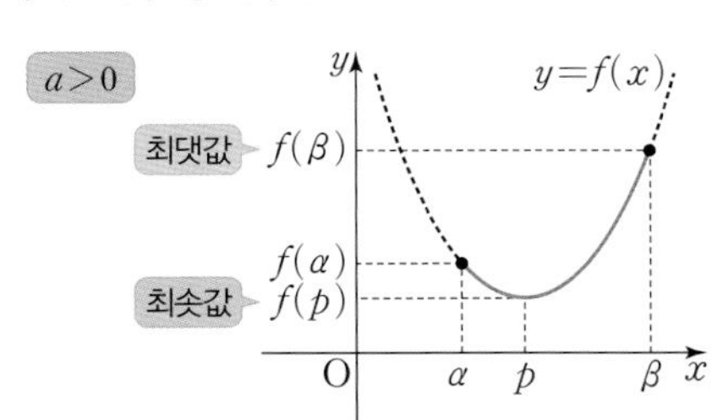

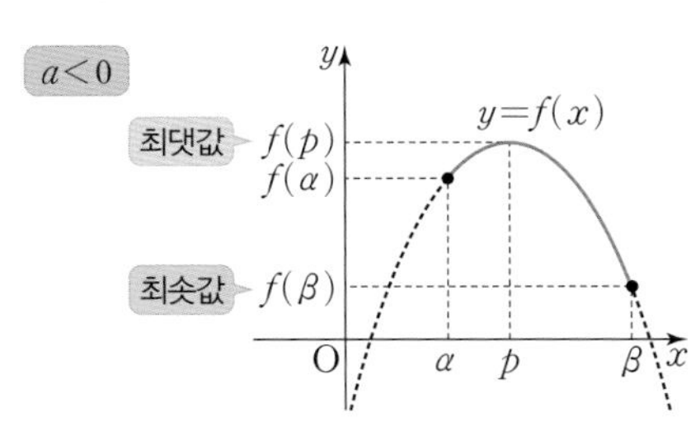

(2) 꼭짓점의 x좌표가 제한된 범위에 속하지 않을 때($p<\alpha$ 또는 $p>\beta$일 때)

$f(\alpha)$, $f(\beta)$ 중 큰 값이 최댓값이고, 작은 값이 최솟값이다.

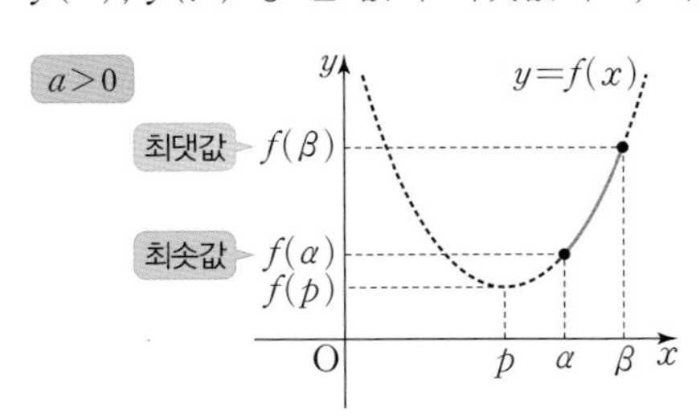

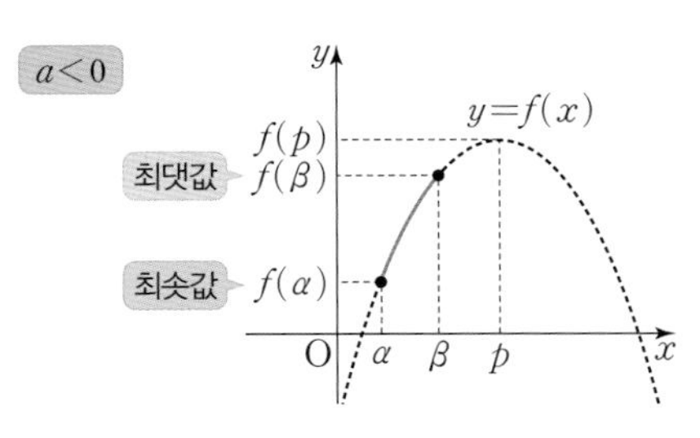

주의 x의 값의 범위가 제한된 이차함수의 최댓값이나 최솟값을 구할 때에는 이차함수의 꼭짓점의 x좌표가 주어진 범위 안에 속하는지 먼저 확인하고 값을 구한다.

핵심 1 이차함수의 그래프와 x축의 위치 관계 유형 4

이차함수 $y=x^2-x-2$의 그래프와 x축의 위치 관계를 알아보자.

이차방정식 $x^2-x-2=0$의 판별식을 D라 하면

$$D=(-1)^2-4\times1\times(-2)=9>0$$

➜ 이차방정식 $x^2-x-2=0$은 서로 다른 두 실근을 가진다.

➜ 이차함수 $y=x^2-x-2$의 그래프와 x축은 서로 다른 두 점에서 만난다.

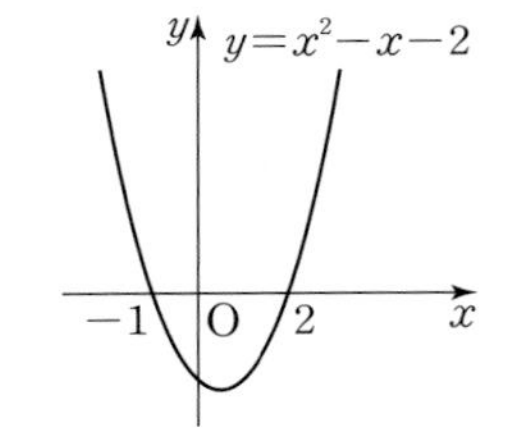

이차함수 $y=ax^2+bx+c$의 그래프와 x축의 교점의 개수는 이차방정식 $ax^2+bx+c=0$의 실근의 개수와 같아.

0983 다음 이차함수의 그래프와 x축의 교점의 개수를 구하시오.

(1) $y=x^2+5x+10$

(2) $y=-2x^2+x+1$

0984 이차함수 $y=x^2+6x+1-2k$의 그래프와 x축의 위치 관계가 다음과 같을 때, 실수 k의 값 또는 범위를 구하시오.

(1) 서로 다른 두 점에서 만난다.

(2) 한 점에서 만난다.

(3) 만나지 않는다.

핵심 2 이차함수의 그래프와 직선의 위치 관계 유형 7~9

이차함수 $y=x^2+3x+4$의 그래프와 직선 $y=x+3$의 위치 관계를 알아보자.

이차방정식 $x^2+3x+4=x+3$, 즉 $x^2+2x+1=0$의 판별식을 D라 하면

$$\frac{D}{4}=1^2-1\times1=0$$

➜ 이차방정식 $x^2+2x+1=0$은 중근을 가진다.

➜ 이차함수 $y=x^2+3x+4$의 그래프와 직선 $y=x+3$은 한 점에서 만난다. (→ 이차함수의 그래프와 직선은 접한다.)

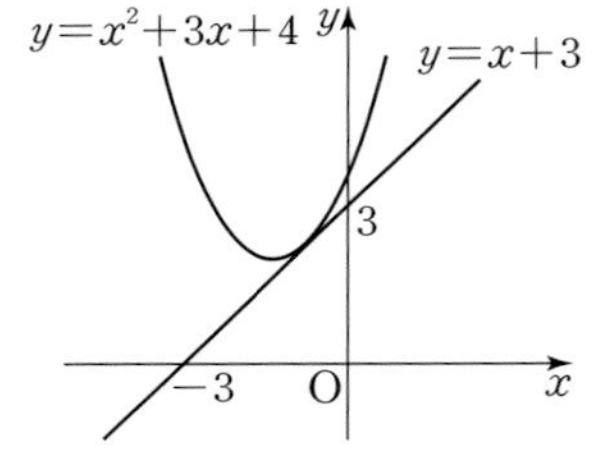

이차함수 $y=ax^2+bx+c$의 그래프와 직선 $y=mx+n$의 교점의 개수는 이차방정식 $ax^2+bx+c=mx+n$의 실근의 개수와 같아.

0985 다음 이차함수의 그래프와 직선의 위치 관계를 말하시오.

(1) $y=x^2+x-1$, $y=-x+3$

(2) $y=-x^2+5x+2$, $y=x+6$

0986 이차함수 $y=x^2-x+4$의 그래프와 직선 $y=x+k$의 위치 관계가 다음과 같을 때, 실수 k의 값 또는 범위를 구하시오.

(1) 서로 다른 두 점에서 만난다.

(2) 한 점에서 만난다.

(3) 만나지 않는다.

● 정답 및 풀이 169쪽

핵심 3 이차함수의 최댓값과 최솟값 유형 12~14

● 이차함수 $y=x^2-2x+3$의 최솟값을 구해 보자.

$y=x^2-2x+3$
$=(x-1)^2+2$
이므로 이차함수 $y=x^2-2x+3$의 그래프는 그림과 같다.
따라서 $x=1$에서 최솟값 2를 가진다.

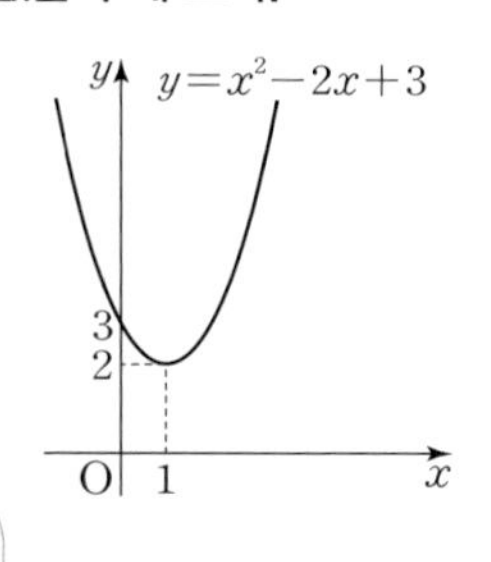

이차항의 계수가 양수인 이차함수는 최솟값만 가져.

● 이차함수 $y=-x^2+4x-1$의 최댓값을 구해 보자.

$y=-x^2+4x-1$
$=-(x-2)^2+3$
이므로 이차함수 $y=-x^2+4x-1$의 그래프는 그림과 같다.
따라서 $x=2$에서 최댓값 3을 가진다.

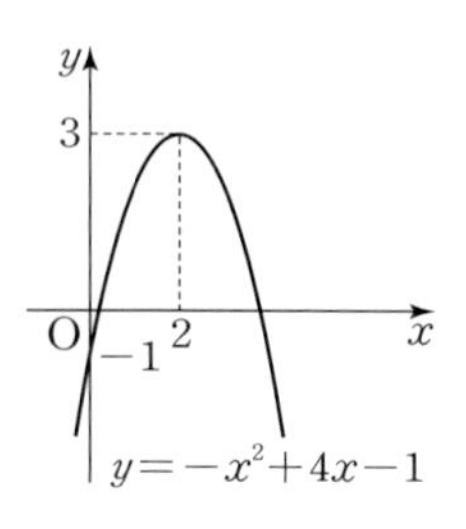

이차항의 계수가 음수인 이차함수는 최댓값만 가져.

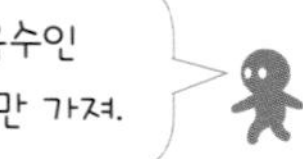

0987 다음 이차함수의 최댓값 또는 최솟값과 그때의 x의 값을 구하시오.

(1) $y=2(x-3)^2+1$

(2) $y=-\frac{1}{2}(x+5)^2-3$

0988 다음 이차함수의 최댓값 또는 최솟값과 그때의 x의 값을 구하시오.

(1) $y=x^2-4x+3$

(2) $y=-x^2-4x+1$

핵심 4 제한된 범위에서 이차함수의 최댓값과 최솟값 유형 15

$-3\leq x\leq 1$에서 이차함수 $y=x^2+4x+3$의 최댓값과 최솟값을 구해 보자.

$y=x^2+4x+3$
$=(x+2)^2-1$
이므로 $-3\leq x\leq 1$에서 이차함수 $y=x^2+4x+3$의 그래프는 그림과 같다.
따라서 $x=1$에서 최댓값 8, $x=-2$에서 최솟값 -1을 가진다.
└ 꼭짓점의 x좌표가 주어진 범위에 포함된다.

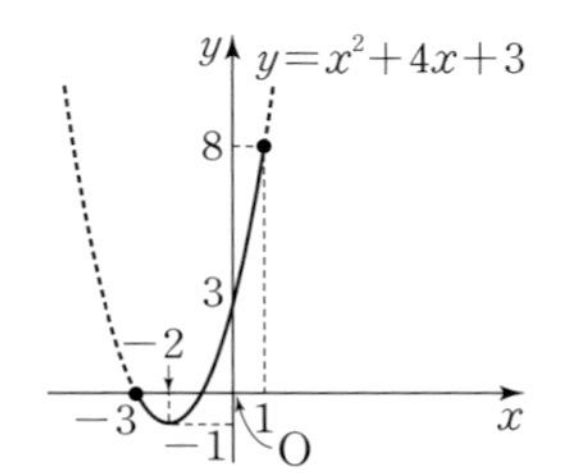

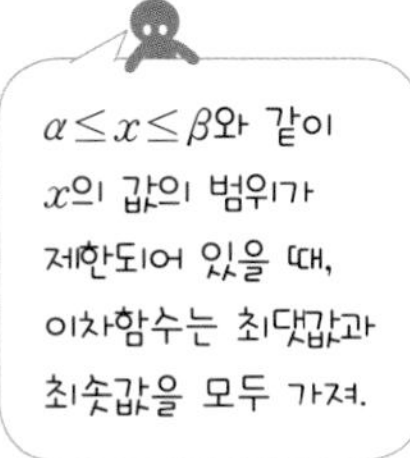

0989 x의 값의 범위가 다음과 같을 때, 이차함수 $y=-2x^2+4x+1$의 최댓값과 최솟값을 구하시오.

(1) $0\leq x\leq 3$

(2) $2\leq x\leq 4$

0990 다음과 같이 x의 값의 범위가 주어진 이차함수의 최댓값과 최솟값을 구하시오.

(1) $y=x^2+6x+5$ $(-2\leq x\leq 0)$

(2) $y=-x^2-8x$ $(-1\leq x\leq 2)$

기출 유형 check
실전 준비하기

24유형, 173문항입니다.

기초유형 0-1 이차함수의 그래프 | 중3

(1) 이차함수 $y=a(x-b)^2+c$의 그래프
→ 축의 방정식 : $x=b$
→ 꼭짓점의 좌표 : (b, c)

(2) 이차함수 $y=ax^2+bx+c$의 그래프
→ 축의 방정식 : $x=-\dfrac{b}{2a}$
→ 꼭짓점의 좌표 : $\left(-\dfrac{b}{2a}, c-\dfrac{b^2}{4a}\right)$

0991 대표문제

이차함수 $y=(x-3)^2+1$의 그래프에 대한 설명으로 옳은 것은?

① 축의 방정식은 $y=3$이다.
② 제1사분면과 제2사분면을 지난다.
③ 꼭짓점의 좌표는 $(-3, 1)$이다.
④ y절편은 1이다.
⑤ x축과 서로 다른 두 점에서 만난다.

0992 Level 1

다음 중 이차함수 $y=x^2+6x+7$의 그래프는?

① 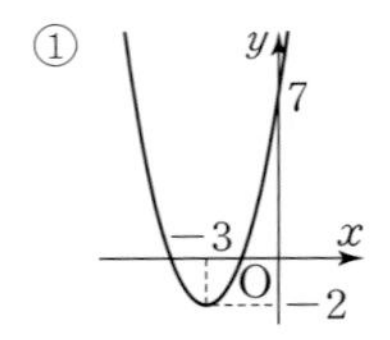

② 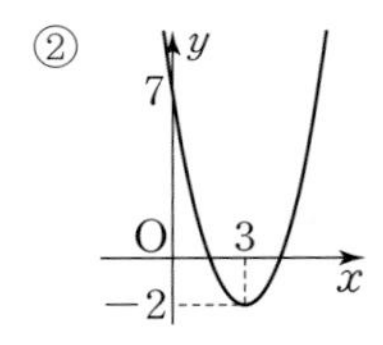

③ 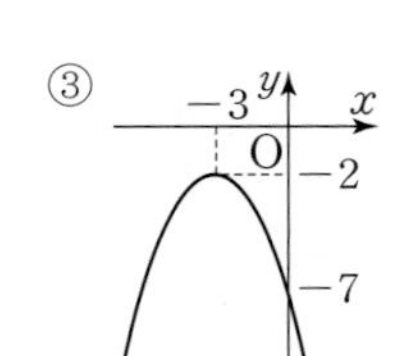

④ 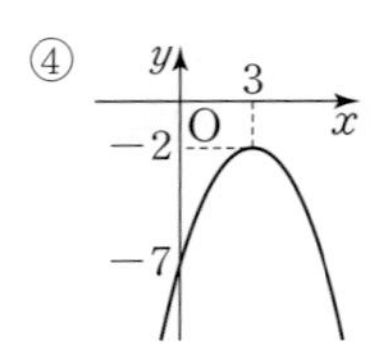

⑤ 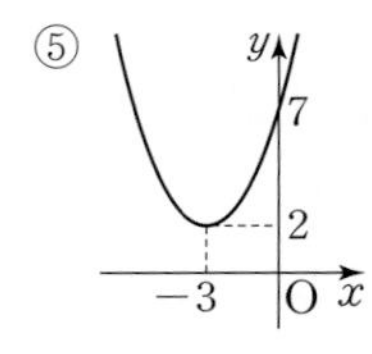

0993 Level 2

그림은 이차함수 $y=ax^2+bx+c$의 그래프이다. 상수 a, b, c의 부호로 알맞은 것은?

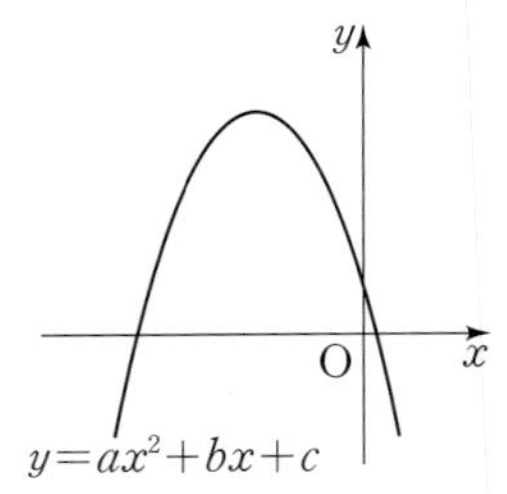

① $a<0$, $b<0$, $c<0$
② $a<0$, $b<0$, $c>0$
③ $a<0$, $b>0$, $c>0$
④ $a>0$, $b<0$, $c<0$
⑤ $a>0$, $b>0$, $c>0$

0994 Level 2

이차함수 $y=-x^2+4x+1$의 그래프에 대하여 〈**보기**〉에서 옳은 것만을 있는 대로 고른 것은?

〈**보기**〉
ㄱ. 위로 볼록하다.
ㄴ. 직선 $x=-2$에 대하여 대칭이다.
ㄷ. 꼭짓점의 y좌표는 5이다.

① ㄱ　② ㄱ, ㄴ　③ ㄱ, ㄷ
④ ㄴ, ㄷ　⑤ ㄱ, ㄴ, ㄷ

0995 Level 2

이차함수 $y=x^2-4kx+4k^2+1$의 그래프의 꼭짓점이 직선 $y=3x-2$ 위에 있도록 하는 상수 k의 값을 구하시오.

기초 유형 0-2 이차함수의 식 구하기 | 중3

이차함수의 식은 조건에 따라 다음과 같이 놓을 수 있다.
(1) 꼭짓점의 좌표가 (p, q)일 때
➜ $y=a(x-p)^2+q$
(2) 축의 방정식이 $x=p$일 때
➜ $y=a(x-p)^2+q$
(3) x축과의 두 교점의 좌표가 $(\alpha, 0)$, $(\beta, 0)$일 때
➜ $y=a(x-\alpha)(x-\beta)$
(4) 세 점의 좌표가 주어질 때
➜ $y=ax^2+bx+c$

0996 대표문제

이차함수 $y=2x^2+ax+b$의 그래프의 꼭짓점의 좌표가 $(2, -1)$일 때, $a+b$의 값은? (단, a, b는 상수이다.)

① -2 ② -1 ③ 0
④ 1 ⑤ 2

0997 Level 2

이차함수 $y=ax^2+bx+c$의 그래프의 꼭짓점의 좌표가 $(1, 3)$이고, 이 그래프가 점 $(2, 2)$를 지날 때, $a+b-c$의 값은? (단, a, b, c는 상수이다.)

① -5 ② -4 ③ -3
④ -2 ⑤ -1

0998 Level 2

축의 방정식이 $x=-2$인 이차함수 $y=ax^2+bx+c$의 그래프가 그림과 같을 때, abc의 값을 구하시오.
(단, a, b, c는 상수이다.)

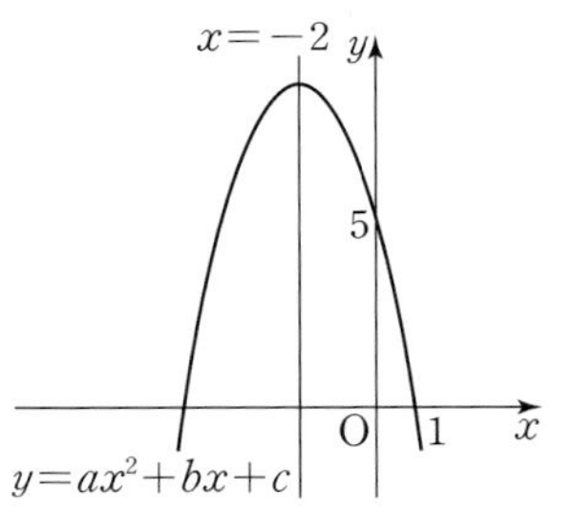

0999 Level 2

이차함수 $y=ax^2+bx+c$의 그래프가 그림과 같을 때, $a+2b+3c$의 값은? (단, a, b, c는 상수이다.)

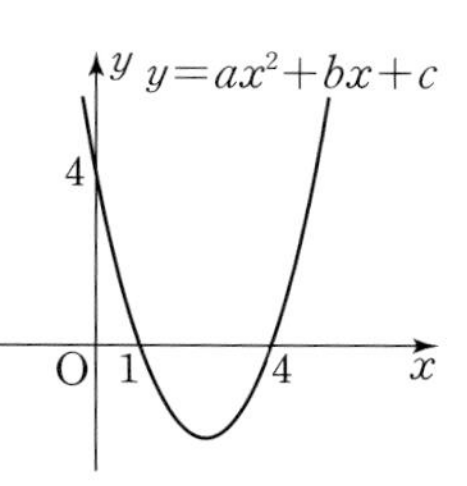

① 3 ② 4
③ 5 ④ 6
⑤ 7

1000 Level 2

이차함수 $y=f(x)$의 그래프의 꼭짓점의 좌표가 (p, q)이고, 그래프가 그림과 같을 때, $2(p+q)$의 값을 구하시오.

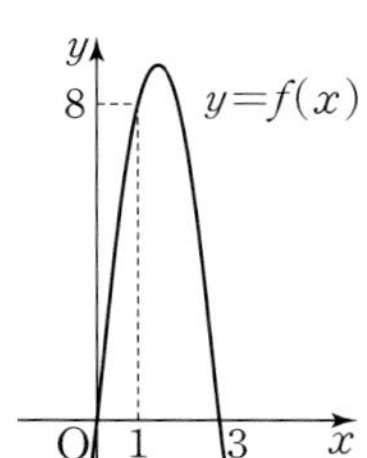

1001 Level 2

세 점 $(-1, 0)$, $\left(0, -\frac{3}{2}\right)$, $(3, 0)$을 지나는 이차함수 $y=f(x)$의 그래프가 점 $(1, k)$를 지날 때, k의 값은?

① -2 ② -1 ③ 0
④ 1 ⑤ 2

1002 Level 2

세 점 $(0, 6)$, $(1, 3)$, $(-4, -2)$를 지나는 이차함수의 그래프의 꼭짓점의 좌표를 구하시오.

실전 유형 1 이차함수의 그래프와 x축의 교점

이차함수 $y=ax^2+bx+c$의 그래프와 x축의 교점의 x좌표가 α, β이다.
→ 이차방정식 $ax^2+bx+c=0$의 두 실근이 α, β이다.
→ 이차방정식의 근과 계수의 관계에 의하여

$$\alpha+\beta=-\frac{b}{a},\ \alpha\beta=\frac{c}{a}$$

1003 대표문제

이차함수 $y=2x^2+ax-10$의 그래프가 x축과 두 점 $(b,\ 0)$, $(5,\ 0)$에서 만날 때, 상수 a, b에 대하여 $\frac{a}{b}$의 값은?

① 6 ② 7 ③ 8
④ 9 ⑤ 10

1004 Level 1

이차함수 $y=x^2+ax+b$의 그래프와 x축이 만나는 두 점의 x좌표의 합이 6, 곱이 -8일 때, 상수 a, b에 대하여 ab의 값은?

① 12 ② 24 ③ 36
④ 48 ⑤ 60

1005 Level 2

이차함수 $y=-2x^2+2x+a$의 그래프가 x축과 두 점 $(-3,\ 0)$, $(b,\ 0)$에서 만날 때, 상수 a, b에 대하여 $a+b$의 값을 구하시오.

1006 Level 2

이차함수 $y=3x^2+ax+b$의 그래프가 x축과 만나는 두 점의 x좌표가 -1, 3일 때, 상수 a, b에 대하여 $a+b$의 값을 구하시오.

1007 Level 2

이차함수 $y=ax^2+bx+c$의 그래프가 x축과 만나는 두 점의 좌표가 $(-3,\ 0)$, $(1,\ 0)$이고, y축과 만나는 점의 좌표가 $(0,\ 12)$일 때, 상수 a, b, c에 대하여 $a+2b+3c$의 값을 구하시오.

1008 Level 2

이차함수 $y=ax^2+bx+c$의 그래프가 그림과 같을 때, $a+b+c$의 값은? (단, a, b, c는 유리수이다.)

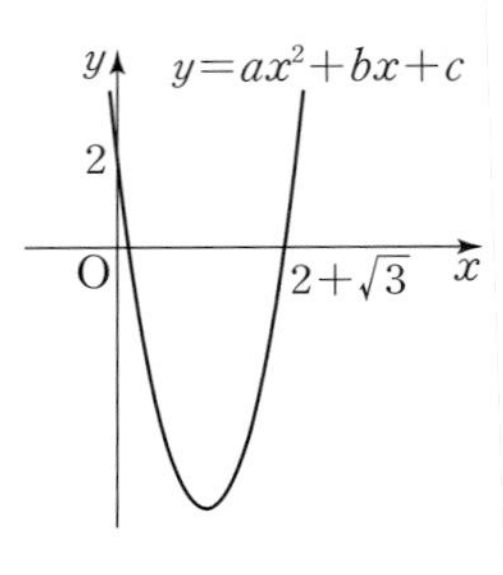

① -5 ② -4
③ -3 ④ -2
⑤ -1

다음은 이 유형에서 출제된 최근 교육청・평가원 기출문제입니다.

1009 ・교육청 2019년 3월 Level 1

이차함수 $y=2x^2+ax-1$의 그래프가 x축과 만나는 두 점의 x좌표의 합이 -1일 때, 상수 a의 값은?

① -2 ② -1 ③ 0
④ 1 ⑤ 2

실전유형 2 이차함수의 그래프와 x축의 두 교점 사이의 거리

이차방정식 $ax^2+bx+c=0$의 서로 다른 두 실근을 α, β라 하면 이차함수 $y=ax^2+bx+c$의 그래프와 x축이 만나는 두 교점 사이의 거리는

$$|\alpha-\beta|=\sqrt{(\alpha+\beta)^2-4\alpha\beta}$$
$$=\sqrt{\left(-\frac{b}{a}\right)^2-4\times\frac{c}{a}}$$

1010 대표문제

그림과 같이 이차함수 $y=x^2+4x+k$의 그래프와 x축의 두 교점을 각각 A, B라 하자. $\overline{\text{AB}}=8$일 때, 상수 k의 값은?

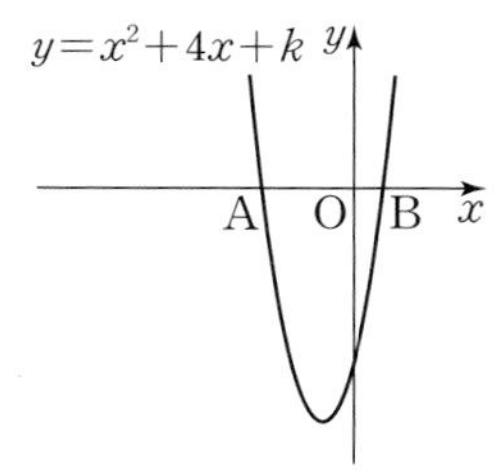

① -12 ② -10 ③ -8 ④ -6 ⑤ -4

1011

Level 2

그림과 같이 이차함수 $y=2x^2+tx-8$의 그래프와 x축의 두 교점을 각각 A, B라 하자. $\overline{\text{AB}}=5$일 때, 상수 t의 값을 구하시오. (단, $t<0$)

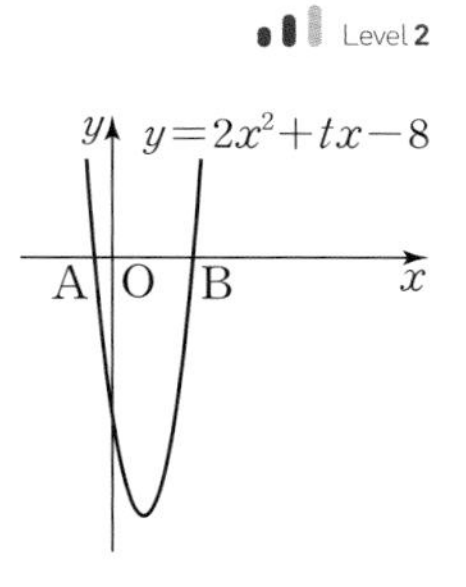

1012

Level 2

이차함수 $y=x^2+ax+a$의 그래프와 x축의 두 교점의 x좌표를 α, β라 하자. $|\alpha-\beta|=2\sqrt{3}$이 되도록 하는 모든 상수 a의 값의 곱을 구하시오.

1013

Level 2

이차함수 $y=x^2-2kx+4k-3$의 그래프가 x축과 만나는 두 점 사이의 거리가 $4\sqrt{2}$일 때, 양수 k의 값을 구하시오.

1014

Level 2

이차함수 $f(x)=ax^2+bx+c$가 다음 조건을 만족시킬 때, $f(1)$의 값은? (단, a, b, c는 상수이다.)

(가) $f(0)=f(4)$
(나) 함수 $y=f(x)$의 그래프의 꼭짓점의 y좌표는 -1이다.
(다) 함수 $y=f(x)$의 그래프가 x축과 두 점 P, Q에서 만나고, $\overline{\text{PQ}}=2$이다.

① 0 ② 1 ③ 2 ④ 3 ⑤ 4

1015

Level 2

이차함수 $y=ax^2+bx+c$의 그래프가 x축과 두 점 $(-1, 0)$, $(4, 0)$에서 만날 때, 이차함수 $y=cx^2+bx+a$의 그래프가 x축과 만나는 두 점 사이의 거리는? (단, a, b, c는 상수이다.)

① $\frac{1}{4}$ ② $\frac{1}{2}$ ③ $\frac{3}{4}$ ④ 1 ⑤ $\frac{5}{4}$

심화유형 3 이차함수 $y=f(x)$의 그래프와 이차방정식 $f(ax+b)=0$의 관계

이차함수 $y=f(x)$의 그래프와 x축의 교점의 x좌표가 α, β이다.
→ 이차방정식 $f(x)=0$의 두 근이 α, β이다.
→ 이차방정식 $f(ax+b)=0$의 두 근은
$ax+b=\alpha$ 또는 $ax+b=\beta$에서
$x=\frac{\alpha-b}{a}$ 또는 $x=\frac{\beta-b}{a}$

1016 대표문제

그림과 같이 이차함수 $y=f(x)$의 그래프와 x축의 두 교점의 x좌표가 α, β이고 $\alpha+\beta=4$일 때, 이차방정식 $f(x+1)=0$의 두 근의 합은?

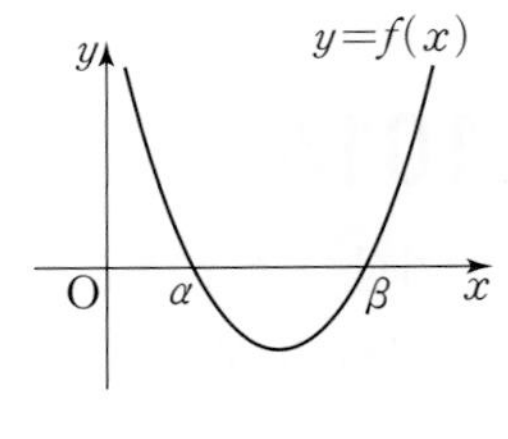

① 1 ② 2 ③ 3
④ 4 ⑤ 5

1017 Level 2

이차함수 $y=f(x)$의 그래프가 그림과 같을 때, 이차방정식 $f(2x-1)=0$의 두 근의 곱은?

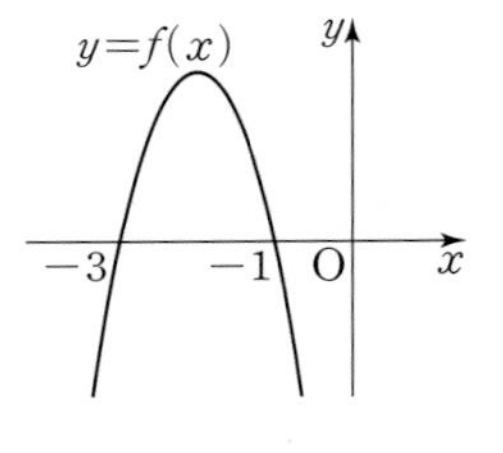

① -2 ② -1
③ 0 ④ 1
⑤ 2

1018 Level 2

이차함수 $y=f(x)$의 그래프가 x축과 서로 다른 두 점 $(\alpha,\ 0)$, $(\beta,\ 0)$에서 만나고 $\alpha+\beta=-1$일 때, 이차방정식 $f(x-2)=0$의 두 근의 합을 구하시오.

1019 Level 2

이차함수 $y=f(x)$의 그래프가 그림과 같다. 이차방정식 $f(3x+k)=0$의 두 근의 합이 3일 때, 이차방정식 $f(3x+k)=0$의 두 근의 곱은? (단, k는 상수이다.)

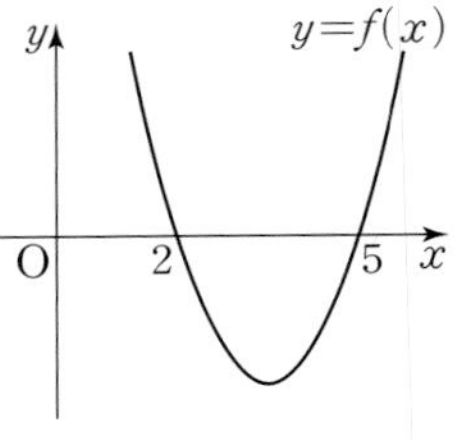

① $\frac{2}{3}$ ② 1 ③ 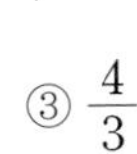 $\frac{4}{3}$
④ $\frac{5}{3}$ ⑤ 2

1020 Level 2

이차함수 $y=f(x)$의 그래프가 그림과 같을 때, 이차방정식 $f(kx+2)=0$의 두 근의 곱이 $-\frac{1}{2}$이 되도록 하는 양수 k의 값을 구하시오.

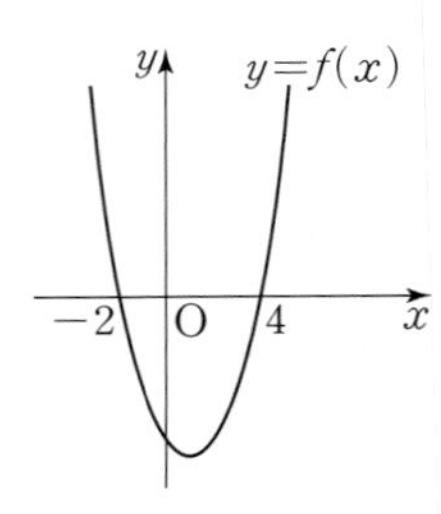

1021 Level 3

이차함수 $y=f(x)$의 그래프가 x축과 두 점 $(\alpha,\ 0)$, $(\beta,\ 0)$에서 만나고, 직선 $x=6$에 대하여 대칭일 때, 이차방정식 $f(-4x+3)=0$의 두 근의 합은?

① $-\frac{3}{2}$ ② $-\frac{1}{2}$ ③ 0
④ $\frac{1}{2}$ ⑤ $\frac{3}{2}$

● 정답 및 풀이 174쪽

실전유형 4 이차함수의 그래프와 x축의 위치 관계 빈출유형

이차함수 $y=ax^2+bx+c$의 그래프와 x축의 위치 관계는
이차방정식 $ax^2+bx+c=0$의 판별식을 D라 할 때
(1) $D>0$ ➜ 서로 다른 두 점에서 만난다.
(2) $D=0$ ➜ 한 점에서 만난다.(접한다.)
(3) $D<0$ ➜ 만나지 않는다.

1022 대표문제

이차함수 $y=x^2-4kx+4k^2-k+5$의 그래프가 x축과 만나지 않도록 하는 자연수 k의 개수는?

① 1 ② 2 ③ 3
④ 4 ⑤ 5

1023 Level 1

이차함수 $y=x^2-6x+k$의 그래프가 x축과 서로 다른 두 점에서 만나도록 하는 실수 k의 값의 범위를 구하시오.

1024 Level 2

이차함수 $y=x^2-2x+k+6$의 그래프가 x축과 만나지 않도록 하는 정수 k의 최솟값은?

① -6 ② -5 ③ -4
④ -3 ⑤ -2

1025 Level 2

이차함수 $y=3x^2+2x+k$의 그래프가 x축과 만나도록 하는 실수 k의 최댓값은?

① $\frac{1}{3}$ ② $\frac{4}{9}$ ③ $\frac{5}{9}$
④ $\frac{2}{3}$ ⑤ $\frac{7}{9}$

1026 Level 2

이차함수 $y=x^2-2kx+k^2+k-3$의 그래프가 x축과 서로 다른 두 점에서 만나도록 하는 모든 자연수 k의 값의 합은?

① 2 ② 3 ③ 4
④ 5 ⑤ 6

1027 Level 2

이차함수 $y=x^2+2kx+3k+4$의 그래프는 x축과 한 점에서 만나고, 이차함수 $y=-x^2+x+k-2$의 그래프는 x축과 만나지 않도록 하는 실수 k의 값을 구하시오.

1028 Level 2

이차함수 $y=x^2+ax-b^2+5$의 그래프가 x축에 접하도록 하는 정수 a, b의 모든 순서쌍 (a, b)의 개수를 구하시오.

05

1029

Level 3

이차함수 $y=x^2+2(a-2k)x+4k^2-2k+b$의 그래프가 실수 k의 값에 관계없이 항상 x축에 접할 때, ab의 값은?

(단, a, b는 실수이다.)

① $\frac{1}{16}$ ② $\frac{1}{8}$ ③ $\frac{1}{4}$

④ $\frac{1}{2}$ ⑤ 1

+Plus 문제

1030 고난도

Level 3

이차함수 $y=x^2-2ax+15-2a^2$의 그래프가 x축과 서로 다른 두 점 $(\alpha, 0)$, $(\beta, 0)$에서 만날 때, $\alpha^2+\beta^2$의 최솟값은?

(단, a는 자연수이다.)

① 40 ② 42 ③ 44

④ 46 ⑤ 48

다음은 이 유형에서 출제된 최근 교육청 • 평가원 기출문제입니다.

1031 • 교육청 2017년 9월

Level 2

이차함수 $y=x^2+2(a-4)x+a^2+a-1$의 그래프가 x축과 만나지 않도록 하는 정수 a의 최솟값을 구하시오.

실전 유형 5 이차함수의 그래프와 직선의 교점

이차함수 $y=ax^2+bx+c$의 그래프와 직선 $y=mx+n$의 교점의 x좌표가 α, β이다.

→ 이차방정식 $ax^2+bx+c=mx+n$의 두 실근이 α, β이다.

1032 대표문제

이차함수 $y=x^2+3x-4$의 그래프와 직선 $y=x+k$가 두 점 A, B에서 만난다. 점 A의 x좌표가 -3일 때, 점 B의 좌표를 구하시오. (단, k는 상수이다.)

1033

Level 1

이차함수 $y=ax^2+bx+c$의 그래프와 직선 $y=mx+n$이 그림과 같이 서로 다른 두 점에서 만날 때, 이차방정식 $ax^2+(b-m)x+c-n=0$의 두 근의 곱은? (단, a, b, c, m, n은 상수이다.)

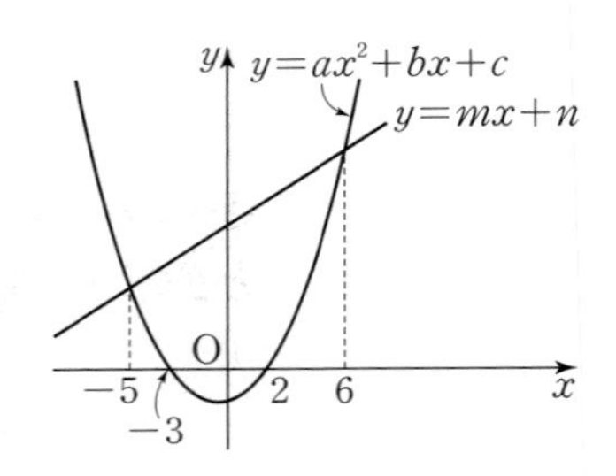

① -30 ② -18 ③ -10

④ -6 ⑤ -3

1034

Level 1

이차함수 $y=ax^2+bx+c$의 그래프와 직선 $y=mx+n$이 그림과 같이 서로 다른 두 점에서 만난다. 이차방정식 $ax^2+(b-m)x+c-n=0$의 두 실근을 α, β $(\alpha<\beta)$라 할 때, $2\alpha+\beta$의 값을 구하시오.

(단, a, b, c, m, n은 상수이다.)

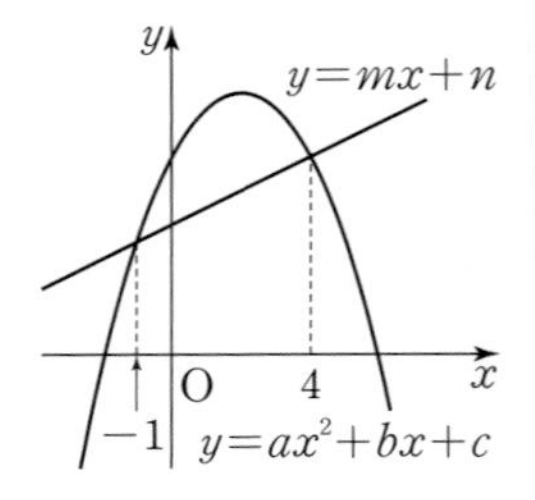

1035

Level 2

이차함수 $y=x^2+2x+3$의 그래프와 직선 $y=x+7$이 x좌표가 각각 $\frac{a+\sqrt{b}}{2}$, $\frac{a-\sqrt{b}}{2}$인 두 점에서 만날 때, $a+b$의 값은? (단, a, b는 유리수이다.)

① 14 ② 15 ③ 16
④ 17 ⑤ 18

1036

Level 2

이차함수 $y=x^2+kx+3$의 그래프와 직선 $y=-x+1$이 두 점 A, B에서 만난다. 점 A의 x좌표가 1일 때, 상수 k의 값은?

① -4 ② -2 ③ 0
④ 2 ⑤ 4

1037

Level 2

이차함수 $y=-2x^2+kx+4$의 그래프와 직선 $y=-3x-2$가 그림과 같이 두 점 A, B에서 만난다. 점 B의 x좌표가 3일 때, 두 점 A, B의 y좌표의 차는? (단, k는 상수이다.)

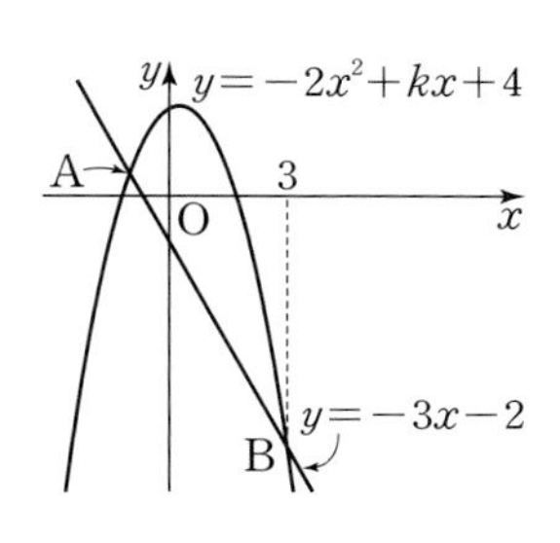

① 10 ② 12 ③ 14
④ 16 ⑤ 18

실전 유형 **6 이차함수의 그래프와 직선의 교점 - 이차방정식의 근과 계수의 관계**

이차함수 $y=ax^2+bx+c$의 그래프와 직선 $y=mx+n$의 교점의 x좌표가 α, β이다.

→ 이차방정식 $ax^2+bx+c=mx+n$, 즉 $ax^2+(b-m)x+c-n=0$의 두 실근이 α, β이다.

→ 이차방정식의 근과 계수의 관계에 의하여

$$\alpha+\beta=-\frac{b-m}{a},\ \alpha\beta=\frac{c-n}{a}$$

1038 대표문제

이차함수 $y=x^2+ax$의 그래프와 직선 $y=2x+b-3$의 두 교점의 x좌표가 -2, 1일 때, 상수 a, b에 대하여 $a+b$의 값은?

① 5 ② 6 ③ 7
④ 8 ⑤ 9

1039

Level 2

이차함수 $y=x^2+ax+4$의 그래프와 직선 $y=x+b$의 두 교점의 x좌표의 합이 5이고 곱이 2일 때, 상수 a, b에 대하여 a^2+b^2의 값은?

① 8 ② 13 ③ 20
④ 25 ⑤ 32

1040

Level 2

이차함수 $y=-x^2+ax+b$의 그래프와 직선 $y=-2x-2$가 서로 다른 두 점에서 만나고, 한 교점의 x좌표가 $2+\sqrt{5}$일 때, $2a+b$의 값을 구하시오. (단, a, b는 유리수이다.)

1041

Level 2

이차함수 $y=x^2+(3k+1)x-k+1$의 그래프와 직선 $y=kx-5$의 두 교점의 x좌표를 각각 α, β라 하자. $\alpha+\beta=-5$일 때, $\alpha\beta$의 값을 구하시오. (단, k는 상수이다.)

1042

Level 2

이차함수 $y=x^2-3x+3$의 그래프와 직선 $y=2x+k$의 두 교점의 x좌표의 곱이 6일 때, 두 교점의 y좌표의 합은?

(단, k는 상수이다.)

① -4 ② -2 ③ 0
④ 2 ⑤ 4

1043

Level 2

이차함수 $y=x^2-4x-1$의 그래프와 직선 $y=-2x+k$가 두 점 (x_1, y_1), (x_2, y_2)에서 만난다. $x_1^2+x_2^2=12$일 때, 상수 k의 값은?

① -9 ② -5 ③ -1
④ 3 ⑤ 7

1044

Level 2

이차함수 $y=x^2+1$의 그래프와 직선 $y=mx-4$의 두 교점의 x좌표의 차가 4일 때, 양수 m의 값을 구하시오.

1045

Level 2

이차함수 $f(x)=4x^2-x+k$의 그래프가 직선 $y=3x+5$와 서로 다른 두 점 $\mathrm{A}(\alpha, f(\alpha))$, $\mathrm{B}(\beta, f(\beta))$에서 만난다. $|\alpha-\beta|=2$일 때, 상수 k의 값은?

① -2 ② -1 ③ 0
④ 1 ⑤ 2

1046 신경향

Level 3

이차함수 $y=2x^2+(4-3k)x+1-k^2$의 그래프와 직선 $y=k^2x-5k$가 서로 다른 두 점에서 만나고 두 교점의 x좌표의 절댓값이 같을 때, 상수 k의 값은?

① -4 ② -1 ③ 0
④ 1 ⑤ 4

다음은 이 유형에서 출제된 최근 교육청 • 평가원 기출문제입니다.

1047 • 교육청 2020년 3월

Level 2

곡선 $y=2x^2-5x+a$와 직선 $y=x+12$가 서로 다른 두 점에서 만나고 두 교점의 x좌표의 곱이 -4일 때, 상수 a의 값은?

① 3 ② 4 ③ 5
④ 6 ⑤ 7

● 정답 및 풀이 177쪽

실전 유형 7 이차함수의 그래프와 직선의 위치 관계 빈출유형

이차함수 $y=ax^2+bx+c$의 그래프와 직선 $y=mx+n$의 위치 관계는 이차방정식 $ax^2+bx+c=mx+n$, 즉 $ax^2+(b-m)x+c-n=0$의 판별식을 D라 할 때
(1) $D>0$ → 서로 다른 두 점에서 만난다.
(2) $D=0$ → 한 점에서 만난다.(접한다.)
(3) $D<0$ → 만나지 않는다.

1048 대표문제

이차함수 $y=2x^2-3x+1$의 그래프와 직선 $y=x-k$가 서로 다른 두 점에서 만나도록 하는 정수 k의 최댓값은?

① -2　② -1　③ 0
④ 1　⑤ 2

1049 Level 1

이차함수 $y=x^2-x+5$의 그래프와 직선 $y=3x+k$가 만나지 않도록 하는 실수 k의 값의 범위를 구하시오.

1050 Level 2

이차함수 $y=x^2+kx+7$의 그래프와 직선 $y=x+3$이 접하도록 하는 모든 실수 k의 값의 곱은?

① -15　② -12　③ -9
④ -6　⑤ -3

1051 Level 2

이차함수 $y=x^2+4x+k$의 그래프와 직선 $y=2x+5$가 적어도 한 점에서 만나도록 하는 자연수 k의 개수를 구하시오.

1052 Level 2

이차함수 $y=x^2+2kx+k^2$의 그래프가 직선 $y=x+1$보다 항상 위쪽에 있도록 하는 정수 k의 최솟값을 구하시오.

1053 Level 2

이차함수 $y=2x^2-4x+a$의 그래프가 x축과 직선 $y=4x+b$에 동시에 접할 때, ab의 값은?

(단, a, b는 상수이다.)

① -12　② -6　③ 0
④ 6　⑤ 12

1054 Level 2

두 이차함수 $y=x^2-3x+a$, $y=-x^2+bx-3$의 그래프가 직선 $y=x-2$에 모두 접할 때, $a+b$의 값은? (단, $ab>0$)

① -5　② -3　③ 3
④ 5　⑤ 7

다음은 이 유형에서 출제된 최근 교육청 • 평가원 기출문제입니다.

1055 • 교육청 2019년 6월

Level 2

이차함수 $y=x^2+5x+2$의 그래프와 직선 $y=-x+k$가 서로 다른 두 점에서 만나도록 하는 정수 k의 최솟값은?

① -10　② -8　③ -6
④ -4　⑤ -2

1056 • 교육청 2021년 11월

Level 2

좌표평면에서 직선 $y=mx-4$가 이차함수 $y=x^2+x$의 그래프에 접하도록 하는 양수 m의 값은?

① 1　② 3　③ 5
④ 7　⑤ 9

1057 • 교육청 2018년 9월

Level 3

x에 대한 이차함수 $y=x^2-4kx+4k^2+k$의 그래프와 직선 $y=2ax+b$가 실수 k의 값에 관계없이 항상 접할 때, $a+b$의 값은? (단, a, b는 상수이다.)

① $\frac{1}{8}$　② $\frac{3}{16}$　③ $\frac{1}{4}$
④ $\frac{5}{16}$　⑤ $\frac{3}{8}$

+Plus 문제

실전 유형 8 이차함수의 그래프에 접하는 직선의 방정식

(1) 기울기가 m이고 이차함수 $y=f(x)$의 그래프에 접하는 직선
→ $y=mx+n$으로 놓고, 이차방정식 $f(x)=mx+n$의 판별식 D의 값이 0임을 이용하여 n의 값을 구한다.

(2) 점 (p, q)를 지나고 이차함수 $y=f(x)$의 그래프에 접하는 직선
→ $y=a(x-p)+q$로 놓고, 이차방정식 $f(x)=a(x-p)+q$의 판별식 D의 값이 0임을 이용하여 a의 값을 구한다.

1058 대표문제

이차함수 $y=x^2-2x-3$의 그래프에 접하고 직선 $y=2x+1$에 평행한 직선의 방정식이 $y=ax+b$일 때, $a+b$의 값은? (단, a, b는 상수이다.)

① -9　② -7　③ -5
④ -3　⑤ -1

1059

Level 2

원점을 지나고 이차함수 $y=x^2+16$의 그래프에 접하는 두 직선의 기울기의 곱은?

① -64　② -52　③ -40
④ -28　⑤ -16

1060

Level 2

직선 $y=-2x+3$과 평행하고 이차함수 $y=x^2+2x$의 그래프에 접하는 직선의 방정식을 구하시오.

1061

Level 2

점 $(-1,\ 1)$을 지나고 이차함수 $y=-x^2+2x+3$의 그래프에 접하는 두 직선의 기울기의 합은?

① 5　② 6　③ 7
④ 8　⑤ 9

1062

Level 2

이차함수 $y=x^2+x-2$의 그래프 위의 점 $(2,\ 4)$에서 이 그래프에 접하는 직선의 방정식이 $y=ax+b$일 때, $a-b$의 값을 구하시오. (단, a, b는 상수이다.)

1063

Level 2

이차함수 $y=x^2$의 그래프에 접하고 기울기가 4인 직선이 이차함수 $y=-2x^2+kx-k+2$의 그래프에 접할 때, 상수 k의 값을 구하시오.

다음은 이 유형에서 출제된 최근 교육청 • 평가원 기출문제입니다.

1064 • 교육청 2019년 9월

Level 2

기울기가 5인 직선이 이차함수 $f(x)=x^2-3x+17$의 그래프에 접할 때, 이 직선의 y절편은?

① 1　② 2　③ 3
④ 4　⑤ 5

실전유형 9 좌표평면에서 이차함수의 그래프와 직선의 위치 관계의 활용

이차함수 $y=f(x)$의 그래프와 직선 $y=g(x)$에 대하여
(1) 교점의 x좌표가 이차방정식 $f(x)=g(x)$의 실근임을 이용한다.
(2) 교점의 x좌표를 α, β라 하고, 이차방정식 $f(x)=g(x)$에서 근과 계수의 관계를 이용한다.

1065 대표문제

그림과 같이 이차함수 $y=x^2-3$의 그래프와 직선 $y=mx$가 서로 다른 두 점 A, B에서 만난다. 두 점 A, B에서 x축에 내린 수선의 발을 각각 C, D라 하자. 선분 AC와 선분 BD의 길이의 차가 9일 때, 양수 m의 값을 구하시오.

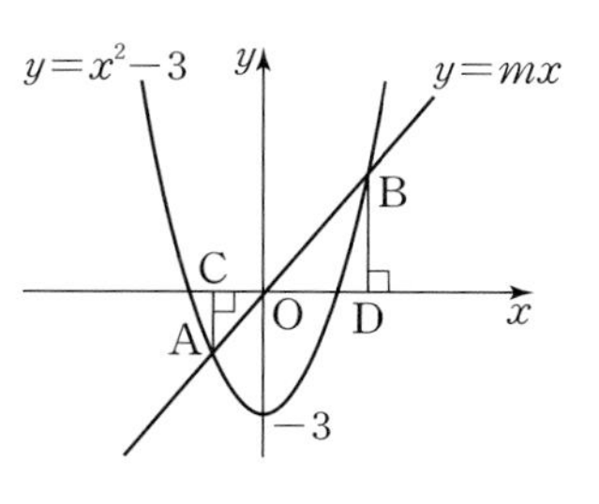

1066

Level 2

그림과 같이 이차함수 $y=2-x^2$의 그래프와 직선 $y=kx$가 만나는 두 점을 각각 A, B라 하자. $\overline{OA}:\overline{OB}=1:2$일 때, 양수 k의 값은? (단, O는 원점이다.)

y, $y=kx$, 2, A, O, x, B, $y=2-x^2$

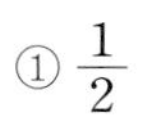

① $\frac{1}{2}$　② $\frac{\sqrt{2}}{2}$
③ $\frac{\sqrt{3}}{2}$　④ 1　⑤ $\sqrt{2}$

05

1067

Level 2

그림과 같이 $-1<k<1$인 실수 k에 대하여 이차함수 $y=-x^2+1$의 그래프와 직선 $y=x+k$가 만나는 두 점을 각각 A, B라 하고, 두 점 A, B에서 x축에 내린 수선의 발을 각각 C, D, 직선 $y=x+k$와 x축이 만나는 점을 E라 하자. 두 삼각형 ACE와 BDE의 넓이의 합이 $\frac{3}{4}$일 때, 상수 k의 값을 구하시오.

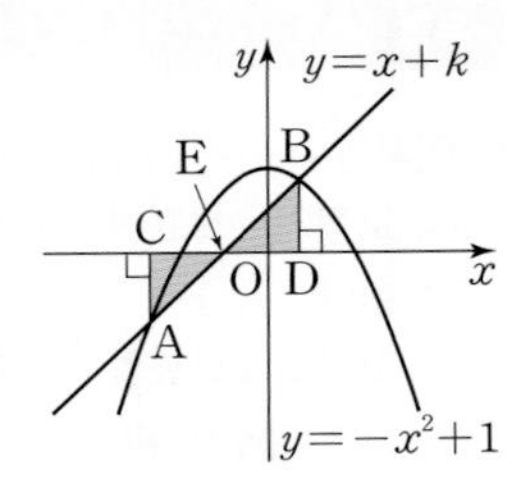

1068 고난도

Level 3

이차함수 $y=\frac{1}{4k}x^2+x+k$의 그래프는 실수 k $(k\neq0)$의 값에 관계없이 항상 서로 다른 두 직선 l, m과 접한다. 두 직선 l, m과 직선 $x=8$로 둘러싸인 도형의 넓이를 구하시오.

다음은 이 유형에서 출제된 최근 교육청 • 평가원 기출문제입니다.

1069 • 교육청 2020년 6월

Level 2

그림과 같이 이차함수 $y=x^2$의 그래프와 직선 $y=x+k$가 만나는 두 점을 각각 A, B라 하고, 점 A와 B에서 x축에 내린 수선의 발을 각각 C, D라 하자. 삼각형 AOC의 넓이를 S_1, 삼각형 DOB의 넓이를 S_2라 할 때, $S_1-S_2=20$을 만족시키는 양수 k의 값을 구하시오. (단, O는 원점이고, 두 점 A, B는 각각 제1사분면과 제2사분면 위에 있다.)

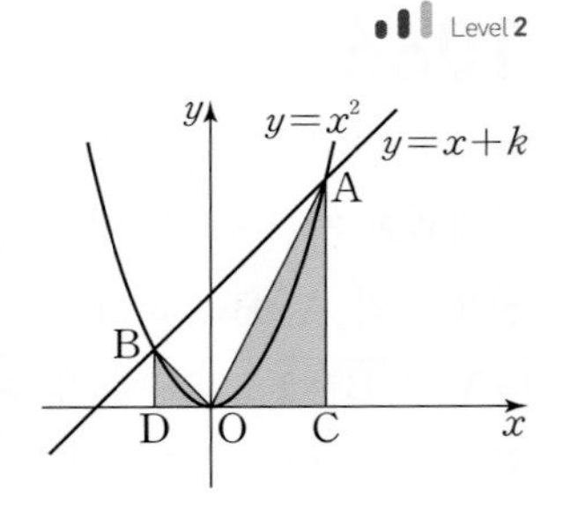

실전유형 10 두 이차함수의 그래프의 교점

두 이차함수 $y=f(x)$, $y=g(x)$의 그래프의 교점의 x좌표가 α, β이다.

→ 이차방정식 $f(x)=g(x)$의 두 실근이 α, β이다.

→ 이차방정식의 근과 계수의 관계를 이용한다.

1070 대표문제

두 이차함수 $f(x)=2x^2-x+3$, $g(x)=x^2+kx+1$의 그래프가 서로 다른 두 점 $A(\alpha, f(\alpha))$, $B(\beta, f(\beta))$에서 만난다. $\alpha+\beta=5$일 때, $g(1)$의 값은? (단, k는 상수이다.)

① 0 ② 2 ③ 4
④ 6 ⑤ 8

1071

Level 2

두 이차함수 $f(x)=x^2+ax+3$, $g(x)=-x^2+5x+b$의 그래프가 그림과 같이 x좌표가 1, 3인 두 점에서 만날 때, $a+b$의 값은?

(단, a, b는 상수이다.)

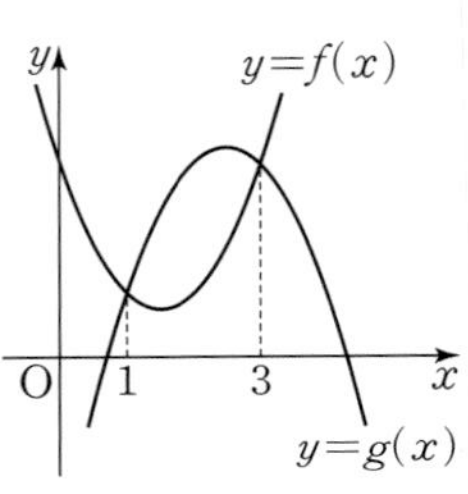

① -6 ② -3
③ 0 ④ 3
⑤ 6

1072

Level 2

두 이차함수 $y=x^2+ax+1$, $y=-x^2-2x+b$의 그래프의 두 교점의 x좌표의 합이 -3이고, 곱이 2일 때, 상수 a, b에 대하여 a^2+b^2의 값을 구하시오.

1073

Level 2

그림과 같이 두 이차함수 $y=x^2-2x+4$, $y=-x^2+ax+b$의 그래프가 만나는 두 점을 각각 P, Q라 하자. 점 P의 x좌표가 $1-\sqrt{2}$일 때, $2a+b$의 값을 구하시오. (단, a, b는 유리수이다.)

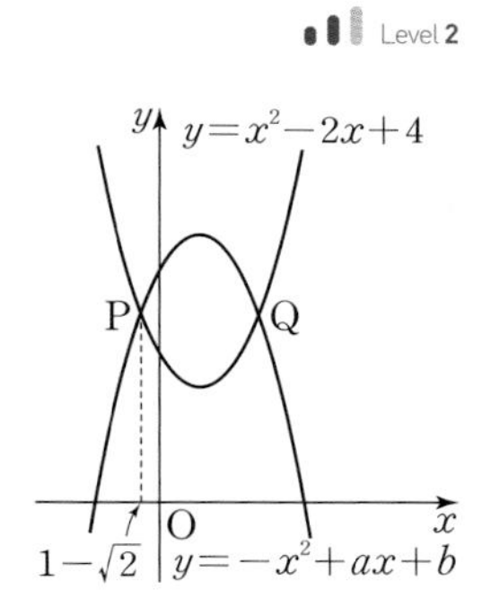

1074

Level 2

두 이차함수 $y=x^2+4x+k$, $y=-2x^2+10x+11$의 그래프의 두 교점의 x좌표를 α, β라 할 때, $|\alpha-\beta|=2$가 되도록 하는 상수 k의 값은?

① -19　　② -11　　③ 0
④ 11　　⑤ 19

1075

Level 2

그림과 같이 두 이차함수 $f(x)=3x^2+ax+b$와 $g(x)=-x^2+x-1$의 그래프가 두 점 P, Q에서 만난다. 점 P의 x좌표가 $-\frac{1}{2}$이고 점 Q는 함수 $y=g(x)$의 그래프의 꼭짓점일 때, $a+b$의 값은? (단, a, b는 정수이다.)

① -3　　② -1　　③ 1
④ 3　　⑤ 5

다음은 이 유형에서 출제된 최근 교육청 • 평가원 기출문제입니다.

1076 • 교육청 2018년 9월

Level 2

두 이차함수 $y=-(x-1)^2+a$, $y=2(x-1)^2-1$의 그래프가 서로 다른 두 점에서 만난다. 이 두 점 사이의 거리가 4일 때, 상수 a의 값은?

① 7　　② 8　　③ 9
④ 10　　⑤ 11

1077 • 교육청 2020년 11월

Level 2

좌표평면에서 직선 $y=t$가 두 이차함수 $y=\frac{1}{2}x^2+3$, $y=-\frac{1}{2}x^2+x+5$의 그래프와 만날 때, 만나는 서로 다른 점의 개수가 3인 모든 실수 t의 값의 합을 구하시오.

1078 • 교육청 2020년 6월

Level 2

두 이차함수 $f(x)=x^2+ax+b$, $g(x)=-x^2+cx+d$에 대하여 그림과 같이 함수 $y=f(x)$의 그래프는 x축에 접하고, 두 함수 $y=f(x)$와 $y=g(x)$의 그래프는 제1사분면과 제2사분면에서 만난다. 〈**보기**〉에서 옳은 것만을 있는 대로 고른 것은?

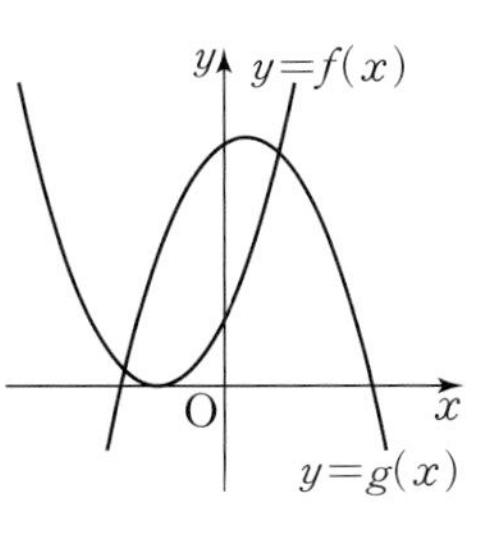

〈보기〉

ㄱ. $a^2-4b=0$
ㄴ. $a^2-4d<0$
ㄷ. $(a-c)^2-8(b-d)>0$

① ㄱ　　② ㄱ, ㄴ　　③ ㄱ, ㄷ
④ ㄴ, ㄷ　　⑤ ㄱ, ㄴ, ㄷ

심화 유형 **11** **절댓값 기호를 포함한 이차방정식과 이차함수의 그래프의 관계**

(1) 방정식 $|f(x)|=g(x)$의 실근의 개수는 두 함수 $y=|f(x)|$, $y=g(x)$의 그래프의 교점의 개수와 같다.

(2) 절댓값 기호를 포함한 함수의 그래프는 다음과 같은 순서로 그린다.

❶ 절댓값 기호 안의 식의 값이 0이 되는 x의 값을 구한다.

❷ ❶에서 구한 값을 경계로 범위를 나누어 절댓값 기호를 포함하지 않은 식을 구한다.

❸ 각 범위에서 ❷의 식의 그래프를 그린다.

특히, 함수 $y=|f(x)|$의 그래프는 함수 $y=f(x)$의 그래프를 그리고 x축 아랫부분을 x축 위로 꺾어 올린다.

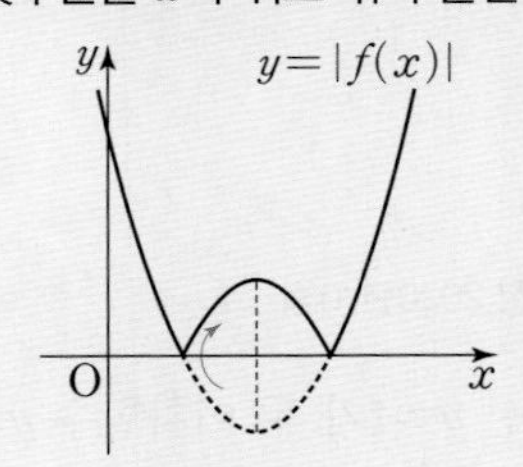

1079 대표문제

x에 대한 방정식 $|x^2-4|=k$가 서로 다른 4개의 실근을 갖도록 하는 정수 k의 개수는?

① 1 ② 2 ③ 3 ④ 4 ⑤ 5

1080

Level 2

x에 대한 방정식 $|(x+3)(x-1)|=k$가 서로 다른 3개의 실근을 가질 때, 상수 k의 값은?

① -2 ② 0 ③ 2 ④ 4 ⑤ 6

1081

Level 2

x에 대한 방정식 $|x^2-4x+3|=k$가 서로 다른 2개의 실근을 갖도록 하는 정수 k의 값이 아닌 것은?

① 0 ② 1 ③ 2 ④ 3 ⑤ 4

1082

Level 2

x에 대한 방정식 $|x^2+4x|=k-2$가 서로 다른 4개의 실근을 갖도록 하는 모든 정수 k의 값의 합을 구하시오.

1083

Level 2

x에 대한 방정식 $k|x^2-6x-7|=4$가 서로 다른 3개의 실근을 갖도록 하는 상수 k의 값은? (단, $k\neq0$)

① $\frac{1}{8}$ ② $\frac{1}{4}$ ③ $\frac{1}{2}$ ④ 2 ⑤ 4

실전유형 12 이차함수의 최댓값과 최솟값

이차함수 $y=ax^2+bx+c$의 최댓값과 최솟값은
$y=a(x-p)^2+q$의 꼴로 변형하여 구한다.
이차함수 $y=a(x-p)^2+q$에서
(1) $a>0$ ➜ $x=p$일 때 최솟값 q를 갖고, 최댓값은 없다.
(2) $a<0$ ➜ $x=p$일 때 최댓값 q를 갖고, 최솟값은 없다.

1084 대표문제

이차함수 $y=-3x^2-18x+15$의 최댓값을 M, 이차함수 $y=2x^2-4x$의 최솟값을 m이라 할 때, $M+m$의 값은?

① 37 ② 38 ③ 39
④ 40 ⑤ 41

1085 Level 1

이차함수 $y=x^2-4x+9$는 $x=a$에서 최솟값 b를 가진다. 이때 ab의 값을 구하시오.

1086 Level 1

다음 이차함수 중 최솟값이 가장 작은 것은?

① $y=2(x-3)^2+4$ ② $y=3(x+5)^2+2$
③ $y=\frac{1}{2}x^2+x$ ④ $y=x^2+4x+3$
⑤ $y=2x^2-12x+13$

1087 Level 2

이차함수 $y=x^2+ax-5$의 그래프가 점 $(1, 2)$를 지날 때, 이 이차함수의 최솟값을 m이라 하자. $a+m$의 값은?
(단, a는 상수이다.)

① -20 ② -17 ③ -14
④ -11 ⑤ -8

1088 Level 2

이차함수 $y=2x^2+4x-k$의 최솟값과 이차함수 $y=-\frac{1}{2}x^2-6x+3k$의 최댓값이 같을 때, 상수 k의 값은?

① -5 ② -3 ③ -1
④ 1 ⑤ 3

1089 Level 2

이차함수 $y=f(x)$의 그래프가 그림과 같을 때, 함수 $f(x)$의 최솟값을 구하시오.

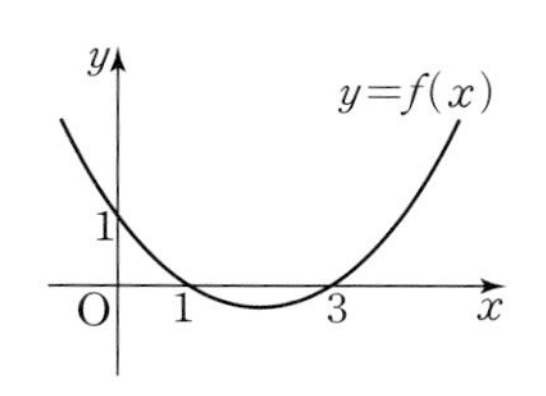

1090

Level 2

이차함수 $y=x^2-2ax-4a$의 최솟값을 m이라 할 때, m의 최댓값을 구하시오. (단, a는 실수이다.)

1091

이차함수 $f(x)=x^2+ax+b$의 그래프와 직선 $g(x)=mx+n$이 그림과 같이 $x=1$, $x=4$인 점에서 만날 때, 함수 $f(x)-g(x)$의 최솟값은?

(단, a, b, m, n은 상수이다.)

① $-\frac{11}{4}$ ② $-\frac{9}{4}$ ③ $-\frac{7}{4}$

④ $-\frac{5}{4}$ ⑤ $-\frac{3}{4}$

+Plus 문제

1092

이차항의 계수가 각각 $-\frac{1}{2}$, $\frac{1}{2}$인 두 이차함수 $y=f(x)$, $y=g(x)$의 그래프가 그림과 같다.

$h(x)=f(x)-g(x)$라 할 때, 함수 $h(x)$의 최댓값을 구하시오.

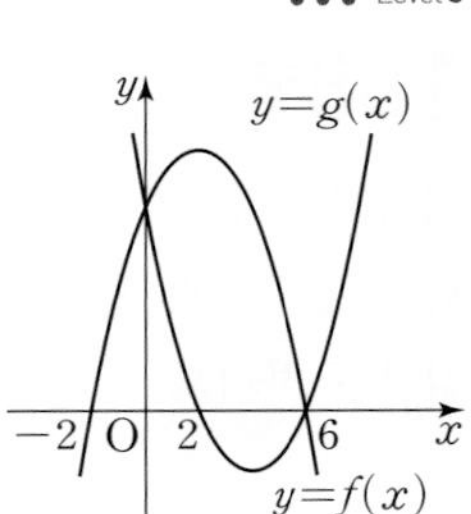

실전유형 13 최댓값 또는 최솟값이 주어질 때 미지수의 값 구하기 (1)

최댓값 또는 최솟값이 주어질 때 미지수의 값은 주어진 이차함수의 식을 $y=a(x-p)^2+q$의 꼴로 변형하여 구한다.
이때 최댓값이 주어지면 $a<0$, 최솟값이 주어지면 $a>0$이다.

1093 대표문제

이차함수 $y=x^2-2kx+2k$의 최솟값이 -8이 되도록 하는 모든 실수 k의 값의 합은?

① 1 ② 2 ③ 3

④ 4 ⑤ 5

1094

Level 1

이차함수 $y=-(x-4)(x+2)+k+1$의 최댓값이 11일 때, 상수 k의 값은?

① -2 ② -1 ③ 0

④ 1 ⑤ 2

1095

Level 2

이차함수 $y=ax^2-6ax+b$의 그래프가 점 $(1, 4)$를 지나고 이 함수의 최댓값이 8일 때, 상수 a, b에 대하여 $a+b$의 값은?

① -8 ② -6 ③ -4

④ -2 ⑤ 0

1096

Level 2

이차함수 $f(x)=x^2+4x+3a+b$의 최솟값은 4이고, 이차함수 $g(x)=-ax^2+2ax+b$의 최댓값은 2일 때, 상수 a, b에 대하여 $a-b$의 값은?

① 0 ② 2 ③ 4
④ 6 ⑤ 8

1097

Level 2

이차함수 $f(x)=x^2+2kx+k^2+k-a$가 다음 조건을 만족시킬 때, $a+3k$의 값은? (단, a, k는 상수이다.)

> (가) 함수 $f(x)$의 최솟값은 3이다.
> (나) 함수 $y=f(x)$의 그래프의 꼭짓점은 직선 $y=-x+2$ 위에 있다.

① 1 ② 2 ③ 3
④ 4 ⑤ 5

다음은 이 유형에서 출제된 최근 교육청 • 평가원 기출문제입니다.

1098 • 교육청 2019년 9월

Level 1

이차함수 $f(x)=-x^2-4x+k$의 최댓값이 20일 때, 상수 k의 값을 구하시오.

실전 유형 14 최댓값 또는 최솟값이 주어질 때 미지수의 값 구하기 (2)

이차함수가 $x=p$에서 최댓값 q 또는 최솟값 q를 가질 때 미지수의 값은 이차함수의 식을 $y=a(x-p)^2+q$로 놓고 구한다. 이때 최댓값을 가지면 $a<0$, 최솟값을 가지면 $a>0$이다.

1099 대표문제

이차함수 $y=x^2-4ax+b$가 $x=2$에서 최솟값 3을 가질 때, 상수 a, b에 대하여 $a+b$의 값은?

① 2 ② 4 ③ 6
④ 8 ⑤ 10

1100

Level 2

이차함수 $y=x^2+2ax+3$이 $x=1$에서 최솟값 b를 가질 때, ab의 값은? (단, a는 상수이다.)

① -2 ② -1 ③ 0
④ 1 ⑤ 2

1101

Level 2

이차함수 $y=-2x^2+x+a$가 $x=b$에서 최댓값 $\frac{1}{2}$을 가질 때, $a-b$의 값을 구하시오. (단, a는 상수이다.)

1102

Level 2

이차함수 $f(x)=ax^2+bx+c$가 $x=2$에서 최댓값 3을 가지고, $f(4)=-5$일 때, $a+b+c$의 값을 구하시오.

(단, a, b, c는 상수이다.)

1103

Level 2

이차함수 $y=f(x)$의 그래프가 그림과 같다. 함수 $f(x)$의 최댓값이 4일 때, $f(0)$의 값은?

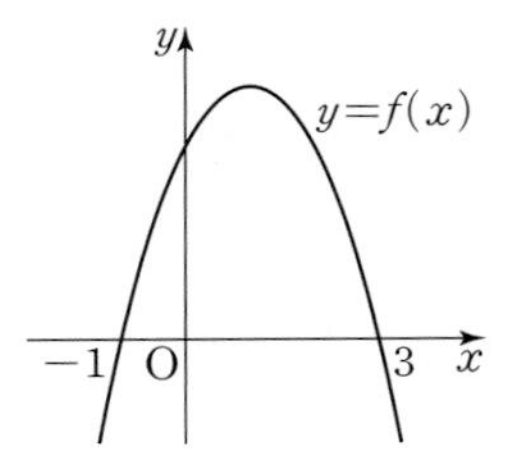

① 1 ② $\frac{3}{2}$ ③ 2

④ $\frac{5}{2}$ ⑤ 3

1104

Level 2

이차함수 $f(x)$가 다음 조건을 만족시킬 때, $f(1)$의 값은?

> (가) 함수 $y=f(x)$의 그래프가 점 $(0,\ -2)$를 지난다.
> (나) 함수 $y=f(x)$의 그래프의 축의 방정식은 $x=-1$이다.
> (다) 함수 $f(x)$의 최솟값은 -5이다.

① -1 ② 1 ③ 3

④ 5 ⑤ 7

1105

Level 2

이차함수 $f(x)=x^2+ax+b$에 대하여 $f(0)=f(2)$이고, 함수 $f(x)$의 최솟값이 2일 때, ab의 값은?

(단, a, b는 상수이다.)

① -6 ② -3 ③ 0

④ 3 ⑤ 6

1106

Level 2

이차함수 $f(x)=x^2+px-(q-5)^2$이 $x=-2$에서 최솟값을 가지고, 이차함수 $y=f(x)$의 그래프와 직선 $y=mx$의 교점의 개수가 1일 때, 실수 m, p, q에 대하여 mpq의 값은?

① 80 ② 100 ③ 120

④ 140 ⑤ 160

다음은 이 유형에서 출제된 최근 교육청 • 평가원 기출문제입니다.

1107 • 교육청 2021년 3월

Level 2

이차함수 $f(x)$가 다음 조건을 만족시킬 때, $f(2)$의 값은?

> (가) 함수 $f(x)$는 $x=1$에서 최댓값 9를 갖는다.
> (나) 곡선 $y=f(x)$에 접하고 직선 $2x-y+1=0$과 평행한 직선의 y절편은 9이다.

① $\frac{9}{2}$ ② $\frac{11}{2}$ ③ $\frac{13}{2}$

④ $\frac{15}{2}$ ⑤ $\frac{17}{2}$

실전 유형 15 제한된 범위에서 이차함수의 최댓값과 최솟값

빈출유형

$\alpha \le x \le \beta$에서 이차함수 $f(x)=a(x-p)^2+q$의 최댓값과 최솟값은

(1) $\alpha \le p \le \beta$일 때

➔ $f(p)$, $f(\alpha)$, $f(\beta)$ 중 가장 큰 값이 최댓값, 가장 작은 값이 최솟값이다.

(2) $p<\alpha$ 또는 $p>\beta$일 때

➔ $f(\alpha)$, $f(\beta)$ 중 큰 값이 최댓값, 작은 값이 최솟값이다.

1108 대표문제

$-3 \le x \le 2$에서 이차함수 $f(x)=x^2+4x+k$의 최댓값이 6일 때, 함수 $f(x)$의 최솟값은? (단, k는 상수이다.)

① -10 ② -8 ③ -6
④ -4 ⑤ -2

1109

Level 2

$0 \le x \le 4$에서 이차함수 $y=x^2-6x+5$의 최댓값을 M, 최솟값을 m이라 할 때, $M+m$의 값은?

① -2 ② -1 ③ 0
④ 1 ⑤ 2

1110

Level 2

$2 \le x \le a$에서 이차함수 $y=-x^2+2x-3$의 최솟값이 -11일 때, 상수 a의 값을 구하시오.

1111

Level 2

$1 \le x \le 5$에서 이차함수 $y=ax^2-8ax+b$의 최댓값이 8, 최솟값이 -10일 때, 양수 a, b에 대하여 $\frac{b}{a}$의 값은?

① 3 ② 5 ③ 7
④ 9 ⑤ 11

1112

Level 2

$-2 \le x \le 2$에서 정의된 두 이차함수

$$f(x)=-2x^2+4x+a,\ g(x)=2x^2-ax$$

에 대하여 함수 $f(x)$의 최솟값이 -4일 때, 함수 $g(x)$의 최솟값은? (단, a는 상수이다.)

① -20 ② -18 ③ -16
④ -14 ⑤ -12

1113

Level 2

실수 m에 대하여 이차함수 $y=x^2-6mx+10m^2+4m+1$의 최솟값을 $f(m)$이라 하자. $-3 \le m \le 0$에서 함수 $f(m)$의 최댓값은?

① -3 ② -2 ③ -1
④ 0 ⑤ 1

1114

Level 2

$a \le x \le 4$에서 이차함수 $y=x^2+2x-4$의 최솟값이 4일 때, 상수 a의 값을 구하시오.

1115 신경향

Level 3

이차함수 $f(x)$가 다음 조건을 만족시킬 때, $f(1)$의 값은?

> (가) 함수 $y=f(x)$의 그래프와 x축이 만나는 점의 x좌표는 -1, 5이다.
> (나) $0\le x\le 3$에서 함수 $f(x)$의 최솟값은 10이다.

① 10　② 12　③ 14　④ 16　⑤ 18

1116

Level 3

$x\ge 2$에서 이차함수 $y=x^2-2kx+2k$의 최솟값이 -8일 때, 상수 k의 값을 구하시오.

1117 고난도

Level 3

$-2\le x\le a$에서 이차함수 $y=2x^2-4x+k$의 최댓값과 최솟값이 각각 15, -1이 되도록 하는 상수 a의 값을 구하시오.

(단, k는 상수이다.)

다음은 이 유형에서 출제된 최근 교육청 · 평가원 기출문제입니다.

1118 · 교육청 2020년 6월

Level 2

실수 p에 대하여 $0\le x\le 2$에서 이차함수 $f(x)=x^2-4px$의 최솟값을 $g(p)$라 하자. $g(-1)+g\left(\frac{1}{2}\right)$의 값은?

① -3　② -2　③ -1　④ 0　⑤ 1

1119 · 교육청 2021년 11월

Level 2

$0\le x\le 2$에서 정의된 이차함수 $f(x)=x^2-2ax+2a^2$의 최솟값이 10일 때, 함수 $f(x)$의 최댓값을 구하시오.

(단, a는 양수이다.)

1120 · 교육청 2021년 6월

Level 2

이차함수 $f(x)=ax^2+bx+5$가 다음 조건을 만족시킬 때, $f(-2)$의 값을 구하시오.

> (가) a, b는 음의 정수이다.
> (나) $1\le x\le 2$일 때, 이차함수 $f(x)$의 최댓값은 3이다.

실전 유형 16 공통부분이 있는 함수의 최댓값과 최솟값

공통부분이 있는 함수의 최댓값과 최솟값은 다음과 같은 순서로 구한다.

❶ 공통부분을 t로 치환한 후 t의 값의 범위를 구한다.

❷ ❶에서 구한 범위에서 치환한 식의 최댓값 또는 최솟값을 구한다.

1121 대표문제

$-1\le x\le 2$에서 함수

$$y=2(x^2-2x+2)^2+4(x^2-2x+2)+3$$

의 최댓값과 최솟값의 합은?

① 80 ② 82 ③ 84
④ 86 ⑤ 88

1122 Level 1

함수 $y=(x^2+6x)^2-4(x^2+6x)+7$의 최솟값을 구하시오.

1123 Level 1

함수 $y=-(x^2+4x)^2+6(x^2+4x-1)-3$의 최댓값을 구하시오.

1124 Level 2

$-2\le x\le 1$에서 함수

$$y=(x^2+2x-1)^2+2(x^2+2x+3)+3$$

의 최댓값과 최솟값의 합을 구하시오.

1125 Level 2

$-1\le x\le 0$에서 함수

$$y=(3x^2-6x+4)(3x^2-6x+2)-2(3x^2-6x-8)$$

의 최댓값을 M, 최솟값을 m이라 할 때, $M-m$의 값을 구하시오.

1126 Level 2

$1\le x\le 3$에서 함수

$$y=-2(x^2-6x+12)^2+4(x^2-6x+12)+k$$

의 최댓값이 4일 때, 상수 k의 값은?

① 10 ② 15 ③ 20
④ 25 ⑤ 30

1127 Level 2

함수 $y=(x^2-4x+k)^2+2(x^2-4x+k)+3$의 최솟값이 6일 때, 상수 k의 값을 구하시오.

1128 Level 2

함수 $y=(x^2+2x+3)^2-2x^2-4x-6$이 $x=\alpha$에서 최솟값 β를 가질 때, $\alpha+\beta$의 값은?

① -2 ② -1 ③ 0
④ 1 ⑤ 2

실전유형 17 완전제곱식을 이용한 이차식의 최댓값과 최솟값

x, y가 실수일 때, $ax^2+by^2+cx+dy+e$의 최댓값과 최솟값은 다음과 같은 순서로 구한다.

❶ $a(x-m)^2+b(y-n)^2+k$의 꼴로 변형한다.

❷ (실수)$^2\geq0$이므로 $x=m$, $y=n$일 때, 최댓값 또는 최솟값은 k이다.

1129 대표문제

x, y가 실수일 때, $x^2+6x+2y^2-4y+15$의 최솟값은?

① 1 ② 2 ③ 3
④ 4 ⑤ 5

1130 Level 2

x, y가 실수일 때, $-x^2-y^2+4x-2y+1$의 최댓값은?

① 2 ② 4 ③ 6
④ 8 ⑤ 10

1131 Level 2

x, y, z가 실수일 때, $x^2+4y^2+3z^2-2x+4y+6z-7$의 최솟값을 구하시오.

실전유형 18 조건을 만족시키는 이차식의 최댓값과 최솟값 (복합유형)

조건을 만족시키는 이차식의 최댓값과 최솟값은 다음과 같은 순서로 구한다.

❶ 조건을 이용하여 주어진 이차식을 한 문자에 대한 식으로 나타낸다.

❷ ❶의 식의 최댓값 또는 최솟값을 구한다.

1132 대표문제

직선 $x-y+2=0$ 위를 움직이는 점 (a, b)에 대하여 a^2+b^2의 최솟값은?

① 2 ② 3 ③ 4
④ 5 ⑤ 6

1133 Level 2

$x+y=6$을 만족시키는 실수 x, y에 대하여 $4x-y^2$의 최댓값을 구하시오.

1134 Level 2

실수 x, y에 대하여 $0\leq x\leq3$이고 $3x+2y=6$일 때, $2xy$의 최댓값과 최솟값을 각각 M, m이라 하자. $M+m$의 값은?

① -6 ② -4 ③ -2
④ 0 ⑤ 2

1135

Level 2

이차함수 $y=x^2+2x-4$의 그래프 위를 움직이는 점 (a, b)에 대하여 a^2-2b-1의 최댓값은?

① 10 ② 11 ③ 12
④ 13 ⑤ 14

1136

Level 2

$x-y^2=1$을 만족시키는 실수 x, y에 대하여 x^2+4y^2-2x의 최솟값은?

① -5 ② -4 ③ -3
④ -2 ⑤ -1

1137

Level 2

x에 대한 이차방정식 $x^2-2kx+k-1=0$의 두 실근을 α, β라 할 때, $\alpha^2+\beta^2$의 최솟값은? (단, k는 상수이다.)

① $\frac{1}{4}$ ② $\frac{3}{4}$ ③ $\frac{5}{4}$
④ $\frac{7}{4}$ ⑤ $\frac{9}{4}$

1138

Level 2

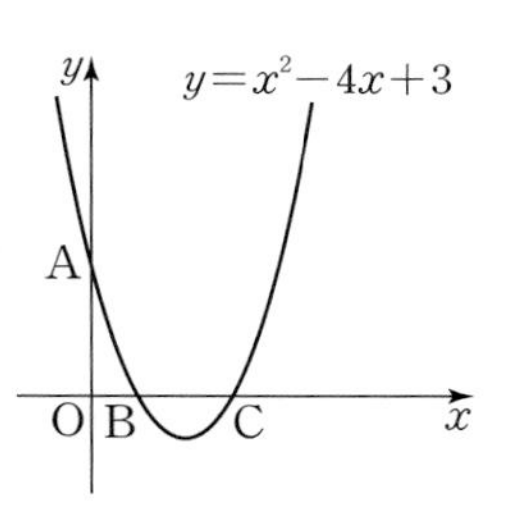

그림과 같이 이차함수 $y=x^2-4x+3$의 그래프가 y축과 만나는 점을 A, x축과 만나는 점을 각각 B, C라 하자. 점 P(a, b)가 점 A에서 이차함수 $y=x^2-4x+3$의 그래프를 따라 점 B를 거쳐 점 C까지 움직일 때, $2a+b$의 최댓값과 최솟값의 합을 구하시오.

1139

Level 2

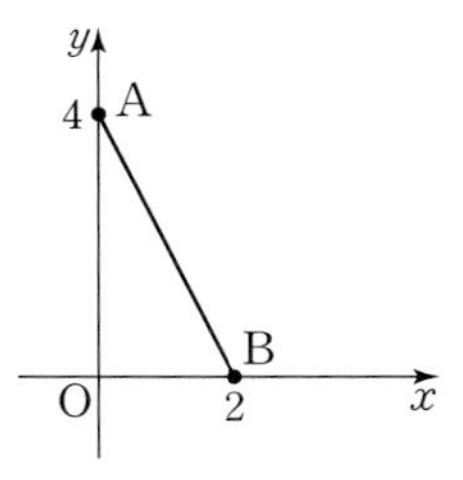

좌표평면 위의 두 점 A$(0, 4)$, B$(2, 0)$에 대하여 점 P(x, y)가 선분 AB 위를 움직인다. $2x^2+y^2$의 최댓값과 최솟값을 각각 M, m이라 할 때, $\frac{M}{m}$의 값은?

① 2 ② $\frac{7}{3}$ ③ $\frac{8}{3}$
④ 3 ⑤ $\frac{10}{3}$

다음은 이 유형에서 출제된 최근 교육청 • 평가원 기출문제입니다.

1140 • 교육청 2018년 6월

Level 2

두 실수 a, b에 대하여 복소수 $z=a+2bi$가 $z^2+(\bar{z})^2=0$을 만족시킬 때, $6a+12b^2+11$의 최솟값은?

(단, $i=\sqrt{-1}$이고, $\bar{z}$는 z의 켤레복소수이다.)

① 6 ② 7 ③ 8
④ 9 ⑤ 10

실전 유형 19 실생활에서 이차함수의 최댓값과 최솟값

두 변수 사이의 관계가 이차함수로 주어진 실생활 문제는 주어진 함수를 $y=a(x-p)^2+q$의 꼴로 변형한 후 최댓값 또는 최솟값을 구한다.

1141 대표문제

높이가 20 m인 어느 건물의 옥상에서 지면과 수직인 방향으로 쏘아 올린 공의 t초 후의 지면으로부터의 높이를 h m라 하면 다음과 같은 관계식이 성립한다.

$$h=-5t^2+10t+20$$

이 공을 쏘아 올린지 a초 후 최고 높이 b m에 도달할 때, $a+b$의 값은?

① 26 ② 27 ③ 28 ④ 29 ⑤ 30

1142

Level 2

어느 공장에서 A 제품을 x만 원에 판매했을 때 발생하는 수익금을 y만 원이라 하면 다음과 같은 관계식이 성립한다.

$$y=-3x^2+120x$$

이 공장의 A 제품의 판매 최대 수익금을 구하시오.

1143

Level 2

지면에서 지면과 수직인 방향으로 쏘아 올린 공의 t초 후의 지면으로부터의 높이를 h m라 하면 다음과 같은 관계식이 성립한다.

$$h=-5t^2+40t$$

시각 $1\le t\le 5$에서 지면으로부터 공의 높이가 가장 높을 때와 가장 낮을 때의 높이의 차를 구하시오.

1144

Level 2

어떤 휴대폰 부품의 가격 x원과 판매량 y개 사이에는 다음과 같은 관계식이 성립한다.

$$y=8000-\frac{1}{4}x$$

이 휴대폰 부품의 총 판매 금액의 최댓값은?

① 2500만 원 ② 3600만 원 ③ 4900만 원 ④ 6400만 원 ⑤ 8100만 원

다음은 이 유형에서 출제된 최근 교육청 • 평가원 기출문제입니다.

1145 • 교육청 2021년 6월

Level 2

그림과 같이 윗면이 개방된 원통형 용기에 높이가 h인 지점까지 물이 채워져 있다.
용기에 충분히 작은 구멍을 뚫어 물을 흘려보내는 동시에 물을 공급하여 물의 높이를 h로 유지한다. 구멍의 높이를 a, 구멍으로부터 물이 바닥에 떨어지는 지점까지의 수평거리를 b라 하면 다음과 같은 관계식이 성립한다.

$$b=\sqrt{4a(h-a)}\ (\text{단, } 0<a<h)$$

$h=10$일 때, b^2의 최댓값은?

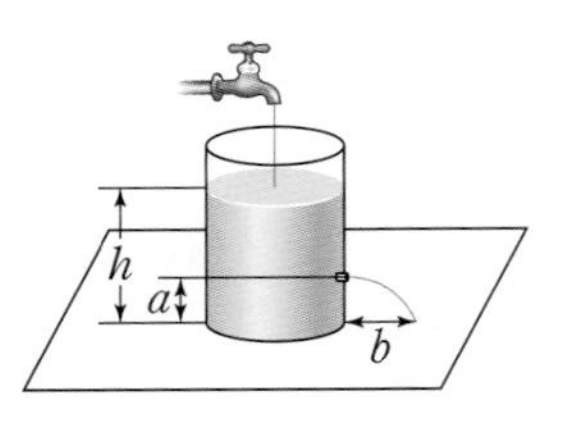

① 64 ② 81 ③ 100 ④ 121 ⑤ 144

실전 유형 20 실생활에서 이차함수의 최댓값과 최솟값의 활용

이차함수의 최댓값과 최솟값의 활용 문제는 다음과 같은 순서로 푼다.

❶ 변수 x를 정하고 x의 값의 범위를 구한다.
❷ 주어진 조건을 이용하여 x에 대한 이차함수의 식을 세운다.
❸ ❶에서 구한 범위에서 이차함수의 최댓값 또는 최솟값을 구한다.

1146 대표문제

어느 빵집에서 슈크림 빵 한 개의 가격이 1000원일 때, 하루에 400개씩 팔린다고 한다. 이 슈크림 빵 한 개의 가격을 x원 내리면 $2x$개 더 많이 팔린다고 한다. 슈크림 빵의 하루 판매 금액이 최대가 되게 하려면 슈크림 빵 한 개의 가격을 얼마로 정해야 하는지 구하시오.

1147

Level 2

어느 미술관에서 한 사람의 입장료로 2000원을 받으면 하루 300명의 관람객이 입장하고, 한 사람의 입장료를 100원씩 올릴 때마다 하루 관람객이 10명씩 줄어든다고 한다. 이 미술관의 하루 입장료 수입이 최대가 되게 하려면 한 사람의 입장료를 얼마로 정해야 하는지 구하시오.

1148

Level 2

하루에 200개씩 팔리는 정가가 3000원인 어떤 상품의 가격을 x % 올리면 이 상품의 하루 판매량은 $\frac{x}{2}$ % 감소한다고 한다. 이 상품의 하루 판매 금액을 A원이라 할 때, $\frac{A}{1000}$의 최댓값은?

① 675 ② 700 ③ 750
④ 825 ⑤ 900

실전 유형 21 좌표평면에서 이차함수의 최댓값과 최솟값의 활용

이차함수의 최댓값과 최솟값의 활용 문제는 다음과 같은 순서로 푼다.

❶ 변수 t를 정하고 t의 값의 범위를 구한다.
❷ 주어진 조건을 이용하여 길이 또는 넓이를 t에 대한 이차함수로 나타낸다.
❸ ❶에서 구한 범위에서 이차함수의 최댓값 또는 최솟값을 구한다.

1149 대표문제

그림과 같이 직사각형 ABCD의 두 꼭짓점 A, D는 이차함수 $y=-x^2+4x$의 그래프 위에 있고, 두 꼭짓점 B, C는 x축 위에 있다. 이 직사각형 ABCD의 둘레의 길이의 최댓값을 구하시오. (단, 점 A는 제1사분면 위에 있다.)

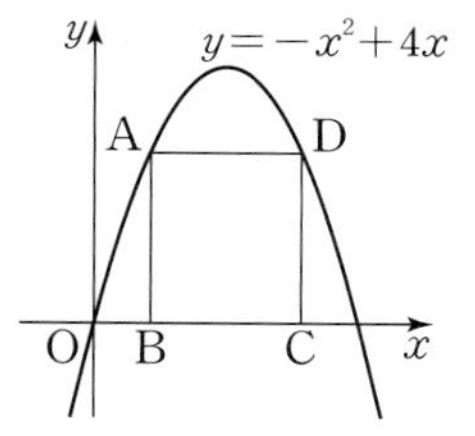

1150

Level 2

그림과 같이 직선 $y=-2x+4$ 위의 점 P에서 x축과 y축에 내린 수선의 발을 각각 Q, R라 할 때, 사각형 PROQ의 넓이의 최댓값은?
(단, O는 원점이고, 점 P는 제1사분면 위에 있다.)

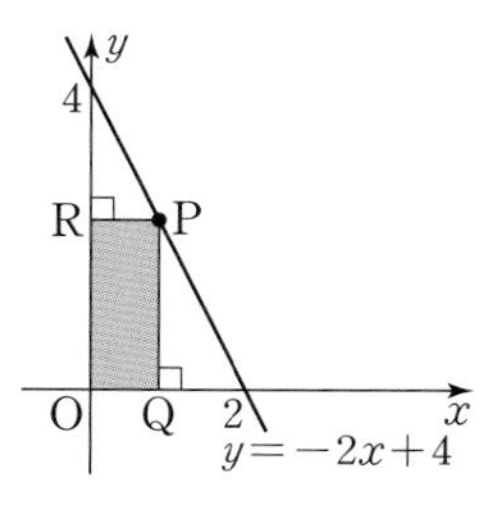

① $\frac{1}{2}$ ② 1 ③ $\frac{3}{2}$
④ 2 ⑤ $\frac{5}{2}$

1151

Level 2

이차함수 $f(x)=x^2-2ax+5a$의 그래프의 꼭짓점을 A라 하고, 점 A에서 x축에 내린 수선의 발을 H라 하자. $1\le a\le 5$일 때, $\overline{OH}+\overline{AH}$의 최댓값은? (단, O는 원점이다.)

① 6 ② 7 ③ 8 ④ 9 ⑤ 10

1152

Level 2

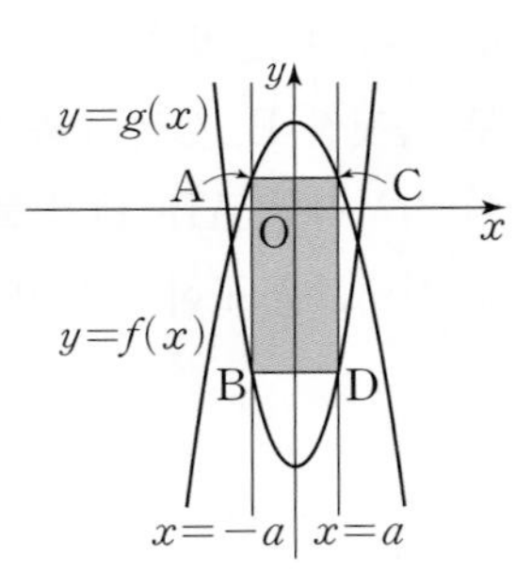

그림과 같이 두 이차함수 $f(x)=-x^2+7$, $g(x)=2x^2-20$의 그래프에서 직선 $x=-a$와 두 곡선 $y=f(x)$, $y=g(x)$가 만나는 점을 각각 A, B, 직선 $x=a$와 두 곡선 $y=f(x)$, $y=g(x)$가 만나는 점을 각각 C, D라 하자. 직사각형 ABDC의 둘레의 길이가 최대일 때, 직사각형 ABDC의 넓이는? (단, $0<a<3$)

① $\frac{160}{9}$ ② $\frac{164}{9}$ ③ $\frac{80}{3}$ ④ $\frac{160}{3}$ ⑤ $\frac{164}{3}$

1153

Level 2

이차함수 $y=x^2+2$의 그래프 위의 점 P가 점 $(0,\ 2)$에서 출발하여 그래프를 따라 점 $(4,\ 18)$까지 움직일 때, 점 P에서 x축에 평행한 직선을 그어 직선 $y=2x-3$과 만나는 점을 Q, 점 P에서 y축에 평행한 직선을 그어 직선 $y=2x-3$과 만나는 점을 R라 하자. $\overline{PQ}+\overline{PR}$의 최댓값과 최솟값의 곱을 구하시오.

1154

Level 2

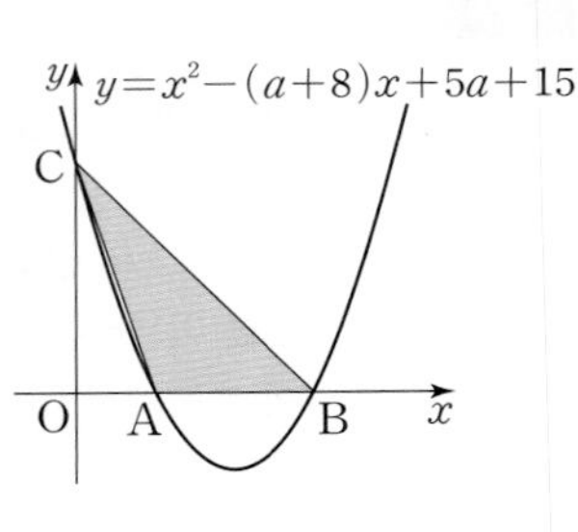

그림과 같이 이차함수 $y=x^2-(a+8)x+5a+15$의 그래프가 x축과 만나는 서로 다른 두 점을 각각 A, B라 하고, y축과 만나는 점을 C라 하자. 삼각형 ABC의 넓이의 최댓값은? (단, $-3<a<2$)

① $\frac{31}{2}$ ② $\frac{125}{8}$ ③ $\frac{63}{4}$ ④ $\frac{127}{8}$ ⑤ 16

다음은 이 유형에서 출제된 최근 교육청 • 평가원 기출문제입니다.

1155 • 교육청 2021년 9월

Level 2

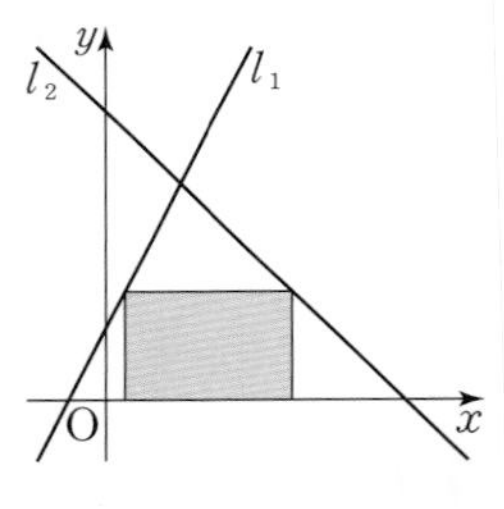

그림과 같이 두 직선

$l_1 : 2x-y+1=0$

$l_2 : x+y-4=0$

과 x축으로 둘러싸인 부분에 직사각형이 있다. 이 직사각형의 한 변은 x축 위에 있고 두 꼭짓점은 각각 직선 l_1, l_2 위에 있을 때, 직사각형의 넓이의 최댓값은?

① $\frac{23}{8}$ ② 3 ③ $\frac{25}{8}$ ④ $\frac{13}{4}$ ⑤ $\frac{27}{8}$

실전유형 22 도형에서 이차함수의 최댓값과 최솟값의 활용

이차함수의 최댓값과 최솟값의 활용 문제는 다음과 같은 순서로 푼다.
❶ 변수 x를 정하고 x의 값의 범위를 구한다.
❷ 주어진 조건을 이용하여 넓이를 x에 대한 이차함수로 나타낸다.
❸ ❶에서 구한 범위에서 이차함수의 최댓값 또는 최솟값을 구한다.

1156 대표문제

그림과 같이 한 변의 길이가 2인 정사각형 ABCD의 세 변 AB, BC, CD 위에 점 P, Q, R를 각각 $\overline{AP}=x$, $\overline{BQ}=2x$, $\overline{CR}=3x$가 되도록 잡았다. 이때 삼각형 PQR의 넓이의 최솟값은?

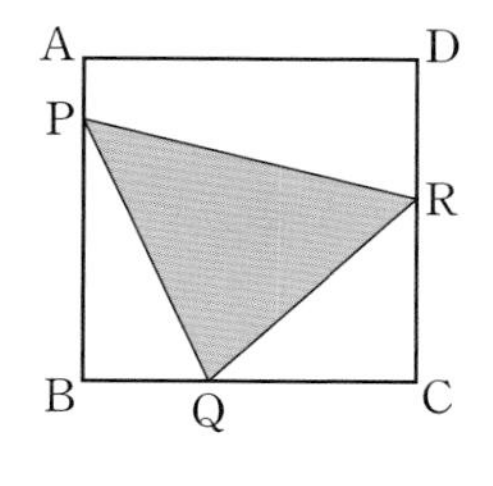

① $\frac{3}{8}$ ② $\frac{15}{16}$ ③ $\frac{23}{16}$
④ $\frac{7}{4}$ ⑤ 2

1157

Level 2

가로의 길이가 14 m이고, 세로의 길이가 7 m인 직사각형 모양의 주차장이 있다. 가로의 길이를 x m만큼 줄이고 세로의 길이는 x m만큼 늘여서 새로운 주차장을 만들려고 한다. 새로운 주차장의 넓이가 최대일 때, x의 값은?

① 3 ② $\frac{7}{2}$ ③ 4
④ $\frac{9}{2}$ ⑤ 5

1158

Level 2

그림과 같이 길이가 32 m인 철망을 사용하여 벽면을 한 변으로 하는 직사각형 모양의 꽃밭을 만들려고 할 때, 꽃밭의 최대 넓이를 구하시오. (단, 벽면에는 철망을 사용하지 않고, 철망의 두께는 생각하지 않는다.)

꽃밭

1159

Level 2

길이가 80 m인 철망을 사용하여 그림과 같이 세 개의 직사각형 모양의 가축우리를 만들려고 한다. 이때 가축우리 전체의 넓이의 최댓값은?
(단, 철망의 두께는 생각하지 않는다.)

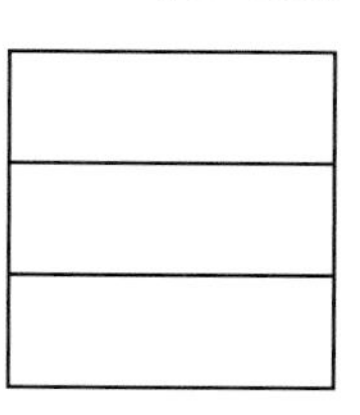

① 100 m^2 ② 160 m^2 ③ 200 m^2
④ 360 m^2 ⑤ 400 m^2

1160

Level 2

그림과 같이 길이가 12인 선분 AB 위의 한 점 P를 잡아 선분 AP, PB를 한 변으로 하는 정삼각형을 각각 만들었다. 이때 두 정삼각형의 넓이의 합의 최솟값은?

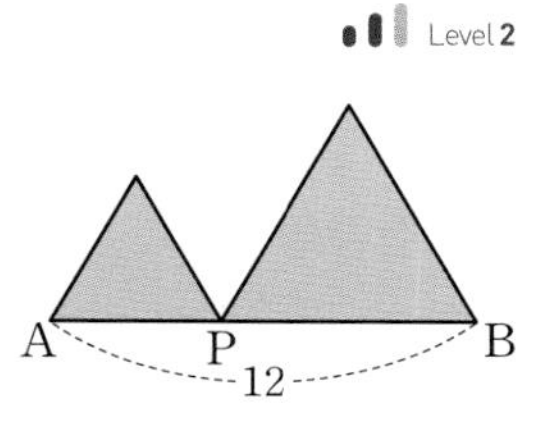

① 9 ② $9\sqrt{3}$ ③ 18
④ $18\sqrt{3}$ ⑤ 27

1161

Level 2

그림과 같이 삼각형 ABC는 둘레의 길이가 12인 이등변삼각형이다. 세 변 AB, BC, CA를 각각 원의 지름으로 하는 반원을 그렸을 때, 세 반원의 넓이의 합의 최솟값은?

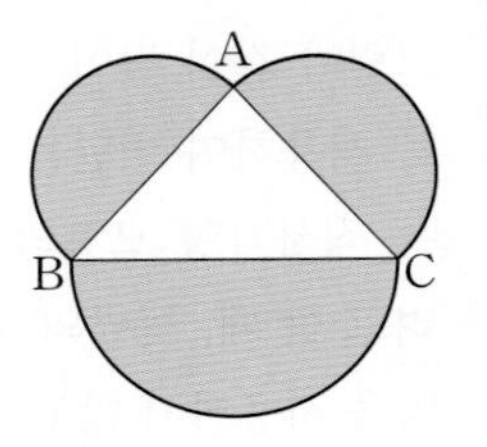

① 5π ② $\frac{11}{2}\pi$ ③ 6π

④ $\frac{13}{2}\pi$ ⑤ 7π

1162

Level 2

그림과 같이 $\overline{AB}=8$, $\overline{BC}=12$인 직사각형 ABCD에서 $\overline{AP}=\overline{BQ}=\overline{CR}=\overline{DS}$가 되도록 네 점 P, Q, R, S를 잡을 때, 사각형 PQRS의 넓이의 최솟값을 구하시오.

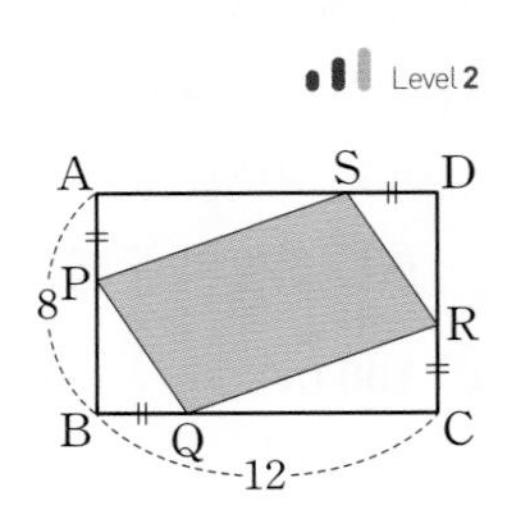

1163

Level 3

그림과 같이 $\overline{BC}=12$, $\overline{CA}=9$인 직각삼각형 ABC의 빗변 AB 위의 한 점 P에서 변 BC, CA에 내린 수선의 발을 각각 Q, R라 하자. 직사각형 PQCR의 넓이가 최대일 때, 직사각형 PQCR의 둘레의 길이를 구하시오.

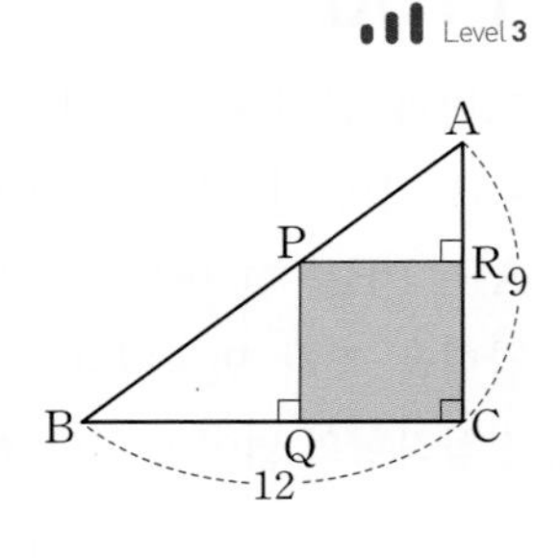

+Plus 문제

서술형 유형 익히기

1164 대표문제

이차함수 $y=x^2+(a-2k)x+k^2-2k+b$의 그래프가 실수 k의 값에 관계없이 항상 x축에 접할 때, 상수 a, b에 대하여 $a+b$의 값을 구하는 과정을 서술하시오. [6점]

STEP 1 이차함수의 그래프가 x축에 접하는 조건 구하기 [2점]

이차함수 $y=x^2+(a-2k)x+k^2-2k+b$의 그래프가 x축에 접하므로 이차방정식 $x^2+(a-2k)x+k^2-2k+b=0$은 중근을 가진다.

이차방정식 $x^2+(a-2k)x+k^2-2k+b=0$의 판별식을 D라 하면

$D=(a-2k)^2-4(k^2-2k+b)$ (1) 0 ······ ㉠

STEP 2 a, b의 값 구하기 [3점]

㉠을 k에 대하여 정리하면

((2))$k+a^2-4b=0$

이 식이 실수 k의 값에 관계없이 항상 성립하므로

(2) $=0$ ······ ㉡

$a^2-4b=$ (3) ······ ㉢

㉡, ㉢을 연립하여 풀면

$a=$ (4) , $b=$ (5)

STEP 3 $a+b$의 값 구하기 [1점]

$a+b=$ (6)

핵심 KEY 유형 4, 유형 7, 유형 8 이차함수의 그래프와 직선의 위치 관계

이차함수 $y=f(x)$의 그래프와 직선 $y=g(x)$의 교점의 개수는 이차방정식 $f(x)=g(x)$의 실근의 개수와 같으므로 미정계수를 포함한 이차함수의 그래프와 직선의 위치 관계에 대한 문제는 이차방정식 $f(x)=g(x)$, 즉 $f(x)-g(x)=0$의 판별식 D를 이용하여 해결한다.

특히, k의 값에 관계없이 항상 성립하는 등식은 k에 대한 항등식을 나타내는 표현임을 알고 ( )k+( )$=0$ 꼴로 정리하여 미정계수를 구한다.

1165 한번 더

이차함수 $y=x^2-2(k+2)x+ak^2+b^2k+4$의 그래프가 실수 k의 값에 관계없이 항상 x축에 접할 때, 양수 a, b에 대하여 $a+b$의 값을 구하는 과정을 서술하시오. [6점]

STEP 1 이차함수의 그래프가 x축에 접하는 조건 구하기 [2점]

STEP 2 a, b의 값 구하기 [3점]

STEP 3 $a+b$의 값 구하기 [1점]

1166 유사 1

이차함수 $y=x^2-2ax+k^2+a^2$의 그래프와 직선 $y=2kx+6k+2a-b$가 실수 k의 값에 관계없이 항상 접할 때, 상수 a, b에 대하여 ab의 값을 구하는 과정을 서술하시오. [6점]

1167 유사 2

이차함수 $y=\frac{1}{4k}(x+2k)^2$의 그래프가 실수 k의 값에 관계없이 항상 서로 다른 두 직선에 접한다. 이 두 직선의 방정식을 구하는 과정을 서술하시오. (단, $k\neq0$) [8점]

1168 대표문제

이차함수 $y=x^2+2x+k$의 그래프와 직선 $y=-x+3$의 교점의 x좌표를 α, β라 하자. $|\alpha-\beta|=5$일 때, 상수 k의 값을 구하는 과정을 서술하시오. [6점]

STEP 1 두 근이 α, β인 이차방정식 세우기 [2점]
이차함수 $y=x^2+2x+k$의 그래프와 직선 $y=-x+3$의 두 교점의 x좌표가 α, β이므로 α, β는 이차방정식
x^2+ (1) $x+$ (2) $=0$의 두 근이다.

STEP 2 $\alpha+\beta$, $\alpha\beta$를 k에 대한 식으로 나타내기 [2점]
이차방정식의 근과 계수의 관계에 의하여
$\alpha+\beta=$ (3) , $\alpha\beta=$ (4) ……… ㉠

STEP 3 k의 값 구하기 [2점]
$|\alpha-\beta|=5$이므로 양변을 제곱하면
$(\alpha-\beta)^2=25$
$\therefore (\alpha+\beta)^2-$ (5) $=25$ ……… ㉡
㉠을 ㉡에 대입하여 풀면
$k=$ (6)

1169 한번 더

이차함수 $y=4x^2-x+1$의 그래프와 직선 $y=-x+k$의 교점의 x좌표를 α, β라 하자. $|\alpha-\beta|=2$일 때, 상수 k의 값을 구하는 과정을 서술하시오. [6점]

STEP 1 두 근이 α, β인 이차방정식 세우기 [2점]

STEP 2 $\alpha+\beta$, $\alpha\beta$를 k에 대한 식으로 나타내기 [2점]

STEP 3 k의 값 구하기 [2점]

1170 유사 1

이차함수 $y=2x^2-3x$의 그래프와 직선 $y=3x-k$가 두 점 (x_1, y_1), (x_2, y_2)에서 만난다. $x_1^2+x_2^2=10$일 때, 상수 k의 값을 구하는 과정을 서술하시오. [6점]

1171 유사 2

이차함수 $y=ax^2-bx+c$의 그래프가 x축과 만나는 두 점의 x좌표가 각각 -4, 2일 때, 이차함수 $y=cx^2-2bx+a$의 그래프가 직선 $y=2bx-1$과 만나는 두 점의 x좌표의 합을 구하는 과정을 서술하시오. (단, a, b, c는 상수이다.)
[8점]

핵심 KEY 유형 6 이차함수의 그래프와 직선의 교점 – 이차방정식의 근과 계수의 관계

이차함수 $y=f(x)$의 그래프와 직선 $y=g(x)$의 교점의 x좌표는 이차방정식 $f(x)=g(x)$의 실근과 같으므로 미정계수를 포함한 이차함수의 그래프와 직선의 교점에 대한 문제는 이차방정식 $f(x)=g(x)$를 세워 해결한다.
이때 이차방정식의 근을 직접 구할 수 없으면 이차방정식의 근과 계수의 관계를 이용하여 문제를 해결해 본다.

1172 대표문제

$1 \le x \le 4$에서 이차함수 $f(x)=-3x^2+12x+2k-3$의 최댓값이 7일 때, 함수 $f(x)$의 최솟값을 구하는 과정을 서술하시오. (단, k는 상수이다.) [6점]

STEP 1 이차함수 $y=f(x)$를 $y=a(x-p)^2+q$ 꼴로 변형하기 [2점]

$f(x)=-3x^2+12x+2k-3$

$=-3(x-2)^2+2k+$ (1)

STEP 2 k의 값 구하기 [2점]

$1 \le x \le 4$에서 이차함수 $y=f(x)$의 그래프는 그림과 같다.

$x=2$에서 최댓값 $2k+$ (2) 를 가지므로

$2k+$ (2) $=7$ $\therefore k=$ (3)

STEP 3 $1 \le x \le 4$에서 $f(x)$의 최솟값 구하기 [2점]

$f(x)$의 최솟값은

$f($ (4) $)=$ (5)

1173 한번 더

$-2 \le x \le 0$에서 이차함수 $f(x)=\frac{1}{2}x^2-x+k^2-2k$의 최솟값이 3일 때, 함수 $f(x)$의 최댓값을 구하는 과정을 서술하시오. (단, $k>0$) [6점]

STEP 1 이차함수 $y=f(x)$를 $y=a(x-p)^2+q$ 꼴로 변형하기 [2점]

STEP 2 k의 값 구하기 [2점]

STEP 3 $-2 \le x \le 0$에서 $f(x)$의 최댓값 구하기 [2점]

1174 유사 1

$-3 \le x \le 3$에서 이차함수 $f(x)=x^2-4x+k$의 최댓값과 최솟값의 합이 21일 때, 상수 k의 값을 구하는 과정을 서술하시오. [6점]

1175 유사 2

$-1 \le x \le a$에서 이차함수 $f(x)=-x^2+6x+1$의 최댓값이 9이고 최솟값이 b일 때, $a-b$의 값을 구하는 과정을 서술하시오. (단, a는 상수이다.) [8점]

핵심 KEY 유형 15 **제한된 범위에서 이차함수의 최댓값과 최솟값**

제한된 범위에서 이차함수의 최대, 최소에 대한 문제는 이차함수의 식을 완전제곱식을 포함한 꼴로 변형하여 꼭짓점의 x좌표가 주어진 범위에 속하는지 속하지 않는지를 파악하여 해결한다.
이차함수의 최댓값 또는 최솟값을 구할 때에는 이차함수의 그래프를 그려서 생각하는 것이 도움이 된다.

실력 check 실전 마무리하기 1회

점 / 100점

• 선택형 21문항, 서술형 4문항입니다.

1 1176

이차함수 $y=x^2+ax+b$의 그래프가 x축과 두 점 $(1, 0)$, $(3, 0)$에서 만날 때, $b-a$의 값은? (단, a, b는 상수이다.) [3점]

① 1　② 3　③ 5　④ 7　⑤ 9

2 1177

이차함수 $y=x^2+2(a-1)x+a^2+5$의 그래프가 x축과 서로 다른 두 점에서 만나도록 하는 정수 a의 최댓값은? [3점]

① -3　② -2　③ -1　④ 0　⑤ 1

3 1178

이차함수 $y=x^2+kx+2k+5$의 그래프가 x축에 접하도록 하는 모든 상수 k의 값의 합은? [3점]

① 2　② 4　③ 6　④ 8　⑤ 10

4 1179

이차함수 $y=2x^2-x$의 그래프와 직선 $y=2x+a$의 두 교점의 x좌표가 1, b일 때, $a+b$의 값은? (단, a, b는 상수이다.) [3점]

① -1　② $-\frac{1}{2}$　③ 0　④ $\frac{1}{2}$　⑤ 1

5 1180

이차함수 $y=x^2-3x+k$의 그래프와 직선 $y=2x+1$이 만나지 않도록 하는 정수 k의 최솟값은? [3점]

① 6　② 7　③ 8　④ 9　⑤ 10

6 1181

이차함수 $y=\frac{1}{2}x^2-x-3$의 그래프에 접하고 기울기가 3인 직선의 y절편은? [3점]

① -15　② -14　③ -13　④ -12　⑤ -11

7 1182

이차함수 $y=2x^2-4kx+3k$의 최솟값이 -9가 되도록 하는 모든 상수 k의 값의 합은? [3점]

① $\frac{1}{2}$ ② 1 ③ $\frac{3}{2}$
④ 2 ⑤ $\frac{5}{2}$

8 1183

이차함수 $f(x)$가 $x=2$에서 최댓값 5를 가지고 $f(1)=3$일 때, $f(4)$의 값은? [3점]

① -7 ② -5 ③ -3
④ -1 ⑤ 1

9 1184

높이가 40 m인 어느 건물의 옥상에서 지면과 수직인 방향으로 쏘아 올린 공의 t초 후의 지면으로부터의 높이를 h m라 하면 다음과 같은 관계식이 성립한다.

$h=-5t^2+20t+40$

이 공을 쏘아 올린지 a초 후 최고 높이 b m에 도달할 때, $a+b$의 값은? [3점]

① 61 ② 62 ③ 63
④ 64 ⑤ 65

10 1185

그림과 같이 이차함수 $f(x)=\frac{1}{2}x^2-x+a$의 그래프와 직선 $g(x)=bx+3$이 x좌표가 -1, 4인 두 점에서 만날 때, $f(1)+g(1)$의 값은?

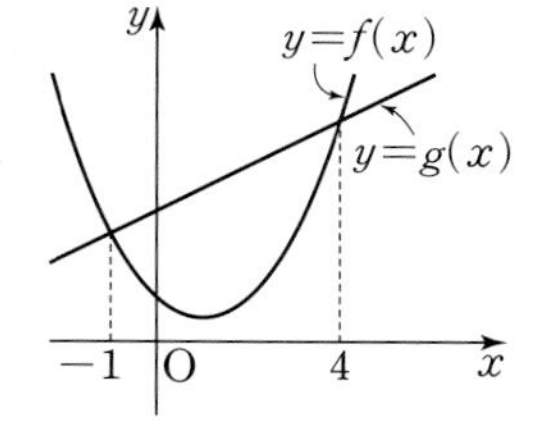

(단, a, b는 상수이다.) [3.5점]

① 3 ② $\frac{7}{2}$ ③ 4
④ $\frac{9}{2}$ ⑤ 5

11 1186

이차함수 $y=x^2+ax+3$의 그래프가 직선 $y=2x+b$와 서로 다른 두 점 (x_1, y_1), (x_2, y_2)에서 만난다. $x_1+x_2=5$, $x_1x_2=4$일 때, $a+b$의 값은? (단, a, b는 상수이다.) [3.5점]

① -4 ② -2 ③ 0
④ 2 ⑤ 4

05

12 1187

이차함수 $y=x^2-2x+k$의 그래프와 직선 $y=4x-3$이 적어도 한 점에서 만나도록 하는 자연수 k의 개수는? [3.5점]

① 2 ② 3 ③ 4 ④ 5 ⑤ 6

13 1188

이차함수 $y=f(x)$의 그래프가 x축과 만나는 두 점의 x좌표는 -3, 5이고, y축과 만나는 점의 y좌표는 15일 때, 함수 $f(x)$의 최댓값은? [3.5점]

① 15 ② 16 ③ 17 ④ 18 ⑤ 19

14 1189

이차함수 $f(x)=-x^2+ax+b$가 다음 조건을 만족시킬 때, $-2\le x\le 5$에서 함수 $f(x)$의 최솟값은?

(단, a, b는 상수이다.) [3.5점]

> (가) $f(-1)=f(5)$
> (나) 함수 $f(x)$의 최댓값은 4이다.

① -12 ② -9 ③ -6 ④ -3 ⑤ 0

15 1190

실수 x, y에 대하여 $-3\le x\le 2$이고 $x-y+1=0$일 때, x^2-2xy의 최댓값과 최솟값의 곱은? [3.5점]

① -10 ② -8 ③ -6 ④ -4 ⑤ -2

16 1191

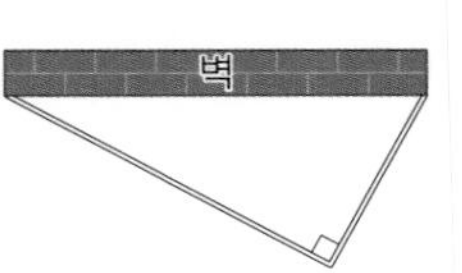

길이가 60 m인 철망을 사용하여 그림과 같이 벽면을 빗변으로 하는 직각삼각형 모양의 가축우리를 만들 때, 가축우리의 넓이의 최댓값은? (단, 벽면에는 철망을 사용하지 않고, 철망의 두께는 생각하지 않는다.) [3.5점]

① 250 m^2 ② 300 m^2 ③ 350 m^2 ④ 400 m^2 ⑤ 450 m^2

17 1192

이차함수 $y=x^2+(a^2-a-12)x+a-4$의 그래프와 x축의 두 교점의 x좌표가 절댓값이 같고 부호가 서로 다를 때, 상수 a의 값은? [4점]

① -4 ② -3 ③ 0
④ 3 ⑤ 4

18 1193

그림과 같이 이차함수 $y=x^2$의 그래프와 직선 $y=kx+2$가 두 점 A, B에서 만난다. 직선 $y=kx+2$가 y축과 만나는 점을 C라 할 때, $\overline{AC}:\overline{CB}=1:2$가 되도록 하는 양수 k의 값은? [4점]

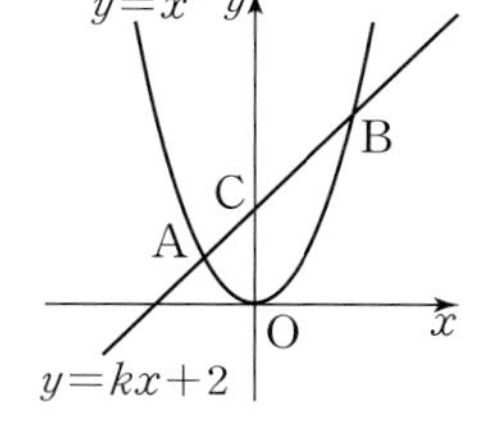

① $\frac{1}{4}$ ② $\frac{1}{2}$ ③ $\frac{\sqrt{2}}{2}$
④ 1 ⑤ $\sqrt{2}$

19 1194

$-1\leq x\leq 4$에서 함수 $y=|x^2-2x-3|$의 최댓값과 최솟값을 각각 M, m이라 할 때, $M+m$의 값은? [4점]

① 1 ② 3 ③ 5
④ 7 ⑤ 9

20 1195

그림과 같이 제1사분면 위의 점 P가 직선 $y=-2x+8$ 위에 있다. 점 P에서 x축에 내린 수선의 발을 H라 할 때, 삼각형 POH의 넓이의 최댓값은? (단, O는 원점이다.) [4점]

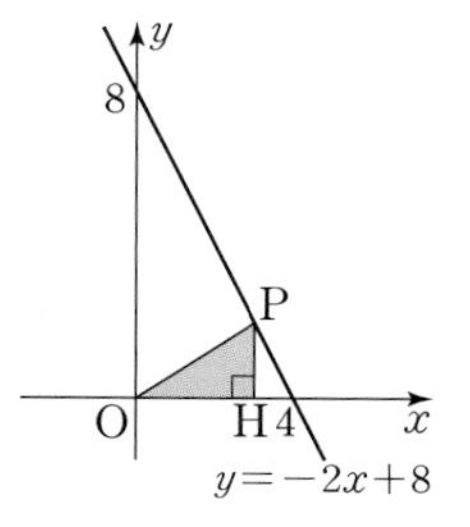

① 3 ② $\frac{7}{2}$
③ 4 ④ $\frac{9}{2}$
⑤ 5

21 1196

그림과 같이 밑변의 길이와 높이가 모두 10인 이등변삼각형 ABC에 내접하는 직사각형 DEFG의 넓이의 최댓값은? [4.5점]

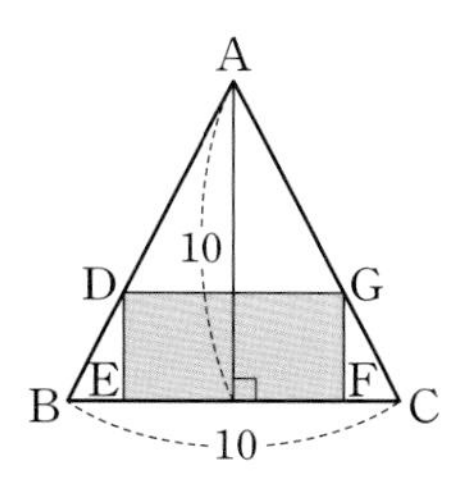

① 20 ② 25
③ 30 ④ 35
⑤ 40

서술형

22 1197

이차함수 $y=x^2+ax+2a$의 그래프와 x축의 두 교점을 A, B라 하자. $\overline{AB}=3$이 되도록 하는 상수 a의 값을 모두 구하는 과정을 서술하시오. [6점]

23 1198

함수 $y=(x^2+4x)^2+10x^2+40x$는 $x=a$에서 최솟값 m을 가질 때, am의 값을 구하는 과정을 서술하시오. [6점]

24 1199

두 이차함수 $f(x)=x^2-2x+k$, $g(x)=-2x^2+4x+21$의 그래프가 서로 다른 두 점 $A(\alpha,\ f(\alpha))$, $B(\beta,\ f(\beta))$에서 만난다. $\alpha^2+\beta^2=20$일 때, 이차방정식 $f(x)=0$의 두 근의 곱을 구하는 과정을 서술하시오. (단, k는 상수이다.) [8점]

25 1200

$-2\le x\le 4$에서 이차함수 $y=ax^2-4ax+a^2+8a$의 최댓값이 21이 되도록 하는 모든 상수 a의 값의 합을 구하는 과정을 서술하시오. [8점]

● 정답 및 풀이 203쪽

2회

점 / 100점

• 선택형 21문항, 서술형 4문항입니다.

1 1201

이차함수 $y=x^2+2x-8$의 그래프가 x축과 점 $(a,\ 0)$에서 만날 때, 양수 a의 값은? [3점]

① 1　② 2　③ 3　④ 4　⑤ 5

2 1202

이차함수 $y=x^2-6x+a$의 그래프가 x축에 접할 때, 상수 a의 값은? [3점]

① 6　② 7　③ 8　④ 9　⑤ 10

3 1203

이차함수 $y=x^2-4x+5$의 그래프와 직선 $y=2x+k$가 두 점 A, B에서 만난다. 점 A의 x좌표가 2일 때, 점 B의 좌표를 $(a,\ b)$라 하자. 이때 ab의 값은? (단, k는 상수이다.) [3점]

① 8　② 12　③ 16　④ 20　⑤ 24

4 1204

이차함수 $y=x^2+ax+b$의 그래프와 직선 $y=x-a$가 만나는 두 점의 x좌표의 합이 3, 곱이 -4일 때, 상수 a, b에 대하여 ab의 값은? [3점]

① -8　② -4　③ 2　④ 4　⑤ 8

5 1205

이차함수 $y=x^2-(k+2)x+k$의 그래프와 직선 $y=k(x-k)$가 만나도록 하는 실수 k의 최솟값은? [3점]

① -2　② -1　③ 0　④ 1　⑤ 2

6 1206

최댓값이 5인 이차함수 $y=-2x^2+4x-a+1$의 그래프가 y축과 만나는 점의 y좌표가 b일 때, $a+b$의 값은? (단, a는 상수이다.) [3점]

① 0　② 1　③ 2　④ 3　⑤ 4

7 1207

$1 \le x \le 4$에서 이차함수 $y=-x^2+4x+11$의 최댓값과 최솟값의 합은? [3점]

① 26 ② 27 ③ 28
④ 29 ⑤ 30

8 1208

$0 \le x \le 4$에서 이차함수 $f(x)=\frac{1}{2}x^2+x+k$의 최댓값이 M, 최솟값이 -3일 때, $k+M$의 값은? (단, k는 상수이다.) [3점]

① 2 ② 4 ③ 6
④ 8 ⑤ 10

9 1209

이차방정식 $ax^2-bx+c=0$의 두 근은 -2, 4이다. 이차함수 $y=-ax^2+bx-c$의 그래프가 x축과 만나는 두 점의 x좌표를 α, β라 할 때, $\alpha+\beta$의 값은?

(단, a, b, c는 상수이다.) [3.5점]

① -2 ② -1 ③ 0
④ 1 ⑤ 2

10 1210

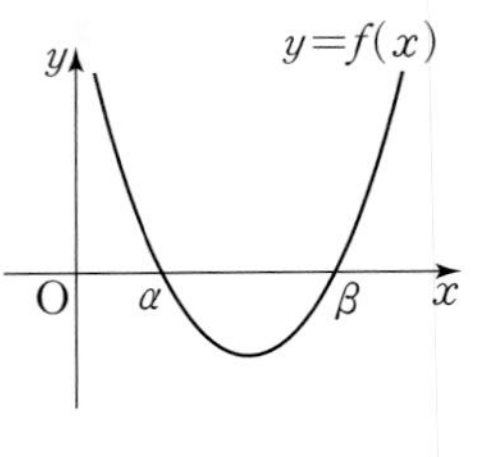

그림과 같이 이차함수 $y=f(x)$의 그래프와 x축의 두 교점의 x좌표가 α, β이고 $\alpha+\beta=3$일 때, 이차방정식 $f(x-1)=0$의 두 근의 합은? [3.5점]

① 1 ② 2 ③ 3
④ 4 ⑤ 5

11 1211

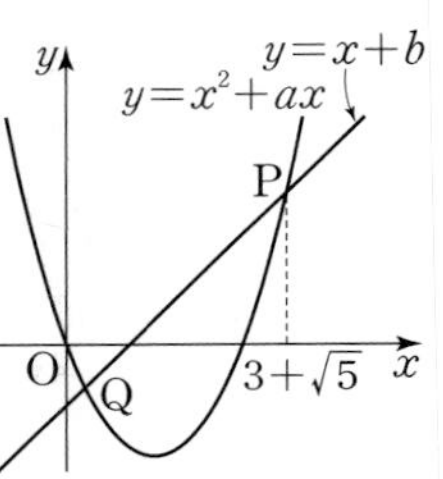

그림과 같이 이차함수 $y=x^2+ax$의 그래프와 직선 $y=x+b$가 서로 다른 두 점 P, Q에서 만나고, 점 P의 x좌표가 $3+\sqrt{5}$일 때, ab의 값은?

(단, a, b는 유리수이다.) [3.5점]

① 12 ② 14 ③ 16
④ 18 ⑤ 20

● 정답 및 풀이 205쪽

12 1212

이차함수 $y=x^2-2x-k$의 그래프와 직선 $y=3x+2$가 서로 다른 두 점 $A(x_1, y_1)$, $B(x_2, y_2)$에서 만난다.
$|x_1-x_2|=3$일 때, 상수 k의 값은? [3.5점]

① -6　② -3　③ 0
④ 3　⑤ 6

13 1213

이차함수 $y=x^2+ax+4b$의 그래프와 직선 $y=x+b^2+4$가 접할 때, $a+b$의 값은? (단, a, b는 실수이다.) [3.5점]

① 1　② 2　③ 3
④ 4　⑤ 5

14 1214

이차함수 $y=x^2+2ax+8a-6$의 최솟값을 m이라 할 때, m의 최댓값은? (단, a는 실수이다.) [3.5점]

① 8　② $\frac{17}{2}$　③ 9
④ $\frac{19}{2}$　⑤ 10

15 1215

최고차항의 계수가 1인 이차함수 $f(x)$가 다음 조건을 만족시킬 때, 함수 $f(x)$의 최솟값은? [3.5점]

> (가) 함수 $y=f(x)$의 그래프가 점 $(1, 6)$을 지난다.
> (나) 모든 실수 x에 대하여 $f(x)\ge f(-3)$이다.

① -10　② -9　③ -8
④ -7　⑤ -6

16 1216

실수 x, y에 대하여 $x^2+10y^2-6xy-4y+5$가 $x=p$, $y=q$에서 최솟값 m을 가질 때, $p+q+m$의 값은? [3.5점]

① 3　② 5　③ 7
④ 9　⑤ 11

17 1217

이차함수 $y=ax^2+bx+c$의 그래프는 꼭짓점의 좌표가 $(1, 9)$이고, x축과 두 점 A, B에서 만난다. 선분 AB의 길이가 6일 때, 상수 a, b, c에 대하여 abc의 값은? [4점]

① -16 ② -4 ③ 0
④ 4 ⑤ 16

18 1218

그림과 같이 이차함수 $y=-2x^2+4$의 그래프와 직선 $y=mx$가 서로 다른 두 점 A, B에서 만난다. 두 점 A, B에서 x축에 내린 수선의 발을 각각 C, D라 하자. 선분 AC와 선분 BD의 길이의 차가 8일 때, 양수 m의 값은? [4점]

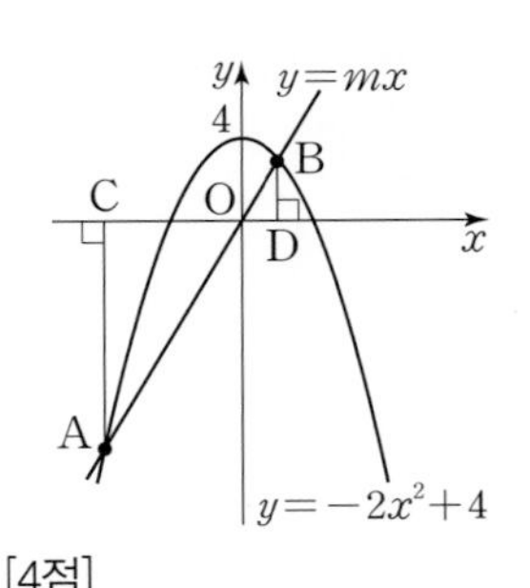

① 2 ② 3 ③ 4
④ 5 ⑤ 6

19 1219

함수 $y=\left[\frac{x}{3}\right]^2-6\left[\frac{x}{3}\right]+11$의 값이 최소가 되도록 하는 모든 정수 x의 값의 합은?

(단, $[x]$는 x보다 크지 않은 최대의 정수이다.) [4점]

① 10 ② 15 ③ 20
④ 25 ⑤ 30

20 1220

그림과 같이 이차함수 $y=-x^2+5$의 그래프 위의 두 점 A, B와 x축 위의 두 점 C, D를 꼭짓점으로 하는 직사각형 ABCD의 둘레의 길이의 최댓값은? (단, 점 A는 제1사분면 위에 있다.) [4점]

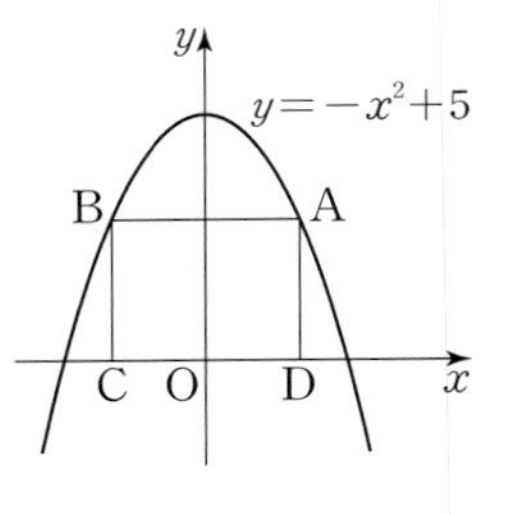

① 10 ② 11 ③ 12
④ 13 ⑤ 14

21 1221

그림과 같이 직각삼각형 ABC의 빗변 AC 위의 한 점 P에서 선분 BC에 내린 수선의 발을 Q라 할 때, 삼각형 PBQ의 넓이의 최댓값은? [4점]

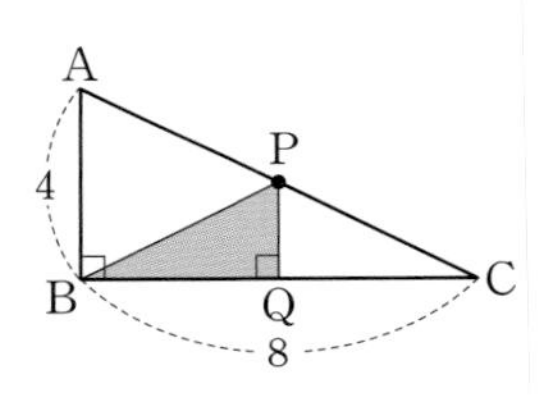

① 4 ② 5 ③ 6
④ 7 ⑤ 8

● 정답 및 풀이 206쪽

서술형

22 1222

이차함수 $y=x^2+6x+7$의 그래프를 x축의 방향으로 2만큼 y축의 방향으로 -3만큼 평행이동한 그래프는 직선 $y=(m-1)x$와 두 점 A, B에서 만난다. 두 점 A, B의 x좌표의 합이 0일 때, 상수 m의 값을 구하는 과정을 서술하시오. [6점]

23 1223

직선 $y=mx+1$이 두 이차함수 $y=x^2-4x+10$, $y=2x^2-2x+n$의 그래프에 모두 접할 때, 상수 m, n에 대하여 mn의 값을 구하는 과정을 서술하시오. (단, $m>0$) [6점]

24 1224

$1\le x\le 3$에서 정의된 함수

$$y=(x^2-2x+3)^2-6(x^2-2x+3)+1$$

은 $x=a$에서 최댓값 M을 가지고, $x=b$에서 최솟값 m을 가진다. $a+b+M+m$의 값을 구하는 과정을 서술하시오. [8점]

25 1225

어느 과학 체험관에서는 한 체험 시간에 최대 35명까지 예약자를 받고 예약자 수에 따라 입장료가 정해진다. 예약자가 20명 이하인 경우 입장료는 4000원이고 20명에서 1명씩 증가할 때마다 100원씩 할인하여 예약 신청이 완료되면 입장료가 정해진다고 한다. 이 과학 체험관의 한 체험 시간의 입장료 수입이 최대가 되게 하는 예약자 수를 구하는 과정을 서술하시오. [8점]

굴곡진 인생이라

볼만한 경치가 있고

꼬이는 인생이라

단단한 매듭이 있지

하루 매듭짓기

여러 가지 방정식 06

06

Ⅱ. 방정식

여러 가지 방정식

1 삼차방정식과 사차방정식의 풀이

핵심 1

(1) 삼차방정식과 사차방정식

다항식 $P(x)$가 x에 대한 삼차식, 사차식일 때, 방정식 $P(x)=0$을 각각 x에 대한 삼차방정식, 사차방정식이라 한다.

이때 방정식 $P(x)=0$은 다항식 $P(x)$를 인수분해한 후, 다음을 이용하여 푼다.

➜ $ABC=0$이면 $A=0$ 또는 $B=0$ 또는 $C=0$

➜ $ABCD=0$이면 $A=0$ 또는 $B=0$ 또는 $C=0$ 또는 $D=0$

(2) 삼차방정식과 사차방정식의 풀이

① 인수분해 공식을 이용한 풀이

인수분해 공식을 이용하여 다항식 $P(x)$를 인수분해한다.

② 인수정리를 이용한 풀이

다항식 $P(x)$에 대하여 $P(\alpha)=0$이면 $P(x)=(x-\alpha)Q(x)$임을 이용하여 $P(x)$를 인수분해한다.

③ 치환을 이용한 풀이

방정식에 공통부분이 있으면 공통부분을 한 문자로 치환하여 그 문자에 대한 방정식으로 변환한 후 인수분해한다.

Note

▶ 계수가 실수인 삼차방정식과 사차방정식은 복소수의 범위에서 각각 3개, 4개의 근을 가진다.

▶ $Q(x)$는 조립제법을 이용하여 구할 수 있다.

2 특수한 형태의 사차방정식의 풀이

핵심 2

(1) $x^4+ax^2+b=0\ (a\neq0)$ 꼴

① $x^2=X$로 치환한 후 좌변을 인수분해한다.

② $A^2-B^2=0$ 꼴로 변형한 후 좌변을 인수분해한다.

(2) $ax^4+bx^3+cx^2+bx+a=0\ (a\neq0)$ 꼴

양변을 x^2으로 나눈 후 $x+\frac{1}{x}=X$로 치환하여 X에 대한 이차방정식을 푼다.

▶ $x^4+ax^2+b=0\ (a\neq0)$ 꼴의 방정식을 복이차방정식이라 한다.

▶ 내림차순 또는 오름차순으로 정리하였을 때, 가운데 항을 중심으로 각 항의 계수가 대칭으로 같은 방정식을 상반방정식이라 한다.

3 삼차방정식의 근과 계수의 관계

핵심 3

(1) 삼차방정식의 근과 계수의 관계

삼차방정식 $ax^3+bx^2+cx+d=0$의 세 근을 $\alpha,\ \beta,\ \gamma$라 하면

$$\alpha+\beta+\gamma=-\frac{b}{a},\ \alpha\beta+\beta\gamma+\gamma\alpha=\frac{c}{a},\ \alpha\beta\gamma=-\frac{d}{a}$$

(2) 세 수를 근으로 하는 삼차방정식

세 수 $\alpha,\ \beta,\ \gamma$를 근으로 하고 x^3의 계수가 1인 삼차방정식은

$$(x-\alpha)(x-\beta)(x-\gamma)=0$$

➜ $x^3-(\alpha+\beta+\gamma)x^2+(\alpha\beta+\beta\gamma+\gamma\alpha)x-\alpha\beta\gamma=0$

▶ $ax^3+bx^2+cx+d=0$의 세 근을 $\alpha,\ \beta,\ \gamma$라 하면

ax^3+bx^2+cx+d
$=a(x-\alpha)(x-\beta)(x-\gamma)$
$=a\{x^3-(\alpha+\beta+\gamma)x^2+(\alpha\beta+\beta\gamma+\gamma\alpha)x-\alpha\beta\gamma\}$

4 삼차방정식의 켤레근

Note

삼차방정식 $ax^3+bx^2+cx+d=0$에서

(1) a, b, c, d가 유리수일 때, 한 근이 $p+q\sqrt{m}$이면 $p-q\sqrt{m}$도 근이다.

(단, p, q는 유리수, $q\neq0$, $\sqrt{m}$은 무리수)

(2) a, b, c, d가 실수일 때, 한 근이 $p+qi$이면 $p-qi$도 근이다.

(단, p, q는 실수, $q\neq0$, $i=\sqrt{-1}$)

▶ $q\neq0$일 때, $p+q\sqrt{m}$과 $p-q\sqrt{m}$, $p+qi$와 $p-qi$를 각각 켤레근이라 한다. 일반적으로 켤레근의 성질은 이차 이상의 방정식에서 모두 성립한다.

5 방정식 $x^3=1$, $x^3=-1$의 허근의 성질 핵심 4

(1) 방정식 $x^3=1$의 한 허근을 ω라 하면 다음 성질이 성립한다.

(단, $\overline{\omega}$는 ω의 켤레복소수이다.)

① $\omega^3=1$, $\omega^2+\omega+1=0$ ② $\omega+\overline{\omega}=-1$, $\omega\overline{\omega}=1$ ③ $\omega^2=\overline{\omega}=\dfrac{1}{\omega}$

(2) 방정식 $x^3=-1$의 한 허근을 ω라 하면 다음 성질이 성립한다.

(단, $\overline{\omega}$는 ω의 켤레복소수이다.)

① $\omega^3=-1$, $\omega^2-\omega+1=0$ ② $\omega+\overline{\omega}=1$, $\omega\overline{\omega}=1$ ③ $\omega^2=-\overline{\omega}=-\dfrac{1}{\omega}$

▶ $x^3=1$, 즉 $x^3-1=0$에서 $(x-1)(x^2+x+1)=0$이므로 ω는 $x^2+x+1=0$의 근이다.

▶ $\omega^2+\omega+1=0$에서 $\omega\neq0$이므로 ω로 양변을 나누면

$\omega+\dfrac{1}{\omega}=-1$

6 연립이차방정식의 풀이 핵심 5

(1) **미지수가 2개인 연립이차방정식**

미지수가 2개인 연립방정식에서 차수가 가장 높은 방정식이 이차방정식일 때, 이 연립방정식을 미지수가 2개인 연립이차방정식이라 한다.

(2) **연립이차방정식의 풀이**

① 일차방정식과 이차방정식으로 이루어진 연립이차방정식

일차방정식을 한 문자에 대하여 정리한 후 이차방정식에 대입하여 푼다.

② 두 이차방정식으로 이루어진 연립이차방정식

한 이차방정식에서 이차식을 두 일차식의 곱으로 인수분해한 후 이 일차방정식을 다른 이차방정식에 대입하여 푼다.

③ x, y에 대한 대칭식인 연립이차방정식

$x+y=u$, $xy=v$로 놓고 주어진 방정식을 u, v에 대한 연립방정식으로 바꾸어 방정식을 푼 후 x, y는 t에 대한 이차방정식 $t^2-ut+v=0$의 두 근임을 이용한다.

▶ 미지수가 2개인 연립이차방정식에는 다음 두 가지 꼴이 있다.

$\begin{cases}(\text{일차식})=0\\(\text{이차식})=0\end{cases}$, $\begin{cases}(\text{이차식})=0\\(\text{이차식})=0\end{cases}$

▶ x, y를 서로 바꾸어 대입해도 변하지 않는 식을 x, y에 대한 대칭식이라 한다.

7 부정방정식의 풀이 교육과정 외 핵심 6

(1) **정수 조건이 있는 부정방정식의 풀이**

(일차식)×(일차식)=(정수) 꼴로 변형한 후 두 일차식이 모두 정수임을 이용한다.

(2) **실수 조건이 있는 부정방정식의 풀이**

① 실수 A, B에 대하여 $A^2+B^2=0$ 꼴이면 $A=0$, $B=0$임을 이용한다.

② 한 문자에 대하여 내림차순으로 정리한 후 이차방정식의 판별식 $D\geq0$임을 이용한다.

▶ 방정식의 개수가 미지수의 개수보다 적을 때는 근이 무수히 많아서 그 근을 정할 수 없다. 이때 이러한 방정식을 부정방정식이라 한다.

핵심 1 삼차방정식과 사차방정식의 풀이 유형 1~3

● 인수분해 공식 이용하기

$x^3+8=0$ ← $8=2^3$

$(x+2)(x^2-2x+4)=0$

└ 인수분해 공식 $a^3+b^3=(a+b)(a^2-ab+b^2)$ 이용

$\therefore x=-2$ 또는 $x=1\pm\sqrt{3}i$

└ 근의 공식 이용

● 인수정리 이용하기

$x^3-4x^2+x+6=0$

└ $P(x)$로 놓으면 $P(-1)=0$

-1	1	-4	1	6
		-1	5	-6
	1	-5	6	0

$P(x)=(x+1)(x^2-5x+6)$

$=(x+1)(x-2)(x-3)$

$\therefore x=-1$ 또는 $x=2$ 또는 $x=3$

● 치환 이용하기

$(x^2-3x)^2-2(x^2-3x)-8=0$

└ 공통부분 ┘ $x^2-3x=X$로 치환

$X^2-2X-8=0$

$(X+2)(X-4)=0$

$\therefore X=-2$ 또는 $X=4$

즉, $x^2-3x+2=0$ 또는 $x^2-3x-4=0$

$(x-1)(x-2)=0$ 또는 $(x+1)(x-4)=0$

$\therefore x=1$ 또는 $x=2$ 또는 $x=-1$ 또는 $x=4$

1226 다음 삼차방정식을 푸시오.

(1) $x^3+x^2-6x=0$

(2) $2x^3+5x^2+x-2=0$

1227 다음 사차방정식을 푸시오.

(1) $x^4-81=0$

(2) $x^4+x^3-26x^2+24x=0$

(3) $(x^2+1)^2-9(x^2+1)-10=0$

핵심 2 특수한 형태의 사차방정식의 풀이 유형 4~5

● $x^4+ax^2+b=0$ 꼴

$x^4+6x^2+25=0$ ← 좌변이 인수분해되지 않는다.

$(x^4+10x^2+25)-4x^2=0$ ← 이차항을 적당히 분리

$(x^2+5)^2-(2x)^2=0$ ← $A^2-B^2=0$ 꼴로 변형

$(x^2+2x+5)(x^2-2x+5)=0$ ← $(A+B)(A-B)=0$

$\therefore x^2+2x+5=0$ 또는 $x^2-2x+5=0$

$\therefore x=-1\pm2i$ 또는 $x=1\pm2i$

● $ax^4+bx^3+cx^2+bx+a=0$ 꼴

$2x^4-x^3-6x^2-x+2=0$

$2x^2-x-6-\frac{1}{x}+\frac{2}{x^2}=0$ ← $x\neq0$이므로 양변을 x^2으로 나눈다.

$2\left(x^2+\frac{1}{x^2}\right)-\left(x+\frac{1}{x}\right)-6=0$

$2\left(x+\frac{1}{x}\right)^2-\left(x+\frac{1}{x}\right)-10=0$

$2X^2-X-10=0$ ← $x+\frac{1}{x}=X$로 치환

$(X+2)(2X-5)=0$

$\therefore X=-2$ 또는 $X=\frac{5}{2}$

$\therefore x=-1$(중근) 또는 $x=\frac{1}{2}$ 또는 $x=2$ ← X에 $x+\frac{1}{x}$을 대입하여 이차방정식 풀기

1228 사차방정식 $x^4-4x^2-5=0$을 푸시오.

1229 사차방정식 $x^4-3x^3+4x^2-3x+1=0$을 푸시오.

핵심 3 삼차방정식의 근과 계수의 관계 유형 8

삼차방정식의 근과 계수의 관계를 알아보자.

ax^3+bx^2+cx+d
$=a(x-\alpha)(x-\beta)(x-\gamma)$
$=a\{x^3-\underbrace{(\alpha+\beta+\gamma)}_{\text{세 근의 합}}x^2+\underbrace{(\alpha\beta+\beta\gamma+\gamma\alpha)}_{\text{두 근끼리의 곱의 합}}x-\underbrace{\alpha\beta\gamma}_{\text{세 근의 곱}}\}$

➜ ① $\alpha+\beta+\gamma=-\frac{b}{a}$ ② $\alpha\beta+\beta\gamma+\gamma\alpha=\frac{c}{a}$ ③ $\alpha\beta\gamma=-\frac{d}{a}$

삼차방정식 $x^3-x^2+3x+4=0$의 세 근을 α, β, γ라 할 때,
- $\alpha+\beta+\gamma=-\frac{-1}{1}=1$
- $\alpha\beta+\beta\gamma+\gamma\alpha=\frac{3}{1}=3$
- $\alpha\beta\gamma=-\frac{4}{1}=-4$

1230 삼차방정식 $2x^3+x^2-2x-3=0$의 세 근을 α, β, γ라 할 때, 다음 값을 구하시오.

(1) $\alpha+\beta+\gamma$
(2) $\alpha\beta+\beta\gamma+\gamma\alpha$
(3) $\alpha\beta\gamma$

1231 삼차방정식 $x^3-x^2+3x+4=0$의 세 근을 α, β, γ라 할 때, 다음 값을 구하시오.

(1) $\alpha^2+\beta^2+\gamma^2$
(2) $\frac{1}{\alpha}+\frac{1}{\beta}+\frac{1}{\gamma}$
(3) $(\alpha-1)(\beta-1)(\gamma-1)$

핵심 4 방정식 $x^3=1$, $x^3=-1$의 허근의 성질 유형 13~14

● **방정식 $x^3=1$의 허근**

- 방정식 $x^3=1$의 한 허근 ω ➜ $\omega^3=1$ ($x=\omega$ 대입)
- $x^3-1=0$ ➜ $(x-1)(x^2+x+1)=0$ ➜ $\omega^2+\omega+1=0$ (ω는 방정식 $x^2+x+1=0$의 한 허근)
- 방정식 $x^3=1$의 한 허근 ω ➜ 다른 한 근 $\overline{\omega}$ (켤레근)
- $\omega^2+\omega+1=0$의 두 근이 ω, $\overline{\omega}$ ➜ $\omega+\overline{\omega}=-1$, $\omega\overline{\omega}=1$
- $\omega^2=-\omega-1$에서 $\omega^2=\overline{\omega}=\frac{1}{\omega}$

● **방정식 $x^3=-1$의 허근**

- 방정식 $x^3=-1$의 한 허근 ω ➜ $\omega^3=-1$ ($x=\omega$ 대입)
- $x^3+1=0$ ➜ $(x+1)(x^2-x+1)=0$ ➜ $\omega^2-\omega+1=0$ (ω는 방정식 $x^2-x+1=0$의 한 허근)
- 방정식 $x^3=-1$의 한 허근 ω ➜ 다른 한 근 $\overline{\omega}$ (켤레근)
- $\omega^2-\omega+1=0$의 두 근이 ω, $\overline{\omega}$ ➜ $\omega+\overline{\omega}=1$, $\omega\overline{\omega}=1$
- $\omega^2=\omega-1$에서 $\omega^2=-\overline{\omega}=-\frac{1}{\omega}$

1232 방정식 $x^3=1$의 한 허근을 ω라 할 때, 다음 값을 구하시오.

(1) $\omega^2+\omega+1$
(2) $\omega\overline{\omega}$
(3) $\omega+\frac{1}{\omega}$

1233 방정식 $x^3=-1$의 한 허근을 ω라 할 때, 다음 값을 구하시오.

(1) $\omega^2-\omega+1$
(2) $\omega+\overline{\omega}$
(3) $\frac{\omega^2}{\omega-1}$

핵심 5 연립이차방정식 유형 17~18

● 일차방정식과 이차방정식으로 이루어진 연립이차방정식

$\begin{cases} 2x-y=1 \\ 3x^2-y^2=2 \end{cases}$ —한 문자에 대하여 정리→ $y=2x-1$ ······ ㉠ (대입)

$3x^2-(2x-1)^2=2$ —방정식 풀기→ $\therefore x=1$ 또는 $x=3$

이것을 ㉠에 대입하면

$x=1$일 때 $y=1$, $x=3$일 때 $y=5$

→ $\begin{cases} x=1 \\ y=1 \end{cases}$ 또는 $\begin{cases} x=3 \\ y=5 \end{cases}$

● 두 이차방정식으로 이루어진 연립이차방정식

$\begin{cases} x^2-4xy+3y^2=0 \\ x^2+3y^2=12 \end{cases}$ —인수분해→ $(x-y)(x-3y)=0$

$\therefore x=y$ 또는 $x=3y$ (대입)

(i) $x=y$일 때, $y^2+3y^2=12$ $\quad\therefore y=\pm\sqrt{3}$ (대입)

$y=-\sqrt{3}$일 때 $x=-\sqrt{3}$, $y=\sqrt{3}$일 때 $y=\sqrt{3}$

(ii) $x=3y$일 때, $(3y)^2+3y^2=12$ $\quad\therefore y=\pm1$ (대입)

$y=-1$일 때 $x=-3$, $y=1$일 때 $x=3$

→ $\begin{cases} x=-\sqrt{3} \\ y=-\sqrt{3} \end{cases}$ 또는 $\begin{cases} x=\sqrt{3} \\ y=\sqrt{3} \end{cases}$ 또는 $\begin{cases} x=-3 \\ y=-1 \end{cases}$ 또는 $\begin{cases} x=3 \\ y=1 \end{cases}$

1234 연립방정식 $\begin{cases} x-3y=0 \\ x^2+y^2=40 \end{cases}$을 푸시오.

1235 연립방정식 $\begin{cases} x^2-2xy-3y^2=0 \\ x^2+y^2=20 \end{cases}$을 푸시오.

(단, $xy<0$)

핵심 6 부정방정식 유형 23~24

● 방정식 $(x-1)(y+2)=1$을 만족시키는 정수 x, y의 순서쌍 (x, y)를 구해 보자.

두 정수를 곱해서 1이 되는 경우는 1×1, $(-1)\times(-1)$이므로

$x-1$	$y+2$		
1	1	$x-1=1$, $y+2=1$ →	$x=2$, $y=-1$
-1	-1	$x-1=-1$, $y+2=-1$ →	$x=0$, $y=-3$

● 방정식 $x^2+y^2-4x+2y+5=0$을 만족시키는 실수 x, y의 값을 구해 보자.

$x^2+y^2-4x+2y+5=0$ —$A^2+B^2=0$ 꼴로 변형→ $(x-2)^2+(y+1)^2=0$ —$A=0$, $B=0$임을 이용→ $x=2$, $y=-1$

1236 방정식 $xy-3x-2y+4=0$을 만족시키는 정수 x, y의 순서쌍 (x, y)를 모두 구하시오.

1237 방정식 $x^2+y^2+2x-6y+10=0$을 만족시키는 실수 x, y의 값을 구하시오.

● 정답 및 풀이 209쪽

기출 유형 check
실전 준비하기

25유형, 229문항입니다.

기초유형 0 연립일차방정식의 풀이 | 중2

(1) **대입법을 이용한 연립방정식의 풀이**
주어진 일차방정식 중 하나를 한 문자에 대하여 정리한 후 나머지 방정식에 대입하여 해를 구한다.
(2) **가감법을 이용한 연립방정식의 풀이**
미지수 중 하나의 계수의 절댓값이 같도록 하여 두 식을 더하거나 빼서 미지수를 소거한 후 해를 구한다.
(3) **$A=B=C$ 꼴의 방정식의 풀이**
$A=B=C$ 꼴의 방정식은
$\begin{cases} A=B \\ A=C \end{cases}$, $\begin{cases} A=B \\ B=C \end{cases}$, $\begin{cases} A=C \\ B=C \end{cases}$
의 세 가지 연립방정식 중 하나를 선택하여 푼다.

1238 대표문제

연립방정식 $\begin{cases} 2x+5y=6 \\ x=1-2y \end{cases}$의 해가 $x=a$, $y=b$일 때, $a+b$의 값은?

① -5　② -4　③ -3
④ -2　⑤ -1

1239 Level 1

연립방정식 $\begin{cases} x-3y=7 \\ 2x-3y=5 \end{cases}$의 해는?

① $x=-2$, $y=-3$　② $x=-2$, $y=3$
③ $x=-2$, $y=9$　④ $x=2$, $y=-3$
⑤ $x=2$, $y=3$

1240 Level 1

연립방정식 $\begin{cases} y=-x+4 \\ 2x-3y=8 \end{cases}$의 해가 $x=a$, $y=b$일 때, $a-b$의 값은?

① -4　② -2　③ 0
④ 2　⑤ 4

1241 Level 2

연립방정식 $\begin{cases} 2(x-y)+3y=4 \\ 4(x-2y)-3(2x+y)=3x+7 \end{cases}$을 만족시키는 x, y에 대하여 $3x+2y$의 값은?

① 3　② 5　③ 7
④ 9　⑤ 11

1242 Level 2

다음 방정식을 푸시오.

$$2(x-3)+3y=3x-2y=4x-5y+2$$

실전유형 1 삼차방정식의 풀이 빈출유형

(1) 인수분해 공식을 이용
방정식 $P(x)=0$에서 인수분해 공식을 이용하여 $P(x)$를 인수분해한 후 푼다.

(2) 인수정리를 이용
방정식 $P(x)=0$에서 다항식 $P(x)$에 대하여 $P(\alpha)=0$을 만족시키는 α의 값을 찾아서 $P(x)=(x-\alpha)Q(x)$로 인수분해한 후 푼다.

1243 대표문제

삼차방정식 $x^3-3x^2-x+3=0$의 가장 큰 근을 α, 가장 작은 근을 β라 할 때, $\alpha+\beta$의 값을 구하시오.

1244 Level 1

다음 중 삼차방정식 $x^3+x^2-4x-4=0$의 근이 아닌 것을 모두 고르면? (정답 2개)

① -2 ② -1 ③ 1
④ 2 ⑤ 4

1245 Level 1

삼차방정식 $2x^3+3x^2-11x-6=0$의 세 실근 중 가장 큰 근을 α, 가장 작은 근을 β라 할 때, $\alpha^2+\beta^2$의 값은?

① 1 ② 4 ③ 5
④ 10 ⑤ 13

1246 Level 1

삼차방정식 $x^3-3x^2+6x-4=0$의 해가 $x=a$ 또는 $x=b\pm\sqrt{c}i$이다. 유리수 a, b, c에 대하여 $a+b+c$의 값은?

① 1 ② 2 ③ 3
④ 4 ⑤ 5

1247 Level 2

삼차방정식 $x^3+2x^2+2x+1=0$의 두 허근을 α, β라 할 때, $\alpha+\beta$의 값은?

① -1 ② 1 ③ 3
④ 5 ⑤ 7

1248 Level 2

삼차방정식 $x^3-4x^2+7x-6=0$의 두 허근을 α, β라 할 때, $(1-\alpha)(1-\beta)$의 값은?

① -2 ② -1 ③ 1
④ 2 ⑤ 3

● 정답 및 풀이 210쪽

1249

Level 2

삼차방정식 $x^3-8=0$에 대한 설명으로 〈**보기**〉에서 옳은 것만을 있는 대로 고른 것은?

〈보기〉

ㄱ. 실근은 2이다.
ㄴ. 복소수 범위에서 서로 다른 근의 개수는 3이다.
ㄷ. 모든 허근의 합은 2이다.

① ㄱ ② ㄴ ③ ㄱ, ㄴ
④ ㄴ, ㄷ ⑤ ㄱ, ㄴ, ㄷ

1250

Level 2

$z=x^2-x-2+(2x^3+3x^2-8x+3)i$에 대하여 $z-\overline{z}=0$이 되도록 하는 모든 양수 x의 값의 합을 구하시오.

(단, $\overline{z}$는 z의 켤레복소수이다.)

다음은 이 유형에서 출제된 최근 교육청 • 평가원 기출문제입니다.

1251 • 교육청 2017년 6월

Level 1

삼차방정식 $x^3-2x^2-5x+6=0$의 세 실근 α, β, γ $(\alpha<\beta<\gamma)$에 대하여 $\alpha+\beta+2\gamma$의 값은?

① 3 ② 4 ③ 5
④ 6 ⑤ 7

1252 • 교육청 2021년 6월

Level 2

삼차방정식 $x^3+x-2=0$의 서로 다른 두 허근을 α, β라 할 때, $\dfrac{\beta}{\alpha}+\dfrac{\alpha}{\beta}$의 값은?

① $-\dfrac{7}{2}$ ② $-\dfrac{5}{2}$ ③ $-\dfrac{3}{2}$
④ $-\dfrac{1}{2}$ ⑤ $\dfrac{1}{2}$

1253 • 교육청 2019년 3월

Level 2

복소수 $z=a+bi$ (a, b는 실수)가 다음 조건을 만족시킬 때, $a+b$의 값은?

(단, $i=\sqrt{-1}$이고, $\overline{z}$는 z의 켤레복소수이다.)

(가) z는 방정식 $x^3-3x^2+9x+13=0$의 근이다.
(나) $\dfrac{z-\overline{z}}{i}$는 음의 실수이다.

① -3 ② -1 ③ 1
④ 3 ⑤ 5

1254 • 교육청 2018년 3월

Level 2

x에 대한 방정식 $(1+x)(1+x^2)(1+x^4)=x^7+x^6+x^5+x^4$의 세 근을 각각 α, β, γ라 할 때, $\alpha^4+\beta^4+\gamma^4$의 값은?

① 3 ② 7 ③ 11
④ 15 ⑤ 19

실전유형 2 사차방정식의 풀이

사차방정식 $P(x)=0$에 대하여
❶ 인수정리를 이용하여 좌변을 인수분해한다.
→ $P(\alpha)=0$이면 $P(x)=(x-\alpha)Q(x)$
❷ $ABCD=0$이면 $A=0$ 또는 $B=0$ 또는 $C=0$ 또는 $D=0$임을 이용하여 해를 구한다.

1255 대표문제

사차방정식 $x^4+x^3-7x^2-x+6=0$의 네 실근 중 가장 큰 근을 α, 가장 작은 근을 β라 할 때, $\alpha-\beta$의 값은?

① 1 ② 2 ③ 3
④ 4 ⑤ 5

1256 Level 1

다음 중 사차방정식 $x^4-x^3-6x^2+2x+4=0$의 근이 아닌 것은?

① -2 ② $1-\sqrt{3}$ ③ 1
④ 2 ⑤ $1+\sqrt{3}$

1257 Level 1

사차방정식 $2x^4+3x^3-3x^2-2x=0$의 네 실근 중 가장 큰 근을 α, 가장 작은 근을 β라 할 때, $\alpha+\beta$의 값은?

① $-\frac{3}{2}$ ② -1 ③ $-\frac{1}{2}$
④ $\frac{1}{2}$ ⑤ 1

1258 Level 1

사차방정식 $x^4+2x^3+3x^2-2x-4=0$의 모든 실근의 곱은?

① -4 ② -1 ③ 2
④ 4 ⑤ 8

1259 Level 1

사차방정식 $x^4+4x^3+3x^2-2x-6=0$의 모든 허근의 합은?

① -10 ② -8 ③ -6
④ -4 ⑤ -2

1260 Level 2

사차방정식 $x^4-6x^2+7x-6=0$의 두 허근을 α, β라 할 때, $\alpha\beta$의 값을 구하시오.

1261 Level 2

사차방정식 $x^4-2x^3-13x^2+14x+24=0$의 네 근을 α, β, γ, δ라 할 때, $(1-\alpha)(1-\beta)(1-\gamma)(1-\delta)$의 값은?

① 16 ② 20 ③ 24
④ 28 ⑤ 32

1262

Level 2

사차방정식 $x^4-4x^3+3x^2+2x-6=0$의 두 허근을 α, β라 할 때, $\alpha^2+\beta^2$의 값은?

① -8 ② -4 ③ 0
④ 4 ⑤ 8

1263

Level 2

사차방정식 $x^4-2x^2+3x-2=0$의 두 실근을 α, β, 두 허근을 γ, δ라 할 때, $\alpha+\beta+\gamma^2+\delta^2$의 값은?

① -5 ② -4 ③ -3
④ -2 ⑤ -1

1264

Level 2

사차식 $x^4+x^3+ax^2+bx+6$이 이차식 $(x+1)(x-2)$를 인수로 가질 때, 사차방정식 $6x^4+bx^3+ax^2+x+1=0$의 모든 실근의 합은? (단, a, b는 실수이다.)

① $\frac{1}{6}$ ② $\frac{3}{8}$ ③ $\frac{7}{12}$
④ $\frac{19}{24}$ ⑤ 1

실전유형 3 공통부분이 있는 사차방정식의 풀이

(1) 공통부분이 있는 사차방정식
➜ 공통부분을 한 문자로 치환하여 그 문자에 대한 방정식으로 변형한 후 인수분해하여 방정식을 푼다.
(2) $(x+a)(x+b)(x+c)(x+d)=k$ 꼴의 사차방정식
➜ 두 일차식의 상수항의 합이 서로 같아지도록 두 일차식끼리 짝을 지어 전개한 후 공통부분을 한 문자로 치환하여 방정식을 푼다.

1265 대표문제

다음 중 방정식 $(x^2-2x+2)^2-9(x^2-2x+2)-10=0$의 근이 아닌 것은?

① -4 ② -2 ③ $1-\sqrt{2}i$
④ $1+\sqrt{2}i$ ⑤ 4

1266

Level 1

방정식 $(x^2-5x)(x^2-5x+11)+28=0$의 모든 실근의 합은?

① 4 ② 5 ③ 6
④ 7 ⑤ 8

1267

Level 1

방정식 $(x^2-6x)(x^2-6x+1)-56=0$의 모든 양의 실근의 합을 구하시오.

1268

Level 1

방정식 $(x^2+x)^2-8(x^2+x)+12=0$의 모든 실근의 곱은?

① -12 ② -4 ③ 4
④ 12 ⑤ 20

1269

Level 1

방정식 $(x^2-3x)(x^2-3x+2)-3=0$의 모든 허근의 합은?

① -3 ② -1 ③ 0
④ 1 ⑤ 3

1270

Level 2

방정식 $(x^2-4x)^2+4(x^2-4x)-12=0$의 네 근을 α, β, γ, δ라 할 때, $\alpha^3+\beta^3+\gamma^3+\delta^3$의 값은?

① 44 ② 80 ③ 116
④ 152 ⑤ 188

1271

Level 2

방정식 $(x^2+2x+3)^2-2(x^2+2x+3)-8=0$의 모든 실근의 곱을 a, 모든 허근의 곱을 b라 할 때, $b-a$의 값은?

① -6 ② -3 ③ 0
④ 3 ⑤ 6

1272

Level 2

방정식 $x(x+1)(x+2)(x+3)=24$의 모든 실근의 합은?

① -6 ② -3 ③ -1
④ 3 ⑤ 6

1273

Level 2

방정식 $x(x-1)(x-2)(x-3)-8=0$의 모든 허근의 곱은?

① -6 ② -4 ③ 4
④ 6 ⑤ 8

● 정답 및 풀이 216쪽

1274

Level 2

방정식 $x(x-3)(x+2)(x+5)+14=0$의 모든 근의 곱을 구하시오.

1275

Level 2

방정식 $(x-1)(x-3)(x+2)(x+4)+16=0$의 네 근을 α, β, γ, δ라 할 때, $\alpha^2+\beta^2+\gamma^2+\delta^2$의 값은?

① 10 ② 20 ③ 30
④ 40 ⑤ 50

1276

Level 2

방정식 $(x^2-1)(x^2+2x)=3$의 모든 실근의 곱을 a, 모든 허근의 합을 b라 할 때, $a-b$의 값은?

① -2 ② -1 ③ 0
④ 1 ⑤ 2

실전유형 4 $x^4+ax^2+b=0$ 꼴의 사차방정식의 풀이

사차방정식 $x^4+ax^2+b=0$에서 $x^2=X$로 치환하여

(1) 좌변인 X^2+aX+b가 인수분해되면
→ X에 대한 이차식을 인수분해한 후 X에 x^2을 대입하여 정리한다.

(2) 좌변인 X^2+aX+b가 인수분해되지 않으면
→ $x^4+ax^2+b=0$을 $A^2-B^2=0$ 꼴로 변형한 후 좌변을 인수분해한다.

1277 대표문제

사차방정식 $x^4-5x^2-14=0$의 두 실근의 곱은?

① -7 ② -6 ③ -5
④ -4 ⑤ -3

1278

Level 1

사차방정식 $x^4-3x^2-4=0$의 한 허근을 α라 할 때, α^2의 값은?

① -5 ② -4 ③ -3
④ -2 ⑤ -1

1279

Level 1

사차방정식 $x^4-12x^2-64=0$의 두 실근이 α, β일 때, $|\alpha\beta|$의 값은?

① 4 ② 9 ③ 16
④ 25 ⑤ 36

1280

Level 1

사차방정식 $x^4-10x^2+9=0$의 모든 실근의 곱은?

① 6　② 7　③ 8　④ 9　⑤ 10

1281

Level 2

사차방정식 $x^4-2x^2-8=0$의 두 허근을 α, β라 할 때, $\alpha^2+\beta^2$의 값은?

① -4　② -2　③ -1　④ 2　⑤ 4

1282

Level 2

사차방정식 $x^4-13x^2+4=0$의 네 실근 중 가장 큰 근을 α, 가장 작은 근을 β라 할 때, $\alpha-\beta$의 값은?

① 3　② $2\sqrt{17}$　③ 6　④ $3-\sqrt{17}$　⑤ $3+\sqrt{17}$

1283

Level 2

사차방정식 $x^4-20x^2+4=0$의 네 근을 α, β, γ, δ라 할 때, $\frac{1}{\alpha}+\frac{1}{\beta}+\frac{1}{\gamma}+\frac{1}{\delta}$의 값을 구하시오.

1284

Level 2

사차방정식 $x^4-6x^2+1=0$을 만족시키는 양의 실수 x에 대하여 $x+\frac{1}{x}$의 값을 구하시오.

다음은 이 유형에서 출제된 최근 교육청 • 평가원 기출문제입니다.

1285

고난도 • 교육청 2019년 9월

Level 3

9 이하의 자연수 n에 대하여 다항식 $P(x)$가 $P(x)=x^4+x^2-n^2-n$일 때, 〈**보기**〉에서 옳은 것만을 있는 대로 고른 것은?

〈보기〉

ㄱ. $P(\sqrt{n})=0$

ㄴ. 방정식 $P(x)=0$의 실근의 개수는 2이다.

ㄷ. 모든 정수 k에 대하여 $P(k)\neq 0$이 되도록 하는 모든 n의 값의 합은 31이다.

① ㄱ　② ㄷ　③ ㄱ, ㄴ　④ ㄴ, ㄷ　⑤ ㄱ, ㄴ, ㄷ

+Plus 문제

실전 유형 5 $ax^4+bx^3+cx^2+bx+a=0\ (a\neq0)$ 꼴의 사차방정식의 풀이

사차방정식 $ax^4+bx^3+cx^2+bx+a=0$은 다음과 같은 순서로 푼다.

❶ 양변을 x^2으로 나눈다.

❷ $x+\frac{1}{x}=X$로 치환한 후 X에 대한 이차방정식을 푼다.

❸ ❷에서 구한 X의 값을 $x+\frac{1}{x}=X$에 대입하여 x의 값을 구한다.

1286 대표문제

사차방정식 $x^4-4x^3-10x^2-4x+1=0$의 모든 양의 실근의 합은?

① 2　② 3　③ 4　④ 5　⑤ 6

1287 Level 2

사차방정식 $x^4+8x^3+17x^2+8x+1=0$을 만족시키는 x에 대하여 $x+\frac{1}{x}=k$라 할 때, 모든 k의 값의 합은?

① -15　② -8　③ 1　④ 8　⑤ 15

1288 Level 2

사차방정식 $x^4-9x^3+20x^2-9x+1=0$의 네 실근은 $x=\frac{a\pm\sqrt{5}}{2}$ 또는 $x=3\pm b\sqrt{2}$이다. 유리수 a, b에 대하여 $a-b$의 값을 구하시오.

1289 Level 2

사차방정식 $x^4+5x^3-4x^2+5x+1=0$의 한 실근을 α라 할 때, $\alpha+\frac{1}{\alpha}$의 값은?

① -6　② -3　③ -1　④ 1　⑤ 3

1290 Level 2

사차방정식 $x^4+8x^3+9x^2+8x+1=0$의 한 허근을 α라 할 때, $\alpha^2+\alpha$의 값은?

① -8　② -7　③ -1　④ 1　⑤ 7

1291 Level 2

사차방정식 $x^4-6x^3+7x^2-6x+1=0$의 두 실근을 α, β라 할 때, $(\alpha-\beta)^2$의 값은?

① 19　② 21　③ 23　④ 25　⑤ 27

실전유형 6 근이 주어진 삼차방정식과 사차방정식 빈출유형

(1) 삼차방정식 $P(x)=0$의 한 근이 α이다.
→ $P(\alpha)=0$
→ $P(x)=(x-\alpha)Q(x)$

(2) 사차방정식 $P(x)=0$의 두 근이 α, β이다.
→ $P(\alpha)=0$, $P(\beta)=0$
→ $P(x)=(x-\alpha)(x-\beta)Q(x)$

1292 대표문제

삼차방정식 $3x^3+x^2+kx-1=0$의 한 근이 -1일 때, 나머지 두 근의 합은? (단, k는 상수이다.)

① $-\frac{2}{3}$ ② $-\frac{1}{3}$ ③ $\frac{1}{3}$
④ $\frac{2}{3}$ ⑤ $\frac{4}{3}$

1293 Level 1

삼차방정식 $x^3+kx^2-(k-2)x=0$의 한 근이 -2일 때, 상수 k의 값은?

① -2 ② -1 ③ 0
④ 1 ⑤ 2

1294 Level 1

사차방정식 $x^4+3x^3-2x^2+ax+b=0$의 두 근이 -1, 1일 때, 상수 a, b에 대하여 ab의 값은?

① -3 ② -2 ③ 0
④ 2 ⑤ 3

1295 Level 2

삼차방정식 $x^3-2x^2-5x+k=0$의 한 근이 1이고, 나머지 두 근을 α, β라 할 때, $k+\alpha+\beta$의 값은? (단, k는 상수이다.)

① 3 ② 4 ③ 5
④ 6 ⑤ 7

1296 Level 2

삼차방정식 $x^3+ax^2+bx-6=0$의 두 근이 -1, 3일 때, 나머지 한 근은? (단, a, b는 상수이다.)

① -3 ② -2 ③ -1
④ 1 ⑤ 2

1297 Level 2

삼차방정식 $x^3+ax^2+bx+6=0$의 한 근이 2이고, 나머지 두 근의 제곱의 합이 6일 때, 상수 a, b에 대하여 ab의 값은?

① 3 ② 6 ③ 9
④ 12 ⑤ 15

1298

Level 2

사차방정식 $x^4+ax^3+bx=0$의 두 근이 -2, 1일 때, 이차방정식 $x^2+ax+b=0$의 두 근의 합은?

(단, a, b는 상수이다.)

① -1　② -2　③ -3　④ -4　⑤ -5

1299

Level 2

사차방정식 $x^4+ax^3-11x^2-ax+b=0$의 두 근이 1, 2일 때, 나머지 두 근의 합은? (단, a, b는 상수이다.)

① -6　② -5　③ -4　④ -3　⑤ -2

1300

Level 2

사차방정식 $x^4-ax^3-12x^2+(4a+1)x-15=0$의 한 근이 -3일 때, 나머지 세 근 중 두 허근의 합은?

(단, a는 상수이다.)

① -2　② -1　③ 0　④ 1　⑤ 2

1301

Level 2

사차방정식 $x^4+7x^3-2x^2+ax+b=0$의 한 근이 i일 때, 실수 a, b에 대하여 $a+b$의 값을 구하시오.

1302

Level 2

사차방정식 $x^4+ax^3-x^2+5x+b=0$의 한 근이 $1+\sqrt{2}$일 때, 다음 중 다항식 bx^3-x^2+ax+b의 인수인 것은?

(단, a, b는 유리수이다.)

① $x+1$　② $x+2$　③ $2x^2-x-2$　④ $2x^2+x-2$　⑤ $2x^2+x+1$

1303

Level 3

삼차방정식 $ax^3-bx^2-cx+d=0$의 한 근을 α $(\alpha\neq0)$라 할 때, 〈**보기**〉에서 옳은 것만을 있는 대로 고른 것은?

(단, a, b, c, d는 상수이다.)

〈**보기**〉

ㄱ. $-\alpha$는 방정식 $-ax^3-bx^2+cx+d=0$의 근이다.

ㄴ. $\dfrac{1}{\alpha}$은 방정식 $dx^3-cx^2-bx+a=0$의 근이다.

ㄷ. $-\dfrac{1}{\alpha}$은 방정식 $-dx^3-cx^2+bx+a=0$의 근이다.

① ㄱ　② ㄴ　③ ㄱ, ㄴ　④ ㄴ, ㄷ　⑤ ㄱ, ㄴ, ㄷ

다음은 이 유형에서 출제된 최근 교육청 • 평가원 기출문제입니다.

1304 • 교육청 2019년 6월

Level 2

x에 대한 삼차방정식 $x^3-x^2+kx-k=0$이 허근 $3i$와 실근 α를 가질 때, $k+\alpha$의 값을 구하시오.

(단, k는 실수이고, $i=\sqrt{-1}$이다.)

1305 • 교육청 2018년 6월

Level 2

x에 대한 삼차방정식 $ax^3+x^2+x-3=0$의 한 근이 1일 때, 나머지 두 근의 곱은? (단, a는 상수이다.)

① 1 ② 2 ③ 3
④ 4 ⑤ 5

1306 • 교육청 2017년 6월

Level 2

x에 대한 사차방정식 $x^4-x^3+ax^2+x+6=0$의 한 근이 -2일 때, 네 실근 중 가장 큰 것을 b라 하자. $a+b$의 값은?

(단, a는 상수이다.)

① -7 ② -6 ③ -5
④ -4 ⑤ -3

심화유형 7 삼차방정식의 근의 판별

빈출유형

삼차방정식을 $(x-\alpha)(ax^2+bx+c)=0$ 꼴로 변형한 후 이차방정식 $ax^2+bx+c=0$의 판별식 D를 이용한다.

(1) 세 근이 모두 실수이다.
→ $D\geq0$

(2) 한 개의 실근 α와 두 개의 허근을 가진다.
→ $D<0$

(3) 중근을 가진다.
→ $D=0$ 또는 $a\alpha^2+b\alpha+c=0$

1307 대표문제

삼차방정식 $x^3+3x^2+(k-3)x-k-1=0$의 근이 모두 실수가 되도록 하는 실수 k의 값의 범위를 구하시오.

1308

Level 2

삼차방정식 $x^3-2x^2+(k-2)x-2k+4=0$의 근이 모두 실수가 되도록 하는 실수 k의 값의 범위가 $k\leq a$일 때, a의 값은?

① -3 ② -2 ③ -1
④ 1 ⑤ 2

1309

Level 2

삼차방정식 $x^3+x^2+(k-2)x+2k=0$이 한 개의 실근과 두 개의 허근을 갖도록 하는 정수 k의 최솟값은?

① 1 ② 2 ③ 3
④ 4 ⑤ 5

1310

Level 2

삼차방정식 $x^3-3x^2+(3k+2)x-6k=0$이 서로 다른 세 실근을 가질 때, 양수 k의 값의 범위는?

① $k>0$ ② $k>\frac{1}{12}$ ③ $k>1$

④ $\frac{1}{6}<k<1$ ⑤ $0<k<\frac{1}{12}$

1311

Level 2

삼차방정식 $x^3+3x^2+kx-k-4=0$의 서로 다른 실근의 개수가 2일 때, 가능한 모든 실수 k의 값의 합은?

① -9 ② -7 ③ -5

④ -3 ⑤ 0

1312

Level 2

삼차방정식 $x^3-kx^2+2(k-1)x-4=0$이 중근을 갖도록 하는 모든 실수 k의 값의 곱은?

① -20 ② -10 ③ -5

④ 10 ⑤ 20

1313

Level 2

삼차방정식 $x^3+(4-k)x^2-\frac{7}{2}kx-\frac{k^2}{2}=0$이 허근을 가질 때, 실수 k의 값의 범위를 구하시오.

1314

Level 3

a와 x는 실수이고 $x^3+x^2+(ai-2)x-ai$는 허수이다. 이때 $x^3+x^2+(ai-2)x-ai$의 실수부분을 $f(x)$, 허수부분을 $g(x)$라 하자. x에 대한 방정식 $f(x)+g(x)=0$의 근이 존재하기 위한 a의 값 중 가장 큰 정수는? (단, $i=\sqrt{-1}$)

① -1 ② 0 ③ 1

④ 2 ⑤ 3

다음은 이 유형에서 출제된 최근 교육청 • 평가원 기출문제입니다.

1315 • 교육청 2021년 3월

Level 2

삼차방정식 $x^3-5x^2+(a+4)x-a=0$의 서로 다른 실근의 개수가 2가 되도록 하는 모든 실수 a의 값의 합을 구하시오.

+Plus 문제

1316 · 교육청 2018년 6월

Level 2

다음은 x에 대한 삼차방정식 $2x^3-5x^2+(k+3)x-k=0$의 서로 다른 세 실근이 직각삼각형의 세 변의 길이일 때, 상수 k의 값을 구하는 과정의 일부이다.

> 삼차방정식 $2x^3-5x^2+(k+3)x-k=0$에서
>
> $(x-1)($ (가) $+k)=0$
>
> 이므로 삼차방정식 $2x^3-5x^2+(k+3)x-k=0$의 서로 다른 세 실근은 1과 이차방정식 (가) $+k=0$의 두 근이다.
>
> 이차방정식 (가) $+k=0$의 두 근을 α, β $(\alpha>\beta)$라 하자. 1, α, β가 직각삼각형의 세 변의 길이가 되는 경우는 다음과 같이 2가지로 나눌 수 있다.
>
> (i) 빗변의 길이가 1인 경우
>
> $\alpha^2+\beta^2=1$이므로 $(\alpha+\beta)^2-2\alpha\beta=1$이다.
>
> 그러므로 $k=$ (나) 이다.
>
> 그런데 (가) $+k=0$에서 판별식 $D<0$이므로 α, β는 실수가 아니다.
>
> 따라서 1, α, β는 직각삼각형의 세 변의 길이가 될 수 없다.
>
> (ii) 빗변의 길이가 α인 경우
>
> $1+\beta^2=\alpha^2$이므로 $(\alpha+\beta)(\alpha-\beta)=1$이다.
>
> 그러므로 $k=$ (다) 이다.
>
> 이때 1, α, β는 직각삼각형의 세 변의 길이가 될 수 있다.
>
> 따라서 (i)과 (ii)에 의하여 $k=$ (다) 이다.

위의 (가)에 알맞은 식을 $f(x)$라 하고, (나), (다)에 알맞은 수를 각각 p, q라 할 때, $f(3)\times\frac{q}{p}$의 값은?

① $\frac{13}{2}$ ② $\frac{15}{2}$ ③ $\frac{17}{2}$
④ $\frac{19}{2}$ ⑤ $\frac{21}{2}$

실전유형 8 삼차방정식의 근과 계수의 관계

빈출유형

삼차방정식 $ax^3+bx^2+cx+d=0$의 세 근을 α, β, γ라 하면

(1) $\alpha+\beta+\gamma=-\frac{b}{a}$

(2) $\alpha\beta+\beta\gamma+\gamma\alpha=\frac{c}{a}$

(3) $\alpha\beta\gamma=-\frac{d}{a}$

1317 대표문제

삼차방정식 $x^3-3x+2=0$의 세 근을 α, β, γ라 할 때, $\alpha^2+\beta^2+\gamma^2$의 값은?

① 4 ② 6 ③ 8
④ 10 ⑤ 12

1318

Level 2

삼차방정식 $x^3+3x^2+3x+2=0$의 세 근을 α, β, γ라 할 때, $(\alpha+\beta)(\beta+\gamma)(\gamma+\alpha)$의 값은?

① -11 ② -7 ③ -3
④ 7 ⑤ 11

1319

Level 2

삼차방정식 $x^3-3x^2-2x+1=0$의 세 근을 α, β, γ라 할 때, $\alpha^3+\beta^3+\gamma^3$의 값은?

① 36 ② 39 ③ 42
④ 45 ⑤ 48

1320

Level 2

삼차방정식 $x^3-2x^2-2x+12=0$의 세 근을 $\alpha-2$, $\beta+1$, $\gamma+2$라 할 때, $(\alpha-1)(\beta+2)(\gamma+3)$의 값은?

① -12 ② -11 ③ -10
④ -9 ⑤ -8

1321

Level 2

삼차방정식 $x^3-10x^2+ax+b=0$의 세 근의 비가 $2:3:5$일 때, 상수 a, b에 대하여 $a+b$의 값은?

① 1 ② 2 ③ 3
④ 4 ⑤ 5

1322

Level 2

상수 k에 대하여 삼차방정식 $x^3+kx^2-7x+6=0$의 세 근을 1, α, β라 할 때, $k+2\alpha+\beta$의 값은? (단, $\beta<1<\alpha$이다.)

① -2 ② -1 ③ 0
④ 1 ⑤ 2

1323

Level 2

삼차방정식 $x^3+ax^2+bx+c=0$의 세 근을 α, β, γ라 할 때, 삼차방정식 $x^3-4x^2+3x-1=0$의 세 근은 $\frac{1}{\alpha\beta}$, $\frac{1}{\beta\gamma}$, $\frac{1}{\gamma\alpha}$이다. 상수 a, b, c에 대하여 $a^2+b^2+c^2$의 값을 구하시오.

1324 고난도

Level 3

삼차방정식 $3x^3+(2a-6)x^2+(b^2-4a)x-2b^2=0$이 서로 다른 세 실근을 가진다. 세 실근의 합이 8이 되도록 하는 정수 a, b에 대하여 순서쌍 (a, b)의 개수는?

① 5 ② 8 ③ 11
④ 14 ⑤ 17

다음은 이 유형에서 출제된 최근 교육청 • 평가원 기출문제입니다.

1325 • 교육청 2018년 6월

Level 2

삼차방정식 $x^3+2x^2-3x+4=0$의 세 근을 α, β, γ라 할 때, $(3+\alpha)(3+\beta)(3+\gamma)$의 값은?

① -5 ② -4 ③ -3
④ -2 ⑤ -1

실전유형 9 삼차방정식의 작성

세 수 α, β, γ를 근으로 하고 x^3의 계수가 1인 삼차방정식
➔ $x^3-(\alpha+\beta+\gamma)x^2+(\alpha\beta+\beta\gamma+\gamma\alpha)x-\alpha\beta\gamma=0$

1326 대표문제

삼차방정식 $x^3-6x^2-4x+3=0$의 세 근을 α, β, γ라 할 때, $\alpha+1$, $\beta+1$, $\gamma+1$을 근으로 하고 x^3의 계수가 1인 삼차방정식은 $x^3+ax^2+bx+c=0$이다. 상수 a, b, c에 대하여 $a+b+c$의 값은?

① 1　② 2　③ 3
④ 4　⑤ 5

1327

Level 2

삼차방정식 $x^3+x-4=0$의 세 근을 α, β, γ라 할 때, $\alpha+\beta$, $\beta+\gamma$, $\gamma+\alpha$를 근으로 하고 x^3의 계수가 1인 삼차방정식을 구하시오.

1328

Level 2

x^3의 계수가 -1인 삼차식 $P(x)$에 대하여
$P(-1)=P(1)=P(2)=3$일 때, $P(-2)$의 값은?

① -9　② -3　③ 3
④ 9　⑤ 15

실전유형 10 삼차방정식의 근의 역수와 계수의 관계

삼차방정식 $ax^3+bx^2+cx+d=0$ $(d\neq0)$의 세 근이 α, β, γ이면 방정식 $dx^3+cx^2+bx+a=0$의 세 근은 $\frac{1}{\alpha}$, $\frac{1}{\beta}$, $\frac{1}{\gamma}$이다.

1329 대표문제

다음은 삼차방정식 $x^3+5x^2+3x+1=0$의 세 근이 α, β, γ일 때, $\frac{1}{\alpha}$, $\frac{1}{\beta}$, $\frac{1}{\gamma}$을 세 근으로 하는 삼차방정식을 구하는 과정의 일부이다.

> α가 삼차방정식 $x^3+5x^2+3x+1=0$의 한 근이므로
> $$\alpha^3+5\alpha^2+3\alpha+1=0$$
> 이다.
> α는 0이 아니므로 양변을 α^3으로 나누어 정리하면
> $$\left(\frac{1}{\alpha}\right)^3+\boxed{(가)}\times\left(\frac{1}{\alpha}\right)^2+\boxed{(나)}\times\frac{1}{\alpha}+1=0$$
> 이다.
> 그러므로 $\frac{1}{\alpha}$은 최고차항의 계수가 1인 x에 대한 삼차방정식
> $$x^3+\boxed{(가)}x^2+\boxed{(나)}x+1=0$$
> 의 한 근이다.
> 같은 방법으로 β, γ도 삼차방정식 $x^3+5x^2+3x+1=0$의 근이므로
> ⋮
> 이다.
> 따라서 $\frac{1}{\alpha}$, $\frac{1}{\beta}$, $\frac{1}{\gamma}$을 세 근으로 하는 최고차항의 계수가 1인 x에 대한 삼차방정식은
> $$\boxed{(다)}=0$$
> 이다.

위의 과정에서 (가)와 (나)에 알맞은 수를 각각 a, b, (다)에 알맞은 식을 $P(x)$라 할 때, $ab+P(2)$의 값은?

① 42　② 44　③ 46
④ 48　⑤ 50

1330

Level 2

삼차방정식 $x^3-3x^2-2x+1=0$의 세 근을 α, β, γ라 할 때, $\frac{1}{\alpha}$, $\frac{1}{\beta}$, $\frac{1}{\gamma}$을 세 근으로 하고, x^3의 계수가 1인 삼차방정식은 $x^3+ax^2+bx+c=0$이다. 상수 a, b, c에 대하여 abc의 값을 구하시오.

1331

Level 2

삼차방정식 $x^3-x^2+2x-3=0$의 세 근을 α, β, γ라 할 때, $\frac{1}{\alpha}$, $\frac{1}{\beta}$, $\frac{1}{\gamma}$을 세 근으로 하고 x^3의 계수가 3인 삼차방정식은?

① $3x^3+x^2-x+2=0$
② $3x^3-x^2+x+2=0$
③ $3x^3+2x^2+x-1=0$
④ $3x^3-2x^2+x-2=0$
⑤ $3x^3-2x^2+x-1=0$

1332

Level 2

삼차방정식 $5x^3-4x^2-3x+1=0$의 세 근을 α, β, γ라 할 때, $x^3+ax^2+bx+c=0$은 $\frac{1}{\alpha}$, $\frac{1}{\beta}$, $\frac{1}{\gamma}$을 세 근으로 하는 삼차방정식이다. 상수 a, b, c에 대하여 $a+b+c$의 값은?

① -3
② -2
③ -1
④ 2
⑤ 3

실전유형 11 삼차방정식과 사차방정식의 켤레근

빈출유형

(1) 계수가 유리수인 이차 이상의 방정식의 한 근이 $p+q\sqrt{m}$이면 $p-q\sqrt{m}$도 근이다.
(단, p, q는 유리수, $q\neq0$, $\sqrt{m}$은 무리수)

(2) 계수가 실수인 이차 이상의 방정식의 한 근이 $p+qi$이면 $p-qi$도 근이다. (단, p, q는 실수, $q\neq0$, $i=\sqrt{-1}$)

1333 대표문제

삼차방정식 $x^3+ax^2+bx+6=0$의 한 근이 $2+\sqrt{3}$일 때, 나머지 두 근의 합은? (단, a, b는 유리수이다.)

① $-4-\sqrt{3}$
② $-3-\sqrt{3}$
③ $3-\sqrt{3}$
④ $4-\sqrt{3}$
⑤ $7-\sqrt{3}$

1334

Level 1

x에 대한 삼차방정식 $x^3-3x^2+kx-3k=0$이 허근 $2i$와 실근 a를 가질 때, $k+a$의 값은?
(단, k는 실수이고, $i=\sqrt{-1}$이다.)

① 5
② 6
③ 7
④ 8
⑤ 9

1335

Level 2

삼차방정식 $x^3+ax^2+8x+b=0$의 두 근이 1, $-1+3i$일 때, $a-b$의 값을 구하시오. (단, a, b는 실수이다.)

1336

Level 2

삼차방정식 $x^3+3x^2+ax-5=0$의 한 근이 $\sqrt{2}+1$일 때, 유리수 a의 값은?

① -11　② -5　③ 1　④ 5　⑤ 11

1337

Level 2

삼차방정식 $x^3+ax^2+bx-12=0$의 한 근이 $1+\sqrt{3}i$일 때, 실수 a, b에 대하여 $a+b$의 값은?

① 4　② 5　③ 6　④ 7　⑤ 8

1338

Level 2

삼차방정식 $x^3-ax^2+2bx-4=0$의 한 근이 $\frac{2}{1-i}$일 때, 실수 a, b에 대하여 ab의 값은?

① 4　② 6　③ 8　④ 10　⑤ 12

1339

Level 2

삼차방정식 $2x^3+ax^2+bx-15=0$의 한 허근이 $1+3i+\frac{1}{i}$이고 한 실근이 α일 때, 실수 a, b에 대하여 $a+b\alpha$의 값은?

① 7　② 9　③ 17　④ 24　⑤ 31

1340

Level 2

계수가 유리수이고 x^3의 계수가 1인 삼차방정식 $f(x)=0$의 두 근이 -2, $-1+\sqrt{5}$일 때, $f(2)+f(-1-\sqrt{5})$의 값은?

① 4　② $4+\sqrt{5}$　③ 8　④ 16　⑤ $16+2\sqrt{5}$

1341

Level 2

삼차방정식 $x^3+ax^2+bx+c=0$의 한 근이 $1+2i$이고, 이차방정식 $x^2-3x-a-1=0$과 하나의 공통근을 가질 때, 실수 a, b, c에 대하여 $a+b+c$의 값은?

① -5　② -3　③ -1　④ 3　⑤ 5

1342

Level 2

사차방정식 $x^4+ax^3+bx^2+cx+d=0$의 두 근이 $1-\sqrt{3}$, i일 때, 유리수 a, b, c, d에 대하여 $a+b-c-d$의 값은?

① -2 ② -1 ③ 0
④ 1 ⑤ 2

1343

Level 2

사차방정식 $x^4-5x^3+15x^2-ax+b=0$의 한 근이 $2-3i$일 때, 실수 a, b에 대하여 $a-b$의 값을 구하시오.

1344 신경향

Level 2

세 실수 a, b, c에 대하여 다항식

$$P(x)=x^4+x^3+ax^2+bx+c$$

는 다음 조건을 만족시킨다.

> (가) $-1+\sqrt{2}i$는 사차방정식 $P(x)=0$의 근이다.
> (나) $P(x)$를 $x-1$로 나누었을 때의 나머지가 -12이다.

$ab+c$의 값은?

① -13 ② -1 ③ 0
④ 1 ⑤ 13

실전유형 12 $P(ax+b)=0$ 꼴의 삼차방정식

삼차방정식 $P(x)=0$의 세 근이 α, β, γ일 때,
방정식 $P(ax+b)=0$의 세 근은
$a\alpha'+b=\alpha$, $a\beta'+b=\beta$, $a\gamma'+b=\gamma$
를 만족시키는 α', β', γ'이다.

1345 대표문제

삼차방정식 $P(x)=0$의 세 근을 α, β, γ라 할 때, $\alpha+\beta+\gamma=18$이다. 이때 방정식 $P(3x+2)=0$의 세 근의 합은?

① 1 ② 2 ③ 3
④ 4 ⑤ 5

1346

Level 2

삼차방정식 $P(x)=0$의 세 근을 α, β, γ라 할 때, $\alpha+\beta+\gamma=7$이다. 이때 방정식 $P(x-3)=0$의 세 근의 합은?

① 8 ② 10 ③ 12
④ 14 ⑤ 16

1347

Level 2

삼차방정식 $P(x)=0$의 세 근의 합이 17일 때, 방정식 $P(2x-5)=0$의 세 근의 합을 구하시오.

1348

Level 2

삼차식 $P(x)=x^3-5x^2+7x-3$에 대하여 방정식 $P(2x-1)=0$의 세 근의 곱은?

① 1 ② 2 ③ 3
④ 4 ⑤ 5

1349

Level 2

x^3의 계수가 1인 삼차식 $P(x)$에 대하여

$$P(\alpha)=P(\beta)=P(\gamma)=7,\ \alpha\beta\gamma=12$$

일 때, 방정식 $P(x)=0$의 세 근의 곱을 구하시오.

1350

Level 2

x^3의 계수가 1이고 $P(-1)=P(2)=P(4)$인 삼차식 $P(x)$에 대하여 방정식 $P(x)=0$의 한 근이 $x=3$이다. 3이 아닌 두 실수 α, β가 $P(\alpha)=P(\beta)=0$을 만족시킬 때, $\alpha^2+\alpha\beta+\beta^2$의 값은?

① 4 ② 8 ③ 12
④ 16 ⑤ 20

1351

Level 2

최고차항의 계수가 -1인 삼차식 $P(x)$에 대하여 $P(2)=3$, $P(3)=4$, $P(5)=6$일 때, 방정식 $P(x)=0$의 세 근의 합은?

① 6 ② 7 ③ 8
④ 9 ⑤ 10

1352

Level 2

x^3의 계수가 2인 삼차식 $P(x)$가 다음 조건을 만족시킨다.

> (가) $P(2)=4$
> (나) 이차방정식 $x^2-2x-4=0$의 두 근 α, β에 대하여 $P(\alpha)=\alpha^2$, $P(\beta)=\beta^2$이다.

다항식 $P(x)$를 일차식 $x-1$로 나누었을 때의 나머지는?

① 10 ② 11 ③ 12
④ 13 ⑤ 14

1353

Level 3

세 실수 a, b, c에 대하여 다항식 $P(x)=x^3-ax^2+bx-c$는 다음 조건을 만족시킨다.

> (가) $1-i$는 삼차방정식 $P(x)=0$의 근이다.
> (나) $P(x)$를 $x-1$로 나누었을 때의 나머지는 4이다.

a, b, c를 세 근으로 하고 x^3의 계수가 1인 삼차방정식을 $f(x)=0$이라 할 때, $f(-2)$의 값은?

① -18 ② -10 ③ -8
④ 8 ⑤ 10

+Plus 문제

1354 고난도

Level 3

$P(x)$는 최고차항의 계수가 1인 삼차식이고 모든 실수 x에 대하여 두 등식

$(x+5)P(x+1)=(x-4)P(x+4)$,

$\{P(x)\}^3=a_0+a_1(x-2)+a_2(x-2)^2+\cdots+a_9(x-2)^9$

이 성립한다. 이때 $a_0+a_1+a_2+\cdots+a_9$의 값은?

(단, a_0, a_1, a_2, $\cdots$, a_9는 상수이다.)

① -2^9 ② -2^6 ③ 2^3
④ 2^6 ⑤ 2^9

실전유형 13 방정식 $x^3=1$의 허근의 성질

빈출유형

삼차방정식 $x^3=1$의 한 허근을 ω라 하면 다른 허근은 $\overline{\omega}$이다.
(단, $\overline{\omega}$는 ω의 켤레복소수이다.)

① $\omega^3=1$, $\overline{\omega}^3=1$
② $\omega^2+\omega+1=0$, $\overline{\omega}^2+\overline{\omega}+1=0$
③ $\omega+\overline{\omega}=-1$, $\omega\overline{\omega}=1$
④ $\omega^2=\overline{\omega}=\dfrac{1}{\omega}$

1355 대표문제

삼차방정식 $x^3=1$의 한 허근을 ω라 할 때, $\omega^{40}+\omega^{20}+1$의 값을 구하시오.

1356

Level 1

삼차방정식 $x^3-1=0$의 한 허근을 ω라 할 때, $\dfrac{\omega^2}{\omega+1}+\dfrac{\omega+1}{\omega^2}$의 값은?

① -2 ② -1 ③ 0
④ 1 ⑤ 2

1357

Level 1

삼차방정식 $x^3=1$의 한 허근을 ω라 할 때, $1+\omega+\omega^2+\omega^3+\cdots+\omega^{30}$의 값은?

① -2 ② -1 ③ 0
④ 1 ⑤ 2

1358

Level 2

복소수 $\omega=\frac{-1+\sqrt{3}i}{2}$에 대하여 $\omega^{200}+\omega^{100}$의 값은?

① -2 ② -1 ③ 0
④ 1 ⑤ 2

1359

Level 2

삼차방정식 $x^3-1=0$의 한 허근을 ω라 할 때,
$\frac{\overline{\omega}}{\omega^2+\omega}+\frac{\omega^5}{1+\omega^2}$의 값은? (단, $\overline{\omega}$는 ω의 켤레복소수이다.)

① -2 ② -1 ③ 0
④ 1 ⑤ 2

1360

Level 2

이차방정식 $x^2+x+1=0$의 두 근을 α, β라 할 때,
$(\alpha^9+\alpha^6+\alpha^2)(\beta^9+\beta^6+\beta^2)$의 값을 구하시오.

1361

Level 2

삼차방정식 $x^3=1$의 두 허근을 α, β라 할 때,

$$(1+\alpha+\alpha^2+\cdots+\alpha^{1000})(1+\beta+\beta^2+\cdots+\beta^{1000})$$

의 값을 구하시오.

1362

Level 2

삼차방정식 $x^3=1$의 한 허근을 ω라 할 때, 이차방정식 $x^2-ax+b=0$의 한 근이 3ω가 되도록 하는 실수 a, b에 대하여 $a+b$의 값은?

① 6 ② 7 ③ 8
④ 9 ⑤ 10

1363

Level 3

삼차방정식 $x^3-1=0$의 두 허근을 ω, $\overline{\omega}$라 하고,
$f(n)=\omega^n+\overline{\omega}^n$ (n은 자연수)이라 할 때,
$f(1)+f(2)+f(3)+\cdots+f(11)$의 값은?
(단, $\overline{\omega}$는 ω의 켤레복소수이다.)

① -4 ② -2 ③ 0
④ 2 ⑤ 4

다음은 이 유형에서 출제된 최근 교육청 • 평가원 기출문제입니다.

1364 • 교육청 2017년 11월

Level 3

삼차방정식 $x^3=1$의 한 허근을 ω라 할 때, 〈보기〉에서 옳은 것만을 있는 대로 고른 것은? (단, $\overline{\omega}$는 ω의 켤레복소수이다.)

〈보기〉

ㄱ. $\overline{\omega}^3=1$

ㄴ. $\frac{1}{\omega}+\left(\frac{1}{\omega}\right)^2=\frac{1}{\omega}+\left(\frac{1}{\omega}\right)^2$

ㄷ. $(-\omega-1)^n=\left(\frac{\overline{\omega}}{\omega+\overline{\omega}}\right)^n$을 만족시키는 100 이하의 자연수 n의 개수는 50이다.

① ㄱ ② ㄷ ③ ㄱ, ㄴ
④ ㄴ, ㄷ ⑤ ㄱ, ㄴ, ㄷ

심화유형 14 방정식 $x^3=-1$의 허근의 성질

삼차방정식 $x^3=-1$의 한 허근을 ω라 하면 다른 허근은 $\overline{\omega}$이다. (단, $\overline{\omega}$는 ω의 켤레복소수이다.)
① $\omega^3=-1$, $\overline{\omega}^3=-1$
② $\omega^2-\omega+1=0$, $\overline{\omega}^2-\overline{\omega}+1=0$
③ $\omega+\overline{\omega}=1$, $\omega\overline{\omega}=1$
④ $\omega^2=-\overline{\omega}=-\dfrac{1}{\omega}$

1365 대표문제

삼차방정식 $x^3+1=0$의 한 허근을 ω라 할 때, $\omega^{101}-\omega^{100}$의 값은?

① 1 ② 2 ③ 3
④ 4 ⑤ 5

1366 Level 1

삼차방정식 $x^3=-1$의 한 허근을 ω라 할 때, $(\omega^2+1)^2-\omega$의 값을 구하시오.

1367 Level 1

삼차방정식 $x^3+1=0$의 한 허근을 ω라 할 때, $\omega^8-\overline{\omega}^5$의 값은? (단, $\overline{\omega}$는 ω의 켤레복소수이다.)

① -1 ② 0 ③ 1
④ $1-i$ ⑤ $1+i$

1368 Level 1

삼차방정식 $x^3=-1$의 한 허근을 ω라 할 때, $\left(1+\omega+\dfrac{1}{\omega}\right)+\left(1+\omega^2+\dfrac{1}{\omega^2}\right)$의 값은?

① -2 ② -1 ③ 0
④ 1 ⑤ 2

1369 Level 2

삼차방정식 $x^3+1=0$의 한 허근을 ω라 하자. $1+\omega+\omega^2+\omega^3+\cdots+\omega^{100}=a+b\omega$를 만족시키는 실수 a, b에 대하여 $a-b$의 값을 구하시오.

1370 Level 2

방정식 $x^3=-1$의 한 허근을 ω라 할 때, 〈**보기**〉에서 옳은 것만을 있는 대로 고른 것은? (단, $\overline{\omega}$는 ω의 켤레복소수이다.)

〈 보기 〉
ㄱ. $\omega^2+\omega+1=0$
ㄴ. $\overline{\omega}=-\omega^2$
ㄷ. $\dfrac{1}{1-\omega}+\dfrac{1}{1-\overline{\omega}}=1$
ㄹ. $\omega^{2023}+\dfrac{1}{\omega^{2023}}=-1$
ㅁ. $\omega^6-\omega^5+\omega^4-\omega^3-\omega^2+\omega=2$

① ㄱ, ㄴ ② ㄷ, ㄹ ③ ㄱ, ㄴ, ㄹ
④ ㄴ, ㄷ, ㅁ ⑤ ㄷ, ㄹ, ㅁ

1371

Level 2

삼차방정식 $x^3=-1$의 한 허근을 ω라 할 때, 다항식 $f(x)=x^3+ax^2+bx+c$에 대하여 $f(\omega)=15\omega-7$, $f(1)=20$이다. 이때 $a-b-c$의 값은?

(단, a, b, c는 실수이다.)

① -2 ② -1 ③ 0
④ $\frac{1}{2}$ ⑤ 1

1372

Level 2

삼차방정식 $x^3+1=0$의 한 허근을 ω라 할 때,

$\frac{3\omega-2}{\omega-1}\times\overline{\frac{3\omega-2}{\omega-1}}$의 값을 구하시오.

(단, $\overline{\omega}$는 ω의 켤레복소수이다.)

1373

Level 2

삼차방정식 $x^3+1=0$의 한 허근을 ω라 하고, 자연수 n에 대하여 $f(n)=\omega^n$이라 할 때,

$$f(1)-f(2)+f(3)-f(4)+\cdots+f(99)-f(100)$$

의 값은?

① -1 ② 1 ③ ω
④ $\omega-1$ ⑤ 2ω

1374

Level 3

복소수 $z=\frac{1-i}{1+i}$이고, 방정식 $x^2-x+1=0$의 한 근을 ω라 할 때, $z^n+\omega^n=2$를 만족시키는 100 이하의 자연수 n의 개수를 구하시오.

+Plus 문제

1375

Level 3

방정식 $x+\frac{1}{x}=1$을 만족시키는 한 근 ω에 대하여 $1+\omega+\omega^2+\cdots+\omega^n=0$을 만족시키는 두 자리 자연수 n의 개수는?

① 12 ② 13 ③ 14
④ 15 ⑤ 16

1376

Level 3

방정식 $x^2-x+1=0$의 한 허근을 ω라 할 때, 〈**보기**〉에서 옳은 것만을 있는 대로 고른 것은?

(단, $\overline{\omega}$는 ω의 켤레복소수이다.)

〈**보기**〉

ㄱ. $\omega^9=1$

ㄴ. $\frac{\omega^{10}}{1+\omega^2}+\frac{\overline{\omega}^{10}}{1+\overline{\omega}^2}=-2$

ㄷ. $\left(\omega+\frac{1}{\omega}\right)+\left(\omega^3+\frac{1}{\omega^3}\right)+\left(\omega^5+\frac{1}{\omega^5}\right)+\cdots+\left(\omega^{41}+\frac{1}{\omega^{41}}\right)=-1$

① ㄴ ② ㄷ ③ ㄱ, ㄴ
④ ㄴ, ㄷ ⑤ ㄱ, ㄴ, ㄷ

실전유형 **15 방정식의 한 허근의 활용**

방정식 $f(x)=0$의 한 허근을 ω라 하면 $f(\omega)=0$이다.

1377 대표문제

삼차방정식 $x^3-8=0$의 한 허근을 ω라 할 때, $\frac{\omega^4}{8}+\frac{4}{\omega}$의 값은?

① -8　② -2　③ 0
④ 2　⑤ 8

1378 Level 2

방정식 $(x^2-3x+2)(x^2-7x+12)=120$의 한 허근을 ω라 할 때, $\omega^2-5\omega$의 값을 구하시오.

1379 Level 2

삼차방정식 $x^3=27$의 한 허근을 ω라 할 때, 〈보기〉에서 옳은 것만을 있는 대로 고른 것은?

(단, $\overline{\omega}$는 ω의 켤레복소수이다.)

〈보기〉

ㄱ. $\omega^2+3\omega+9=0$
ㄴ. $\overline{\omega}^2=-3\omega$
ㄷ. $\frac{\overline{\omega}^2}{\omega^2+9}=-1$

① ㄱ　② ㄱ, ㄴ　③ ㄱ, ㄷ
④ ㄴ, ㄷ　⑤ ㄱ, ㄴ, ㄷ

1380 Level 2

다음은 방정식 $x^{100}-2^{100}=0$의 서로 다른 근을 $2, \omega_1, \omega_2, \cdots, \omega_{99}$라 할 때, $(1-\omega_1)(1-\omega_2)\times\cdots\times(1-\omega_{99})$의 값을 구하는 과정이다.

> 방정식 $x^{100}-2^{100}=0$의 근이 $2, \omega_1, \omega_2, \cdots, \omega_{99}$이므로
> $x^{100}-2^{100}=($ (가) $)(x-\omega_1)(x-\omega_2)\times\cdots\times(x-\omega_{99})$
> 로 나타낼 수 있다.
> 따라서 양변에 $x=$ (나) 을 대입하면
> $(1-\omega_1)(1-\omega_2)\times\cdots\times(1-\omega_{99})$의 값은 (다) 이다.

위의 (가)에 알맞은 식을 $f(x)$, (나)와 (다)에 알맞은 수를 각각 a, b라 할 때, $\frac{a+b}{f(10)}$의 값은?

① -2^{100}　② $-2^{97}+\frac{1}{4}$　③ 2^{50}
④ 2^{97}　⑤ 2^{100}

1381 Level 2

삼차방정식 $x^3+x^2+2x-4=0$의 한 허근을 ω라 하자. $\omega+\omega^2+\omega^3+\cdots+\omega^{10}=a+b\omega$를 만족시키는 실수 a, b에 대하여 $a+b$의 값은?

① 728　② 729　③ 730
④ 731　⑤ 732

1382 Level 3

삼차방정식 $x^3-x+1=0$의 한 허근을 ω라 하자. 다항식 $f(x)=2x^2+ax+b$에 대하여 $(\omega^2-\omega+1)f(\omega)=-2$를 만족시킬 때, b의 값을 구하시오. (단, a, b는 실수이다.)

심화유형 **16 삼차방정식의 활용** 복합유형

삼차방정식의 활용 문제는 다음과 같은 순서로 푼다.
❶ 구하는 것을 미지수 x로 놓는다.
❷ 주어진 조건을 이용하여 방정식을 세운다.
❸ 방정식을 풀고 구한 해가 문제의 조건에 맞는지 확인한다.

1383 대표문제

한 모서리의 길이가 자연수인 어떤 정육면체의 가로의 길이를 2 cm 줄이고 세로의 길이와 높이를 각각 4 cm, 6 cm씩 늘여서 직육면체를 만들었더니 부피가 처음 정육면체의 부피의 $\frac{5}{2}$배가 되었다. 처음 정육면체의 한 모서리의 길이는?

① 3 cm ② 4 cm ③ 5 cm
④ 6 cm ⑤ 7 cm

1384

Level 2

그림과 같이 직육면체의 세 모서리의 길이를 각각 α, β, γ라 하자. α, β, γ가 삼차방정식 $x^3-9x^2+24x-16=0$의 세 근일 때, 대각선의 길이 l의 값은?

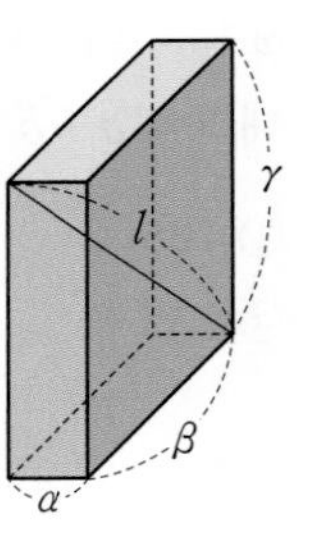

① $\sqrt{11}$ ② $\sqrt{22}$
③ $\sqrt{33}$ ④ $2\sqrt{11}$
⑤ $\sqrt{55}$

1385

Level 2

그림과 같이 가로, 세로의 길이가 모두 x m이고 높이가 $(x+5)$ m인 직육면체가 있다. 이 직육면체에 가로, 세로의 길이가 모두 $(x-1)$ m이고 높이가 2 m인 직육면체 모양의 구멍을 파내었더니 남은 부분의 부피가 64 m^3가 되었을 때, x의 값은?

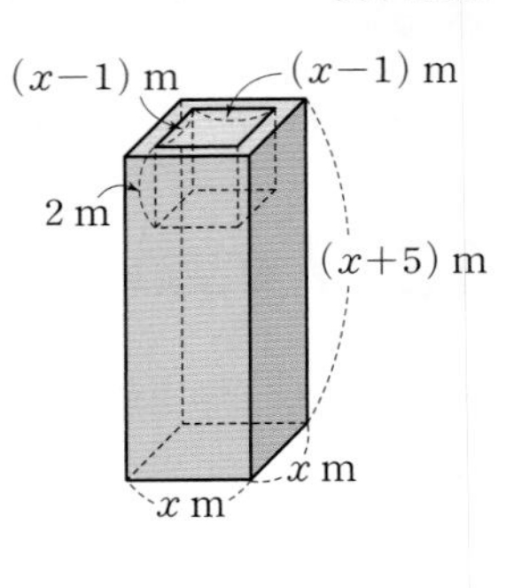

① 2 ② 3 ③ 4
④ 5 ⑤ 6

1386

Level 2

밑면의 지름의 길이와 높이가 같은 원기둥 모양의 물탱크가 있다. 이 물탱크의 밑면의 지름의 길이는 4 m 늘이고 높이는 2 m 늘여서 새로운 원기둥 모양의 물탱크를 만들었더니 새로운 물탱크의 부피가 처음 물탱크의 부피의 6배가 되었다. 이때 처음 물탱크의 높이는?

(단, 물탱크의 두께는 생각하지 않는다.)

① 1 m ② 2 m ③ 3 m
④ 4 m ⑤ 5 m

1387

Level 2

그림과 같이 가로의 길이가 18 cm, 세로의 길이가 16 cm인 직사각형 모양의 종이가 있다. 이 종이의 네 귀퉁이에서 한 변의 길이가 x cm인 정사각형을 잘라 내고 점선을 따라 접어 부피가 240 cm^3인 직육면체 모양의 뚜껑이 없는 상자를 만들려고 한다. 이때 자연수 x의 값은?

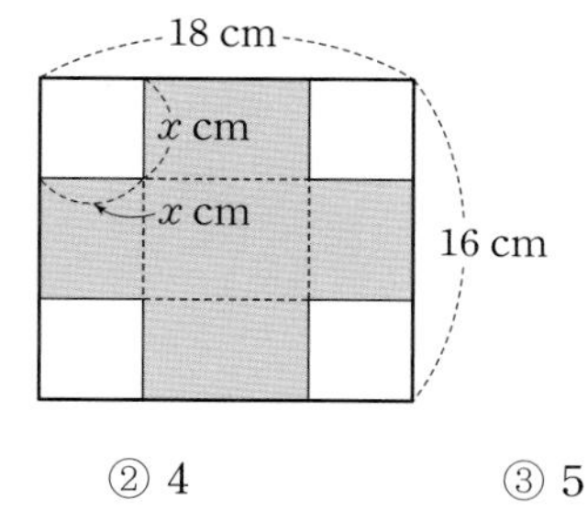

① 3　② 4　③ 5　④ 6　⑤ 7

1388

Level 2

그림과 같이 선분 AB 위의 점 C에 대하여 선분 AC와 선분 BC를 각각의 반지름으로 하고 외접하는 두 구가 있다. $\overline{AB}=8$이고, 두 구의 부피의 차가 $\frac{832}{3}\pi$일 때, 두 구의 겉넓이의 합을 구하시오.

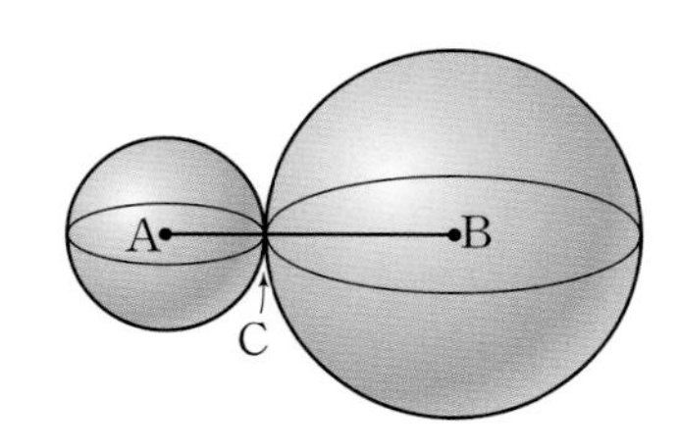

1389

Level 2

그림은 오각기둥의 전개도이다. 이 전개도의 점선을 따라 접어서 만든 오각기둥의 부피가 108일 때, x의 값은?

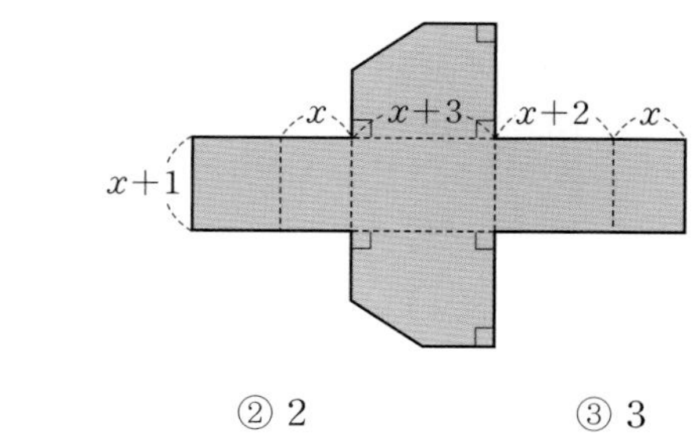

① 1　② 2　③ 3　④ 4　⑤ 5

1390 고난도

Level 3

그림과 같이 삼각형 ABC의 한 변 AB를 지름으로 하고 삼각형 ABC에 외접하는 원을 그린다. 또, 점 A를 지나고 이 원에 접하는 직선과 선분 BC의 연장선이 만나는 점을 D라 하고, 선분 AD를 지름으로 하는 원을 그린다. $\overline{AB}=3x+4$, $\overline{BC}=3x$, $\overline{CD}=x^2+3x+\frac{2}{3}$일 때, 삼각형 ABC의 넓이는?

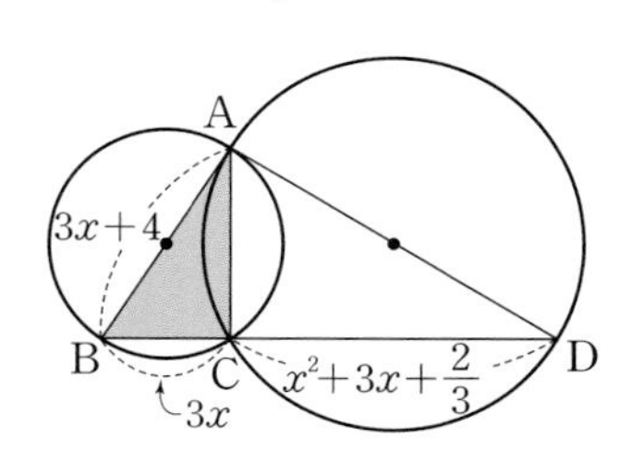

① 24　② 26　③ 28　④ 30　⑤ 32

실전 유형 17 일차방정식과 이차방정식으로 이루어진 연립이차방정식의 풀이 빈출유형

일차방정식과 이차방정식으로 이루어진 연립이차방정식은 다음과 같은 순서로 푼다.

❶ 일차방정식을 한 문자에 대하여 정리한다.

❷ ❶을 이차방정식에 대입하여 푼다.

1391 대표문제

연립방정식 $\begin{cases} y=x-5 \\ x^2+y^2=13 \end{cases}$의 해를 $x=\alpha$, $y=\beta$라 할 때, $|\alpha|+|\beta|$의 값은?

① 2 ② 3 ③ 4 ④ 5 ⑤ 6

1392 Level 1

연립방정식 $\begin{cases} x-y=3 \\ 2x^2+y^2=9 \end{cases}$의 해는 $\begin{cases} x=0 \\ y=\alpha \end{cases}$ 또는 $\begin{cases} x=\beta \\ y=-1 \end{cases}$이다. 이때 $\alpha\beta$의 값은?

① -6 ② -3 ③ -1 ④ 3 ⑤ 6

1393 Level 2

연립방정식 $\begin{cases} x-y=-2 \\ x^2+y^2=20 \end{cases}$을 만족시키는 양수 x, y에 대하여 xy의 값은?

① 2 ② 4 ③ 6 ④ 8 ⑤ 10

1394 Level 2

연립방정식 $\begin{cases} x-3y=1 \\ x(x-y)=2 \end{cases}$를 만족시키는 실수 x, y에 대하여 $y-x$의 최댓값을 구하시오.

1395 Level 2

연립방정식 $\begin{cases} 2x-3y=3 \\ x^2+y^2=10 \end{cases}$의 해를 $x=\alpha$, $y=\beta$라 할 때, 다음 중 $\alpha+\beta$의 값이 될 수 있는 것은?

① 1 ② 2 ③ 3 ④ 4 ⑤ 5

1396 Level 2

연립방정식 $\begin{cases} x-y=-3 \\ x^2+3xy+y^2=29 \end{cases}$의 해가 $x=\alpha$, $y=\beta$일 때, $\alpha^2+\beta^2$의 값을 구하시오.

● 정답 및 풀이 240쪽

1397

Level 2

연립방정식 $\begin{cases} 2x-y=1 \\ x^2-4xy+y^2=-2 \end{cases}$의 해를 $x=\alpha$, $y=\beta$라 할 때, $\alpha+\beta$의 최솟값은?

① -4　② -2　③ 0
④ 2　⑤ 4

1398

Level 2

연립방정식 $\begin{cases} |x|-y=1 \\ x^2+2y^2=34 \end{cases}$의 해가 $x=\alpha$, $y=\beta$ 또는 $x=\gamma$, $y=\delta$일 때, $|\alpha\beta-\gamma\delta|$의 값은?

① 18　② 21　③ 24
④ 27　⑤ 30

1399

Level 2

두 연립방정식 $\begin{cases} x+y=4 \\ -x^2+ay^2=-8 \end{cases}$, $\begin{cases} 2x+by=2 \\ x^2-6y^2=12 \end{cases}$의 공통인 해가 존재할 때, 자연수 a, b에 대하여 $a-b$의 값은?

① -2　② 0　③ 2
④ 4　⑤ 6

1400

Level 2

두 연립방정식 $\begin{cases} 2x+by=8 \\ -x^2+3y^2=11 \end{cases}$, $\begin{cases} y-x=1 \\ x^2+ay^2=9 \end{cases}$의 해가 서로 같을 때, 자연수 a, b에 대하여 $a+b$의 값은?

① 1　② 2　③ 3
④ 4　⑤ 5

1401

Level 2

두 양수 x, y에 대하여 두 연립방정식
$\begin{cases} x^2+(y-a)^2=50 \\ x-y=2 \end{cases}$, $\begin{cases} x^2+y^2=34 \\ x+by=0 \end{cases}$의 공통인 해가 존재할 때, $a+b$의 최댓값은? (단, a, b는 실수이다.)

① $\frac{17}{3}$　② $\frac{19}{3}$　③ $\frac{20}{3}$
④ $\frac{22}{3}$　⑤ $\frac{23}{3}$

다음은 이 유형에서 출제된 최근 교육청・평가원 기출문제입니다.

1402 • 교육청 2021년 3월

Level 2

연립방정식 $\begin{cases} 2x-y=1 \\ 4x^2-x-y^2=5 \end{cases}$의 해가 $x=\alpha$, $y=\beta$일 때, $\alpha\beta$의 값은?

① 6　② 7　③ 8
④ 9　⑤ 10

06

실전유형 18 두 이차방정식으로 이루어진 연립이차방정식의 풀이

빈출유형

두 이차방정식으로 이루어진 연립이차방정식은 다음과 같은 순서로 푼다.

❶ 인수분해가 되는 이차방정식에서 이차식을 두 일차식의 곱으로 인수분해하여 일차방정식을 얻는다.

❷ ❶에서 구한 일차방정식을 이차방정식에 각각 대입하여 푼다.

❸ ❷에서 구한 값을 ❶에서 구한 식에 대입하여 해를 구한다.

1403 대표문제

연립방정식 $\begin{cases} x^2-3xy-4y^2=0 \\ x^2+2y^2=18 \end{cases}$을 만족시키는 x, y에 대하여 xy의 최솟값은?

① 0 ② -2 ③ -4
④ -6 ⑤ -8

1404

Level 2

연립방정식 $\begin{cases} x^2-2xy-3y^2=0 \\ x^2+y^2=40 \end{cases}$의 해를 $x=a$, $y=b$라 할 때, 정수 a, b에 대하여 ab의 값을 구하시오.

1405

Level 2

연립방정식 $\begin{cases} x^2-4xy+3y^2=0 \\ 2x^2+xy+3y^2=24 \end{cases}$의 해를 $\begin{cases} x=\alpha_i \\ y=\beta_i \end{cases}$ $(i=1, 2, 3, 4)$라 할 때, $\alpha_i\beta_i$의 최댓값은?

① -4 ② -2 ③ 2
④ 4 ⑤ 6

1406

Level 2

연립방정식 $\begin{cases} x^2+2xy-3y^2=0 \\ x^2+xy+y^2=21 \end{cases}$을 만족시키는 x, y에 대하여 다음 중 $x+y$의 값이 될 수 있는 것은?

① 0 ② $\sqrt{3}$ ③ $3\sqrt{3}$
④ $\sqrt{7}$ ⑤ $2\sqrt{7}$

1407

Level 2

다음 중 연립방정식 $\begin{cases} 3x^2+2xy-y^2=0 \\ x^2+2x+y^2=12 \end{cases}$의 해가 아닌 것은?

① $\begin{cases} x=-3 \\ y=3 \end{cases}$ ② $\begin{cases} x=-2 \\ y=2 \end{cases}$ ③ $\begin{cases} x=-\frac{6}{5} \\ y=-\frac{18}{5} \end{cases}$
④ $\begin{cases} x=1 \\ y=3 \end{cases}$ ⑤ $\begin{cases} x=2 \\ y=-2 \end{cases}$

1408

Level 2

연립방정식 $\begin{cases} x^2-y^2=0 \\ 2x^2-xy=9 \end{cases}$를 만족시키는 정수 x, y에 대하여 xy의 값은?

① 3 ② 6 ③ 9
④ 10 ⑤ 12

1409

Level 2

연립방정식 $\begin{cases} x^2+xy-2y^2=0 \\ x^2+3y+y^2=2 \end{cases}$의 해를 $x=\alpha$, $y=\beta$라 할 때, $\alpha\beta$의 최댓값은?

① -2　② $-\frac{1}{2}$　③ $\frac{1}{4}$
④ 4　⑤ 6

1410

Level 2

연립방정식 $\begin{cases} x^2-xy=3 \\ xy-y^2=1 \end{cases}$의 해를 $x=\alpha$, $y=\beta$라 할 때, $\alpha^2+\beta^2$의 값을 구하시오.

1411

Level 2

연립방정식 $\begin{cases} x^2+y^2-3y=-1 \\ 2x^2+y^2-x-3y=1 \end{cases}$의 실수인 해를 $x=\alpha$, $y=\beta$라 할 때, 다음 중 $\alpha^2+\beta^2$의 값이 될 수 있는 것은?

① 3　② 5　③ 7
④ 9　⑤ 11

1412

Level 2

연립방정식 $\begin{cases} x^2-y^2-x-2y=0 \\ 3x^2-3y^2+x-6y=4 \end{cases}$의 해를 $x=\alpha$, $y=\beta$라 할 때, $\alpha+\beta$의 최댓값은?

① 0　② 1　③ 2
④ 3　⑤ 4

다음은 이 유형에서 출제된 최근 교육청・평가원 기출문제입니다.

1413 • 교육청 2019년 3월

Level 2

연립방정식 $\begin{cases} x^2-2xy-3y^2=0 \\ x^2+y^2=20 \end{cases}$의 해를 $x=a$, $y=b$라 할 때, $a+b$의 값은? (단, $a>0$, $b>0$)

① $2\sqrt{6}$　② $2\sqrt{7}$　③ $4\sqrt{2}$
④ 6　⑤ $2\sqrt{10}$

1414 • 교육청 2020년 3월

Level 2

연립방정식 $\begin{cases} x^2-3xy+2y^2=0 \\ x^2-y^2=9 \end{cases}$의 해를

$\begin{cases} x=\alpha_1 \\ y=\beta_1 \end{cases}$ 또는 $\begin{cases} x=\alpha_2 \\ y=\beta_2 \end{cases}$라 하자. $\alpha_1<\alpha_2$일 때, $\beta_1-\beta_2$의 값은?

① $-2\sqrt{3}$　② $-2\sqrt{2}$　③ $2\sqrt{2}$
④ $2\sqrt{3}$　⑤ 4

실전유형 19 대칭식으로 이루어진 연립이차방정식의 풀이

$x+y$에 대한 대칭식인 연립이차방정식은 다음과 같은 순서로 푼다.

❶ $x+y=u$, $xy=v$로 놓는다.
❷ 주어진 식을 u, v에 대한 식으로 바꾸어 연립방정식을 푼다.
❸ x, y가 이차방정식 $t^2-ut+v=0$의 두 근임을 이용한다.

1415 대표문제

연립방정식 $\begin{cases} x^2+y^2=40 \\ xy=12 \end{cases}$의 자연수인 해를 $x=\alpha$, $y=\beta$라 할 때, $\alpha+\beta$의 값은?

① 6 ② 7 ③ 8
④ 9 ⑤ 10

1416 Level 2

연립방정식 $\begin{cases} x+y=2 \\ x^2+xy+y^2=7 \end{cases}$을 만족시키는 x, y에 대하여 $|x-y|$의 값은?

① 3 ② 4 ③ 5
④ 6 ⑤ 7

1417 Level 2

연립방정식 $\begin{cases} x+y+xy=11 \\ x^2y+xy^2=30 \end{cases}$을 만족시키는 x, y의 순서쌍 (x, y)를 모두 구하시오.

1418 Level 2

연립방정식 $\begin{cases} x^2+y^2+xy=13 \\ x^2+y^2+x+y=14 \end{cases}$를 만족시키는 x, y에 대하여 $2x-y$의 값이 될 수 없는 것은?

① -9 ② -4 ③ -1
④ 5 ⑤ 6

1419 Level 2

연립방정식 $\begin{cases} x^2+y^2-2xy=1 \\ x+y-xy=-1 \end{cases}$의 해를 $x=\alpha$, $y=\beta$라 할 때, $\alpha+2\beta$의 최댓값은?

① 5 ② 6 ③ 7
④ 8 ⑤ 9

1420 Level 2

연립방정식 $\begin{cases} x+y+xy=-5 \\ x^2+y^2+x+y=14 \end{cases}$를 만족시키는 x, y에 대하여 x^2+y^2의 최솟값은?

① 10 ② 13 ③ 16
④ 18 ⑤ 20

실전 유형 20 연립이차방정식의 해의 조건

연립방정식의 해의 조건이 주어진 경우에는 다음과 같은 순서로 푼다.

❶ 일차방정식을 한 문자에 대하여 정리한 후 이차방정식에 대입하여 정리한다.

❷ 해의 조건을 만족시키도록 ❶에서 구한 이차방정식의 판별식을 이용한다.

1421 대표문제

연립방정식 $\begin{cases} x-y=2k \\ x^2-xy+y^2=3 \end{cases}$ 이 오직 한 쌍의 해를 가질 때, 양수 k의 값은?

① 1 ② 2 ③ 3
④ 4 ⑤ 5

1422

Level 2

연립방정식 $\begin{cases} x+y=3 \\ x^2+y^2=a \end{cases}$ 를 만족시키는 실수 x, y가 존재하기 위한 a의 최솟값은?

① $\frac{1}{2}$ ② $\frac{3}{2}$ ③ $\frac{5}{2}$
④ $\frac{7}{2}$ ⑤ $\frac{9}{2}$

1423

Level 2

연립방정식 $\begin{cases} 2x-y=3 \\ x^2+3xy+k=0 \end{cases}$ 이 실근을 갖도록 하는 모든 자연수 k의 값의 합을 구하시오.

1424

Level 2

연립방정식 $\begin{cases} x+y=5 \\ xy=k \end{cases}$ 를 만족시키는 x, y가 모두 실수가 되도록 하는 자연수 k의 개수를 구하시오.

1425

Level 2

연립방정식 $\begin{cases} x+y=a \\ x^2-4y=-2a \end{cases}$ 의 실수인 해가 존재하지 않도록 하는 정수 a의 최댓값을 구하시오.

1426

Level 2

연립방정식 $\begin{cases} 4x-y=k \\ 4x^2+y=1 \end{cases}$ 이 오직 한 쌍의 해를 가질 때, 실수 k의 값은?

① $-\frac{7}{2}$ ② -3 ③ $-\frac{5}{2}$
④ -2 ⑤ $-\frac{3}{2}$

1427

Level 2

연립방정식 $\begin{cases} x+y=a \\ x^2+y^2=32 \end{cases}$ 가 오직 한 쌍의 해를 갖도록 하는 양수 a의 값을 구하시오.

1428

Level 2

연립방정식 $\begin{cases} x+y=a \\ x^2+y^2=2 \end{cases}$가 오직 한 쌍의 해를 가질 때, 모든 실수 a의 값의 곱을 구하시오.

1429

Level 2

연립방정식 $\begin{cases} x+y=4 \\ x^2+y^2=4(k-2) \end{cases}$의 실수인 해가 존재하도록 하는 실수 k의 값의 범위는?

① $k\leq-4$ ② $-4\leq k\leq-2$ ③ $-2\leq k\leq4$
④ $k\geq2$ ⑤ $k\geq4$

다음은 이 유형에서 출제된 최근 교육청 • 평가원 기출문제입니다.

1430 • 교육청 2020년 11월

Level 2

x, y에 대한 연립방정식 $\begin{cases} 2x+y=1 \\ x^2-ky=-6 \end{cases}$이 오직 한 쌍의 해를 갖도록 하는 양수 k의 값은?

① 1 ② 2 ③ 3
④ 4 ⑤ 5

실전유형 21 공통근을 갖는 방정식의 풀이

두 방정식이 공통근을 가지는 경우 다음과 같은 순서로 푼다.
❶ 공통근을 α라 놓고 $x=\alpha$를 대입하여 연립방정식을 세운다.
❷ ❶에서 세운 연립방정식을 푼다.
❸ ❷에서 구한 값이 조건에 맞는지 확인한다.

1431 대표문제

서로 다른 두 이차방정식 $x^2-(2m-2)x+2m+1=0$, $x^2-mx+5=0$이 공통근을 가질 때, 실수 m의 값은?

① -3 ② $-\frac{1}{2}$ ③ 2
④ $\frac{9}{2}$ ⑤ 7

1432

Level 2

두 이차방정식 $x^2+(2m+5)x-4=0$, $x^2+(2m+7)x-6=0$이 공통근을 갖도록 하는 실수 m의 값과 그때의 공통근은?

① $m=-2$, $x=-1$ ② $m=-1$, $x=-1$
③ $m=-1$, $x=1$ ④ $m=1$, $x=-1$
⑤ $m=1$, $x=1$

1433

Level 2

두 이차방정식 $8x^2+kx+15=0$, $15x^2+kx+8=0$의 공통근이 존재할 때, 양수 k의 값을 구하시오.

정답 및 풀이 248쪽

1434
Level 2

두 이차방정식 $x^2+mx-4=0$, $x^2-4x+m=0$이 오직 하나의 공통근 α를 가질 때, $\alpha+m$의 값은? (단, m은 실수이다.)

① -4　② -2　③ 0　④ 2　⑤ 4

1435
Level 2

두 이차방정식 $3x^2-(2k+1)x+4k+1=0$, $3x^2+(2k-1)x+2k+1=0$이 오직 하나의 공통근을 가질 때, 실수 k의 값과 그때의 공통근을 구하시오.

1436
Level 2

두 이차방정식 $x^2+(k-1)x+2k=0$, $x^2-2x+k^2+3k=0$이 오직 하나의 공통근을 가질 때, 모든 실수 k의 값의 합은?

① $-\frac{3}{2}$　② -1　③ $-\frac{1}{2}$　④ $-\frac{1}{3}$　⑤ $-\frac{1}{4}$

1437
Level 2

두 이차방정식 $x^2+ax+b+1=0$, $x^2+bx+a+1=0$을 동시에 만족시키는 근이 존재할 때, 상수 a, b에 대하여 $a+b$의 값은? (단, $a\neq b$)

① -4　② -3　③ -2　④ -1　⑤ 0

1438
Level 2

두 이차방정식 $x^2+kx-3=0$, $2x^2+(k+2)x-k^2-k=0$이 오직 하나의 공통근을 가질 때, 상수 k의 값과 공통근의 곱은?

① -2　② -1　③ 0　④ 1　⑤ 2

1439
Level 3

서로 다른 두 실수 a, b에 대하여 이차방정식 $x^2+ax+b=0$의 두 근은 α, β이고, 이차방정식 $x^2+bx+a=0$의 두 근은 β, γ이다. 〈**보기**〉에서 옳은 것만을 있는 대로 고른 것은?

〈보기〉

ㄱ. $a+b=-1$
ㄴ. $\alpha=-a-1$
ㄷ. $\alpha+\gamma=-1$

① ㄱ　② ㄱ, ㄴ　③ ㄱ, ㄷ　④ ㄴ, ㄷ　⑤ ㄱ, ㄴ, ㄷ

+Plus 문제

실전 유형 **22** 연립방정식의 활용 복합유형

연립방정식의 활용 문제를 풀 때에는 다음과 같은 순서로 푼다.
❶ 구하려고 하는 것을 미지수 x, y로 놓는다.
❷ 주어진 조건을 이용하여 연립방정식을 세운다.
❸ 연립방정식을 풀고 구한 해가 문제의 조건에 맞는지 확인한다.

1440 대표문제

둘레의 길이가 90 cm이고 대각선의 길이가 35 cm인 직사각형의 이웃한 두 변의 길이 중 긴 변의 길이는 $\frac{a+b\sqrt{17}}{2}\text{ cm}$이다. $a+b$의 값은? (단, a, b는 자연수이다.)

① 45 ② 50 ③ 55
④ 60 ⑤ 65

1441

Level 2

어떤 두 원의 둘레의 길이의 합은 20π이고 넓이의 합은 58π일 때, 작은 원의 반지름의 길이는?

① 3 ② 4 ③ 5
④ 6 ⑤ 7

1442

Level 2

두 자리 자연수에서 각 자리 숫자의 제곱의 합은 85이고 일의 자리 숫자와 십의 자리 숫자를 바꾼 수와 처음 수의 합은 121일 때, 처음 수를 구하시오. (단, 처음 수의 십의 자리 숫자는 일의 자리 숫자보다 작다.)

1443

Level 2

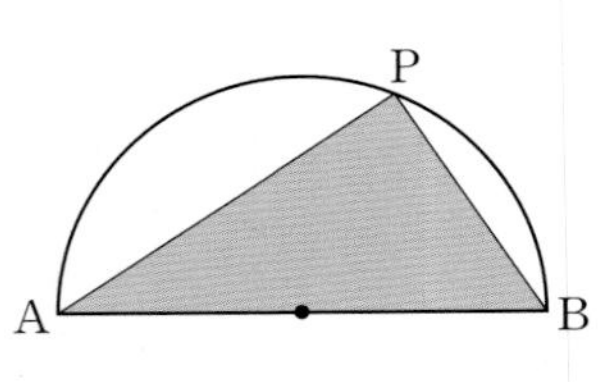

그림과 같이 점 P는 선분 AB를 지름으로 하는 반원 위의 한 점이다. $\overline{PA}+\overline{PB}=14$이고 삼각형 PAB의 넓이는 24일 때, 반원의 반지름의 길이는?

① 4 ② 5 ③ 7
④ 8 ⑤ 10

1444

Level 2

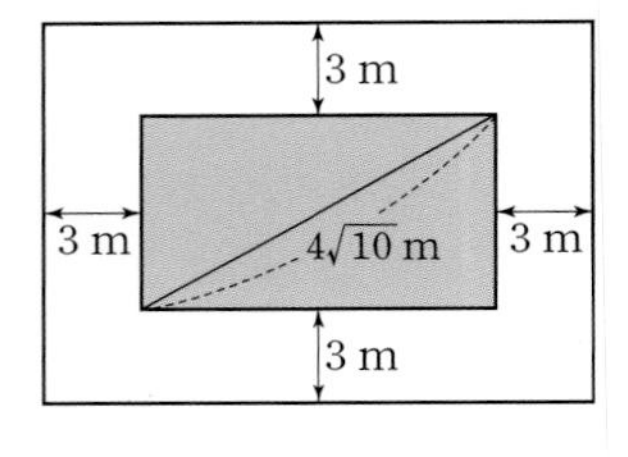

대각선의 길이가 $4\sqrt{10}\text{ m}$인 직사각형 모양의 밭이 있다. 이 밭의 둘레에 폭이 3 m로 일정한 길을 그림과 같이 만들었을 때, 길의 넓이가 132 m^2라 한다. 이때 밭의 넓이는?

① 48 m^2 ② 50 m^2 ③ 52 m^2
④ 54 m^2 ⑤ 56 m^2

1445

Level 2

그림에서 사각형 A, B, C, D는 모두 정사각형이고 정사각형 A와 B의 한 변의 길이의 합은 13이다. 두 정사각형 A, D의 넓이의 차가 60일 때, 정사각형 B의 넓이를 구하시오. (단, 정사각형 A, B, C, D의 각 변의 길이는 모두 자연수이다.)

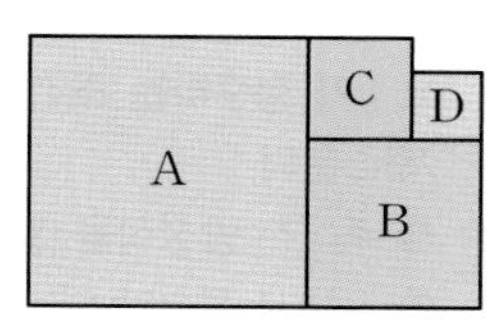

1446

Level 2

그림과 같이 반지름의 길이가 6인 원을 C라 하고, 반지름의 길이가 각각 x, y $(y<x<6)$인 두 원을 C_1, C_2라 할 때, 두 원 C_1, C_2는 서로 외접하고 각각 원 C에 내접한다. 원 C_1과 원 C_2의 넓이의 합이 $\frac{37}{2}\pi$일 때, $x-y$의 값을 구하시오.

(단, 세 원의 중심은 한 직선 위에 있다.)

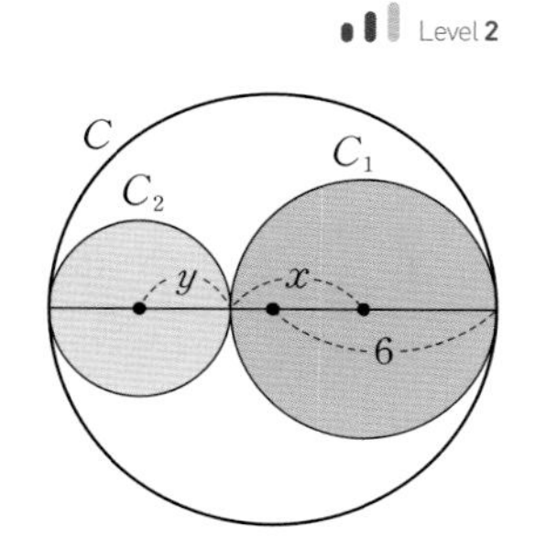

1447

Level 2

그림과 같은 삼각형 ABC가 있다. 변 BC 위의 점 D에 대하여 $\overline{AD}=6$, $\overline{BD}=8$이고, $\angle BAD=\angle BCA$, $\overline{CD}=\overline{AC}+1$일 때, 삼각형 ABC의 둘레의 길이는?

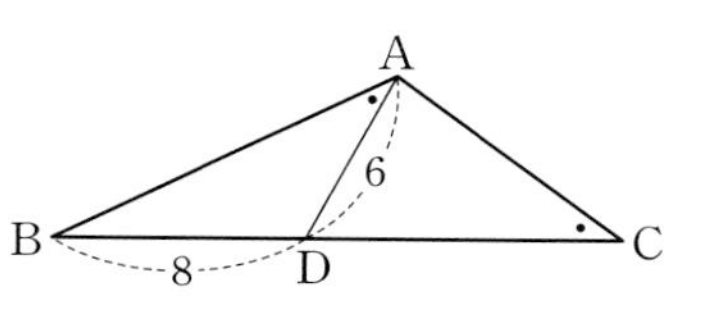

① 39 ② 40 ③ 41
④ 42 ⑤ 43

다음은 이 유형에서 출제된 최근 교육청 · 평가원 기출문제입니다.

1448 • 교육청 2018년 6월

Level 2

밑면의 반지름의 길이가 r, 높이가 h인 원기둥 모양의 용기에 대하여 $r+2h=8$, $r^2-2h^2=8$일 때, 이 용기의 부피는?

(단, 용기의 두께는 무시한다.)

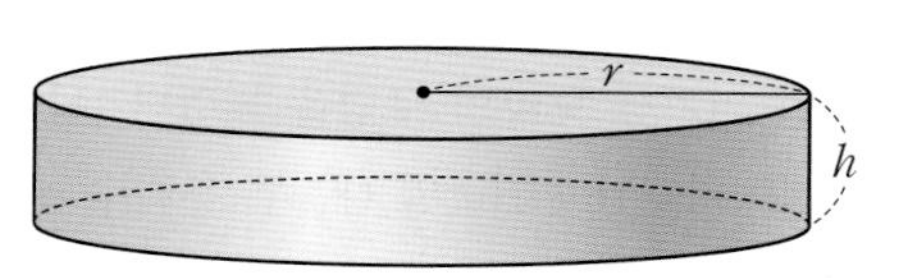

① 16π ② 20π ③ 24π
④ 28π ⑤ 32π

1449 · 교육청 2019년 6월

Level 2

한 변의 길이가 a인 정사각형 ABCD와 한 변의 길이가 b인 정사각형 EFGH가 있다. 그림과 같이 네 점 A, E, B, F가 한 직선 위에 있고 $\overline{EB}=1$, $\overline{AF}=5$가 되도록 두 정사각형을 겹치게 놓았을 때, 선분 CD와 선분 HE의 교점을 I라 하자. 직사각형 EBCI의 넓이가 정사각형 EFGH의 넓이의 $\frac{1}{4}$일 때, b의 값은? (단, $1<a<b<5$)

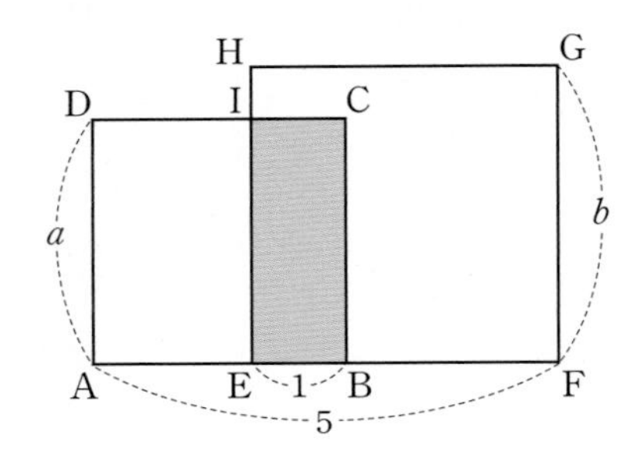

① $-2+\sqrt{26}$ ② $-2+3\sqrt{3}$ ③ $-2+2\sqrt{7}$
④ $-2+\sqrt{29}$ ⑤ $-2+\sqrt{30}$

1450 · 교육청 2018년 6월

Level 3

한 모서리의 길이가 a인 정육면체 모양의 입체도형이 있다. 이 입체도형에서 그림과 같이 밑면의 반지름의 길이가 b이고 높이가 a인 원기둥 모양의 구멍을 뚫었다. 남아 있는 입체도형의 겉넓이가 $216+16\pi$일 때, 두 유리수 a, b에 대하여 $15(a-b)$의 값을 구하시오. (단, $a>2b$)

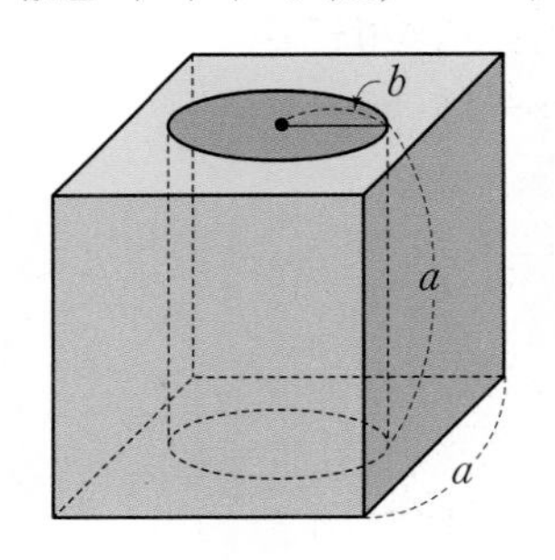

실전유형 23 정수 조건의 부정방정식의 풀이

x, y가 정수라는 조건이 주어진 부정방정식은 다음과 같은 순서로 푼다.

❶ 주어진 방정식을 (일차식)×(일차식)=(정수) 꼴로 변형한다.
❷ 곱해서 정수가 되는 일차식의 값을 구한다.

1451 대표문제

방정식 $xy-2x-2y-1=0$을 만족시키는 정수 x, y에 대하여 $x+y=a$일 때, 다음 중 a의 값이 될 수 있는 것은?

① 2 ② 4 ③ 6
④ 8 ⑤ 10

1452

Level 2

방정식 $2xy-4x-3y-4=0$을 만족시키는 자연수 x, y에 대하여 xy의 최댓값은?

① 18 ② 22 ③ 24
④ 26 ⑤ 30

1453

Level 2

방정식 $xy+4x-2y-15=0$을 만족시키는 정수 x, y에 대하여 다음 중 xy의 값이 될 수 <u>없는</u> 것은?

① -27 ② -11 ③ 9
④ 25 ⑤ 27

● 정답 및 풀이 252쪽

1454

Level 2

방정식 $x^2+xy+x+2y=7$을 만족시키는 정수 x, y에 대하여 $x-y$의 최솟값을 구하시오.

1455

Level 2

방정식 $\frac{1}{x}+\frac{1}{y}=\frac{1}{4}$을 만족시키는 양의 정수 x, y에 대하여 $\frac{x}{y}$의 최댓값을 구하시오.

1456

Level 2

이차방정식 $x^2-(m-6)x+m-3=0$의 서로 다른 두 근 α, β가 모두 자연수일 때, 정수 m의 값은?

① 10 ② 11 ③ 12 ④ 13 ⑤ 14

1457

Level 2

이차방정식 $x^2-2mx+m^2-2m-1=0$의 두 근이 모두 정수가 되도록 하는 정수 m의 개수는? (단, $20 \le m \le 40$)

① 0 ② 1 ③ 2 ④ 3 ⑤ 4

1458

Level 2

방정식 $xy+x+y-2=0$을 만족시키는 정수 x, y를 좌표평면 위의 점 (x, y)로 나타낼 때, 이 점들을 꼭짓점으로 하는 사각형의 넓이는?

① 4 ② 9 ③ 16 ④ 25 ⑤ 36

06

1459

Level 2

그림과 같이 $\overline{AB}=9$, $\overline{CD}=7$, $\angle A=\angle C=90°$인 사각형 ABCD가 있다. 네 변의 길이는 서로 다른 자연수이고, 대각선 BD의 길이를 a라 할 때, a^2의 값은?

① 82 ② 85 ③ 90 ④ 97 ⑤ 106

1460

Level 2

그림과 같이 사각형 ABCD의 각 변의 길이는 모두 자연수이고 $\overline{AD}=4$, $\overline{CD}=8$, $\angle A=\angle C=90°$일 때, 이 사각형의 둘레의 길이의 최댓값을 구하시오.

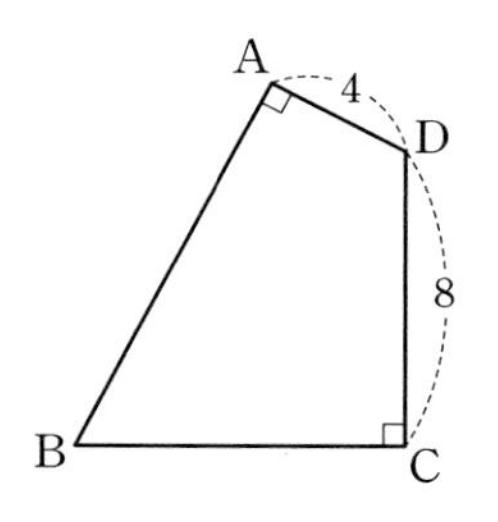

실전 유형 24 실수 조건의 부정방정식의 풀이

(1) $A^2+B^2=0$ 꼴로 변형하여 A, B가 실수이면 $A=B=0$임을 이용한다.
(2) $A^2+B^2=0$ 꼴로 변형되지 않을 경우 한 문자에 대하여 내림차순으로 정리한 후 이차방정식의 판별식 $D\geq 0$임을 이용한다.

1461 대표문제

실수 x, y에 대하여 $4x^2+4xy+2y^2-6y+9=0$이 성립할 때, $x+y$의 값은?

① -2 ② $-\frac{2}{3}$ ③ 1
④ $\frac{3}{2}$ ⑤ 2

1462

Level 2

방정식 $x^2-2xy+2y^2+2y+1=0$을 만족시키는 실수 x, y의 값은?

① $x=-2$, $y=-1$ ② $x=-1$, $y=-2$
③ $x=-1$, $y=-1$ ④ $x=1$, $y=-1$
⑤ $x=1$, $y=1$

1463

Level 2

방정식 $4x^2-4xy+3y^2+4y+2=0$을 만족시키는 실수 x, y에 대하여 $\frac{y}{x}$의 값을 구하시오.

1464

Level 2

방정식 $(16-x^2-y^2)^2+(x-y+2)^2=0$을 만족시키는 실수 x, y에 대하여 xy의 값은?

① -6 ② -3 ③ 1
④ 3 ⑤ 6

1465

Level 2

방정식 $4x^2-4xy+2y^2-12x+4y+10=0$을 만족시키는 실수 x, y에 대하여 $x-y$의 값은?

① -2 ② -1 ③ 0
④ 1 ⑤ 2

1466

Level 2

방정식 $(x-y)^2+2x-3=0$을 만족시키는 양의 정수 x, y에 대하여 $x+y$의 값은?

① 2 ② 3 ③ 4
④ 5 ⑤ 6

● 정답 및 풀이 254쪽

서술형 유형 익히기

1467 대표문제

방정식 $x^3+ax^2+bx-5=0$의 한 근이 $2-i$일 때, 실수 a, b의 값을 구하는 과정을 서술하시오. [6점]

STEP 1 다른 한 허근 구하기 [1점]
삼차방정식의 계수가 모두 실수이므로 한 근이 $2-i$이면 (1) [   ] 도 주어진 방정식의 한 근이다.

STEP 2 나머지 한 근 구하기 [2점]
방정식 $x^3+ax^2+bx-5=0$의 나머지 한 근을 α라 하면 삼차방정식의 근과 계수의 관계에 의하여 세 근의 곱은
$(2-i)(2+i)\alpha=$ (2) [   ] $\therefore \alpha=$ (3) [   ]

STEP 3 a, b의 값 구하기 [3점]
방정식 $x^3+ax^2+bx-5=0$의 세 근이 $2-i$, $2+i$, 1이므로
삼차방정식의 근과 계수의 관계에 의하여
$2-i+2+i+1=-a$,
$(2-i)(2+i)+(2+i)\times1+1\times(2-i)=b$
$\therefore a=$ (4) [   ], $b=$ (5) [   ]

핵심 KEY 유형 6, 유형 11 **근이 주어진 삼차방정식**

삼차방정식에 미지수가 있고 삼차방정식의 세 근 중 일부가 주어졌을 때, 미지수를 구하는 문제이다. 계수가 실수인 삼차방정식은 3개의 근을 갖고, 이때 한 근이 복소수 $a+bi$이면 켤레복소수인 $a-bi$도 근이다. 또, 세 근 중 나머지 한 근은 실수이다.
삼차방정식의 세 근을 알면 근과 계수의 관계를 이용하여 방정식에서 각 항의 계수를 구할 수 있다.

1468 한번 더

방정식 $x^3+ax^2+bx-4=0$의 한 근이 $1+i$일 때, 실수 a, b의 값을 구하는 과정을 서술하시오. [6점]

STEP 1 다른 한 허근 구하기 [1점]

STEP 2 나머지 한 근 구하기 [2점]

STEP 3 a, b의 값 구하기 [3점]

1469 유사 1

삼차식 $f(x)=x^3-x^2+ax+b$에 대하여 $f(1-\sqrt{2}i)=0$일 때, 실수 a, b의 값을 구하는 과정을 서술하시오. [6점]

1470 대표문제

삼차방정식 $x^3-(k+5)x^2+6kx-5k=0$이 중근을 갖도록 하는 모든 실수 k의 값의 합을 구하는 과정을 서술하시오.

[8점]

STEP 1 $x^3-(k+5)x^2+6kx-5k$를 인수분해하기 [2점]

$P(x)=x^3-(k+5)x^2+6kx-5k$로 놓으면

$P(5)=0$이므로 (1) [ ] 는 $P(x)$의 인수이다.

조립제법을 이용하여 $P(x)$를 인수분해하면

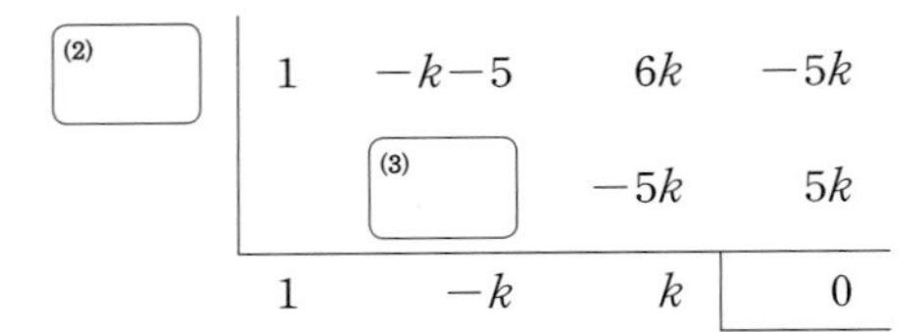

$P(x)=(x-5)(x^2-kx+$ (4) [ ] $)$

STEP 2 중근을 갖도록 하는 경우를 분류하여 각각 k의 값 구하기 [4점]

주어진 방정식은 $(x-5)(x^2-kx+k)=0$이므로

이 방정식이 중근을 갖는 경우는 다음과 같다.

(i) 이차방정식 $x^2-kx+k=0$이 $x=$ (5) [ ] 를 근으로 갖는 경우

$5^2-5k+k=0 \quad \therefore k=$ (6) [ ]

(ii) 이차방정식 $x^2-kx+k=0$이 중근을 갖는 경우

방정식 $x^2-kx+k=0$의 판별식을 D라 하면

$D=0$이어야 한다.

$D=k^2-4k=0$에서 $k(k-4)=0$

$\therefore k=0$ 또는 $k=$ (7) [ ]

STEP 3 k의 값의 합 구하기 [2점]

모든 실수 k의 값의 합은 (8) [ ] 이다.

핵심 KEY 유형 7 삼차방정식의 근의 판별

삼차방정식 $P(x)=0$이 중근을 갖기 위한 조건을 구하는 문제이다.

$P(x)=a(x-\alpha)(x-\beta)^2$으로 인수분해될 경우 방정식 $P(x)=0$은 중근을 갖게 된다.

이때 미지수의 값에 따라 삼중근을 가질 수 있으므로 문제 상황에 맞게 답안을 주의해서 작성해야 한다.

1471 한번 더

삼차방정식 $x^3-(a+1)x^2+2ax-4=0$이 중근을 갖도록 하는 모든 실수 a의 값의 합을 구하는 과정을 서술하시오.

[8점]

STEP 1 $x^3-(a+1)x^2+2ax-4$를 인수분해하기 [2점]

STEP 2 중근을 갖도록 하는 경우를 분류하여 a의 값 또는 a에 대한 방정식 구하기 [4점]

STEP 3 a의 값의 합 구하기 [2점]

1472 유사 1

사차방정식 $x^4+ax^3+(a-1)x^2-ax-a=0$이 중근을 갖도록 하는 실수 a의 값을 모두 구하는 과정을 서술하시오.

[8점]

1473 대표문제

연립방정식 $\begin{cases} 3x^2+2xy-y^2=0 \\ x^2+y^2+2x=12 \end{cases}$의 해를 $x=\alpha$, $y=\beta$라 할 때, $|\alpha|+|\beta|$의 최댓값을 구하는 과정을 서술하시오. [6점]

STEP 1 $3x^2+2xy-y^2=0$의 좌변을 인수분해하여 두 일차방정식 구하기 [1점]

$\begin{cases} 3x^2+2xy-y^2=0 \text{ ······ ㉠} \\ x^2+y^2+2x=12 \text{ ······ ㉡} \end{cases}$

㉠의 좌변을 인수분해하면 ((1))$(x+y)=0$

$\therefore y=$ (2) 또는 $y=-x$

STEP 2 연립방정식의 해 구하기 [4점]

(i) $y=3x$를 ㉡에 대입하면

$x^2+9x^2+2x-12=0$, $5x^2+x-6=0$

((3))$(x-1)=0$

$\therefore x=$ (4) 또는 $x=1$

따라서 $x=$ (4) 일 때 $y=$ (5) ,

$x=1$일 때 $y=3$이다.

(ii) $y=$ (6) 를 ㉡에 대입하면

$x^2+x^2+2x=12$, $x^2+x-6=0$

$(x+3)(x-2)=0$ $\therefore x=-3$ 또는 $x=2$

따라서 $x=-3$일 때 $y=3$, $x=2$일 때 $y=-2$이다.

(i), (ii)에서 연립방정식의 해는

$\begin{cases} x=-\dfrac{6}{5} \\ y=-\dfrac{18}{5} \end{cases}$ 또는 $\begin{cases} x=1 \\ y=3 \end{cases}$ 또는 $\begin{cases} x=-3 \\ y=3 \end{cases}$ 또는 $\begin{cases} x=2 \\ y=-2 \end{cases}$

STEP 3 $|\alpha|+|\beta|$의 최댓값 구하기 [1점]

$|\alpha|+|\beta|$의 값은 (7) , 4, 6, 4이므로

최댓값은 (8) 이다.

핵심 KEY 유형 18 두 이차방정식으로 이루어진 연립이차방정식의 풀이

두 이차방정식으로 이루어진 연립방정식의 해를 구하는 문제이다. 이 유형에서 가장 많이 나오는 것은 한 개의 이차식이 인수분해되는 경우이다. 인수분해되는 이차방정식을 인수분해하여 두 일차방정식을 얻고, 각 일차방정식을 다른 이차방정식에 대입하여 해를 구한다.

1474 한번 더

연립방정식 $\begin{cases} x^2-5xy+6y^2=0 \\ x^2+4xy-9y^2=108 \end{cases}$의 해를 $x=\alpha$, $y=\beta$라 할 때, $\dfrac{\alpha}{\beta}$의 최솟값을 구하는 과정을 서술하시오. [6점]

STEP 1 $x^2-5xy+6y^2=0$의 좌변을 인수분해하여 두 일차방정식 구하기 [1점]

STEP 2 연립방정식의 해 구하기 [4점]

STEP 3 $\dfrac{\alpha}{\beta}$의 최솟값 구하기 [1점]

1475 유사 1

두 연립방정식 $\begin{cases} x+y=a \\ 2x^2-7xy+3y^2=0 \end{cases}$, $\begin{cases} x-y=b \\ 3x^2-9xy+4y^2=4 \end{cases}$의 해가 $x=\alpha$, $y=\beta$일 때, ab의 값을 구하는 과정을 서술하시오. (단, a, b는 양수이다.) [8점]

실력 check 실전 마무리하기 1회

점 / 100점

• 선택형 21문항, 서술형 4문항입니다.

1 1476

삼차방정식 $x^3+3x^2-x-3=0$의 세 실근을 α, β, γ라 할 때, $|\alpha|+|\beta|+|\gamma|$의 값은? [3점]

① 4 ② 5 ③ 6
④ 7 ⑤ 8

2 1477

사차방정식 $(x^2+2x)^2-11(x^2+2x)+24=0$의 네 실근 중 가장 큰 근과 가장 작은 근의 곱은? [3점]

① -9 ② -8 ③ -7
④ -6 ⑤ -5

3 1478

사차방정식 $x^4-7x^2-18=0$의 두 허근을 α, β라 할 때, $\alpha^2+\beta^2$의 값은? [3점]

① -4 ② -2 ③ 1
④ 2 ⑤ 4

4 1479

삼차방정식 $x^3+(a+1)x^2+ax-6=0$의 한 근이 2일 때, 나머지 두 근의 곱은? (단, a는 상수이다.) [3점]

① 1 ② 2 ③ 3
④ 4 ⑤ 5

5 1480

삼차방정식 $x^3-7x-6=0$의 세 근을 α, β, γ라 할 때, $(2+\alpha)(2+\beta)(2+\gamma)$의 값은? [3점]

① -12 ② -6 ③ 0
④ 6 ⑤ 12

6 1481

연립방정식 $\begin{cases} 3x-2y=5 \\ 3x+y^2=4 \end{cases}$의 해가 $x=\alpha$, $y=\beta$일 때, $\alpha+\beta$의 값은? [3점]

① -2 ② -1 ③ 0
④ 1 ⑤ 2

7 1482

x에 대한 두 이차방정식 $x^2+(m+2)x-5=0$, $x^2+(m+4)x-7=0$이 공통근을 갖도록 하는 실수 m의 값과 그때의 공통근의 합은? [3점]

① -1 ② 1 ③ 3
④ 5 ⑤ 6

8 1483

실수 a, b에 대하여 다항식
$f(x)=x^4+ax^3+bx^2-16x-12$가 x^2-4로 나누어떨어질 때, 사차방정식 $f(x)=0$의 모든 근의 합은? [3.5점]

① -8 ② -4 ③ 0
④ 4 ⑤ 8

9 1484

x에 대한 삼차방정식 $x^3-2(k+2)x+4k=0$이 중근을 갖도록 하는 모든 실수 k의 값의 곱은? [3.5점]

① -6 ② -2 ③ 0
④ 2 ⑤ 6

10 1485

삼차방정식 $x^3-2x^2+4x+3=0$의 세 근이 α, β, γ일 때, 삼차방정식 $x^3+ax^2+bx+c=0$은 $\frac{1}{\alpha}$, $\frac{1}{\beta}$, $\frac{1}{\gamma}$을 세 근으로 한다. $a+b+c$의 값은? (단, a, b, c는 상수이다.) [3.5점]

① -2 ② -1 ③ 0
④ 1 ⑤ 2

11 1486

$-1+ai\ (a\neq0)$가 방정식 $x^3-(2k+1)x^2+2k=0$의 근일 때, a^2+k의 값은? (단, k는 실수이다.) [3.5점]

① -2 ② -1 ③ 0
④ 1 ⑤ 2

12 1487

다항식 $f(x)=x^3-3x^2-4x+2$와 서로 다른 세 실수 α, β, γ에 대하여 $f(\alpha)=f(\beta)=f(\gamma)=-5$일 때, $\alpha^2+\beta^2+\gamma^2$의 값은? [3.5점]

① 15 ② 16 ③ 17
④ 18 ⑤ 19

13 1488

삼차방정식 $x^3=1$의 한 허근을 ω라 할 때, 〈**보기**〉에서 옳은 것만을 있는 대로 고른 것은?

(단, $\overline{\omega}$는 ω의 켤레복소수이다.) [3.5점]

〈보기〉

ㄱ. $\omega^2+\omega+1=0$

ㄴ. $\frac{1}{\overline{\omega}}+\left(\frac{1}{\overline{\omega}}\right)^2=1$

ㄷ. $\omega^2\overline{\omega}+\omega\overline{\omega}^2=-1$

① ㄱ ② ㄱ, ㄴ ③ ㄱ, ㄷ
④ ㄴ, ㄷ ⑤ ㄱ, ㄴ, ㄷ

14 1489

삼차방정식 $x^3+8=0$의 한 허근을 ω라 할 때,

$\frac{\omega}{\overline{\omega}-2}+\frac{\overline{\omega}}{\omega-2}$의 값은? (단, $\overline{\omega}$는 ω의 켤레복소수이다.)

[3.5점]

① -2 ② -1 ③ 0
④ 1 ⑤ 2

15 1490

연립방정식 $\begin{cases} x^2-xy-2y^2=0 \\ x^2+2xy-y^2=7 \end{cases}$을 만족시키는 양수 x, y에 대하여 $x=\alpha$, $y=\beta$라 할 때, $\alpha+\beta$의 값은? [3.5점]

① 1 ② 2 ③ 3
④ 4 ⑤ 5

16 1491

연립방정식 $\begin{cases} x+2y-3=0 \\ x^2+4y^2+4y-a^2=0 \end{cases}$이 오직 한 쌍의 해를 가질 때, 양수 a의 값은? [3.5점]

① $\sqrt{5}$ ② $\sqrt{6}$ ③ $\sqrt{7}$
④ $2\sqrt{2}$ ⑤ 3

17 1492

방정식 $xy-2x-y-8=0$을 만족시키는 정수 x, y에 대하여 $x+y$의 최댓값은? [3.5점]

① 12 ② 13 ③ 14
④ 15 ⑤ 16

18 1493

삼차방정식 $x^3+x-1=0$의 세 근을 α, β, γ라 할 때, $(\alpha^2+\alpha+2)(\beta^2+\beta+2)(\gamma^2+\gamma+2)$의 값은? [4점]

① -3 ② -1 ③ 1
④ 3 ⑤ 5

19 1494

그림과 같이 가로의 길이가 20 cm, 세로의 길이가 16 cm인 직사각형 모양의 종이의 네 모퉁이를 한 변의 길이가 x cm인 정사각형 모양으로 잘라 내어 부피가 384 cm^{3}인 직육면체 모양의 뚜껑이 없는 상자를 만들려고 할 때, 모든 x의 값의 합은? [4점]

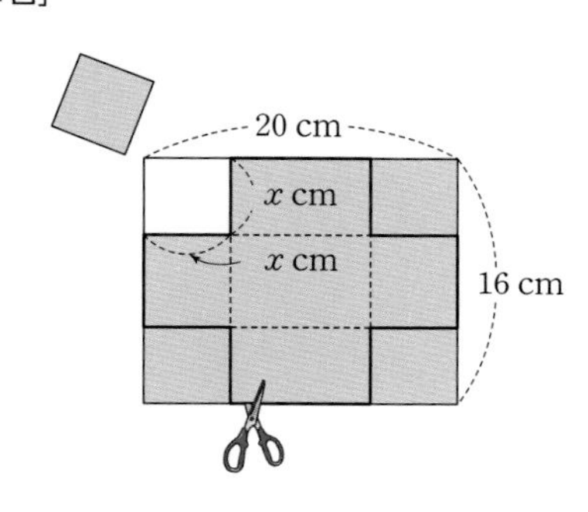

① 2 ② 4 ③ 6
④ 8 ⑤ 10

20 1495

실수 a에 대하여 사차방정식 $x^4-(2a-1)x^2+a^2-a-6=0$의 서로 다른 실근의 개수를 $f(a)$라 할 때, $f(-3)+f(-2)+f(0)+f(4)$의 값은? [4.5점]

① 5 ② 7 ③ 9
④ 11 ⑤ 13

21 1496

연립방정식 $\begin{cases} x+y+xy=-5 \\ x^2+y^2-(x+y)=12 \end{cases}$의 해를 $\begin{cases} x=x_1 \\ y=y_1 \end{cases}$ 또는 $\begin{cases} x=x_2 \\ y=y_2 \end{cases}$ 또는 $\begin{cases} x=x_3 \\ y=y_3 \end{cases}$ 또는 $\begin{cases} x=x_4 \\ y=y_4 \end{cases}$라 할 때, 좌표평면 위의 네 점 $\mathrm{A}(x_1,\ y_1)$, $\mathrm{B}(x_2,\ y_2)$, $\mathrm{C}(x_3,\ y_3)$, $\mathrm{D}(x_4,\ y_4)$를 꼭짓점으로 하는 사각형 ABCD의 넓이는? [4.5점]

① $\frac{25}{2}$ ② $\frac{27}{2}$ ③ $\frac{29}{2}$
④ $\frac{31}{2}$ ⑤ $\frac{33}{2}$

서술형

22 1497

삼차방정식 $x^3-x^2+2x+1=0$의 세 근을 α, β, γ라 할 때, $\frac{\beta+\gamma}{\alpha}+\frac{\gamma+\alpha}{\beta}+\frac{\alpha+\beta}{\gamma}$의 값을 구하는 과정을 서술하시오.

[6점]

23 1498

$3+\sqrt{2}$가 삼차방정식 $x^3-4x^2+ax+b=0$의 한 근일 때, a, b의 값을 구하는 과정을 서술하시오.

(단, a, b는 유리수이다.) [6점]

24 1499

방정식 $x^2+5y^2-4xy-8y+16=0$을 만족시키는 실수 x, y에 대하여 $x+y$의 값을 구하시오. [7점]

25 1500

두 자리 자연수에서 각 자리의 숫자의 제곱의 합은 29이고 일의 자리의 숫자와 십의 자리의 숫자를 바꾼 수와 처음 수의 합이 77일 때, 처음 수를 구하시오.

(단, 십의 자리의 숫자가 일의 자리의 숫자보다 크다.) [8점]

● 정답 및 풀이 263쪽

실력 check 실전 마무리하기 2회

점 / 100점

• 선택형 21문항, 서술형 4문항입니다.

1 1501

삼차방정식 $2x^3-x^2+2x+5=0$의 한 허근을 α라 할 때, $4\alpha^2-6\alpha+11$의 값은? [3점]

① 1 ② 3 ③ 5 ④ 7 ⑤ 9

2 1502

방정식 $(x^2-3x)^2-8(x^2-3x)-20=0$의 서로 다른 네 실근이 a, b, c, d일 때, $(a+d)-(b+c)$의 값은?

(단, $a<b<c<d$) [3점]

① -1 ② 0 ③ 1 ④ 2 ⑤ 3

3 1503

사차방정식 $x^4-3x^2-4=0$의 두 실근을 α, β라 할 때, $|\alpha-\beta|$의 값은? [3점]

① 2 ② 4 ③ 6 ④ 8 ⑤ 10

4 1504

삼차방정식 $x^3-2x^2-3x+2=0$의 세 근을 α, β, γ라 할 때, $\frac{\gamma}{\alpha\beta}+\frac{\alpha}{\beta\gamma}+\frac{\beta}{\gamma\alpha}$의 값은? [3점]

① -5 ② -4 ③ -3 ④ -2 ⑤ -1

5 1505

삼차방정식 $x^3+ax^2+b=0$의 한 근이 $1-i$일 때, 실수 a, b에 대하여 a^2+b^2의 값은? [3점]

① 5 ② 10 ③ 15 ④ 20 ⑤ 25

6 1506

삼차방정식 $x^3=1$의 한 허근을 ω라 할 때,

$1+\frac{1}{\omega}+\frac{1}{\omega^2}+\frac{1}{\omega^3}+\cdots+\frac{1}{\omega^{123}}$의 값은? [3점]

① -2 ② -1 ③ 0 ④ 1 ⑤ 2

7 1507

연립방정식 $\begin{cases} x+2y=4 \\ xy-y-1=0 \end{cases}$ 의 해가 $x=\alpha$, $y=\beta$일 때, $\alpha+\beta$의 값은? (단, α, β는 정수이다.) [3점]

① 3 ② 4 ③ 5 ④ 6 ⑤ 7

8 1508

사차방정식 $x^4-3x^3-2x^2-3x+1=0$의 모든 실근의 합은? [3.5점]

① 3 ② 4 ③ 5 ④ 6 ⑤ 7

9 1509

삼차방정식 $x^3+(k+1)x^2-x-(k^2+5)=0$이 2와 서로 다른 두 개의 음의 정수인 근을 갖도록 하는 상수 k의 값은? [3.5점]

① -3 ② -1 ③ 1 ④ 3 ⑤ 5

10 1510

삼차방정식 $x^3-(a+1)x^2+2(a+1)x-8=0$의 서로 다른 실근의 개수가 2가 되도록 하는 실수 a의 값은? [3.5점]

① -5 ② -3 ③ 3 ④ 5 ⑤ 8

11 1511

삼차방정식 $x^3-2x^2-5x+6=0$의 세 근을 α, β, γ라 할 때, $(3+\alpha)(3+\beta)(3+\gamma)$의 값은? [3.5점]

① 12 ② 18 ③ 24 ④ 27 ⑤ 30

12 1512

삼차방정식 $x^3+3x^2-5x+1=0$의 세 근을 α, β, γ라 할 때, $\frac{1}{\alpha}$, $\frac{1}{\beta}$, $\frac{1}{\gamma}$을 세 근으로 하고 x^3의 계수가 1인 삼차방정식은 $x^3+ax^2+bx+c=0$이다. 이때 상수 a, b, c의 곱 abc의 값은? [3.5점]

① -6 ② -9 ③ -12 ④ -15 ⑤ -18

13 1513

삼차방정식 $f(x)=0$의 세 근을 α, β, γ라 할 때, $\alpha+\beta+\gamma=42$이다. 이때 방정식 $f(6x+2)=0$의 세 근의 합은? [3.5점]

① 6 ② 9 ③ 12
④ 15 ⑤ 18

14 1514

방정식 $x^3+1=0$의 한 허근을 ω라 할 때, 〈보기〉에서 옳은 것만을 있는 대로 고른 것은?

(단, $\overline{\omega}$는 ω의 켤레복소수이다.) [3.5점]

〈보기〉

ㄱ. $\omega^{13}=-\omega$

ㄴ. $\dfrac{\overline{\omega}}{\omega}+\dfrac{\omega}{\overline{\omega}}=-1$

ㄷ. $1-\omega+\omega^2-\omega^3+\omega^4-\omega^5+\cdots+\omega^{2022}=1$

① ㄱ ② ㄴ ③ ㄷ
④ ㄱ, ㄷ ⑤ ㄴ, ㄷ

15 1515

그림과 같은 직육면체의 세 모서리의 길이를 각각 α, β, γ라 할 때, α, β, γ는 삼차방정식 $x^3-9x^2+26x-24=0$의 세 근이라 한다. 이때 이 직육면체의 대각선의 길이 l의 값은? [3.5점]

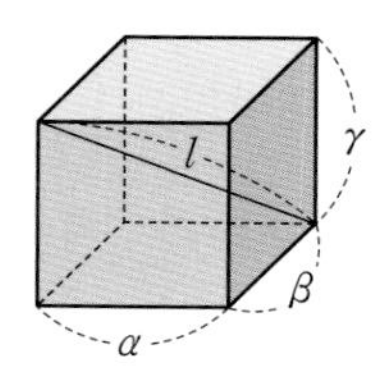

① $2\sqrt{7}$ ② $\sqrt{29}$ ③ $\sqrt{30}$
④ $2\sqrt{10}$ ⑤ $5\sqrt{2}$

16 1516

x, y에 대한 두 연립방정식 $\begin{cases} 2x+y=a \\ x^2-y^2=-4 \end{cases}$, $\begin{cases} x+y=1 \\ x-3y=b \end{cases}$의 해가 일치할 때, 상수 a, b에 대하여 $4ab$의 값은? [3.5점]

① 18 ② 19 ③ 20
④ 21 ⑤ 22

17 1517

연립방정식 $\begin{cases} x^2+y^2=5 \\ 2x^2+3xy-2y^2=0 \end{cases}$의 해를 $x=\alpha$, $y=\beta$라 하자. $\alpha+\beta$의 최댓값과 최솟값을 각각 M, m이라 할 때, $M+m$의 값은? [3.5점]

① -3 ② -1 ③ 0
④ 1 ⑤ 3

18 1518

이차방정식 $x^2-ax+5=0$의 두 근이 모두 삼차방정식 $x^3-bx^2-7x+10=0$의 근일 때, 상수 a, b에 대하여 $a+b$의 값은? [4점]

① 6 ② 7 ③ 8
④ 9 ⑤ 10

19 1519

방정식 $x^2y^2+x^2+4y^2-8xy+4=0$을 만족시키는 실수 x, y에 대하여 x^2+y^2의 값은? [4점]

① 2 ② 5 ③ 10
④ 13 ⑤ 17

20 1520

삼차방정식 $x^3+ax^2+bx-1=0$이 한 실근과 두 허근 α, $-\alpha^2$을 가질 때, a^2+b^2의 값은? (단, a, b는 실수이다.) [4.5점]

① 8 ② 10 ③ 12
④ 14 ⑤ 16

21 1521

그림과 같이 가로와 세로의 길이가 각각 12, a인 직사각형 모양의 종이를 대각선을 따라 접었더니 겹쳐진 부분의 넓이가 $\frac{40}{3}$일 때, a의 값은? (단, $0<a<8$) [4.5점]

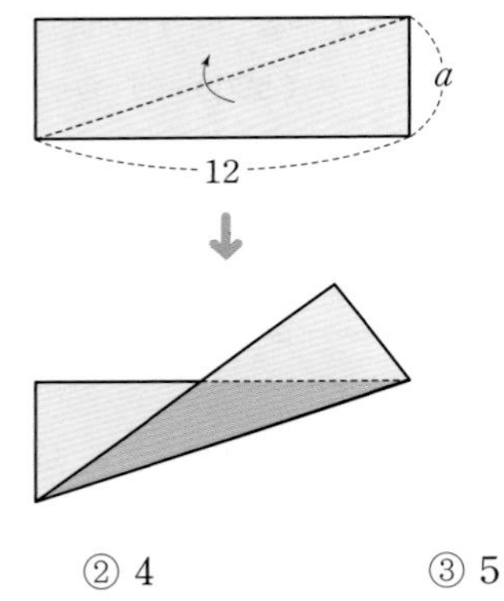

① 3 ② 4 ③ 5
④ 6 ⑤ 7

● 정답 및 풀이 267쪽

서술형

22 1522

사차방정식 $x^4-x^3+ax^2+x+6=0$의 네 실근을 α, β, γ, δ라 하자. $\alpha=-2$일 때, $\alpha+|\beta|+|\gamma|+|\delta|$의 값을 구하는 과정을 서술하시오. (단, a는 상수이다.) [6점]

23 1523

연립방정식 $\begin{cases} x+y=a \\ 2x^2+y^2=a+3 \end{cases}$이 오직 한 쌍의 해를 갖도록 하는 모든 실수 a의 값을 구하는 과정을 서술하시오. [6점]

24 1524

사차방정식 $x^4+x^3+ax^2-9x+b=0$의 두 근이 2, -1일 때, 나머지 두 근 α, β에 대하여 $\alpha^2+\beta^2$의 값을 구하는 과정을 서술하시오. (단, a, b는 실수이다.) [7점]

25 1525

연립방정식 $\begin{cases} x^2+y^2+xy=13 \\ x^2+y^2+x+y=14 \end{cases}$를 만족시키는 x, y에 대하여 $x-y$의 최솟값을 구하시오. [8점]

씨앗 몇 개만 뿌리고도

트럭 한 대분의 호박을 얻을 수 있다

자연의 경이로움은

우리가 내준 것보다

훨씬 많이 돌려주는 저 관대함이다

다만

열매를 얻으려면

우선 밖으로 나가 땅을 파야 한다

– 앤드류 매튜스 –

고등 수학(상)

내신과 등업을 위한 강력한 한 권!

수매씽 시리즈

중등 1~3학년 1·2학기

고등 수학(상), 수학(하), 수학Ⅰ, 수학Ⅱ, 확률과 통계, 미적분

Telephone 1644-0600
Homepage www.bookdonga.com
Address 서울시 영등포구 은행로 30 (우 07242)

- 정답 및 풀이는 동아출판 홈페이지 내 학습자료실에서 내려받을 수 있습니다.
- 교재에서 발견된 오류는 동아출판 홈페이지 내 정오표에서 확인 가능하며, 잘못 만들어진 책은 구입처에서 교환해 드립니다.
- 학습 상담, 제안 사항, 오류 신고 등 어떠한 이야기라도 들려주세요.

등업을 위한 강력한 한 권!

257유형 **2827**문항

수매씽

MATHING

고등 수학(상)

동아출판

일차부등식 07

Ⅲ. 부등식

07 일차부등식

1 부등식 $ax>b$의 풀이

핵심 1

x에 대한 부등식 $ax>b$의 해는 다음과 같다.

(1) $a>0$일 때, $x>\frac{b}{a}$

(2) $a<0$일 때, $x<\frac{b}{a}$

(3) $a=0$일 때, $\begin{cases} b\ge 0\text{이면 해는 없다.} \\ b<0\text{이면 해는 모든 실수이다.} \end{cases}$

> **Note**
>
> **부등식의 기본 성질**
>
> 실수 a, b, c에 대하여
>
> (1) $a>b$, $b>c$이면 $a>c$
>
> (2) $a>b$이면
> $a+c>b+c$, $a-c>b-c$
>
> (3) $a>b$, $c>0$이면
> $ac>bc$, $\frac{a}{c}>\frac{b}{c}$
>
> (4) $a>b$, $c<0$이면
> $ac<bc$, $\frac{a}{c}<\frac{b}{c}$

2 연립일차부등식

핵심 2

(1) **연립부등식** : 두 개 이상의 부등식을 한 쌍으로 묶어 놓은 것

(2) **연립일차부등식** : 일차부등식으로만 이루어진 연립부등식

(3) **연립일차부등식의 풀이 순서**

❶ 각각의 일차부등식을 푼다.

❷ 각 부등식의 해를 수직선 위에 함께 나타낸다.

❸ 공통부분을 찾아 주어진 연립부등식의 해를 구한다.

참고 $a<b$일 때

(1) $\begin{cases} x>a \\ x\ge b \end{cases}$의 해는 $x\ge b$

(2) $\begin{cases} x\ge a \\ x<b \end{cases}$의 해는 $a\le x<b$

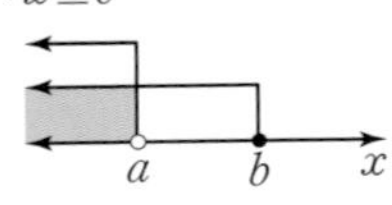

(3) $\begin{cases} x<a \\ x\le b \end{cases}$의 해는 $x<a$

> 연립부등식에서 각 부등식을 동시에 만족시키는 미지수의 값을 연립부등식의 해라 하고, 연립부등식의 모든 해를 구하는 것을 연립부등식을 푼다고 한다.
>
> 수직선에서 ●에 대응하는 수는 부등식의 해에 포함되고, ○에 대응하는 수는 부등식의 해에 포함되지 않는다.

3 $A<B<C$ 꼴의 부등식의 풀이

핵심 3

$A<B<C$ 꼴의 부등식은 두 부등식 $A<B$와 $B<C$를 하나로 나타낸 것이므로

연립부등식 $\begin{cases} A<B \\ B<C \end{cases}$ 꼴로 고쳐서 푼다.

4 절댓값 기호를 포함한 부등식

핵심 4

(1) $a>0$일 때

① $|x|<a$의 해는 $-a<x<a$

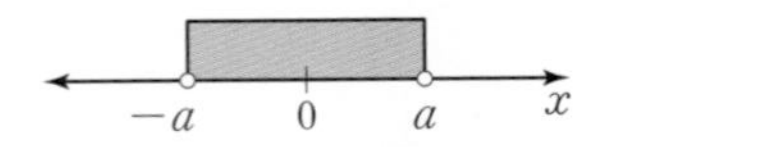

② $|x|>a$의 해는 $x<-a$ 또는 $x>a$

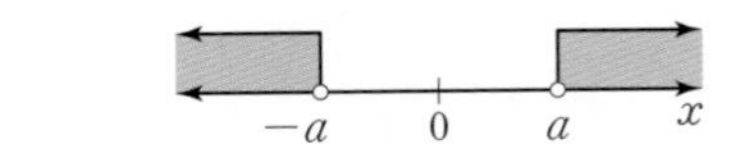

(2) **절댓값 기호를 포함한 부등식의 풀이 순서**

❶ 절댓값 기호 안의 식의 값이 0이 되는 미지수의 값을 기준으로 범위를 나눈다.

❷ 각 범위에서 절댓값 기호를 없앤 후 식을 정리하여 해를 구한다.

❸ ❷에서 구한 해를 합친 미지수의 값의 범위를 구한다.

> $|x|$는 수직선 위에서 x를 나타내는 점과 원점 사이의 거리이다.
>
> $|x|=\begin{cases} x\ (x\ge 0) \\ -x\ (x<0) \end{cases}$

핵심 1 일차부등식의 풀이 유형 1~2

동영상 강의

부등식의 기본 성질을 이용하여 x에 대한 부등식 $(a-1)x>1$을 풀어 보자.

(i) $a-1>0$일 때
양변을 $a-1$로 나누면
$x>\frac{1}{a-1}$
양변에 양수를 곱하거나 나누면 부등호의 방향은 그대로!

(ii) $a-1<0$일 때
양변을 $a-1$로 나누면
$x<\frac{1}{a-1}$
양변에 음수를 곱하거나 나누면 부등호의 방향이 바뀐다!

(iii) $a-1=0$일 때
$0\times x>1$이므로
→ x에 어떤 수를 대입해도 성립하지 않는다.
해는 없다.

부등식을 $ax>b$ 꼴로 정리했을 때,
$a=0$, $b\geq0$이면 해가 없고
$a=0$, $b<0$이면 해가 모든 실수야.

07

1526 부등식 $3(x+3)\leq5x-3$을 푸시오.

1527 x에 대한 부등식 $ax+4\geq a^2+2x$를 푸시오.

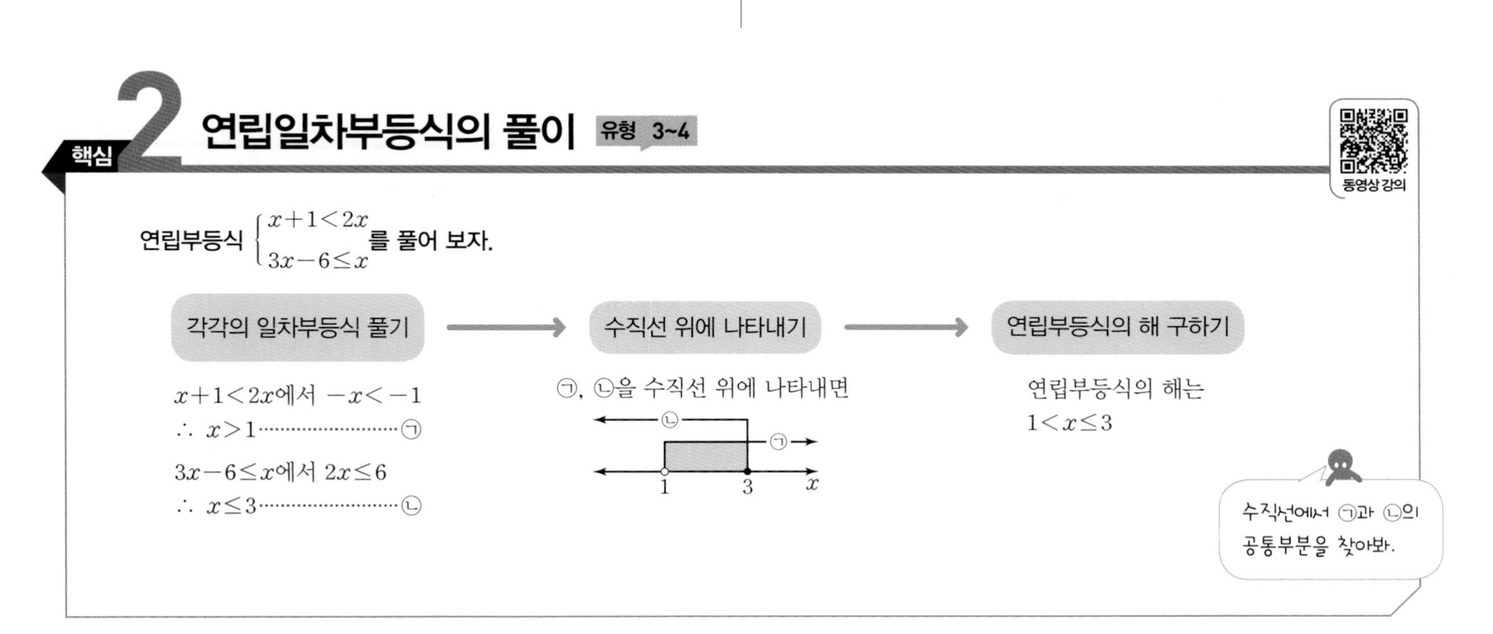

1528 연립부등식 $\begin{cases} 2x+5<11 \\ x+3>-x+1 \end{cases}$을 푸시오.

1529 연립부등식 $\begin{cases} 5x+3\geq13 \\ x-4\leq\frac{-6-x}{4} \end{cases}$를 푸시오.

$A<B<C$ 꼴의 부등식의 풀이 유형 5

부등식 $2x-1<3x+1<2x+5$를 풀어 보자.

$\begin{cases} 2x-1<3x+1 \\ 3x+1<2x+5 \end{cases}$

$2x-1<3x+1$에서 $-x<2$

$\therefore\ x>-2$ ······ ㉠

$3x+1<2x+5$에서

$x<4$ ······ ㉡

㉠, ㉡을 수직선 위에 나타내면

㉡ ㉠ -2 4 x

연립부등식의 해는

$-2<x<4$

$A<B<C$ 꼴의 부등식을 $\begin{cases} A<B \\ A<C \end{cases}$ 또는 $\begin{cases} A<C \\ B<C \end{cases}$ 꼴로 고치면 안 돼.

1530 부등식 $3x-1<5x+3\le4x+9$를 푸시오.

1531 부등식 $0.1x-1<\frac{2}{5}x+2<x-1$을 푸시오.

절댓값 기호를 포함한 부등식의 풀이 유형 10~13

● **두 부등식 $|x+1|<2$, $|x+1|>2$를 각각 풀어 보자.**

• $a>0$일 때, $|x|<a$이면 $-a<x<a$임을 이용한다.

부등식 $|x+1|<2$를 풀면

$-2<x+1<2$

$\therefore\ -3<x<1$

• $a>0$일 때, $|x|>a$이면 $x<-a$ 또는 $x>a$임을 이용한다.

부등식 $|x+1|>2$를 풀면

$x+1<-2$ 또는 $x+1>2$

$\therefore\ x<-3$ 또는 $x>1$

● **부등식 $|x-1|>2x$를 풀어 보자.**

• 절댓값 기호를 없앨 때, $|x-a|=\begin{cases} -(x-a) & (x<a) \\ x-a & (x\ge a) \end{cases}$

임을 이용한다.

부등식 $|x-1|>2x$에서 절댓값 기호 안의 식의 값이 0이 되는 x의 값은

$x-1=0$ $\quad\therefore\ x=1$

(i) $x<1$일 때

$-(x-1)>2x$, $-3x>-1$ $\quad\therefore\ x<\frac{1}{3}$

(ii) $x\ge1$일 때

$x-1>2x$, $-x>1$ $\quad\therefore\ x<-1$

그런데 $x\ge1$이므로 해는 없다.

(i), (ii)에서 부등식의 해는 $x<\frac{1}{3}$

1532 부등식 $|x-2|\le3$을 푸시오.

1533 부등식 $|x|>3x+5$를 푸시오.

● 정답 및 풀이 270쪽

기출 유형 check 실전 준비하기

14유형, 104문항입니다.

기초 유형 0 부등식과 그 해 | 중2

(1) 부등식 : 부등호 $>$, $<$, $\geq$, $\leq$를 사용하여 수 또는 식의 대소 관계를 나타낸 식

(2) 부등식의 표현

x는 a보다
- 크다.(초과이다.) ➔ $x>a$
- 작다.(미만이다.) ➔ $x<a$
- 크거나 같다.(이상이다.) ➔ $x\geq a$
- 작거나 같다.(이하이다.) ➔ $x\leq a$

(3) 부등식의 해 : 부등식을 참이 되게 하는 미지수의 값

1534 대표문제

다음 중 부등식인 것을 모두 고르면? (정답 2개)

① $x-4$　② $2+3=5$

③ $8-2>0$　④ $3x+1\leq 7$

⑤ $2x-1=4x+9$

1535 Level 1

다음 중 문장을 부등식으로 나타낸 것으로 옳지 않은 것은?

① x는 4보다 크다. ➔ $x>4$

② x에 5를 더한 수는 x의 3배보다 크지 않다.
➔ $x+5<3x$

③ 가로의 길이가 a, 세로의 길이가 5인 직사각형의 넓이는 23 초과이다. ➔ $5a>23$

④ 한 개에 500원인 과자 x개의 가격은 3000원 이하이다.
➔ $500x\leq 3000$

⑤ 시속 6 km로 x시간 동안 이동한 거리는 10 km 미만이다.
➔ $6x<10$

1536 Level 1

'4에 x의 3배를 더한 값은 x에서 2를 뺀 후 3으로 나눈 값보다 크거나 같다.'를 부등식으로 바르게 나타낸 것은?

① $4+3x\leq x-2\div 3$　② $4+3x>(x-2)\div 3$

③ $4+3x\leq \frac{x-2}{3}$　④ $4+3x\geq \frac{x-2}{3}$

⑤ $4x\times 3x\geq \frac{x-2}{3}$

1537 Level 1

x의 값이 -1, 0, 1, 2일 때, 부등식 $2x+1\geq -x+4$의 해를 모두 구하시오.

1538 Level 2

다음 중 방정식 $2x+1=5$를 만족시키는 x의 값을 해로 갖는 부등식은?

① $2x+5\geq 9$　② $x+1>3$

③ $-x+1>x+2$　④ $-x+2<-3$

⑤ $3x-5\leq x-2$

실전 유형 1 부등식의 기본 성질

실수 a, b, c에 대하여
(1) $a>b$, $b>c$이면 $a>c$
(2) $a>b$이면 $a+c>b+c$, $a-c>b-c$
(3) $a>b$, $c>0$이면 $ac>bc$, $\frac{a}{c}>\frac{b}{c}$
(4) $a>b$, $c<0$이면 $ac<bc$, $\frac{a}{c}<\frac{b}{c}$

1539 대표문제

$a<0<b$일 때, 다음 중 항상 성립하는 것은?

① $a+b<0$
② $a-5>b-5$
③ $-3a<-3b$
④ $2a+1<2b+1$
⑤ $\frac{b}{a}>1$

1540 Level 1

$-3a+1<-3b+1$일 때, 다음 중 옳은 것은?

① $a+2<b+2$
② $-2a>-2b$
③ $\frac{a}{5}>\frac{b}{5}$
④ $5a-7<5b-7$
⑤ $4-\frac{a}{3}>4-\frac{b}{3}$

1541 Level 2

실수 a, b, c에 대하여 다음 중 항상 성립하는 것은?

① $ac<bc$이면 $a<b$이다.
② $a-c>b-c$이면 $a>b$이다.
③ $a>b$, $c<0$이면 $\frac{a}{c}>\frac{b}{c}$이다.
④ $\frac{1}{a}<\frac{1}{b}$이면 $a>b$이다. (단, $a\neq0$, $b\neq0$)
⑤ $\frac{a}{c}>\frac{b}{c}$이면 $a<b$이다. (단, $c\neq0$)

1542 Level 2

$-1\leq x\leq3$, $-2\leq y\leq1$일 때, $x-y$의 값의 범위를 구하시오.

1543 Level 2

$A=\frac{x}{3}-2$, $B=1-3x$일 때, $-\frac{2}{3}\leq A<2$를 만족시키는 x에 대하여 B의 최댓값은?

① -13
② -12
③ -11
④ -10
⑤ -9

1544 고난도 Level 3

$a<b<0$일 때, 〈보기〉에서 옳은 것만을 있는 대로 고른 것은?

〈보기〉

ㄱ. $\frac{1}{a}<\frac{1}{b}$
ㄴ. $a^3>a^2b$
ㄷ. $\frac{a}{b}>\frac{b}{a}$
ㄹ. $\frac{a^2}{b}<\frac{b^2}{a}$

① ㄱ, ㄴ
② ㄴ, ㄷ
③ ㄷ, ㄹ
④ ㄱ, ㄴ, ㄷ
⑤ ㄴ, ㄷ, ㄹ

+Plus 문제

실전유형 2 부등식 $ax>b$의 풀이

부등식 $ax>b$의 해는

(1) $a>0$일 때, $x>\frac{b}{a}$

(2) $a<0$일 때, $x<\frac{b}{a}$

(3) $a=0$일 때, $\begin{cases} b\geq 0\text{이면 해는 없다.} \\ b<0\text{이면 해는 모든 실수이다.} \end{cases}$

1545 대표문제

두 부등식 $\frac{x+1}{2}<x$와 $a(x-1)<1-x$의 해가 서로 같을 때, 다음 중 상수 a의 값이 될 수 <u>없는</u> 것은?

① -5 ② -4 ③ -3
④ -2 ⑤ -1

1546

Level 1

$a<0$일 때, x에 대한 부등식 $1-ax>0$의 해를 구하시오.

1547

Level 1

$a>2$일 때, x에 대한 부등식 $ax-2a\geq 2(x-2)$의 해를 구하시오.

1548

Level 1

$a>b$일 때, x에 대한 부등식 $bx-5a>ax-5b$의 해를 구하시오.

1549

Level 2

부등식 $ax-3a<4x-12$의 해가 $x>3$일 때, 다음 중 상수 a의 값이 될 수 있는 것은?

① 2 ② 4 ③ 6
④ 8 ⑤ 10

1550

Level 2

부등식 $ax-2\geq 7x+10$의 해가 $x\geq 2$일 때, 상수 a의 값은?

① 5 ② 7 ③ 10
④ 13 ⑤ 15

1551

Level 2

부등식 $ax+b>0$의 해가 $x<-1$일 때, 부등식 $(a+b)x-4b>0$의 해는? (단, a, b는 상수이다.)

① $x>-4$ ② $x>-2$ ③ $x<2$
④ $x>2$ ⑤ $x<4$

실전 유형 3 연립일차부등식의 풀이

연립일차부등식은 다음과 같은 순서로 푼다.
❶ 각각의 일차부등식을 푼다.
❷ 각 부등식의 해를 수직선 위에 함께 나타낸다.
❸ 공통부분을 찾아 주어진 연립부등식의 해를 구한다.

1552 대표문제

연립부등식 $\begin{cases} 4x+3\le 3(x-1) \\ 2x-1>4(x+1)+1 \end{cases}$ 의 해가 $x\le a$일 때, a의 값은?

① -6 ② -4 ③ -2
④ 0 ⑤ 2

1553 Level 1

다음 중 연립부등식 $\begin{cases} 3x-5\ge 2x-3 \\ 11-2x>3 \end{cases}$ 의 해를 수직선 위에 바르게 나타낸 것은?

①
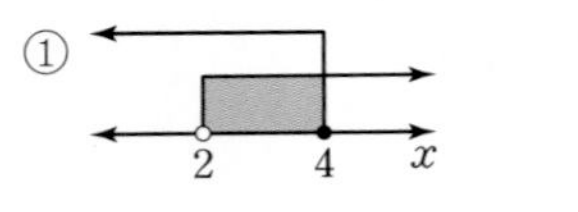

②
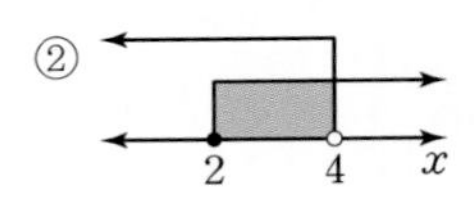

③
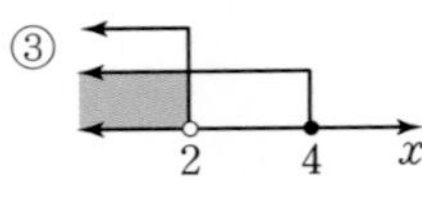

④
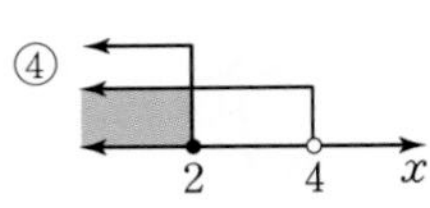

⑤
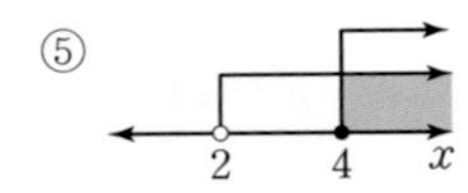

1554 Level 2

연립부등식 $\begin{cases} 7x-(x-2)>2x \\ x+5\le 3(x-1) \end{cases}$ 의 해는?

① $x<-\frac{1}{2}$ ② $x>-\frac{1}{2}$ ③ $-\frac{1}{2}<x\le 4$
④ $x\le 4$ ⑤ $x\ge 4$

1555 Level 2

연립부등식 $\begin{cases} 4x+1>3(x-1) \\ x+1\ge 3(x-3) \end{cases}$ 의 해가 $a<x\le b$일 때, $a+b$의 값은?

① -2 ② -1 ③ 0
④ 1 ⑤ 2

1556 Level 2

연립부등식 $\begin{cases} x+5\ge 2x+1 \\ 3x+4>2x+5 \end{cases}$ 를 만족시키는 정수 x의 개수는?

① 1 ② 2 ③ 3
④ 4 ⑤ 5

● 정답 및 풀이 273쪽

1557

Level 2

다음 중 연립부등식 $\begin{cases} 0.3x+0.7\geq -0.5-0.9x \\ \dfrac{x}{3}-1<\dfrac{x-3}{4} \end{cases}$ 을 만족시키는 x의 값이 될 수 없는 것은?

① -1　② 0　③ 1　④ 2　⑤ 3

1558

Level 2

연립부등식 $\begin{cases} 1.8-0.1x\geq 0.3(x+2) \\ \dfrac{x-1}{2}<\dfrac{x+2}{3} \end{cases}$ 를 만족시키는 모든 자연수 x의 값의 합은?

① 1　② 2　③ 3　④ 5　⑤ 6

다음은 이 유형에서 출제된 최근 교육청 • 평가원 기출문제입니다.

1559 • 교육청 2021년 9월

Level 2

연립부등식 $\begin{cases} x+3<3x \\ 3x+4<2x+8 \end{cases}$ 의 해가 $a<x<b$일 때, ab의 값은?

① 6　② 7　③ 8　④ 9　⑤ 10

실전유형 4 특수한 해를 갖는 연립일차부등식의 풀이

(1) 연립부등식의 해가 없는 경우

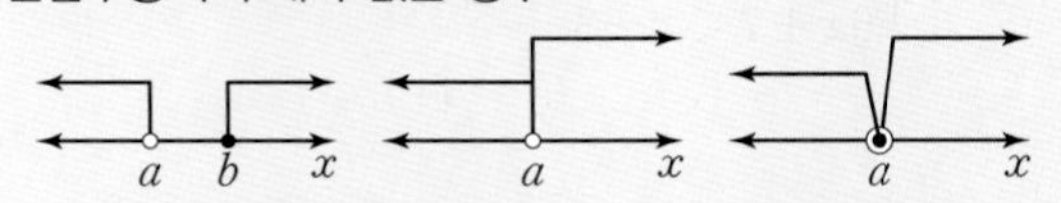

➔ 수직선 위에서 두 일차부등식의 해의 공통부분이 없다.

(2) 연립부등식의 해가 한 개인 경우

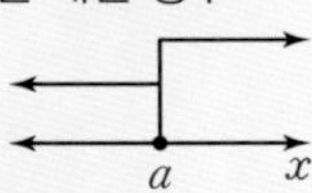

➔ 수직선 위에서 두 일차부등식의 해의 공통부분이 $x=a$뿐이다.

1560 대표문제

다음 연립부등식 중 해가 없는 것은?

① $\begin{cases} x\leq 3 \\ x\geq 3 \end{cases}$　② $\begin{cases} x\geq 1 \\ -2x<-6 \end{cases}$

③ $\begin{cases} 4x-12<8 \\ x\leq 4 \end{cases}$　④ $\begin{cases} 0.4(x+3)\geq 1.2 \\ x<-2 \end{cases}$

⑤ $\begin{cases} 7x-9<x-3 \\ \dfrac{1}{3}x-\dfrac{1}{2}\geq\dfrac{x-5}{12} \end{cases}$

1561

Level 2

다음 중 연립부등식 $\begin{cases} 3x-2<2(x-1) \\ 2x\geq\dfrac{5}{2}+\dfrac{3x-4}{2} \end{cases}$ 의 해를 수직선 위에 바르게 나타낸 것은?

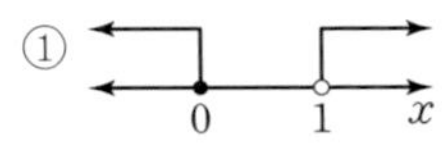
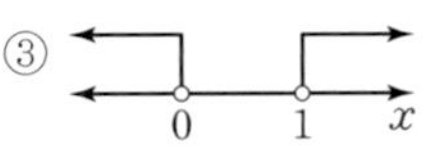

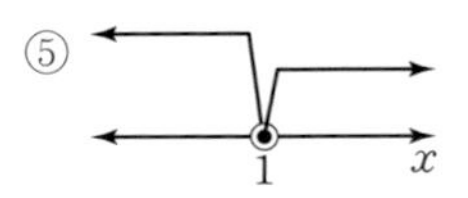

1562
Level 2

연립부등식 $\begin{cases} x-3<4x+3 \\ 6x+7<x-3 \end{cases}$의 해를 구하시오.

1563
Level 2

연립부등식 $\begin{cases} 2x+6\le -x-9 \\ 3(2x+3)\ge 4(x-2)+7 \end{cases}$의 해는?

① $x\le -5$ ② $x=-5$ ③ $x\ge -5$
④ 모든 실수 ⑤ 해는 없다.

1564
Level 2

연립부등식 $\begin{cases} \dfrac{5x+9}{8}<\dfrac{x}{4} \\ 3(x+2)+6\ge -x \end{cases}$ 의 해를 구하시오.

1565
Level 2

연립부등식 $\begin{cases} 3x-4\ge 2x-3 \\ \dfrac{x+2}{2}\le \dfrac{7-x}{4} \end{cases}$의 해를 구하시오.

1566
Level 2

연립부등식 $\begin{cases} \dfrac{x+1}{4}-\dfrac{x+2}{5}\ge 0 \\ 0.5(x-1)\le 0.3x+0.1 \end{cases}$ 의 해를 구하시오.

1567
Level 3

연립부등식 $\begin{cases} x\le a \\ x\ge b \end{cases}$에 대한 설명으로 〈**보기**〉에서 옳은 것만을 있는 대로 고른 것은? (단, a, b는 상수이다.)

〈 보기 〉
ㄱ. $a=b$이면 해는 $x=a$이다.
ㄴ. $a<b$이면 해는 없다.
ㄷ. $a>b$이면 해는 $x\ge b$이다.

① ㄱ ② ㄴ ③ ㄱ, ㄴ
④ ㄱ, ㄷ ⑤ ㄱ, ㄴ, ㄷ

실전유형 5 $A<B<C$ 꼴의 부등식의 풀이 빈출유형

$A<B<C$ 꼴의 부등식

→ 연립부등식 $\begin{cases} A<B \\ B<C \end{cases}$ 꼴로 고쳐서 푼다.

1568 대표문제

부등식 $2x-3<3x+1\le x-1$을 만족시키는 정수 x의 최댓값과 최솟값의 곱은?

① -6 ② -3 ③ 0
④ 3 ⑤ 6

1569 Level 1

다음은 부등식 $-5\le -4x+7\le 19$의 해를 구하는 과정이다.

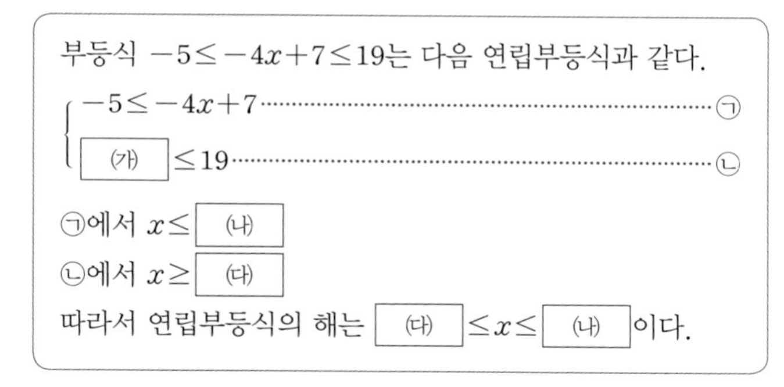
부등식 $-5\le -4x+7\le 19$는 다음 연립부등식과 같다.

$\begin{cases} -5\le -4x+7 & \cdots\cdots ㉠ \\ \boxed{(가)}\le 19 & \cdots\cdots ㉡ \end{cases}$

㉠에서 $x\le \boxed{(나)}$
㉡에서 $x\ge \boxed{(다)}$
따라서 연립부등식의 해는 $\boxed{(다)}\le x\le \boxed{(나)}$이다.

위의 과정에서 (가), (나), (다)에 알맞은 것을 써넣으시오.

1570 Level 1

부등식 $-7\le 5(2-x)<2$의 해가 $a<x\le b$일 때, $a+b$의 값은?

① $\frac{23}{5}$ ② 5 ③ $\frac{26}{5}$
④ $\frac{28}{5}$ ⑤ 6

1571 Level 2

부등식 $3x-7<4x-7\le -5x+20$을 만족시키는 정수 x의 개수는?

① 2 ② 3 ③ 4
④ 5 ⑤ 6

1572 Level 2

다음 중 부등식 $3x-2<5x+2\le 6(x-1)$의 해가 아닌 것은?

① 6 ② 8 ③ 10
④ 12 ⑤ 14

1573 Level 2

부등식 $10x-13<5x+7\le 6x+9$를 만족시키는 모든 정수 x의 값의 합을 구하시오.

1574 Level 2

부등식 $2x+1<\frac{4x+5}{3}\le\frac{2}{3}x-1$의 해를 구하시오.

1575

Level 2

부등식 $\frac{5x-13}{8} \le \frac{x-3}{2} \le x$를 만족시키는 정수 x의 최댓값과 최솟값의 차는?

① 2 ② 3 ③ 4
④ 5 ⑤ 6

1576

Level 2

부등식 $-\frac{1}{5}x+0.5<0.1x-0.3\le-\frac{3}{10}x+1.3$에 대하여 〈보기〉에서 옳은 것만을 있는 대로 고른 것은?

〈보기〉

ㄱ. 정수인 해는 2개이다.
ㄴ. 자연수인 해는 없다.
ㄷ. $x=\frac{8}{3}$은 부등식의 해이다.

① ㄱ ② ㄴ ③ ㄱ, ㄴ
④ ㄱ, ㄷ ⑤ ㄴ, ㄷ

1577

Level 2

부등식 $\frac{2x-5}{3}<\frac{x-3}{2}\le x+1$을 만족시키는 x에 대하여 $A=-x+2$일 때, A의 값의 범위를 구하시오.

실전 유형 6 연립일차부등식의 해가 주어진 경우

미정계수가 포함된 연립일차부등식의 해가 주어지면
➔ 각 일차부등식을 풀어 공통부분을 구한 후 주어진 해와 비교하여 미정계수의 값을 구한다.

1578 대표문제

연립부등식 $\begin{cases} 4x+5>3x+a \\ -x\le 25-6x \end{cases}$의 해가 $1<x\le5$일 때, 상수 a의 값은?

① -2 ② 1 ③ 2
④ 4 ⑤ 6

1579

Level 2

연립부등식 $\begin{cases} 5x-6\ge x-a \\ 4x-3\le 2x+1 \end{cases}$의 해를 수직선 위에 나타내면 그림과 같을 때, 상수 a의 값은?

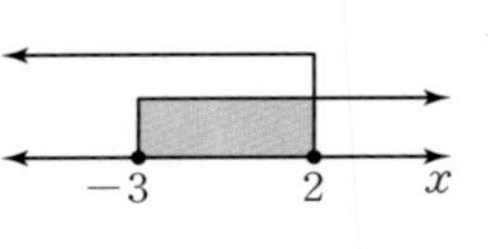

① 2 ② 6 ③ 9
④ 18 ⑤ 24

1580

Level 2

연립부등식 $\begin{cases} 3x+a>-(x+1) \\ x\le-(x+b) \end{cases}$의 해가 $-2<x\le5$일 때, 상수 a, b에 대하여 $a+b$의 값은?

① -7 ② -3 ③ -1
④ 3 ⑤ 7

1581

Level 2

연립부등식 $\begin{cases} 2x-5\geq x+3 \\ 8-7x\geq a-2x \end{cases}$의 해가 $x=8$일 때, 상수 a의 값을 구하시오.

1582

Level 2

부등식 $6x-a\leq 2x<5x+b$의 해가 $-1<x\leq 3$일 때, 상수 a, b에 대하여 $a-b$의 값을 구하시오.

1583

Level 3

연립부등식 $\begin{cases} ax+1<2(x+8) \\ 3x>x-4 \end{cases}$의 해가 $b<x<5$일 때, ab의 값은? (단, a는 상수이다.)

① -10　② -4　③ 4
④ 8　⑤ 10

+Plus 문제

1584

Level 3

연립부등식 $\begin{cases} 3x+2\geq 4x+a \\ 5x-4\leq x+2a \end{cases}$의 해가 $x\leq 1$일 때, 상수 a의 값을 모두 구하시오.

실전 유형 7 연립일차부등식이 해를 갖거나 갖지 않는 경우 빈출유형

(1) 연립부등식이 해를 갖는 경우
→ 각 부등식의 해를 수직선 위에 나타내었을 때 공통부분이 있어야 한다.

(2) 연립부등식이 해를 갖지 않는 경우
→ 각 부등식의 해를 수직선 위에 나타내었을 때 공통부분이 없어야 한다.

07

1585 대표문제

연립부등식 $\begin{cases} x+3a<1 \\ 3(x+1)\leq 4(x-1) \end{cases}$이 해를 갖도록 하는 실수 a의 값의 범위를 구하시오.

1586

Level 2

연립부등식 $\begin{cases} \dfrac{5-2x}{3}\leq a \\ 3x>5x-6 \end{cases}$이 해를 갖도록 하는 정수 a의 최솟값을 구하시오.

1587

Level 2

연립부등식 $\begin{cases} 3(x-4)>6x-5 \\ 2x+a<4x-1 \end{cases}$이 해를 갖도록 하는 정수 a의 최댓값은?

① -8　② -7　③ -6
④ -5　⑤ -4

1588

Level 2

연립부등식 $\begin{cases} 4x-3<2x-7 \\ x+4\geq a \end{cases}$가 해를 갖지 않도록 하는 실수 a의 값의 범위를 구하시오.

1589

Level 2

연립부등식 $\begin{cases} 2x+11\leq 7 \\ 3(x+3)\geq a-1 \end{cases}$이 해를 갖지 않도록 하는 정수 a의 최솟값은?

① 4 ② 5 ③ 6
④ 7 ⑤ 8

1590

Level 2

연립부등식 $\begin{cases} 3x+2a>2x+a \\ x\leq \dfrac{x-3}{2} \end{cases}$이 해를 갖지 않도록 하는 실수 a의 값의 범위를 구하시오.

1591

Level 2

부등식 $5x+a\leq 2(3x+1)\leq 4x-7$이 해를 갖도록 하는 실수 a의 값의 범위를 구하시오.

1592

Level 2

부등식 $6x-a<x-1<3x-5$가 해를 갖지 않도록 하는 정수 a의 최댓값을 구하시오.

1593

Level 2

연립부등식 $\begin{cases} 3x+2<x+a \\ x+b\leq 2x-5 \end{cases}$가 해를 갖지 않도록 하는 실수 a, b에 대하여 $a-2b$의 최댓값은?

① 8 ② 9 ③ 10
④ 11 ⑤ 12

● 정답 및 풀이 278쪽

심화유형 8 정수인 해의 개수가 주어진 연립일차부등식

연립부등식을 만족시키는 정수인 해가 n개이면
→ 각 일차부등식의 해를 구한 후 해의 공통부분이 n개의 정수를 포함하도록 수직선 위에 나타낸다.

1594 대표문제

연립부등식 $\begin{cases} 3-2x \geq x-4 \\ 4x-2a > 3(x+2) \end{cases}$ 를 만족시키는 정수 x가 4개일 때, 실수 a의 값의 범위를 구하시오.

1595

Level 2

연립부등식 $\begin{cases} 4x-1 < 2x+1 \\ 3x-1 \geq 2x+a \end{cases}$ 를 만족시키는 정수 x가 2개일 때, 다음 중 상수 a의 값이 될 수 있는 것은?

① -3　② -2　③ -1
④ 0　⑤ 1

1596

Level 2

연립부등식 $\begin{cases} 3x > a+4 \\ \frac{5x+3}{2} < 2x+5 \end{cases}$ 를 만족시키는 정수 x가 5와 6뿐일 때, 실수 a의 최솟값은?

① 6　② 7　③ 8
④ 9　⑤ 10

1597

Level 2

연립부등식 $\begin{cases} 5x-(4x+1) < -x \\ 3(x-1) \geq 2x+a \end{cases}$ 를 만족시키는 음의 정수 x가 -1과 -2뿐일 때, 실수 a의 최댓값을 구하시오.

1598

Level 3

부등식 $\frac{2(a-x)}{3} < 2-x < \frac{1-x}{2}$ 를 만족시키는 정수 x가 1개뿐일 때, 실수 a의 값의 범위를 구하시오.

+Plus 문제

다음은 이 유형에서 출제된 최근 교육청 · 평가원 기출문제입니다.

1599 · 교육청 2019년 6월

Level 3

x에 대한 연립부등식 $\begin{cases} x+2 > 3 \\ 3x < a+1 \end{cases}$ 을 만족시키는 모든 정수 x의 값의 합이 9가 되도록 하는 자연수 a의 최댓값은?

① 10　② 11　③ 12
④ 13　⑤ 14

심화유형 9 연립일차부등식의 활용 복합유형

연립일차부등식의 활용 문제는 다음과 같은 순서로 푼다.
❶ 문제의 의미를 파악하여 구하려는 것을 x로 놓는다.
❷ 주어진 조건을 이용하여 x에 대한 연립부등식을 세운다.
❸ 연립부등식을 풀어 문제의 답을 구한다.

1600 대표문제

학생들에게 과일을 나누어 주는데 한 명에게 3개씩 주면 과일 40개가 남고, 7개씩 주면 마지막 한 명은 1개 이상 6개 미만을 받는다고 한다. 학생 수를 구하시오.

1601 Level 2

한 자루에 500원인 색연필과 한 자루에 800원인 형광펜을 합하여 12자루를 사고, 총 금액이 7200원 이상 8400원 이하가 되게 하려고 한다. 이때 형광펜은 최대 몇 자루 살 수 있는가?

① 5자루 ② 6자루 ③ 7자루
④ 8자루 ⑤ 9자루

1602 Level 2

둘레의 길이가 150 cm인 직사각형을 만들려고 한다. 가로의 길이가 세로의 길이보다 15 cm 이상 길고, 세로의 길이의 2배보다 짧게 하려고 할 때, 세로의 길이의 범위는?

① 15 cm 초과 20 cm 이하
② 20 cm 초과 25 cm 이하
③ 25 cm 초과 30 cm 이하
④ 30 cm 초과 35 cm 이하
⑤ 35 cm 초과 40 cm 이하

1603 Level 2

연속하는 세 정수의 합이 30보다 크거나 같고, 세 정수 중 작은 두 수의 합에서 가장 큰 수를 뺀 값이 10보다 작다고 할 때, 다음 중 연속하는 세 정수 중 가운데 수가 될 수 있는 것은?

① 8 ② 10 ③ 12
④ 14 ⑤ 16

1604 Level 2

16 %의 소금물 400 g에 소금을 더 넣어 20 % 이상 30 % 이하의 소금물을 만들려고 한다. 더 넣어야 하는 소금의 양의 범위를 구하시오.

1605 Level 3

사탕을 상자에 넣어 포장하려고 한다. 한 상자에 6개씩 넣으면 사탕이 9개 남고, 7개씩 넣으면 상자가 6개 남는다고 한다. 다음 중 상자의 개수가 될 수 있는 것은?

① 37 ② 41 ③ 45
④ 49 ⑤ 53

● 정답 및 풀이 280쪽

실전유형 10 부등식 $|ax+b|<c$의 풀이 빈출유형

$|ax+b|<c$ 또는 $|ax+b|>c$ $(c>0)$ 꼴의 부등식은 다음을 이용하여 절댓값 기호를 없앤 후 푼다.

(1) $|ax+b|<c$ ➜ $-c<ax+b<c$

(2) $|ax+b|>c$ ➜ $ax+b<-c$ 또는 $ax+b>c$

1606 대표문제

부등식 $|2x-a|<14$의 해가 $-3<x<b$일 때, $b-a$의 값은? (단, a는 상수이다.)

① 1　② 3　③ 5　④ 7　⑤ 9

1607 Level 1

부등식 $|x-5|>9$의 해가 $x<a$ 또는 $x>b$일 때, $a+b$의 값은?

① 8　② 9　③ 10　④ 11　⑤ 12

1608 Level 1

부등식 $|2x-1|<3$을 만족시키는 정수 x의 개수는?

① 1　② 2　③ 3　④ 4　⑤ 5

1609 Level 2

부등식 $2\le|x+1|\le4$를 만족시키는 정수 x의 최댓값과 최솟값의 차는?

① 2　② 4　③ 6　④ 8　⑤ 10

1610 Level 2

부등식 $1<|x-3|<5$를 만족시키는 모든 정수 x의 값의 합을 구하시오.

1611 신경향 Level 3

$-2<x<a$를 만족시키는 모든 실수 x가 부등식 $|x-3|\ge1$을 만족시킬 때, 실수 a의 최댓값은?

① 1　② 2　③ 3　④ 4　⑤ 5

+Plus 문제

1612 고난도 Level 3

부등식 $|ax-4|<b$의 해가 $-1<x<5$일 때, 상수 a, b에 대하여 $a+b$의 값을 구하시오. (단, $ab>0$)

다음은 이 유형에서 출제된 최근 교육청 · 평가원 기출문제입니다.

1613 · 교육청 2018년 6월

Level 2

x에 대한 부등식 $|x-a|<2$를 만족시키는 모든 정수 x의 값의 합이 33일 때, 자연수 a의 값은?

① 11 ② 12 ③ 13
④ 14 ⑤ 15

1614 · 교육청 2020년 9월

Level 2

연립부등식 $\begin{cases} 2x+5\le 9 \\ |x-3|\le 7 \end{cases}$을 만족시키는 정수 x의 개수를 구하시오.

1615 · 교육청 2020년 11월

Level 3

x에 대한 부등식 $|x-7|\le a+1$을 만족시키는 모든 정수 x의 개수가 9가 되도록 하는 자연수 a의 값은?

① 1 ② 2 ③ 3
④ 4 ⑤ 5

실전 유형 11 부등식 $|ax+b|<cx+d$의 풀이

$|ax+b|<cx+d$ 꼴의 부등식은 절댓값 기호 안의 식의 값이 0이 되는 x의 값인 $-\frac{b}{a}$를 기준으로 하여 x의 값의 범위를

(i) $x<-\frac{b}{a}$ (ii) $x\ge -\frac{b}{a}$

로 나누어 푼다.

1616 대표문제

부등식 $2|x-1|\le x$를 만족시키는 정수 x의 개수는?

① 1 ② 2 ③ 3
④ 4 ⑤ 5

1617

Level 2

부등식 $|3-x|\le 15-x$를 만족시키는 x의 최댓값은?

① 6 ② 7 ③ 8
④ 9 ⑤ 10

1618

Level 2

부등식 $2|x-3|+3x\ge 4$의 해가 $x\ge a$일 때, a의 값은?

① -2 ② -1 ③ 0
④ 1 ⑤ 2

1619

Level 2

부등식 $|2x-1|-4<x$의 해가 $a<x<b$일 때, $a+b$의 값을 구하시오.

1620

Level 2

부등식 $|3x-6|\geq x+1$을 만족시키는 10 이하의 자연수 x의 개수를 구하시오.

다음은 이 유형에서 출제된 최근 교육청 • 평가원 기출문제입니다.

1621 • 교육청 2019년 11월

Level 2

부등식 $x>|3x+1|-7$을 만족시키는 모든 정수 x의 값의 합은?

① -2 ② -1 ③ 0
④ 1 ⑤ 2

1622 • 교육청 2018년 11월

Level 2

x에 대한 부등식 $|3x-1|<x+a$의 해가 $-1<x<3$일 때, 양수 a의 값은?

① 4 ② $\frac{17}{4}$ ③ $\frac{9}{2}$
④ $\frac{19}{4}$ ⑤ 5

실전유형 12 절댓값 기호가 두 개인 부등식의 풀이

빈출유형

$|x-a|+|x-b|<c$ $(a<b, c>0)$ 꼴의 부등식은 절댓값 기호 안의 식의 값이 0이 되는 x의 값인 a, b를 기준으로 하여 x의 값의 범위를
(i) $x<a$ (ii) $a\leq x<b$ (iii) $x\geq b$
로 나누어 푼다.

1623 대표문제

부등식 $|x-2|+|x+2|<6$의 해는?

① $-5<x<-1$ ② $-4<x<1$
③ $-3<x<3$ ④ $-1<x<5$
⑤ $1<x<7$

1624

Level 2

부등식 $|x|+|x-3|>7$의 해가 $x<a$ 또는 $x>b$일 때, $a+b$의 값은?

① 3 ② 4 ③ 5
④ 6 ⑤ 7

1625

Level 2

부등식 $|x+1|\leq 10-|x-3|$의 해를 구하시오.

1626

Level 2

부등식 $|x+1|+|x-2|<5$를 만족시키는 정수 x의 개수는?

① 1 ② 2 ③ 3
④ 4 ⑤ 5

1627

Level 2

부등식 $2|x-1|+|x-3|\le 5$를 만족시키는 모든 정수 x의 값의 합은?

① 5 ② 6 ③ 7
④ 8 ⑤ 9

1628

Level 2

부등식 $|2x-1|+2|2x+3|\le 7$을 만족시키는 x의 최댓값과 최솟값의 차는?

① 1 ② 2 ③ 3
④ 4 ⑤ 5

1629

Level 2

부등식 $|x-1|+\sqrt{x^2-4x+4}<x+6$의 해는?

① $-2<x<3$ ② $-1<x<9$
③ $x>1$ ④ $x<-2$ 또는 $x>-1$
⑤ $x<1$ 또는 $x>3$

1630

Level 3

부등식 $||x-3|+1|\le 2$의 해가 $a\le x\le b$일 때, $a+b$의 값은?

① 2 ② 3 ③ 4
④ 5 ⑤ 6

+Plus 문제

1631 고난도

Level 3

양수 a, b에 대하여 부등식 $|x|+|x-a|<b$를 만족시키는 정수 x의 개수를 $f(a, b)$라 할 때, $f(n, n+4)=15$를 만족시키는 자연수 n의 값을 구하시오.

실전 유형 13 절댓값 기호를 포함한 부등식이 해를 갖지 않거나 해가 무수히 많은 경우

(1) $|ax+b|<c$의 해가 없다. ➔ $c\le0$
(2) $|ax+b|\le c$의 해가 없다. ➔ $c<0$
(3) $|ax+b|>c$의 해가 모든 실수이다. ➔ $c<0$
(4) $|ax+b|\ge c$의 해가 모든 실수이다. ➔ $c\le0$

1632 대표문제

부등식 $|3x-1|+4>k$의 해가 모든 실수가 되도록 하는 정수 k의 최댓값은?

① 1　② 2　③ 3　④ 4　⑤ 5

1633 Level 2

부등식 $|4x-2|+k\le0$의 해가 존재하지 않도록 하는 실수 k의 값의 범위를 구하시오.

1634 Level 2

부등식 $|x-3|\le3k-12$의 해가 존재하도록 하는 정수 k의 최솟값은?

① 4　② 5　③ 6　④ 7　⑤ 8

1635 Level 2

부등식 $|x-2|<\frac{2}{3}k-4$의 해가 존재하지 않도록 하는 양의 정수 k의 개수는?

① 3　② 4　③ 5　④ 6　⑤ 7

1636 Level 2

부등식 $\left|x-\frac{3}{2}\right|+1\ge\frac{k}{3}$의 해가 모든 실수가 되도록 하는 정수 k의 최댓값은?

① 2　② 3　③ 4　④ 5　⑤ 6

1637 Level 3

부등식 $|x-1|+2|x+2|\le k$의 해가 존재하도록 하는 실수 k의 값의 범위를 구하시오.

+Plus 문제

서술형 유형 익히기

1638 대표문제

연립부등식 $\begin{cases} 3x+2 \ge -x-a \\ 3x-4 \le x+3b \end{cases}$의 해가 $-3 \le x \le 8$일 때, 상수 a, b에 대하여 $a+b$의 값을 구하는 과정을 서술하시오. [6점]

STEP 1 부등식 $3x+2 \ge -x-a$의 해 구하기 [2점]

$3x+2 \ge -x-a$에서 $4x \ge -(a+2)$

$\therefore x \ge$ (1) ☐

STEP 2 부등식 $3x-4 \le x+3b$의 해 구하기 [2점]

$3x-4 \le x+3b$에서 $2x \le 3b+4$

$\therefore x \le$ (2) ☐

STEP 3 연립부등식의 해를 이용하여 $a+b$의 값 구하기 [2점]

연립부등식의 해가 $-3 \le x \le 8$이므로

$-\frac{a+2}{4}=$ (3) ☐, $\frac{3b+4}{2}=$ (4) ☐

$\therefore a=$ (5) ☐, $b=$ (6) ☐

$\therefore a+b=$ (7) ☐

1639 한번 더

부등식 $-2x+a \le 5x < 3x+b$의 해가 $-2 \le x < 1$일 때, 상수 a, b에 대하여 $b-a$의 값을 구하는 과정을 서술하시오. [7점]

STEP 1 주어진 부등식을 연립부등식으로 고치기 [1점]

STEP 2 부등식 $-2x+a \le 5x$의 해 구하기 [2점]

STEP 3 부등식 $5x < 3x+b$의 해 구하기 [2점]

STEP 4 연립부등식의 해를 이용하여 $b-a$의 값 구하기 [2점]

1640 유사 1

부등식 $2x-4 < x+a \le 3x-b$를 연립부등식 $\begin{cases} 2x-4 < x+a \\ 2x-4 \le 3x-b \end{cases}$로 잘못 고쳐서 풀었더니 해가 $-1 \le x < 5$이었다. 이때 원래의 부등식의 해를 구하는 과정을 서술하시오. (단, a, b는 상수이다.) [8점]

1641 유사 2

연립부등식 $\begin{cases} x+2 > 2x+a \\ 3x-5 < -x+2a-1 \end{cases}$의 해가 $x < -1$일 때, 상수 a의 값을 모두 구하는 과정을 서술하시오. [8점]

핵심 KEY 유형 6 연립일차부등식의 해가 주어진 경우

각 부등식을 풀어 공통부분을 구한 후, 주어진 연립부등식의 해와 비교하여 미정계수의 값을 구하는 문제이다.
일차부등식을 풀 때에는 양변을 음수로 나누는 경우 부등호의 방향이 바뀜에 주의한다.

1642 대표문제

어느 동아리 학생들이 긴 의자에 나누어 앉으려고 한다. 한 의자에 5명씩 앉으면 학생 8명이 남고, 6명씩 앉으면 의자가 1개 남는다고 할 때, 의자의 최대 개수를 구하는 과정을 서술하시오. [8점]

STEP 1 학생 수를 의자의 개수에 대한 식으로 나타내기 [1점]

의자의 개수를 x라 하면

한 의자에 5명씩 앉으면 학생 8명이 남으므로

학생 수는 (1) ☐ 이다.

STEP 2 주어진 문제 상황을 부등식으로 나타내기 [2점]

6명씩 앉으면 의자가 1개 남으므로

$(x-2)$개의 의자에는 학생이 6명씩 앉고,

한 의자에는 (2) ☐ 명 이상 (3) ☐ 명 이하의 학생이 앉아 있을 수 있다.

즉, $6(x-2)+1\leq 5x+8\leq 6(x-2)+6$

STEP 3 부등식의 해 구하기 [4점]

연립부등식 $\begin{cases} 6(x-2)+1\leq 5x+8 & \cdots\cdots ㉠ \\ 5x+8\leq 6(x-2)+6 & \cdots\cdots ㉡ \end{cases}$

으로 고쳐서 풀면

㉠에서 $6x-11\leq 5x+8$ $\quad\therefore x\leq$ (4) ☐

㉡에서 $5x+8\leq 6x-6$ $\quad\therefore x\geq$ (5) ☐

$\therefore$ (6) ☐ $\leq x\leq$ (7) ☐

STEP 4 의자의 최대 개수 구하기 [1점]

의자의 최대 개수는 (8) ☐ 이다.

핵심 KEY 유형 9 **연립일차부등식의 활용**

구하고자 하는 것을 x로 놓고, 문제의 뜻에 맞게 연립부등식을 세워 답을 구하는 문제이다.
실생활 문제에서는 문제 상황을 잘 해석하여 구하고자 하는 답이 정수인지, 양수인지, 음수인지 정확히 파악할 수 있어야 한다.

1643 한번 더

어느 학교 학생들이 청소년 진로 캠프에 참가하여 방을 배정받으려고 한다. 한 방에 3명씩 배정하면 학생 16명이 남고, 5명씩 배정하면 빈방 없이 마지막 한 방에만 4명 이하가 배정된다고 한다. 가능한 방의 개수를 모두 구하는 과정을 서술하시오. [8점]

STEP 1 학생 수를 방의 개수에 대한 식으로 나타내기 [1점]

STEP 2 주어진 문제 상황을 부등식으로 나타내기 [2점]

STEP 3 부등식의 해 구하기 [4점]

STEP 4 가능한 방의 개수 모두 구하기 [1점]

1644 유사 1

10 %의 소금물 100 g에 16 %의 소금물을 섞어서 12 % 이상 13 % 이하의 소금물을 만들려고 한다. 섞어야 하는 16 %의 소금물의 양의 범위를 구하는 과정을 서술하시오. [8점]

1645 유사 2

두 식품 A, B의 100 g당 열량과 단백질의 양은 표와 같다. 두 식품을 합하여 300 g을 섭취하여 열량을 400 kcal 이상, 단백질을 38 g 이상 얻으려고 할 때, 식품 A의 섭취량의 범위를 구하는 과정을 서술하시오. [8점]

	열량(kcal)	단백질(g)
A	120	15
B	280	8

1646 대표문제

부등식 $|x-1|+3|x+1|\le 6$을 만족시키는 정수 x의 개수를 구하는 과정을 서술하시오. [8점]

STEP 1 범위를 나누는 기준이 되는 x의 값 모두 구하기 [2점]

절댓값 기호 안의 식의 값이 0이 되는 x의 값은

$x-1=0$, $x+1=0$, 즉 $x=1$, $x=-1$

STEP 2 각 범위에서의 부등식의 해 구하기 [3점]

(i) $x<-1$일 때, $-(x-1)-3(x+1)\le 6$

$-x+1-3x-3\le 6$

$-4x\le 8 \quad \therefore x\ge$ (1) ☐

이때 $x<-1$이므로 (2) ☐ $\le x<-1$

(ii) $-1\le x<1$일 때, $-(x-1)+3(x+1)\le 6$

$-x+1+3x+3\le 6$

$2x\le 2 \quad \therefore x\le$ (3) ☐

이때 $-1\le x<1$이므로 $-1\le x<1$

(iii) $x\ge 1$일 때, $(x-1)+3(x+1)\le 6$

$x-1+3x+3\le 6$

$4x\le 4 \quad \therefore x\le$ (4) ☐

이때 $x\ge 1$이므로 $x=$ (5) ☐

STEP 3 부등식의 해를 구하고, 정수 x의 개수 구하기 [3점]

(i), (ii), (iii)에서 부등식의 해는 (6) ☐ $\le x\le$ (7) ☐

따라서 부등식을 만족시키는 정수 x는 (8) ☐ 개이다.

핵심 KEY 유형 12, 유형 13 절댓값 기호가 두 개인 부등식의 풀이

절댓값 기호 안의 식의 부호에 따라 경우를 나누어 부등식의 해를 구하는 문제이다. $A\ge 0$이면 $|A|=A$, $A<0$이면 $|A|=-A$임을 이용한다.

각 경우에서 구한 해를 모두 합해야 함에 주의한다.

1647 한번 더

부등식 $|2x+1|-4|x-2|\geq x$를 만족시키는 정수 x의 개수를 구하는 과정을 서술하시오. [8점]

STEP 1 범위를 나누는 기준이 되는 x의 값 모두 구하기 [2점]

STEP 2 각 범위에서의 부등식의 해 구하기 [3점]

STEP 3 부등식의 해를 구하고, 정수 x의 개수 구하기 [3점]

1648 유사 1

부등식 $|x-3|+|x+5|\leq 12$와 부등식 $|2x-b|\leq a$의 해가 서로 같을 때, 상수 a, b에 대하여 ab의 값을 구하는 과정을 서술하시오. [10점]

1649 유사 2

부등식 $|x-1|+2|x+3|<k$의 해가 존재하지 않도록 하는 실수 k의 최댓값을 구하는 과정을 서술하시오. [10점]

실력 check 실전 마무리하기 1회

점 / 100점

• 선택형 18문항, 서술형 4문항입니다.

1 1650

연립부등식 $\begin{cases} x-6\le 4x+3 \\ x+2\le -2x-4 \end{cases}$의 해가 $a\le x\le b$일 때, $a+b$의 값은? [3점]

① -5 ② -4 ③ -3
④ -2 ⑤ -1

2 1651

다음 중 부등식 $-x+3<x-1<3x+5$를 만족시키는 x의 값이 될 수 없는 것은? [3점]

① 2 ② 4 ③ 6
④ 8 ⑤ 10

3 1652

양수 a, b, c가 다음 두 조건을 만족시킨다.

(가) $\frac{1}{a}-\frac{1}{c}<0$ (나) $\frac{1}{a}+\frac{1}{c}<\frac{1}{b}$

a, b, c의 대소 관계를 바르게 나타낸 것은? [3.5점]

① $a<b<c$ ② $b<a<c$ ③ $b<c<a$
④ $c<a<b$ ⑤ $c<b<a$

4 1653

연립부등식 $\begin{cases} 3x+2\ge 2x-1 \\ x+3>2x-5 \end{cases}$를 만족시키는 정수 x의 개수는? [3.5점]

① 8 ② 9 ③ 10
④ 11 ⑤ 12

5 1654

부등식 $3x+2\le 2x-1<\frac{x+1}{2}$을 만족시키는 x의 최댓값은? [3.5점]

① -5 ② -4 ③ -3
④ -2 ⑤ -1

6 1655

부등식 $2x+9\le 4x+7<2x+15$를 만족시키는 모든 정수 x의 값의 합은? [3.5점]

① 6 ② 8 ③ 10
④ 12 ⑤ 14

● 정답 및 풀이 291쪽

7 1656

부등식 $|2x-a|>5$의 해가 $x<-2$ 또는 $x>b$일 때, $a+b$의 값은? (단, a는 상수이다.) [3.5점]

① 1 ② 2 ③ 3
④ 4 ⑤ 5

8 1657

연립부등식 $\begin{cases} -x+3\geq 2x+3a \\ \frac{1}{2}x+3\geq \frac{1}{3}x+1 \end{cases}$을 만족시키는 x가 1개뿐일 때, 상수 a의 값은? [4점]

① 11 ② 12 ③ 13
④ 14 ⑤ 15

9 1658

부등식 $ax+1<x+3<2x+b$의 해가 $1<x<2$일 때, 상수 a, b에 대하여 $a+b$의 값은? [4점]

① 0 ② 2 ③ 4
④ 6 ⑤ 8

10 1659

연립부등식 $\begin{cases} x-2\geq 6-x \\ 2x+a>3x+2 \end{cases}$가 해를 갖지 않도록 하는 실수 a의 최댓값은? [4점]

① 3 ② 4 ③ 5
④ 6 ⑤ 7

11 1660

연립부등식 $\begin{cases} x-6\geq 4x+a \\ x+2\geq -2x-4 \end{cases}$가 해를 갖도록 하는 실수 a의 최댓값은? [4점]

① -4 ② -3 ③ -2
④ -1 ⑤ 0

12 1661

부등식 $3x+2a\leq 6-2x<-2a+26$이 해를 갖도록 하는 모든 자연수 a의 개수는? [4점]

① 6 ② 7 ③ 8
④ 9 ⑤ 10

13 1662

연립부등식 $\begin{cases} 3x+4 \geq x+2 \\ 2x+5 < x+a \end{cases}$를 만족시키는 정수 x가 3개일 때, 실수 a의 값의 범위는? [4점]

① $5<a<6$　② $5 \leq a<6$　③ $5<a \leq 6$
④ $6 \leq a<7$　⑤ $6<a \leq 7$

14 1663

부등식 $|x-3| \leq 2x+1$의 해가 $x \geq a$일 때, $3a$의 값은? [4점]

① -2　② -1　③ 0
④ 1　⑤ 2

15 1664

부등식 $|x+1|+|x-2| \leq 7$의 해가 $a \leq x \leq b$일 때, $a+b$의 값은? [4점]

① -2　② -1　③ 0
④ 1　⑤ 2

16 1665

연립부등식 $\begin{cases} 2x+3>5x-9 \\ 3x-1<4x-a \end{cases}$를 만족시키는 정수 x가 1개뿐일 때, 실수 a의 최솟값은? [4.5점]

① 1　② 2　③ 3
④ 4　⑤ 5

17 1666

길이가 24 cm인 끈의 양 끝을 각각 x cm만큼 자른 후 세 조각의 끈을 세 변으로 하는 삼각형을 만들려고 한다. 이때 삼각형을 만들 수 있는 x의 값의 범위는? [4.5점]

① $6<x<12$　② $6 \leq x \leq 12$　③ $6<x<18$
④ $9<x<18$　⑤ $9 \leq x \leq 18$

18 1667

부등식 $|x-2|+2|x-6| \leq k$가 해를 갖도록 하는 실수 k의 최솟값은? [4.5점]

① 1　② 2　③ 3
④ 4　⑤ 5

● 정답 및 풀이 292쪽

서술형

19 1668

부등식 $(a+b)x+a-3b>0$의 해가 $x<\frac{1}{3}$일 때, 부등식 $(a+3b)x+7a-4b\le0$을 만족시키는 x의 최솟값을 구하는 과정을 서술하시오. (단, a, b는 상수이다.) [7점]

20 1669

연립부등식 $\begin{cases} 3x+1\le x+a \\ -x+2a\le 2x-1 \end{cases}$이 해를 갖지 않도록 하는 음의 정수 a의 개수를 구하는 과정을 서술하시오. [7점]

21 1670

어떤 수학 문제집을 하루에 13문제씩 풀면 25일 만에 다 풀고, 하루에 23문제씩 풀면 14일 만에 다 푼다고 할 때, 하루에 18문제씩 풀면 며칠 만에 다 풀 수 있는지 구하는 과정을 서술하시오. [8점]

22 1671

부등식 $3x-7<x+1<5x+a$를 만족시키는 모든 정수 x의 값의 합이 6일 때, 실수 a의 값의 범위를 구하는 과정을 서술하시오. [9점]

실력 check 실전 마무리하기 2회

점 / 100점

• 선택형 18문항, 서술형 4문항입니다.

1 1672

$-1 \le x \le 3$, $2 \le y \le 4$일 때, $x-2y$의 최댓값은? [3점]

① -2 ② -1 ③ 0
④ 1 ⑤ 2

2 1673

연립부등식 $\begin{cases} x+3 \le 3x+5 \\ 2x-1 > 3x-2 \end{cases}$의 해가 $a \le x < b$일 때, $a+b$의 값은? [3점]

① -2 ② -1 ③ 0
④ 1 ⑤ 2

3 1674

부등식 $ax \ge b$의 해가 $x \ge -2$일 때, 부등식 $ax \ge a-3b$의 해는? (단, a, b는 상수이다.) [3.5점]

① $x \ge -4$ ② $x \le 2$ ③ $x \ge 2$
④ $x \le 7$ ⑤ $x \ge 7$

4 1675

연립부등식 $\begin{cases} \frac{x+5}{3} < \frac{x+3}{2} \\ 0.1x+1.8 > 0.4x+0.3 \end{cases}$을 만족시키는 정수 x의 개수는? [3.5점]

① 3 ② 4 ③ 5
④ 6 ⑤ 7

5 1676

부등식 $x+2 < 2x+1 < -x+13$을 만족시키는 모든 정수 x의 값의 합은? [3.5점]

① 5 ② 6 ③ 7
④ 8 ⑤ 9

6 1677

다음 중 부등식 $\frac{1}{2}x-1 < x+\frac{1}{2} \le \frac{x}{2}$를 만족시키는 x의 값이 될 수 <u>없는</u> 것은? [3.5점]

① $-\frac{5}{2}$ ② -2 ③ $-\frac{3}{2}$
④ -1 ⑤ $-\frac{1}{2}$

● 정답 및 풀이 294쪽

7 1678

부등식 $|2x-1|\geq 5$의 해가 $x\leq a$ 또는 $x\geq b$일 때, $a+b$의 값은? [3.5점]

① 1 ② 2 ③ 3 ④ 4 ⑤ 5

8 1679

연립부등식 $\begin{cases} -2x+1>4-ax \\ 2x-3<x-1 \end{cases}$의 해를 수직선 위에 나타내면 그림과 같을 때, 상수 a의 값은? [4점]

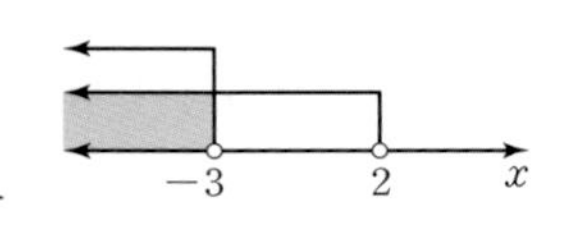

① -3 ② -2 ③ -1 ④ 0 ⑤ 1

9 1680

연립부등식 $\begin{cases} x+11\leq 7-x \\ 2x+10\geq a-x \end{cases}$가 해를 갖도록 하는 모든 자연수 a의 값의 합은? [4점]

① 6 ② 8 ③ 10 ④ 12 ⑤ 14

10 1681

부등식 $2x-5\leq x+a\leq 3x+1$이 해를 갖지 않도록 하는 정수 a의 최댓값은? [4점]

① -15 ② -14 ③ -13 ④ -12 ⑤ -11

11 1682

부등식 $3<|x+2|<7$을 만족시키는 정수 x의 최댓값과 최솟값의 곱은? [4점]

① -36 ② -32 ③ -28 ④ -24 ⑤ -20

12 1683

부등식 $3|x-1|\leq 2x+1$을 만족시키는 정수 x의 개수는? [4점]

① 1 ② 2 ③ 3 ④ 4 ⑤ 5

13 1684

부등식 $|x|-2|x-2|\geq 0$을 만족시키는 정수 x의 개수는? [4점]

① 1　② 2　③ 3　④ 4　⑤ 5

14 1685

부등식 $|x-1|+\sqrt{x^2+2x+1}\leq 6$을 만족시키는 모든 정수 x의 값의 합은? [4점]

① -4　② -3　③ -2　④ -1　⑤ 0

15 1686

부등식 $|x+1|+2\leq k$의 해가 존재하도록 하는 실수 k의 최솟값은? [4점]

① -2　② -1　③ 0　④ 1　⑤ 2

16 1687

연립부등식 $\begin{cases} \dfrac{2x+1}{3}<\dfrac{3x+2}{4} \\ -x+3>2x+a \end{cases}$ 를 만족시키는 모든 정수 x의 값의 합이 0이 되도록 하는 실수 a의 최솟값은? [4.5점]

① -4　② -3　③ -2　④ -1　⑤ 0

17 1688

어느 반 학생들이 야영을 하려고 한다. 한 텐트에 3명씩 들어가면 학생 5명이 남고, 5명씩 들어가면 텐트가 2개 남는다고 할 때, 텐트의 최대 개수는? [4.5점]

① 5　② 6　③ 7　④ 8　⑤ 9

18 1689

구리 32 %, 아연 28 %인 합금 A와 구리 24 %, 아연 32 %인 합금 B를 합하여 구리 80 g 이상, 아연 91 g 이상인 합금 300 g을 얻으려고 할 때, 합금 A의 양의 범위는? [4.5점]

① 90 g 이상 120 g 이하
② 95 g 이상 120 g 이하
③ 95 g 이상 125 g 이하
④ 100 g 이상 125 g 이하
⑤ 105 g 이상 130 g 이하

서술형

19 1690

연립부등식 $\begin{cases} 6x-3<x+a \\ -3x-6\le 2x+9 \end{cases}$의 해가 $b\le x<2$일 때, $a+b$의 값을 구하는 과정을 서술하시오. (단, a는 상수이다.) [6점]

20 1691

연립부등식 $\begin{cases} 3x-4\ge 2x+1 \\ x+a\ge 3x-5 \end{cases}$를 만족시키는 정수가 1개뿐일 때, 실수 a의 값의 범위를 구하는 과정을 서술하시오. [7점]

21 1692

$x-y=1$을 만족시키는 두 실수 x, y가 연립부등식 $\begin{cases} 3x-5\ge -y+2 \\ 2x+3y\ge 6x-5 \end{cases}$를 만족시킬 때, $x+y$의 값을 구하는 과정을 서술하시오. [8점]

22 1693

부등식 $|4-|x-3||<5$의 해와 부등식 $\left|\frac{1}{3}x+b\right|<a$의 해가 서로 같을 때, 상수 a, b에 대하여 ab의 값을 구하는 과정을 서술하시오. [10점]

한가함이란

아무것도 할 일이 없다는 게 아니라

무엇이든 할 수 있는

여유가 **생겼다**는 뜻이다

– 플로이드 델 –

이차부등식 08

08 이차부등식

1 이차부등식과 이차함수의 관계

핵심 1~2

(1) **이차부등식** : 부등식에서 모든 항을 좌변으로 이항하여 정리하였을 때, 좌변이 x에 대한 이차식인 부등식

예 $x^2+4x>0$, $2x^2-x+\frac{1}{2}\leq 0$은 이차부등식이다.

(2) **이차부등식의 해와 이차함수의 그래프의 관계**

① 이차부등식 $ax^2+bx+c>0$의 해
이차함수 $y=ax^2+bx+c$의 그래프에서 $y>0$인 x의 값의 범위, 즉
$y=ax^2+bx+c$의 그래프가 x축보다 위쪽에 있는 부분의 x의 값의 범위이다.

② 이차부등식 $ax^2+bx+c<0$의 해
이차함수 $y=ax^2+bx+c$의 그래프에서 $y<0$인 x의 값의 범위, 즉
$y=ax^2+bx+c$의 그래프가 x축보다 아래쪽에 있는 부분의 x의 값의 범위이다.

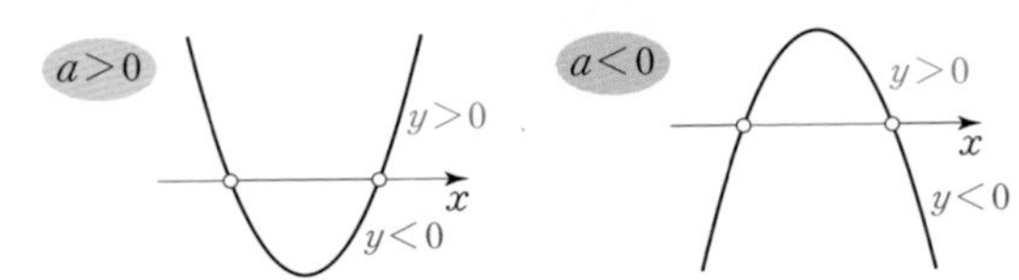

Note

▶ 두 이차부등식 $ax^2+bx+c\geq 0$, $ax^2+bx+c\leq 0$의 해는 이차함수 $y=ax^2+bx+c$의 그래프가 x축과 만날 때의 x의 값을 포함한다.

2 이차부등식의 해

이차함수 $y=ax^2+bx+c$ $(a>0)$의 그래프가 x축과 만나는 점의 x좌표가 α, β $(\alpha\leq\beta)$이고, 이차방정식 $ax^2+bx+c=0$ $(a>0)$의 판별식을 D라 할 때, 이차부등식의 해는 다음과 같다.

$ax^2+bx+c=0$의 판별식	$D>0$	$D=0$	$D<0$
$y=ax^2+bx+c$의 그래프	α β x	α x	x
$ax^2+bx+c>0$의 해	$x<\alpha$ 또는 $x>\beta$	$x\neq\alpha$인 모든 실수	모든 실수
$ax^2+bx+c\geq 0$의 해	$x\leq\alpha$ 또는 $x\geq\beta$	모든 실수	모든 실수
$ax^2+bx+c<0$의 해	$\alpha<x<\beta$	없다.	없다.
$ax^2+bx+c\leq 0$의 해	$\alpha\leq x\leq\beta$	$x=\alpha$	없다.

▶ $a<0$일 때는 이차부등식의 양변에 -1을 곱하여 x^2의 계수를 양수로 바꾸어서 푼다. 이때 부등호의 방향이 바뀜에 주의한다.

3 이차부등식의 작성

핵심 3

(1) **해가 $\alpha<x<\beta$이고 x^2의 계수가 1인 이차부등식**
➜ $(x-\alpha)(x-\beta)<0$, 즉 $x^2-(\alpha+\beta)x+\alpha\beta<0$

(2) **해가 $x<\alpha$ 또는 $x>\beta$ $(\alpha<\beta)$이고 x^2의 계수가 1인 이차부등식**
➜ $(x-\alpha)(x-\beta)>0$, 즉 $x^2-(\alpha+\beta)x+\alpha\beta>0$

▶ 해가 $x=\alpha$이고 x^2의 계수가 1인 이차부등식은 $(x-\alpha)^2\leq 0$

4 이차부등식이 항상 성립할 조건

핵심 4

이차방정식 $ax^2+bx+c=0$의 판별식을 D라 할 때, 모든 실수 x에 대하여

(1) $ax^2+bx+c>0$이 성립

➔ $a>0$, $D<0$

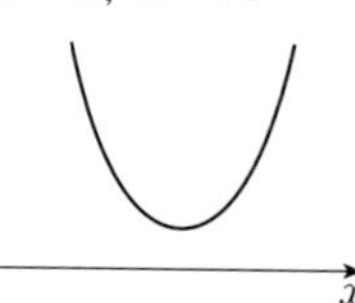

(2) $ax^2+bx+c\geq0$이 성립

➔ $a>0$, $D\leq0$

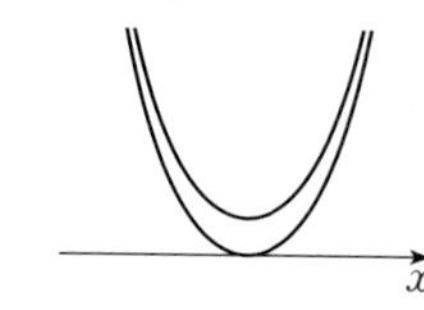

(3) $ax^2+bx+c<0$이 성립

➔ $a<0$, $D<0$

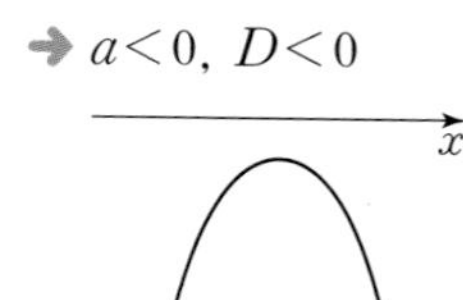

(4) $ax^2+bx+c\leq0$이 성립

➔ $a<0$, $D\leq0$

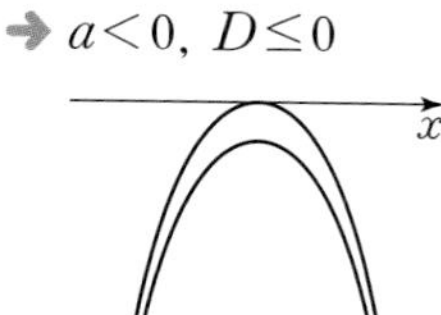

Note

다음은 모두 같은 표현이다.
① 모든 실수 x에 대하여 부등식 $f(x)>0$이 성립한다.
② x의 값에 관계없이 부등식 $f(x)>0$이 항상 성립한다.
③ 부등식 $f(x)>0$의 해는 모든 실수이다.

5 연립이차부등식

핵심 5

(1) **연립이차부등식** : 차수가 가장 높은 부등식이 이차부등식인 연립부등식

예 $\begin{cases} -2x+3<0 \\ x^2+6x-16<0 \end{cases}$, $\begin{cases} x^2+x-2>0 \\ 2x^2+9x-5\leq0 \end{cases}$은 연립이차부등식이다.

(2) **연립이차부등식의 풀이**

연립이차부등식은 다음과 같은 순서로 푼다.

❶ 연립부등식을 이루는 각각의 부등식을 푼다.

❷ ❶에서 구한 각 부등식의 해를 수직선 위에 함께 나타낸다.

❸ 공통부분을 찾아 연립부등식의 해를 구한다.

6 이차부등식과 이차방정식의 실근의 조건

핵심 6

(1) **이차방정식의 실근의 부호**

계수가 실수인 이차방정식 $ax^2+bx+c=0$의 두 실근을 α, β, 판별식을 D라 하면

① 두 근이 모두 양수 ➔ $D\geq0$, $\alpha+\beta>0$, $\alpha\beta>0$

② 두 근이 모두 음수 ➔ $D\geq0$, $\alpha+\beta<0$, $\alpha\beta>0$

③ 두 근이 서로 다른 부호 ➔ $\alpha\beta<0$

참고 ③ $\alpha\beta<0$이면 $\frac{c}{a}<0$에서 $ac<0$이므로 항상 $D=b^2-4ac>0$이다.

이차방정식의 근의 부호는 실근인 경우에만 생각할 수 있다.

(2) **이차방정식의 실근의 위치**

이차방정식 $ax^2+bx+c=0\ (a>0)$의 판별식을 D, $f(x)=ax^2+bx+c$라 할 때

① 두 근이 모두 p보다 크다. ➔ $D\geq0$, $f(p)>0$, $-\frac{b}{2a}>p$

② 두 근이 모두 p보다 작다. ➔ $D\geq0$, $f(p)>0$, $-\frac{b}{2a}<p$

③ 두 근 사이에 p가 있다. ➔ $f(p)<0$

④ 두 근이 모두 p, q $(p<q)$ 사이에 있다. ➔ $D\geq0$, $f(p)>0$, $f(q)>0$, $p<-\frac{b}{2a}<q$

참고 ③ $f(p)<0$이면 $y=f(x)$의 그래프가 x축과 반드시 서로 다른 두 점에서 만나므로 항상 $D>0$이다. 또, 축의 위치는 알 수 없으므로 생각하지 않는다.

핵심 1 이차부등식과 이차함수의 관계 유형 1~2

동영상 강의

이차함수의 그래프를 이용하여 이차부등식의 해를 구해 보자.

(1) 이차부등식 $x^2-6x+5>0$의 해
➜ $y=x^2-6x+5$의 그래프에서 $y>0$인 x의 값의 범위

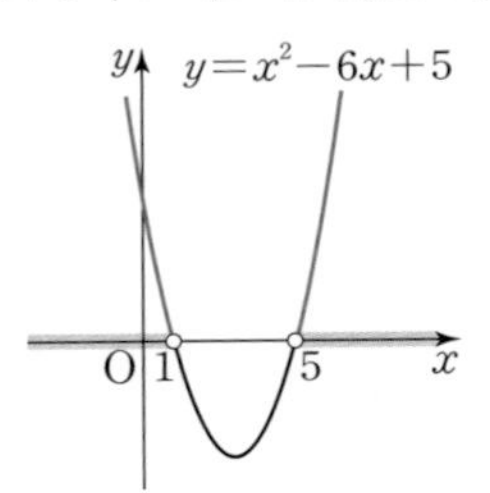

➜ $x<1$ 또는 $x>5$

(2) 이차부등식 $x^2-6x+5<0$의 해
➜ $y=x^2-6x+5$의 그래프에서 $y<0$인 x의 값의 범위

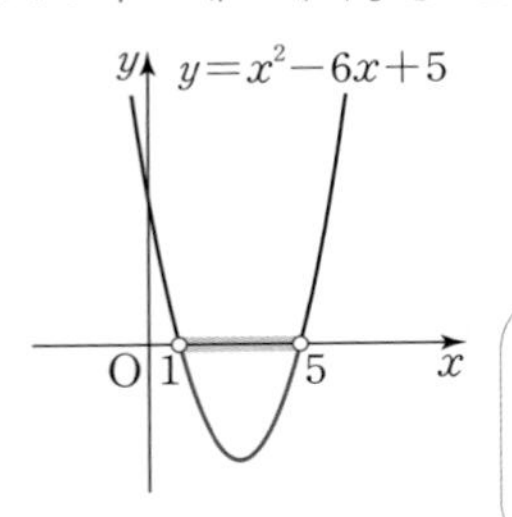

➜ $1<x<5$

이차함수의 그래프가 위로 볼록일 때도 같은 방법으로 해결할 수 있어.

1694 이차함수 $y=-x^2-x+6$의 그래프가 그림과 같을 때, 다음 이차부등식의 해를 구하시오.

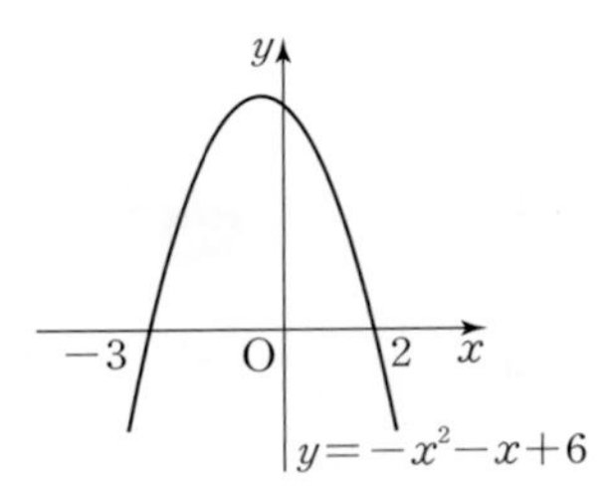

(1) $-x^2-x+6<0$

(2) $-x^2-x+6\ge0$

1695 이차부등식 $(2x+5)(x-1)\le0$의 해를 구하시오.

핵심 2 두 함수의 그래프와 이차부등식의 해 유형 1, 11~12

동영상 강의

두 이차함수 $y=f(x)$, $y=g(x)$의 그래프가 그림과 같을 때, 부등식의 해를 구해 보자.

(1) 부등식 $f(x)>g(x)$의 해
➜ $y=f(x)$의 그래프가 $y=g(x)$의 그래프보다 위쪽에 있는 부분의 x의 값의 범위
➜ $x<-1$ 또는 $x>4$

(2) 부등식 $f(x)<g(x)$의 해
➜ $y=f(x)$의 그래프가 $y=g(x)$의 그래프보다 아래쪽에 있는 부분의 x의 값의 범위
➜ $-1<x<4$

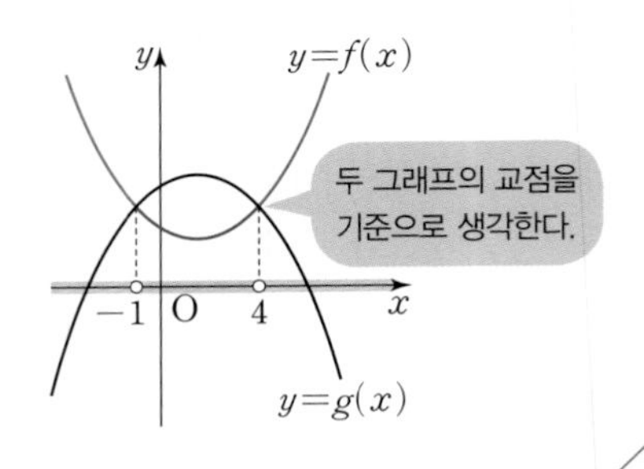

1696 이차함수 $y=f(x)$의 그래프와 직선 $y=g(x)$가 그림과 같을 때, 다음 부등식의 해를 구하시오.

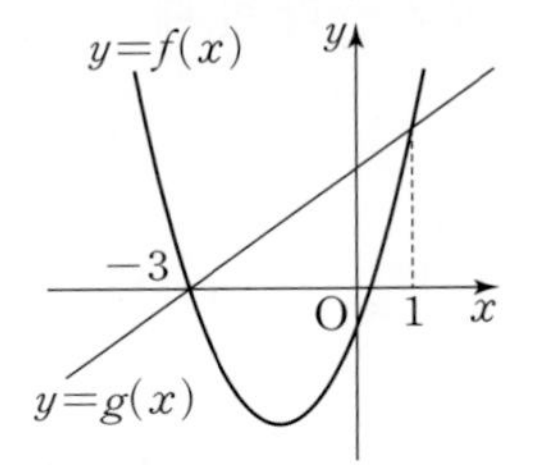

(1) $f(x)>g(x)$

(2) $f(x)<g(x)$

1697 두 이차함수 $y=f(x)$, $y=g(x)$의 그래프가 그림과 같을 때, 부등식 $f(x)-g(x)\le0$의 해를 구하시오.

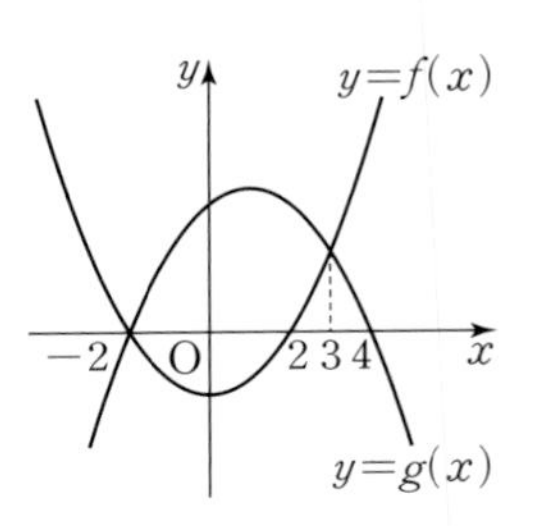

핵심 3 이차부등식의 작성 유형 4

이차부등식의 해를 알 때, 이차부등식을 세워 보자.

(1) 해가 $2<x<3$이고 x^2의 계수가 1인 이차부등식은
→ $(x-2)(x-3)<0$
→ $x^2-5x+6<0$

(2) 해가 $x<2$ 또는 $x>3$이고 x^2의 계수가 1인 이차부등식은
→ $(x-2)(x-3)>0$
→ $x^2-5x+6>0$

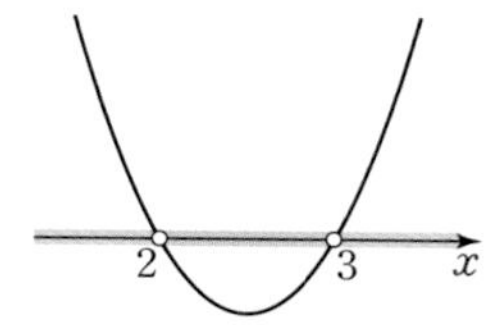

해가 $x=2$ 또는 $x=3$이고 x^2의 계수가 1인 이차방정식은 $(x-2)(x-3)=0$이야.

1698 해가 다음과 같고 x^2의 계수가 1인 이차부등식을 구하시오.

(1) $x\neq3$인 모든 실수

(2) $x=5$

1699 이차부등식 $x^2+ax+b\leq0$의 해가 $-1\leq x\leq2$일 때, 상수 a, b의 값을 구하시오.

핵심 4 이차부등식이 항상 성립할 조건 유형 8~10

이차방정식 $ax^2+bx+c=0$의 판별식을 D라 할 때, x의 값에 관계없이 이차부등식이 항상 성립할 조건은 다음과 같다.

이차부등식	$ax^2+bx+c>0$	$ax^2+bx+c\geq0$	$ax^2+bx+c<0$	$ax^2+bx+c\leq0$
이차함수 $y=ax^2+bx+c$의 그래프				
그래프의 모양	아래로 볼록 → $a>0$	아래로 볼록 → $a>0$	위로 볼록 → $a<0$	위로 볼록 → $a<0$
그래프와 x축의 위치 관계	x축과 만나지 않는다. → $D<0$	x축과 만나지 않거나 한 점에서 만난다. → $D\leq0$	x축과 만나지 않는다. → $D<0$	x축과 만나지 않거나 한 점에서 만난다. → $D\leq0$

1700 이차부등식 $x^2-2kx+2k+15>0$이 모든 실수 x에 대하여 성립할 때, 실수 k의 값의 범위를 구하시오.

1701 이차부등식 $x^2+2kx+7<0$의 해가 존재하지 않도록 하는 실수 k의 값의 범위를 구하시오.

핵심 5 연립이차부등식의 풀이 유형 14

● 연립부등식 $\begin{cases} -2x+5<7 \\ x^2+6x-16<0 \end{cases}$을 풀어 보자.

$-2x+5<7$에서 $-2x<2$

$\therefore x>-1$ ······ ㉠

$x^2+6x-16<0$에서 $(x+8)(x-2)<0$

$\therefore -8<x<2$ ······ ㉡

따라서 구하는 해는

$-1<x<2$

● 연립부등식 $\begin{cases} x^2+3x-4\geq 0 \\ x^2-3x<0 \end{cases}$을 풀어 보자.

$x^2+3x-4\geq 0$에서 $(x+4)(x-1)\geq 0$

$\therefore x\leq -4$ 또는 $x\geq 1$ ······ ㉠

$x^2-3x<0$에서 $x(x-3)<0$

$\therefore 0<x<3$ ······ ㉡

따라서 구하는 해는

$1\leq x<3$

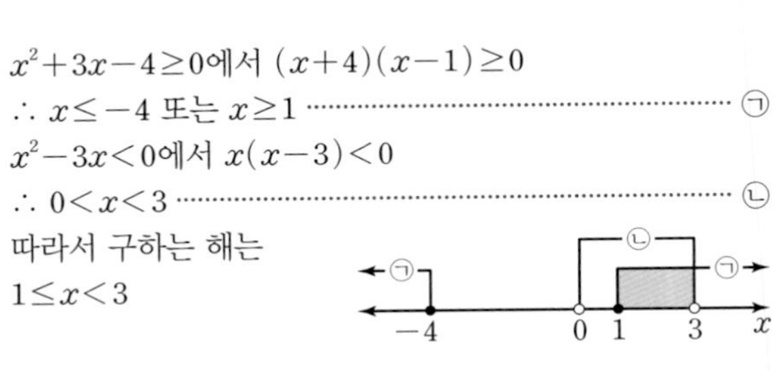

1702 연립부등식 $\begin{cases} 2x>-5 \\ 3\leq x^2-x+1 \end{cases}$을 푸시오.

1703 연립부등식 $\begin{cases} x^2+2>3x \\ x^2<x+12 \end{cases}$를 푸시오.

핵심 6 이차방정식의 실근의 위치 유형 20

계수가 실수인 이차방정식 $ax^2+bx+c=0$ $(a>0)$의 두 실근의 위치를 판별하기 위해서는 이차함수 $f(x)=ax^2+bx+c$의 그래프에 대하여 다음 세 가지 조건을 생각한다.

(ⅰ) 판별식 D의 부호　　(ⅱ) 경계에서의 함숫값의 부호　　(ⅲ) 축의 위치

주어진 근의 위치가 다음과 같을 때, 세 가지 조건 (ⅰ), (ⅱ), (ⅲ)에 의하여 부등식을 세울 수 있다.

(1) 두 근이 모두 p보다 크다.

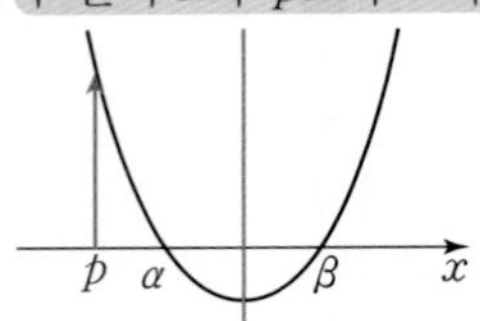

→ $D\geq 0$, $f(p)>0$, $-\dfrac{b}{2a}>p$

(2) 두 근이 모두 p보다 작다.

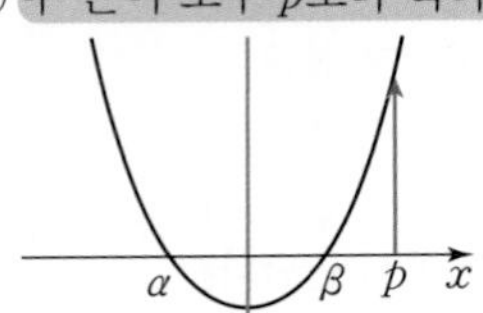

→ $D\geq 0$, $f(p)>0$, $-\dfrac{b}{2a}<p$

(3) 두 근 사이에 p가 있다.

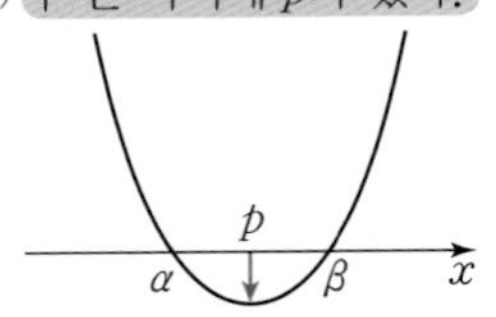

→ $f(p)<0$

1704 이차방정식 $x^2-2kx+4k+1=0$의 두 근 사이에 1이 있을 때, 실수 k의 값의 범위를 구하시오.

1705 이차방정식 $x^2+(k-1)x+4=0$의 두 근이 모두 양수일 때, 실수 k의 값의 범위를 구하시오.

● 정답 및 풀이 299쪽

기출 유형 check 실전 준비하기

22유형, 162문항입니다.

실전 유형 1 그래프를 이용한 이차부등식의 풀이

(1) 부등식 $f(x)>0$의 해
$y=f(x)$의 그래프가 x축보다 위쪽에 있는 부분의 x의 값의 범위

(2) 부등식 $f(x)>g(x)$의 해
$y=f(x)$의 그래프가 $y=g(x)$의 그래프보다 위쪽에 있는 부분의 x의 값의 범위

1706 대표문제

이차함수 $y=f(x)$의 그래프와 직선 $y=g(x)$가 그림과 같을 때, 부등식 $f(x)\ge g(x)$의 해를 구하시오.

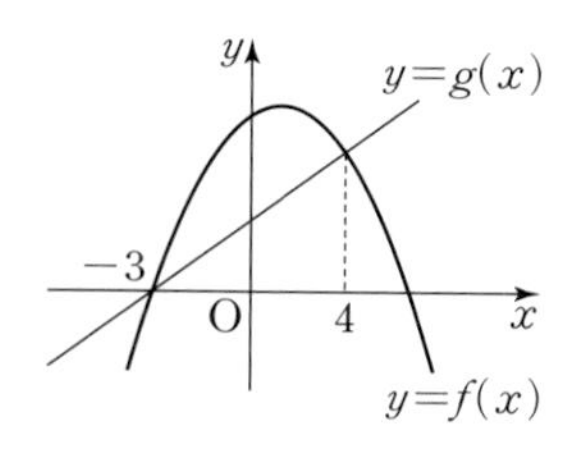

1707

Level 1

이차함수 $y=f(x)$의 그래프가 그림과 같을 때, 이차부등식 $f(x)\le 0$의 해를 구하시오.

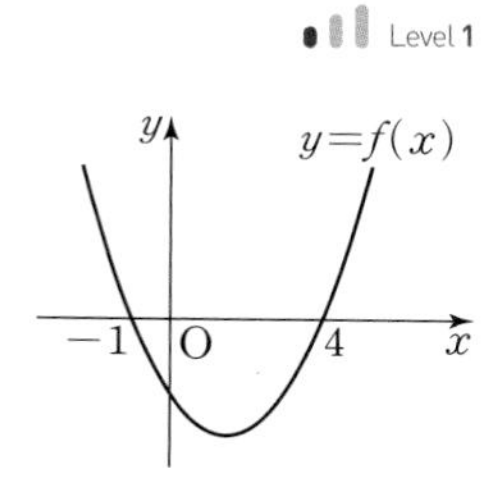

1708

Level 1

두 이차함수 $y=f(x)$, $y=g(x)$의 그래프가 그림과 같을 때, 부등식 $f(x)<g(x)$의 해를 구하시오.

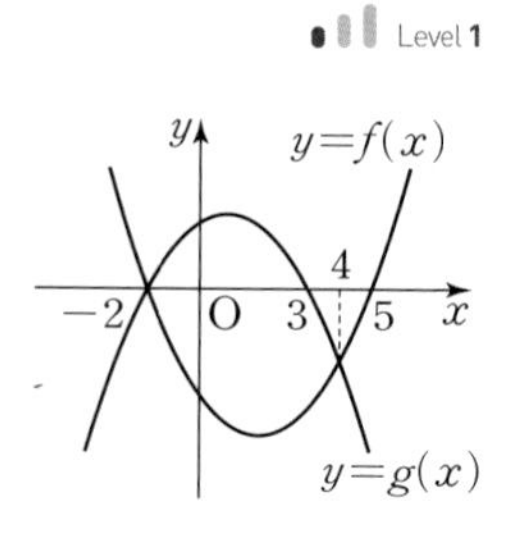

1709

Level 2

이차함수 $y=ax^2+bx+c$의 그래프와 직선 $y=mx+n$이 그림과 같을 때, x에 대한 이차부등식 $ax^2+(b-m)x+c-n<0$을 만족시키는 정수 x의 개수는? (단, a, b, c, m, n은 상수이다.)

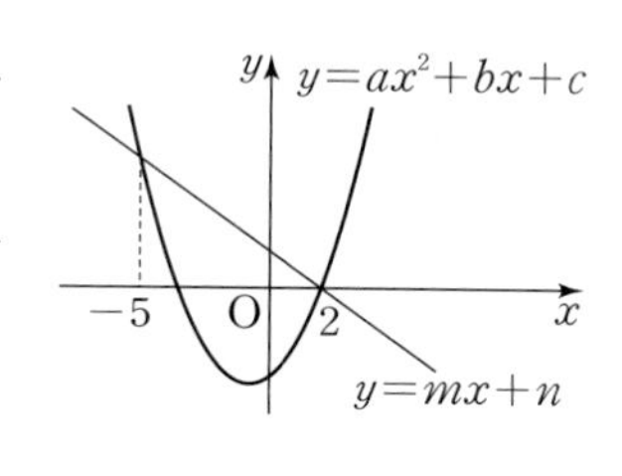

① 5 ② 6 ③ 7 ④ 8 ⑤ 9

1710

Level 2

두 이차함수 $y=f(x)$, $y=g(x)$의 그래프가 그림과 같을 때, 부등식 $0<f(x)<g(x)$의 해는 $\alpha<x<\beta$이다. $\alpha+\beta$의 값은?

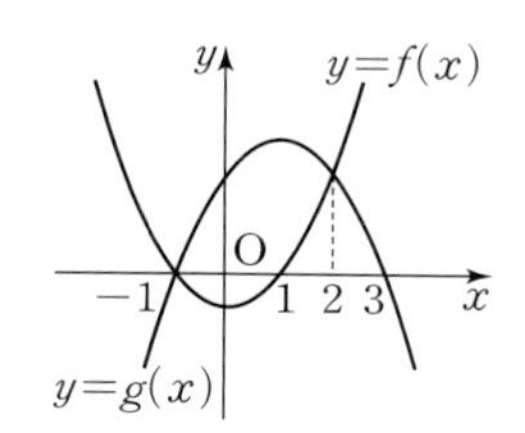

① 0 ② 1 ③ 2 ④ 3 ⑤ 4

1711

Level 2

두 이차함수 $y=f(x)$, $y=g(x)$의 그래프가 그림과 같을 때, 부등식 $f(x)g(x)>0$의 해를 구하시오.

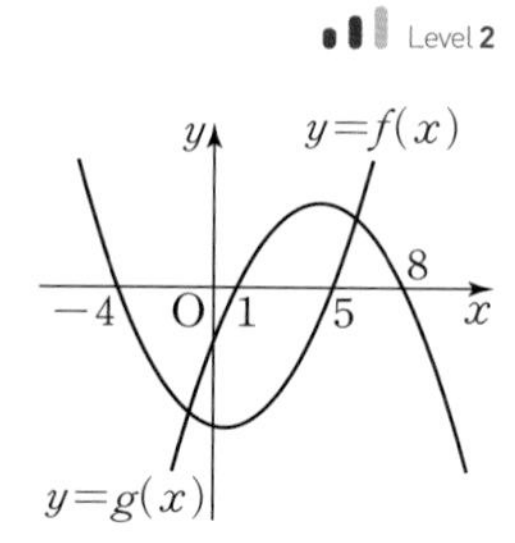

실전유형 2 이차부등식의 풀이

빈출유형

x^2의 계수가 $a\,(a>0)$인 이차식 $f(x)$에 대하여 이차방정식 $f(x)=0$의 판별식을 D라 할 때, 이차부등식의 해는 다음과 같이 구한다.

(1) $D>0$이면 인수분해 또는 근의 공식을 이용하여 해를 구한다.
이차방정식 $f(x)=0$의 두 근이 α, $\beta\,(\alpha<\beta)$일 때
① $a(x-\alpha)(x-\beta)>0$ ➜ $x<\alpha$ 또는 $x>\beta$
② $a(x-\alpha)(x-\beta)<0$ ➜ $\alpha<x<\beta$

(2) $D<0$ 또는 $D=0$이면 $f(x)=a(x-p)^2+q$ 꼴로 바꾸어 해를 구한다.

1712 대표문제

이차부등식 $x^2-7x+12>0$의 해가 $x<\alpha$ 또는 $x>\beta$일 때, $\beta-\alpha$의 값을 구하시오.

1713

Level 1

이차부등식 $x^2-8x+12<0$을 만족시키는 모든 정수 x의 값의 합은?

① 0 ② 4 ③ 8
④ 12 ⑤ 16

1714

Level 1

다음 중 이차부등식 $4x^2+x>5x-1$의 해가 아닌 것은?

① -2 ② $-\frac{1}{2}$ ③ $\frac{1}{2}$
④ 1 ⑤ 2

1715

Level 1

이차부등식 $2x^2+5x-11\leq-6x+10$을 만족시키는 정수 x의 개수는?

① 5 ② 6 ③ 7
④ 8 ⑤ 9

1716

Level 2

다음 이차부등식 중 해가 없는 것은?

① $x^2+3x-10>0$ ② $x^2-2x+1<0$
③ $x^2+6x+9\geq0$ ④ $x^2+2x+1\leq0$
⑤ $-x^2+8x-16\geq0$

1717

Level 2

이차부등식 $x^2+5x-14>0$과 부등식 $|x-a|>b$의 해가 같을 때, 상수 a, b에 대하여 $2a+b$의 값은? (단, $b>0$)

① -1 ② $-\frac{1}{2}$ ③ 1
④ $\frac{3}{2}$ ⑤ 2

1718

Level 3

일차부등식 $ax+b>0$의 해가 $x>2$일 때, 이차부등식 $ax^2+ax+b<0$의 해는 $\alpha<x<\beta$이다. $\alpha\beta$의 값을 구하시오.
(단, a, b는 상수이다.)

+Plus 문제

다음은 이 유형에서 출제된 최근 교육청·평가원 기출문제입니다.

1719 · 교육청 2018년 6월

Level 1

이차부등식 $x^2-6x+5\le0$의 해가 $\alpha\le x\le\beta$일 때, $\beta-\alpha$의 값은?

① 1 ② 2 ③ 3
④ 4 ⑤ 5

1720 · 교육청 2020년 9월

Level 1

이차부등식 $(x-1)(x-5)\le0$을 만족시키는 자연수 x의 개수는?

① 1 ② 2 ③ 3
④ 4 ⑤ 5

실전 유형 3 절댓값 기호를 포함한 이차부등식

$|A|=\begin{cases} A & (A\ge0) \\ -A & (A<0) \end{cases}$임을 이용하여 절댓값 기호를 없앤다.
이때 A가 x에 대한 다항식이면 $A=0$이 되는 x의 값을 기준으로 범위를 나누어 푼다.

1721 대표문제

부등식 $x^2-5|x|-6<0$을 만족시키는 정수 x의 개수는?

① 8 ② 9 ③ 10
④ 11 ⑤ 12

1722

Level 2

부등식 $x^2-2x-3>2|x-3|$의 해는?

① $x<-3$ 또는 $x>3$ ② $-3<x<3$
③ $x<-2$ 또는 $x>2$ ④ $-2<x<2$
⑤ $x<4$

1723

Level 2

부등식 $x^2-2x-5\le|x-1|$을 만족시키는 정수 x의 최댓값과 최솟값의 곱은?

① -10 ② -8 ③ -6
④ -4 ⑤ -2

1724

Level 2

부등식 $|x^2-3|>2x$의 해를 구하시오.

1725

Level 2

부등식 $|x^2-2x+2|-|x+2|\leq 0$의 해는?

① 모든 실수　② $x\leq -3$　③ $x\geq 0$
④ $x\leq 3$　⑤ $0\leq x\leq 3$

1726

Level 2

부등식 $(x+5)(|x|-7)<0$의 해가 $x<\alpha$ 또는 $\beta<x<\gamma$ 일 때, $\alpha+\beta+\gamma$의 값은?

① -8　② -7　③ -6
④ -5　⑤ -4

1727

Level 2

부등식 $x^2-4|x|-21<0$과 부등식 $|x-a|<b$의 해가 같을 때, 상수 a, b에 대하여 $5a+b$의 값은? (단, $b>0$)

① 7　② 8　③ 9
④ 10　⑤ 11

1728

Level 2

부등식 $|x^2-|x-2||\leq 4$의 해를 구하시오.

실전유형 4 해가 주어진 이차부등식

빈출유형

(1) 해가 $\alpha<x<\beta$이고 x^2의 계수가 1인 이차부등식
→ $(x-\alpha)(x-\beta)<0$

(2) 해가 $x<\alpha$ 또는 $x>\beta$ $(\alpha<\beta)$이고 x^2의 계수가 1인 이차부등식
→ $(x-\alpha)(x-\beta)>0$

1729 대표문제

이차부등식 $ax^2+4x+b<0$의 해가 $x<-2$ 또는 $x>6$일 때, 상수 a, b에 대하여 $a+b$의 값을 구하시오.

1730

Level 1

해가 $-2\leq x\leq 9$이고 x^2의 계수가 1인 이차부등식을 구하시오.

1731

Level 1

해가 $x\leq -5$ 또는 $x\geq 7$이고 x^2의 계수가 1인 이차부등식을 구하시오.

● 정답 및 풀이 301쪽

1732

Level 2

이차부등식 $x^2+(a+b)x-b<0$의 해가 $1<x<2$일 때, 상수 a, b에 대하여 ab의 값을 구하시오.

1733

Level 2

이차부등식 $ax^2-2x-b\geq0$의 해가 $-3\leq x\leq2$일 때, 상수 a, b의 값을 각각 구하시오.

1734

Level 2

이차부등식 $ax^2+bx+c>0$의 해가 $-1<x<2$일 때, 이차부등식 $cx^2+ax-b>0$의 해를 구하시오.

(단, a, b, c는 상수이다.)

1735

Level 2

이차부등식 $ax^2+bx+c>0$의 해가 $\frac{2}{5}<x<\frac{1}{2}$일 때, 이차부등식 $5cx^2+10bx+8a>0$을 만족시키는 정수 x의 개수는?

(단, a, b, c는 상수이다.)

① 3 ② 4 ③ 5
④ 6 ⑤ 7

1736

Level 2

이차함수 $f(x)$에 대하여 $f(1)=8$이고 이차부등식 $f(x)<0$의 해가 $2<x<5$일 때, $f(3)$의 값은?

① -10 ② -8 ③ -6
④ -4 ⑤ -2

다음은 이 유형에서 출제된 최근 교육청 • 평가원 기출문제입니다.

1737 • 교육청 2019년 6월

Level 1

x에 대한 이차부등식 $x^2+ax+6\leq0$의 해가 $2\leq x\leq3$일 때, 상수 a의 값은?

① -5 ② -4 ③ -3
④ -2 ⑤ -1

1738 • 교육청 2019년 3월

Level 2

이차부등식 $x^2-8x+a\leq0$의 해가 $b\leq x\leq6$일 때, $a+b$의 값은? (단, a, b는 상수이다.)

① 14 ② 15 ③ 16
④ 17 ⑤ 18

실전 유형 5 부등식 $f(x)<0$과 부등식 $f(ax+b)<0$의 관계

(1) $f(x)=p(x-\alpha)(x-\beta)$이면
$f(ax+b)=p(ax+b-\alpha)(ax+b-\beta)$
(2) $f(x)<0$의 해가 $\alpha<x<\beta$이면 $f(ax+b)<0$의 해는
$\alpha<ax+b<\beta$

1739 대표문제

이차부등식 $f(x)<0$의 해가 $-7<x<5$일 때, 부등식 $f(4x+1)\geq 0$의 해를 구하시오.

1740 Level 2

이차부등식 $f(x)>0$의 해가 $-3<x<1$일 때, 다음 중 부등식 $f(-x)\leq 0$의 해가 아닌 것은?

① -5 ② -3 ③ -1
④ 1 ⑤ 3

1741 Level 2

이차부등식 $f(x)<0$의 해가 $x<-3$ 또는 $x>1$일 때, 부등식 $f(2x)>0$의 해는 $\alpha<x<\beta$이다. $\beta-\alpha$의 값은?

① 1 ② 2 ③ 3
④ 4 ⑤ 5

1742 Level 2

이차부등식 $f(x)<0$의 해가 $2<x<9$일 때, 부등식 $f(2x+1)<0$을 만족시키는 정수 x의 개수는?

① 1 ② 2 ③ 3
④ 4 ⑤ 5

1743 Level 2

이차함수 $y=f(x)$의 그래프가 그림과 같을 때, 부등식 $f(-3x-4)\leq 0$의 해를 구하시오.

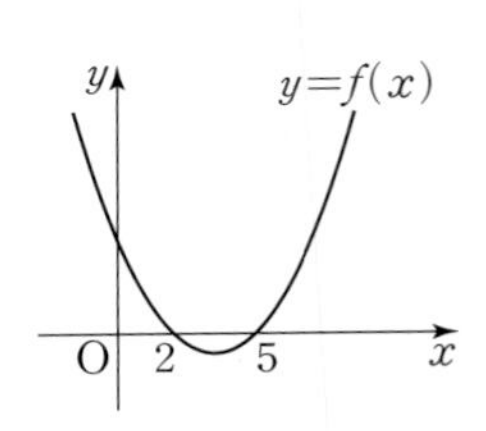

1744 Level 2

이차함수 $f(x)=-x^2+8x+9$에 대하여 부등식 $f(2x+1)>0$을 만족시키는 모든 정수 x의 값의 합은?

① 6 ② 8 ③ 10
④ 12 ⑤ 14

1745 Level 2

이차부등식 $ax^2+bx+c>0$의 해가 $x<2$ 또는 $x>3$일 때, 부등식 $a(x-1)^2+b(x-1)+c\leq 0$을 만족시키는 x의 최댓값과 최솟값의 합은? (단, a, b, c는 상수이다.)

① 5 ② 6 ③ 7
④ 8 ⑤ 9

1746

Level 2

이차부등식 $f(x)>0$의 해가 $1<x<5$일 때, 부등식 $f(3-2x)>f(0)$을 만족시키는 정수 x의 개수를 구하시오.

1747 고난도

Level 3

그림과 같은 이차함수 $y=f(x)$의 그래프에 대하여 부등식 $f\left(\frac{2x-k}{3}\right)\geq 0$의 해가 $x\leq 1$ 또는 $x\geq\frac{11}{2}$일 때, 상수 k의 값은?

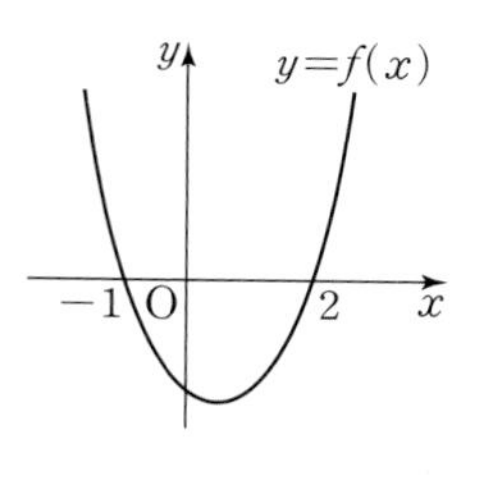

① $\frac{7}{2}$　② 4　③ $\frac{9}{2}$
④ 5　⑤ $\frac{11}{2}$

+Plus 문제

1748

Level 3

이차부등식 $f(x)<0$의 해가 $1<x<3$일 때, 〈보기〉에서 옳은 것만을 있는 대로 고른 것은?

〈보기〉

ㄱ. 부등식 $f(x)>0$의 해는 $x<-3$ 또는 $x>-1$이다.
ㄴ. 부등식 $f(-x)<0$의 해는 $-3<x<-1$이다.
ㄷ. 부등식 $f\left(\frac{1}{x}\right)<0$의 해는 $\frac{1}{3}<x<1$이다.

① ㄱ　② ㄴ　③ ㄷ
④ ㄱ, ㄴ　⑤ ㄴ, ㄷ

실전유형 6 이차부등식의 해가 한 개일 조건

빈출유형

이차방정식 $ax^2+bx+c=0$의 판별식을 D라 할 때
(1) $ax^2+bx+c\leq 0$의 해가 한 개일 조건
➜ $a>0$, $D=0$
(2) $ax^2+bx+c\geq 0$의 해가 한 개일 조건
➜ $a<0$, $D=0$

1749 대표문제

이차부등식 $x^2+8x+a\leq 0$의 해가 오직 한 개일 때, 상수 a의 값을 구하시오.

1750

Level 2

이차부등식 $x^2+2(a-3)x+4a\leq 0$의 해가 오직 한 개일 때, 모든 상수 a의 값의 합은?

① 6　② 7　③ 8
④ 9　⑤ 10

1751

Level 2

이차부등식 $kx^2+(6-k)x-6+k\geq 0$의 해가 오직 한 개일 때, 상수 k의 값을 구하시오.

1752

Level 2

이차부등식 $ax^2+bx+c\le0$의 해가 $x=2$일 때, 상수 a, b, c의 부호는?

① $a<0$, $b>0$, $c<0$
② $a<0$, $b<0$, $c>0$
③ $a>0$, $b<0$, $c<0$
④ $a>0$, $b<0$, $c>0$
⑤ $a>0$, $b>0$, $c>0$

1753

Level 2

이차부등식 $ax^2+bx+c\ge0$의 해가 $x=3$일 때, 이차부등식 $bx^2+cx+6a<0$을 만족시키는 정수 x의 개수는?
(단, a, b, c는 상수이다.)

① 1
② 2
③ 3
④ 4
⑤ 5

1754

Level 2

이차부등식 $ax^2+bx+c\ge0$의 해가 $x=1$일 때, 〈**보기**〉에서 옳은 것만을 있는 대로 고른 것은? (단, a, b, c는 상수이다.)

〈**보기**〉

ㄱ. $a>0$　　ㄴ. $b^2-4ac=0$　　ㄷ. $9a+3b+c<0$

① ㄴ
② ㄱ, ㄴ
③ ㄱ, ㄷ
④ ㄴ, ㄷ
⑤ ㄱ, ㄴ, ㄷ

1755

Level 3

이차부등식 $(k+1)x^2-2(k+1)x-5<0$을 만족시키지 않는 x의 값이 오직 한 개일 때, 상수 k의 값을 구하시오.

실전 유형 7 이차부등식이 해를 가질 조건

(1) 이차부등식 $ax^2+bx+c>0$이 해를 가질 조건
① $a>0$ → 이차부등식은 항상 해를 가진다.
② $a<0$ → $ax^2+bx+c=0$의 판별식을 D라 할 때, $D>0$이어야 한다.

(2) 이차부등식 $ax^2+bx+c<0$이 해를 가질 조건
① $a>0$ → $ax^2+bx+c=0$의 판별식을 D라 할 때, $D>0$이어야 한다.
② $a<0$ → 이차부등식은 항상 해를 가진다.

1756 대표문제

이차부등식 $ax^2+2(1-a)x+2a>0$이 해를 갖도록 하는 상수 a의 값의 범위를 구하시오.

1757

Level 1

이차부등식 $x^2-2(k-2)x+4\le0$이 해를 갖도록 하는 실수 k의 값의 범위를 구하시오.

1758

Level 2

이차부등식 $-2x^2+10x-3a>0$이 해를 갖도록 하는 정수 a의 최댓값은?

① 1
② 2
③ 3
④ 4
⑤ 5

1759

Level 2

다음 중 이차부등식 $ax^2+8x+a>0$이 해를 갖도록 하는 상수 a의 값이 아닌 것은?

① -4　② -2　③ -1
④ 2　⑤ 4

1760

Level 2

이차함수 $f(x)=ax^2-2x+3$에 대하여 이차부등식 $f(x)<0$이 해를 갖도록 하는 정수 a의 최댓값은?

① -3　② -2　③ -1
④ 1　⑤ 2

1761 고난도

Level 3

부등식 $kx^2-kx+k-2\le0$이 해를 갖도록 하는 실수 k의 값의 범위를 구하시오.

+Plus 문제

실전유형 8 이차부등식이 항상 성립할 조건 빈출유형

이차방정식 $ax^2+bx+c=0$의 판별식을 D라 할 때, 모든 실수 x에 대하여

(1) $ax^2+bx+c>0$이 성립할 조건 ➔ $a>0$, $D<0$
(2) $ax^2+bx+c\ge0$이 성립할 조건 ➔ $a>0$, $D\le0$
(3) $ax^2+bx+c<0$이 성립할 조건 ➔ $a<0$, $D<0$
(4) $ax^2+bx+c\le0$이 성립할 조건 ➔ $a<0$, $D\le0$

1762 대표문제

이차부등식 $x^2+mx+3-m>0$이 모든 실수 x에 대하여 성립할 때, 정수 m의 개수는?

① 3　② 4　③ 5
④ 6　⑤ 7

1763

Level 2

이차부등식 $x^2+ax+a-1\ge0$이 모든 실수 x에 대하여 성립할 때, 상수 a의 값을 구하시오.

1764

Level 2

이차부등식 $x^2-2ax+4a>a-4$가 모든 실수 x에 대하여 성립할 때, 상수 a의 값의 범위를 구하시오.

1765

Level 2

이차부등식 $ax^2-2(a+3)x+2a+14<0$이 모든 실수 x에 대하여 성립할 때, 상수 a의 값의 범위를 구하시오.

1766

Level 2

이차부등식 $(k+1)x^2-2(k+1)x+4\geq0$이 x의 값에 관계없이 항상 성립할 때, 상수 k의 최댓값은?

① 1　② 2　③ 3
④ 4　⑤ 5

1767

Level 3

부등식 $ax^2-2ax+4\geq0$의 해가 모든 실수일 때, 상수 a의 최솟값은?

① -2　② -1　③ 0
④ 1　⑤ 2

1768

Level 3

부등식 $(k-1)x^2+2(k-1)x+1>0$이 모든 실수 x에 대하여 성립할 때, 상수 k의 값의 범위를 구하시오.

1769 신경향

Level 3

모든 실수 x에 대하여 $\sqrt{(k+1)x^2-(k+1)x+5}$가 실수가 되도록 하는 정수 k의 개수를 구하시오.

+Plus 문제

다음은 이 유형에서 출제된 최근 교육청 • 평가원 기출문제입니다.

1770 • 교육청 2019년 3월

Level 2

모든 실수 x에 대하여 부등식 $x^2-2kx+2k+15\geq0$이 성립하도록 하는 정수 k의 개수는?

① 7　② 9　③ 11
④ 13　⑤ 15

1771 고난도 • 교육청 2018년 3월

Level 3

다음 조건을 만족시키는 이차함수 $f(x)$에 대하여 $f(3)$의 최댓값을 M, 최솟값을 m이라 할 때, $M-m$의 값은?

(가) 부등식 $f\left(\frac{1-x}{4}\right)\leq0$의 해가 $-7\leq x\leq9$이다.

(나) 모든 실수 x에 대하여 부등식 $f(x)\geq2x-\frac{13}{3}$이 성립한다.

① $\frac{7}{4}$　② $\frac{11}{6}$　③ $\frac{23}{12}$
④ 2　⑤ $\frac{25}{12}$

실전유형 9 이차부등식이 해를 갖지 않을 조건 빈출유형

이차방정식 $ax^2+bx+c=0$의 판별식을 D라 할 때,
이차부등식 $ax^2+bx+c>0$이 해를 갖지 않으려면
→ 이차부등식 $ax^2+bx+c\le0$의 해는 모든 실수이다.
→ $a<0$, $D\le0$

1772 대표문제

이차부등식 $x^2-2(k-1)x+9<0$이 해를 갖지 않도록 하는 모든 정수 k의 값의 합은?

① 7 ② 9 ③ 11
④ 13 ⑤ 15

1773 Level 2

이차부등식 $x^2+(a-1)x+a+2<0$의 해가 존재하지 않을 때, 정수 a의 개수는?

① 3 ② 5 ③ 7
④ 9 ⑤ 11

1774 Level 2

x에 대한 이차부등식 $x^2-4ax+a^2-2a+1\le0$의 해가 존재하지 않도록 하는 상수 a의 값의 범위를 구하시오.

1775 Level 2

이차부등식 $ax^2+8x-2\ge0$이 해를 갖지 않도록 하는 정수 a의 최댓값은?

① -9 ② -8 ③ -7
④ -6 ⑤ -5

1776 Level 2

다음 조건을 모두 만족시키는 상수 k의 값의 범위를 구하시오.

(가) 이차부등식 $x^2+kx+1>0$이 모든 실수 x에 대하여 성립한다.
(나) 이차부등식 $x^2-3kx+9k<0$의 해가 존재하지 않는다.

1777 Level 3

x에 대한 부등식 $kx^2-4x+(k-3)\le0$이 해를 갖지 않도록 하는 상수 k의 값의 범위를 구하시오.

+Plus 문제

다음은 이 유형에서 출제된 최근 교육청・평가원 기출문제입니다.

1778 ・교육청 2021년 6월 Level 2

x에 대한 이차부등식 $x^2+8x+(a-6)<0$이 해를 갖지 않도록 하는 실수 a의 최솟값을 구하시오.

심화 유형 10 제한된 범위에서 이차부등식이 항상 성립할 조건

(1) $\alpha \le x \le \beta$에서 이차부등식 $f(x)>0$이 항상 성립한다.
→ $\alpha \le x \le \beta$에서 ($f(x)$의 최솟값)>0
(2) $\alpha \le x \le \beta$에서 이차부등식 $f(x)<0$이 항상 성립한다.
→ $\alpha \le x \le \beta$에서 ($f(x)$의 최댓값)<0

1779 대표문제

$1 \le x \le 3$에서 이차부등식 $x^2-2x-k^2+1<0$이 항상 성립하도록 하는 상수 k의 값의 범위를 구하시오.

1780 Level 2

$-2 \le x \le 3$에서 이차부등식 $x^2+2x+a-5>0$이 항상 성립하도록 하는 정수 a의 최솟값을 구하시오.

1781 Level 2

$-3 \le x \le 0$에서 이차부등식 $x^2-6ax+3a+12 \le 0$이 항상 성립하도록 하는 상수 a의 최댓값은?

① -13 ② -10 ③ -7
④ -4 ⑤ -1

1782 Level 2

$0<x<1$에서 이차부등식 $x^2-3<(a-1)x$가 항상 성립하도록 하는 상수 a의 값의 범위를 구하시오.

1783 Level 2

$-3 \le x \le 1$에서 이차부등식 $-x^2+4x-a^2+23 \ge 0$이 항상 성립하도록 하는 상수 a의 값의 범위가 $\alpha \le a \le \beta$일 때, $\alpha^2+\beta^2$의 값은?

① 4 ② 6 ③ 8
④ 10 ⑤ 12

1784 Level 3

이차부등식 $x^2-x-2 \le 0$을 만족시키는 모든 실수 x에 대하여 이차부등식 $x^2+ax-4 \le 0$이 성립할 때, 상수 a의 값의 범위를 구하시오.

1785 Level 3

이차부등식 $x^2-3x \le 0$을 만족시키는 모든 실수 x에 대하여 이차부등식 $x^2-2x+a-2 \ge 0$이 성립할 때, 상수 a의 최솟값은?

① 1 ② 2 ③ 3
④ 4 ⑤ 5

실전유형 11 만나는 두 그래프의 위치 관계와 이차부등식

함수 $y=f(x)$의 그래프가 함수 $y=g(x)$의 그래프보다
(1) 위쪽에 있는 부분의 x의 값의 범위
➔ 부등식 $f(x)>g(x)$의 해
(2) 아래쪽에 있는 부분의 x의 값의 범위
➔ 부등식 $f(x)<g(x)$의 해

1786 대표문제

이차함수 $y=x^2-2x-4$의 그래프가 직선 $y=2x+1$보다 위쪽에 있는 부분의 x의 값의 범위가 $x<a$ 또는 $x>b$일 때, $a+2b$의 값은?

① 6 ② 7 ③ 8
④ 9 ⑤ 10

1787

Level 1

이차함수 $y=x^2-x-2$의 그래프가 직선 $y=x+1$보다 아래쪽에 있는 부분의 정수 x의 개수는?

① 3 ② 4 ③ 5
④ 6 ⑤ 7

1788

Level 2

이차함수 $y=-x^2+ax+7$의 그래프가 직선 $y=b$보다 아래쪽에 있는 부분의 x의 값의 범위가 $x<-1$ 또는 $x>5$일 때, 상수 a, b에 대하여 $a-b$의 값은?

① 1 ② 2 ③ 3
④ 4 ⑤ 5

1789

Level 2

이차함수 $y=x^2+ax+b$의 그래프가 직선 $y=-2x+1$보다 아래쪽에 있는 부분의 x의 값의 범위가 $-3<x<5$일 때, 상수 a, b에 대하여 ab의 값은?

① -64 ② -25 ③ 36
④ 49 ⑤ 56

1790

Level 2

이차함수 $y=x^2-4x+5$의 그래프가 직선 $y=mx+n$보다 아래쪽에 있는 부분의 x의 값의 범위가 $1<x<6$일 때, 상수 m, n에 대하여 $m+n$의 값을 구하시오.

1791

Level 2

이차함수 $y=2x^2-x-9$의 그래프가 직선 $y=4x+a$보다 아래쪽에 있는 부분의 x의 값의 범위가 $b<x<\frac{3}{2}$일 때, $b-a$의 값은? $\left(\text{단, } a\text{는 상수이고, } b<\frac{3}{2}\text{이다.}\right)$

① 12 ② 13 ③ 14
④ 15 ⑤ 16

1792

Level 2

이차함수 $y=-2x^2+3x+2$의 그래프가 이차함수 $y=-x^2+ax+b$의 그래프보다 위쪽에 있는 부분의 x의 값의 범위가 $-2<x<3$일 때, 상수 a, b에 대하여 a^2+b^2의 값을 구하시오.

실전 유형 12 만나지 않는 두 그래프의 위치 관계와 이차부등식 빈출유형

함수 $y=f(x)$의 그래프가 함수 $y=g(x)$의 그래프보다
(1) 항상 위쪽에 있으면
→ 모든 실수 x에 대하여 부등식 $f(x)>g(x)$가 성립
(2) 항상 아래쪽에 있으면
→ 모든 실수 x에 대하여 부등식 $f(x)<g(x)$가 성립

1793 대표문제

이차함수 $y=x^2-2(k-1)x+3$의 그래프가 직선 $y=2x-1$보다 항상 위쪽에 있도록 하는 상수 k의 값의 범위가 $a<k<b$일 때, $a+b$의 값은?

① -1 ② 0 ③ 1
④ 2 ⑤ 3

1794 Level 1

이차함수 $y=x^2-2mx+m$의 그래프가 x축과 만나지 않도록 하는 상수 m의 값의 범위를 구하시오.

1795 Level 2

이차함수 $y=-x^2-3x$의 그래프가 직선 $y=mx+4$보다 항상 아래쪽에 있도록 하는 정수 m의 개수는?

① 4 ② 5 ③ 6
④ 7 ⑤ 8

1796 Level 2

이차함수 $y=3x^2-2x+3$의 그래프가 직선 $y=2mx$보다 항상 위쪽에 있도록 하는 정수 m의 최댓값은?

① -1 ② 0 ③ 1
④ 2 ⑤ 3

1797 Level 2

모든 실수 x에 대하여 이차함수 $y=kx^2-4kx-1$의 그래프가 직선 $y=2x$보다 아래쪽에 있도록 하는 상수 k의 값의 범위를 구하시오.

1798 Level 2

이차함수 $y=(m+2)x^2+3$의 그래프가 직선 $y=(2m+4)x$보다 항상 위쪽에 있도록 하는 정수 m의 개수를 구하시오.

다음은 이 유형에서 출제된 최근 교육청・평가원 기출문제입니다.

1799 ・교육청 2021년 6월 Level 2

이차함수 $y=x^2+6x-3$의 그래프와 직선 $y=kx-7$이 만나지 않도록 하는 자연수 k의 개수는?

① 3 ② 4 ③ 5
④ 6 ⑤ 7

● 정답 및 풀이 313쪽

실전 유형 **13 이차부등식의 활용**

이차부등식의 활용 문제를 풀 때는 다음과 같은 순서로 한다.
❶ 주어진 조건에 맞게 부등식을 세운다.
❷ 부등식을 풀어 해를 구한다. 이때 미지수의 범위에 주의한다.

1800 대표문제

길이가 120 m인 철망을 사용하여 밑면이 직사각형 모양인 축사를 만들려고 한다. 축사 밑면의 넓이가 800 m^2 이상이 되도록 할 때, 축사 밑면의 가로의 길이의 범위를 구하시오. (단, 철망은 겹치지 않도록 모두 사용하고, 철망의 두께는 무시한다.)

1801

Level 2

그림과 같이 가로의 길이와 세로의 길이가 각각 a, $a+2$이고 높이가 2인 직육면체의 겉넓이가 88 이상이 되도록 하는 실수 a의 최솟값을 구하시오.

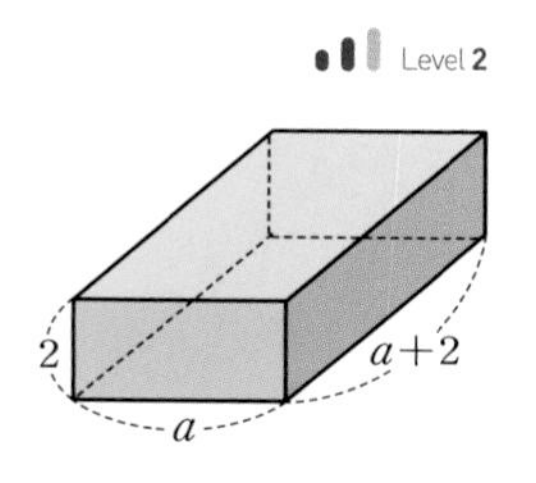

1802

Level 2

지면에서 초속 80 m로 쏘아 올린 물체가 t초 후에 지면으로부터 h m 높이에 도달한다고 할 때, $h=80t-5t^2$의 관계가 성립한다고 한다. 이 물체의 높이가 지면으로부터 240 m 이상인 시간은 몇 초 동안인가?

① 2초 ② 4초 ③ 6초
④ 8초 ⑤ 10초

1803

Level 2

그림과 같이 $\angle B=90°$인 직각삼각형 ABC가 있다. $\overline{AB}+\overline{BC}=12$일 때, 삼각형 ABC의 넓이가 16 이상이 되도록 하는 변 AB의 길이의 범위를 구하시오.

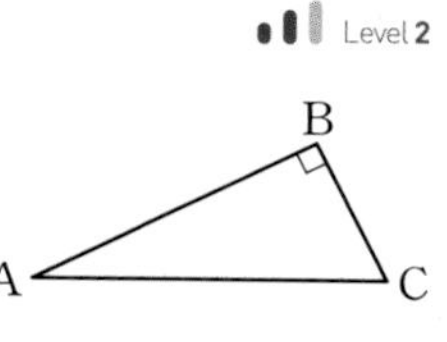

1804

Level 2

어떤 상품의 가격을 x % 올렸더니 판매량이 $\frac{2x}{3}$ % 감소하였다. 가격을 올린 후의 총 판매 금액이 가격을 올리기 전의 총 판매 금액 이상이 되도록 하는 x의 최댓값은?

① 35 ② 40 ③ 45
④ 50 ⑤ 55

1805

Level 2

어느 가게에서 빵 한 개의 가격이 3000원이면 하루에 400개가 판매되고, 가격을 100원씩 할인할 때마다 하루 판매량이 40개씩 늘어난다고 한다. 이 빵의 하루 총 판매 금액이 150만 원 이상이 되도록 할 때, 빵 한 개의 최소 가격을 구하시오.

실전 유형 14 연립이차부등식의 풀이

연립이차부등식을 풀 때는 다음과 같은 순서로 한다.
❶ 연립이차부등식을 이루는 각 부등식의 해를 구한다.
❷ ❶에서 구한 해의 공통부분을 구한다.

1806 대표문제

연립부등식 $\begin{cases} x^2-6x+5<0 \\ x^2-2x-8>0 \end{cases}$의 해가 $\alpha<x<\beta$일 때, $\alpha-\beta$의 값은?

① -5 ② -4 ③ -3
④ -2 ⑤ -1

1807

Level 1

연립부등식 $\begin{cases} 2x+3>6x-1 \\ 6-x\geq x^2 \end{cases}$의 해가 $\alpha\leq x<\beta$일 때, $\alpha+\beta$의 값은?

① -2 ② -1 ③ 0
④ 1 ⑤ 2

1808

Level 2

연립부등식 $\begin{cases} (3x+4)(x-4)<0 \\ 2x^2-7x+6\geq 0 \end{cases}$을 만족시키는 모든 정수 x의 값의 합을 구하시오.

1809

Level 2

연립부등식 $\begin{cases} x^2+x\geq 6 \\ x^2+5<6x \end{cases}$를 만족시키는 정수 x의 개수는?

① 1 ② 2 ③ 3
④ 4 ⑤ 5

1810

Level 2

연립부등식 $\begin{cases} x^2+x+5>7 \\ x^2-10\leq -3(x+2) \end{cases}$를 만족시키는 모든 정수 x의 값의 곱은?

① 8 ② 9 ③ 10
④ 11 ⑤ 12

1811

Level 2

연립부등식 $\begin{cases} x^2+2x-35\geq 0 \\ |x-2|<10 \end{cases}$을 만족시키는 정수 x의 개수를 구하시오.

1812

Level 2

등식 $\dfrac{\sqrt{x^2+x-2}}{\sqrt{x^2-3x-4}}=-\sqrt{\dfrac{x^2+x-2}{x^2-3x-4}}$를 만족시키는 정수 x의 개수는?

① 0 ② 1 ③ 2
④ 3 ⑤ 4

● 정답 및 풀이 315쪽

1813 고난도

Level 3

a, b가 양의 실수이고 $a<b$일 때, 연립부등식

$\begin{cases} x^2-(a+b)x+ab<0 \\ abx^2-(a+b)x+1<0 \end{cases}$ 의 해가 존재하기 위한 조건은?

① $a<b<1$
② $1<a<b<2$
③ $1<a<b$
④ $1<a<2<b$
⑤ $a<1<b$

+Plus 문제

다음은 이 유형에서 출제된 최근 교육청 • 평가원 기출문제입니다.

1814 • 교육청 2018년 3월

Level 2

연립부등식 $\begin{cases} 2x-7\geq 0 \\ x^2-5x-14<0 \end{cases}$ 을 만족시키는 모든 정수 x의 값의 합은?

① 7
② 9
③ 11
④ 13
⑤ 15

1815 • 교육청 2019년 9월

Level 2

연립부등식 $\begin{cases} x^2-x-56\leq 0 \\ 2x^2-3x-2>0 \end{cases}$ 을 만족시키는 정수 x의 개수를 구하시오.

실전유형 15 해가 주어진 연립이차부등식

빈출유형

각 부등식의 해의 공통부분이 주어진 해와 일치하도록 수직선 위에 나타내어 미지수의 범위를 구한다.

1816 대표문제

연립부등식 $\begin{cases} x^2-4x+3<0 \\ x^2+(a+2)x+2a>0 \end{cases}$ 의 해가 $2<x<3$일 때, 상수 a의 값을 구하시오.

1817

Level 2

연립부등식 $\begin{cases} (x+3)(x-4)<0 \\ x^2-(a+3)x+3a\leq 0 \end{cases}$ 의 해가 $-3<x\leq 3$일 때, 상수 a의 값의 범위는?

① $a\leq -3$
② $-3<a<2$
③ $-3<a\leq 3$
④ $3\leq a<4$
⑤ $a\geq 4$

1818

Level 2

연립부등식 $\begin{cases} x^2-6x+5<0 \\ x^2-2x-8>0 \end{cases}$ 의 해가 이차부등식 $ax^2+3x+b>0$의 해와 같을 때, 상수 a, b의 값을 각각 구하시오.

1819

Level 2

연립부등식 $\begin{cases} x^2+ax+4<0 \\ x^2-5x+b\geq 0 \end{cases}$의 해가 $1<x\leq 2$ 또는 $3\leq x<4$일 때, 상수 a, b에 대하여 $b-a$의 값을 구하시오.

1820

Level 2

연립부등식 $\begin{cases} x^2-8x+15<0 \\ 2|x-a|-1<9 \end{cases}$가 해를 갖지 않도록 하는 음수 a의 최댓값을 구하시오.

다음은 이 유형에서 출제된 최근 교육청 • 평가원 기출문제입니다.

1821

• 교육청 2021년 3월

Level 2

$a<0$일 때, x에 대한 연립부등식 $\begin{cases} (x-a)^2<a^2 \\ x^2+a<(a+1)x \end{cases}$의 해가 $b<x<b+1$이다. $a+b$의 값은? (단, a, b는 상수이다.)

① 2 ② 1 ③ 0 ④ -1 ⑤ -2

심화유형 16 정수인 해의 조건이 주어진 연립이차부등식

연립이차부등식을 만족시키는 정수인 해가 k개일 때,

❶ 연립이차부등식을 이루는 각 부등식의 해를 구한다.

❷ 각 부등식의 해를 수직선 위에 나타내어 구한 공통부분이 k개의 정수를 포함하도록 하는 미지수의 범위를 구한다.

1822 대표문제

연립부등식 $\begin{cases} x^2-2x-3\leq 0 \\ x^2-(a+4)x+4a\leq 0 \end{cases}$을 만족시키는 정수 x가 4개일 때, 상수 a의 값의 범위를 구하시오.

1823

Level 2

연립부등식 $\begin{cases} x^2-x-6<0 \\ x^2+(2-a)x-2a\geq 0 \end{cases}$을 만족시키는 정수 x의 값이 2뿐일 때, 상수 a의 값의 범위를 구하시오.

1824

Level 2

연립부등식 $\begin{cases} x^2-7x+12>0 \\ x^2-(a+2)x+2a<0 \end{cases}$을 만족시키는 정수 x가 오직 한 개뿐일 때, 상수 a의 최댓값은?

① 0 ② 1 ③ 2 ④ 5 ⑤ 6

● 정답 및 풀이 317쪽

1825

Level 2

두 부등식 $x^2-5x>0$, $x^2-(a-3)x-3a<0$을 동시에 만족시키는 양의 정수 x가 2개만 존재하도록 하는 상수 a의 값의 범위는 $p<a\le q$이다. $p+q$의 값을 구하시오.

1826

Level 2

연립부등식 $\begin{cases} |2x-1|<k \\ x^2+6x+5\le 0 \end{cases}$을 만족시키는 정수 x가 4개일 때, 모든 자연수 k의 값의 합을 구하시오.

1827

Level 2

연립부등식 $\begin{cases} |x-a|\le 1 \\ x^2-5x-14\le 0 \end{cases}$을 만족시키는 모든 정수 x의 값의 합이 15일 때, 정수 a의 값을 구하시오.

다음은 이 유형에서 출제된 최근 교육청・평가원 기출문제입니다.

1828 ・교육청 2021년 9월

Level 3

x에 대한 연립이차부등식 $\begin{cases} x^2-10x+21\le 0 \\ x^2-2(n-1)x+n^2-2n\ge 0 \end{cases}$을 만족시키는 정수 x의 개수가 4가 되도록 하는 모든 자연수 n의 값의 합을 구하시오.

실전유형 17 연립이차부등식의 활용

빈출유형

연립이차부등식의 활용 문제를 풀 때는 다음과 같은 순서로 한다.

❶ 구하는 값을 x로 놓고 연립부등식을 세운다.

❷ 각 부등식의 해를 구한 후 공통부분을 찾는다.

1829 대표문제

세 변의 길이가 $x-2$, $x-1$, x인 삼각형이 둔각삼각형이 되도록 하는 자연수 x의 최댓값을 구하시오.

1830

Level 2

둘레의 길이가 30이고, 넓이가 36 이상인 직사각형이 있다. 가로와 세로의 길이가 모두 정수일 때, 작은 변의 길이가 될 수 있는 정수의 개수를 구하시오.

1831

Level 2

그림과 같이 가로, 세로의 길이가 각각 9 m, 4 m인 직사각형 모양의 꽃밭의 둘레에 폭이 x m인 길을 만들려고 한다. 길의 넓이가 140 m^2 이상 198 m^2 이하가 되도록 하는 x의 값의 범위를 구하시오.

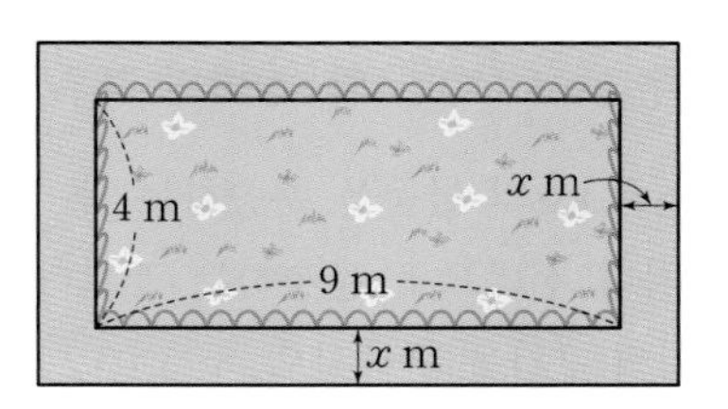

1832

Level 2

세 변의 길이가 $x-3$, x, $x+3$인 삼각형이 예각삼각형이 되도록 하는 자연수 x의 최솟값을 구하시오.

1833

Level 2

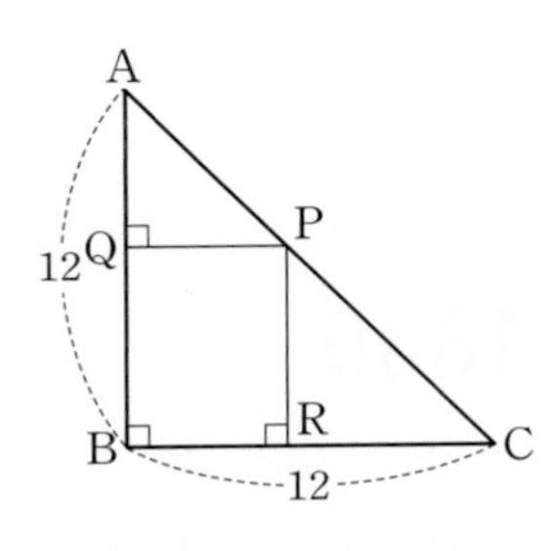

그림과 같이 삼각형 ABC는 $\overline{AB}=\overline{BC}=12$인 직각이등변삼각형이다. 빗변 AC 위의 점 P에서 변 AB와 변 BC에 내린 수선의 발을 각각 Q, R라 하자. 직사각형 PQBR의 넓이가 각각 삼각형 AQP의 넓이와 삼각형 PRC의 넓이보다 클 때, 선분 BR의 길이의 범위를 구하시오.

1834

Level 2

1 kg의 물품을 운송하는 데 드는 운송 비용은 두 지점 사이의 거리가 $50x$ km일 때, 자동차의 경우 $(x^2+3x+10)$만 원, 철도의 경우 $(x+13)$만 원, 선박의 경우 $\left(\frac{1}{2}x+15\right)$만 원이라고 한다. 1 kg의 물품을 운송하는 데 철도로 운송하는 것이 자동차나 선박으로 운송하는 것보다 비용이 적게 드는 운송 거리의 구간을 구하시오.

다음은 이 유형에서 출제된 최근 교육청 • 평가원 기출문제입니다.

1835

• 교육청 2018년 9월

Level 3

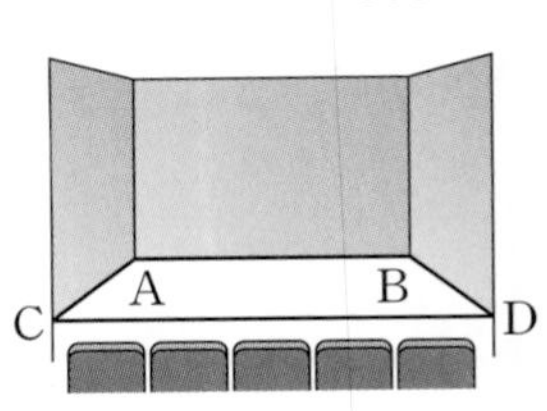

그림과 같이 어느 행사장에서 바닥면이 등변사다리꼴이 되도록 무대 위에 3개의 직사각형 모양의 스크린을 설치하려고 한다. 양옆 스크린의 하단과 중앙 스크린의 하단이 만나는 지점을 각각 A, B라 하고, 만나지 않는 하단의 끝 지점을 각각 C, D라 하자. 사각형 ACDB는 $\overline{AC}=\overline{BD}$인 등변사다리꼴이고 $\overline{CD}=20$ m, $\angle BAC=120°$이다. 선분 AB의 길이는 선분 AC의 길이의 4배보다 크지 않고, 사다리꼴 ACDB의 넓이는 $75\sqrt{3}\,\text{m}^2$ 이하이다. 중앙 스크린의 가로인 선분 AB의 길이를 d m라 할 때, d의 최댓값과 최솟값의 합은? (단, 스크린의 두께는 무시한다.)

① 25 ② 26 ③ 27 ④ 28 ⑤ 29

1836 고난도

• 교육청 2020년 9월

Level 3

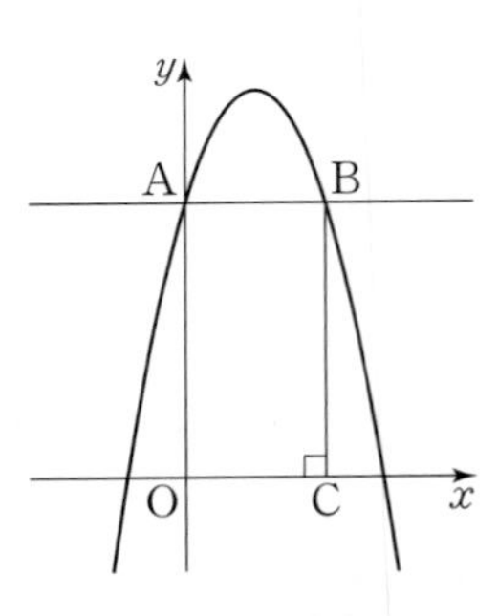

그림과 같이 이차함수 $f(x)=-x^2+2kx+k^2+4\ (k>0)$의 그래프가 y축과 만나는 점을 A라 하자. 점 A를 지나고 x축에 평행한 직선이 이차함수 $y=f(x)$의 그래프와 만나는 점 중 A가 아닌 점을 B라 하고, 점 B에서 x축에 내린 수선의 발을 C라 하자. 사각형 OCBA의 둘레의 길이를 $g(k)$라 할 때, 부등식 $14\leq g(k)\leq 78$을 만족시키는 모든 자연수 k의 값의 합을 구하시오. (단, O는 원점이다.)

실전 유형 18 이차방정식의 근의 판별 복합유형

이차방정식 $ax^2+bx+c=0$의 판별식을 D라 할 때
(1) 서로 다른 두 실근 ➔ $D>0$
(2) 중근 ➔ $D=0$
(3) 서로 다른 두 허근 ➔ $D<0$

1837 대표문제

다음 중 두 이차방정식 $x^2-4x+2k=0$, $x^2-6kx+18k=0$이 모두 실근을 갖도록 하는 정수 k의 값이 아닌 것은?

① -2　② -1　③ 0
④ 1　⑤ 2

1838 Level 1

이차방정식 $x^2-2(a+1)x-3a+7=0$이 허근을 갖도록 하는 실수 a의 값의 범위를 구하시오.

1839 Level 1

이차방정식 $(k+3)x^2-4x+k=0$이 실근을 갖도록 하는 정수 k의 개수를 구하시오.

1840 Level 2

x에 대한 두 이차방정식 $x^2+2(k-3)x+k^2=0$, $x^2-kx+k=0$이 모두 허근을 가질 때, 모든 정수 k의 값의 합을 구하시오.

1841 Level 2

이차방정식 $x^2-3kx+9=0$이 실근을 갖고, 이차방정식 $x^2-2kx+3k+4=0$이 허근을 갖도록 하는 실수 k의 값의 범위는?

① $2\le k<4$　② $-1<k\le 2$　③ $-4<k\le 2$
④ $k\ge 2$　⑤ $k\le -2$

1842 Level 2

x에 대한 두 이차방정식 $x^2+2ax+a+2=0$, $x^2+(a-1)x+a^2=0$ 중 적어도 하나는 실근을 갖도록 하는 실수 a의 값의 범위를 구하시오.

다음은 이 유형에서 출제된 최근 교육청 • 평가원 기출문제입니다.

1843 • 교육청 2021년 3월 Level 1

이차방정식 $x^2+ax+16=0$이 허근을 갖도록 하는 자연수 a의 최댓값은?

① 1　② 3　③ 5
④ 7　⑤ 9

실전유형 19 이차방정식의 실근의 부호 복합유형

이차방정식 $ax^2+bx+c=0$의 두 실근을 각각 α, β라 하고, 판별식을 D라 할 때

(1) 두 근이 모두 양수 → $D\geq 0$, $\alpha+\beta>0$, $\alpha\beta>0$

(2) 두 근이 모두 음수 → $D\geq 0$, $\alpha+\beta<0$, $\alpha\beta>0$

(3) 두 근이 서로 다른 부호 → $\alpha\beta<0$

1844 대표문제

x에 대한 이차방정식 $x^2+2(3-k)x+k^2-7k+10=0$의 두 근이 모두 음수일 때, 실수 k의 값의 범위를 구하시오.

1845 Level 2

다음 중 이차방정식 $x^2+(k+1)x+1=0$의 두 근이 모두 양수일 때, 실수 k의 값이 될 수 있는 것은?

① -3 ② -1 ③ 1
④ 3 ⑤ 5

1846 Level 2

x에 대한 이차방정식 $x^2-ax+a^2-4=0$이 한 개의 양수인 근과 한 개의 음수인 근을 갖도록 하는 정수 a의 최댓값은?

① 1 ② 2 ③ 3
④ 4 ⑤ 5

1847 Level 2

x에 대한 이차방정식 $x^2+(a^2-5a-24)x-a+5=0$의 두 근의 부호가 서로 다르고 음의 근의 절댓값이 양의 근보다 클 때, 실수 a의 값의 범위는?

① $a<5$ ② $a<8$ ③ $5<a<8$
④ $a>5$ ⑤ $a>8$

1848 Level 2

x에 대한 이차방정식 $3x^2+(m^2+m-6)x-m+1=0$의 두 근의 부호가 서로 다르고 절댓값이 같도록 하는 실수 m의 값을 구하시오.

1849 Level 3

x에 대한 이차방정식 $x^2+2kx+2k(k+2)=0$의 두 근 중 적어도 하나가 양수가 되기 위한 모든 정수 k의 값의 합을 구하시오.

1850 Level 3

이차방정식 $x^2-2(k+2)x+k+2=0$이 두 실근 α, β를 가질 때, 〈보기〉에서 옳은 것만을 있는 대로 고른 것은? (단, k는 실수이다.)

〈보기〉

ㄱ. $\alpha>0$, $\beta>0$이면 $k>-2$이다.

ㄴ. $\alpha>0$, $\beta<0$이면 $k<-2$이다.

ㄷ. $-\alpha<\beta$, $\alpha<0$이면 $k\geq -1$이다.

① ㄱ ② ㄴ ③ ㄱ, ㄴ
④ ㄴ, ㄷ ⑤ ㄱ, ㄴ, ㄷ

심화유형 20 이차방정식의 근의 위치 복합유형

이차방정식 $ax^2+bx+c=0$ $(a>0)$의 판별식을 D라 하고 $f(x)=ax^2+bx+c$라 할 때,

(1) 두 근이 모두 p보다 크다. → $D\geq 0$, $f(p)>0$, $-\frac{b}{2a}>p$

(2) 두 근이 모두 p보다 작다. → $D\geq 0$, $f(p)>0$, $-\frac{b}{2a}<p$

(3) 두 근 사이에 p가 있다. → $f(p)<0$

1851 대표문제

이차방정식 $x^2+4kx+16=0$의 두 근이 모두 2보다 클 때, 실수 k의 값의 범위를 구하시오.

1852 Level 2

이차방정식 $2x^2+3x+m=0$의 두 근이 모두 1보다 작을 때, 실수 m의 최댓값을 구하시오.

1853 Level 2

x에 대한 이차방정식 $3x^2-6ax+a^2+2=0$의 두 근 사이에 1이 있도록 하는 모든 자연수 a의 값의 합은?

① 5 ② 6 ③ 7
④ 8 ⑤ 9

1854 Level 2

이차방정식 $2x^2-6x+3k=0$의 두 근이 모두 -1과 2 사이에 있을 때, 실수 k의 값의 범위를 구하시오.

1855 Level 2

이차방정식 $x^2+2(1-a)x+a+4=0$의 한 근은 -2와 1 사이에 있고, 다른 한 근은 1보다 클 때, 실수 a의 값의 범위를 구하시오.

1856 Level 2

이차방정식 $x^2+6x-k=0$의 두 근 중에서 한 근이 이차방정식 $x^2-3x-4=0$의 두 근 사이에 있도록 하는 정수 k의 개수를 구하시오.

1857 Level 2

x에 대한 이차방정식 $x^2+4mx+m^2+3=0$의 두 실근을 α, $\beta(\alpha\leq\beta)$라 할 때, $\alpha\leq-2\leq\beta<0$이 되도록 하는 정수 m의 개수는?

① 5 ② 6 ③ 7
④ 8 ⑤ 9

심화유형 21 삼차방정식의 근의 조건

삼차방정식 $P(x)=0$의 한 근이 α이면
$P(x)=(x-\alpha)(ax^2+bx+c)$ 꼴로 나타낼 수 있다.
$f(x)=ax^2+bx+c$라 할 때, 이차방정식 $ax^2+bx+c=0$ $(a>0)$의
(1) 두 근이 모두 p보다 클 조건
➜ $D\geq 0$, $f(p)>0$, $-\frac{b}{2a}>p$의 공통범위
(2) 두 근이 모두 p보다 작을 조건
➜ $D\geq 0$, $f(p)>0$, $-\frac{b}{2a}<p$의 공통범위
(3) 두 근 사이에 p가 있을 조건 ➜ $f(p)<0$

1858 대표문제

삼차방정식 $x^3-(2k-1)x^2-(2k-9)x+9=0$이 1보다 작은 한 근과 1보다 큰 서로 다른 두 실근을 갖도록 하는 실수 k의 값의 범위를 구하시오.

1859 Level 2

삼차방정식 $x^3+5x^2-(2k+7)x+2k+1=0$이 1보다 작은 한 근과 1보다 큰 한 근을 갖도록 하는 정수 k의 최솟값은?

① 3 ② 4 ③ 5
④ 6 ⑤ 7

1860 Level 2

삼차방정식 $x^3-x^2+(k-12)x+3k=0$이 -1보다 큰 서로 다른 두 실근을 갖도록 하는 모든 정수 k의 값의 합은?

① -4 ② -6 ③ -8
④ -10 ⑤ -12

1861 Level 2

삼차방정식 $3x^3+(k+8)x^2+(2k+5)x+k=0$의 세 근이 음수가 되도록 하는 정수 k의 최솟값은?

① -5 ② -3 ③ -1
④ 1 ⑤ 3

1862 Level 2

삼차방정식 $x^3+2(k-1)x^2-(3k-2)x-2k-4=0$의 서로 다른 세 근이 한 개의 양수와 두 개의 음수가 되도록 하는 실수 k의 값의 범위를 구하시오.

심화유형 22 사차방정식의 근의 판별

사차방정식에서 $x^2=X$로 치환하여 $aX^2+bX+c=0$ 꼴로 나타낸 후 $P(x)Q(x)=0$ 꼴로 인수분해한다.
➜ 방정식 $aX^2+bX+c=0$에서의 근 또는 방정식 $P(x)=0$에서의 근과 방정식 $Q(x)=0$에서의 근 모두 원래 주어진 사차방정식의 근이므로 각 조건을 만족시키는 경우를 확인한다.

1863 대표문제

사차방정식 $x^4-2kx^2+k+2=0$이 서로 다른 네 실근을 가질 때, 실수 k의 값의 범위는?

① $k>-2$ ② $k>0$ ③ $k>2$
④ $-1<k<2$ ⑤ $0<k<2$

1864

Level 2

사차방정식 $x^4+(2+k)x^2+2k^2-5k-3=0$이 서로 다른 두 실근과 서로 다른 두 허근을 갖도록 하는 실수 k의 값의 범위를 구하시오.

1865

Level 2

사차방정식 $x^4+4kx^2+4k+15=0$이 실근만을 갖도록 하는 정수 k의 개수는?

① 1 ② 2 ③ 3
④ 4 ⑤ 5

1866

Level 3

〈보기〉에서 옳은 것만을 있는 대로 고른 것은?

〈보기〉
ㄱ. 사차방정식 $x^4+2x^2-8=0$의 모든 근의 합은 0이다.
ㄴ. 사차방정식 $x^4-x^3-3x^2+4x-4=0$의 한 허근을 α라 할 때, $\alpha^2-\alpha=-1$이다.
ㄷ. 사차방정식
$x^4+kx^3-(k+10)x^2-9kx+9(k+1)=0$은 실수 k의 값에 관계없이 항상 실근만을 가진다.

① ㄱ ② ㄷ ③ ㄱ, ㄴ
④ ㄴ, ㄷ ⑤ ㄱ, ㄴ, ㄷ

다음은 이 유형에서 출제된 최근 교육청 • 평가원 기출문제입니다.

1867 고난도

• 교육청 2020년 3월

Level 3

x에 대한 사차방정식

$$x^4+(3-2a)x^2+a^2-3a-10=0$$

이 실근과 허근을 모두 가질 때, 이 사차방정식에 대하여 〈보기〉에서 옳은 것만을 있는 대로 고른 것은? (단, a는 실수이다.)

〈보기〉
ㄱ. $a=1$이면 모든 실근의 곱은 -3이다.
ㄴ. 모든 실근의 곱이 -4이면 모든 허근의 곱은 3이다.
ㄷ. 정수인 근을 갖도록 하는 모든 실수 a의 값의 합은 -1이다.

① ㄱ ② ㄱ, ㄴ ③ ㄱ, ㄷ
④ ㄴ, ㄷ ⑤ ㄱ, ㄴ, ㄷ

서술형 유형 익히기

1868 대표문제

이차부등식 $ax^2+bx+c>0$의 해가 $\frac{1}{5}<x<\frac{1}{2}$일 때, 부등식 $cx^2+bx+a>0$의 해를 구하는 과정을 서술하시오.

(단, a, b, c는 상수이다.) [8점]

STEP 1 주어진 해를 이용하여 x^2의 계수가 1인 이차부등식을 세우고, a의 부호 구하기 [2점]

해가 $\frac{1}{5}<x<\frac{1}{2}$이고 x^2의 계수가 1인 이차부등식은

$\left(x-\frac{1}{5}\right)\left(x-\frac{1}{2}\right)<0$에서

$x^2-\frac{7}{10}x+\frac{1}{10}<0$ ······ ㉠

이차부등식 ㉠과 이차부등식 $ax^2+bx+c>0$의 부등호의 방향이 서로 다르므로 a (1) ☐ 0

STEP 2 a, b, c 사이의 관계식 찾기 [3점]

㉠의 양변에 a를 곱하면

$ax^2-\frac{7}{10}ax+\frac{1}{10}a>0$ ······ ㉡

㉡이 이차부등식 $ax^2+bx+c>0$과 같으므로

$b=$ (2) ☐ a, $c=$ (3) ☐ a ······ ㉢

STEP 3 부등식 $cx^2+bx+a>0$의 해 구하기 [3점]

㉢을 부등식 $cx^2+bx+a>0$에 대입하면

(4) ☐ ax^2- (5) ☐ $ax+a>0$에서

$x^2-7x+10<0$, $(x-2)(x-5)<0$

$\therefore$ (6) ☐ $<x<$ (7) ☐

핵심 KEY 유형 4 해가 주어진 이차부등식

주어진 해를 이용하여 이차부등식을 작성하여 미정계수의 값을 구하는 문제이다. x^2의 계수가 1이 아닌 a일 때는 x^2의 계수가 1인 이차부등식을 작성한 후 양변에 a를 곱한다. 이때 부등호의 방향에 주의한다.

1869 한번 더

이차부등식 $ax^2+bx+c<0$의 해가 $x<-1$ 또는 $x>3$일 때, 부등식 $cx^2+bx+a>0$의 해를 구하는 과정을 서술하시오. (단, a, b, c는 상수이다.) [8점]

STEP 1 주어진 해를 이용하여 x^2의 계수가 1인 이차부등식을 세우고, a의 부호 구하기 [2점]

STEP 2 a, b, c 사이의 관계식 찾기 [3점]

STEP 3 부등식 $cx^2+bx+a>0$의 해 구하기 [3점]

1870 유사 1

이차함수 $y=2x^2+ax+b$의 그래프에서 x축보다 위쪽에 있는 부분의 x의 값의 범위가 $x<-\frac{1}{2}$ 또는 $x>2$일 때, 상수 a, b에 대하여 $a-b$의 값을 구하는 과정을 서술하시오. [6점]

1871 대표문제

부등식 $kx^2+kx-1<0$이 모든 실수 x에 대하여 성립하도록 하는 정수 k의 개수를 구하는 과정을 서술하시오. [9점]

STEP 1 경우 나누어 보기 [1점]

부등식 $kx^2+kx-1<0$에서

이 부등식이 이차부등식이라는 조건이 없으므로

$k=0$일 때와 $k\neq0$일 때로 나누어 생각한다.

STEP 2 최고차항의 계수가 0일 때 성립하는지 확인하기 [2점]

$k=0$일 때,

$0\times x^2+0\times x-1<0$이므로

주어진 부등식은 모든 실수 x에 대하여 성립한다. ………… ㉠

STEP 3 최고차항의 계수가 0이 아닐 때 성립하는지 확인하기 [4점]

$k\neq0$일 때,

(i) 주어진 부등식이 모든 실수 x에 대하여 성립하려면

k (1) ☐ 0

(ii) 이차방정식 $kx^2+kx-1=0$의 판별식을 D라 하면

D (2) ☐ 0이어야 한다.

$D=k^2-4\times k\times(-1)<0$에서

$k^2+4k<0$, $k(k+4)<0$

$\therefore\ -4<k<0$

(i), (ii)에서 $-4<k<0$ ………… ㉡

STEP 4 정수 k의 개수 구하기 [2점]

㉠, ㉡에서 주어진 부등식이 모든 실수 x에 대하여 성립하도록 하는 k의 값의 범위는 (3) ☐ $<k\leq$ (4) ☐ 이므로

정수 k는 (5) ☐ 개이다.

핵심 KEY 유형 8 · 유형 9 이차부등식의 해의 조건

모든 실수에 대하여 이차부등식이 항상 성립할 조건, 이차부등식이 해를 갖지 않을 조건 모두 이차방정식의 판별식을 이용하여 해결한다. '이차부등식', '부등식' 등 문제에서 그냥 지나치기 쉬운 조건들에 주의하고, 판별식을 이용할 때 등호의 포함 여부를 반드시 확인한다.

1872 한번 더

x의 값에 관계없이 부등식 $(k+1)x^2+2(k+1)x+6>0$이 항상 성립하도록 하는 모든 정수 k의 값의 합을 구하는 과정을 서술하시오. [9점]

STEP 1 경우 나누어 보기 [1점]

STEP 2 최고차항의 계수가 0일 때 성립하는지 확인하기 [2점]

STEP 3 최고차항의 계수가 0이 아닐 때 성립하는지 확인하기 [4점]

STEP 4 모든 정수 k의 값의 합 구하기 [2점]

서술형 유형 익히기

1873 유사 1

이차부등식 $x^2-4px+p^2+2p+1<0$의 해가 존재하지 않을 때, 정수 p의 최댓값을 구하는 과정을 서술하시오. [6점]

1874 유사 2

모든 실수 x에 대하여 $\sqrt{x^2-(k-1)x+k+2}$가 실수가 되도록 하는 실수 k의 최댓값과 최솟값의 합을 구하는 과정을 서술하시오. [7점]

1875 대표문제

연립부등식 $\begin{cases} x^2-7x+6<0 \\ x^2-2kx+k^2-9\ge 0 \end{cases}$을 만족시키는 정수 x가 3개일 때, 상수 k의 값의 범위를 구하는 과정을 서술하시오. [8점]

STEP 1 부등식 $x^2-7x+6<0$ 풀기 [1점]

$x^2-7x+6<0$에서 $(x-1)(x-6)<0$

$\therefore 1<x<6$ ······ ㉠

STEP 2 부등식 $x^2-2kx+k^2-9\ge 0$ 풀기 [2점]

$x^2-2kx+k^2-9\ge 0$에서 $x^2-2kx+(k+3)(k-3)\ge 0$

$\{x-(k-3)\}\{x-(k+3)\}\ge 0$

$\therefore x\le$ (1) ☐ 또는 $x\ge$ (2) ☐ ······ ㉡

STEP 3 상수 k의 값의 범위 구하기 [5점]

㉠, ㉡을 동시에 만족시키는 정수 x가 3개이려면 그림과 같아야 한다.

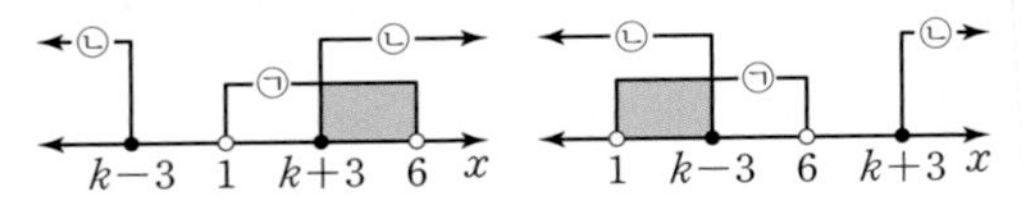

(i) 연립부등식의 해가 $k+3\le x<6$일 때,
주어진 연립부등식을 만족시키는 정수 x가 3개이려면

$2<k+3$ (3) ☐ 3

$\therefore -1<k$ (3) ☐ 0

(ii) 연립부등식의 해가 $1<x\le k-3$일 때,
주어진 연립부등식을 만족시키는 정수 x가 3개이려면

4 (4) ☐ $k-3<5$

$\therefore 7$ (4) ☐ $k<8$

(i), (ii)에서 상수 k의 값의 범위는

$-1<k$ (3) ☐ 0 또는 7 (4) ☐ $k<8$

핵심 KEY 유형 16 정수인 해의 조건이 주어진 연립이차부등식

각 부등식의 해의 공통부분이 n개의 정수를 포함하도록 수직선 위에 나타내어 문제를 해결한다. 미지수의 범위를 나누어 생각해야 하고, 등호의 포함 여부에 주의한다.

1876 한번 더

연립부등식 $\begin{cases} x^2-3x-4\le 0 \\ x^2-(2+a)x+2a\ge 0 \end{cases}$ 을 만족시키는 정수 x가 5개일 때, 상수 a의 값의 범위를 구하는 과정을 서술하시오. [8점]

STEP 1 부등식 $x^2-3x-4\le 0$ 풀기 [1점]

STEP 2 부등식 $x^2-(2+a)x+2a\ge 0$ 풀기 [2점]

STEP 3 상수 a의 값의 범위 구하기 [5점]

1877 유사 1

연립부등식 $\begin{cases} |x-2|<k \\ x^2-2x-3\le 0 \end{cases}$ 을 만족시키는 정수 x가 3개일 때, 양수 k의 최댓값을 구하는 과정을 서술하시오. [7점]

1878 유사 2

연립부등식 $\begin{cases} x^2-4x-5>0 \\ x^2\le kx+6k^2 \end{cases}$ 을 만족시키는 정수 x가 오직 한 개뿐일 때, 양수 k의 최솟값을 구하는 과정을 서술하시오. [8점]

실력 check 실전 마무리하기 1회

점 / 100점

• 선택형 21문항, 서술형 4문항입니다.

1 1879

이차함수 $y=f(x)$의 그래프가 그림과 같을 때, 이차부등식 $f(x)\le 0$을 만족시키는 정수 x의 개수는? [3점]

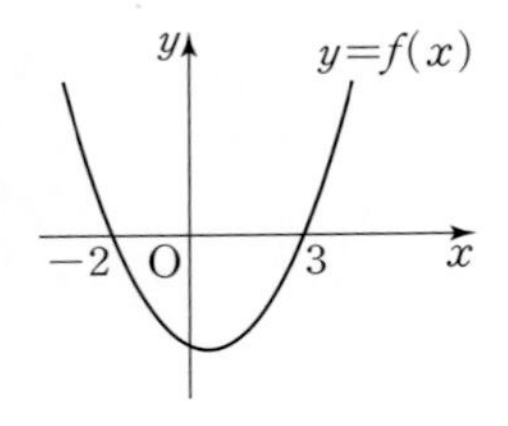

① 5　② 6　③ 7　④ 8　⑤ 9

2 1880

이차부등식 $x^2+4x-12<0$의 해가 $\alpha<x<\beta$일 때, $\alpha+\beta$의 값은? [3점]

① -4　② -2　③ 0　④ 2　⑤ 4

3 1881

부등식 $|x^2-5x|<6$을 만족시키는 모든 정수 x의 값의 합은? [3점]

① 6　② 7　③ 8　④ 9　⑤ 10

4 1882

이차부등식 $x^2+ax+b<0$의 해가 $-1<x<2$일 때, 상수 a, b에 대하여 $a+b$의 값은? [3점]

① -3　② -1　③ 0　④ 1　⑤ 3

5 1883

이차부등식 $f(x)>0$의 해가 $x<-2$ 또는 $x>3$일 때, 부등식 $f(3x-1)<0$을 만족시키는 정수 x의 개수는? [3점]

① 1　② 2　③ 3　④ 4　⑤ 5

6 1884

이차함수 $y=x^2-2x-8$의 그래프가 이차함수 $y=-2x^2+x-2$의 그래프보다 아래쪽에 있는 부분의 x의 값의 범위가 $a<x<b$일 때, $a+b$의 값은? [3점]

① 1　② 2　③ 3　④ 4　⑤ 5

● 정답 및 풀이 330쪽

7 1885

연립부등식 $\begin{cases} 4x-1>2x+5 \\ x^2-5x-6\leq 0 \end{cases}$을 만족시키는 모든 정수 x의 값의 합은? [3점]

① 11 ② 12 ③ 13
④ 14 ⑤ 15

8 1886

연립부등식 $\begin{cases} x^2-5x+6>0 \\ x^2-(a+5)x+5a\leq 0 \end{cases}$의 해가 $3<x\leq 5$가 되도록 하는 상수 a의 값의 범위가 $\alpha\leq a\leq\beta$일 때, $\alpha+\beta$의 값은? [3점]

① 3 ② 4 ③ 5
④ 6 ⑤ 7

9 1887

연립부등식 $\begin{cases} x^2+2x-8<0 \\ x^2-2kx+k^2-25>0 \end{cases}$의 해가 존재하지 않을 때, 정수 k의 최댓값은? [3점]

① 1 ② 2 ③ 3
④ 4 ⑤ 5

10 1888

이차방정식 $x^2-kx+k=0$은 실근을 갖고, 이차방정식 $x^2+2kx+2k+8=0$은 허근을 갖도록 하는 정수 k의 개수는? [3점]

① 1 ② 2 ③ 3
④ 4 ⑤ 5

11 1889

이차부등식 $(k+2)x^2+2kx+1\leq 0$의 해가 오직 한 개일 때, 모든 실수 k의 값의 합은? [3.5점]

① -2 ② -1 ③ 0
④ 1 ⑤ 2

12 1890

이차부등식 $3x^2+4(k+1)x+k+1\le 0$이 해를 갖도록 하는 실수 k의 값의 범위가 $k\le\alpha$ 또는 $k\ge\beta$일 때, $4\alpha\beta$의 값은? [3.5점]

① -2 ② -1 ③ 0
④ 1 ⑤ 2

13 1891

이차부등식 $ax^2+4x>3-a$가 모든 실수 x에 대하여 성립하도록 하는 정수 a의 최솟값은? [3.5점]

① 3 ② 4 ③ 5
④ 6 ⑤ 7

14 1892

이차부등식 $ax^2+2x-1>ax+1$의 해가 존재하지 않도록 하는 실수 a의 값은? [3.5점]

① -2 ② -1 ③ 1
④ 2 ⑤ 3

15 1893

이차함수 $y=x^2-2kx+3$의 그래프가 직선 $y=2x-k$보다 항상 위쪽에 있도록 하는 정수 k의 최댓값과 최솟값의 합은? [3.5점]

① -2 ② -1 ③ 0
④ 1 ⑤ 2

16 1894

그림과 같은 이차함수 $y=f(x)$의 그래프에 대하여 부등식 $f(k-x)>0$을 만족시키는 정수 x의 최솟값이 2일 때, 정수 k의 값은? [4점]

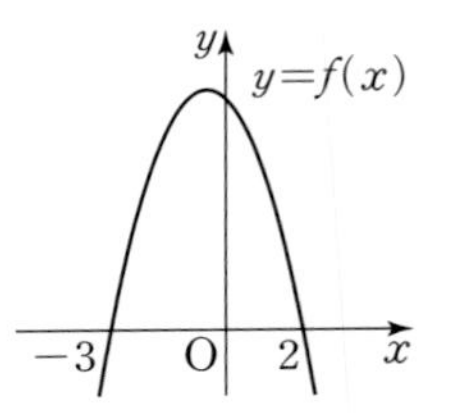

① 1 ② 2
③ 3 ④ 4
⑤ 5

17 1895

$1 \le x \le 3$에서 이차부등식 $x^2+2x+k \ge 0$이 항상 성립하도록 하는 정수 k의 최솟값은? [4점]

① -7 ② -6 ③ -5
④ -4 ⑤ -3

18 1896

연립부등식 $\begin{cases} x^2+3x-4<0 \\ x^2+|x|-6 \le 0 \end{cases}$을 만족시키는 정수 x의 최댓값과 최솟값을 각각 M, m이라 할 때, $M+m$의 값은? [4점]

① -2 ② -1 ③ 0
④ 1 ⑤ 2

19 1897

연립부등식 $\begin{cases} x^2-5x \le 0 \\ x^2-(a+8)x+8a \le 0 \end{cases}$을 만족시키는 정수 x가 3개일 때, 상수 a의 값의 범위는? [4점]

① $1 \le a < 2$ ② $1 < a \le 2$ ③ $2 \le a \le 3$
④ $2 \le a < 3$ ⑤ $2 < a \le 3$

20 1898

이차방정식 $-x^2+kx+1=0$의 두 근을 α, β라 할 때, $-1<\alpha<0<\beta<2$가 되도록 하는 정수 k의 값은? [4점]

① -3 ② -2 ③ -1
④ 0 ⑤ 1

21 1899

이차방정식 $x^2-2(k-3)x+4=0$의 두 근이 모두 1보다 크도록 하는 실수 k의 값의 범위가 $\alpha \le k < \beta$일 때, $2\alpha\beta$의 값은? [4.5점]

① 45 ② 50 ③ 55
④ 60 ⑤ 65

서술형

22 1900

시험을 치르기 위해 직사각형 모양으로 1인용 좌석을 배열하려고 한다. 가로의 줄 수와 세로의 줄 수를 합하여 13으로 하고, 40명 이상이 앉을 수 있도록 좌석을 배열하려면 가로에 들어갈 수 있는 최대 줄 수를 구하는 과정을 서술하시오. [6점]

23 1901

이차방정식 $x^2-2(k-2)x+k+10=0$의 두 근이 모두 음수가 되도록 하는 정수 k의 개수를 구하는 과정을 서술하시오. [6점]

24 1902

이차부등식 $ax^2+bx+c>0$의 해가 $x<-2$ 또는 $x>3$일 때, 부등식 $cx^2+bx+a\le 0$의 해를 구하는 과정을 서술하시오. (단, a, b, c는 상수이다.) [8점]

25 1903

부등식 $(k-2)x^2+2(k-2)x+2\ge 0$이 x의 값에 관계없이 항상 성립할 때, 모든 정수 k의 값의 합을 구하는 과정을 서술하시오. [8점]

● 정답 및 풀이 333쪽

2회

점 / 100점

• 선택형 21문항, 서술형 4문항입니다.

1 1904

이차함수 $y=f(x)$의 그래프와 직선 $y=g(x)$가 그림과 같을 때, 부등식 $f(x)-g(x)<0$을 만족시키는 정수 x의 개수는? [3점]

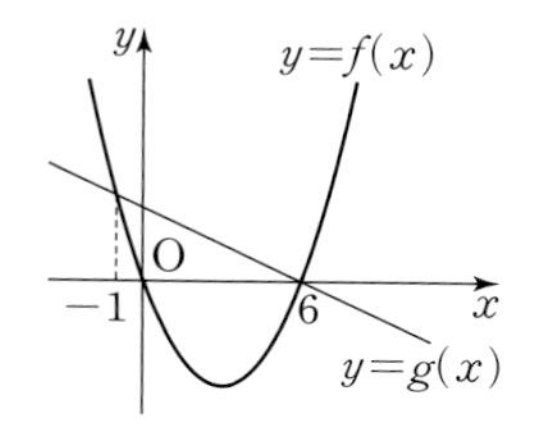

① 3 ② 4 ③ 5 ④ 6 ⑤ 7

2 1905

이차부등식 $3x^2-2x-1\geq 0$의 해가 $x\leq\alpha$ 또는 $x\geq\beta$일 때, $\beta-\alpha$의 값은? [3점]

① $\frac{1}{3}$ ② $\frac{2}{3}$ ③ 1 ④ $\frac{4}{3}$ ⑤ $\frac{5}{3}$

3 1906

부등식 $x^2+2|x|-3<0$의 해가 $\alpha<x<\beta$일 때, $\alpha+\beta$의 값은? [3점]

① -4 ② -2 ③ 0 ④ 2 ⑤ 4

4 1907

이차부등식 $x^2+7x+a<0$의 해가 $-4<x<b$일 때, $a+b$의 값은? (단, a는 상수이다.) [3점]

① 6 ② 7 ③ 8 ④ 9 ⑤ 10

5 1908

이차부등식 $ax^2-4x+b\geq 0$의 해가 $-3\leq x\leq 1$일 때, 상수 a, b에 대하여 $a+b$의 값은? [3점]

① -4 ② -2 ③ 0 ④ 2 ⑤ 4

6 1909

이차부등식 $f(x)>0$의 해가 $-1<x<2$일 때, 다음 중 부등식 $f(2x+1)\leq 0$의 해가 아닌 것은? [3점]

① -2 ② -1 ③ 0 ④ 1 ⑤ 2

7 1910

이차부등식 $-x^2+2ax-4a-5\geq 0$이 해를 갖도록 하는 자연수 a의 최솟값은? [3점]

① 3　② 4　③ 5　④ 6　⑤ 7

8 1911

연립부등식 $\begin{cases} 2x^2-5x-3\geq 0 \\ x^2-x<x+15 \end{cases}$를 만족시키는 정수 x의 개수는? [3점]

① 3　② 4　③ 5　④ 6　⑤ 7

9 1912

연립부등식 $\begin{cases} x^2+x-6<0 \\ x^2-2kx+k^2-16>0 \end{cases}$이 해를 갖지 않도록 하는 모든 정수 k의 값의 합은? [3점]

① -2　② -1　③ 0　④ 1　⑤ 2

10 1913

이차부등식 $-x^2+2kx+k-6\geq 0$의 해가 오직 한 개일 때, 모든 상수 k의 값의 합은? [3.5점]

① -2　② -1　③ 0　④ 1　⑤ 2

11 1914

모든 실수 x에 대하여 이차부등식 $-x^2+kx-4\leq 0$이 성립하도록 하는 정수 k의 개수는? [3.5점]

① 5　② 6　③ 7　④ 8　⑤ 9

12 1915

이차부등식 $x^2-ax+a+3<0$이 해를 갖지 않도록 하는 실수 a의 최댓값은? [3.5점]

① 3 ② 4 ③ 5
④ 6 ⑤ 7

13 1916

이차함수 $y=-3x^2+6x-4$의 그래프가 이차함수 $y=x^2-3x-2$의 그래프보다 위쪽에 있는 x의 값의 범위가 $\alpha<x<\beta$일 때, $2\alpha\beta$의 값은? [3.5점]

① 1 ② 2 ③ 3
④ 4 ⑤ 5

14 1917

연립부등식 $\begin{cases} x^2+ax+b>0 \\ x^2-8x+7\le 0 \end{cases}$의 해가 $1\le x<3$ 또는 $5<x\le 7$일 때, 상수 a, b에 대하여 $a+b$의 값은? [3.5점]

① 3 ② 4 ③ 5
④ 6 ⑤ 7

15 1918

그림과 같은 이차함수 $y=f(x)$의 그래프에 대하여 부등식 $f(-x+2)<0$을 만족시키는 정수 x의 최댓값을 M, 최솟값을 m이라 할 때, $M+m$의 값은? [4점]

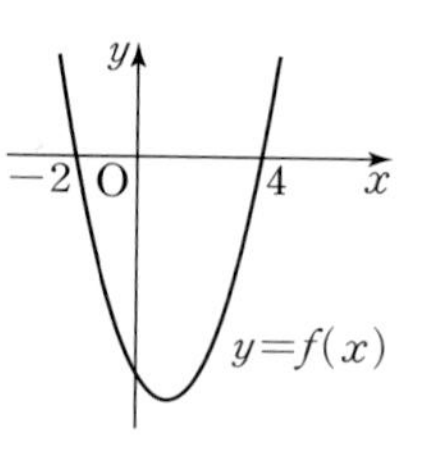

① −2 ② −1 ③ 0
④ 1 ⑤ 2

16 1919

모든 실수 x에 대하여 $\sqrt{kx^2-2kx-2}$가 순허수가 되도록 하는 실수 k의 값의 범위는? [4점]

① $-2\le k<0$ ② $-2<k\le 0$
③ $-2\le k\le 0$ ④ $k<-2$ 또는 $k>0$
⑤ $k<-2$ 또는 $k\ge 0$

17 1920

$-1<x<3$에서 이차부등식 $x^2-4x+a<0$이 항상 성립하도록 하는 정수 a의 최댓값은? [4점]

① -7 ② -6 ③ -5
④ -4 ⑤ -3

18 1921

이차방정식 $x^2+2kx+k+2=0$의 두 근이 모두 양수가 되도록 하는 실수 k의 값의 범위가 $a<k\leq b$일 때, ab의 값은? [4점]

① 1 ② 2 ③ 3
④ 4 ⑤ 5

19 1922

x에 대한 이차방정식 $x^2-4x+k^2-2k=0$의 두 근 사이에 1이 있도록 하는 모든 정수 k의 값의 합은? [4점]

① 3 ② 4 ③ 5
④ 6 ⑤ 7

20 1923

이차방정식 $x^2-6x-k=0$의 두 근이 모두 5보다 작을 때, 실수 k의 최솟값은? [4점]

① -9 ② -8 ③ -7
④ -6 ⑤ -5

21 1924

x에 대한 이차방정식 $x^2-(k^2-8k+12)x+3-k=0$의 두 근의 부호가 서로 다르고 음의 근의 절댓값이 양의 근보다 클 때, 다음 중 실수 k의 값이 될 수 있는 것은? [4.5점]

① 5 ② 6 ③ 7
④ 8 ⑤ 9

● 정답 및 풀이 336쪽

서술형

22 1925

한 모서리의 길이가 x인 정육면체를 밑면의 가로의 길이는 4만큼 늘리고, 높이는 3만큼 줄여서 새로운 직육면체를 만들려고 한다. 이 직육면체의 부피가 처음 정육면체의 부피보다 작도록 하는 x의 값의 범위를 구하는 과정을 서술하시오. [6점]

23 1926

두 이차방정식 $x^2-(a-2)x-a+2=0$, $x^2+(a+2)x+2a+1=0$이 모두 허근을 갖도록 하는 정수 a의 값을 구하는 과정을 서술하시오. [6점]

24 1927

모든 실수 x에 대하여 이차함수 $y=x^2-2x+10$의 그래프가 직선 $y=2kx-15$보다 위쪽에 있도록 하는 정수 k의 개수를 구하는 과정을 서술하시오. [7점]

25 1928

연립부등식 $\begin{cases} x^2-4x-5<0 \\ x^2-(a+3)x+3a<0 \end{cases}$을 만족시키는 정수 x가 오직 한 개뿐일 때, 상수 a의 값의 범위를 구하는 과정을 서술하시오. [8점]

완벽을 위해 **노력**한다 할지라도

그 결과는

놀라울 정도로 다양한 불완전함이다

너무도 다양한 방식으로

실패할 수 있는

우리의 다재다능함이

놀라울 뿐이다

– 사무엘 크로터스 –

평면좌표 09

Ⅳ. 도형의 방정식

09 평면좌표

1 두 점 사이의 거리

핵심 1

Note

(1) 수직선 위의 두 점 사이의 거리

① 수직선 위의 두 점 $A(x_1)$, $B(x_2)$ 사이의 거리는

$$\overline{AB}=|x_2-x_1|$$

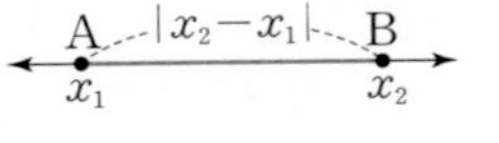

② 원점 $O(0)$과 점 $A(x_1)$ 사이의 거리는

$$\overline{OA}=|x_1|$$

▸ 두 점 $A(x_1)$, $B(x_2)$ 사이의 거리는 선분 AB의 길이와 같고,
$\overline{AB}=|x_2-x_1|$
$=|x_1-x_2|$

(2) 좌표평면 위의 두 점 사이의 거리

① 좌표평면 위의 두 점 $A(x_1, y_1)$, $B(x_2, y_2)$ 사이의 거리는

$$\overline{AB}=\sqrt{(x_2-x_1)^2+(y_2-y_1)^2}$$

② 원점 $O(0, 0)$과 점 $A(x_1, y_1)$ 사이의 거리는

$$\overline{OA}=\sqrt{{x_1}^2+{y_1}^2}$$

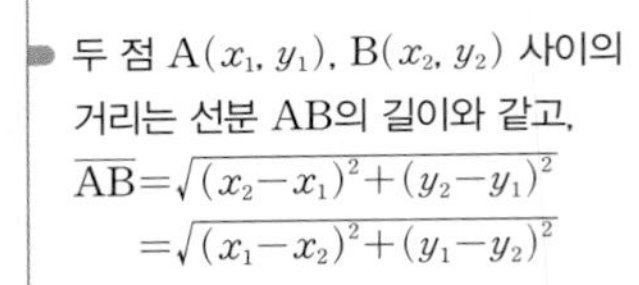

▸ 두 점 $A(x_1, y_1)$, $B(x_2, y_2)$ 사이의 거리는 선분 AB의 길이와 같고,
$\overline{AB}=\sqrt{(x_2-x_1)^2+(y_2-y_1)^2}$
$=\sqrt{(x_1-x_2)^2+(y_1-y_2)^2}$

2 선분의 내분점과 외분점

핵심 2~3

(1) 선분의 내분점과 외분점

① 선분 AB 위의 점 P에 대하여

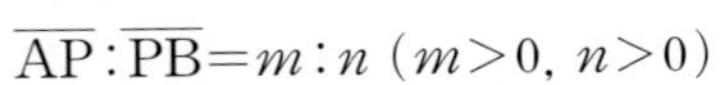

$$\overline{AP}:\overline{PB}=m:n\ (m>0,\ n>0)$$

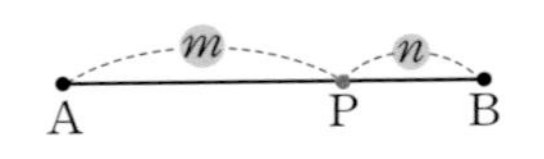

일 때, 점 P는 선분 AB를 $m:n$으로 **내분**한다고 하며, 점 P를 선분 AB의 **내분점**이라 한다.

주의 $m\neq n$일 때, 선분 AB를 $m:n$으로 내분하는 점과 $n:m$으로 내분하는 점은 다르다.

② 선분 AB의 연장선 위의 점 Q에 대하여

$$\overline{AQ}:\overline{BQ}=m:n\ (m>0,\ n>0,\ m\neq n)$$

일 때, 점 Q는 선분 AB를 $m:n$으로 **외분**한다고 하며, 점 Q를 선분 AB의 **외분점**이라 한다.

$m>n$: A, B, Q 순서 / $m<n$: Q, A, B 순서

주의 $m\neq n$일 때, 선분 AB를 $m:n$으로 외분하는 점과 $n:m$으로 외분하는 점은 다르다.

▸ 선분의 내분점은 그 선분 위에 있고, 선분의 외분점은 그 선분의 연장선 위에 있다.

▸ 선분 AB를 $1:1$로 외분하는 점은 존재하지 않는다.

(2) 수직선 위의 선분의 내분점과 외분점

수직선 위의 두 점 $A(x_1)$, $B(x_2)$에 대하여

① 선분 AB를 $m:n$ $(m>0,\ n>0)$으로 내분하는 점 P의 좌표는

$$P\left(\frac{mx_2+nx_1}{m+n}\right)$$

② 선분 AB를 $m:n$ $(m>0,\ n>0,\ m\neq n)$으로 외분하는 점 Q의 좌표는

$$Q\left(\frac{mx_2-nx_1}{m-n}\right)$$

③ 선분 AB의 중점 M의 좌표는

$$M\left(\frac{x_1+x_2}{2}\right)$$

▸ 선분 AB의 중점은 선분 AB를 $1:1$로 내분하는 점이다.

(3) **좌표평면 위의 선분의 내분점과 외분점**

좌표평면 위의 두 점 $A(x_1, y_1)$, $B(x_2, y_2)$에 대하여

① 선분 AB를 $m:n$ $(m>0, n>0)$으로 내분하는 점 P의 좌표는

$$P\left(\frac{mx_2+nx_1}{m+n}, \frac{my_2+ny_1}{m+n}\right)$$

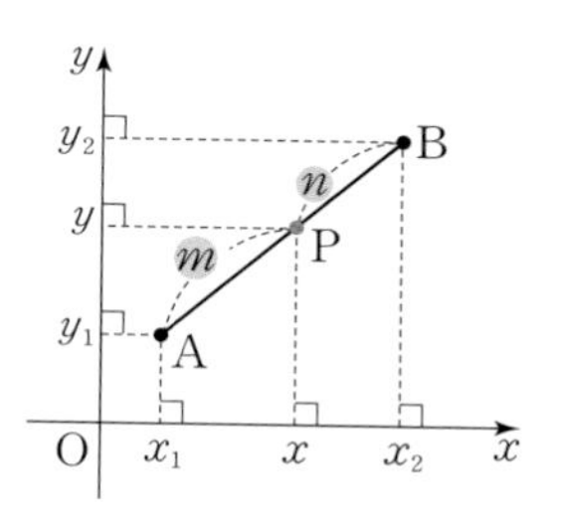

② 선분 AB를 $m:n$ $(m>0, n>0, m\neq n)$으로 외분하는 점 Q의 좌표는

$$Q\left(\frac{mx_2-nx_1}{m-n}, \frac{my_2-ny_1}{m-n}\right)$$

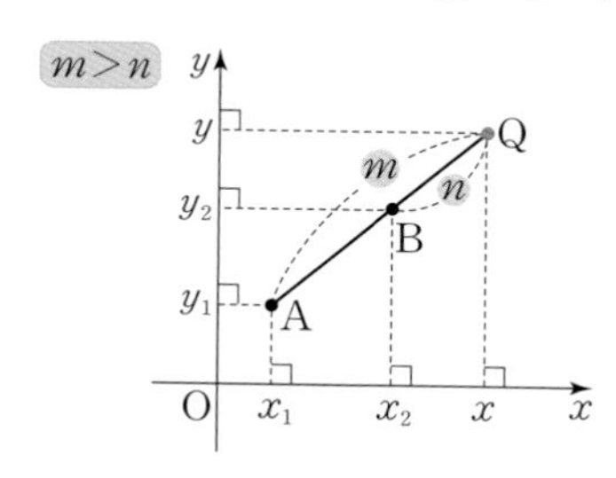

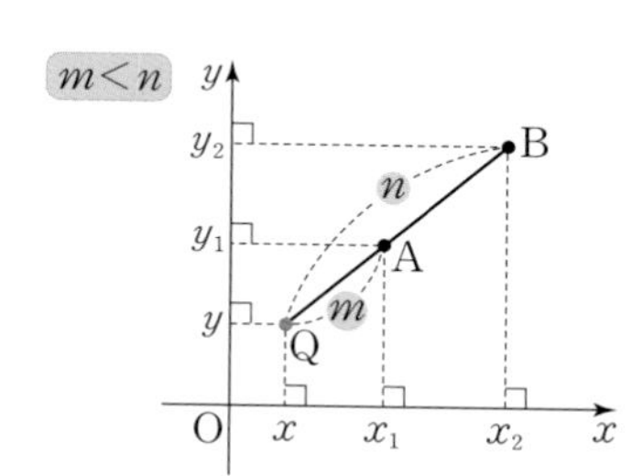

③ 선분 AB의 중점 M의 좌표는

$$M\left(\frac{x_1+x_2}{2}, \frac{y_1+y_2}{2}\right)$$

3 삼각형의 무게중심

핵심 4

(1) **삼각형의 무게중심** : 삼각형의 세 중선의 교점

(2) **삼각형의 무게중심의 성질** : 무게중심은 삼각형의 각 꼭짓점으로부터 중선을 2 : 1로 내분한다.

(3) **삼각형의 무게중심의 좌표**

좌표평면 위의 세 점 $A(x_1, y_1)$, $B(x_2, y_2)$, $C(x_3, y_3)$을 꼭짓점으로 하는 삼각형 ABC의 무게중심 G의 좌표는

$$G\left(\frac{x_1+x_2+x_3}{3}, \frac{y_1+y_2+y_3}{3}\right)$$

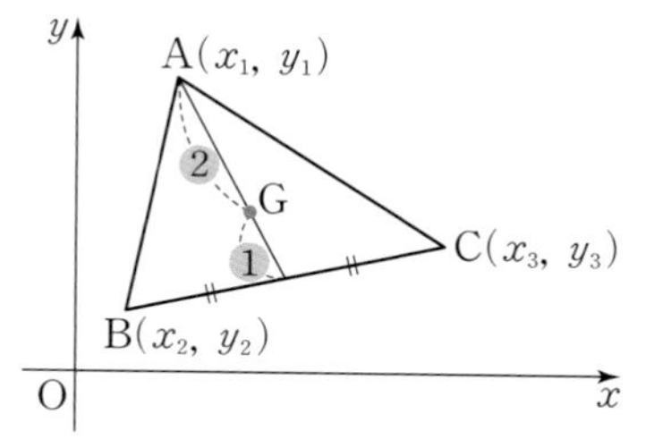

Note

평행선 사이에 있는 선분의 길이의 비

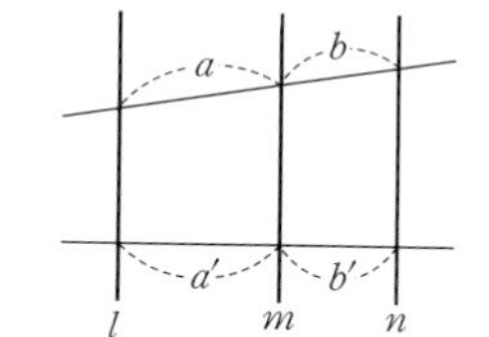

$l /\!/ m /\!/ n$이면
$a:b=a':b'$

삼각형의 꼭짓점과 대변의 중점을 이은 선분을 중선이라 한다.

09

핵심 1 두 점 사이의 거리 유형 1~2

● 수직선 위의 두 점 A(-2), B(5) 사이의 거리

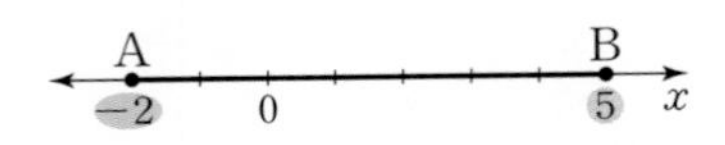

$\overline{AB}=|5-(-2)|=7$

└→ 두 점의 좌표의 차

● 좌표평면 위의 두 점 A(-2, 1), B(3, 4) 사이의 거리

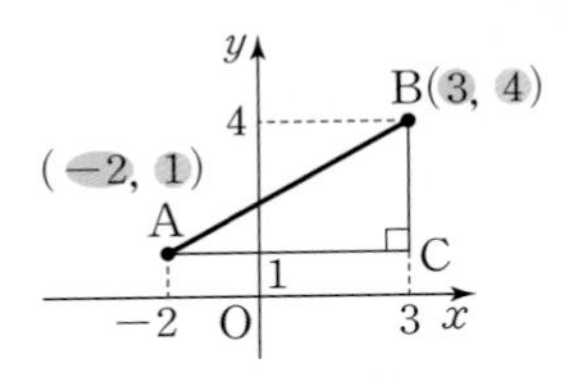

피타고라스 정리에 의해 $\overline{AB}^2=\overline{AC}^2+\overline{BC}^2$ 이야.

$\overline{AB}=\sqrt{\{3-(-2)\}^2+(4-1)^2}=\sqrt{34}$

└→ x좌표의 차 └→ y좌표의 차

1929 다음 두 점 사이의 거리를 구하시오.

(1) A(1), B(6)

(2) A(-1), B(5)

(3) A(3), B(0)

1930 두 점 A(-1, 2), B(0, 3) 사이의 거리를 구하시오.

핵심 2 수직선 위의 선분의 내분점과 외분점 유형 8, 11

수직선 위의 두 점 A(-3), B(5)에 대하여 내분점과 외분점을 각각 구해 보자.

(1) 선분 AB를 $1:3$으로 내분하는 점 P

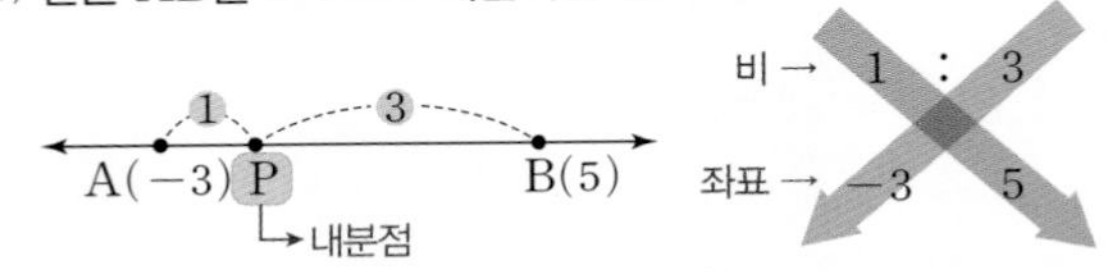

대각선 방향으로 곱하여 더한 값을 분자에 쓴다.

$$\mathrm{P}\left(\frac{1\times5+3\times(-3)}{1+3}\right) \rightarrow \mathrm{P}(-1)$$

비를 더한 값을 분모에 쓴다.

(2) 선분 AB를 $1:3$으로 외분하는 점 Q

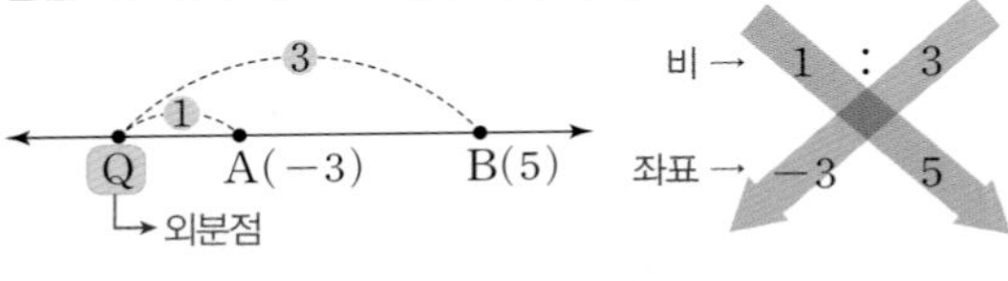

대각선 방향으로 곱하여 뺀 값을 분자에 쓴다.

$$\mathrm{Q}\left(\frac{1\times5-3\times(-3)}{1-3}\right) \rightarrow \mathrm{Q}(-7)$$

비를 순서대로 뺀 값을 분모에 쓴다.

1931 다음 수직선 위의 점에 대하여 ☐ 안에 알맞은 수를 써넣으시오.

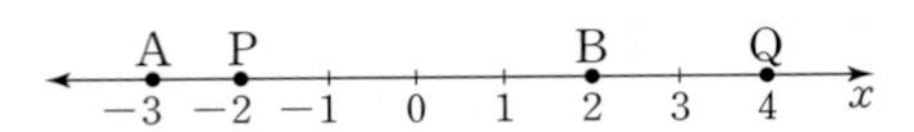

(1) 점 P는 선분 AB를 $1:$☐로 내분하는 점이다.

(2) 점 Q는 선분 AB를 ☐$:2$로 외분하는 점이다.

1932 두 점 A(3), B(9)에 대하여 다음을 구하시오.

(1) 선분 AB를 $1:2$로 내분하는 점 P의 좌표

(2) 선분 AB를 $1:2$로 외분하는 점 Q의 좌표

(3) 선분 AB의 중점 M의 좌표

핵심 3 좌표평면 위의 선분의 내분점과 외분점 유형 9~11

좌표평면 위의 두 점 A(2, −2), B(5, −5)에 대하여 내분점과 외분점을 각각 구해 보자.

(1) 선분 AB를 2:1로 내분하는 점

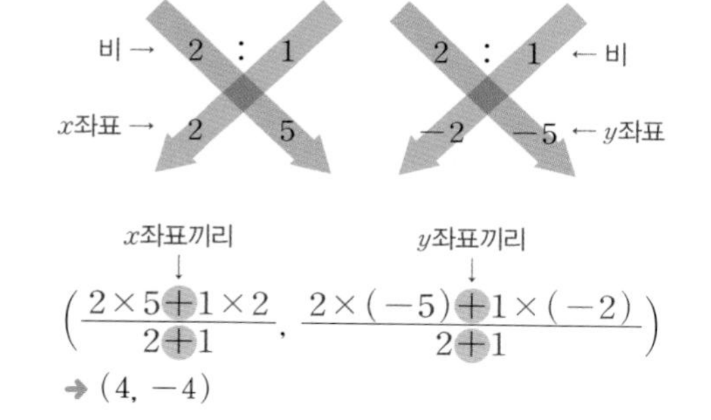

x좌표끼리, y좌표끼리

$\left(\dfrac{2\times5+1\times2}{2+1}, \dfrac{2\times(-5)+1\times(-2)}{2+1}\right)$

→ (4, −4)

(2) 선분 AB를 2:1로 외분하는 점

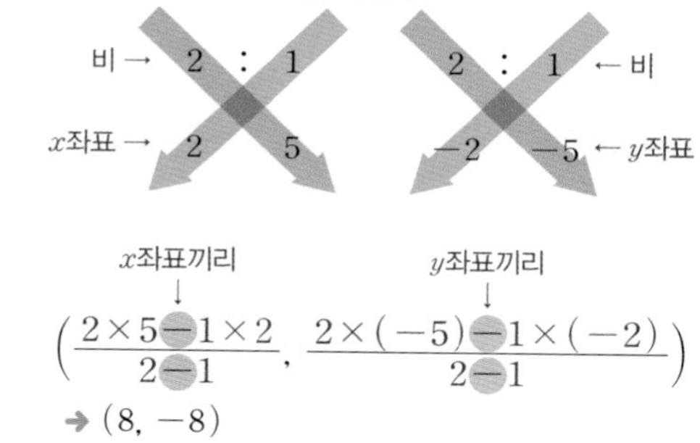

x좌표끼리, y좌표끼리

$\left(\dfrac{2\times5-1\times2}{2-1}, \dfrac{2\times(-5)-1\times(-2)}{2-1}\right)$

→ (8, −8)

1933 두 점 A(−1, 6), B(3, 2)에 대하여 다음을 구하시오.

(1) 선분 AB를 1:3으로 내분하는 점 P의 좌표

(2) 선분 AB를 1:3으로 외분하는 점 Q의 좌표

(3) 선분 AB의 중점 M의 좌표

1934 두 점 A(−2, 0), B(a, b)에 대하여 선분 AB를 2:1로 외분하는 점의 좌표는 (6, 2)이다. 이때 점 B의 좌표를 구하시오.

핵심 4 삼각형의 무게중심 유형 12~13

세 점 A(2, 4), B(−2, 0), C(3, −1)을 꼭짓점으로 하는 삼각형의 무게중심 G의 좌표를 구해 보자.

세 점의 x좌표의 합, 세 점의 y좌표의 합

$G\left(\dfrac{2+(-2)+3}{3}, \dfrac{4+0+(-1)}{3}\right)$

→ G(1, 1)

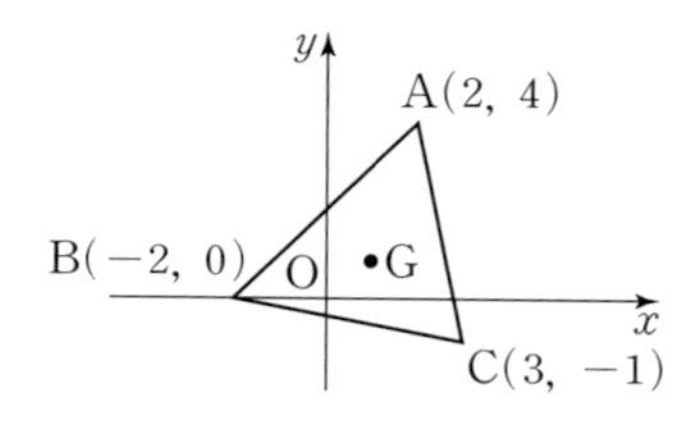

1935 세 점 A(3, 5), B(1, −1), C(2, 8)을 꼭짓점으로 하는 삼각형 ABC의 무게중심 G의 좌표를 구하시오.

1936 세 점 A(1, 2), B(−2, 3), C(a, b)를 꼭짓점으로 하는 삼각형 ABC의 무게중심의 좌표가 (−3, 2)일 때, a, b의 값을 각각 구하시오.

기출 유형 check
실전 준비하기

17유형, 123문항입니다.

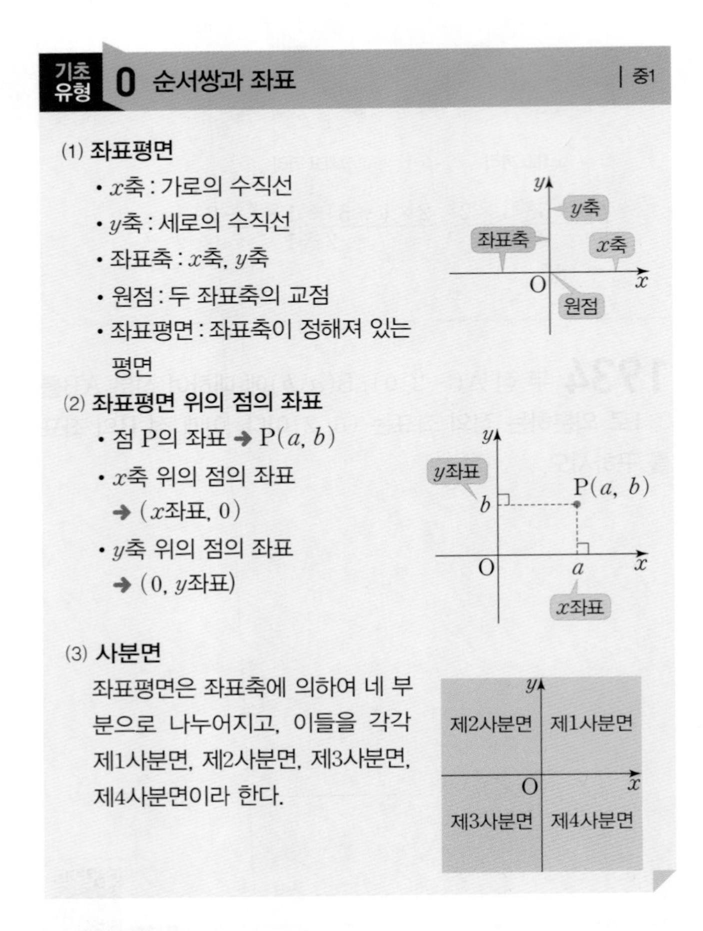

1937 대표문제

점 $A(b+1, 2a-4)$는 x축 위에 있고, 점 $B(b-3, a+3)$은 y축 위에 있을 때, $a+b$의 값을 구하시오.

1938 Level 1

다음 중 옳지 않은 것은?

① x축 위의 점은 y좌표가 0이다.
② 점 (2, 3)과 점 (3, 2)는 같은 점이다.
③ x축과 y축이 만나는 점의 좌표는 (0, 0)이다.
④ 좌표축 위의 점은 어느 사분면에도 속하지 않는다.
⑤ y축 위에 있고, y좌표가 3인 점의 좌표는 (0, 3)이다.

1939 Level 2

세 점 $A(-1, -4)$, $B(3, -4)$, $C(3, 2)$를 꼭짓점으로 하는 삼각형 ABC의 넓이는?

① 11 ② 12 ③ 13
④ 14 ⑤ 15

1940 Level 2

네 점 $A(-2, 4)$, $B(-4, -1)$, $C(3, -1)$, $D(5, 4)$를 꼭짓점으로 하는 사각형 ABCD의 넓이는?

① 25 ② 30 ③ 35
④ 40 ⑤ 45

1941 Level 2

점 $P(a+b, ab)$가 제2사분면 위의 점일 때, 점 $Q(-b, a)$는 제몇 사분면 위의 점인가?

① 제1사분면 ② 제2사분면 ③ 제3사분면
④ 제4사분면 ⑤ 어느 사분면에도 속하지 않는다.

실전유형 **1** 두 점 사이의 거리 빈출유형

(1) 좌표평면 위의 두 점 $A(x_1, y_1)$, $B(x_2, y_2)$ 사이의 거리
→ $\overline{AB}=\sqrt{(x_2-x_1)^2+(y_2-y_1)^2}$
(2) 원점 O와 점 $A(x_1, y_1)$ 사이의 거리
→ $\overline{OA}=\sqrt{x_1^2+y_1^2}$

1942 대표문제

두 점 $A(3, a)$, $B(a, 3)$에 대하여 $\overline{AB}=7\sqrt{2}$일 때, a의 값을 구하시오. (단, $a>3$)

1943

Level 1

x축 위에 두 점 $A(a, 0)$, $B(-2, 0)$이 있다. $\overline{AB}=5$일 때, 양수 a의 값은?

① 1 ② 3 ③ 5
④ 7 ⑤ 9

1944

Level 2

원점 O에서 두 점 $A(-3, 5)$, $B(a, a+2)$에 이르는 거리가 같을 때, 양수 a의 값은?

① 1 ② 2 ③ 3
④ 4 ⑤ 5

1945

Level 2

네 점 $A(a, -a)$, $B(1, -1)$, $C(2, 0)$, $D(0, -2)$에 대하여 $\overline{AB}=2\overline{CD}$일 때, 양수 a의 값을 구하시오.

1946

Level 2

y축 위에 세 점 $A(0, 2)$, $B(0, -4)$, $C(0, a)$가 있다. $\overline{AC}=2\overline{BC}$일 때, 모든 a의 값의 합은?

① -16 ② -14 ③ -12
④ -10 ⑤ -8

1947

Level 2

두 점 $A(1, a)$, $B(a, 7)$ 사이의 거리가 6 이하가 되도록 하는 정수 a의 개수는?

① 3 ② 4 ③ 5
④ 6 ⑤ 7

1948

Level 2

두 점 $A(2, -a)$, $B(a, 4)$에 대하여 선분 AB의 길이가 최소가 되도록 하는 a의 값은?

① -2　② -1　③ 0
④ 1　⑤ 2

1949

Level 2

두 점 $A(a-2, a)$, $B(b, b-2)$ 사이의 거리가 4일 때, 두 점 (a, b), (b, a) 사이의 거리는?

① 1　② $\sqrt{2}$　③ 2
④ $2\sqrt{2}$　⑤ 4

1950

Level 2

그림과 같이 정사각형 OABC에서 점 A의 좌표가 $(3, -1)$일 때, 정사각형 OABC의 넓이를 S라 하고 $\overline{OB}=l$이라 하자. $S+l^2$의 값은?
(단, O는 원점이고, 두 점 B, C는 제1사분면 위의 점이다.)

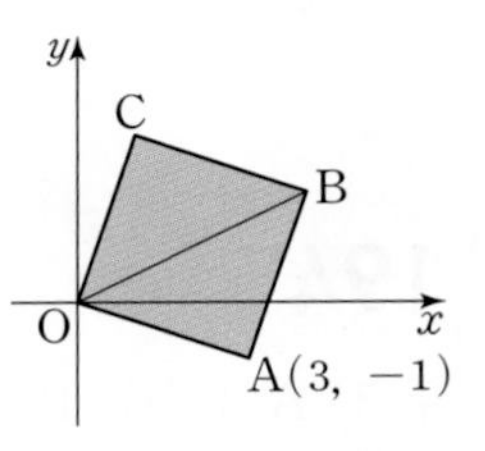

① 8　② 10　③ 20
④ 30　⑤ 32

1951

Level 3

그림과 같이 수직으로 만나는 두 직선 도로가 지점 O에서 교차하고 있다. 지점 A에서 은서는 동쪽으로 시속 2 km로 걸어가고, 지점 B에서 준서는 북쪽으로 시속 1 km로 걸어가려고 한다. 두 사람이 동시에 출발했을 때, 2시간 후 두 사람 사이의 거리를 구하시오.

(단, 직선 도로의 폭은 무시한다.)

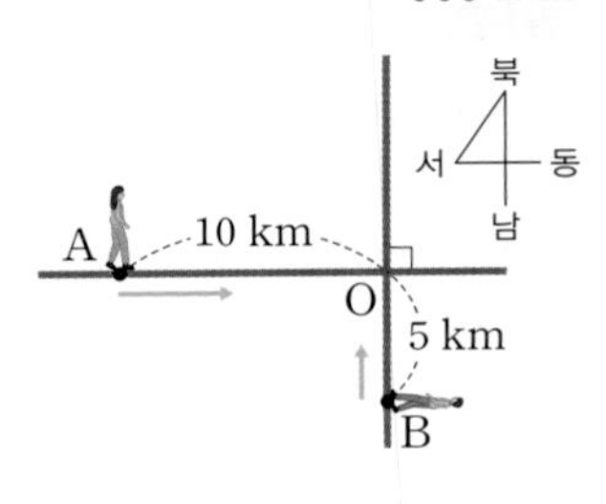

+Plus 문제

다음은 이 유형에서 출제된 최근 교육청 • 평가원 기출문제입니다.

1952 • 교육청 2018년 9월

Level 2

좌표평면 위의 두 점 $A(2, 0)$, $B(0, a)$ 사이의 거리가 $\sqrt{13}$일 때, 양수 a의 값은?

① 1　② 2　③ 3
④ 4　⑤ 5

1953 • 교육청 2019년 3월

Level 2

좌표평면 위의 두 점 $A(-1, 3)$, $B(4, 1)$에 대하여 선분 AB를 한 변으로 하는 정사각형의 넓이를 구하시오.

실전유형 2 같은 거리에 있는 점 빈출유형

두 점 A, B에서 같은 거리에 있는 점을 P라 하면 $\overline{AP}=\overline{BP}$이므로 $\overline{AP}^2=\overline{BP}^2$이다.
이때 점 P가
(1) x축 위의 점이면 → $P(a, 0)$
(2) y축 위의 점이면 → $P(0, b)$
(3) 직선 $y=mx+n$ 위의 점이면 → $P(a, ma+n)$

1954 대표문제

두 점 $A(2, -2)$, $B(6, 2)$에서 같은 거리에 있는 점 $P(a, b)$가 직선 $x-2y=7$ 위의 점일 때, $a-b$의 값은?

① 3 ② 4 ③ 5
④ 6 ⑤ 7

1955 Level 1

두 점 $A(1, -2)$, $B(5, 2)$에 대하여 점 $P(a, a+1)$이 $\overline{AP}=\overline{BP}$를 만족시킬 때, a의 값은?

① -1 ② 0 ③ 1
④ 2 ⑤ 3

1956 Level 1

두 점 $A(2, -3)$, $B(3, 4)$에서 같은 거리에 있는 x축 위의 점 P의 좌표를 구하시오.

1957 Level 2

두 점 $A(-3, 1)$, $B(2, 4)$에서 같은 거리에 있는 직선 $y=x+3$ 위의 점 $P(a, b)$에 대하여 $a+b$의 값은?

① -2 ② -1 ③ 1
④ 2 ⑤ 3

1958 Level 2

두 점 $A(3, 1)$, $B(4, -2)$에서 같은 거리에 있는 x축 위의 점을 P, y축 위의 점을 Q라 할 때, 선분 PQ의 길이는?

① 5 ② $\frac{5\sqrt{10}}{3}$ ③ $\frac{5\sqrt{11}}{3}$
④ $\frac{10\sqrt{3}}{3}$ ⑤ $\frac{5\sqrt{13}}{3}$

1959 Level 2

두 점 $A(1, 1)$, $B(3, 5)$와 직선 $y=-x+1$ 위의 점 P에 대하여 $\overline{AP}=\overline{BP}$일 때, 점 P의 좌표를 구하시오.

1960

Level 2

두 점 A$(0,\ 3)$, B$(0,\ 7)$에서 같은 거리에 있는 점 P$(a,\ b)$에 대하여 $\overline{\mathrm{OP}}=10$일 때, a^2-b^2의 값은?

(단, O는 원점이다.)

① 45　② 50　③ 55　④ 60　⑤ 65

1961

Level 2

그림과 같이 직선 l : $2x+y=5$와 두 점 A$(1,\ 0)$, B$(0,\ 2)$가 있다. $\overline{\mathrm{AP}}=\overline{\mathrm{BP}}$가 되도록 직선 l 위의 점 P$(a,\ b)$를 잡을 때, $10a-5b$의 값은?

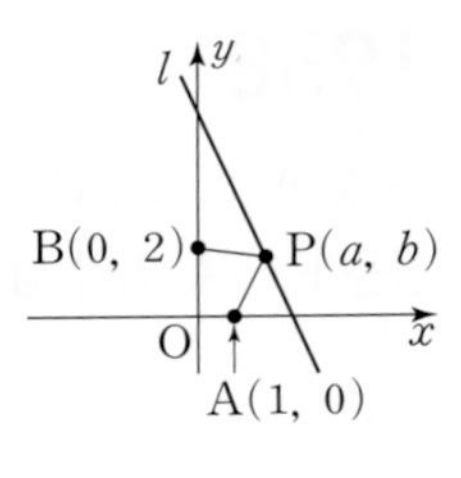

① 5　② 9　③ 14　④ 17　⑤ 25

1962

Level 3

포물선 $y=x^2$ 위에 있고, 두 점 A$(-2,\ 0)$, B$(2,\ 1)$에 이르는 거리가 같은 점들의 모든 x좌표의 합은?

① -6　② -4　③ -2　④ 0　⑤ 2

실전유형 3 삼각형의 외심

복합유형

삼각형의 외심에서 세 꼭짓점에 이르는 거리는 같다.

→ 세 점 A, B, C로부터 같은 거리에 있는 점은 삼각형 ABC의 외심이다.

외접원　외심　A　B　C

1963 대표문제

세 점 A$(-2,\ 1)$, B$(-1,\ 0)$, C$(1,\ 4)$를 꼭짓점으로 하는 삼각형 ABC의 외심을 P$(a,\ b)$라 할 때, a^2+b^2의 값은?

① 1　② 2　③ 3　④ 4　⑤ 5

1964

Level 2

두 점 A$(2,\ -1)$, B$(6,\ 3)$에서 같은 거리에 있는 x축 위의 점을 P, y축 위의 점을 Q라 할 때, 삼각형 OPQ의 외심의 좌표를 구하시오. (단, O는 원점이다.)

1965

Level 3

x축 위의 점 A와 y축 위의 점 B에 대하여 삼각형 PAB의 외심은 변 AB 위에 있고 외심의 좌표는 $(4,\ 3)$이다. 삼각형 PAB의 외심과 점 P 사이의 거리는?

① 3　② $\frac{7}{2}$　③ 4　④ $\frac{9}{2}$　⑤ 5

실전 유형 4 삼각형의 모양

삼각형의 세 변의 길이를 각각 구한 후 길이 사이의 관계를 파악하여 삼각형의 모양을 판단한다.
삼각형 ABC의 세 변의 길이를 각각 a, b, c라 할 때
(1) $a=b$ 또는 $b=c$ 또는 $c=a$이면 이등변삼각형
(2) $a=b=c$이면 정삼각형
(3) $a^2+b^2=c^2$이면 c가 빗변인 직각삼각형

1966 대표문제

세 점 A(2, 0), B(−2, −4), C(−4, −2)를 꼭짓점으로 하는 삼각형 ABC는 어떤 삼각형인가?

① 정삼각형
② $\angle B=90°$인 직각삼각형
③ $\angle C=90°$인 직각삼각형
④ $\overline{AB}=\overline{BC}$인 이등변삼각형
⑤ $\overline{BC}=\overline{CA}$인 이등변삼각형

1967

Level 1

세 점 A(1, 2), B(−2, −2), C(5, −1)을 꼭짓점으로 하는 삼각형 ABC는 어떤 삼각형인지 말하시오.

1968

Level 1

세 점 A(3, 6), B(0, 5), C(2, $a+1$)을 꼭짓점으로 하는 삼각형 ABC가 $\overline{AC}=\overline{BC}$인 이등변삼각형이 되도록 하는 a의 값은?

① 3 ② 4 ③ 5
④ 6 ⑤ 7

1969

Level 2

세 점 A(a, 4), B(−1, 0), C(3, 3)을 꼭짓점으로 하는 삼각형 ABC가 선분 BC를 빗변으로 하는 직각삼각형일 때, a의 값을 구하시오.

1970

Level 2

세 점 A(−1, 2), B(5, 6), C(4, 1)을 꼭짓점으로 하는 삼각형 ABC의 넓이는?

① 7 ② 9 ③ 11
④ 13 ⑤ 15

1971

Level 2

세 점 A(−2, 2), B(2, −2), C(a, b)를 꼭짓점으로 하는 삼각형 ABC가 정삼각형일 때, ab의 값은?

① 9 ② 12 ③ 15
④ 18 ⑤ 21

1972

Level 2

정삼각형 ABC에 대하여 A(1, 2), B(−1, −2)일 때, 꼭짓점 C의 좌표를 구하시오.

(단, 점 C는 제4사분면 위의 점이다.)

심화유형 5 두 점 사이의 거리의 활용

(1) 두 점 A, B와 임의의 점 P에 대하여 $\overline{AP}+\overline{PB}$의 값이 최소인 경우는 점 P가 $\overline{AB}$ 위에 있을 때이다.
➜ $\overline{AP}+\overline{PB}\geq\overline{AB}$

(2) 실수 x_1, y_1, x_2, y_2에 대하여
$\sqrt{(x_2-x_1)^2+(y_2-y_1)^2}$
➜ 두 점 (x_1, y_1), (x_2, y_2) 사이의 거리

1973 대표문제

두 점 A$(-2, 4)$, B$(4, -4)$와 임의의 점 P에 대하여 $\overline{AP}+\overline{PB}$의 최솟값은?

① 9 ② 10 ③ 11
④ 12 ⑤ 13

1974 Level 2

두 점 A$(1, 2-a)$, B$(a+2, -1)$과 임의의 점 P에 대하여 $\overline{AP}+\overline{PB}$의 최솟값을 구하시오.

1975 Level 2

실수 a, b에 대하여 $\sqrt{a^2+b^2}+\sqrt{(a-3)^2+(b+4)^2}$의 최솟값은?

① 1 ② 2 ③ 3
④ 4 ⑤ 5

1976 Level 2

실수 a, b에 대하여

$$\sqrt{(a+8)^2+(b-5)^2}+\sqrt{(a-7)^2+(b+3)^2}$$

의 최솟값을 구하시오.

1977 Level 2

두 점 A$(1, 4)$, B$(-3, -2)$가 있다. 점 P가 x축 위를 움직일 때, $\overline{AP}+\overline{BP}$의 최솟값은?

① $2\sqrt{2}$ ② 4 ③ $2\sqrt{5}$
④ $2\sqrt{10}$ ⑤ $2\sqrt{13}$

1978 Level 2

두 점 A$(-2, 4)$, B$(10, -1)$이 있다. 두 점 P, Q가 각각 x축과 y축 위를 움직일 때, $\overline{AQ}+\overline{QP}+\overline{PB}$의 최솟값은?

① 4 ② 6 ③ 9
④ 13 ⑤ 16

1979

Level 2

그림과 같이 지점 O에서 수직으로 만나는 직선 도로가 있다. 태민이는 지점 O에서 북쪽으로 6 km 떨어진 지점에서 출발하여 남쪽으로 시속 2 km로 움직이고, 예나는 지점 O에서 출발하여 동쪽으로 시속 4 km로 움직인다. 동시에 출발한 두 사람 사이의 거리가 가장 가까워지는 것은 출발한 지 몇 분 후인가?

(단, 직선 도로의 폭은 무시한다.)

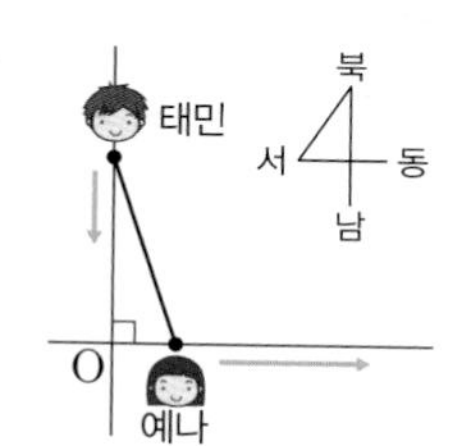

① 30분　② 32분　③ 34분
④ 36분　⑤ 38분

1980

Level 3

네 점 A(0, 0), B(4, 0), C(3, 4), D(0, $4\sqrt{3}$)과 임의의 점 P에 대하여 $\overline{PA}+\overline{PB}+\overline{PC}+\overline{PD}$의 최솟값은?

① 13　② 14　③ 15
④ 16　⑤ 17

1981 고난도

Level 3

세 점 A(2, 4), B(4, 8), P(a, 0)에 대하여 $|\overline{PB}-\overline{PA}|^2$의 최댓값을 구하시오. (단, a는 실수이다.)

실전 유형 6 선분의 길이의 제곱의 합의 최솟값 빈출유형

두 점 A, B와 임의의 점 P(a, b)에 대하여 $\overline{AP}^2+\overline{PB}^2$의 최솟값은 다음의 순서로 구한다.

❶ 두 점 사이의 거리를 구하는 공식을 이용하여 $\overline{AP}^2+\overline{PB}^2$을 a 또는 b에 대한 이차식으로 나타낸다.

❷ 완전제곱식을 포함한 꼴로 변형하여 최솟값을 구한다.

1982 대표문제

두 점 A(−4, −2), B(6, 2)와 임의의 점 P에 대하여 $\overline{AP}^2+\overline{BP}^2$의 값이 최소가 되도록 하는 점 P의 좌표는?

① (1, 0)　② (0, 1)　③ (2, 1)
④ (1, 3)　⑤ (2, 3)

1983

Level 1

수직선 위의 세 점 A(1), B(7), C(10)과 임의의 점 P(x)에 대하여 $\overline{AP}^2+\overline{BP}^2+\overline{CP}^2$의 값이 최소가 되는 x의 값을 구하시오.

1984

Level 2

두 점 A(4, 1), B(−2, 5)와 x축 위의 점 P에 대하여 $\overline{AP}^2+\overline{BP}^2$의 최솟값을 m, 그때의 점 P의 좌표를 (n, 0)이라 할 때, $m+n$의 값은?

① 40　② 45　③ 50
④ 55　⑤ 60

1985

Level 2

두 점 A$(-1, -1)$, B$(1, 3)$과 직선 $y=x-3$ 위의 점 P에 대하여 $\overline{AP}^2+\overline{BP}^2$의 값이 최소일 때의 점 P와 원점 사이의 거리는?

① $\sqrt{2}$ ② $\sqrt{3}$ ③ 2
④ $\sqrt{5}$ ⑤ $\sqrt{6}$

1986

Level 2

세 점 A$(-3, 2)$, B$(4, -1)$, C$(2, 8)$을 꼭짓점으로 하는 삼각형 ABC에 대하여 $\overline{AP}^2+\overline{BP}^2+\overline{CP}^2$의 값이 최소가 되는 점 P의 좌표는 (a, b)이다. $a+b$의 값은?

① 1 ② 2 ③ 3
④ 4 ⑤ 5

1987

Level 2

세 점 O$(0, 0)$, A$(4, 0)$, B$(0, 8)$을 꼭짓점으로 하는 삼각형 OAB의 내부에 점 P가 있다. 이때 $\overline{OP}^2+\overline{AP}^2+\overline{BP}^2$의 최솟값은?

① $\frac{152}{3}$ ② $\frac{154}{3}$ ③ 52
④ $\frac{158}{3}$ ⑤ $\frac{160}{3}$

심화유형 7 좌표를 이용한 도형의 성질

좌표를 이용하여 도형의 성질을 확인할 때는 다음과 같은 순서로 한다.

❶ 도형의 한 변이 좌표축 위에 오도록 도형을 좌표평면 위에 놓는다.
❷ 도형의 꼭짓점에 해당하는 점의 좌표를 미지수를 사용하여 나타낸다.
❸ 두 점 사이의 거리를 구하는 공식을 이용하여 주어진 등식이 성립함을 확인한다.

1988 대표문제

다음은 삼각형 ABC에서 변 BC의 중점을 M이라 할 때,

$$\overline{AB}^2+\overline{AC}^2=2(\overline{AM}^2+\overline{BM}^2)$$

이 성립함을 보이는 과정이다.

그림과 같이 직선 BC를 x축으로 하고, 점 M을 지나고 직선 BC에 수직인 직선을 y축으로 하는 좌표평면을 생각하면 점 M은 원점이다.

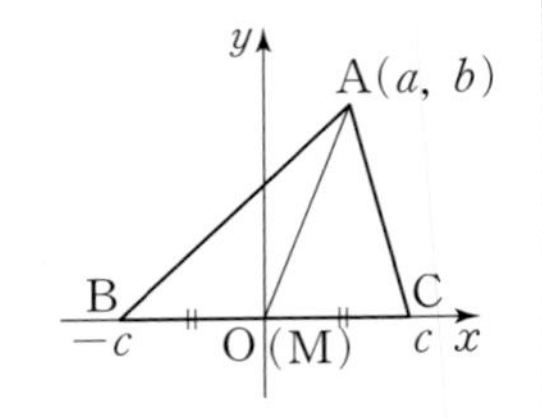

A(a, b), B$(-c, 0)$, C$(c, 0)$ $(c>0)$이라 하면

$\overline{AB}^2+\overline{AC}^2=(a+c)^2+b^2+(a-c)^2+b^2$
$=2($ (가) $)$

$\overline{AM}^2+\overline{BM}^2=$ (나) $+c^2$

$\therefore \overline{AB}^2+\overline{AC}^2=2(\overline{AM}^2+\overline{BM}^2)$

위의 과정에서 (가), (나)에 알맞은 것을 써넣으시오.

1989

Level 2

삼각형 ABC에서 $\overline{AB}=5$, $\overline{BC}=4$, $\overline{CA}=7$일 때, 변 BC의 중점 M에 대하여 $\overline{AM}$의 길이를 구하시오.

1990

Level 2

다음은 삼각형 ABC의 변 BC 위에 $\overline{BD}:\overline{DC}=2:1$이 되도록 점 D를 잡을 때,

$$\overline{AB}^2+2\overline{AC}^2=3\overline{AD}^2+6\overline{CD}^2$$

이 성립함을 보이는 과정이다.

그림과 같이 직선 BC를 x축으로 하고, 점 D를 지나고 직선 BC에 수직인 직선을 y축으로 하는 좌표평면을 생각하면 점 D는 원점이다.

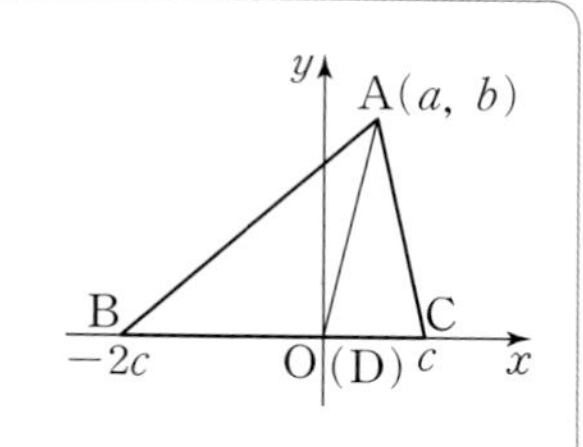

$A(a, b)$, $B(-2c, 0)$, $C(c, 0)$ $(c>0)$이라 하면

$\overline{AB}^2+2\overline{AC}^2$

$=($ (가) $)^2+$ (나) $^2+2\{(a-c)^2+$ (나) $^2\}$

$=3(a^2+b^2)+$ (다)

$=3\overline{AD}^2+6\overline{CD}^2$

위의 과정에서 (가), (나), (다)에 알맞은 것은?

	(가)	(나)	(다)
①	$a-2c$	b	$3b^2$
②	$a-2c$	c	$6c^2$
③	$a+2c$	b	$3b^2$
④	$a+2c$	b	$6c^2$
⑤	$a+2c$	c	$6c^2$

1991

Level 2

삼각형 ABC에서 $\overline{BD}=2\overline{DC}$를 만족시키는 변 BC 위의 점 D에 대하여

$$2\overline{AD}^2+\overline{BD}^2=k(\overline{AB}^2+2\overline{AC}^2)$$

이 성립할 때, 상수 k의 값은?

① $\frac{1}{3}$ ② $\frac{2}{3}$ ③ 1 ④ $\frac{4}{3}$ ⑤ $\frac{5}{3}$

1992

Level 2

다음은 직사각형 ABCD의 내부에 있는 점 P에 대하여

$$\overline{AP}^2+\overline{CP}^2=\overline{BP}^2+\overline{DP}^2$$

이 성립함을 보이는 과정이다.

그림과 같이 직선 BC를 x축으로 하고, 직선 AB를 y축으로 하는 좌표평면을 생각하면 점 B는 원점이다.

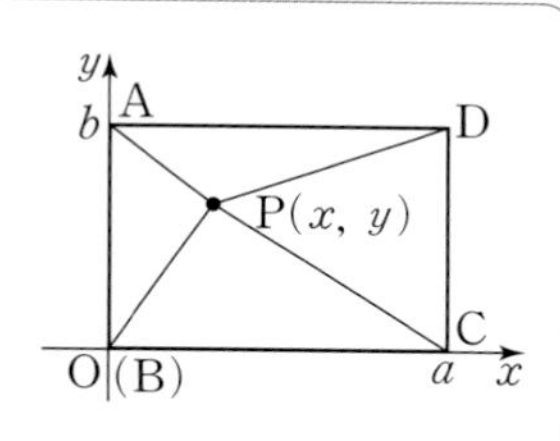

$A(0, b)$, $C(a, 0)$, $D(a, b)$ $(a>0, b>0)$라 하고 $P(x, y)$라 하면

$\overline{AP}^2+\overline{CP}^2=x^2+(y-b)^2+(x-a)^2+$ (가)

$\overline{BP}^2+\overline{DP}^2=x^2+y^2+$ (나)

$\therefore \overline{AP}^2+\overline{CP}^2=\overline{BP}^2+\overline{DP}^2$

위의 과정에서 (가), (나)에 알맞은 것을 써넣으시오.

실전 유형 8 수직선 위의 선분의 내분점과 외분점

수직선 위의 두 점 $A(x_1)$, $B(x_2)$에 대하여

(1) 선분 AB를 $m:n$ $(m>0, n>0)$으로 내분하는 점 P의 좌표

→ $P\left(\frac{mx_2+nx_1}{m+n}\right)$

(2) 선분 AB를 $m:n$ $(m>0, n>0, m\neq n)$으로 외분하는 점 Q의 좌표

→ $Q\left(\frac{mx_2-nx_1}{m-n}\right)$

(3) 선분 AB의 중점 M의 좌표

→ $M\left(\frac{x_1+x_2}{2}\right)$

1993 대표문제

수직선 위의 두 점 $A(-4)$, $B(12)$에 대하여 선분 AB를 $5:3$으로 내분하는 점을 P, 선분 AB를 $7:11$로 외분하는 점을 Q라 할 때, 선분 PQ의 길이를 구하시오.

1994 Level 1

수직선 위의 두 점 $A(2)$, $B(8)$에 대하여 선분 AB를 $1:3$으로 내분하는 점을 $P(a)$라 할 때, a의 값은?

① $\frac{5}{2}$ ② 3 ③ $\frac{7}{2}$
④ 4 ⑤ $\frac{9}{2}$

1995 Level 1

수직선 위의 두 점 $A(2)$, $B(7)$에 대하여 선분 AB를 $3:2$로 내분하는 점을 P, 외분하는 점을 Q라 할 때, 선분 PQ의 중점 M의 좌표를 구하시오.

1996 Level 2

그림과 같이 수직선 위에 같은 간격으로 떨어져 있는 6개의 점 A, B, C, D, E, F에 대한 설명 중 옳은 것은?

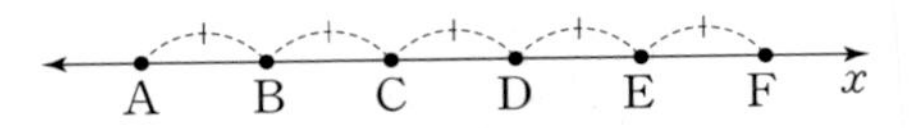

① 선분 AF를 $3:2$로 내분하는 점은 C이다.
② 선분 AE의 중점은 D이다.
③ 선분 DF를 $1:2$로 외분하는 점은 C이다.
④ 선분 BC를 $3:2$로 외분하는 점은 E이다.
⑤ 선분 FD를 $4:3$으로 외분하는 점은 A이다.

1997 Level 2

수직선 위의 선분 AB를 $3:1$로 내분하는 점을 P, 외분하는 점을 Q라 할 때, 〈보기〉에서 옳은 것만을 있는 대로 고른 것은?

〈보기〉
ㄱ. 점 P는 선분 AQ의 중점이다.
ㄴ. 점 A는 선분 PQ를 $1:2$로 외분하는 점이다.
ㄷ. 점 B는 선분 AQ를 $2:1$로 내분하는 점이다.

① ㄱ ② ㄱ, ㄴ ③ ㄱ, ㄷ
④ ㄴ, ㄷ ⑤ ㄱ, ㄴ, ㄷ

1998 Level 2

수직선 위의 선분 AB를 $3:2$로 내분하는 점 P와 선분 AB를 $1:2$로 외분하는 점 Q에 대하여 $\overline{PQ}=t\overline{AB}$일 때, 상수 t의 값은?

① 3 ② $\frac{7}{3}$ ③ 2
④ $\frac{8}{5}$ ⑤ $\frac{4}{3}$

실전유형 9 좌표평면 위의 선분의 내분점과 외분점 빈출유형

좌표평면 위의 두 점 $A(x_1, y_1)$, $B(x_2, y_2)$에 대하여
(1) 선분 AB를 $m:n$ $(m>0, n>0)$으로 내분하는 점 P의 좌표
 → $P\left(\frac{mx_2+nx_1}{m+n}, \frac{my_2+ny_1}{m+n}\right)$
(2) 선분 AB를 $m:n$ $(m>0, n>0, m\neq n)$으로 외분하는 점 Q의 좌표
 → $Q\left(\frac{mx_2-nx_1}{m-n}, \frac{my_2-ny_1}{m-n}\right)$
(3) 선분 AB의 중점 M의 좌표
 → $M\left(\frac{x_1+x_2}{2}, \frac{y_1+y_2}{2}\right)$

1999 대표문제

두 점 $A(-1, 3)$, $B(3, -3)$에 대하여 선분 AB를 $2:3$으로 내분하는 점을 $P(a, b)$, 선분 AB를 $2:1$로 외분하는 점을 $Q(c, d)$라 할 때, $a+b+c+d$의 값을 구하시오.

2000 Level 1

두 점 $A(-1, 2)$, $B(a, b)$를 이은 선분 AB를 $2:3$으로 외분하는 점의 좌표가 $(-13, 12)$일 때, $a+b$의 값은?

① -8 ② -2 ③ 2
④ 4 ⑤ 8

2001 Level 1

두 점 $A(-2, 1)$, $B(4, 7)$에 대하여 선분 AB를 $1:2$로 내분하는 점을 P, 외분하는 점을 Q라 할 때, 선분 PQ의 중점의 좌표를 구하시오.

2002 Level 1

두 점 $A(-2, 4)$, $B(4, -2)$에 대하여 선분 AB를 $2:1$로 내분하는 점과 원점 사이의 거리는?

① $\sqrt{2}$ ② 2 ③ $2\sqrt{2}$
④ 4 ⑤ $4\sqrt{2}$

2003 신경향 Level 2

좌표평면 위의 두 점 A, B에 대하여 선분 AB를 삼등분하는 점 중에서 점 A에 가까운 쪽의 점을 $A\lhd B$, 점 B에 가까운 쪽의 점을 $A\rhd B$라 할 때, 세 점 $A(1, 5)$, $B(-4, 2)$, $C(-1, -7)$에 대하여 $A\lhd(B\rhd C)$의 좌표를 구하시오.

2004 Level 2

두 점 $A(6, 3)$, $B(10, 4)$를 이은 선분 AB를 $1:a$로 외분하는 점이 직선 $2x+y=-3$ 위에 있을 때, a의 값은?

① $\frac{1}{2}$ ② $\frac{3}{2}$ ③ 2
④ $\frac{5}{2}$ ⑤ 3

09

2005

Level 2

두 점 A$(-2, 6)$, B$(2, -4)$를 이은 선분 AB를 $a:(1-a)$로 내분하는 점이 제1사분면 위에 있을 때, a의 값의 범위는? (단, $0<a<1$)

① $\frac{1}{10}<a<\frac{1}{5}$ ② $\frac{1}{5}<a<\frac{1}{2}$ ③ $\frac{1}{2}<a<\frac{3}{5}$
④ $\frac{3}{5}<a<\frac{7}{10}$ ⑤ $\frac{7}{10}<a<1$

2006

Level 3

세 점 A$(-3, 3)$, B$(-5, -2)$, C$(4, 1)$을 꼭짓점으로 하는 삼각형 ABC의 변 BC 위의 점 P에 대하여 삼각형 ACP의 넓이가 삼각형 ABP의 넓이의 2배일 때, $\overline{AP}^2$의 값을 구하시오.

다음은 이 유형에서 출제된 최근 교육청 • 평가원 기출문제입니다.

2007 • 교육청 2017년 11월

Level 2

좌표평면 위의 두 점 A$(2, 0)$, B$(-1, 5)$에 대하여 선분 AB를 $1:2$로 외분하는 점을 P라 할 때, 선분 OP를 $3:2$로 내분하는 점의 좌표는? (단, O는 원점이다.)

① $(2, -3)$ ② $(2, 2)$ ③ $(3, -3)$
④ $(3, -2)$ ⑤ $(3, 2)$

2008 • 교육청 2019년 11월

Level 2

좌표평면 위의 두 점 A$(1, 7)$, B$(2, a)$에 대하여 선분 AB를 $2:1$로 외분하는 점이 x축 위에 있을 때, 상수 a의 값은?

① 2 ② $\frac{5}{2}$ ③ 3
④ $\frac{7}{2}$ ⑤ 4

2009 • 교육청 2020년 3월

Level 2

좌표평면 위에 두 점 A$(0, a)$, B$(6, 0)$이 있다. 선분 AB를 $1:2$로 내분하는 점이 직선 $y=-x$ 위에 있을 때, a의 값은?

① -1 ② -2 ③ -3
④ -4 ⑤ -5

2010 • 교육청 2020년 11월

Level 2

좌표평면 위의 두 점 A, B에 대하여 선분 AB의 중점의 좌표가 $(1, 2)$이고, 선분 AB를 $3:1$로 내분하는 점의 좌표가 $(4, 3)$일 때, $\overline{AB}^2$의 값을 구하시오.

● 정답 및 풀이 348쪽

실전 유형 10 등식을 만족시키는 점

점 B가 선분 AC 위의 점일 때
$m\overline{AB}=n\overline{BC}$ $(m>0, n>0)$
이면 $\overline{AB}:\overline{BC}=n:m$이므로

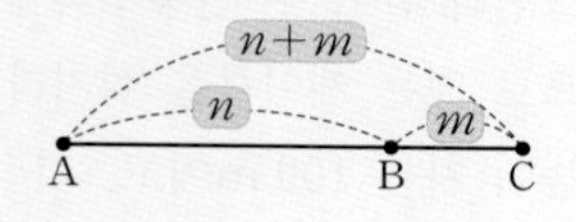

(1) 점 A는 $\overline{BC}$를
$n:(n+m)$으로 외분하는 점이다.
(2) 점 B는 $\overline{AC}$를 $n:m$으로 내분하는 점이다.
(3) 점 C는 $\overline{AB}$를 $(n+m):m$으로 외분하는 점이다.

2011 대표문제

두 점 A(4, 2), B(1, 5)에 대하여 선분 AB 위의 점 C(a, b)가 $\overline{AB}=3\overline{BC}$를 만족시킬 때, $a+b$의 값은?

① 3 ② 4 ③ 5
④ 6 ⑤ 7

2012 Level 2

두 점 A(2, 4), B(−6, 6)에 대하여 선분 AB의 연장선 위에 $3\overline{AB}=2\overline{BC}$를 만족시키는 점 C의 좌표는?
(단, 점 C의 x좌표는 음수이다.)

① (−18, 9) ② (−18, 12) ③ (−18, 18)
④ (−9, 9) ⑤ (−9, 12)

2013 Level 2

두 점 A(1, 0), B(4, 6)을 이은 선분 AB의 연장선 위에 $2\overline{AB}=3\overline{BC}$를 만족시키는 점을 C$(a, b)$라 할 때, $b-a$의 값은?

① 2 ② 3 ③ 4
④ 5 ⑤ 6

2014 Level 2

$3\overline{AC}=2\overline{BC}$를 만족시키는 선분 AB 위의 점 C에 대하여 A(−3, 1)이고, C(1, −1)일 때, 점 B의 x좌표와 y좌표의 합을 구하시오.

2015 Level 3

두 점 A(−2, 2), B(2, 6)을 지나는 직선 AB 위에 있고 $\overline{AB}=2\overline{BC}$를 만족시키는 점 C의 좌표를 모두 구하시오.

+Plus 문제

심화 유형 **11** **선분의 내분점과 외분점의 활용**

내분점과 외분점을 이용하여 도형의 길이를 구할 수 있다.
이때 점의 좌표가 간단해지도록 상황에 맞게 좌표를 생각하면 거리를 쉽게 구할 수 있다.

2016 대표문제

그림과 같이 직선 위의 세 지점 A, B, C에 소매점이 위치하고, $2\overline{AB}=\overline{BC}$를 만족시킨다. 이 직선 위의 어느 한 지점에 창고를 세우려고 한다. 세 소매점에서 창고로 제품을 운반하는 비용의 합은 각 소매점에서 창고에 이르는 거리의 제곱의 합에 비례한다고 할 때, 운반 비용을 최소로 하는 창고의 위치는? (단, B 지점은 A 지점과 C 지점 사이에 위치하고, 세 소매점에서 운반할 제품의 양은 동일하다.)

① 선분 AC를 3 : 2로 내분하는 점
② 선분 AB를 1 : 3으로 내분하는 점
③ 선분 AB를 2 : 1로 외분하는 점
④ 선분 AB를 4 : 1로 외분하는 점
⑤ 선분 AC의 중점

2017

Level 1

그림과 같이 A 지점 위에 유림이가 있고, B 지점 위에 지혜가 있다. 유림이와 지혜가 동시에 마주 보고 걷기 시작할 때, 두 사람이 만나는 지점의 위치는?
(단, 지혜가 걷는 속력은 유림이가 걷는 속력의 3배이다.)

① 선분 AB의 중점
② 선분 AB를 1 : 3으로 내분하는 점
③ 선분 AB를 3 : 1로 내분하는 점
④ 선분 AB를 1 : 2로 내분하는 점
⑤ 선분 AB를 2 : 1로 내분하는 점

2018

Level 2

그림과 같이 두 산봉우리에 있는 지점 A와 지점 B를 직선으로 잇는 케이블을 설치하려고 한다. 지점 A와 지점 B의 높이 차는 100 m이고, 지점 A에서 지점 B를 올려다본 각은 30°이다. 지점 A와 지점 B를 이은 선분을 $m:n$으로 내분하는 지점 P와 $n:m$으로 내분하는 지점 Q에 각각 지지대를 설치했더니, 지점 P와 지점 Q 사이의 거리가 100 m가 되었다. 이때 $\frac{n}{m}$의 값은? (단, 케이블의 늘어짐은 무시한다.)

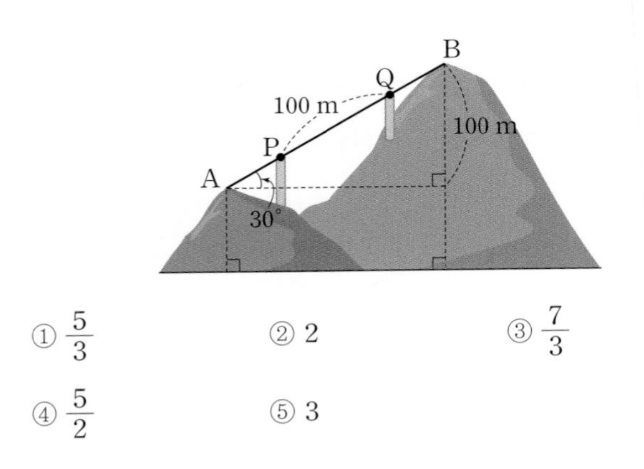

① $\frac{5}{3}$　② 2　③ $\frac{7}{3}$
④ $\frac{5}{2}$　⑤ 3

2019

Level 2

그림과 같이 희수네 집, 학교, 시청은 일직선 위에 있다. 희수네 집은 공원으로부터 서쪽으로 4 km, 남쪽으로 2 km 떨어진 지점에 있고, 학교는 공원으로부터 북쪽으로 1 km 떨어진 지점에 있다. 희수네 집에서 시청까지의 거리는 학교에서 시청까지의 거리의 3배이다. 시청이 공원으로부터 동쪽으로 a km, 북쪽으로 b km 떨어진 지점에 있을 때, $a+b$의 값을 구하시오.
(단, 희수네 집, 학교, 시청, 공원은 한 평면 위에 있다.)

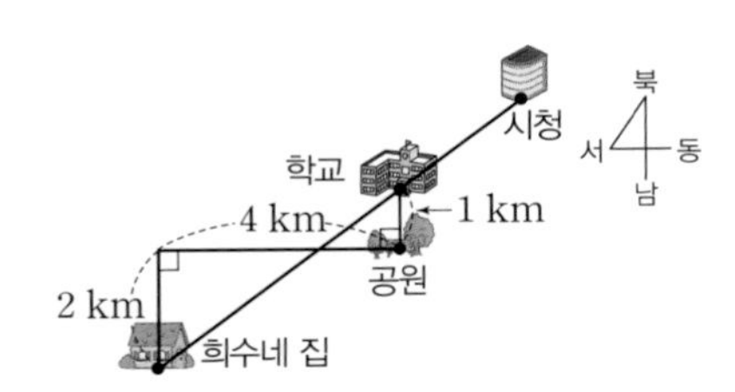

● 정답 및 풀이 350쪽

실전 유형 12 삼각형의 무게중심 빈출유형

세 점 $A(x_1, y_1)$, $B(x_2, y_2)$, $C(x_3, y_3)$을 꼭짓점으로 하는 삼각형 ABC의 무게중심 G의 좌표

➜ $G\left(\frac{x_1+x_2+x_3}{3}, \frac{y_1+y_2+y_3}{3}\right)$

2020 대표문제

세 점 $A(a-b, b)$, $B(0, 2-b)$, $C(-2, 7+b)$를 꼭짓점으로 하는 삼각형 ABC의 무게중심의 좌표가 $(1, -2)$일 때, $a+b$의 값은?

① -25 ② -20 ③ -15
④ -10 ⑤ -5

2021

Level 1

세 점 $A(a, 1)$, $B(-2, 4)$, $C(3, b)$를 꼭짓점으로 하는 삼각형 ABC의 내부의 한 점 $P(0, 3)$에 대하여 세 삼각형 PAB, PBC, PCA의 넓이가 같을 때, ab의 값은?

① -16 ② -12 ③ -8
④ -4 ⑤ 0

2022

Level 2

세 점 $A(2, 7)$, $B(-2, 1)$, $C(6, -2)$를 꼭짓점으로 하는 삼각형 ABC에서 $\overline{AB}$, $\overline{BC}$, $\overline{CA}$의 중점을 각각 D, E, F라 할 때, 삼각형 DEF의 무게중심의 좌표는?

① $(1, 2)$ ② $(2, 1)$ ③ $(2, 2)$
④ $(3, 2)$ ⑤ $(3, 3)$

2023

Level 2

삼각형 ABC에서 선분 AB의 중점의 좌표는 $(0, 3)$이고, 무게중심의 좌표는 $(1, 3)$일 때, 꼭짓점 C의 좌표를 구하시오.

+Plus 문제

다음은 이 유형에서 출제된 최근 교육청・평가원 기출문제입니다.

2024 ・교육청 2018년 11월

Level 2

좌표평면 위의 세 점 A, B, C를 꼭짓점으로 하는 삼각형 ABC에서 점 A의 좌표가 $(1, 1)$, 변 BC의 중점의 좌표가 $(7, 4)$이다. 삼각형 ABC의 무게중심의 좌표가 (a, b)일 때, $a+b$의 값은?

① 4 ② 5 ③ 6
④ 7 ⑤ 8

2025 ・교육청 2021년 11월

Level 2

좌표평면 위의 세 점 $A(2, 6)$, $B(4, 1)$, $C(8, a)$에 대하여 삼각형 ABC의 무게중심이 직선 $y=x$ 위에 있을 때, 상수 a의 값을 구하시오. (단, 점 C는 제1사분면 위의 점이다.)

심화유형 13 삼각형의 무게중심의 활용

무게중심의 성질, 내분점, 외분점 등 도형의 여러 가지 성질을 이용한다.

2026 대표문제

삼각형 ABC의 꼭짓점 A의 좌표가 $(5, 7)$이고, 변 AB의 중점의 좌표가 $(3, 2)$이다. 삼각형 ABC의 무게중심의 좌표가 $(5, 3)$일 때, 선분 BC를 $3:1$로 내분하는 점의 좌표를 구하시오.

2027

Level 2

세 점 $A(a, 3)$, $B(-1, 1)$, $C(5, b)$를 꼭짓점으로 하는 삼각형 ABC에서 세 변 AB, BC, CA를 $2:1$로 외분하는 점을 각각 D, E, F라 하자. 삼각형 DEF의 무게중심의 좌표가 $(2, 2)$일 때, $a+b$의 값은?

① 1 ② 2 ③ 3 ④ 4 ⑤ 5

2028

Level 2

세 점 $O(0, 0)$, $A(4, 1)$, $B(1, 4)$를 꼭짓점으로 하는 삼각형 OAB에 대하여 선분 AB를 $1:2$로 외분하는 점을 C, 선분 AB를 $2:1$로 외분하는 점을 D라 하자. 두 삼각형 OCB, OAD의 무게중심을 각각 G_1, G_2라 할 때, 선분 G_1G_2의 길이는?

① $2\sqrt{2}$ ② $\frac{5\sqrt{2}}{3}$ ③ $\frac{4\sqrt{2}}{3}$ ④ $\sqrt{2}$ ⑤ $\frac{2\sqrt{2}}{3}$

2029

Level 2

그림과 같은 정삼각형 ABC에서 꼭짓점 A의 좌표가 $(6, 7)$, 무게중심 G의 좌표가 $(3, 3)$일 때, 정삼각형 ABC의 넓이는?

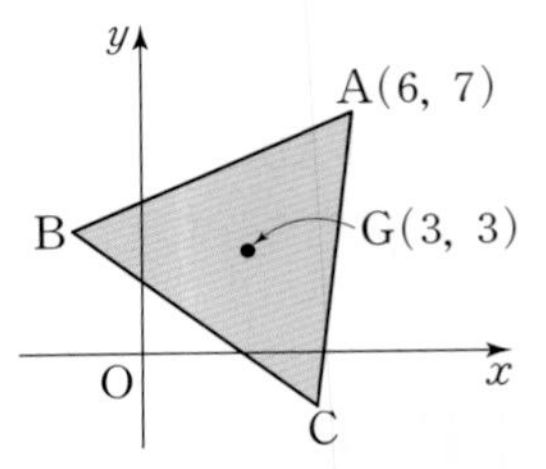

① $75\sqrt{3}$ ② $\frac{75\sqrt{3}}{2}$ ③ $\frac{75\sqrt{3}}{4}$ ④ $\frac{75\sqrt{3}}{8}$ ⑤ $\frac{75\sqrt{3}}{16}$

2030

Level 2

그림과 같이 $\overline{AB}=6$, $\overline{BC}=6$, $\angle B=90°$인 직각삼각형 ABC에서 변 AB를 $5:1$로 내분하는 점을 D라 하자. 변 BC 위의 점 E와 변 CA 위의 점 F에 대하여 삼각형 DEF의 무게중심과 삼각형 ABC의 무게중심이 일치할 때, 선분 EF의 길이는?

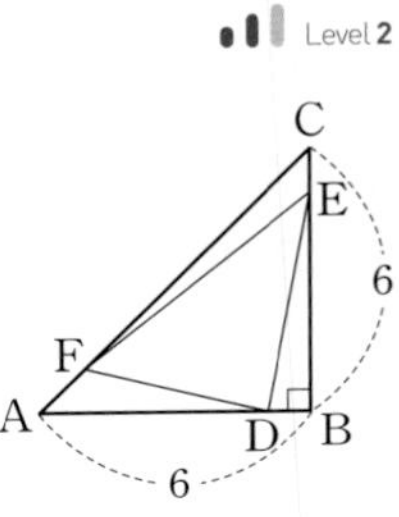

① $2\sqrt{10}$ ② $\sqrt{41}$ ③ $\sqrt{42}$ ④ $\sqrt{43}$ ⑤ $2\sqrt{11}$

2031

Level 3

삼각형 ABC의 무게중심을 G라 하자. 삼각형 ABC와 만나지 않는 직선 l에 대하여 세 점 A, B, C에서 직선 l까지의 거리가 각각 10, 18, 14일 때, 점 G에서 직선 l까지의 거리는?

① 12 ② 13 ③ 14
④ 15 ⑤ 16

+Plus 문제

2032

Level 3

그림과 같이 좌표평면 위의 세 점 P(3, 7), Q(1, 1), R(9, 3)으로부터 같은 거리에 있는 직선 l이 두 선분 PQ, PR와 만나는 점을 각각 A, B라 하고, 선분 QR의 중점을 C라 하자. 삼각형 ABC의 무게중심의 좌표가 G(x, y)일 때, $x+y$의 값은?

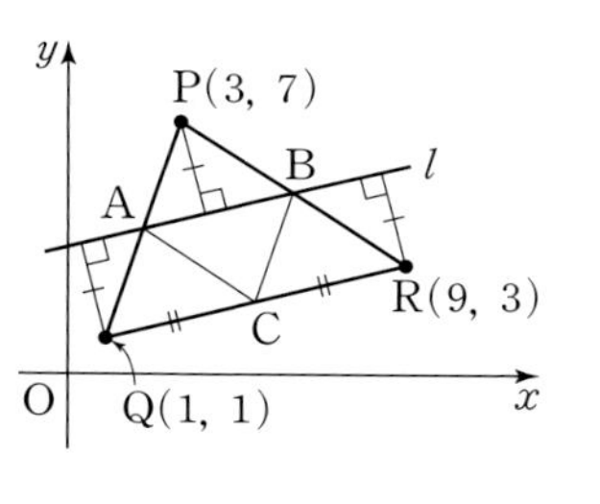

① $\frac{16}{3}$ ② 6 ③ $\frac{20}{3}$
④ $\frac{22}{3}$ ⑤ 8

실전유형 14 사각형의 성질의 활용

복합유형

(1) 평행사변형의 두 대각선은 서로 다른 것을 이등분한다.
➜ 두 대각선의 중점이 일치한다.

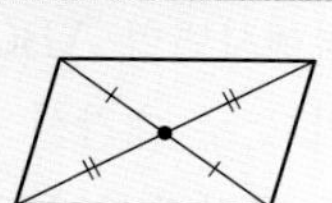

(2) 마름모의 두 대각선은 서로 다른 것을 수직이등분한다.
➜ 두 대각선의 중점이 일치한다.

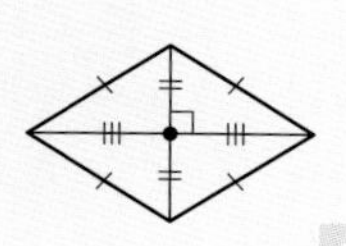

2033 대표문제

네 점 A$(1, a)$, B$(b, 0)$, C$(2, -2)$, D$(5, 4)$를 꼭짓점으로 하는 사각형 ABCD가 평행사변형일 때, $a+b$의 값은?

① -4 ② -2 ③ 0
④ 2 ⑤ 4

2034

Level 1

세 점 A(3, 2), B(0, 0), C$(-1, 3)$을 꼭짓점으로 하는 평행사변형 ABCD의 꼭짓점 D의 좌표를 (a, b)라 할 때, ab의 값은?

① 7 ② 8 ③ 9
④ 10 ⑤ 11

2035

Level 1

세 점 A(5, 7), B$(-1, 2)$ C(4, 1)에 대하여 $\overline{AB}$, $\overline{AD}$를 이웃하는 두 변으로 하는 평행사변형 ABCD의 꼭짓점 D의 좌표는?

① (7, 9) ② (8, 8) ③ (9, 7)
④ (10, 6) ⑤ (11, 5)

2036

Level 2

평행사변형 ABCD의 두 꼭짓점이 A$(3, 6)$, B$(-3, -6)$이고 두 대각선 AC, BD의 교점의 좌표가 $(10, 4)$일 때, 두 꼭짓점 C, D의 좌표를 각각 구하시오.

2037

Level 2

평행사변형 ABCD의 두 꼭짓점이 A$(0, 6)$, C$(7, 5)$이고 변 AB의 중점의 좌표가 $(3, 2)$일 때, 꼭짓점 D의 좌표는?

① $(1, -2)$ ② $(1, 6)$ ③ $(1, 13)$
④ $(2, 6)$ ⑤ $(2, 13)$

2038

Level 2

평행사변형 ABCD의 두 꼭짓점이 A$(3, 3)$, C$(5, -3)$이고 선분 BD를 $2:3$으로 내분하는 점의 좌표가 $\left(\frac{12}{5}, \frac{3}{5}\right)$일 때, 꼭짓점 B의 좌표를 구하시오.

2039

Level 2

네 점 A$(-3, -3)$, B$(3, -3)$, C$(3, 5)$, D$(-3, 5)$를 꼭짓점으로 하는 직사각형 ABCD가 있다. 이 직사각형 ABCD의 넓이를 이등분하는 직선이 항상 지나는 점의 좌표는?

① $(-4, 0)$ ② $(0, 1)$ ③ $(0, 2)$
④ $(1, 2)$ ⑤ $(4, 3)$

2040

Level 2

마름모 ABCD의 네 꼭짓점이 A$(7, 3)$, B$(3, 5)$, C$(a, 1)$, D$(b, -1)$일 때, $a+b$의 값은? (단, $a+b<10$)

① 2 ② 3 ③ 4
④ 5 ⑤ 6

2041

Level 2

마름모 ABCD의 네 꼭짓점이 A$(0, 2)$, B$(-3, a)$, C$(2, -2)$, D(b, c)일 때, abc의 값은?

① -12 ② -16 ③ -20
④ -24 ⑤ -28

2042

Level 2

네 점 A$(a,\ 2)$, B$(b,\ -1)$, C$(7,\ 2)$, D$(3,\ 5)$를 꼭짓점으로 하는 사각형 ABCD가 마름모일 때, ab의 값은?

① -8 ② -3 ③ 3
④ 8 ⑤ 14

2043

Level 2

네 점 A$(1,\ a)$, B$(b,\ -6)$, C$(5,\ c)$, D$(9,\ d)$를 꼭짓점으로 하는 평행사변형 ABCD의 두 대각선의 교점이 직선 $y=x$ 위에 있을 때, $a+b+c+d$의 값은?

① 3 ② 9 ③ 12
④ 15 ⑤ 21

다음은 이 유형에서 출제된 최근 교육청 • 평가원 기출문제입니다.

2044 • 교육청 2021년 11월

Level 2

세 양수 a, b, c에 대하여 좌표평면 위에 서로 다른 네 점 O$(0,\ 0)$, A$(a,\ 7)$, B$(b,\ c)$, C$(5,\ 5)$가 있다. 사각형 OABC가 선분 OB를 대각선으로 하는 마름모일 때, $a+b+c$의 값을 구하시오. (단, 네 점 O, A, B, C 중 어느 세 점도 한 직선 위에 있지 않다.)

실전유형 15 삼각형의 각의 이등분선의 성질

복합유형

(1) 삼각형 ABC에서 ∠A의 이등분선이 변 BC와 만나는 점을 D라 하면
→ $\overline{AB}:\overline{AC}=\overline{BD}:\overline{CD}$
→ 점 D는 선분 BC를 $\overline{AB}:\overline{AC}$로 내분하는 점

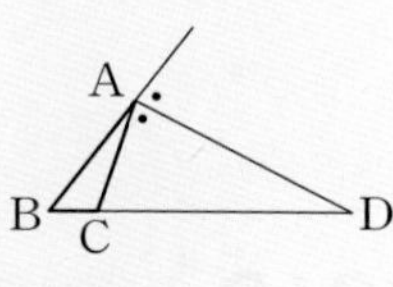

(2) 삼각형 ABC에서 ∠A의 외각의 이등분선이 변 BC의 연장선과 만나는 점을 D라 하면
→ $\overline{AB}:\overline{AC}=\overline{BD}:\overline{CD}$
→ 점 D는 선분 BC를 $\overline{AB}:\overline{AC}$로 외분하는 점

A
B C D

2045 대표문제

그림과 같이 세 점 A$(-1,\ 6)$, B$(-4,\ 2)$, C$(4,\ -6)$을 꼭짓점으로 하는 삼각형 ABC에서 ∠A의 이등분선이 변 BC와 만나는 점 D의 좌표를 $(a,\ b)$라 할 때, $a+b$의 값은?

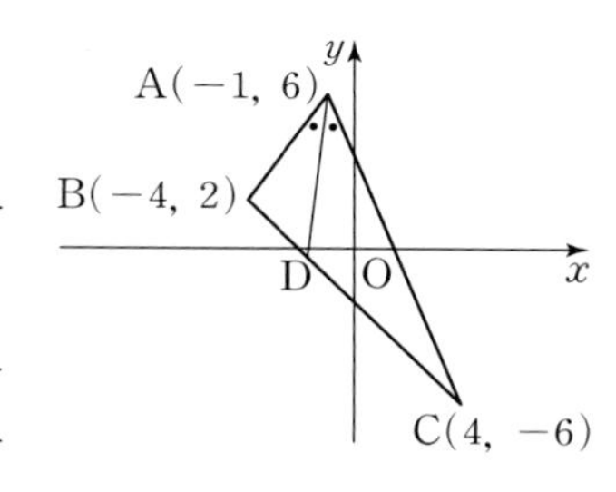

① $-\frac{10}{3}$ ② -3 ③ $-\frac{8}{3}$
④ $-\frac{7}{3}$ ⑤ -2

2046

Level 2

좌표평면 위의 두 점 P$(2,\ 6)$, Q$(3,\ 1)$에 대하여 ∠POQ의 이등분선과 선분 PQ의 교점의 x좌표를 $\frac{b}{a}$라 할 때, $a+b$의 값은?

(단, 점 O는 원점이고, a와 b는 서로소인 자연수이다.)

① 8 ② 9 ③ 10
④ 11 ⑤ 12

2047

Level 2

세 점 $A(2, 4)$, $B(-2, -4)$, $C(6, 2)$를 꼭짓점으로 하는 삼각형 ABC에서 $\angle A$의 이등분선이 변 BC와 만나는 점 D의 좌표를 구하시오.

2048

Level 2

세 점 $A(2, 5)$, $B(-4, -3)$, $C(-2, 2)$를 꼭짓점으로 하는 삼각형 ABC가 있다. $\angle A$의 이등분선이 변 BC와 만나는 점을 D라 할 때, 삼각형 ABD의 넓이와 삼각형 ACD의 넓이의 비는?

① 1 : 1 ② 2 : 1 ③ 1 : 2
④ 3 : 1 ⑤ 3 : 2

2049

Level 2

그림과 같이 세 점 $O(0, 0)$, $A(1, 2)$, $B(6, -3)$을 꼭짓점으로 하는 삼각형 OAB에서 $\angle AOB$의 이등분선이 변 AB와 만나는 점을 C라 할 때, 선분 OC의 길이를 구하시오.

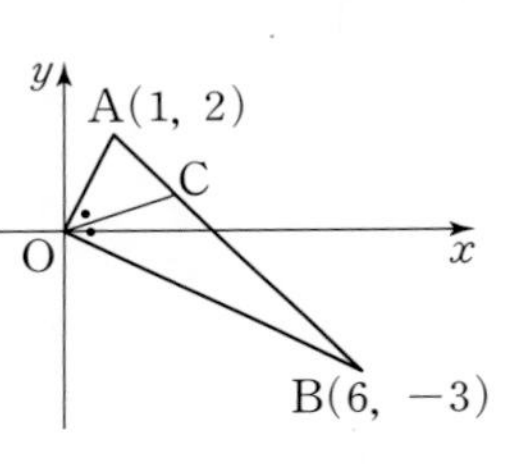

+Plus 문제

2050

Level 2

세 점 $A(-3, 1)$, $B(5, 7)$, $C(17, 1)$을 꼭짓점으로 하는 삼각형 ABC의 내심을 I라 할 때, 두 직선 AI와 BC가 만나는 점의 좌표는 (p, q)이다. $p+q$의 값을 구하시오.

2051

Level 2

세 점 $A(1, 5)$, $B(-4, -7)$, $C(5, 2)$를 꼭짓점으로 하는 삼각형 ABC에서 $\angle A$의 외각의 이등분선이 변 BC의 연장선과 만나는 점을 $D(a, b)$라 할 때, $a-b$의 값은?

① 1 ② 2 ③ 3
④ 4 ⑤ 5

2052

Level 3

세 점 $A(a, 2)$, $B(0, 7)$, $C(12, -2)$를 꼭짓점으로 하는 삼각형 ABC에서 $\angle A$의 이등분선이 변 BC와 만나는 점 D의 좌표가 $(8, 1)$일 때, 모든 a의 값의 합을 구하시오.

다음은 이 유형에서 출제된 최근 교육청 • 평가원 기출문제입니다.

2053 • 교육청 2020년 9월

Level 2

그림과 같이 좌표평면 위의 세 점 $A(0, a)$, $B(-3, 0)$, $C(1, 0)$을 꼭짓점으로 하는 삼각형 ABC가 있다. $\angle ABC$의 이등분선이 선분 AC의 중점을 지날 때, 양수 a의 값은?

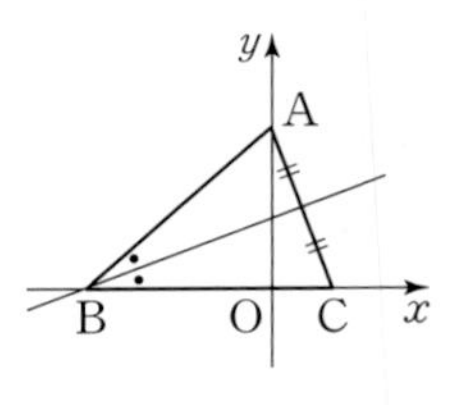

① $\sqrt{5}$ ② $\sqrt{6}$ ③ $\sqrt{7}$
④ $2\sqrt{2}$ ⑤ 3

실전 유형 16 점이 나타내는 도형의 방정식

주어진 조건을 만족시키는 점이 나타내는 도형의 방정식은 다음과 같은 순서로 구한다.
❶ 구하려고 하는 임의의 점의 좌표를 (x, y)로 놓는다.
❷ 주어진 조건을 이용하여 x와 y 사이의 관계식을 세운다.
❸ 위의 x와 y 사이의 관계식을 정리하여 점이 나타내는 도형의 방정식을 구한다.

2054 대표문제

두 점 $A(3, 6)$, $B(2, 1)$로부터 같은 거리에 있는 점을 나타내는 도형의 방정식은?

① $5x-y=20$ ② $5x+y=20$
③ $x-5y=20$ ④ $x+5y=20$
⑤ $x+y=20$

2055 Level 2

두 점 $A(2, -1)$, $B(5, 3)$에 대하여 $\overline{PA}^2-\overline{PB}^2=-5$를 만족시키는 점 P가 나타내는 도형의 방정식은 $y=mx+n$이다. 상수 m, n에 대하여 $m+n$의 값은?

① $\frac{1}{4}$ ② $\frac{3}{4}$ ③ $\frac{5}{4}$
④ $\frac{7}{4}$ ⑤ $\frac{9}{4}$

2056 Level 2

점 P가 직선 $x+y-3=0$ 위를 움직일 때, 점 $A(-1, 2)$와 점 P를 이은 선분 AP의 중점 M이 나타내는 도형의 방정식은 $x+ay+b=0$이다. 상수 a, b에 대하여 a^2+b^2의 값을 구하시오.

2057 Level 2

점 $A(-2, 3)$과 직선 $3x-y+6=0$ 위를 움직이는 점 B에 대하여 선분 AB를 $2:1$로 내분하는 점이 나타내는 도형의 방정식은?

① $3x-y+3=0$ ② $3x+y-5=0$
③ $3x-y+5=0$ ④ $3x+y-7=0$
⑤ $3x-y+7=0$

2058 Level 2

점 P가 직선 $y=-4x+3$ 위를 움직일 때, 원점 O와 점 P를 이은 선분 OP를 $3:2$로 외분하는 점이 나타내는 도형의 방정식은 $y=mx+n$이다. 상수 m, n에 대하여 mn의 값은?

① -36 ② -18 ③ -9
④ 9 ⑤ 18

2059 Level 2

점 $P(a, b)$가 직선 $2x+y=1$ 위를 움직일 때, 점 $Q(a-b, a+b)$가 나타내는 도형의 방정식은?

① $x-3y=-2$ ② $x+3y=2$
③ $3x-y=2$ ④ $3x+y=2$
⑤ $3x+3y=-2$

서술형 유형 익히기

2060 대표문제

두 점 $A(2, 3)$, $B(-1, 4)$에서 같은 거리에 있는 직선 $y=x$ 위의 점 P의 좌표를 구하는 과정을 서술하시오. [6점]

STEP 1 점 P의 좌표를 (a, b)로 놓고, a와 b 사이의 관계식 구하기 [1점]

점 P의 좌표를 (a, b)라 하면 점 P는 직선 $y=x$ 위의 점이므로 $b=$ (1) ········· ㉠

STEP 2 $\overline{AP}=\overline{BP}$임을 이용하여 a와 b 사이의 관계식 구하기 [3점]

$\overline{AP}=\overline{BP}$에서 $\overline{AP}^2=\overline{BP}^2$이므로

$(a-2)^2+(b-3)^2=(a+1)^2+(b-$ (2) $)^2$

$a^2-4a+b^2-6b+13=a^2+2a+b^2-$ (3) $b+$ (4)

$\therefore 3a-b=$ (5) ········· ㉡

STEP 3 점 P의 좌표 구하기 [2점]

㉠, ㉡을 연립하여 풀면 $a=$ (6), $b=$ (7)

$\therefore$ P((6), (7))

2061 한번 더

두 점 $A(3, -3)$, $B(5, 3)$에서 같은 거리에 있는 직선 $y=-x$ 위의 점 P의 좌표를 구하는 과정을 서술하시오. [6점]

STEP 1 점 P의 좌표를 (a, b)로 놓고, a와 b 사이의 관계식 구하기 [1점]

STEP 2 $\overline{AP}=\overline{BP}$임을 이용하여 a와 b 사이의 관계식 구하기 [3점]

STEP 3 점 P의 좌표 구하기 [2점]

2062 유사 1

두 점 $A(-3, 1)$, $B(1, 5)$에서 같은 거리에 있는 직선 $y=2x+2$ 위의 점 $P(a, b)$에 대하여 ab의 값을 구하는 과정을 서술하시오. [6점]

2063 유사 2

두 점 $A(4, -1)$, $B(1, 2)$에서 같은 거리에 있는 x축 위의 점을 P, y축 위의 점을 Q라 할 때, 선분 PQ의 길이를 구하는 과정을 서술하시오. [6점]

핵심 KEY 유형2 같은 거리에 있는 점

두 점에서 같은 거리에 있는 직선 위의 점의 좌표를 구하는 문제이다.
두 점 A, B에서 같은 거리에 있는 직선 위의 점 P에 대하여 $\overline{AP}=\overline{BP}$에서 $\overline{AP}^2=\overline{BP}^2$임을 이용하여 식을 세우고 점 P의 좌표를 구한다. 이때 직선 $y=f(x)$ 위의 점의 좌표는 $(a, f(a))$로 놓는다.

2064 대표문제

두 점 A$(-2, 4)$, B$(1, -2)$에 대하여 선분 AB를 $1:2$로 내분하는 점을 P, 외분하는 점을 Q라 할 때, 두 점 P, Q 사이의 거리를 구하는 과정을 서술하시오. [6점]

STEP 1 내분점 P의 좌표 구하기 [2점]

$\overline{AB}$를 $1:2$로 내분하는 점 P의 좌표는

$$P\left(\frac{1\times\boxed{(1)\quad}+2\times(-2)}{1+\boxed{(2)\quad}}, \frac{1\times(-2)+2\times\boxed{(3)\quad}}{1+2}\right)$$

$\therefore$ P$(\boxed{(4)\quad}, 2)$

STEP 2 외분점 Q의 좌표 구하기 [2점]

$\overline{AB}$를 $1:2$로 외분하는 점 Q의 좌표는

$$Q\left(\frac{1\times1-2\times(-2)}{1-2}, \frac{1\times(-2)-\boxed{(5)\quad}\times4}{1-2}\right)$$

$\therefore$ Q$(-5, \boxed{(6)\quad})$

STEP 3 두 점 P, Q 사이의 거리 구하기 [2점]

$$\overline{PQ}=\sqrt{(\boxed{(7)\quad}+1)^2+(10-2)^2}=\boxed{(8)\quad}\sqrt{5}$$

핵심 KEY 유형 9 좌표평면 위의 선분의 내분점과 외분점

좌표평면 위의 두 점 A, B의 좌표가 주어졌을 때, 두 점의 내분점과 외분점을 구하는 문제이다. 이때 내분점과 외분점을 구하는 공식을 정확하게 적용할 수 있어야 한다.
즉, 각 점의 x좌표, y좌표와 곱해야 하는 것이 비의 어느 부분인지 확실하게 알고 실수하지 않도록 한다.

2065 한번 더

두 점 A$(8, 5)$, B$(-4, 1)$에 대하여 선분 AB를 $1:3$으로 내분하는 점을 P, 외분하는 점을 Q라 할 때, 두 점 P, Q 사이의 거리를 구하는 과정을 서술하시오. [6점]

STEP 1 내분점 P의 좌표 구하기 [2점]

STEP 2 외분점 Q의 좌표 구하기 [2점]

STEP 3 두 점 P, Q 사이의 거리 구하기 [2점]

09

2066 유사 1

두 점 A$(-1, 5)$, B$(3, -2)$에 대하여 선분 AB를 $3:2$로 내분하는 점을 P라 할 때, 선분 OP를 $2:3$으로 외분하는 점의 좌표를 구하는 과정을 서술하시오. (단, O는 원점이다.) [6점]

2067 유사 2

두 점 A$(-3, 1)$, B$(6, 4)$를 이은 선분 AB가 y축에 의하여 $m_1:n_1$로 내분되고, x축에 의하여 $m_2:n_2$로 외분될 때, $\frac{m_1}{n_1}$, $\frac{m_2}{n_2}$의 값을 각각 구하시오.

$\left(\text{단, } \frac{m_1}{n_1}\text{과 } \frac{m_2}{n_2}\text{는 기약분수이다.}\right)$ [8점]

2068 대표문제

그림과 같이 세 점 A$(-1, 5)$, B$(-3, -1)$, C$(2, 6)$을 꼭짓점으로 하는 삼각형 ABC에서 $\angle$A의 이등분선이 변 BC와 만나는 점을 D(a, b)라 할 때, $a+b$의 값을 구하는 과정을 서술하시오. [8점]

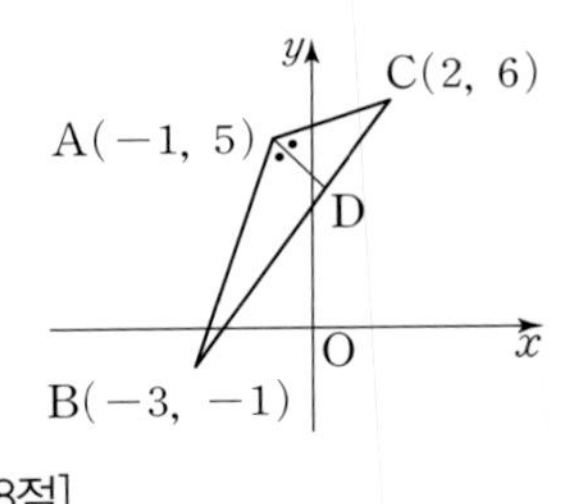

STEP 1 삼각형의 내각의 이등분선의 성질을 이용하여 $\overline{BD}:\overline{CD}$ 구하기 [5점]

$\overline{AD}$는 $\angle$A의 이등분선이므로

$\overline{AB}:\overline{AC}=$ (1) $\square$ $:\overline{CD}$

$\overline{AB}=\sqrt{(-3+1)^2+(-1-5)^2}=$ (2) $\square$

$\overline{AC}=\sqrt{(2+1)^2+(6-5)^2}=$ (3) $\square$

$\therefore \overline{BD}:\overline{CD}=\overline{AB}:\overline{AC}=2:$ (4) $\square$

STEP 2 a, b의 값을 구하여 $a+b$의 값 구하기 [3점]

점 D는 $\overline{BC}$를 $2:$ (5) $\square$ 로 내분하는 점이므로

$a=\frac{2\times2+1\times(\text{(6)}\ \square)}{2+1}=\frac{\text{(7)}\ \square}{3}$

$b=\frac{2\times6+1\times(\text{(8)}\ \square)}{2+1}=\frac{\text{(9)}\ \square}{3}$

$\therefore a+b=$ (10) $\square$

핵심 KEY 유형 15 삼각형의 각의 이등분선의 성질

삼각형의 내각의 이등분선의 성질을 이용하여 점의 좌표를 구하는 문제이다. 삼각형 ABC에서 $\angle$A의 이등분선이 변 BC와 만나는 점을 D라 하면 $\overline{AB}:\overline{AC}=\overline{BD}:\overline{CD}$이므로 주어진 점의 좌표를 이용하여 각 선분의 길이를 구하면 점 D가 $\overline{BC}$를 어떻게 내분하는 점인지 알 수 있다.

2069 한번 더

그림과 같이 세 점 A(2, 3), B(−2, 1), C(5, −3)을 꼭짓점으로 하는 삼각형 ABC에서 ∠A의 이등분선이 변 BC와 만나는 점을 D(a, b)라 할 때, $a-b$의 값을 구하는 과정을 서술하시오. [8점]

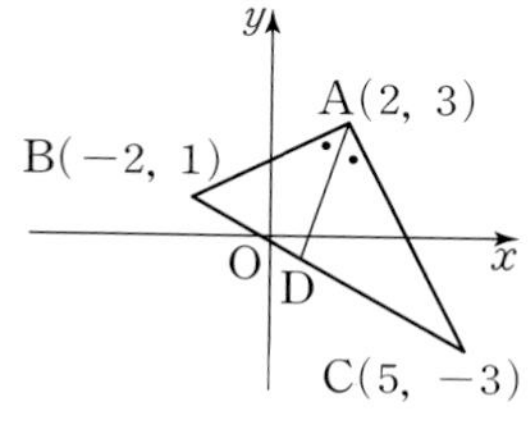

STEP 1 삼각형의 내각의 이등분선의 성질을 이용하여 $\overline{BD}:\overline{CD}$ 구하기 [5점]

STEP 2 a, b의 값을 구하여 $a-b$의 값 구하기 [3점]

2070 유사 1

그림과 같이 세 점 A(−2, 1), B(−1, 4), C(4, −1)을 꼭짓점으로 하는 삼각형 ABC에서 ∠A의 이등분선이 변 BC와 만나는 점을 D라 할 때, 삼각형 ABD의 넓이와 삼각형 ACD의 넓이의 비를 구하는 과정을 서술하시오. [6점]

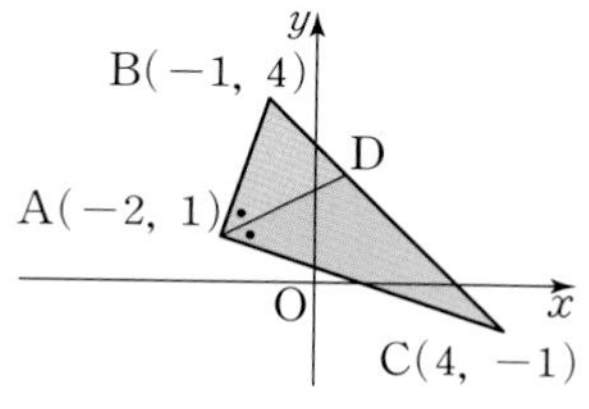

2071 유사 2

그림과 같이 원점 O와 두 점 A(1, 2), B(5, 4)를 꼭짓점으로 하는 삼각형 OAB에서 ∠A의 이등분선이 변 OB와 만나는 점을 C(a, b)라 할 때, $a+b$의 값을 구하는 과정을 서술하시오. [8점]

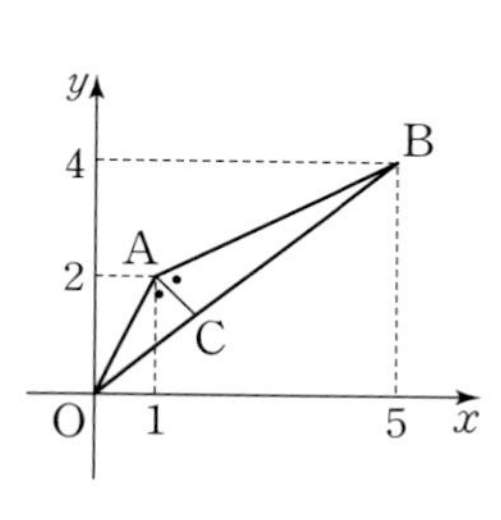

09

실력 check 실전 마무리하기 1회

점 / 100점

• 선택형 21문항, 서술형 4문항입니다.

1 2072

네 점 $A(1,\ -a)$, $B(a,\ -1)$, $C(0,\ 0)$, $D(2,\ -2)$에 대하여 $\overline{AB}=2\overline{CD}$일 때, 양수 a의 값은? [3점]

① 1 ② 2 ③ 3 ④ 4 ⑤ 5

2 2073

두 점 $A(a,\ -3)$, $B(1,\ a)$에 대하여 선분 AB의 길이가 최소가 되도록 하는 a의 값은? [3점]

① -2 ② -1 ③ 0 ④ 1 ⑤ 2

3 2074

두 점 $A(2,\ -3)$, $B(5,\ 0)$에서 같은 거리에 있는 직선 $y=x$ 위의 점의 좌표는? [3점]

① $(-2,\ -2)$ ② $(-1,\ -1)$ ③ $(0,\ 0)$ ④ $(1,\ 1)$ ⑤ $(2,\ 2)$

4 2075

두 점 $A(-1,\ -1)$, $B(1,\ 3)$에서 같은 거리에 있는 x축 위의 점을 P, y축 위의 점을 Q라 할 때, 선분 PQ의 길이는? [3점]

① 1 ② $\sqrt{2}$ ③ $\sqrt{3}$ ④ 2 ⑤ $\sqrt{5}$

5 2076

세 점 $A(1,\ -1)$, $B(-3,\ 1)$, $C(3,\ 3)$을 꼭짓점으로 하는 삼각형 ABC는 어떤 삼각형인가? [3점]

① 정삼각형
② 둔각삼각형
③ $\overline{BC}=\overline{AC}$인 이등변삼각형
④ $\angle A=90^\circ$인 직각이등변삼각형
⑤ $\angle B=90^\circ$인 직각삼각형

6 2077

두 점 $A(-3,\ a)$, $B(a-1,\ 1)$과 임의의 점 P에 대하여 $\overline{AP}+\overline{BP}$의 값이 최소일 때, a의 값은? [3점]

① -1 ② $-\frac{1}{2}$ ③ 0 ④ $\frac{1}{2}$ ⑤ 1

7 2078

두 점 $A(1, 5)$, $B(9, 3)$과 x축 위의 점 P에 대하여 $\overline{AP}^2+\overline{BP}^2$의 최솟값은? [3점]

① 28 ② 48 ③ 66
④ 72 ⑤ 91

8 2079

세 점 $A(a, 1)$, $B(3, b)$, $C(-2, 4)$를 꼭짓점으로 하는 삼각형 ABC의 무게중심의 좌표가 $(0, 3)$일 때, $a-b$의 값은? [3점]

① -7 ② -5 ③ -3
④ -1 ⑤ 1

9 2080

점 $A(1, 3)$을 한 꼭짓점으로 하는 삼각형 ABC의 외심이 변 BC 위에 있다 삼각형 ABC의 외심의 좌표가 $(-2, 1)$일 때, $\overline{AB}^2+\overline{AC}^2$의 값은? [3.5점]

① 50 ② 51 ③ 52
④ 53 ⑤ 54

10 2081

실수 x, y에 대하여

$$\sqrt{(x-1)^2+(y+3)^2}+\sqrt{(x+4)^2+(y-2)^2}$$

의 최솟값은? [3.5점]

① $4\sqrt{2}$ ② $4\sqrt{3}$ ③ $5\sqrt{2}$
④ $5\sqrt{3}$ ⑤ $6\sqrt{2}$

11 2082

그림과 같이 수직선 위에 점 A부터 점 G까지 7개의 점이 일정한 간격으로 있을 때, 선분 BF를 $1:3$으로 내분하는 점을 P, 선분 BD를 $5:3$으로 외분하는 점을 Q라 하자. 이때 선분 PQ의 중점은? [3.5점]

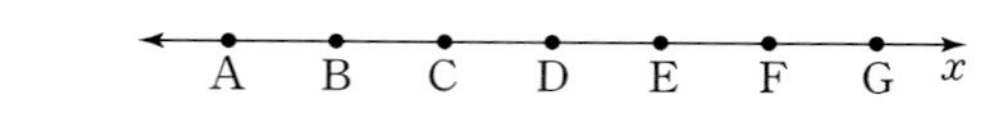

① B ② C ③ D
④ E ⑤ F

12 2083

두 점 A$(2,\ 15)$, B$(11,\ m)$에 대하여 선분 AB를 $5:2$로 외분하는 점의 좌표가 $(n,\ -5)$일 때, $m+n$의 값은? [3.5점]

① 0　② 5　③ 10
④ 15　⑤ 20

13 2084

두 점 A$(-2,\ 4)$, B$(4,\ -2)$에 대하여 선분 AB를 $2:1$로 내분하는 점을 P, $1:2$로 외분하는 점을 Q라 할 때, 선분 PQ의 중점의 좌표는? [3.5점]

① $(-2,\ 0)$　② $(-3,\ 5)$　③ $(-4,\ 5)$
④ $(-5,\ 5)$　⑤ $(-8,\ 10)$

14 2085

두 점 A$(-1,\ 4)$, B$(2,\ -3)$을 이은 선분 AB의 연장선 위에 $2\overline{AC}=3\overline{BC}$를 만족시키는 점을 C$(a,\ b)$라 할 때, $a+b$의 값은? [3.5점]

① -12　② -9　③ -6
④ 6　⑤ 9

15 2086

세 점 O$(0,\ 0)$, A$(3,\ 0)$, B$(0,\ 9)$와 선분 OB 위의 점 P$(0,\ a)$에 대하여 삼각형 OAP의 무게중심을 G라 하자. 삼각형 OAB의 넓이가 삼각형 OAG의 넓이의 6배일 때, 무게중심 G의 좌표는? [3.5점]

① $\left(1,\ \frac{1}{3}\right)$　② $\left(1,\ \frac{3}{2}\right)$　③ $\left(1,\ \frac{9}{4}\right)$
④ $\left(2,\ \frac{3}{2}\right)$　⑤ $\left(2,\ \frac{9}{4}\right)$

16 2087

점 P가 직선 $y=2x-4$ 위를 움직일 때, 점 A$(2,\ 4)$와 점 P를 이은 선분 AP의 중점 M이 나타내는 도형의 방정식은? [3.5점]

① $y=x-1$　② $y=x+1$
③ $y=2x-2$　④ $y=2x+2$
⑤ $y=3x$

17 2088

세 지점 A, B, C에 대리점이 있는 회사가 세 지점에서 같은 거리에 있는 지점에 물류 창고를 지으려고 한다. 그림과 같이 지점 B는 지점 A에서 서쪽으로 4 km만큼 떨어진 위치에 있고, 지점 C는 지점 A에서 동쪽으로 2 km, 북쪽으로 2 km만큼 떨어진 위치에 있을 때, 물류 창고를 지으려는 지점에서 지점 A에 이르는 거리는? [4점]

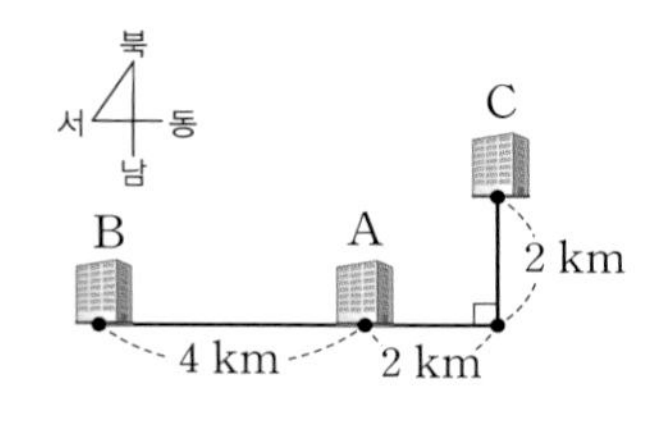

① 4 km ② $2\sqrt{5}$ km ③ $2\sqrt{6}$ km
④ $2\sqrt{7}$ km ⑤ $4\sqrt{2}$ km

18 2089

두 점 A$(-1, 5)$, B$(3, 1)$과 y축 위의 점 P에 대하여 $\overline{AP}^2+\overline{BP}^2$의 최솟값을 a, 그때의 점 P의 좌표를 $(0, b)$라 할 때, $a+b$의 값은? [4점]

① 18 ② 20 ③ 21
④ 26 ⑤ 27

19 2090

세 점 A$(-1, 2)$, B$(5, 3)$, C$(2, 4)$와 임의의 점 P에 대하여 $\overline{PA}^2+\overline{PB}^2+\overline{PC}^2$의 값이 최소가 되도록 하는 점 P와 원점 사이의 거리는? [4점]

① $\sqrt{11}$ ② $2\sqrt{3}$ ③ $\sqrt{13}$
④ $\sqrt{14}$ ⑤ $\sqrt{15}$

20 2091

두 점 A$(3, 4)$, B$(0, 6)$을 지나는 직선 AB 위의 점 C(a, b)에 대하여 삼각형 OAC의 넓이가 45일 때, $-2a+b$의 값은? (단, O는 원점이고, $a<0$이다.) [4점]

① 28 ② 32 ③ 36
④ 38 ⑤ 40

21 2092

삼각형 ABC의 세 변 AB, BC, CA를 $1:2$로 내분하는 점의 좌표가 각각 P$(1, -2)$, Q$(4, 6)$, R$(-2, 8)$일 때, 삼각형 ABC의 무게중심의 좌표는? [4점]

① $(0, 3)$ ② $(0, 4)$ ③ $(1, 2)$
④ $(1, 3)$ ⑤ $(1, 4)$

서술형

22 2093

세 점 $A(x_1, y_1)$, $B(x_2, y_2)$, $C(x_3, y_3)$을 꼭짓점으로 하는 삼각형 ABC에 대하여 $\overline{PA}^2+\overline{PB}^2+\overline{PC}^2$의 값이 최소가 되도록 하는 점 P는 삼각형 ABC의 무게중심임을 보이는 과정을 서술하시오. [6점]

23 2094

좌표평면 위의 두 점 $P(4, 3)$, $Q(5, 12)$에 대하여 $\angle POQ$의 이등분선과 선분 PQ의 교점의 y좌표를 $\frac{b}{a}$라 할 때, $a+b$의 값을 구하는 과정을 서술하시오.

(단, O는 원점이고, a와 b는 서로소인 자연수이다.) [6점]

24 2095

좌표평면에서 길이가 일정한 선분 AB를 $3:2$로 내분하는 점을 P, 선분 PB를 $3:4$로 외분하는 점을 Q라 하고, 직선 AB 위에 있지 않은 한 점 C에 대하여 선분 CP를 $2:3$으로 외분하는 점을 D라 하자. 삼각형 ACQ의 넓이를 S_1, 삼각형 BDP의 넓이를 S_2라 할 때, $\frac{S_2}{S_1}$의 값을 구하는 과정을 서술하시오. [8점]

25 2096

평행사변형 ABCD의 세 꼭짓점이 $A(3, 2)$, $B(4, 4)$, $C(k, 2)$이고 사각형 ABCD의 둘레의 길이가 $6\sqrt{5}$일 때, k의 값을 모두 구하는 과정을 서술하시오. [8점]

● 정답 및 풀이 363쪽

2회

점 / 100점

• 선택형 21문항, 서술형 4문항입니다.

1 2097

두 점 $A(-3, a)$, $B(1, -2)$ 사이의 거리가 5가 되도록 하는 모든 a의 값의 곱은? [3점]

① -6 ② -5 ③ -4
④ -3 ⑤ -2

2 2098

두 점 $A(-2, k)$, $B(k-1, 3)$ 사이의 거리가 최소일 때, k의 값은? [3점]

① 1 ② 2 ③ 3
④ 4 ⑤ 5

3 2099

두 점 $A(0, -4)$, $B(4, 8)$로부터 같은 거리에 있는 x축 위의 점 P의 x좌표는? [3점]

① 7 ② 8 ③ 9
④ 10 ⑤ 11

4 2100

두 점 $A(1, -2)$, $B(5, 2)$에서 같은 거리에 있는 점 $P(a, b)$가 직선 $y=x+1$ 위의 점일 때, ab의 값은? [3점]

① -2 ② -1 ③ 0
④ 1 ⑤ 2

5 2101

세 점 $A(-3, 2)$, $B(0, 5)$, $C(2, 0)$을 꼭짓점으로 하는 삼각형 ABC는 어떤 삼각형인가? [3점]

① $\angle A=90°$인 직각삼각형
② $\angle C=90°$인 직각삼각형
③ $\overline{AB}=\overline{BC}$인 이등변삼각형
④ $\overline{AC}=\overline{BC}$인 이등변삼각형
⑤ $\overline{AB}=\overline{AC}$인 직각이등변삼각형

6 2102

두 점 A(0, 3), B(4, 1)과 x축 위의 점 P에 대하여 $\overline{\mathrm{AP}}^2+\overline{\mathrm{BP}}^2$의 값이 최소가 되는 점 P의 좌표는? [3점]

① $(1, 0)$ ② $\left(\frac{3}{2}, 0\right)$ ③ $(2, 0)$
④ $\left(\frac{5}{2}, 0\right)$ ⑤ $(3, 0)$

7 2103

두 점 A(2, 3), B(−2, 5)에 대하여 선분 AB를 1 : 3으로 외분하는 점의 좌표를 (x, y)라 할 때, xy의 값은? [3점]

① −16 ② −8 ③ 4
④ 8 ⑤ 16

8 2104

세 점 O(0, 0), A(x_1, y_1), B(x_2, y_2)를 꼭짓점으로 하는 삼각형 OAB의 무게중심의 좌표가 (2, −4)일 때, 변 AB의 중점의 좌표는? [3점]

① (0, −2) ② (1, −2) ③ (2, −4)
④ (3, −6) ⑤ (4, −8)

9 2105

세 점 A(a, 1), B(−1, 2), C(3, 4)를 꼭짓점으로 하는 삼각형 ABC가 ∠A=90°인 직각삼각형일 때, 양수 a의 값은? [3.5점]

① 1 ② 2 ③ 3
④ 4 ⑤ 5

10 2106

네 점 O(0, 0), A(3, 4), B(6, −2), C(1, −2)와 임의의 점 P에 대하여 $\overline{\mathrm{PO}}+\overline{\mathrm{PA}}+\overline{\mathrm{PB}}+\overline{\mathrm{PC}}$의 최솟값은? [3.5점]

① $\sqrt{3}$ ② $4\sqrt{3}$ ③ $2\sqrt{5}$
④ $4\sqrt{5}$ ⑤ $4\sqrt{10}$

11 2107

수직선 위의 두 점 A(−4), B(a)에 대하여 선분 AB를 2 : 1로 내분하는 점 P와 외분하는 점 Q 사이의 거리가 8일 때, 양수 a의 값은? [3.5점]

① 1 ② 2 ③ 3
④ 4 ⑤ 5

12 2108

두 점 $A(3, -1)$, $B(k, 2)$에 대하여 선분 AB를 $2:1$로 내분하는 점이 직선 $y=x-1$ 위에 있을 때, k의 값은? [3.5점]

① $\frac{1}{2}$　② 1　③ $\frac{3}{2}$
④ 2　⑤ $\frac{5}{2}$

13 2109

두 점 $A(3, 1)$, $B(-3, -2)$를 이은 선분 AB의 연장선 위에 $2\overline{AC}=3\overline{BC}$를 만족시키는 점 C의 좌표를 (a, b)라 할 때, $b-a$의 값은? [3.5점]

① 1　② 2　③ 4
④ 5　⑤ 7

14 2110

네 점 $A(a, 4)$, $B(7, b)$, $C(2, -1)$, $D(-2, 2)$를 꼭짓점으로 하는 사각형 ABCD가 평행사변형일 때, $a+b$의 값은? [3.5점]

① 2　② 3　③ 4
④ 5　⑤ 6

15 2111

세 점 $A(2, 4)$, $B(1, 1)$, $C(8, 2)$를 꼭짓점으로 하는 삼각형 ABC에서 $\angle A$의 이등분선이 변 BC와 만나는 점 D의 좌표를 (a, b)라 할 때, $a-b$의 값은? [3.5점]

① $\frac{5}{3}$　② 2　③ $\frac{7}{3}$
④ $\frac{8}{3}$　⑤ 3

16 2112

두 점 $A(2, 1)$, $B(3, 2)$에 대하여 $\overline{PA}^2-\overline{PB}^2=4$를 만족시키는 점 P가 나타내는 도형의 방정식이 $y=ax+b$일 때, 상수 a, b에 대하여 ab의 값은? [3.5점]

① -8　② -6　③ -2
④ 6　⑤ 8

17 2113

세 점 $A(-1, 2)$, $B(4, 6)$, $C(0, 1)$과 임의의 점 P에 대하여 $\overline{PA}^2+\overline{PB}^2+\overline{PC}^2$의 값이 최소일 때의 점 P의 좌표는? [4점]

① $(1, 1)$　② $(1, 3)$　③ $(2, 1)$
④ $(2, 3)$　⑤ $(3, 1)$

18 2114

다음은 세 점 O(0, 0), A(a, 0), B(0, b)를 꼭짓점으로 하는 삼각형 OAB의 내부에 점 P가 있을 때,
$\overline{OP}^2+\overline{AP}^2+\overline{BP}^2$의 값이 최소가 되는 점 P의 좌표를 구하는 과정이다.

> 점 P의 좌표를 (x, y)라 하면
> $\overline{OP}^2+\overline{AP}^2+\overline{BP}^2$
> $=(x^2+y^2)+\{(x-a)^2+y^2\}+\{x^2+(y-b)^2\}$
> $=3(x-$ (가) $)^2+3(y-$ (나) $)^2+$ (다) (a^2+b^2)
> 따라서 점 P의 좌표는 ((가) , (나))이다.

위의 (가), (나)에 알맞은 식을 각각 $f(a)$, $g(b)$라 하고, (다)에 알맞은 수를 p라 할 때, $f(p)+g(p)$의 값은? [4점]

① $\frac{4}{9}$ ② $\frac{13}{27}$ ③ $\frac{14}{27}$
④ $\frac{5}{9}$ ⑤ $\frac{16}{27}$

19 2115

삼각형 ABC에서 선분 AB를 1 : 2으로 내분하는 점을 D, 선분 BC를 5 : 2로 외분하는 점을 E라 하고, 두 점 D와 E를 지나는 직선과 선분 AC가 만나는 점을 F라 하자. 삼각형 ABC의 넓이는 삼각형 CEF의 넓이의 $\frac{m}{n}$배일 때, $m+n$의 값은? (단, m과 n은 서로소인 자연수이다.) [4점]

① 10 ② 15 ③ 18
④ 26 ⑤ 35

20 2116

점 A(6, 1)을 한 꼭짓점으로 하는 삼각형 ABC에서 두 변 AB, AC의 중점을 각각 M(x_1, y_1), N(x_2, y_2)라 하자. $x_1+x_2=4$, $y_1+y_2=2$일 때, 삼각형 ABC의 무게중심의 좌표는? [4점]

① $\left(\frac{1}{2}, 1\right)$ ② $\left(\frac{2}{3}, \frac{1}{2}\right)$ ③ $\left(\frac{2}{3}, 1\right)$
④ $\left(1, \frac{1}{2}\right)$ ⑤ $(1, 2)$

21 2117

세 점 A(7, 2), B(2, −2), C(−3, 2)를 꼭짓점으로 하는 삼각형 ABC가 있다. 세 변 AB, BC, CA를 각각 3 : 1로 내분하는 점을 차례로 D, E, F라 할 때, 삼각형 DEF의 무게중심의 좌표는 (a, b)이다. $a+b$의 값은? [4점]

① $\frac{5}{3}$ ② 2 ③ $\frac{7}{3}$
④ $\frac{8}{3}$ ⑤ 3

서술형

22 2118

삼각형 ABC에서 변 BC 위의 점 D에 대하여 $2\overline{BD}=\overline{CD}$일 때,

$$2\overline{AB}^2+\overline{AC}^2=3(\overline{AD}^2+2\overline{BD}^2)$$

이 성립함을 보이는 과정을 서술하시오. [6점]

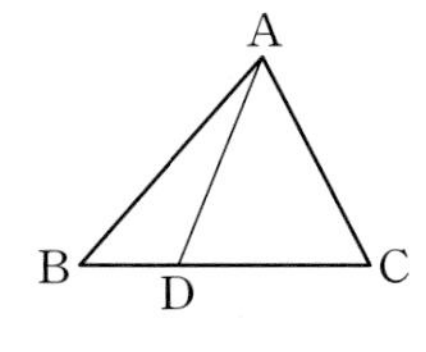

23 2119

두 점 A$(-2, 1)$, B$(5, 3)$에 대하여 선분 AB의 점 B 방향으로의 연장선 위에 $2\overline{AB}=\overline{BC}$를 만족시키는 점 C의 좌표를 구하는 과정을 서술하시오. [6점]

24 2120

세 점 A$(5, -1)$, B$(1, a)$, C$(-3, 5)$를 꼭짓점으로 하는 삼각형 ABC의 외심 P의 좌표가 $(b, 2)$일 때, $a+b$의 값을 구하는 과정을 서술하시오. (단, $a<0$) [8점]

25 2121

삼각형 ABC의 무게중심을 G라 할 때, 다음 조건을 만족시킨다.

> (가) 삼각형 GBC의 무게중심을 H라 할 때, 점 H의 좌표는 $(2, 3)$이다.
> (나) 선분 BC를 $1:3$, $3:1$로 내분하는 점의 좌표는 각각 $\left(0, \frac{5}{4}\right)$, $\left(2, -\frac{1}{4}\right)$이다.

점 A의 좌표를 (a, b)라 할 때, $a+b$의 값을 구하는 과정을 서술하시오. [8점]

절망하지 말라

비록 그대의 모든 형편이

절망할 수밖에 없다 하더라도

절망하지 말라

– 프란츠 카프카 –

직선의 방정식 10

IV. 도형의 방정식

10 직선의 방정식

1 직선의 방정식

핵심 1~2

(1) 한 점과 기울기가 주어진 직선의 방정식

점 (x_1, y_1)을 지나고 기울기가 m인 직선의 방정식은

$$y-y_1=m(x-x_1)$$

참고 기울기가 m이고, y절편이 n인 직선의 방정식은 점 $(0, n)$을 지나고 기울기가 m인 직선의 방정식이므로

$$y=mx+n$$

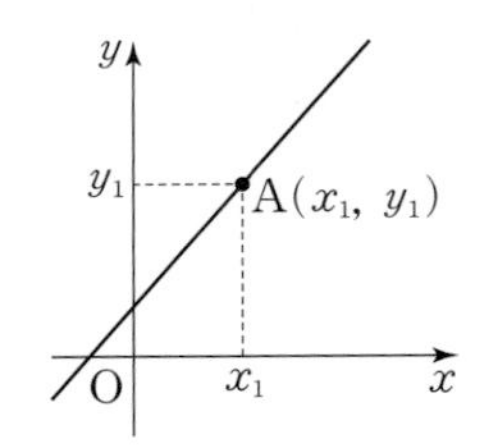

(2) 서로 다른 두 점을 지나는 직선의 방정식

서로 다른 두 점 (x_1, y_1), (x_2, y_2)를 지나는 직선의 방정식은

① $x_1 \neq x_2$이면

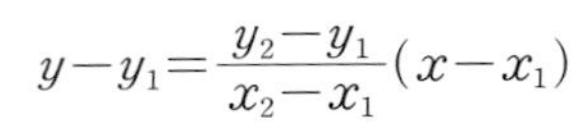

$$y-y_1=\frac{y_2-y_1}{x_2-x_1}(x-x_1)$$

② $x_1=x_2$이면 $x=x_1$

예 두 점 $(2, 3)$, $(2, 5)$를 지나는 직선의 방정식은 $x=2$이다.

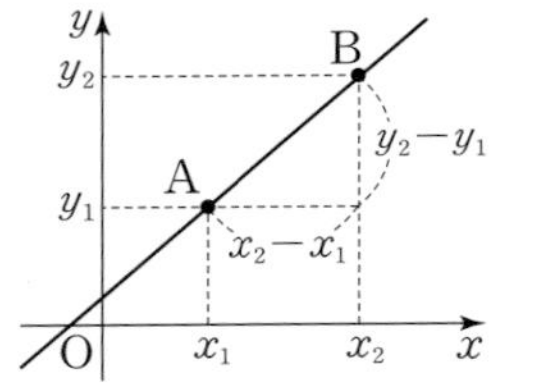

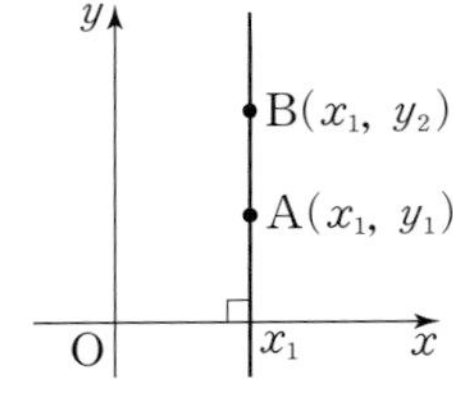

(3) x절편과 y절편이 주어진 직선의 방정식

x절편이 a, y절편이 b인 직선의 방정식은

$$\frac{x}{a}+\frac{y}{b}=1 \text{ (단, } a \neq 0,\ b \neq 0)$$

참고 x절편이 a, y절편이 b인 직선의 방정식은 두 점 $(a, 0)$, $(0, b)$를 지나는 직선의 방정식과 같다.

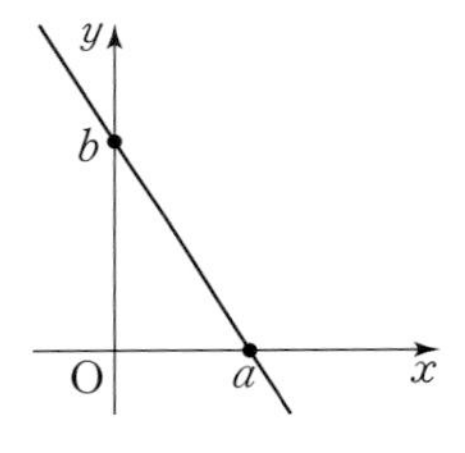

2 일차방정식 $ax+by+c=0$이 나타내는 도형

직선의 방정식은 x, y에 대한 일차방정식 $ax+by+c=0$ ($a \neq 0$ 또는 $b \neq 0$) 꼴로 나타낼 수 있다. 거꾸로 x, y에 대한 일차방정식 $ax+by+c=0$ ($a \neq 0$ 또는 $b \neq 0$)이 나타내는 도형은 다음과 같은 직선이다.

(1) $a \neq 0$, $b \neq 0$이면 $y=-\frac{a}{b}x-\frac{c}{b}$이므로 기울기가 $-\frac{a}{b}$, y절편이 $-\frac{c}{b}$인 직선이다.

(2) $a \neq 0$, $b=0$이면 $x=-\frac{c}{a}$이므로 y축에 평행한 직선이다.

(3) $a=0$, $b \neq 0$이면 $y=-\frac{c}{b}$이므로 x축에 평행한 직선이다.

Note

직선의 절편과 기울기

(1) x절편 : 직선이 x축과 만나는 점의 x좌표

(2) y절편 : 직선이 y축과 만나는 점의 y좌표

(3) (기울기)$=\frac{(y\text{의 값의 증가량})}{(x\text{의 값의 증가량})}$

y축의 방정식 : $x=0$
x축의 방정식 : $y=0$

좌표축에 평행한 직선의 방정식

(1) 점 (x_1, y_1)을 지나고 y축에 평행한 직선의 방정식은 $x=x_1$

(2) 점 (x_1, y_1)을 지나고 x축에 평행한 직선의 방정식은 $y=y_1$

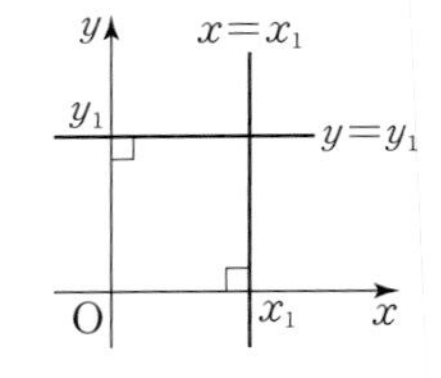

직선의 방정식

일반형 : $ax+by+c=0$
표준형 : $y=mx+n$

직선의 방정식 $ax+by+c=0$에서
$ab>0$이면 기울기는 음수,
$ab<0$이면 기울기는 양수이다.
$bc>0$이면 y절편은 음수,
$bc<0$이면 y절편은 양수이다.

3 두 직선의 교점을 지나는 직선 핵심 3

Note

(1) **정점을 지나는 직선**

두 직선 $ax+by+c=0$, $a'x+b'y+c'=0$이 한 점에서 만날 때,
직선 $(ax+by+c)+k(a'x+b'y+c')=0$은 실수 k의 값에 관계없이 항상 두 직선 $ax+by+c=0$, $a'x+b'y+c'=0$의 교점을 지난다.

(2) **두 직선의 교점을 지나는 직선의 방정식**

한 점에서 만나는 두 직선 $ax+by+c=0$, $a'x+b'y+c'=0$의 교점을 지나는 직선 중 $a'x+b'y+c'=0$을 제외한 직선의 방정식은

$$(ax+by+c)+k(a'x+b'y+c')=0 \ (k\text{는 실수})$$

꼴로 나타낼 수 있다.

4 두 직선의 평행과 수직 핵심 3

(1) 두 직선 $y=mx+n$과 $y=m'x+n'$에 대하여
① 두 직선이 서로 평행하면 $m=m'$, $n\neq n'$
② 두 직선이 서로 수직이면 $mm'=-1$

(2) 두 직선 $ax+by+c=0$, $a'x+b'y+c'=0$ $(abc\neq 0,\ a'b'c'\neq 0)$에 대하여
① 두 직선이 서로 평행하면 $\frac{a}{a'}=\frac{b}{b'}\neq\frac{c}{c'}$
② 두 직선이 서로 수직이면 $aa'+bb'=0$

참고 $a\neq 0$, $b\neq 0$일 때, 두 직선의 방정식 $ax+by+c=0$, $a'x+b'y+c'=0$을

$$y=-\frac{a}{b}x-\frac{c}{b},\ y=-\frac{a'}{b'}x-\frac{c'}{b'}$$

꼴로 나타내면 두 직선의 기울기는 각각 $-\frac{a}{b}$, $-\frac{a'}{b'}$이고, y절편은 각각 $-\frac{c}{b}$, $-\frac{c'}{b'}$이다.

① 두 직선이 서로 평행하면 $-\frac{a}{b}=-\frac{a'}{b'}$, $-\frac{c}{b}\neq-\frac{c'}{b'}$이므로 $\frac{a}{a'}=\frac{b}{b'}\neq\frac{c}{c'}$

② 두 직선이 서로 수직이면 $\left(-\frac{a}{b}\right)\times\left(-\frac{a'}{b'}\right)=-1$이므로 $aa'+bb'=0$

▶ 두 직선 $y=mx+n$, $y=m'x+n'$이 일치하면 $m=m'$, $n=n'$

▶ 두 직선 $ax+by+c=0$, $a'x+b'y+c'=0$이 일치하면 $\frac{a}{a'}=\frac{b}{b'}=\frac{c}{c'}$

5 점과 직선 사이의 거리 핵심 4

(1) 점 $\mathrm{P}(x_1,\ y_1)$과 직선 $ax+by+c=0$ 사이의 거리 d는

$$d=\frac{|ax_1+by_1+c|}{\sqrt{a^2+b^2}}$$

(2) 원점과 직선 $ax+by+c=0$ 사이의 거리 d는

$$d=\frac{|c|}{\sqrt{a^2+b^2}}$$

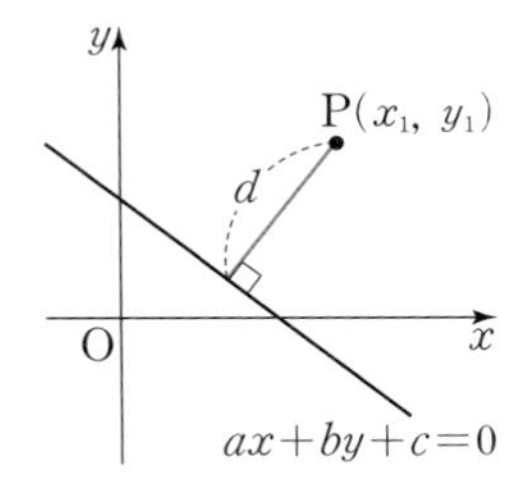

▶ 점과 직선 사이의 거리는 그 점에서 직선에 내린 수선의 발까지의 거리이다.

핵심 1 한 점과 기울기가 주어진 직선의 방정식 유형 1

한 점과 기울기가 주어진 직선의 방정식을 구해 보자.

점 (1, 2)를 지나고 기울기가 3인 (→ 한 점, → 기울기 3)
직선의 방정식은

$y-2=3(x-1)$
$\therefore y=3x-1$

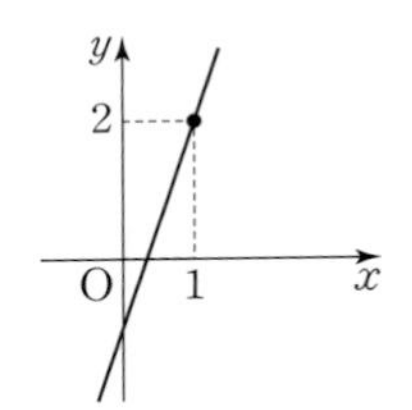

점 (1, 2)를 지나고 x축의 양의 방향과 이루는 각의 크기가 30°인 (→ 한 점, → 기울기가 tan 30°)
직선의 방정식은

$y-2=\tan 30°(x-1)$
$\therefore y=\frac{\sqrt{3}}{3}x-\frac{\sqrt{3}}{3}+2$

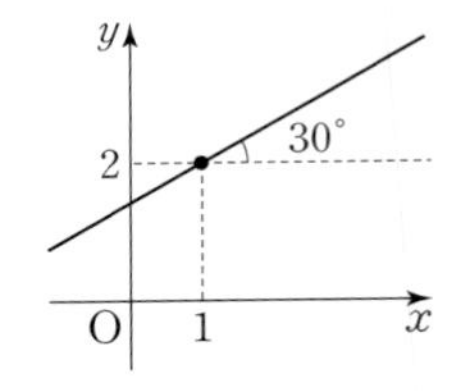

기울기가 m인 직선이 x축의 양의 방향과 이루는 각의 크기가 θ $(0° \le \theta < 90°)$이면 $m=\tan\theta$야.

2122 점 $(-1, 5)$를 지나고 기울기가 -2인 직선의 방정식을 구하시오.

2123 점 $(\sqrt{3}, 1)$을 지나고 x축의 양의 방향과 이루는 각의 크기가 60°인 직선의 방정식을 구하시오.

핵심 2 두 점을 지나는 직선의 방정식 유형 2~3

두 점을 지나는 직선의 방정식을 구해 보자.

두 점 (1, 3), (5, −1)을 지나는 직선의 방정식은

$y-3=\frac{-1-3}{5-1}(x-1)$ (기울기)
$\therefore y=-x+4$

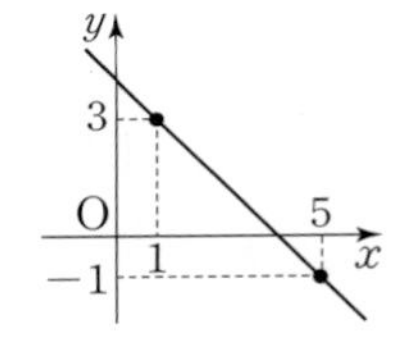

x절편이 2이고, y절편이 5인 직선의 방정식은

$\frac{x}{2}+\frac{y}{5}=1$
$\therefore y=-\frac{5}{2}x+5$

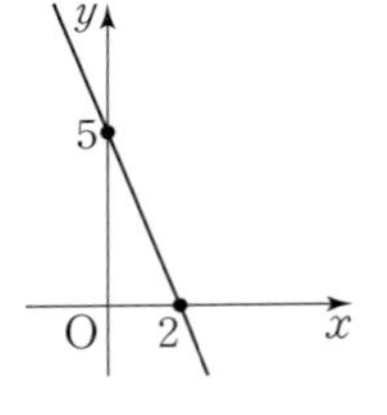

참고 x절편이 2이고, y절편이 5인 직선은 두 점 (2, 0), (0, 5)를 지나는 직선이다.
$y-5=\frac{5-0}{0-2}(x-0) \qquad \therefore y=-\frac{5}{2}x+5$

2124 두 점 (2, 5), (4, −1)을 지나는 직선의 방정식을 구하시오.

2125 x절편이 3이고, y절편이 −4인 직선의 방정식을 구하시오.

● 정답 및 풀이 368쪽

핵심 3 직선의 위치 관계 유형 8~11

● 두 직선의 평행과 수직

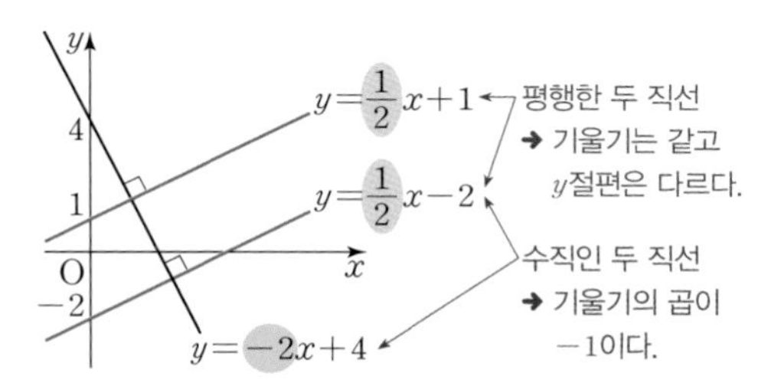

● 한 점에서 만나는 세 직선
└→ 한 직선이 나머지 두 직선의 교점을 지난다.

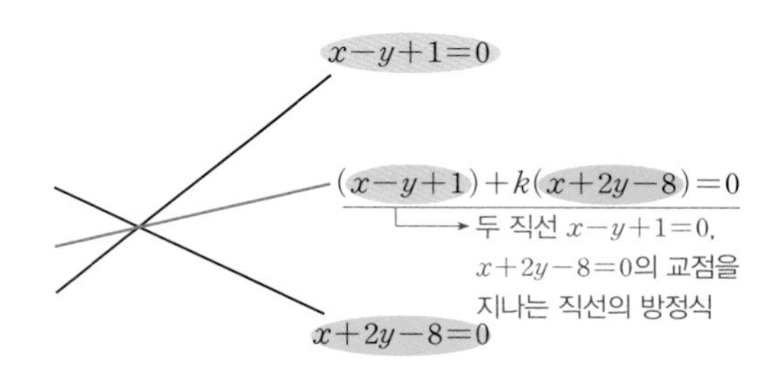

두 직선의 교점을 지나는 직선은 셀 수 없이 많지만 상수 k의 값을 구하면 조건을 만족시키는 직선의 방정식을 알 수 있어.

2126 두 직선 $y=(2a-1)x+a-2$, $y=(a+1)x+2$가 다음 조건을 만족시킬 때, 상수 a의 값을 구하시오.

(1) 서로 평행하다.

(2) 서로 수직이다.

2127 두 직선 $x-y=0$, $x+3y+2=0$의 교점을 지나고 점 $(-3, 1)$을 지나는 직선의 방정식을 구하시오.

핵심 4 평행한 두 직선 사이의 거리 유형 14~17

점과 직선 사이의 거리를 이용하여 평행한 두 직선 $x+y+1=0$, $x+y-4=0$ 사이의 거리를 구해 보자.

두 직선 $x+y+1=0$, $x+y-4=0$ 사이의 거리는
직선 $x+y+1=0$ 위의 점 $(0, -1)$과 직선 $x+y-4=0$ 사이의 거리와 같으므로
└→ 직선의 x절편이나 y절편을 이용하면 계산이 편리하다.

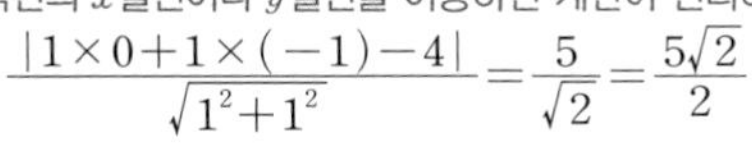

$$\frac{|1\times0+1\times(-1)-4|}{\sqrt{1^2+1^2}}=\frac{5}{\sqrt{2}}=\frac{5\sqrt{2}}{2}$$

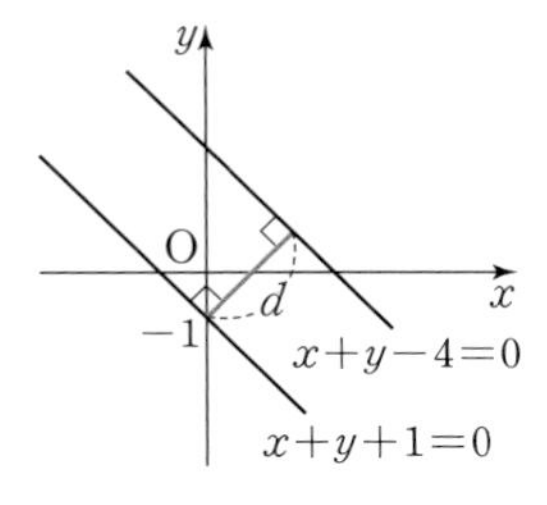

참고 평행한 두 직선 $ax+by+c=0$, $ax+by+c'=0$ 사이의 거리는 $\frac{|c-c'|}{\sqrt{a^2+b^2}}$으로 구할 수 있다.

2128 두 직선 $2x-3y+8=0$, $2x-3y-5=0$ 사이의 거리를 구하시오.

2129 두 직선 $3x+4y+k=0$, $3x+4y-9=0$ 사이의 거리가 3일 때, 양수 k의 값을 구하시오.

기출 유형 check
실전 준비하기

22유형, 167문항입니다.

기초 유형 0-1 일차함수의 그래프 | 중2

일차함수 $y=ax+b$의 그래프에서
(1) 기울기 : a
(2) x절편 : $-\frac{b}{a}$
(3) y절편 : b

2130 대표문제

점 $(b, 1)$을 지나는 일차함수 $y=ax+3$의 그래프에서 x의 값이 4만큼 증가할 때, y의 값은 2만큼 감소한다. 이때 $\frac{b}{a}$의 값을 구하시오. (단, a는 상수이다.)

2131 Level 1

두 일차함수 $y=\frac{a}{3}x-1$, $y=3x-8$의 그래프가 서로 평행할 때, 일차함수 $y=ax-7$의 그래프의 기울기는? (단, a는 상수이다.)

① 6 ② 7 ③ 8 ④ 9 ⑤ 10

2132 Level 1

두 일차함수 $y=ax+3$, $y=-\frac{1}{2}x+\frac{b}{4}$의 그래프가 일치할 때, 상수 a, b에 대하여 ab의 값은?

① -10 ② -8 ③ -6 ④ -4 ⑤ -2

2133 Level 2

그림과 같은 일차함수의 그래프가 점 $(-a, 2a)$를 지날 때, a의 값은?

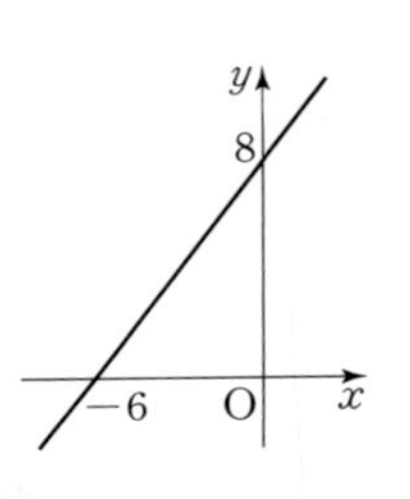

① $\frac{6}{5}$ ② $\frac{8}{5}$ ③ 2 ④ $\frac{12}{5}$ ⑤ $\frac{14}{5}$

2134 Level 2

두 점 $(-1, 2)$, $(3, 5)$를 지나는 직선을 그래프로 하는 일차함수의 식을 $y=ax+b$라 할 때, 상수 a, b에 대하여 $a+b$의 값을 구하시오.

● 정답 및 풀이 369쪽

기초 유형 0-2 연립방정식의 해와 일차함수의 그래프 | 중2

(1) 연립방정식

$\begin{cases} ax+by+c=0 \\ a'x+b'y+c'=0 \end{cases}$의 해는

두 일차함수

$y=-\dfrac{a}{b}x-\dfrac{c}{b}$,

$y=-\dfrac{a'}{b'}x-\dfrac{c'}{b'}$

의 그래프의 교점의 좌표와 같다.

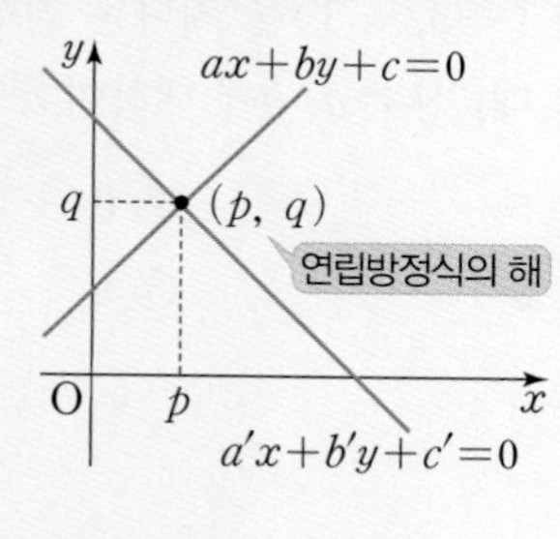

(2) 연립방정식 $\begin{cases} ax+by+c=0 \\ a'x+b'y+c'=0 \end{cases}$에서 두 일차방정식을 각각 일차함수의 그래프로 나타내었을 때 두 직선이

① 한 점에서 만나면 연립방정식의 해는 하나이다.

② 일치하면 연립방정식의 해는 무수히 많다.

③ 평행하면 연립방정식의 해는 없다.

2135 대표문제

두 일차방정식 $x-ay=9$, $x+2y=4$의 그래프의 교점이 존재하지 않을 때, 상수 a의 값은? (단, $a\neq0$)

① -4 ② -2 ③ -1

④ 2 ⑤ 4

2136

Level 1

두 일차방정식 $2x-y=2$, $x+3y=8$의 그래프의 교점의 좌표가 (a, b)일 때, $a+b$의 값을 구하시오.

2137

Level 2

연립방정식 $\begin{cases} 2x-3y=2 \\ ax+by=4 \end{cases}$의 해가 무수히 많을 때, 상수 a, b에 대하여 $a+b$의 값은? (단, $b\neq0$)

① -10 ② -8 ③ -6

④ -4 ⑤ -2

2138

Level 2

두 직선 $ax-2y+4=0$, $2x+y+7=0$의 교점이 오직 한 개이기 위한 상수 a의 조건은?

① $a\neq-4$ ② $a\neq-2$ ③ $a\neq0$

④ $a=-4$ ⑤ $a=-2$

2139

Level 2

연립방정식 $\begin{cases} ax+y=1 \\ 2x+by=8 \end{cases}$의 해를 구하기 위해 두 일차방정식의 그래프를 그렸더니 그림과 같았다. 상수 a, b에 대하여 $\dfrac{a}{b}$의 값은?

① -2 ② -1 ③ 1

④ 2 ⑤ 3

실전 유형 1 한 점과 기울기가 주어진 직선의 방정식 빈출유형

(1) 기울기가 m이고 점 (x_1, y_1)을 지나는 직선의 방정식은

$$y-y_1=m(x-x_1)$$

(2) 기울기가 m이고 y절편이 n인 직선의 방정식은

$$y=mx+n$$

참고 직선이 x축의 양의 방향과 이루는 각의 크기가 θ $(0^\circ \le \theta < 90^\circ)$일 때, 직선의 기울기 m은 $m=\tan\theta$

2140 대표문제

두 점 $(-3, -2)$, $(-5, 2)$를 이은 선분의 중점을 지나고, 기울기가 -2인 직선의 방정식은?

① $y=-2x-6$ ② $y=-2x-8$
③ $y=-2x-10$ ④ $y=2x-8$
⑤ $y=2x-10$

2141 Level 1

점 $(2, -1)$을 지나고 기울기가 -3인 직선의 x절편을 a, y절편을 b라 할 때, $3a+b$의 값은?

① 2 ② 4 ③ 6
④ 8 ⑤ 10

2142 Level 1

점 $(-1, 2)$를 지나고 직선 $x-2y-4=0$과 평행한 직선의 방정식은?

① $x+2y-3=0$ ② $x-2y+1=0$
③ $x-2y+5=0$ ④ $2x-y+4=0$
⑤ $2x+y=0$

2143 Level 1

점 $(-3, -1)$을 지나는 직선 $ax-y+b=0$의 기울기가 2일 때, 상수 a, b에 대하여 $a+b$의 값은?

① 5 ② 6 ③ 7
④ 8 ⑤ 9

2144 Level 2

두 점 $(3, 2)$, $(7, -4)$를 이은 선분의 중점을 지나고 기울기가 $-\frac{1}{2}$인 직선의 방정식을 $ax+by+3=0$이라 할 때, 상수 a, b에 대하여 $a+b$의 값은?

① -5 ② -3 ③ -1
④ 1 ⑤ 3

2145 Level 2

기울기가 4이고 두 점 $(a-1, -4)$, $(4, a+1)$을 지나는 직선의 x절편은?

① -5 ② -3 ③ -1
④ 1 ⑤ 3

2146

Level 2

직선 $ax+by+8=0$이 직선 $2x-3y+11=0$과 기울기가 같고 점 $(-1, 2)$를 지날 때, 직선 $y=ax+b$의 x절편을 구하시오. (단, a, b는 상수이다.)

2147

Level 2

직선 $y=mx-n-1$이 x축의 양의 방향과 이루는 각의 크기가 $45°$이고, y절편이 -5일 때, 상수 m, n에 대하여 $m+n$의 값을 구하시오.

2148

Level 2

점 $(2\sqrt{3}, 4)$를 지나고 x축의 양의 방향과 이루는 각의 크기가 $60°$인 직선의 방정식이 $ax+by-2=0$일 때, 상수 a, b에 대하여 a^2+b^2의 값은?

① 3 ② 4 ③ 5
④ 6 ⑤ 7

실전유형 2 두 점을 지나는 직선의 방정식

빈출유형

두 점 (x_1, y_1), (x_2, y_2)를 지나는 직선의 방정식은

(1) $x_1 \neq x_2$이면 $y-y_1=\frac{y_2-y_1}{x_2-x_1}(x-x_1)$

(2) $x_1=x_2$이면 $x=x_1$

참고 $y_1=y_2$이면 $y=y_1$

2149 대표문제

두 점 $(2, 1)$, $(0, -3)$을 지나는 직선 위에 두 점 $(a, -11)$, $(6, b)$가 있을 때, $a+b$의 값은?

① -5 ② -3 ③ -1
④ 1 ⑤ 5

2150

Level 1

두 점 $(-3, 2)$, $(2, -3)$을 지나는 직선의 방정식을 구하시오.

2151

Level 1

두 점 $(1, 4)$, $(2, 7)$을 지나는 직선이 점 $(k, -5)$를 지날 때, k의 값을 구하시오.

2152

Level 1

두 점 $(1, 3)$, $(-3, a)$를 지나는 직선의 y절편이 2일 때, a의 값은?

① -2 ② -1 ③ 0
④ 1 ⑤ 2

2153

Level 2

세 점 $A(4, 6)$, $B(5, 2)$, $C(0, 4)$를 꼭짓점으로 하는 삼각형 ABC의 무게중심을 G라 할 때, 직선 CG의 방정식을 구하시오.

2154

Level 2

세 점 $A(-3, 0)$, $B(0, 6)$, $C(3, 2)$에 대하여 선분 AB를 $2:1$로 내분하는 점을 D라 할 때, 두 점 C, D를 지나는 직선의 방정식이 $y=ax+b$이다. 상수 a, b에 대하여 $a+b$의 값은?

① -7 ② -4 ③ -3
④ 3 ⑤ 4

2155

Level 2

어떤 기체는 일정한 압력에서 온도가 15 ℃일 때 부피가 48 L이고, 온도가 27 ℃일 때 부피가 50 L이다. 이 기체의 온도가 x ℃일 때 부피를 y L라 하고 x와 y 사이의 관계를 그래프로 나타내면 그림과 같다. 이 기체의 부피가 55 L일 때의 온도는?

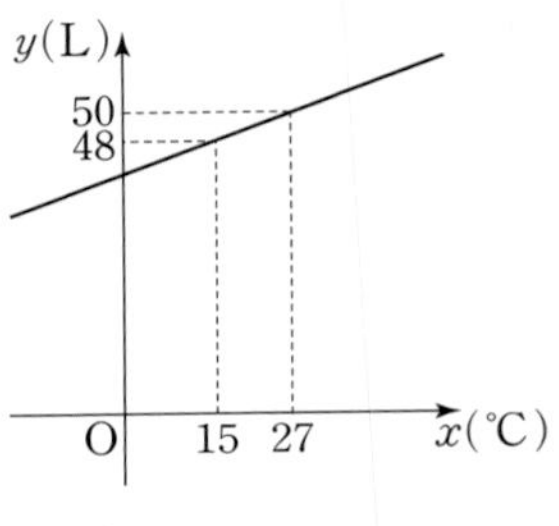

① 55 ℃ ② 56 ℃ ③ 57 ℃
④ 58 ℃ ⑤ 59 ℃

2156

Level 2

두 점 $A(-4, 13)$, $B(26, -2)$를 이은 선분 AB 위의 점 중에서 x좌표와 y좌표가 모두 정수인 점의 개수는?

① 12 ② 13 ③ 14
④ 15 ⑤ 16

2157

Level 2

그림과 같이 네 점 O(0, 0), A(6, 0), B(6, 6), C(1, 7)을 꼭짓점으로 하는 사각형 OABC가 있다. 사각형 OABC의 두 대각선의 교점의 좌표는?

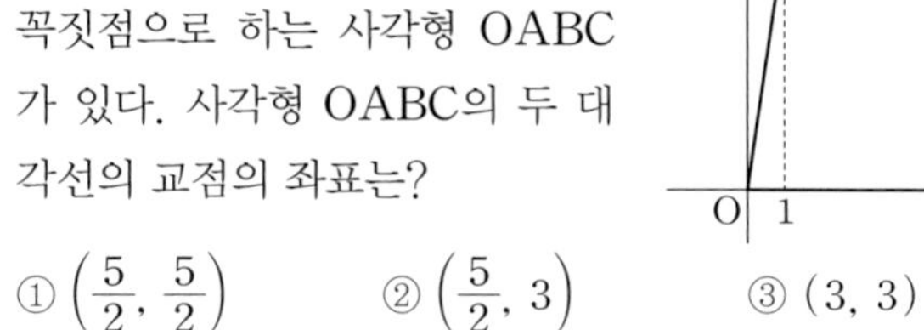

① $\left(\frac{5}{2}, \frac{5}{2}\right)$　② $\left(\frac{5}{2}, 3\right)$　③ $(3, 3)$

④ $\left(3, \frac{7}{2}\right)$　⑤ $\left(\frac{7}{2}, \frac{7}{2}\right)$

2158

Level 3

이차함수 $f(x)=x^2+4ax+a$의 그래프의 꼭짓점을 A, 이 이차함수의 그래프가 y축과 만나는 점을 B라 할 때, 두 점 A, B를 지나는 직선의 x절편은?

(단, a는 상수이고 $a\neq0$이다.)

① $-\frac{5}{2}$　② -2　③ $-\frac{3}{2}$

④ -1　⑤ $-\frac{1}{2}$

실전유형 3 x절편과 y절편이 주어진 직선의 방정식

x절편이 a, y절편이 b인 직선의 방정식은

➜ $\frac{x}{a}+\frac{y}{b}=1$ (단, $a\neq0$, $b\neq0$)

2159 대표문제

x절편이 3이고, y절편이 -6인 직선이 점 $(-3, a)$를 지날 때, a의 값을 구하시오.

2160

Level 1

x절편이 a, y절편이 b인 직선의 방정식을 구하는 과정에서 (가), (나), (다), (라)에 알맞은 것은?

(단, a, b는 실수이고, $ab\neq0$이다.)

> x절편이 a이고, y절편이 b인 직선은
> 두 점 ((가) , 0), (0, (나))를 지나므로
> 구하는 직선의 방정식은
> $y-\boxed{(나)}=\frac{\boxed{(나)}-0}{0-\boxed{(가)}}(x-0)$
> $\therefore \frac{x}{\boxed{(다)}}+\frac{y}{\boxed{(라)}}=1$

	(가)	(나)	(다)	(라)
①	$-a$	b	$-a$	b
②	$-a$	$-b$	$-a$	$-b$
③	a	b	a	b
④	a	b	a	$-b$
⑤	a	$-b$	a	$-b$

2161

Level 2

직선 $\frac{x}{2}+\frac{y}{4}=1$과 x축의 교점을 P, 직선 $\frac{x}{3}-\frac{y}{4}=2$와 y축의 교점을 Q라 할 때, 직선 PQ의 방정식은?

① $\frac{x}{2}-\frac{y}{8}=1$ ② $\frac{x}{2}-\frac{y}{4}=1$ ③ $\frac{x}{3}+\frac{y}{6}=1$
④ $\frac{x}{3}+\frac{y}{3}=1$ ⑤ $\frac{x}{3}-\frac{y}{3}=1$

2162

Level 2

x절편과 y절편의 절댓값이 같고 부호가 반대인 직선이 점 $(3,\ -3)$을 지날 때, 이 직선의 x절편을 구하시오.
(단, x절편과 y절편은 0이 아니다.)

2163

Level 2

점 $(6,\ -1)$을 지나고 x절편이 y절편의 3배인 직선의 방정식을 구하시오. (단, y절편은 0이 아니다.)

2164

Level 2

직선 $\frac{x}{8}+\frac{y}{a}=1$과 x축, y축으로 둘러싸인 부분의 넓이가 20일 때, 양수 a의 값은?

① 2 ② 3 ③ 4
④ 5 ⑤ 6

2165

Level 2

그림과 같이 직선 $\frac{x}{4}+\frac{y}{2}=1$이 x축과 만나는 점을 A, y축과 만나는 점을 B라 할 때, 사각형 ABCD는 정사각형이다. 이때 직선 CD의 y절편을 구하시오. (단, 두 점 C, D는 제1사분면 위의 점이다.)

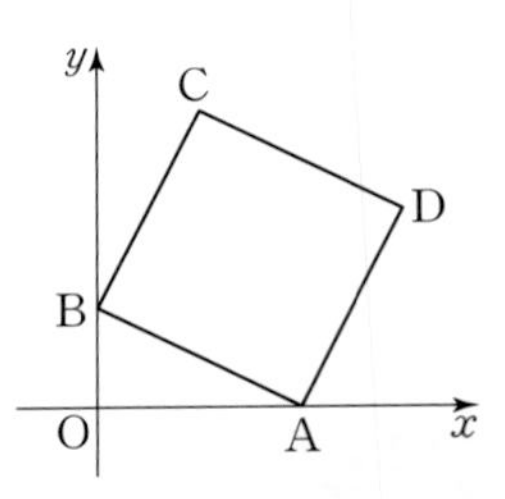

2166

Level 2

직선 $x+ay=2a$가 x축, y축에 의하여 잘린 선분의 길이가 8일 때, 양수 a의 값은?

① $2\sqrt{3}$ ② $\sqrt{13}$ ③ $\sqrt{14}$
④ $\sqrt{15}$ ⑤ 4

실전유형 4 세 점이 한 직선 위에 있을 조건

서로 다른 세 점 A, B, C가 한 직선 위에 있는 경우
(1) 세 점 중 두 점을 지나는 직선의 기울기는 서로 같다.
→ (직선 AB의 기울기)=(직선 AC의 기울기)
=(직선 BC의 기울기)
(2) 두 점을 지나는 직선 위에 나머지 한 점이 있다.

참고 서로 다른 세 점 A, B, C가 한 직선 위에 있을 때, 세 점 A, B, C는 삼각형을 이루지 않는다.

2167 대표문제

세 점 $(-2, -4)$, $(a-2, 2)$, $(a-1, 2a+1)$이 한 직선 위에 있을 때, 이 직선의 방정식을 구하시오. (단, $a>0$)

2168 Level 2

세 점 $A(-1, 7)$, $B(2, 1)$, $C(a, 2a)$가 한 직선 위에 있도록 하는 a의 값은?

① $\frac{5}{4}$ ② $\frac{17}{8}$ ③ $\frac{23}{8}$
④ $\frac{31}{8}$ ⑤ 4

2169 Level 2

세 점 $A(-1, 5)$, $B(a, -11)$, $C(1, -a)$가 한 직선 위에 있다. 이 직선이 점 $(-2, k)$를 지날 때, k의 값은? (단, $a>0$)

① 5 ② 6 ③ 7
④ 8 ⑤ 9

2170 Level 2

네 점 $A(1, 3)$, $B(a, -1)$, $C(a+3, 5)$, $D(b, a+8)$이 한 직선 위에 있을 때, $a+b$의 값은?

① 2 ② 3 ③ 4
④ 5 ⑤ 6

2171 Level 2

세 점 $A(-2k+1, 5)$, $B(1, 2k)$, $C(3k-1, k+1)$이 삼각형을 이루지 않을 때, 정수 k의 값은?

① -2 ② -1 ③ 0
④ 1 ⑤ 2

다음은 이 유형에서 출제된 최근 교육청・평가원 기출문제입니다.

2172 • 교육청 2020년 9월 Level 2

좌표평면 위의 서로 다른 세 점 $A(-1, a)$, $B(1, 1)$, $C(a, -7)$이 한 직선 위에 있도록 하는 양수 a의 값은?

① 5 ② 6 ③ 7
④ 8 ⑤ 9

실전유형 5 도형의 넓이를 등분하는 직선의 방정식

복합유형

(1) 삼각형의 넓이를 이등분하는 직선은 꼭짓점과 대변의 중점을 지난다.

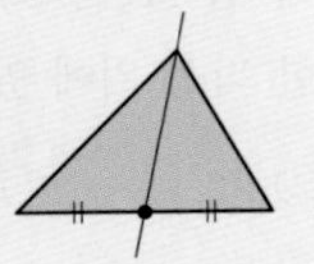

(2) 정사각형, 직사각형, 마름모, 평행사변형의 넓이를 이등분하는 직선은 두 대각선의 교점을 지난다.

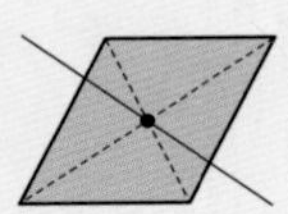

(3) 원의 넓이를 이등분하는 직선은 원의 중심을 지난다.

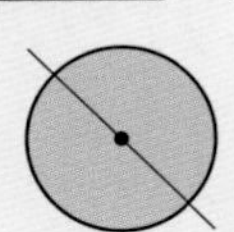

2173 대표문제

그림과 같이 좌표평면 위에 있는 두 직사각형의 넓이를 동시에 이등분하는 직선의 x절편은?

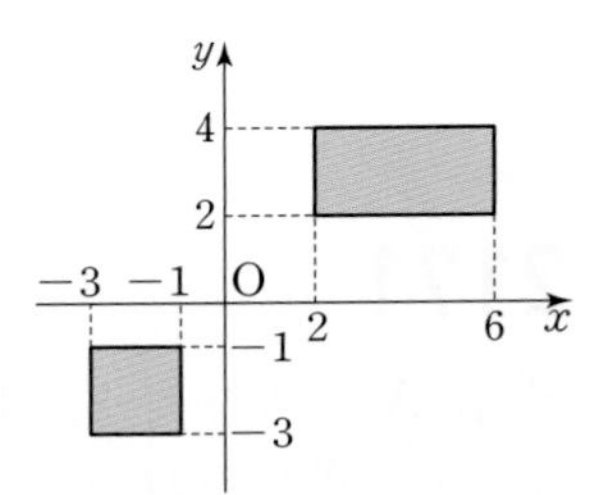

① $\frac{1}{5}$　② $\frac{2}{5}$　③ $\frac{3}{5}$　④ $\frac{4}{5}$　⑤ 1

2174

Level 2

세 점 A$(1, 3)$, B$(-6, 0)$, C$(4, -2)$에 대하여 점 A를 지나는 직선 l이 삼각형 ABC의 넓이를 이등분할 때, 직선 l의 방정식은?

① $x+y-4=0$　② $x-3y+8=0$　③ $2x-y+1=0$　④ $2x+y-5=0$　⑤ $3x-2y+3=0$

2175

Level 2

세 점 A$(3, 6)$, B$(-2, 1)$, C$(4, -1)$을 꼭짓점으로 하는 삼각형 ABC에 대하여 점 A를 지나고, 삼각형 ABC의 넓이를 이등분하는 직선이 점 $(2, a)$를 지날 때, a의 값은?

① 2　② 3　③ 7　④ 8　⑤ 10

2176

Level 2

직선 $\frac{x}{3}+\frac{y}{5}=1$과 x축, y축으로 둘러싸인 부분의 넓이를 직선 $y=mx$가 이등분할 때, 상수 m의 값은?

① $\frac{1}{2}$　② $\frac{2}{3}$　③ $\frac{4}{3}$　④ $\frac{3}{2}$　⑤ $\frac{5}{3}$

2177

Level 2

네 점 A$(1, 6)$, B$(1, 4)$, C$(5, 4)$, D$(5, 6)$을 꼭짓점으로 하는 사각형 ABCD가 있다. 사각형 ABCD의 넓이를 이등분하고 점 $(4, -2)$를 지나는 직선이 점 $(5, a)$를 지날 때, a의 값을 구하시오.

2178

Level 2

그림과 같이 좌표평면 위에 있는 정사각형 ABCD와 직사각형 EFGH의 넓이를 동시에 이등분하는 직선의 기울기는?

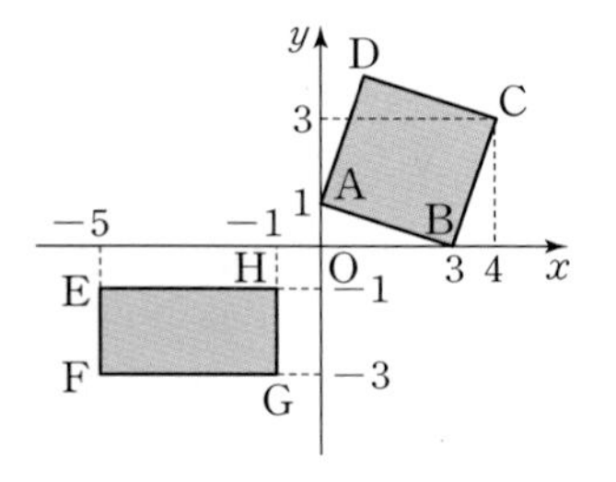

① $\frac{2}{3}$　② $\frac{3}{4}$　③ $\frac{4}{5}$

④ $\frac{5}{4}$　⑤ $\frac{3}{2}$

2179

Level 2

그림과 같이 좌표평면 위에 있는 원의 넓이가 두 직선 $y=ax$, $y=bx+c$에 의하여 사등분될 때, 상수 a, b, c에 대하여 abc의 값은?

① 6　② 8

③ 10　④ 12

⑤ 14

2180

Level 2

그림과 같이 세 점 A(1, 3), B(−4, −1), C(5, −4)를 꼭짓점으로 하는 삼각형 ABC가 점 A를 지나는 직선 l에 의하여 두 부분으로 나누어진다. 삼각형 ABC의 넓이를 S, 색칠한 부분의 넓이를 S_1이라 하자. $S=3S_1$일 때, 직선 l의 x절편은?

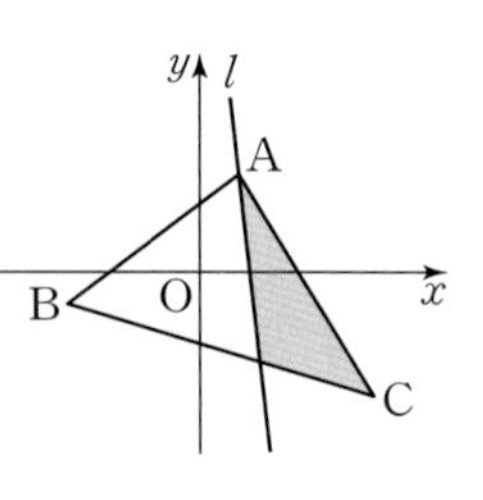

① $\frac{5}{4}$　② $\frac{4}{3}$　③ $\frac{3}{2}$

④ $\frac{5}{3}$　⑤ $\frac{7}{4}$

2181

Level 3

직선 $y=-x+k$가 세 점 O(0, 0), A(4, 0), B(3, 4)를 꼭짓점으로 하는 삼각형 OAB의 넓이를 이등분할 때, 상수 k의 값을 구하시오.

2182 고난도

Level 3

그림과 같이 꼭짓점의 좌표가 O(0, 0), A(6, 0), B(3, 4), C(0, 4)인 사다리꼴 OABC가 있다. 원점을 지나는 직선이 사다리꼴 OABC의 넓이를 이등분할 때, 이 직선의 기울기는?

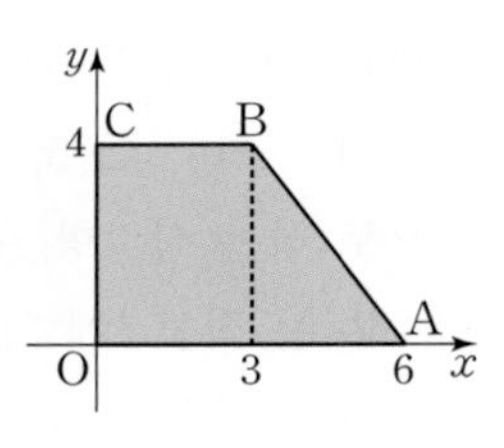

① $\frac{1}{2}$　② $\frac{2}{3}$　③ $\frac{3}{4}$

④ $\frac{4}{5}$　⑤ $\frac{5}{6}$

+Plus 문제

다음은 이 유형에서 출제된 최근 교육청 • 평가원 기출문제입니다.

2183 • 교육청 2019년 9월

Level 2

직선 $y=\frac{1}{3}x$ 위의 두 점 A(3, 1), B(a, b)가 있다. 제2사분면 위의 한 점 C에 대하여 삼각형 BOC와 삼각형 OAC의 넓이의 비가 2 : 1일 때, $a+b$의 값은?

(단, $a<0$이고, O는 원점이다.)

① -8　② -7　③ -6

④ -5　⑤ -4

실전유형 6 직선 $ax+by+c=0$의 개형

(1) 직선의 방정식 $ax+by+c=0$ $(b\neq0)$을 $y=-\frac{a}{b}x-\frac{c}{b}$ 꼴로 변형하면

① 직선의 기울기 : $-\frac{a}{b}$

② x절편 : $-\frac{c}{a}$, y절편 : $-\frac{c}{b}$

(2) 직선 $ax+by+c=0$ $(b\neq0)$에 대하여 ab, bc, ca의 부호를 알 때

① ab의 부호 : 기울기의 부호를 결정

② bc의 부호 : y절편의 위치를 결정

③ ca의 부호 : x절편의 위치를 결정

2184 대표문제

$ab<0$, $bc<0$일 때, 다음 중 직선 $ax+by+c=0$의 개형으로 알맞은 것은?

①
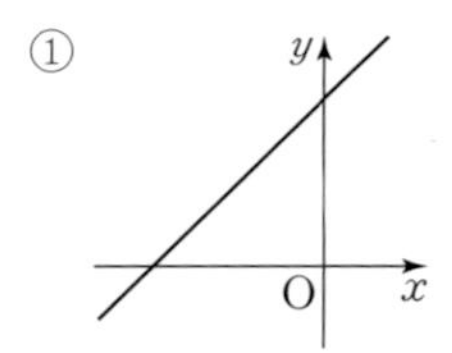

②
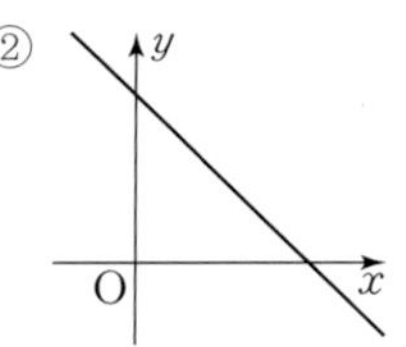

③
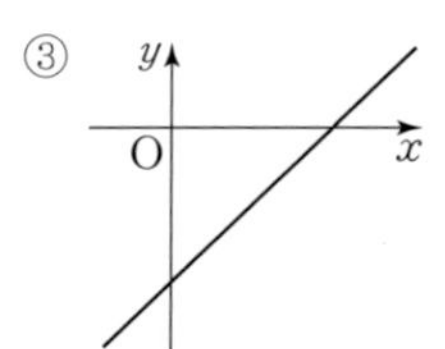

④
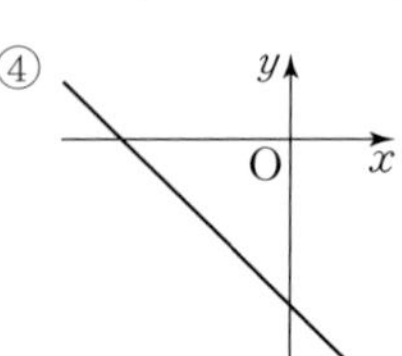

⑤
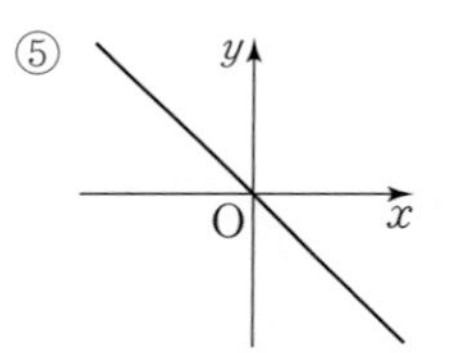

2185

Level 2

세 상수 a, b, c에 대하여 $ac<0$, $bc<0$일 때, 직선 $ax+by+c=0$이 지나지 않는 사분면은?

① 제1사분면　② 제2사분면　③ 제3사분면

④ 제4사분면　⑤ 제1, 3사분면

2186

Level 2

직선 $ax+by-2=0$이 그림과 같을 때, 다음 중 직선 $bx-y-a=0$의 개형으로 알맞은 것은? (단, a, b는 상수이다.)

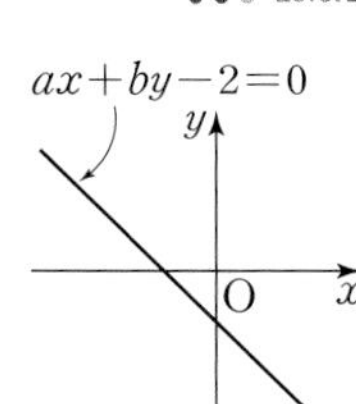

①
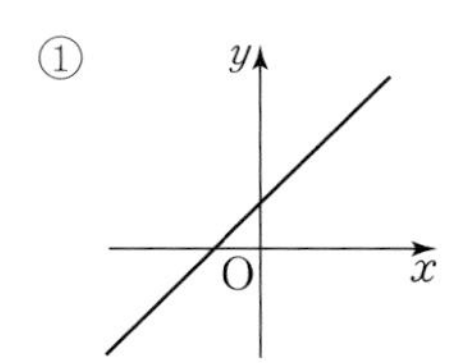

②
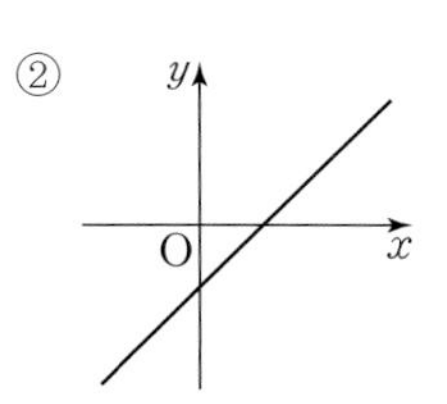

③
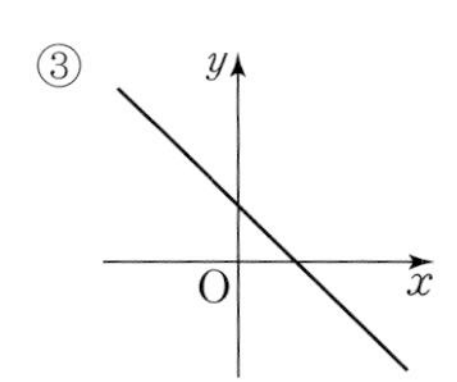

④
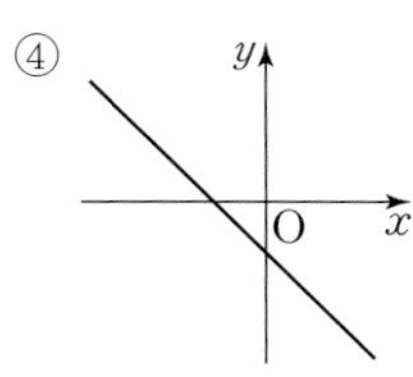

⑤

2187

Level 2

직선 $ax+by+c=0$이 그림과 같을 때, 직선 $cx+ay+b=0$이 지나지 않는 사분면은?

(단, a, b, c는 상수이다.)

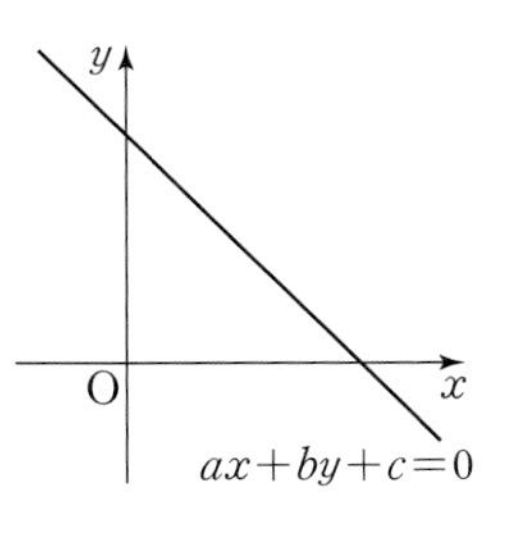

① 제1사분면 ② 제2사분면
③ 제3사분면 ④ 제4사분면
⑤ 제1, 2사분면

실전유형 7 정점을 지나는 직선의 방정식

빈출유형

직선 $ax+by+c+k(a'x+b'y+c')=0$은 실수 k의 값에 관계없이 항상 두 직선 $ax+by+c=0$, $a'x+b'y+c'=0$의 교점을 지난다.

2188 대표문제

직선 $(k-2)x+(2k-3)y+4k-3=0$은 실수 k의 값에 관계없이 항상 점 P를 지날 때, 점 P를 지나고 기울기가 1인 직선의 방정식은?

① $y=x-11$ ② $y=x-8$ ③ $y=x-6$
④ $y=x+10$ ⑤ $y=x+12$

2189

Level 1

직선 $mx+y-3m-4=0$이 실수 m의 값에 관계없이 항상 점 P를 지날 때, 선분 OP의 길이를 구하시오.

(단, O는 원점이다.)

2190

Level 1

직선 $(k-2)x+(k+1)y-6=0$이 임의의 실수 k에 대하여 항상 점 (a, b)를 지난다. 이때 $b-a$의 값은?

① -4 ② -3 ③ 2
④ 3 ⑤ 4

2191

Level 2

점 (a, b)가 직선 $x-3y+2=0$ 위에 있을 때, 직선 $ax-by=4$는 항상 점 (p, q)를 지난다. 이때 $p+q$의 값을 구하시오. (단, a, b는 실수이다.)

2192

Level 2

직선 $(2+k)x+(k-2)y=4k$에 대한 설명으로 〈**보기**〉에서 옳은 것만을 있는 대로 고른 것은? (단, k는 실수이다.)

〈보기〉

ㄱ. $k=0$일 때, 직선 $y=x$와 일치한다.
ㄴ. $k=2$일 때, x축과 평행하다.
ㄷ. k의 값에 관계없이 점 $(2, 2)$를 지난다.

① ㄱ ② ㄷ ③ ㄱ, ㄴ
④ ㄱ, ㄷ ⑤ ㄱ, ㄴ, ㄷ

2193

Level 2

직선 $mx-y-3m+1=0$이 세 점 $\mathrm{A}(-2, 0)$, $\mathrm{B}(1, -2)$, $\mathrm{C}(0, 3)$을 꼭짓점으로 하는 삼각형 ABC와 만나도록 하는 실수 m의 값의 범위가 $a\le m\le b$일 때, 실수 a, b에 대하여 ab의 값은?

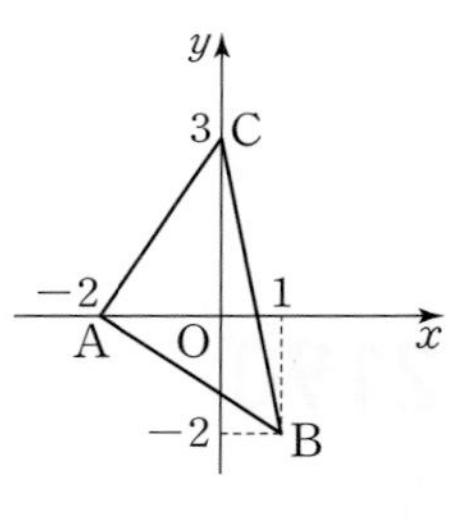

① -1 ② $-\frac{1}{2}$ ③ $\frac{1}{2}$
④ 1 ⑤ $\frac{3}{2}$

2194

Level 2

직선 $mx-y+2m-4=0$이 그림의 직사각형과 만나도록 하는 실수 m의 최댓값을 구하시오.

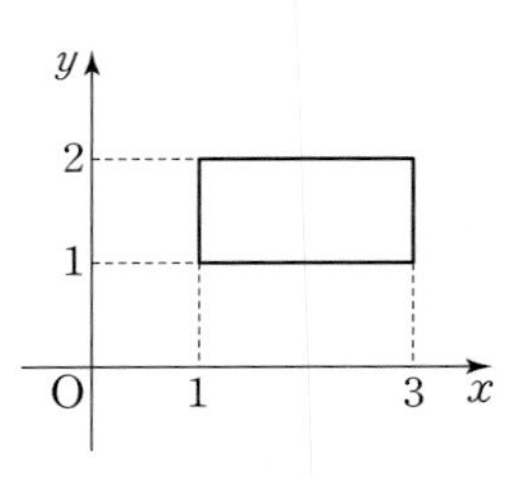

2195

Level 2

두 직선 $x+2y-2=0$, $ax-y+2a+3=0$이 제1사분면에서 만나도록 하는 실수 a의 값의 범위를 구하시오.

2196 신경향

Level 3

직선 $y=ax+3-2a$와 함수 $y=|x|$의 그래프가 서로 다른 두 점에서 만날 때, 실수 a의 값의 범위는?

① $-1\le a\le 1$ ② $-1<a<1$ ③ $-2\le a\le 2$
④ $-2<a<2$ ⑤ $-3\le a\le 3$

+Plus 문제

실전유형 8 두 직선의 교점을 지나는 직선의 방정식

두 직선 $ax+by+c=0$, $a'x+b'y+c'=0$의 교점과 점 (p, q)를 지나는 직선의 방정식은 다음과 같은 순서로 구한다.

❶ $ax+by+c+k(a'x+b'y+c')=0$ (k는 실수) ·············· ㉠ 으로 놓는다.

❷ ㉠의 식에 $x=p$, $y=q$를 대입하여 실수 k의 값을 구한다.

❸ 구한 k의 값을 ㉠에 대입하여 직선의 방정식을 구한다.

2197 대표문제

두 직선 $2x+3y-2=0$, $x-2y-1=0$의 교점과 점 $(2, -1)$을 지나는 직선의 방정식은?

① $y=-x-3$　② $y=-x-2$　③ $y=-x-1$
④ $y=-x+1$　⑤ $y=-x+2$

2198

Level 1

두 직선 $x-2y+3=0$, $2x+3y-8=0$의 교점을 지나고 기울기가 -3인 직선의 x절편은?

① $-\frac{5}{3}$　② -1　③ $\frac{2}{3}$
④ 1　⑤ $\frac{5}{3}$

2199

Level 2

두 직선 $2x-y-1=0$, $x+3y+3=0$의 교점과 점 $(2, 0)$을 지나는 직선을 l이라 할 때, 직선 l, x축, y축으로 둘러싸인 부분의 넓이는?

① $\frac{1}{2}$　② 1　③ $\frac{3}{2}$
④ 2　⑤ $\frac{5}{2}$

2200

Level 2

두 직선 $x-2y+2=0$, $2x+y-6=0$의 교점을 지나고 기울기가 -1인 직선이 x축과 만나는 점을 P, y축과 만나는 점을 Q라 할 때, 선분 PQ의 길이를 구하시오.

2201

Level 2

직선 $(x+2y-1)+k(3x-2y+5)=0$에 대한 설명으로 〈보기〉에서 옳은 것만을 있는 대로 고른 것은? (단, k는 실수이다.)

〈보기〉

ㄱ. 두 직선 $x+2y=1$, $3x-2y=-5$의 교점을 지난다.

ㄴ. $k=-1$일 때, 직선의 기울기는 $\frac{1}{4}$이다.

ㄷ. y축에 평행하도록 하는 실수 k의 값이 존재한다.

① ㄱ　② ㄱ, ㄴ　③ ㄱ, ㄷ
④ ㄴ, ㄷ　⑤ ㄱ, ㄴ, ㄷ

실전유형 9 두 직선의 위치 관계

두 직선의 위치 관계	$\begin{cases} y=mx+n \\ y=m'x+n' \end{cases}$	$\begin{cases} ax+by+c=0 \\ a'x+b'y+c'=0 \end{cases}$
평행하다.	$m=m'$, $n\neq n'$	$\frac{a}{a'}=\frac{b}{b'}\neq\frac{c}{c'}$
일치한다.	$m=m'$, $n=n'$	$\frac{a}{a'}=\frac{b}{b'}=\frac{c}{c'}$
수직이다.	$mm'=-1$	$aa'+bb'=0$

참고 두 직선의 교점이 2개 이상일 때, 두 직선은 일치한다.

2202 대표문제

두 직선 $x+ay+3=0$, $(a-4)x+5y+3=0$이 서로 평행할 때, 상수 a의 값은?

① -3　② -1　③ 2　④ 3　⑤ 4

2203 Level 1

직선 $4x+6y=7$과 평행한 직선과 수직인 직선을 〈보기〉에서 찾아 순서대로 적은 것은?

〈보기〉
ㄱ. $y=\frac{2}{3}x+1$　ㄴ. $y=-\frac{2}{3}x+2$
ㄷ. $y=\frac{3}{2}x+3$　ㄹ. $y=-\frac{3}{2}x+4$

① ㄱ, ㄴ　② ㄱ, ㄷ　③ ㄴ, ㄷ　④ ㄴ, ㄹ　⑤ ㄷ, ㄹ

2204 Level 1

두 직선 $ax+(a-2)y-11=0$, $(a-2)x-3y+8=0$이 서로 수직일 때, 모든 상수 a의 값의 합을 구하시오.

2205 Level 2

두 직선 $ax-y+b=0$, $x+by+a=0$이 일치할 때, 직선 $ax+by-b=0$의 x절편은? (단, a, b는 0이 아닌 실수이다.)

① -1　② 1　③ 2　④ 3　⑤ 4

2206 Level 2

두 직선 $y=(k+1)x+k$, $y=\frac{6}{k}x+2k$에 대한 설명으로 〈보기〉에서 옳은 것만을 있는 대로 고른 것은? (단, $k\neq 0$)

〈보기〉
ㄱ. $k=-3$일 때, 두 직선은 서로 평행하다.
ㄴ. $k=2$일 때, 두 직선은 일치한다.
ㄷ. $k=-\frac{6}{7}$일 때, 두 직선은 서로 수직이다.

① ㄱ　② ㄱ, ㄴ　③ ㄴ, ㄷ　④ ㄱ, ㄷ　⑤ ㄱ, ㄴ, ㄷ

2207

Level 2

직선 l의 방정식이

$l:(1+2k)x+(1-k)y+2-k=0$

일 때, 〈**보기**〉에서 옳은 것만을 있는 대로 고른 것은?

(단, k는 실수이다.)

〈**보기**〉

ㄱ. $k=1$일 때, 직선 l은 y축과 평행하다.

ㄴ. $k=4$일 때, 직선 l은 직선 $x+3y+4=0$과 서로 수직이다.

ㄷ. $k=-1$일 때, 직선 l은 직선 $x-2y=0$과 한 점에서 만난다.

① ㄱ　② ㄴ　③ ㄱ, ㄴ　④ ㄴ, ㄷ　⑤ ㄱ, ㄴ, ㄷ

2208

Level 2

두 직선 $ax-y-1=0$, $x-by+c=0$이 점 $(1,\ 2)$에서 서로 수직으로 만날 때, 상수 a, b, c에 대하여 $a+b+c$의 값은?

① -7　② -1　③ 0　④ 1　⑤ 7

2209

Level 2

두 직선 $4x+2y-11=0$, $x+3y-7=0$의 교점을 지나는 직선 중 직선 $7x+y+9=0$과 만나지 않는 직선의 방정식이 $ax+y+b=0$일 때, 상수 a, b에 대하여 $a-b$의 값은?

① 20　② 21　③ 22　④ 23　⑤ 24

2210

Level 2

두 직선 $ax+3y-2=0$, $bx-ay+4=0$이 일치할 때의 상수 a의 값을 α, 서로 수직일 때의 상수 b의 값을 β라 할 때, $\alpha\beta$의 값은? (단, $a\neq0$)

① 12　② 14　③ 16　④ 18　⑤ 20

2211

Level 2

두 직선 $3x-ay+1=0$, $(a+2)x-y+a=0$이 서로 평행할 때, 일치할 때, 수직일 때의 상수 a의 값을 각각 α, β, γ라 할 때, $\dfrac{\alpha\beta}{\gamma}$의 값을 구하시오.

2212

Level 2

두 직선 $4x-(a+6)y+a=0$, $ax-2ay+1=0$이 두 개 이상의 교점을 가질 때, 상수 a의 값은?

① -2　② -1　③ $-\dfrac{1}{2}$　④ 1　⑤ 2

다음은 이 유형에서 출제된 최근 교육청 • 평가원 기출문제입니다.

2213 • 교육청 2020년 11월

Level 1

좌표평면에서 직선 $y=-\frac{1}{3}x+2$에 수직인 직선의 기울기를 구하시오.

2214 • 교육청 2019년 11월

Level 1

두 직선 $y=7x-1$과 $y=(3k-2)x+2$가 서로 평행할 때, 상수 k의 값은?

① 1 ② 2 ③ 3
④ 4 ⑤ 5

2215 • 교육청 2018년 03월

Level 1

두 직선 $x+y+2=0$, $(a+2)x-3y+1=0$이 서로 수직일 때, 상수 a의 값은?

① $\frac{1}{2}$ ② 1 ③ $\frac{3}{2}$
④ 2 ⑤ $\frac{5}{2}$

실전유형 10 세 직선의 위치 관계

서로 다른 세 직선이 삼각형을 이루지 않는 경우는 다음과 같다.

(1) 세 직선이 모두 평행할 때
→ 세 직선의 기울기가 모두 같다.
→ 세 직선이 좌표평면을 네 부분으로 나눈다.

(2) 세 직선 중 두 직선이 평행할 때
→ 두 직선의 기울기는 같고 다른 한 직선의 기울기는 다르다.
→ 세 직선이 좌표평면을 여섯 부분으로 나눈다.

(3) 세 직선이 한 점에서 만날 때
→ 두 직선의 교점을 다른 한 직선이 지난다.
→ 세 직선이 좌표평면을 여섯 부분으로 나눈다.

2216 대표문제

세 직선 $3x-2y+1=0$, $2x-3y+1=0$, $ax-y+5=0$의 교점이 2개가 되도록 하는 상수 a의 값을 모두 구하시오.

2217

Level 1

세 직선 $3x+y=5$, $x-3y=5$, $kx+y=-5$가 한 점에서 만날 때, 상수 k의 값은?

① -5 ② -4 ③ -3
④ -2 ⑤ -1

2218

Level 2

서로 다른 세 직선 $ax+y+1=0$, $6x+by+3=0$, $3x+y-5=0$에 의하여 좌표평면이 네 부분으로 나누어질 때, 상수 a, b에 대하여 $a+b$의 값을 구하시오.

2219

Level 2

세 직선 $y=-x+1$, $y=3x-7$, $y=ax+3$이 좌표평면을 여섯 개 부분으로 나눌 때, 자연수 a의 값은?

① 1　② 3　③ 4
④ 5　⑤ 7

2220

Level 2

세 직선 $ax-y+3=0$, $2x-y=0$, $x+y-1=0$으로 둘러싸인 도형이 직각삼각형이 되도록 하는 정수 a의 값을 구하시오.

2221

Level 3

세 직선 $y=-2x+1$, $y=ax+3$, $y=2x-1$이 삼각형을 이루지 않을 때, 모든 상수 a의 값의 합은?

① -6　② -3　③ 0
④ 3　⑤ 6

심화유형 11 평행한 직선과 수직인 직선의 활용

빈출유형

(1) 평행한 두 직선 ➜ 기울기는 같고 y절편이 다르다.
(2) 수직인 두 직선 ➜ 기울기의 곱이 -1이다.

2222

대표문제

두 점 A(1, 5), B(4, 2)에 대하여 선분 AB를 2 : 1로 내분하는 점을 지나고 직선 AB에 수직인 직선의 방정식을 $ax-y+b=0$이라 할 때, 상수 a, b에 대하여 $a+b$의 값은?

① 1　② 2　③ 3
④ 4　⑤ 5

2223

Level 1

점 (3, 1)을 지나고 직선 $3x-4y+7=0$에 평행한 직선이 점 $(a, -2)$를 지날 때, a의 값을 구하시오.

2224

Level 1

점 $(-2, 3)$을 지나고 직선 $8x+2y-1=0$에 수직인 직선이 점 $(a, 6)$을 지날 때, a의 값은?

① 4　② 6　③ 8
④ 10　⑤ 12

2225

Level 2

점 (2, 0)을 지나는 직선과 직선 $(2k+3)x-y+4=0$이 y축에서 수직으로 만날 때, 상수 k의 값은?

① $-\frac{5}{4}$　② -1　③ $-\frac{3}{4}$
④ $-\frac{1}{2}$　⑤ $-\frac{1}{4}$

2226

Level 2

그림과 같이 두 직선 l_1, l_2가 점 (6, 0)에서 수직으로 만난다. 직선 l_1의 y절편이 9일 때, 직선 l_2의 y절편은?

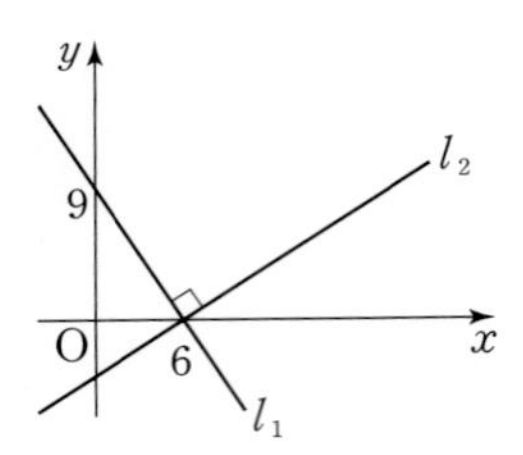

① -4　② $-\frac{11}{3}$
③ $-\frac{10}{3}$　④ -3
⑤ $-\frac{8}{3}$

2227

Level 2

그림과 같이 점 A(2, 4)에서 직선 $x+2y-2=0$에 내린 수선의 발을 H라 할 때, 선분 OH의 길이는?

(단, O는 원점이다.)

① $\frac{4}{5}$　② $\frac{3\sqrt{2}}{5}$
③ $\frac{2\sqrt{5}}{5}$　④ $\frac{2\sqrt{6}}{5}$
⑤ 1

2228

Level 2

직선 $x+3y=12$ 위의 점 중에서 원점에 가장 가까운 점의 좌표를 (a, b)라 할 때, $a+b$의 값은?

① $\frac{6}{5}$　② $\frac{12}{5}$　③ $\frac{18}{5}$
④ $\frac{24}{5}$　⑤ 6

2229

Level 2

점 A(0, 1)을 지나는 직선과 점 B(n, 1)을 지나는 직선이 점 P(4, 3)에서 수직으로 만난다. 삼각형 ABP의 무게중심의 좌표를 (a, b)라 할 때, $a+3b$의 값을 구하시오.

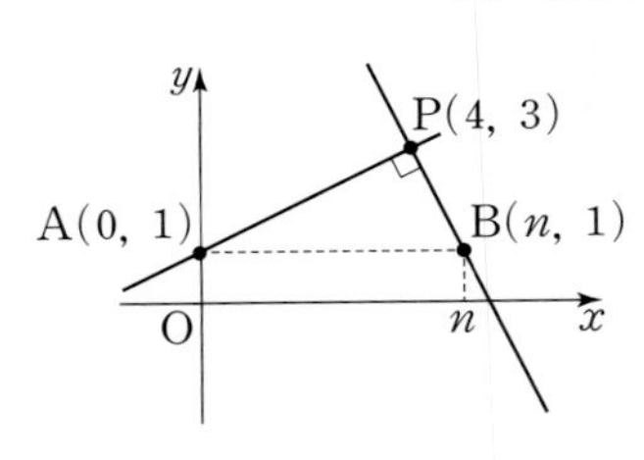

2230

Level 2

두 점 A(5, 1), B(a, b)에 대하여 선분 AB가 직선 $y=2x+1$과 수직으로 만나는 점을 P라 하자. $\overline{AP}:\overline{BP}=1:2$일 때, $a+b$의 값은?

① -2　② 0　③ 2
④ 4　⑤ 6

● 정답 및 풀이 383쪽

2231

Level 2

세 점 A(1, 4), B(−1, 2), C(3, 0)을 꼭짓점으로 하는 삼각형 ABC에 대하여 각 꼭짓점에서 대변에 내린 세 수선의 교점의 좌표는?

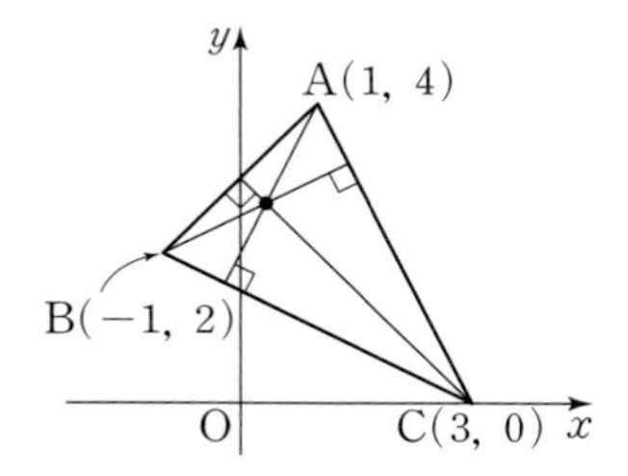

① $\left(\frac{1}{3}, \frac{7}{3}\right)$ ② $\left(\frac{1}{3}, \frac{8}{3}\right)$ ③ $\left(\frac{1}{3}, 3\right)$
④ $\left(\frac{2}{3}, \frac{8}{3}\right)$ ⑤ $\left(\frac{2}{3}, 3\right)$

2232

Level 2

양수 a에 대하여 점 P에서 수직으로 만나는 두 직선

$$ax+(3a-4)y+4=0,\ (a-3)x+y+a-4=0$$

이 있다. 점 P와 점 (0, −4)를 지나는 직선의 방정식이 $bx+cy+4=0$일 때, 상수 b, c에 대하여 $b+c$의 값은?

① 2 ② 3 ③ 5
④ 6 ⑤ 8

2233

Level 3

점 (1, 2)를 지나고 직선 $y=-2x+6$에 평행한 직선을 l, 수직인 직선을 m이라 할 때, 두 직선 l, m과 x축으로 둘러싸인 삼각형의 외심의 좌표는?

① $\left(-\frac{1}{2}, 0\right)$ ② $\left(-\frac{1}{2}, \frac{1}{2}\right)$ ③ $\left(-\frac{1}{3}, 0\right)$
④ $\left(-\frac{1}{3}, \frac{1}{3}\right)$ ⑤ $\left(\frac{1}{2}, \frac{1}{3}\right)$

다음은 이 유형에서 출제된 최근 교육청 · 평가원 기출문제입니다.

2234 · 교육청 2019년 9월

Level 3

0이 아닌 실수 m에 대하여 직선 $l : y=\frac{1}{m}x+2$ 위의 점 A(a, 4)에서 x축에 내린 수선의 발을 B라 하고, 점 B에서 직선 l에 내린 수선의 발을 H라 하자. 다음은 삼각형 OBH가 m의 값에 관계없이 이등변삼각형임을 보이는 과정이다.
(단, O는 원점이다.)

> 점 A(a, 4)는 직선 $l : y=\frac{1}{m}x+2$ 위의 점이므로
> $a=$ (가)
> 직선 BH는 직선 l에 수직이므로
> 직선 BH의 방정식은
> $y=-m(x-$ (가) $)$
> 직선 l과 직선 BH가 만나는 점 H의 좌표는
> $\mathrm{H}\left(\frac{2m^3-2m}{(나)}, \frac{4m^2}{(나)}\right)$
> 선분 OH의 길이는
> $\sqrt{\left(\frac{2m^3-2m}{(나)}\right)^2+\left(\frac{4m^2}{(나)}\right)^2}$
> $=\frac{|2m|}{(나)}\sqrt{m^4+(다)\times m^2+1}$
> $=|$ (가) $|$
> 이므로 선분 OH의 길이와 선분 OB의 길이가 서로 같다.
> 따라서 삼각형 OBH는 m의 값에 관계없이 이등변삼각형이다.

위의 (가), (나)에 알맞은 식을 각각 $f(m)$, $g(m)$이라 하고, (다)에 알맞은 수를 k라 할 때, $f(k)\times g(k)$의 값은?

① 14 ② 16 ③ 18
④ 20 ⑤ 22

+Plus 문제

실전 유형 12 수직이등분선의 방정식

선분 AB의 수직이등분선을 l이라 하면

① 직선 l은 선분 AB와 수직이므로
(직선 l의 기울기)×(직선 AB의 기울기) $=-1$

② 직선 l은 선분 AB의 중점 M을 지난다.

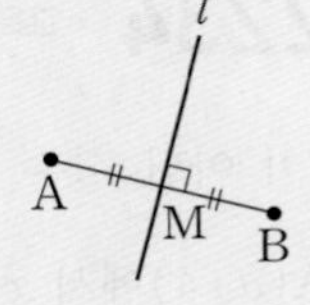

참고 선분 AB의 수직이등분선 위의 점을 $P(x, y)$라 하면
$\overline{PA}=\overline{PB}$

2235 대표문제

두 점 $A(5, -3)$, $B(1, 9)$에 대하여 선분 AB의 수직이등분선의 방정식은?

① $3x-y+6=0$　② $3x+y-6=0$
③ $x-3y-6=0$　④ $x+3y+6=0$
⑤ $x-3y+6=0$

2236 Level 1

두 점 $A(-1, -2)$, $B(3, 2)$를 이은 선분 AB의 수직이등분선이 점 $P(a, 2a-5)$를 지날 때, a의 값은?

① -1　② 0　③ 1
④ 2　⑤ 3

2237 Level 2

직선 $2x-3y+6=0$이 x축, y축과 만나는 점을 각각 A, B라 할 때, 선분 AB를 수직이등분하는 직선이 점 $\left(\frac{5}{2}, a\right)$를 지난다. 이때 a의 값을 구하시오.

2238 Level 2

두 점 $A(2, -1)$, $B(4, a)$를 이은 선분의 수직이등분선의 방정식이 $y=-\frac{1}{2}x+b$일 때, $2ab$의 값은?
(단, b는 상수이다.)

① 9　② 11　③ 13
④ 15　⑤ 17

2239 Level 3

그림과 같은 마름모 ABCD에 대하여 $A(1, 6)$, $C(n, 0)$이고, 대각선 AC의 길이가 10이다. 두 점 B, D를 지나는 직선 l의 방정식이 $l : 4x+ay+b=0$일 때, 상수 a, b에 대하여 $a-b$의 값을 구하시오. (단, $n>0$)

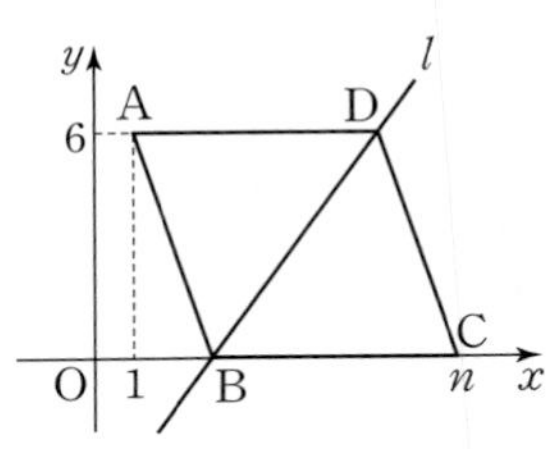

+Plus 문제

2240 고난도 Level 3

세 점 $A(5, 4)$, $B(9, 12)$, $C(0, 9)$에 대하여 삼각형 ABC의 세 변의 수직이등분선이 만나는 점의 좌표를 구하시오.

실전 유형 13 직선의 방정식과 삼각형의 넓이

여러 직선의 x절편, y절편, 교점 등을 이용하여 삼각형의 밑변의 길이와 높이를 구하면 삼각형의 넓이를 구할 수 있다.

2241 대표문제

그림과 같이 두 점 A(4, 3), B(8, -1)을 지나는 직선이 x축과 만나는 점을 P, y축과 만나는 점을 Q라 할 때, 삼각형 POQ의 넓이는?

(단, O는 원점이다.)

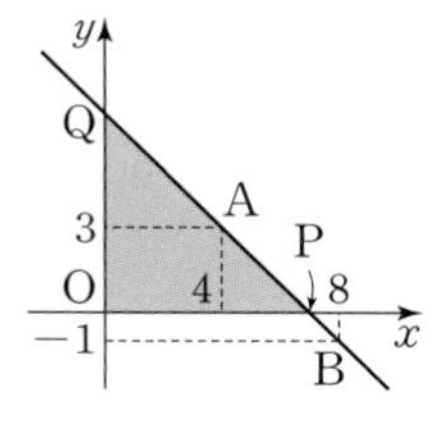

① 7　② $\frac{49}{4}$　③ 24　④ $\frac{49}{2}$　⑤ 49

2242

Level 2

두 직선 $3x-y-1=0$, $x+4y+4=0$의 교점과 점 (2, 0)을 지나는 직선 l에 대하여 직선 l과 x축, y축으로 둘러싸인 부분의 넓이를 구하시오.

2243

Level 2

직선 $2x+y-k=0$이 x축, 직선 $x=1$과 만나는 두 점을 각각 A, B라 하자. 삼각형 OAB의 넓이가 12일 때, 양수 k의 값은? (단, O는 원점이다.)

① 4　② 6　③ 8　④ 10　⑤ 12

2244

Level 2

두 점 A(-2, 9), B(10, -7)을 이은 선분 AB의 수직이등분선이 x축, y축과 만나는 점을 각각 P, Q라 할 때, 삼각형 OPQ의 넓이는? (단, O는 원점이다.)

① 2　② $\frac{8}{3}$　③ 3　④ $\frac{9}{2}$　⑤ 5

2245

Level 2

제3사분면을 지나지 않는 직선 $\frac{x}{a}+\frac{y}{b}=1$이 x축, y축과 만나는 점을 각각 A, B라 하자. $\overline{OA}+\overline{OB}=2\sqrt{6}$일 때, 삼각형 OAB의 넓이의 최댓값은?

(단, O는 원점이고, a, b는 상수이다.)

① 2　② 3　③ 4　④ 5　⑤ 6

2246

Level 2

세 점 O(0, 0), A(8, 4), B(7, 11)과 y축 위를 움직이는 점 C에 대하여 삼각형 OAB의 넓이와 삼각형 OAC의 넓이가 같을 때, 선분 OC의 길이를 구하시오.

(단, 점 C의 y좌표는 양수이다.)

2247

Level 2

세 점 $O(0,\ 0)$, $A(6,\ 2)$, $B(-2,\ 4)$에 대하여 직선 OB 위의 점 P가 다음 조건을 모두 만족시킬 때, 직선 PA의 y절편은?

(가) 점 P는 제2사분면 위의 점이다.
(나) 삼각형 OAP의 넓이는 삼각형 OAB의 넓이의 3배이다.

① 4　② 5　③ 6　④ 7　⑤ 8

다음은 이 유형에서 출제된 최근 교육청 · 평가원 기출문제입니다.

2248 · 교육청 2019년 3월

Level 2

그림과 같이 좌표평면에서 두 점 $A(2,\ 6)$, $B(8,\ 0)$에 대하여 일차함수 $y=\frac{1}{2}x+\frac{1}{2}$의 그래프가 x축과 만나는 점을 C, 선분 AB와 만나는 점을 D라 할 때, 삼각형 CBD의 넓이는?

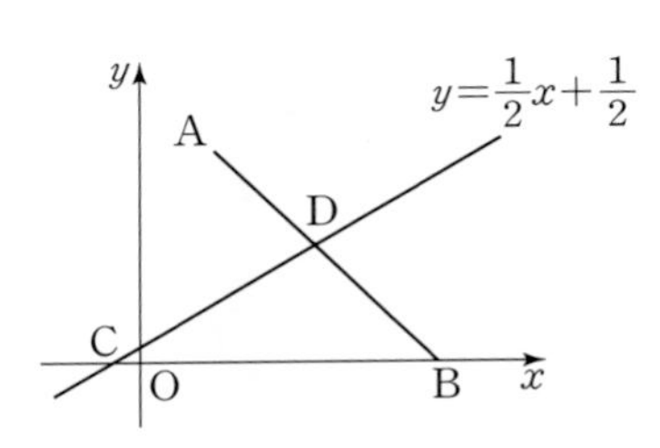

① $\frac{23}{2}$　② 12　③ $\frac{25}{2}$　④ 13　⑤ $\frac{27}{2}$

실전유형 14 점과 직선 사이의 거리

빈출유형

점 $(x_1,\ y_1)$과 직선 $ax+by+c=0$ 사이의 거리 d는

$$d=\frac{|ax_1+by_1+c|}{\sqrt{a^2+b^2}}$$

2249 대표문제

점 $(-1,\ 5)$와 직선 $3x-4y+k=0$ 사이의 거리가 1일 때, 모든 상수 k의 값의 합은?

① 42　② 44　③ 46　④ 48　⑤ 50

2250

Level 1

두 점 $(2,\ -4)$, $(-1,\ 8)$을 지나는 직선과 점 $(5,\ 1)$ 사이의 거리를 구하시오.

2251

Level 2

직선 $y=\frac{4}{3}x+5$에 평행하고 점 $(2,\ 2)$와 거리가 2인 직선이 제4사분면을 지나지 않을 때, 이 직선의 y절편은?

① $\frac{2}{3}$　② 1　③ $\frac{4}{3}$　④ $\frac{8}{3}$　⑤ 4

● 정답 및 풀이 389쪽

2252

Level 2

직선 $5x+12y+3=0$에 수직이고 원점으로부터의 거리가 1인 직선의 방정식은 $12x-ay+b=0$이다. 자연수 a, b에 대하여 $b-a$의 값을 구하시오.

2253

Level 2

원점으로부터의 거리가 $\sqrt{26}$이고, 직선 $x+5y-3=0$에 수직인 직선 중 제2사분면을 지나지 않는 직선의 x절편을 구하시오.

2254

Level 2

세 점 A$(1, 6)$, B$(1, 0)$, C$(4, 3)$을 꼭짓점으로 하는 삼각형 ABC의 무게중심을 지나고 직선 AC에 평행한 직선을 l이라 할 때, 점 $(5, 4)$에서 직선 l까지의 거리는?

① $2\sqrt{2}$ ② $3\sqrt{2}$ ③ $4\sqrt{2}$
④ $5\sqrt{2}$ ⑤ $6\sqrt{2}$

2255

Level 2

두 점 $(-2, -1)$, $(2, 3)$을 지나는 직선 l 위를 움직이는 점 P와 점 A$(3, -8)$에 대하여 선분 AP의 길이의 최솟값은?

① $4\sqrt{2}$ ② $5\sqrt{2}$ ③ $6\sqrt{2}$
④ $6\sqrt{5}$ ⑤ $7\sqrt{5}$

2256

Level 2

점 $(a, 4)$와 두 직선 $2x-y+2=0$, $x+2y-1=0$ 사이의 거리가 같을 때, 정수 a의 값을 구하시오.

2257

Level 2

두 직선 $x-2y+6=0$, $2x-3y+8=0$의 교점을 지나고 점 $(1, 2)$와의 거리가 1인 직선의 방정식이
$ax+by+10=0$일 때, 상수 a, b에 대하여 ab의 값은?
(단, $ab\neq0$)

① -12 ② -8 ③ -4
④ -3 ⑤ -2

2258

Level 2

점 (0, 1)을 지나고 점 (3, 2)와의 거리가 $\sqrt{5}$인 두 직선의 기울기를 m_1, m_2라 할 때, m_1+m_2의 값은?

① $-\frac{3}{2}$　② -1　③ $-\frac{3}{5}$

④ $\frac{3}{5}$　⑤ $\frac{3}{2}$

다음은 이 유형에서 출제된 최근 교육청 • 평가원 기출문제입니다.

2259 • 교육청 2019년 3월

Level 3

그림과 같이 좌표평면 위의 점 A(8, 6)에서 x축에 내린 수선의 발을 H라 하고, 선분 OH 위의 점 B에서 선분 OA에 내린 수선의 발을 I라 하자. $\overline{BH}=\overline{BI}$일 때, 직선 AB의 방정식은 $y=mx+n$이다. $m+n$의 값은? (단, O는 원점이고, m, n은 상수이다.)

① -10　② -9　③ -8

④ -7　⑤ -6

실전유형 **15** 평행한 두 직선 사이의 거리　빈출유형

(1) 평행한 두 직선 l, l' 사이의 거리는 다음과 같은 순서로 구한다.

❶ 직선 l 위의 한 점의 좌표 (x_1, y_1)을 구한다.

❷ 점 (x_1, y_1)과 직선 l' 사이의 거리를 구한다.

(2) 평행한 두 직선 $y=mx+n$, $y=mx+n'$ 사이의 거리 d는

$$d=\frac{|n-n'|}{\sqrt{m^2+1}}$$

2260 대표문제

두 직선 $2x-y+2=0$, $mx-(m-2)y=-14$가 서로 평행할 때, 두 직선 사이의 거리는? (단, m은 실수이다.)

① $\sqrt{2}$　② $\sqrt{3}$　③ 2

④ $\sqrt{5}$　⑤ 3

2261

Level 1

평행한 두 직선 $4x-3y=0$, $4x-3y+5=0$ 사이의 거리를 구하시오.

2262

Level 1

평행한 두 직선 $3x-y-3=0$, $3x-y+a=0$ 사이의 거리가 $\sqrt{10}$일 때, 양수 a의 값은?

① 3　② 4　③ 5

④ 6　⑤ 7

● 정답 및 풀이 391쪽

2263

Level 2

두 직선 $l:2x-y+7=0$, $l':2x-y-8=0$이 있다. 직선 l 위의 한 점 A와 직선 l' 위의 한 점 B에 대하여 선분 AB의 길이의 최솟값을 구하시오.

2264

Level 2

평행한 두 직선 $ax-2y+1=0$, $3x+(a+5)y-1=0$ 사이의 거리는? (단, a는 상수이다.)

① $\frac{\sqrt{2}}{12}$　② $\frac{\sqrt{2}}{6}$　③ $\frac{\sqrt{2}}{4}$

④ $\frac{\sqrt{2}}{3}$　⑤ $\frac{5\sqrt{2}}{12}$

2265

Level 2

평행한 두 직선 $ax+by=5$, $ax+by=-1$에 대하여 $a^2+b^2=6$일 때, 두 직선 사이의 거리를 구하시오.

(단, a, b는 상수이다.)

2266

Level 2

직선 $3x-4y+2=0$에 평행하고 두 직선 사이의 거리가 1인 직선의 방정식의 y절편을 모두 구하시오.

실전유형 16 점과 직선 사이의 거리의 최댓값과 최솟값

점 A와 직선 l 사이의 거리 $f(k)$가

(1) $f(k)=\frac{|a|}{g(k)}$ (a는 상수) 꼴이면
$g(k)$의 값이 최소일 때, $f(k)$의 값이 최대임을 활용한다.

(2) $f(k)=\frac{|h(k)|}{g(k)}$ 꼴이면
직선 l이 항상 지나는 점 P에 대하여 직선 l이 직선 PA와 수직일 때, 점 A와 직선 l 사이의 거리가 최대임을 활용한다.

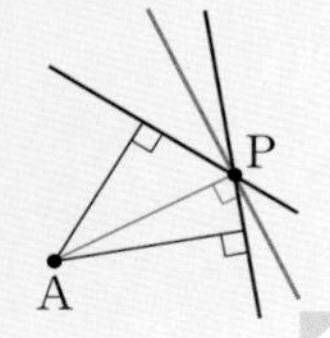

2267 대표문제

점 A(6, 4)와 직선 $mx+y+2m=0$ 사이의 거리가 최대일 때, 실수 m의 값은?

① -2　② -1　③ $-\frac{1}{2}$

④ 1　⑤ 2

2268

Level 2

점 (2, 2)와 직선 $2y-9+k(x-y)=0$ 사이의 거리를 $f(k)$라 할 때, $f(k)$의 최댓값은? (단, k는 실수이다.)

① $\frac{5}{2}$　② $\frac{5\sqrt{3}}{3}$　③ $\frac{5\sqrt{2}}{2}$

④ $\frac{10\sqrt{3}}{3}$　⑤ $\frac{10\sqrt{2}}{2}$

2269

Level 2

원점과 직선 $(k+1)x+(k-1)y-2=0$ 사이의 거리는 $k=a$일 때 최댓값 b를 가진다고 한다. $a+b$의 값을 구하시오. (단, k는 실수이다.)

2270

Level 2

두 직선 $x+y-3=0$, $3x-y-1=0$의 교점을 지나는 직선 중에서 원점과의 거리가 최대인 직선을 l이라 할 때, 원점과 직선 l 사이의 거리를 구하시오.

2271

Level 3

포물선 $y=-2x^2+3$ 위의 점과 직선 $y=6x+k$ 사이의 거리의 최솟값이 $\frac{\sqrt{37}}{2}$일 때, 상수 k의 값을 구하시오.

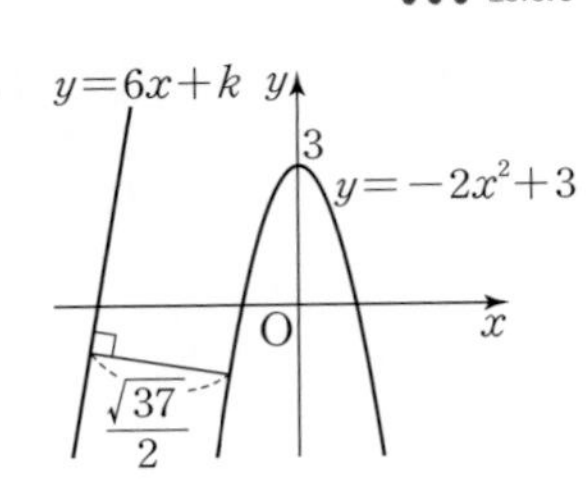

다음은 이 유형에서 출제된 최근 교육청・평가원 기출문제입니다.

2272

고난도 • 교육청 2017년 11월

Level 3

좌표평면에서 $3<a<7$인 실수 a에 대하여 이차함수 $y=x^2-2ax-20$의 그래프 위의 점 P와 직선 $y=2x-12a$ 사이의 거리의 최솟값을 $f(a)$라 하자. $f(a)$의 최댓값은?

① $\frac{4\sqrt{5}}{5}$　② $\sqrt{5}$　③ $\frac{6\sqrt{5}}{5}$
④ $\frac{7\sqrt{5}}{5}$　⑤ $\frac{8\sqrt{5}}{5}$

+ Plus 문제

실전유형 17 도형에서 점과 직선 사이의 거리의 활용

문제의 조건에 따라 점의 좌표나 직선의 방정식을 구하여 점과 직선 사이의 거리 공식을 활용한다.

2273 대표문제

그림과 같이 원점 O와 점 A(3, 0)에서 직선 $3x+4y-15=0$에 내린 수선의 발을 각각 P, Q라 할 때, 선분 PQ의 길이는?

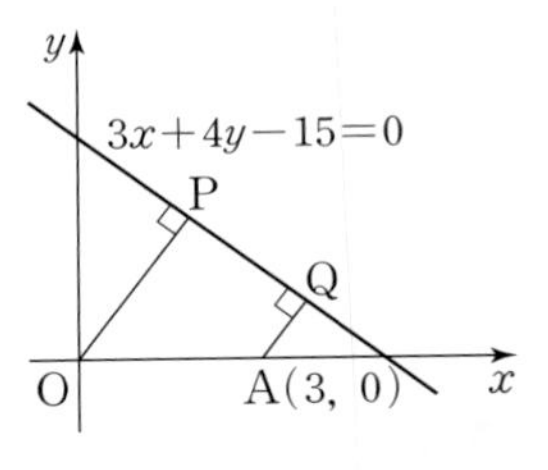

① $\frac{3}{2}$　② $\frac{7}{5}$　③ $\frac{8}{5}$
④ 2　⑤ $\frac{12}{5}$

2274

Level 2

점 A$(-1, 4)$와 직선 $x-y-1=0$ 위의 두 점 B, C를 꼭짓점으로 하는 정삼각형 ABC가 있다. 정삼각형 ABC의 한 변의 길이는?

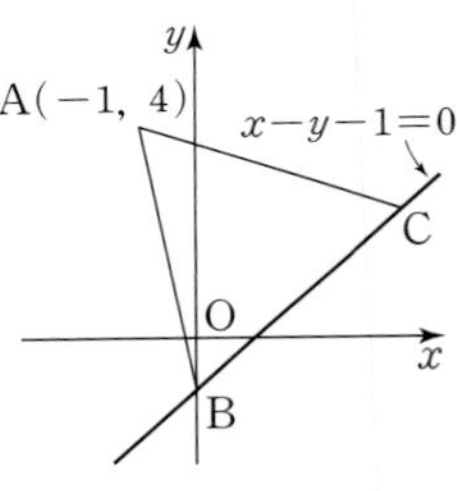

① $2\sqrt{2}$　② $2\sqrt{3}$　③ 4
④ $2\sqrt{5}$　⑤ $2\sqrt{6}$

2275

Level 2

그림과 같이 네 점 A$(-1,\ 0)$, B$(1,\ 0)$, C$(2,\ 4)$, D$(0,\ 4)$에 대하여 사각형 ABCD가 평행사변형이다. 선분 AD와 선분 BC 사이의 거리를 d라 할 때, $\sqrt{17}d$의 값은?

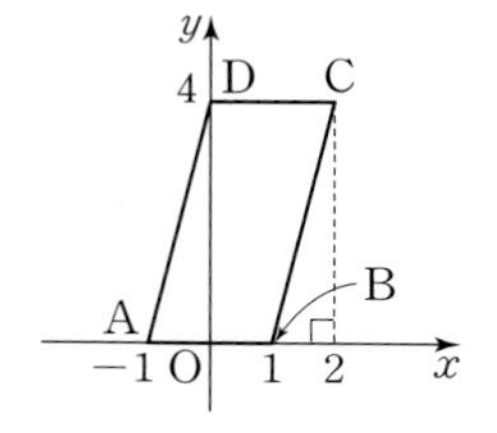

① 8 ② $4\sqrt{17}$ ③ 17
④ $8\sqrt{17}$ ⑤ 36

2276

Level 2

그림과 같이 직선 $ax-y+2=0$ 위의 두 점 A, B와 직선 $ax-y-2=0$ 위의 두 점 C, D를 꼭짓점으로 하는 사각형 ABCD가 정사각형이고 그 넓이가 $\frac{8}{25}$일 때, 양수 a의 값은?

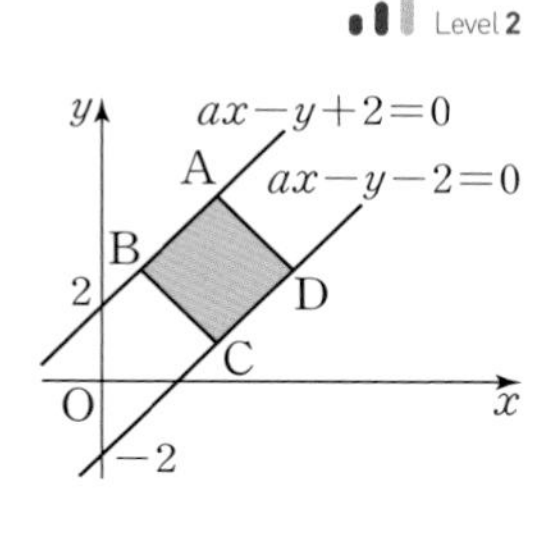

① 5 ② 6 ③ 7
④ 8 ⑤ 9

2277

Level 2

그림과 같이 두 직선 $y=x+4$, $y=x-1$과 수직인 선분 AB를 밑변으로 하는 삼각형 OBA의 넓이가 5일 때, 직선 AB의 방정식을 구하시오. (단, O는 원점이고, 두 점 A, B는 제1사분면 위의 점이다.)

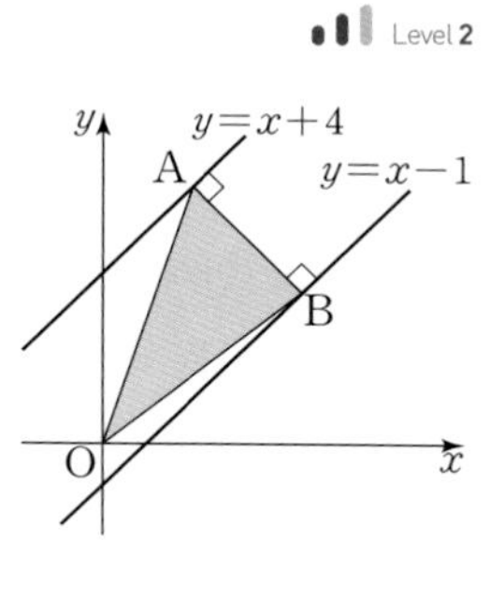

2278

Level 3

두 점 A$(3,\ 0)$, B$(0,\ 4)$에 대하여 삼각형 OAB의 내접원의 반지름의 길이는? (단, O는 원점이다.)

① 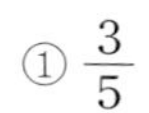 $\frac{3}{5}$ ② $\frac{3}{4}$
③  1 ④ $\frac{6}{5}$
⑤ $\frac{5}{4}$

다음은 이 유형에서 출제된 최근 교육청 · 평가원 기출문제입니다.

2279 · 교육청 2017년 9월

Level 2

일정 거리 안에 있는 물체를 감지할 수 있는 레이더의 화면이 그림과 같다. 레이더 화면의 중심에 레이더의 위치가 표시되고 있으며 레이더 화면의 중심에서 서쪽으로 30 cm, 북쪽으로 20 cm 떨어진 지점에 본부의 위치가 표시되고 있다.

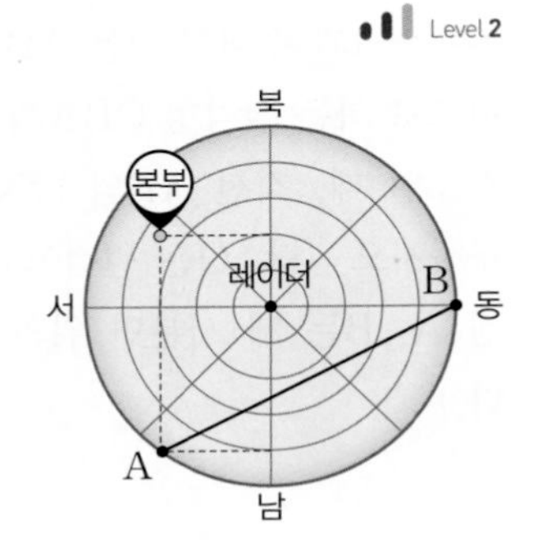

레이더 화면의 중심에서 서쪽으로 30 cm, 남쪽으로 40 cm 떨어진 지점을 A, 레이더 화면의 중심에서 동쪽으로 50 cm 떨어진 지점을 B라 하자. 어떤 물체가 레이더 화면의 A 지점에서 나타나서 B 지점을 향해 일직선으로 지나갔다. 이 물체가 본부와 가장 가까워졌을 때의 레이더 화면상의 거리가 a cm이다. a의 값은? (단, 레이더 화면은 평면에 원으로 표시되며 본부와 물체의 크기는 무시한다.)

① $\frac{71\sqrt{5}}{3}$ ② $24\sqrt{5}$ ③ $\frac{73\sqrt{5}}{3}$
④ $\frac{74\sqrt{5}}{3}$ ⑤ $25\sqrt{5}$

2280 · 교육청 2019년 9월

Level 3

좌표평면 위의 세 점 A(6, 0), B(0, −3), C(10, −8)에 대하여 삼각형 ABC에 내접하는 원의 중심을 P라 할 때, 선분 OP의 길이는? (단, O는 원점이다.)

① $2\sqrt{7}$ ② $\sqrt{30}$ ③ $4\sqrt{2}$
④ $\sqrt{34}$ ⑤ 6

실전 유형 18 점과 직선 사이의 거리와 삼각형의 넓이

세 꼭짓점의 좌표가 주어진 삼각형의 넓이는 다음과 같은 순서로 구한다.
❶ 두 꼭짓점의 좌표를 이용하여 삼각형의 밑변의 길이를 구한다.
❷ 나머지 한 꼭짓점과 밑변 사이의 거리를 구하여 삼각형의 높이를 구한다.
❸ 위에서 구한 삼각형의 밑변의 길이와 높이를 이용하여 삼각형의 넓이를 구한다.

2281 대표문제

그림과 같이 세 직선 $y=6x$, $y=\frac{1}{6}x$, $y=-x+7$로 둘러싸인 삼각형의 넓이를 구하시오.

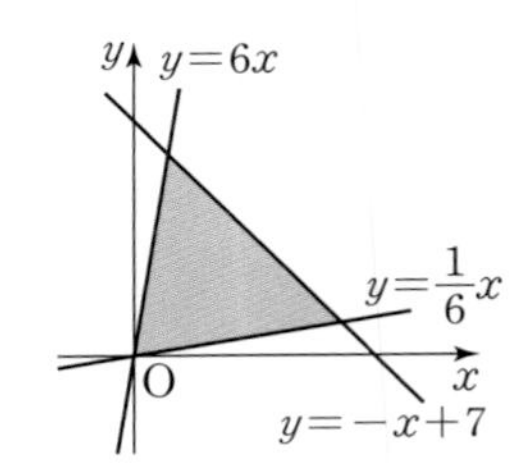

2282

Level 2

그림과 같이 두 점 O(0, 0), A(4, 1)과 직선 $x-4y+16=0$ 위의 한 점 P를 꼭짓점으로 하는 삼각형 OAP의 넓이는?

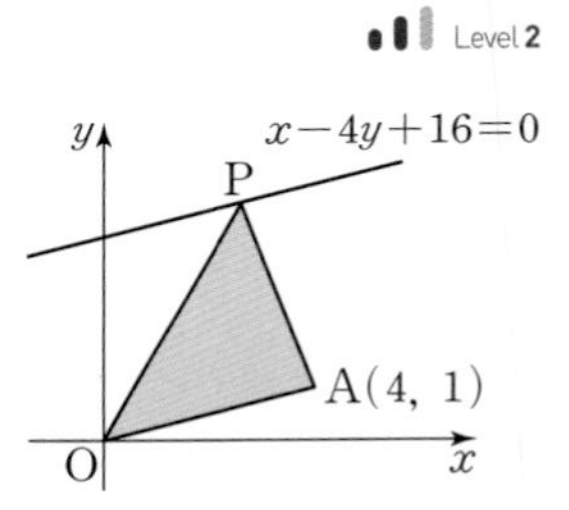

① 5 ② 6
③ 7 ④ 8
⑤ 9

● 정답 및 풀이 395쪽

2283

Level 2

그림과 같이 세 점 A$(-3,\ 4)$, B$(3,\ -4)$, C$(2,\ 5)$를 꼭짓점으로 하는 삼각형 ABC의 넓이는?

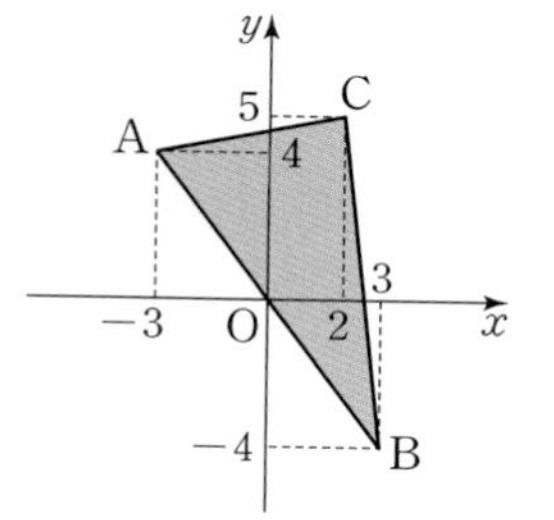

① 16　② 18　③ 20　④ 22　⑤ 23

2284

Level 2

양수 a, b에 대하여 직선 $\frac{x}{a}+\frac{y}{b}=1$과 x축, y축으로 둘러싸인 부분의 넓이가 10이고, 원점과 이 직선 사이의 거리가 $\frac{5}{2}$일 때, $a+b$의 값은?

① $3\sqrt{11}$　② $4\sqrt{6}$　③ 10　④ $2\sqrt{26}$　⑤ $4\sqrt{15}$

2285

Level 2

세 점 A$(2,\ 3)$, B$(-2,\ -1)$, C$(a,\ -3)$을 꼭짓점으로 하는 삼각형 ABC의 넓이가 12일 때, 자연수 a의 값을 구하시오.

2286

Level 2

그림과 같이 세 점 O$(0,\ 0)$, A$(4,\ 2)$, B$(1,\ k)$에 대하여 삼각형 OAB의 넓이가 5일 때, 선분 OB의 길이는?

(단, k는 양수이다.)

① $2\sqrt{2}$　② 3　③ $\sqrt{10}$　④ 4　⑤ $3\sqrt{2}$

10

2287

Level 2

세 직선 $2x-y-9=0$, $x-2y=0$, $x+y-12=0$으로 둘러싸인 도형의 넓이는?

① $\frac{1}{3}$　② $\frac{1}{2}$　③ 1　④ $\frac{3}{2}$　⑤ $\frac{5}{2}$

심화 유형 19 두 직선이 이루는 각의 이등분선의 방정식

두 직선 l, m이 이루는 각의 이등분선의 방정식은 다음과 같은 순서로 구한다.

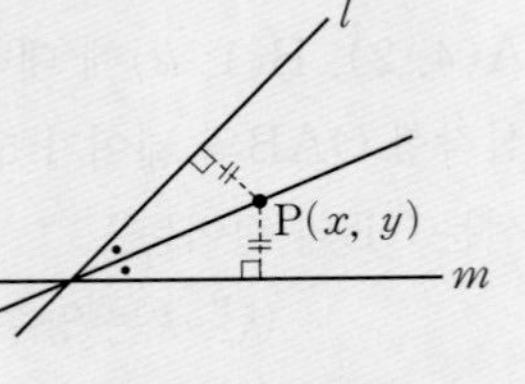

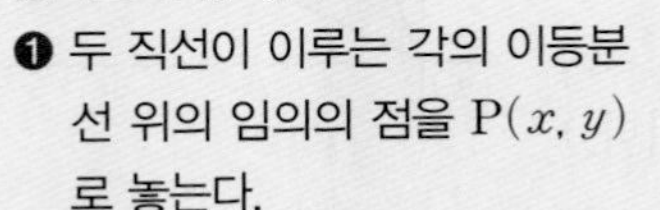

❶ 두 직선이 이루는 각의 이등분선 위의 임의의 점을 $\mathrm{P}(x, y)$로 놓는다.

❷ 점 P에서 두 직선에 이르는 거리가 같음을 이용하여 x, y 사이의 관계식을 만든다.

❸ 위의 x와 y 사이의 관계식을 정리하여 두 직선이 이루는 각의 이등분선의 방정식을 구한다.

2288 대표문제

두 직선 $3x-4y+a=0$, $4x+3y+9=0$이 이루는 각을 이등분하는 직선이 점 $(1, 1)$을 지날 때, 모든 상수 a의 값의 합은?

① -15 ② -2 ③ 2
④ 15 ⑤ 19

2289 Level 2

두 직선 $2x+3y+2=0$, $3x-2y+2=0$이 이루는 각의 이등분선 중에서 기울기가 음수인 직선의 방정식은?

① $4x+y-2=0$ ② $4x+2y+1=0$
③ $5x+y-3=0$ ④ $5x+y+4=0$
⑤ $5x+2y+3=0$

2290 Level 2

두 직선 $x+3y=0$, $x-3y+4=0$이 이루는 각을 이등분하는 직선의 방정식이 $x=a$ 또는 $y=b$일 때, 상수 a, b에 대하여 ab의 값은?

① -2 ② $-\frac{4}{3}$ ③ $-\frac{1}{3}$
④ $\frac{2}{3}$ ⑤ $\frac{4}{3}$

2291 Level 2

y축과 직선 $y=\frac{3}{4}x$가 이루는 예각을 이등분하는 직선의 방정식은?

① $y=x$ ② $y=\frac{3}{2}x$ ③ $y=2x$
④ $y=\frac{5}{2}x$ ⑤ $y=3x$

2292 Level 3

직선 $x-2y+5=0$이 두 직선 $ax-y=0$, $x+ay-10=0$이 이루는 각을 이등분할 때, 상수 a의 값을 구하시오.

● 정답 및 풀이 397쪽

심화유형 20 점이 나타내는 도형의 방정식

주어진 조건을 만족시키는 점이 나타내는 도형의 방정식은 다음과 같은 순서로 구한다.
❶ 구하려고 하는 임의의 점의 좌표를 (x, y)라 한다.
❷ 주어진 조건을 이용하여 x와 y 사이의 관계식을 세운다.
❸ 위의 x와 y 사이의 관계식을 정리하여 점이 나타내는 도형의 방정식을 구한다.

2293 대표문제

두 직선 $l : x-2y+4=0$, $m : 2x+4y-1=0$에 대하여 직선 l과 점 P 사이의 거리와 직선 m과 점 P 사이의 거리의 비가 $1 : 2$이다. 점 P가 나타내는 도형이 x축과 만나는 두 점의 x좌표의 합은?

① -15　② -13　③ -11
④ -9　⑤ -7

2294

Level 2

두 직선 $3x+3y-1=0$, $4x-4y+1=0$으로부터 같은 거리에 있는 점 P가 나타내는 도형의 방정식인 것만을 〈**보기**〉에서 있는 대로 고른 것은?

〈**보기**〉
ㄱ. $x=\frac{1}{24}$　ㄴ. $x=\frac{7}{24}$
ㄷ. $y=\frac{1}{24}$　ㄹ. $y=\frac{7}{24}$

① ㄱ, ㄴ　② ㄱ, ㄷ　③ ㄱ, ㄹ
④ ㄴ, ㄷ　⑤ ㄴ, ㄹ

2295

Level 2

점 P에서 두 직선 $2x+y-2=0$, $x-2y-2=0$에 내린 수선의 발을 각각 Q, R라 하자. 선분 PQ와 선분 PR의 길이가 같을 때, 다음 중 점 P가 나타내는 도형의 방정식인 것은?

① $x+2y=0$　② $x+3y+1=0$
③ $3x-y-4=0$　④ $3x-y+4=0$
⑤ $3x-2y-4=0$

2296

Level 3

점 P에서 두 직선 $4x+3y+1=0$, $3x-4y+1=0$에 내린 수선의 발을 각각 R, S라 하면 $3\overline{PR}=2\overline{PS}$이다. 점 P가 나타내는 도형의 방정식으로 알맞은 것만을 〈**보기**〉에서 있는 대로 고른 것은?

〈**보기**〉
ㄱ. $6x+y+1=0$　ㄴ. $6x+17y+1=0$
ㄷ. $18x+y+5=0$　ㄹ. $18x-y+1=0$

① ㄱ, ㄴ　② ㄱ, ㄷ　③ ㄴ, ㄷ
④ ㄴ, ㄹ　⑤ ㄷ, ㄹ

서술형 유형 익히기

2297 대표문제

세 점 $A(-2, 4)$, $B(-4, 0)$, $C(6, -4)$를 꼭짓점으로 하는 삼각형 ABC의 넓이를 직선 $l : x+my-4m+2=0$이 이등분할 때, 직선 l의 방정식을 구하는 과정을 서술하시오.

(단, m은 실수이다.) [7점]

STEP 1 직선 l이 실수 m의 값에 관계없이 항상 지나는 점의 좌표 구하기 [2점]

직선 l의 방정식 $x+my-4m+2=0$을 m에 대하여 정리하면

$m($ (1) $)+(x+2)=0$

이므로 직선 l이 실수 m의 값에 관계없이 항상 지나는 점의 좌표는 $(-2,$ (2) $)$이다.

STEP 2 직선 l이 삼각형 ABC와 만나는 점의 좌표 구하기 [3점]

직선 l이 삼각형 ABC의 한 꼭짓점 A를 지나고, 삼각형 ABC의 넓이를 이등분하므로 직선 l은 변 BC의 중점을 지난다.

변 BC의 중점의 좌표는 ((3) , (4))이다.

STEP 3 직선 l의 방정식 구하기 [2점]

직선 l은 두 점 $(-2,$ (2) $)$, ((3) , (4))를 지나는 직선이므로 $y=$ (5) 이다.

핵심 KEY 유형5, 유형7 도형의 넓이를 등분하는 직선의 방정식

주어진 도형을 이등분하는 직선의 방정식을 구하는 문제이다.
주어진 도형에 따라 도형을 이등분하는 직선이 지나는 점의 좌표를 구하여 직선의 방정식을 구한다.

2298 한번 더

세 점 $A(-1, 2)$, $B(4, 1)$, $C(0, 7)$을 꼭짓점으로 하는 삼각형 ABC의 넓이를 직선 $l : mx-y+m+2=0$이 이등분할 때, 실수 m의 값을 구하는 과정을 서술하시오. [7점]

STEP 1 직선 l이 실수 m의 값에 관계없이 항상 지나는 점의 좌표 구하기 [2점]

STEP 2 직선 l이 삼각형 ABC와 만나는 점의 좌표 구하기 [3점]

STEP 3 실수 m의 값 구하기 [2점]

2299 유사 1

그림과 같이 좌표평면 위에 있는 두 직사각형의 넓이를 동시에 이등분하는 직선의 방정식을 구하는 과정을 서술하시오. [6점]

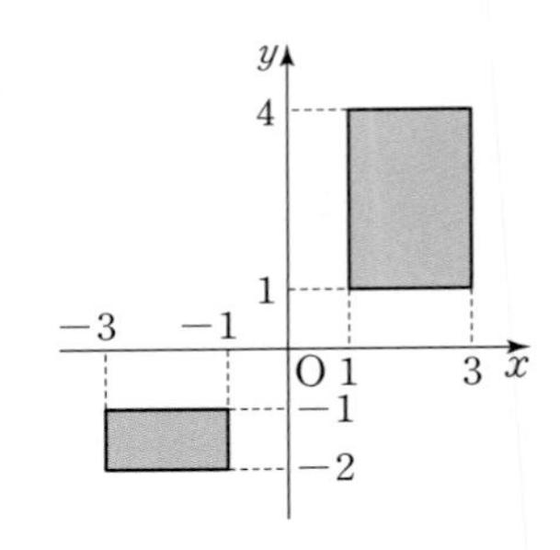

2300 대표문제

서로 다른 세 직선 $x+3y=5$, $3x-y=5$, $ax+y=0$이 삼각형을 이루지 않도록 하는 모든 상수 a의 값의 곱을 구하는 과정을 서술하시오. [7점]

STEP 1 두 직선이 평행할 때, a의 값 구하기 [3점]

서로 다른 세 직선이 삼각형을 이루지 않으려면

두 직선이 평행하거나 세 직선이 한 점에서 만난다.

두 직선 $x+3y=5$, $3x-y=5$는 평행하지 않으므로

두 직선 $x+3y=5$, $ax+y=0$이 평행할 때, $a=$ (1) ☐

두 직선 $3x-y=5$, $ax+y=0$이 평행할 때, $a=$ (2) ☐

STEP 2 세 직선이 한 점에서 만날 때, a의 값 구하기 [3점]

세 직선이 한 점에서 만날 때, 직선 $ax+y=0$은 두 직선 $x+3y=5$, $3x-y=5$의 교점을 지난다.

$x+3y=5$, $3x-y=5$를 연립하여 풀면

$x=$ (3) ☐, $y=$ (4) ☐

직선 $ax+y=0$이 점 ((3) ☐, (4) ☐)을 지나므로

$a=$ (5) ☐

STEP 3 모든 상수 a의 값의 곱 구하기 [1점]

모든 상수 a의 값의 곱은 (6) ☐ 이다.

핵심 KEY 유형 9, 유형 10 세 직선의 위치 관계

주어진 세 직선의 위치 관계를 이용하여 직선의 방정식의 미정계수를 구하는 문제이다.

직선의 평행 조건, 수직 조건을 이용하여 직선의 방정식의 미정계수를 구한다.

2301 한번 더

세 직선 $x+2y=0$, $x-y+1=0$, $mx-y+2=0$이 삼각형을 이루지 않을 때, 모든 상수 m의 값의 합을 구하는 과정을 서술하시오. [7점]

STEP 1 두 직선이 평행할 때, m의 값 구하기 [3점]

STEP 2 세 직선이 한 점에서 만날 때, m의 값 구하기 [3점]

STEP 3 모든 상수 m의 값의 합 구하기 [1점]

2302 유사 1

직선 $x+ay+2=0$이 직선 $2x-by-3=0$과 서로 수직이고, 직선 $x-(b-3)y+4=0$과 평행할 때, 두 상수 a, b에 대하여 a^2+b^2의 값을 구하는 과정을 서술하시오. [6점]

2303 유사 2

세 직선 $y=x+2$, $y=-3x+6$, $y=ax+7$이 좌표평면을 여섯 개 부분으로 나눌 때, 모든 상수 a의 값의 합을 구하는 과정을 서술하시오. [7점]

2304 대표문제

두 직선 $-4x+(a-5)y+12=0$, $ax-6y-2a+3=0$이 평행할 때, 두 직선 사이의 거리를 구하는 과정을 서술하시오. (단, a는 상수이다.) [6점]

STEP 1 a의 값 구하기 [4점]

두 직선 $-4x+(a-5)y+12=0$, $ax-6y-2a+3=0$이 평행하므로

$\dfrac{-4}{a}=\dfrac{a-5}{\boxed{(1)}}\neq\dfrac{12}{-2a+3}$

$\dfrac{-4}{a}=\dfrac{a-5}{\boxed{(1)}}$에서 $a(a-5)=24$

$a^2-5a-24=0$, $(a+3)(a-\boxed{(2)})=0$

$\therefore a=-3$ 또는 $a=\boxed{(2)}$ ······ ㉠

$\dfrac{-4}{a}\neq\dfrac{12}{-2a+3}$에서 $12a\neq 8a-12$

$\therefore a\neq -3$ ······ ㉡

㉠, ㉡에서 $a=\boxed{(3)}$

STEP 2 두 직선 사이의 거리 구하기 [2점]

$a=\boxed{(3)}$을 대입하면 두 직선의 방정식은

$-4x+\boxed{(4)}y+12=0$, $8x-6y-\boxed{(5)}=0$

두 직선 사이의 거리는

직선 $-4x+\boxed{(4)}y+12=0$ 위의 점 $(\boxed{(6)}, 0)$과

직선 $8x-6y-\boxed{(5)}=0$ 사이의 거리와 같으므로

$\boxed{(7)}$이다.

핵심 KEY 유형 14 . 유형 15 점과 직선 또는 평행한 두 직선 사이의 거리

직선의 방정식의 미정계수를 구하고 점과 직선 또는 평행한 두 직선 사이의 거리를 구하는 문제이다.
직선의 평행 조건, 수직 조건을 이용하여 직선의 방정식의 미정계수를 구한다. 평행한 두 직선 사이의 거리는 한 직선 위의 점과 다른 한 직선 사이의 거리로 구한다.

● 정답 및 풀이 400쪽

2305 한번 더

평행한 두 직선 $x+my+m-3=0$,
$mx+(2-m)y+8=0$ 사이의 거리를 구하는 과정을 서술하시오. (단, m은 양수이다.) [6점]

STEP 1 m의 값 구하기 [4점]

STEP 2 두 직선 사이의 거리 구하기 [2점]

2306 유사 1

직선 $4x+3y-3=0$과 수직이고 원점으로부터 거리가 4인 직선 l의 방정식을 $y=ax+b$라 할 때, 직선 l의 x절편을 구하는 과정을 서술하시오.

(단, a, b는 상수이고, $ab<0$이다.) [6점]

10

2307 유사 2

직선 $y=2x+1$ 위의 한 점 A, 직선 $y=2x-1$ 위의 한 점 B, 이 두 직선 위에 있지 않은 한 점 C에 대하여 삼각형 ABC가 정삼각형이다. 이때 삼각형 ABC의 넓이의 최솟값을 구하는 과정을 서술하시오. [6점]

실력 check 실전 마무리하기 1회

점 / 100점

• 선택형 21문항, 서술형 4문항입니다.

1 2308

점 $(\sqrt{3}, -2)$를 지나고 x축의 양의 방향과 이루는 각의 크기가 $30°$인 직선의 x절편은? [3점]

① $-\sqrt{3}$ ② $-\sqrt{2}$ ③ $\sqrt{3}$
④ $2\sqrt{3}$ ⑤ $3\sqrt{3}$

2 2309

두 점 $(-1, 1)$, $(2, a)$를 지나는 직선이 y축과 점 $(0, 4)$에서 만날 때, a의 값은? [3점]

① 4 ② 6 ③ 8
④ 10 ⑤ 12

3 2310

두 직선 $x+2y-4=0$, $2x-y-3=0$의 교점과 점 $(3, -1)$을 지나는 직선의 방정식은? [3점]

① $x+y-5=0$ ② $2x+y-5=0$
③ $2x-y-3=0$ ④ $3x-y-1=0$
⑤ $3x-3y-7=0$

4 2311

직선 $x-2y-1=0$과 x축에서 만나고, 직선 $2x-y+5=0$과 y축에서 만나는 직선의 방정식은? [3점]

① $5x+y-1=0$ ② $5x-y-1=0$ ③ $5x-y-5=0$
④ $5x+y-5=0$ ⑤ $5x+y+5=0$

5 2312

두 꼭짓점이 $\mathrm{A}(1, 4)$, $\mathrm{C}(-3, 2)$인 마름모 ABCD의 넓이를 이등분하는 직선 l이 원점을 지날 때, 직선 l의 방정식은?
(단, 선분 AC는 마름모 ABCD의 대각선이다.) [3점]

① $2x-y=0$ ② $2x+y=0$ ③ $3x+y=0$
④ $3x-y=0$ ⑤ $3x+2y=0$

6 2313

직선 $mx+12m+y-5=0$이 실수 m의 값에 관계없이 항상 점 P를 지날 때, 선분 OP의 길이는? (단, O는 원점이다.) [3점]

① 9 ② 10 ③ 11
④ 12 ⑤ 13

7 2314

직선 $ax+y+b=0$이 직선 $8x+2y+3=0$과 평행하고 점 $(-4, 7)$을 지날 때, 상수 a, b에 대하여 $b-a$의 값은? [3점]

① 4 ② 5 ③ 6 ④ 7 ⑤ 8

8 2315

두 직선

$2x+(a+1)y+5a+1=0$, $(a-2)x+3y-4a-7=0$이 수직으로 만나도록 하는 상수 a의 값은? [3점]

① $\frac{1}{5}$ ② $\frac{2}{5}$ ③ $\frac{3}{5}$ ④ $\frac{4}{5}$ ⑤ 1

9 2316

세 점 $A(k, -5)$, $B(6, -k)$, $C(9, -1)$이 삼각형을 이루지 않도록 하는 모든 k의 값의 합은? [3.5점]

① 9 ② 10 ③ 11 ④ 12 ⑤ 13

10 2317

직선 $2x+3y-6=0$과 x축, y축이 만나는 점을 각각 A, B라 하자. 삼각형 AOB의 넓이는 S이고, 이 넓이를 직선 $y=mx$가 이등분할 때, Sm의 값은?

(단, O는 원점이고 m은 상수이다.) [3.5점]

① $\frac{5}{4}$ ② $\frac{5}{3}$ ③ 2 ④ $\frac{5}{2}$ ⑤ 3

11 2318

직선 $(k+1)x-(4k+5)y+2=0$은 실수 k의 값에 관계없이 항상 점 P를 지날 때, 점 P를 지나고 x축에 평행한 직선의 방정식은? [3.5점]

① $x=-8$ ② $x=-2$ ③ $x=8$ ④ $y=1$ ⑤ $y=2$

12 2319

두 직선 $ax+(a-1)y+6=0$, $(a+5)x+3ay-2=0$의 교점과 원점을 지나는 직선의 기울기가 -6일 때, 상수 a의 값은? [3.5점]

① $\frac{1}{8}$ ② $\frac{1}{4}$ ③ $\frac{3}{8}$ ④ $\frac{1}{2}$ ⑤ $\frac{5}{8}$

13 2320

두 점 $(a,\ 3)$, $(8,\ 9)$를 지나는 직선에 수직이고, x절편이 5인 직선의 방정식이 $x+2y+b=0$일 때, 직선 $y=\frac{b}{a}x$의 기울기는? (단, a, b는 실수이다.) [3.5점]

① -2 ② -1 ③ 1
④ 2 ⑤ 3

14 2321

세 직선 $x-2y-8=0$, $4x+3y-5=0$, $ax+y-4=0$으로 둘러싸인 도형이 직각삼각형일 때, 양수 a의 값은? [3.5점]

① $\frac{1}{4}$ ② $\frac{1}{3}$ ③ $\frac{1}{2}$
④ 1 ⑤ 2

15 2322

두 점 $A(-4,\ 3)$, $B(4,\ 5)$를 이은 선분 AB를 수직이등분하는 직선이 점 $(2,\ a)$를 지날 때, a의 값은? [3.5점]

① -4 ② -3 ③ -2
④ -1 ⑤ 6

16 2323

두 직선 $y=-\frac{1}{3}x-3$, $y=-\frac{1}{3}x+k$ 사이의 거리가 $3\sqrt{10}$일 때, 모든 상수 k의 값의 합은? [3.5점]

① -8 ② -7 ③ -6
④ -5 ⑤ -4

17 2324

세 점 $A(10,\ 3)$, $B(2,\ 1)$, $C(4,\ 0)$을 꼭짓점으로 하는 삼각형 ABC의 넓이를 직선 $(k-2)x+(k+3)y-4k+8=0$이 이등분할 때, 상수 k의 값은? [4점]

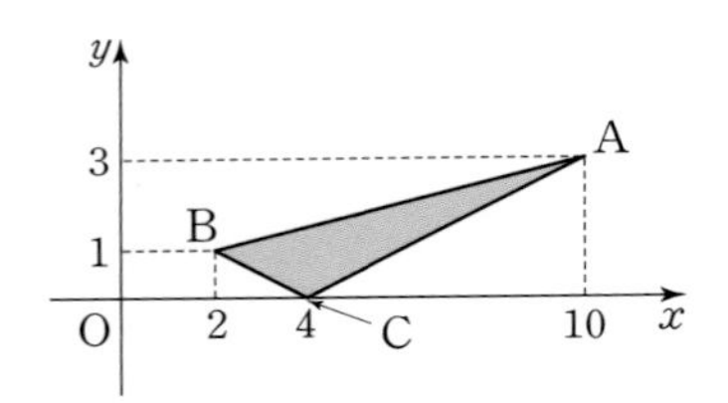

① -1 ② $-\frac{1}{2}$ ③ 0
④ $\frac{1}{2}$ ⑤ 1

18 2325

직선 $3x-4y+2=0$에 수직이고, 원점으로부터의 거리가 $\frac{9}{5}$인 직선 l은 제3사분면을 지나지 않는다. 직선 l과 점 $(-1, 1)$ 사이의 거리는? [4점]

① $\sqrt{3}$　② 2　③ $\sqrt{5}$　④ $\sqrt{7}$　⑤ 3

19 2326

세 점 $A(-1, 2)$, $B(2, 1)$, $C(6, 5)$를 꼭짓점으로 하는 삼각형 ABC의 넓이는? [4점]

① 5　② 6　③ 7　④ 8　⑤ 9

20 2327

그림과 같이 직선 $y=-x+8$과 y축의 교점을 A, 직선 $y=2x-4$와 x축의 교점을 B, 두 직선 $y=-x+8$, $y=2x-4$의 교점을 C라 하자. x축 위의 점 D에 대하여 삼각형 ABD와 삼각형 ABC의 넓이가 같을 때 선분 BD의 길이는?

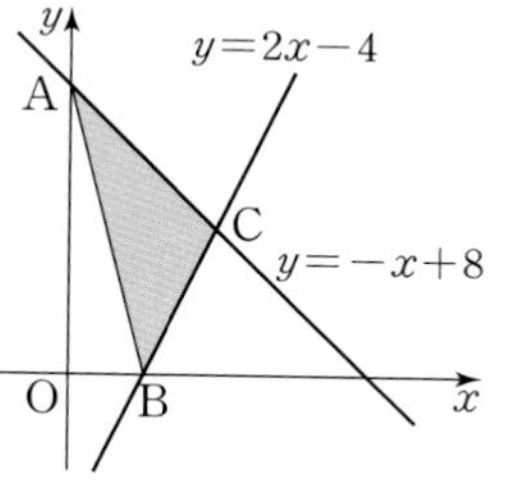

(단, 점 D의 x좌표는 양수이다.) [4점]

① 1　② 2　③ 3　④ 4　⑤ 5

21 2328

직선 $ax+3y-b=0$과 x축이 이루는 예각을 이등분하는 직선의 방정식이 $x+4y-6=0$일 때, 양수 a, b에 대하여 $b-a$의 값은? [4점]

① 5　② 6　③ 7　④ 8　⑤ 9

서술형

22 2329

서로 다른 세 직선

$ax+y-7=0,\ 3x+by+1=0,\ x+4y-3=0$

이 좌표평면을 네 부분으로 나눌 때, 직선 $y=ax+b$의 x절편을 구하는 과정을 서술하시오. (단, a, b는 상수이다.) [6점]

23 2330

두 직선 $x+2y-5=0$, $2x-y-2=0$까지의 거리가 같은 y축 위의 두 점을 각각 $A(0,\ a)$, $B(0,\ b)$라 할 때, 선분 AB의 길이를 구하는 과정을 서술하시오. [6점]

24 2331

직선 $(2k+1)x+(1-k)y+1=0$과 원점 사이의 거리를 $f(k)$라 할 때, $f(k)$의 최댓값을 구하는 과정을 서술하시오. [7점]

25 2332

그림과 같이 직선 $x-y+10=0$ 위의 두 점 A, B와 직선 $ax+by-6=0$ 위의 두 점 C, D에 대하여 사각형 ABCD가 정사각형이다. 직선 $ax+by-6=0$이 점 $(3,\ 1)$을 지날 때, 정사각형 ABCD의 넓이를 구하는 과정을 서술하시오. [9점]

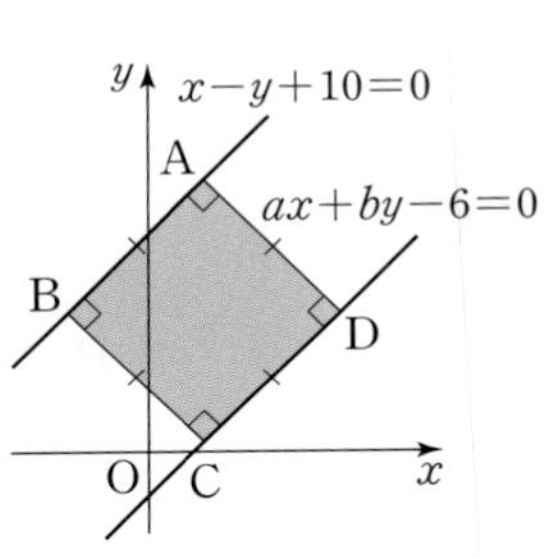

● 정답 및 풀이 405쪽

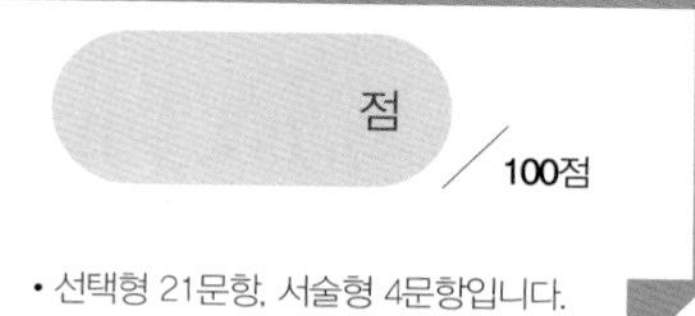

• 선택형 21문항, 서술형 4문항입니다.

1 2333

두 점 $A(-1, 2)$, $B(3, -4)$에 대하여 선분 AB의 중점을 지나고, 기울기가 3인 직선이 점 (a, a)를 지날 때, a의 값은? [3점]

① -2　② -1　③ 0　④ 1　⑤ 2

2 2334

점 $(2, -1)$을 지나고 x축의 양의 방향과 이루는 각의 크기가 $60°$인 직선의 방정식이 $\sqrt{3}x+ay+b=0$일 때, 상수 a, b에 대하여 $a+b$의 값은? [3점]

① $-2-2\sqrt{3}$　② $2-2\sqrt{3}$　③ $-2+2\sqrt{3}$　④ $2\sqrt{3}$　⑤ $2+2\sqrt{3}$

3 2335

두 점 $(-1, 4)$, $(2, -2)$를 지나는 직선이 x축과 만나는 점을 P, y축과 만나는 점을 Q라 할 때, 선분 PQ의 길이는? [3점]

① 2　② $\sqrt{5}$　③ $\sqrt{6}$　④ $\sqrt{7}$　⑤ $2\sqrt{2}$

4 2336

y절편이 x절편의 4배인 직선이 두 점 $(2, 4)$와 $(5, a)$를 지날 때, a의 값은? [3점]

① -8　② -6　③ -4　④ -2　⑤ 0

5 2337

세 점 $A(1, -2)$, $B(3, a)$, $C(a, 0)$이 한 직선 위에 있도록 하는 양수 a의 값은? [3점]

① 1　② 2　③ 3　④ 4　⑤ 5

6 2338

점 $(1, 2)$를 지나는 직선 $y=ax+b$와 직선 $y=\frac{1}{2}x+\frac{3}{2}$이 서로 수직일 때, 상수 a, b에 대하여 $a+b$의 값은? [3점]

① -2　② -1　③ 0　④ 1　⑤ 2

7 2339

두 점 A$(-5,\ 4)$, B$(7,\ -2)$를 이은 선분 AB의 수직이등분선의 방정식이 $ax+by-1=0$일 때, 상수 a, b에 대하여 $a-b$의 값은? [3점]

① 1　② 2　③ 3　④ 4　⑤ 5

8 2340

점 $(3,\ 1)$과 직선 $x+2y+a=0$ 사이의 거리가 $2\sqrt{5}$일 때, 모든 상수 a의 값의 곱은? [3점]

① -100　② -75　③ -15　④ 15　⑤ 75

9 2341

두 직선 $x-y+3=0$, $x-y-1=0$ 사이의 거리는? [3점]

① 2　② $\sqrt{5}$　③ $\sqrt{6}$　④ $\sqrt{7}$　⑤ $2\sqrt{2}$

10 2342

그림과 같이 좌표평면 위에 있는 두 직사각형 ABCD, EFGH의 넓이를 동시에 이등분하는 직선의 y절편은? [3.5점]

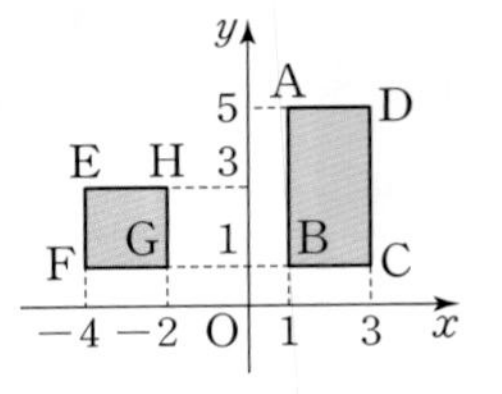

① 2　② $\frac{11}{5}$　③ $\frac{12}{5}$　④ $\frac{13}{5}$　⑤ $\frac{14}{5}$

11 2343

직선 $ax+by+3=0$이 그림과 같을 때, 다음 중 직선 $x-ay-b=0$의 개형으로 알맞은 것은?

(단, a, b는 상수이다.) [3.5점]

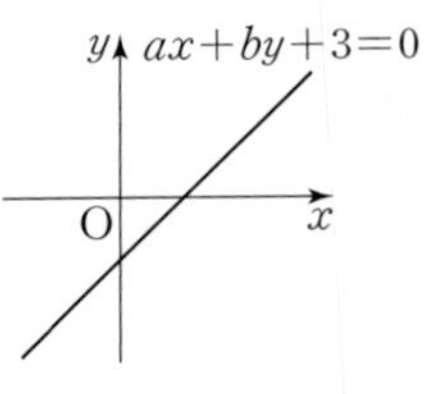

①
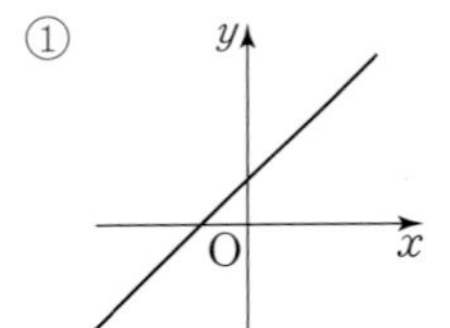

②
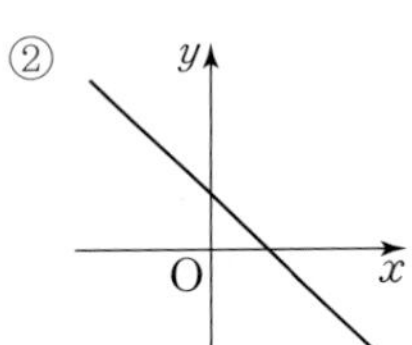

③
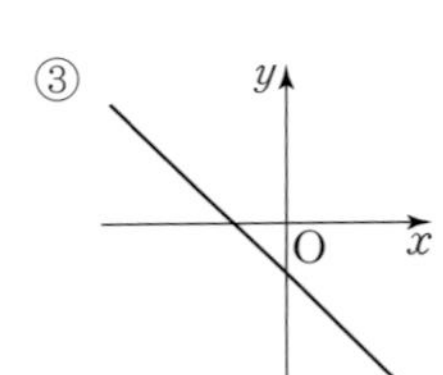

④
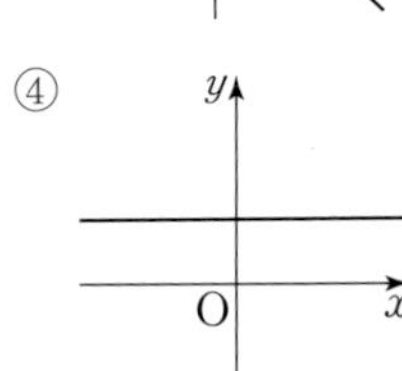

⑤
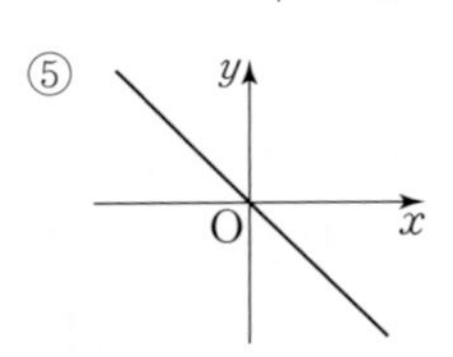

● 정답 및 풀이 406쪽

12 2344

직선 $(2k-1)x-(k+3)y+6k+4=0$이 임의의 실수 k에 대하여 항상 일정한 점 P를 지날 때, 기울기가 1이고 점 P를 지나는 직선의 x절편은? [3.5점]

① -5　② -4　③ -3　④ -2　⑤ -1

13 2345

두 직선 $l:(x-2y-3)+k(x-y)=0$,
$m:x+ky+2k-4=0$에 대한 설명으로 옳은 것만을 〈보기〉에서 있는 대로 고른 것은? (단, k는 실수이다.) [3.5점]

〈보기〉

ㄱ. 직선 l은 실수 k의 값에 관계없이 항상 점 $(-3, -3)$을 지난다.
ㄴ. 두 직선 l과 m이 수직으로 만나도록 하는 실수 k의 값은 1개이다.
ㄷ. 두 직선 l과 m이 평행하도록 하는 실수 k의 값은 존재하지 않는다.

① ㄱ　② ㄱ, ㄴ　③ ㄱ, ㄷ　④ ㄴ, ㄷ　⑤ ㄱ, ㄴ, ㄷ

14 2346

점 $A(-1, 3)$에서 직선 $3x-4y-5=0$에 내린 수선의 발을 H라 할 때, 선분 OH의 길이는? (단, O는 원점이다.) [3.5점]

① 1　② $\sqrt{2}$　③ $\sqrt{3}$　④ 2　⑤ $\sqrt{5}$

15 2347

점 $(2, -1)$과 직선 $kx+3y-2k+1=0$ 사이의 거리를 $f(k)$라 할 때, $f(k)$의 최댓값은? (단, k는 실수이다.) [3.5점]

① $\frac{2}{3}$　② 1　③ $\frac{4}{3}$　④ $\frac{5}{3}$　⑤ 2

16 2348

세 점 $A(1, 1)$, $B(4, 5)$, $C(2, k)$를 꼭짓점으로 하는 삼각형 ABC의 넓이가 5가 되도록 하는 정수 k의 값은? [3.5점]

① -3　② -2　③ -1　④ 1　⑤ 2

17 2349

세 점 $A(6, 4)$, $B(2, 7)$, $C(4, 0)$을 꼭짓점으로 하는 삼각형 ABC가 있다. x축 위를 움직이는 점 D에 대하여 삼각형 ABC의 넓이와 삼각형 ADC의 넓이가 같을 때, 점 D의 x좌표는? (단, 점 D의 x좌표는 음수이다.) [4점]

① -3 ② $-\frac{5}{2}$ ③ -2
④ $-\frac{3}{2}$ ⑤ -1

18 2350

두 점 $A(6, 0)$, $B(0, 8)$에 대하여 삼각형 AOB의 내심의 x좌표는? (단, O는 원점이다.) [4점]

① 1 ② $\frac{3}{2}$ ③ 2
④ $\frac{7}{3}$ ⑤ 3

19 2351

직선 $x+2y+4=0$이 x축, y축과 만나는 두 점 A, B와 점 $C(1, 3)$을 꼭짓점으로 하는 삼각형 ABC의 넓이는? [4점]

① 7 ② 8 ③ 9
④ 10 ⑤ 11

20 2352

그림과 같이 세 직선
$3x-4y+6=0$,
$2x+7y+4=0$,
$5x+3y-19=0$으로 둘러싸인 삼각형의 넓이는? [4점]

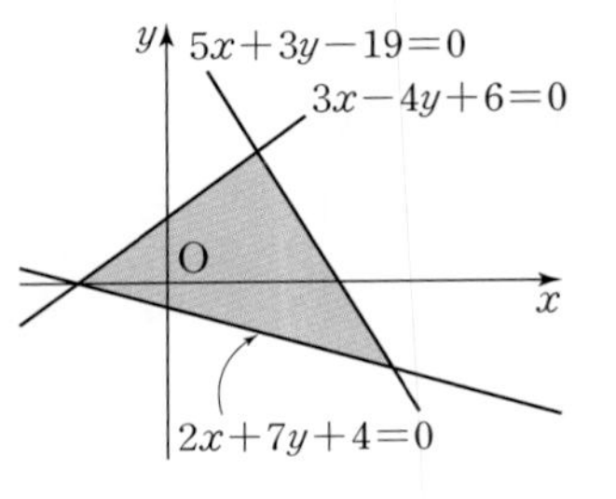

① 13 ② $\frac{27}{2}$ ③ 14
④ $\frac{29}{2}$ ⑤ 15

21 2353

두 직선 $x+y+1=0$, $7x-y-2=0$이 이루는 각을 이등분하는 직선 중에서 기울기가 양수인 직선의 방정식은? [4.5점]

① $2x-6y-7=0$ ② $2x-3y-2=0$
③ $2x-5y-11=0$ ④ $3x-y-2=0$
⑤ $3x-2y-7=0$

● 정답 및 풀이 408쪽

서술형

22 2354

두 직선 $kx-3y+6=0$, $x-(k-2)y+2=0$이 서로 평행할 때의 상수 k의 값을 a, 일치할 때의 상수 k의 값을 b라 하자. 이때 $a-b$의 값을 구하는 과정을 서술하시오. [6점]

23 2355

세 직선 $3x+2y+3=0$, $x-y+1=0$, $kx+4y+2=0$이 삼각형을 이루지 않도록 하는 모든 상수 k의 값의 합을 구하는 과정을 서술하시오. [7점]

24 2356

세 점 $\mathrm{A}(1,\ 4)$, $\mathrm{B}(a,\ 2)$, $\mathrm{C}(9,\ 8)$이 한 직선 위에 있을 때, 선분 AB의 수직이등분선의 방정식을 구하는 과정을 서술하시오. [7점]

25 2357

세 점 $\mathrm{A}(6,\ 3)$, $\mathrm{B}(1,\ 4)$, $\mathrm{C}(4,\ 0)$과 점 D가 다음 조건을 만족시킨다. 점 D의 x좌표를 a라 할 때, 모든 a의 값의 합을 구하는 과정을 서술하시오. [8점]

> (가) 점 D는 직선 $y=-x$ 위에 있다.
> (나) 삼각형 ABC의 넓이와 삼각형 ADC의 넓이가 같다.

'외로움'이란

혼자 있는 고통을 표현하기 위한 말이고

'고독'이란

혼자 있는 즐거움을 표현하기 위한 말이다

– 폴 틸리히 –

원의 방정식 11

11

IV. 도형의 방정식

원의 방정식

1 원의 방정식

핵심 1

Note

(1) 원의 방정식

중심이 점 (a, b)이고 반지름의 길이가 r인 원의 방정식은

$$(x-a)^2+(y-b)^2=r^2$$

특히, 중심이 원점이고 반지름의 길이가 r인 원의 방정식은

$$x^2+y^2=r^2$$

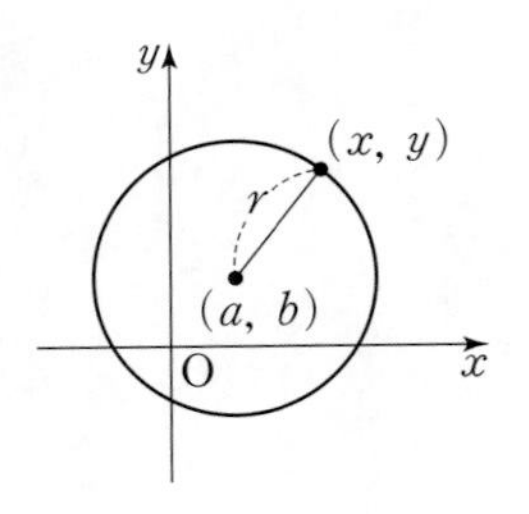

(2) 이차방정식 $x^2+y^2+Ax+By+C=0$이 나타내는 도형

x, y에 대한 이차방정식 $x^2+y^2+Ax+By+C=0$ $(A^2+B^2-4C>0)$은 중심이 점 $\left(-\frac{A}{2}, -\frac{B}{2}\right)$, 반지름의 길이가 $\frac{\sqrt{A^2+B^2-4C}}{2}$인 원을 나타낸다.

▶ 원의 방정식은 x^2과 y^2의 계수가 같고 xy항이 없는 x, y에 대한 이차방정식이다.

(3) 좌표축에 접하는 원의 방정식

① 중심이 점 (a, b)이고 x축에 접하는 원의 방정식은
$(x-a)^2+(y-b)^2=b^2$

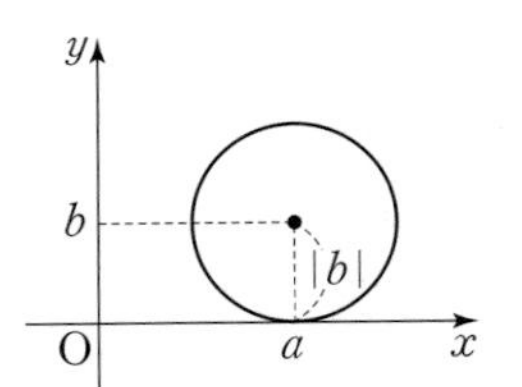

▶ (반지름의 길이) $=|$(원의 중심의 y좌표)$|=|b|$

② 중심이 점 (a, b)이고 y축에 접하는 원의 방정식은
$(x-a)^2+(y-b)^2=a^2$

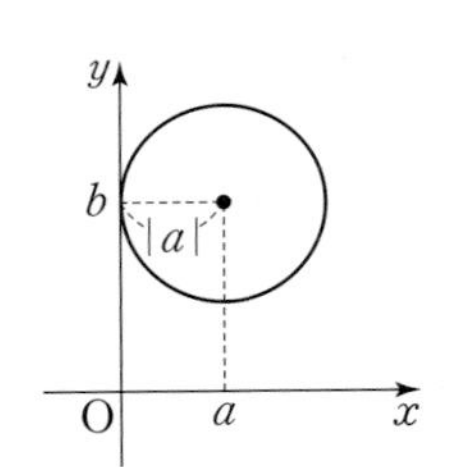

▶ (반지름의 길이) $=|$(원의 중심의 x좌표)$|=|a|$

③ 반지름의 길이가 r $(r>0)$이고 x축, y축에 동시에 접하는 원의 방정식은

제1사분면 ➔ $(x-r)^2+(y-r)^2=r^2$

제2사분면 ➔ $(x+r)^2+(y-r)^2=r^2$

제3사분면 ➔ $(x+r)^2+(y+r)^2=r^2$

제4사분면 ➔ $(x-r)^2+(y+r)^2=r^2$

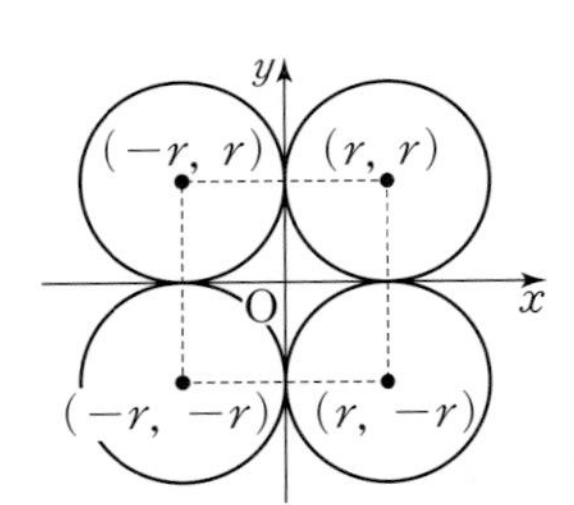

▶ (반지름의 길이) $=|$(원의 중심의 x좌표)$|$ $=|$(원의 중심의 y좌표)$|$

2 두 원의 교점을 지나는 직선과 원의 방정식

(1) 두 원의 교점을 지나는 직선의 방정식 (공통인 현의 방정식)

두 점에서 만나는 두 원 $x^2+y^2+ax+by+c=0$, $x^2+y^2+a'x+b'y+c'=0$의 교점을 지나는 직선의 방정식은

$$x^2+y^2+ax+by+c-(x^2+y^2+a'x+b'y+c')=0$$

즉, $(a-a')x+(b-b')y+c-c'=0$

Note

(2) **두 원의 교점을 지나는 원의 방정식**

두 점에서 만나는 두 원 $x^2+y^2+ax+by+c=0$, $x^2+y^2+a'x+b'y+c'=0$의 교점을 지나는 원 중에서 원 $x^2+y^2+a'x+b'y+c'=0$을 제외한 원의 방정식은

$$x^2+y^2+ax+by+c+k(x^2+y^2+a'x+b'y+c')=0 \text{ (단, } k\neq-1\text{인 실수)}$$

▶ $k=-1$일 때의 방정식은 공통인 현의 방정식이다.

3 원과 직선의 위치 관계

핵심 2

(1) 반지름의 길이가 r인 원의 중심과 직선 사이의 거리를 d라 하면 원과 직선의 위치 관계는

① $d<r$ ➔ 서로 다른 두 점에서 만난다.

② $d=r$ ➔ 한 점에서 만난다.(접한다.)

③ $d>r$ ➔ 만나지 않는다.

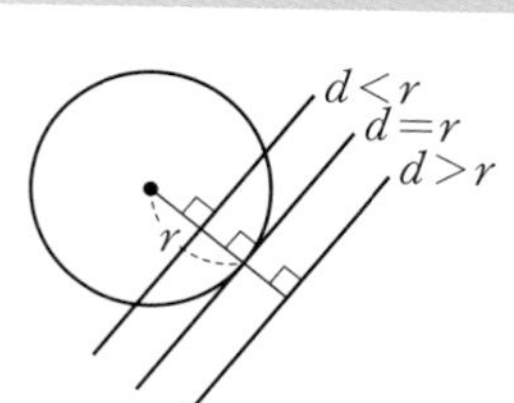

▶ 점 (x_1, y_1)과 직선 $ax+by+c=0$ 사이의 거리는 $\dfrac{|ax_1+by_1+c|}{\sqrt{a^2+b^2}}$

(2) 원의 방정식과 직선의 방정식을 연립한 후, 한 문자를 소거하여 얻은 이차방정식의 판별식을 D라 하면 원과 직선의 위치 관계는

① $D>0$ ➔ 서로 다른 두 점에서 만난다.

② $D=0$ ➔ 한 점에서 만난다.(접한다.)

③ $D<0$ ➔ 만나지 않는다.

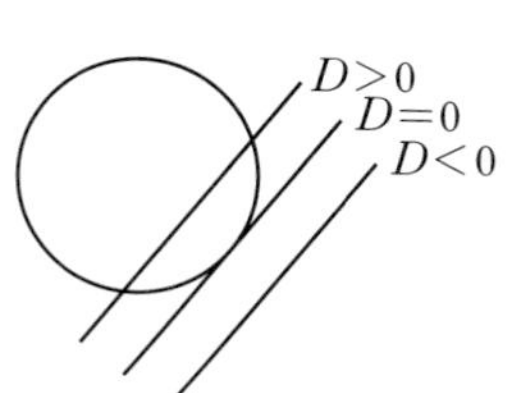

4 원의 접선의 방정식

핵심 3~4

(1) **기울기가 주어진 원의 접선의 방정식**

원 $x^2+y^2=r^2$ $(r>0)$에 접하고 기울기가 m인 접선의 방정식은

$$\boldsymbol{y=mx\pm r\sqrt{m^2+1}}$$

▶ 한 원에서 기울기가 같은 접선은 2개이다.

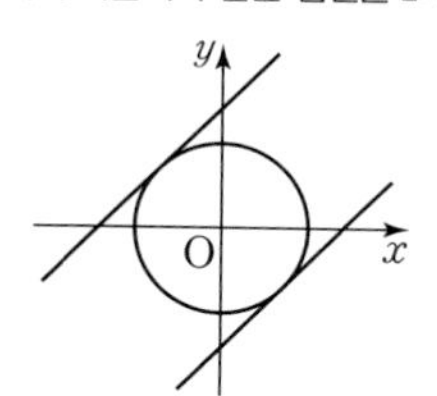

(2) **원 위의 점에서의 접선의 방정식**

원 $x^2+y^2=r^2$ 위의 점 (x_1, y_1)에서의 접선의 방정식은

$$\boldsymbol{x_1x+y_1y=r^2}$$

(3) **원 밖의 한 점 P에서 원에 그은 접선의 방정식**

방법1 원 위의 점에서의 접선의 방정식 이용
접점의 좌표를 (x_1, y_1)로 놓고 이 점에서의 접선이 점 P를 지남을 이용한다.

방법2 원의 중심과 접선 사이의 거리 이용
점 P를 지나는 접선의 기울기를 m이라 하고 원의 중심과 접선 사이의 거리가 반지름의 길이와 같음을 이용한다.

방법3 판별식 이용
원의 방정식과 점 P를 지나는 접선의 방정식을 연립한 후, 한 문자를 소거하여 얻은 이차방정식의 판별식을 D라 하면 $D=0$임을 이용한다.

▶ 원 밖의 한 점에서 한 원에 그은 접선은 2개이다.

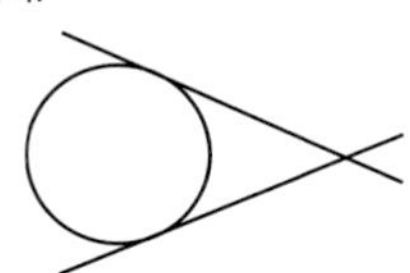

1 원의 방정식 유형 4~5

이차방정식 $x^2+y^2-4x-6y-12=0$이 나타내는 도형을 알아보자.

$x^2+y^2+Ax+By+C=0$ 꼴의 이차방정식 → $(x-a)^2+(y-b)^2=r^2$ 꼴로 변형하기 → 중심이 점 (a, b), 반지름의 길이가 r인 원

$x^2+y^2-4x-6y-12=0$

$(x^2-4x+4)+(y^2-6y+9)=12+4+9$

$(x-2)^2+(y-3)^2=5^2$

중심이 점 $(2, 3)$, 반지름의 길이가 5인 원

$x^2+y^2+Ax+By+C=0$ 꼴의 이차방정식이 원의 방정식이 되려면 $(x-a)^2+(y-b)^2=r^2$ 꼴로 변형했을 때 $r^2>0$이어야 해.

2358 원 $x^2+y^2+2x+8y+15=0$의 중심의 좌표와 반지름의 길이를 구하시오.

2359 방정식 $x^2+y^2+10y+k=0$이 원을 나타내도록 하는 실수 k의 값의 범위를 구하시오.

2 원과 직선의 위치 관계 유형 15~17

원 $x^2+y^2=2$와 직선 $y=x+1$의 위치 관계를 알아보자.

방법1 원의 중심과 직선 사이의 거리 이용

원의 중심 (0, 0)과 직선 $y=x+1$, 즉 $x-y+1=0$ 사이의 거리를 d라 하면

$$d=\frac{|1|}{\sqrt{1^2+(-1)^2}}=\frac{1}{\sqrt{2}}=\frac{\sqrt{2}}{2}$$

이때 원의 반지름의 길이가 $r=\sqrt{2}$이므로 $d<r$

따라서 원과 직선은 서로 다른 두 점에서 만난다.

방법2 판별식 이용

$y=x+1$을 $x^2+y^2=2$에 대입하면

$x^2+(x+1)^2=2$

$2x^2+2x-1=0$

이 이차방정식의 판별식을 D라 하면

$$\frac{D}{4}=1^2-2\times(-1)=3>0$$

따라서 원과 직선은 서로 다른 두 점에서 만난다.

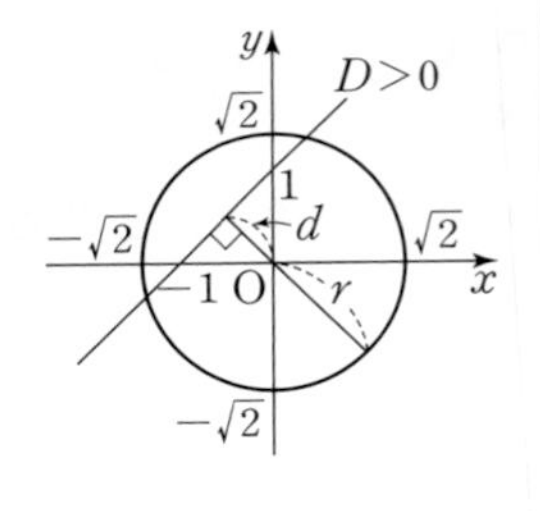

2360 원 $(x+2)^2+y^2=1$과 직선 $y=3x+1$의 위치 관계를 말하시오.

2361 원 $x^2+y^2=1$과 직선 $2x-y+k=0$의 위치 관계가 다음과 같을 때, 실수 k의 값 또는 범위를 구하시오.

(1) 서로 다른 두 점에서 만난다.

(2) 한 점에서 만난다.(접한다.)

(3) 만나지 않는다.

● 정답 및 풀이 410쪽

핵심 3 원의 접선의 방정식 유형 20~21

● 기울기가 주어진 원의 접선의 방정식을 구해 보자.

원 $x^2+y^2=2^2$에 접하고 기울기가 -1인 접선의 방정식은

$y=(-1)\times x\pm2\times\sqrt{(-1)^2+1}$ $\therefore y=-x\pm2\sqrt{2}$

→ 원 $x^2+y^2=r^2$에 접하고 기울기가 m인 접선의 방정식은 $y=mx\pm r\sqrt{m^2+1}$

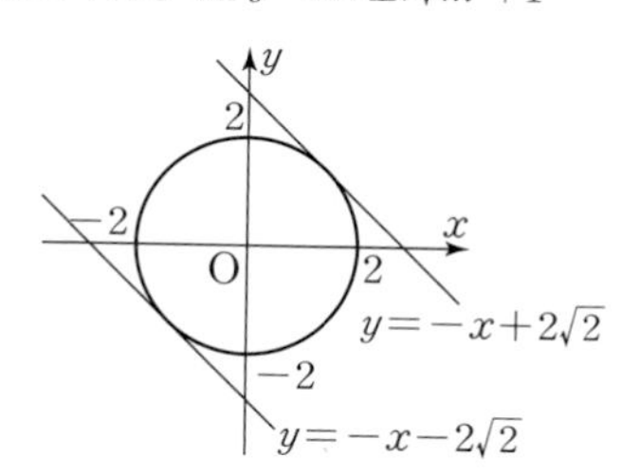

● 원 위의 점에서의 접선의 방정식을 구해 보자.

원 $x^2+y^2=10$ 위의 점 $(1,\ 3)$에서의 접선의 방정식은

$1\times x+3\times y=10$ $\therefore x+3y=10$

→ 원 $x^2+y^2=r^2$ 위의 점 $(x_1,\ y_1)$에서의 접선의 방정식은 $x_1x+y_1y=r^2$

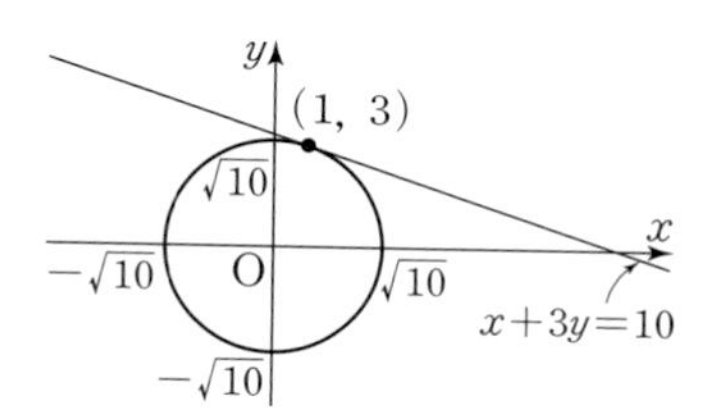

2362 원 $x^2+y^2=9$에 접하고 기울기가 -2인 접선의 방정식을 모두 구하시오.

2363 원 $x^2+y^2=8$ 위의 점 $(2,\ 2)$에서의 접선의 방정식을 구하시오.

원 밖의 한 점에서 원에 그은 접선의 방정식 유형 22

점 $(-3,\ 1)$에서 원 $x^2+y^2=5$에 그은 접선의 방정식을 모두 구해 보자.

방법1 원 위의 점에서의 접선의 방정식 이용

접점의 좌표를 $(x_1,\ y_1)$이라 하면 접선의 방정식은

$x_1x+y_1y=5$

이 접선이 점 $(-3,\ 1)$을 지나므로

$-3x_1+y_1=5$ $\therefore y_1=3x_1+5$ ······ ㉠

또, 점 $(x_1,\ y_1)$은 원 $x^2+y^2=5$ 위의 점이므로

${x_1}^2+{y_1}^2=5$ ······ ㉡

㉠을 ㉡에 대입하여 풀면

$x_1=-2,\ y_1=-1$ 또는 $x_1=-1,\ y_1=2$

이므로 접선의 방정식은

$-2x-y=5$ 또는 $-x+2y=5$

$\therefore 2x+y=-5$ 또는 $x-2y=-5$

방법2 원의 중심과 접선 사이의 거리 이용

접선의 기울기를 m이라 하면 점 $(-3,\ 1)$을 지나는 접선의 방정식은

$y-1=m(x+3)$ $\therefore mx-y+3m+1=0$

원의 중심 $(0,\ 0)$과 접선 사이의 거리는 반지름의 길이 $\sqrt{5}$와 같으므로

$\dfrac{|3m+1|}{\sqrt{m^2+(-1)^2}}=\sqrt{5}$

→ $|3m+1|=\sqrt{5}\sqrt{m^2+1}$
$(3m+1)^2=5(m^2+1)$
$2m^2+3m-2=0,\ (m+2)(2m-1)=0$

위 식을 풀면 $m=-2$ 또는 $m=\dfrac{1}{2}$이므로 접선의 방정식은

$-2x-y-5=0$ 또는 $\dfrac{1}{2}x-y+\dfrac{5}{2}=0$

$\therefore 2x+y=-5$ 또는 $x-2y=-5$

2364 점 $(3,\ 0)$에서 원 $x^2+y^2=3$에 그은 접선의 방정식을 모두 구하시오.

2365 점 $(2,\ -4)$에서 원 $x^2+y^2=10$에 그은 접선의 방정식을 모두 구하시오.

기출 유형 check 실전 준비하기

25유형, 190문항입니다.

기초 유형 **0-1 원의 접선** | 중3

원 O 밖의 한 점 P에서 원 O에 그은 두 접선의 접점을 각각 A, B라 할 때

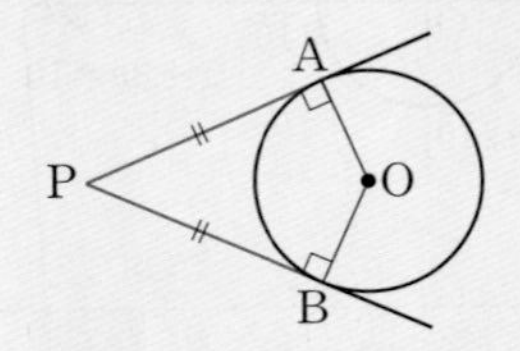

(1) $\overline{PA}$, $\overline{PB}$의 길이를 점 P에서 원 O에 그은 접선의 길이라 한다.

(2) 원 밖의 한 점에서 그 원에 그은 두 접선의 길이는 서로 같다.
→ $\overline{PA}=\overline{PB}$

2366 대표문제

그림에서 $\overrightarrow{PA}$, $\overrightarrow{PB}$는 각각 두 점 A, B를 접점으로 하는 원 O의 접선이다. $\overline{PO}=10$ cm, $\overline{AO}=6$ cm일 때, $\overline{PB}$의 길이를 구하시오.

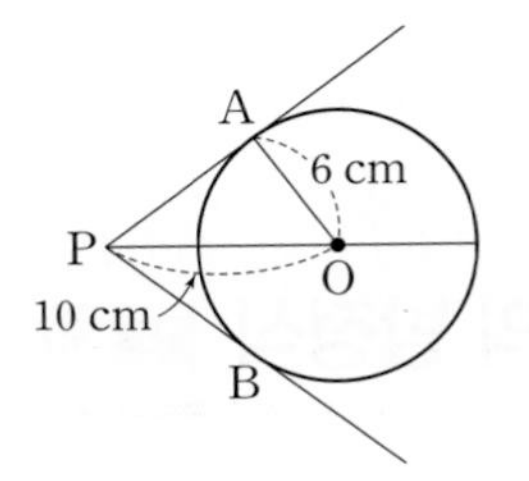

2367

Level 2

그림에서 두 점 A, B는 점 P에서 원 O에 그은 두 접선의 접점이다. $\angle APB=60°$이고 $\overline{PA}=2\sqrt{3}$ cm일 때, 색칠한 부분의 넓이는?

$2\sqrt{3}$ cm, A, P, 60°, O, B

① $\frac{1}{3}\pi$ cm²　② $\frac{2}{3}\pi$ cm²　③ π cm²
④ $\frac{4}{3}\pi$ cm²　⑤ $\frac{5}{3}\pi$ cm²

2368

Level 2

그림에서 $\overline{PA}$, $\overline{PB}$, $\overline{CD}$는 원 O의 접선이고, 세 점 A, B, E는 접점이다. $\overline{AC}=3$ cm, $\overline{CD}=7$ cm, $\overline{PC}=12$ cm일 때, $\overline{PD}$의 길이는?

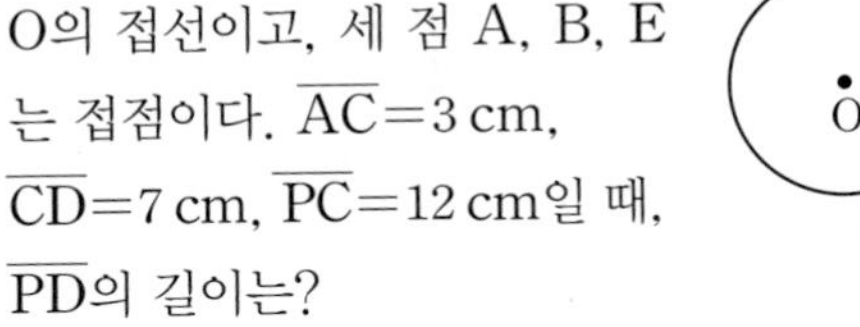

① 8 cm　② 9 cm　③ 10 cm
④ 11 cm　⑤ 12 cm

2369

Level 2

그림과 같이 원 O는 □ABCD에 내접한다. $\overline{AB}=8$ cm, $\overline{BC}=9$ cm, $\overline{CD}=15$ cm일 때, $\overline{AD}$의 길이를 구하시오.

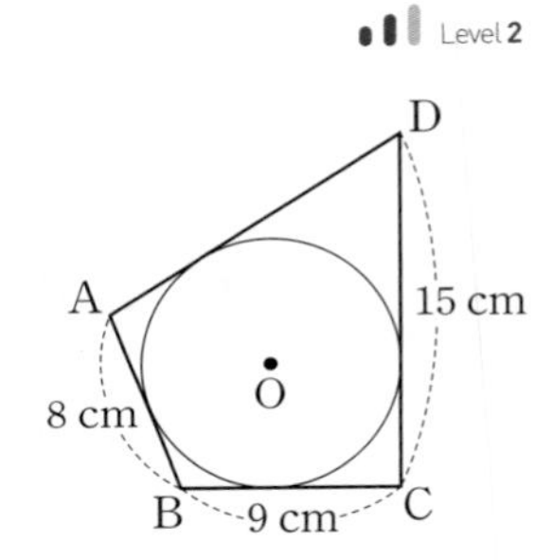

2370

Level 2

그림에서 원 O는 직사각형 ABCD의 세 변에 접하고, $\overline{DE}$는 원 O의 접선이다. $\overline{AB}=8$ cm, $\overline{AD}=10$ cm일 때, $\overline{DE}$의 길이를 구하시오.

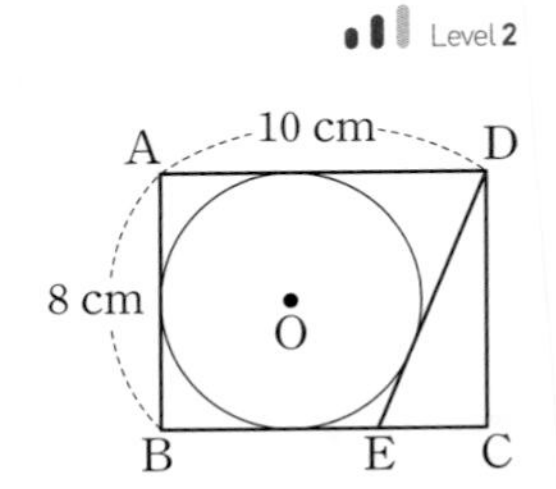

기초유형 0-2 원주각 | 중3

(1) **원주각과 중심각의 크기**

① 한 호에 대한 원주각의 크기는 모두 같다. ➔ $\angle APB = \angle AQB$

② 한 호에 대한 원주각의 크기는 그 호에 대한 중심각의 크기의 $\frac{1}{2}$이다.

➔ $\angle APB = \frac{1}{2}\angle AOB$

(2) **원주각의 크기와 호의 길이**

① 길이가 같은 호에 대한 원주각의 크기는 서로 같다.

➔ $\widehat{AB} = \widehat{CD}$이면 $\angle APB = \angle CQD$

② 호의 길이는 그 호에 대한 원주각의 크기에 정비례한다.

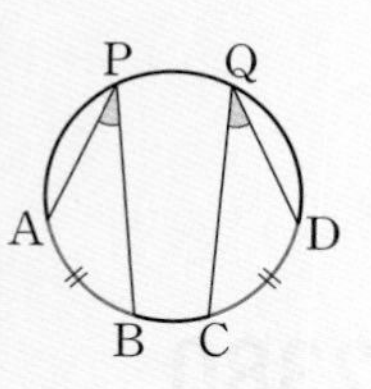

2371  대표문제

그림과 같이 원 O에서 $\angle AOB = 60°$, $\angle AEC = 70°$일 때, $\angle x$의 크기는?

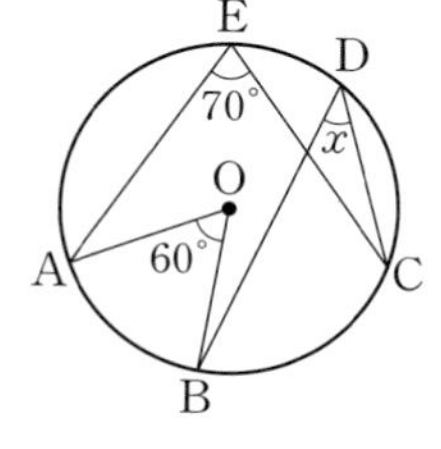

① 30° ② 35° ③ 40° ④ 45° ⑤ 50°

2372

Level 2

그림에서 $\overline{AB}$는 원 O의 지름이고 $\angle CDB = 60°$일 때, $\angle x$의 크기를 구하시오.

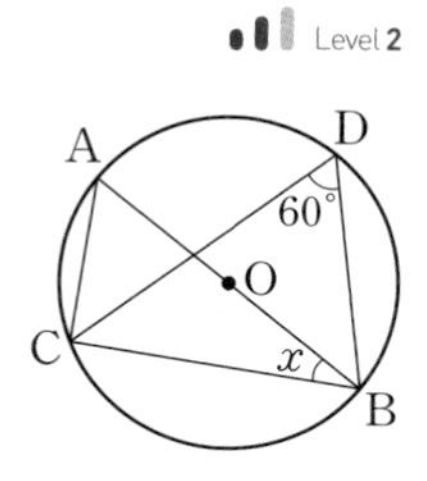

2373

Level 2

그림의 원에서 $\widehat{AB} = \widehat{CD}$이고 $\angle ACB = 32°$일 때, $\angle x$의 크기를 구하시오.

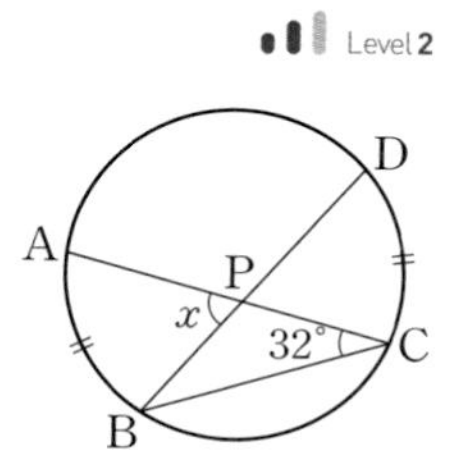

2374

Level 2

그림과 같이 원 O에서 $\widehat{AB} = 3$ cm, $\widehat{CD} = 6$ cm이고 $\angle AEB = 35°$일 때, $\angle x$의 크기는?

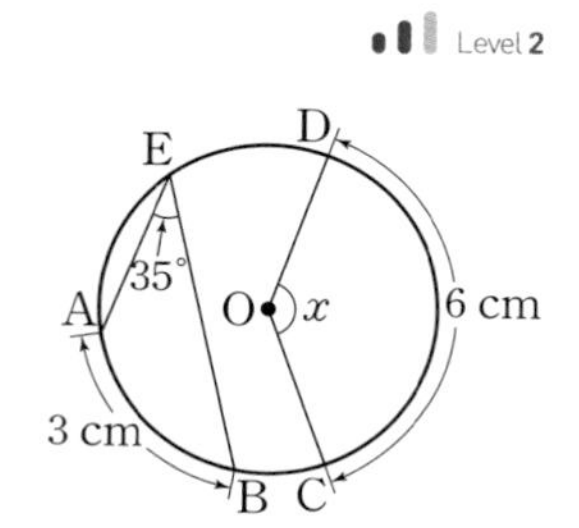

① 100° ② 110° ③ 120° ④ 130° ⑤ 140°

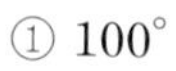

2375

Level 2

그림의 원에서 $\widehat{AB} : \widehat{BC} : \widehat{CA} = 2 : 3 : 4$이다. $\angle BAC = a°$, $\angle ABC = b°$, $\angle BCA = c°$라 할 때, $a + b - c$의 값은?

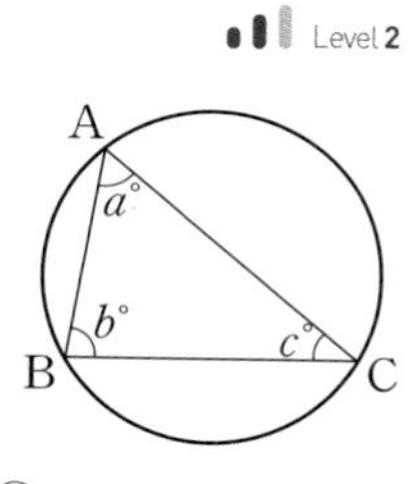

① 60 ② 70 ③ 80 ④ 90 ⑤ 100

실전 유형 1 중심의 좌표가 주어진 원의 방정식

중심의 좌표 (a, b)가 주어지면 원의 방정식을
$(x-a)^2+(y-b)^2=r^2$
으로 놓는다.

2376 대표문제

원 $(x-5)^2+(y+2)^2=9$와 중심이 같고 원 $(x-1)^2+(y-3)^2=4$와 반지름의 길이가 같은 원이 점 $(3, a)$를 지날 때, a의 값을 구하시오.

2377 Level 1

중심의 좌표가 $(2, 1)$이고 반지름의 길이가 2인 원의 방정식은?

① $(x-1)^2+(y-2)^2=2$
② $(x-2)^2+(y-1)^2=2$
③ $(x-2)^2+(y-1)^2=4$
④ $(x+2)^2+(y+1)^2=2$
⑤ $(x+2)^2+(y+1)^2=4$

2378 Level 1

그림과 같이 점 C가 중심인 원의 방정식은?

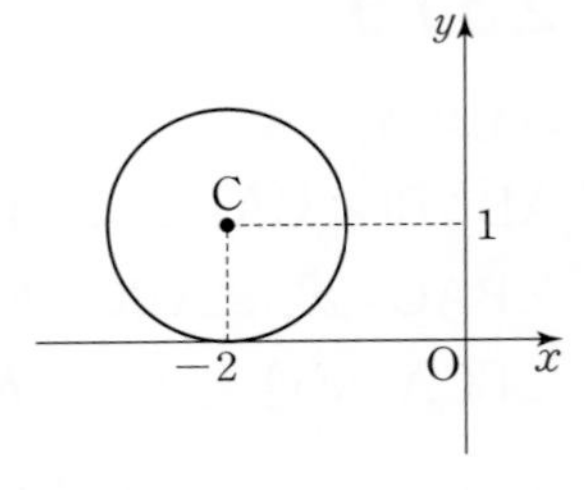

① $(x-2)^2+(y+1)^2=4$
② $(x+2)^2+(y-1)^2=4$
③ $(x-2)^2+(y+1)^2=1$
④ $(x+2)^2+(y-1)^2=1$
⑤ $(x+2)^2+(y+1)^2=1$

2379 Level 2

원 $(x-3)^2+(y+1)^2=10$과 중심이 같고 점 $(2, -5)$를 지나는 원이 점 $(a, 0)$을 지날 때, 모든 a의 값의 합은?

① 3 ② 4 ③ 5
④ 6 ⑤ 7

2380 Level 2

원 $(x+3)^2+(y-2)^2=5$와 중심이 같고 점 $(-1, 0)$을 지나는 원의 둘레의 길이는?

① $\sqrt{2}\pi$ ② $2\sqrt{2}\pi$ ③ $3\sqrt{2}\pi$
④ $4\sqrt{2}\pi$ ⑤ $5\sqrt{2}\pi$

2381 Level 2

직선 $5x+3y-15=0$이 y축과 만나는 점을 중심으로 하고 x축과 만나는 점을 지나는 원의 방정식을 구하시오.

2382 Level 2

두 점 $A(-4, 0)$, $B(0, 8)$에 대하여 선분 AB를 $1:3$으로 내분하는 점을 중심으로 하고, 점 A를 지나는 원의 방정식을 구하시오.

실전 유형 2 중심이 직선 위에 있는 원의 방정식

(1) 중심이 x축 위에 있으면
→ 중심의 좌표는 $(a, 0)$
→ 원의 방정식은 $(x-a)^2+y^2=r^2$
(2) 중심이 y축 위에 있으면
→ 중심의 좌표는 $(0, b)$
→ 원의 방정식은 $x^2+(y-b)^2=r^2$
(3) 중심이 직선 $y=f(x)$ 위에 있으면
→ 중심의 좌표는 $(a, f(a))$
→ $(x-a)^2+\{y-f(a)\}^2=r^2$

2383 대표문제

중심이 직선 $y=2x$ 위에 있고 두 점 $(1, 2)$, $(3, 2)$를 지나는 원의 중심의 좌표를 (a, b), 반지름의 길이를 r라 할 때, $a+b+r^2$의 값을 구하시오.

2384

Level 2

중심이 x축 위에 있고 두 점 $(-4, 1)$, $(0, 1)$을 지나는 원의 방정식을 구하시오.

2385

Level 2

중심이 직선 $y=x-2$ 위에 있고 두 점 $(0, 1)$, $(3, 4)$를 지나는 원의 방정식은?

① $(x+1)^2+(y-3)^2=3$
② $(x-1)^2+(y-3)^2=9$
③ $(x-3)^2+(y+1)^2=3$
④ $(x-3)^2+(y-1)^2=3$
⑤ $(x-3)^2+(y-1)^2=9$

2386

Level 2

중심이 x축 위에 있고 두 점 $(1, -1)$, $(3, 1)$을 지나는 원의 반지름의 길이는?

① 1　② $\sqrt{2}$　③ 2
④ $2\sqrt{2}$　⑤ 4

2387

Level 2

중심이 직선 $y=-2x+1$ 위에 있고 두 점 $(2, -7)$, $(4, -3)$을 지나는 원의 넓이는?

① π　② 3π　③ 5π
④ 7π　⑤ 9π

2388

Level 2

중심이 y축 위에 있고 두 점 $(0, 1)$, $(-2, 3)$을 지나는 원에 대하여 〈보기〉에서 옳은 것만을 있는 대로 고른 것은?

〈보기〉
ㄱ. 중심의 좌표는 $(0, 3)$이다.
ㄴ. 점 $(2, 7)$을 지난다.
ㄷ. 둘레의 길이는 4π이다.

① ㄱ　② ㄷ　③ ㄱ, ㄴ
④ ㄱ, ㄷ　⑤ ㄱ, ㄴ, ㄷ

실전 유형 3 지름의 양 끝 점이 주어진 원의 방정식

두 점 A, B를 지름의 양 끝 점으로 하는 원
➔ (원의 중심)=($\overline{AB}$의 중점)
➔ (반지름의 길이)=$\frac{1}{2}\overline{AB}$

2389 대표문제

두 점 $A(-2, -2)$, $B(6, 4)$를 지름의 양 끝 점으로 하는 원의 방정식을 구하시오.

2390 Level 1

두 점 $A(-5, 2)$, $B(-1, 8)$을 지름의 양 끝 점으로 하는 원의 중심의 좌표와 반지름의 길이를 바르게 짝 지은 것은?

	원의 중심의 좌표	반지름의 길이
①	$(-3, 5)$	$\sqrt{13}$
②	$(-3, 5)$	13
③	$(3, -5)$	$\sqrt{13}$
④	$(3, -5)$	13
⑤	$(3, 5)$	$\sqrt{13}$

2391 Level 1

두 점 $A(-1, 2)$, $B(5, -6)$을 지름의 양 끝 점으로 하는 원의 둘레의 길이는?

① 6π ② 8π ③ 10π
④ 12π ⑤ 14π

2392 Level 1

두 점 $A(a, b)$, $B(-3, 1)$을 지름의 양 끝 점으로 하는 원의 방정식이 $(x+1)^2+(y-2)^2=5$일 때, ab의 값을 구하시오.

2393 Level 2

두 점 $A(-1, -5)$, $B(5, 3)$을 지름의 양 끝 점으로 하는 원의 방정식을 $(x-a)^2+(y-b)^2=r^2$이라 할 때, 상수 a, b, r에 대하여 $a+b+r$의 값은? (단, $r>0$)

① 3 ② 4 ③ 5
④ 6 ⑤ 7

2394 Level 2

다음 중 두 점 $A(2, 5)$, $B(4, -1)$을 지름의 양 끝 점으로 하는 원 위의 점이 아닌 것은?

① $(2, -1)$ ② $(4, 5)$ ③ $(6, 3)$
④ $(3, 3)$ ⑤ $(4, -1)$

2395 Level 2

직선 $x+y-6=0$이 x축, y축과 만나는 점을 각각 P, Q라 할 때, 두 점 P, Q를 지름의 양 끝 점으로 하는 원의 방정식을 구하시오.

● 정답 및 풀이 414쪽

실전 유형 4 방정식 $x^2+y^2+Ax+By+C=0$이 나타내는 도형

원의 방정식이

$x^2+y^2+Ax+By+C=0$ (단, $A^2+B^2-4C>0$)

꼴로 주어지면

$$\left(x+\frac{A}{2}\right)^2+\left(y+\frac{B}{2}\right)^2=\frac{A^2+B^2-4C}{4}$$

꼴로 변형하여 중심의 좌표와 반지름의 길이를 찾는다.

→ 중심의 좌표는 $\left(-\frac{A}{2}, -\frac{B}{2}\right)$

→ 반지름의 길이는 $\frac{\sqrt{A^2+B^2-4C}}{2}$

2396 대표문제

원 $x^2+y^2+8x-6y=0$의 중심의 좌표가 (a, b)이고 반지름의 길이가 r일 때, $a+b+r$의 값은?

① 4　② 5　③ 6
④ 7　⑤ 8

2397

Level 1

원 $x^2+y^2-2x+4y+1=0$과 중심이 같고 반지름의 길이가 $\sqrt{2}$인 원의 방정식은?

① $(x-1)^2+(y+2)^2=2$
② $(x+1)^2+(y-2)^2=2$
③ $(x-2)^2+(y+1)^2=2$
④ $(x-1)^2+(y+2)^2=4$
⑤ $(x+1)^2+(y-2)^2=4$

2398

Level 1

원 $x^2+y^2-4x-2y-2k+8=0$의 반지름의 길이가 1일 때, 상수 k의 값은?

① 1　② 2　③ 3
④ 4　⑤ 5

2399

Level 2

원 $x^2+y^2-2ax+ay+6a=0$의 중심의 좌표가 $(6, -3)$일 때, 이 원의 반지름의 길이는? (단, a는 상수이다.)

① 1　② 2　③ 3
④ 4　⑤ 5

2400

Level 2

원 $x^2+y^2-2x+8y-1=0$의 넓이가 $k\pi$일 때, k의 값은?

① 17　② 18　③ 19
④ 20　⑤ 21

2401

Level 2

원 $x^2+y^2-4x+8y+14=0$과 중심이 같고 점 $(-2, 1)$을 지나는 원의 방정식을 구하시오.

2402

Level 2

원 $x^2+y^2-2ax+6y+a^2-3=0$에 대하여 〈**보기**〉에서 옳은 것만을 있는 대로 고른 것은? (단, a는 상수이다.)

〈**보기**〉

ㄱ. 원의 넓이는 12π이다.
ㄴ. $a=2$일 때 점 $(0, 1)$을 지난다.
ㄷ. 원의 중심이 y축 위에 있을 때 $a=0$이다.

① ㄱ ② ㄴ ③ ㄱ, ㄷ
④ ㄴ, ㄷ ⑤ ㄱ, ㄴ, ㄷ

다음은 이 유형에서 출제된 최근 교육청 • 평가원 기출문제입니다.

2403 • 교육청 2020년 11월

Level 2

좌표평면에서 직선 $y=2x+3$이
원 $x^2+y^2-4x-2ay-19=0$의 중심을 지날 때, 상수 a의 값은?

① 4 ② 5 ③ 6
④ 7 ⑤ 8

실전유형 5 원의 방정식이 되기 위한 조건

빈출유형

방정식 $x^2+y^2+Ax+By+C=0$이 나타내는 도형이 원이 되려면 $\left(x+\frac{A}{2}\right)^2+\left(y+\frac{B}{2}\right)^2=\frac{A^2+B^2-4C}{4}$ 꼴로 변형했을 때, $\frac{A^2+B^2-4C}{4}>0$이어야 한다.

2404 대표문제

방정식 $x^2+y^2-3x+2y+k=0$이 원을 나타내도록 하는 정수 k의 최댓값은?

① 1 ② 2 ③ 3
④ 4 ⑤ 5

2405

Level 1

다음 중 원의 방정식이 아닌 것은?

① $x^2+y^2+2x=0$
② $x^2+y^2+2x-8y-8=0$
③ $x^2+y^2+2x+2y+1=0$
④ $x^2+y^2+4x+4y+8=0$
⑤ $x^2+y^2-2x+4y=0$

2406

Level 2

방정식 $x^2+y^2+6x-10y+k+11=0$이 원을 나타낼 때, 실수 k의 값의 범위를 구하시오.

2407

Level 2

다음 중 방정식 $x^2+y^2+6x-4y-k=0$이 원을 나타내도록 하는 실수 k의 값이 될 수 없는 것은?

① -6 ② -7 ③ -9
④ -11 ⑤ -13

2408

Level 2

방정식 $x^2+y^2-2x-6y+k^2+2k+7=0$이 원을 나타내도록 하는 정수 k의 개수는?

① 1 ② 2 ③ 3
④ 4 ⑤ 5

2409

Level 2

방정식 $x^2+y^2+2kx-3k^2+4k-4=0$이 반지름의 길이가 2 이하인 원을 나타내도록 하는 실수 k의 값의 범위는?

① $-2\le k\le 0$ ② $-1\le k\le 0$
③ $-\frac{1}{2}\le k\le \frac{1}{2}$ ④ $0\le k\le 1$
⑤ $1\le k\le 6$

2410

Level 2

다음 중 방정식 $x^2+y^2+2(k-1)x-3k^2+k+1=0$이 반지름의 길이가 1 이하인 원을 나타내도록 하는 실수 k의 값이 될 수 있는 것은?

① $-\frac{1}{2}$ ② $-\frac{1}{6}$ ③ $\frac{1}{6}$
④ $\frac{1}{2}$ ⑤ $\frac{2}{3}$

2411

Level 2

방정식 $x^2+y^2-2x+k^2-8k+8=0$이 원을 나타낼 때, 원의 넓이가 최대가 되도록 하는 반지름의 길이는?

(단, k는 상수이다.)

① 1 ② 2 ③ 3
④ 4 ⑤ 5

2412

Level 2

방정식 $x^2+y^2-4y-k^2+4k-1=0$이 원을 나타낼 때, 원의 둘레의 길이가 최소가 되도록 하는 반지름의 길이는?

(단, k는 상수이다.)

① 1 ② 2 ③ 3
④ 4 ⑤ 5

11

실전 유형 6 원점과 두 점을 지나는 원의 방정식

원의 방정식을 $x^2+y^2+Ax+By+C=0$으로 놓고 원점과 두 점의 좌표를 대입하여 A, B, C의 값을 구한다.

2413 대표문제

원점과 두 점 $(-4,\ 2)$, $(2,\ 4)$를 지나는 원의 방정식을 구하시오.

2414 Level 2

원점과 두 점 $(0,\ 2)$, $(2,\ 2)$를 지나는 원의 둘레의 길이는?

① $\sqrt{2}\pi$ ② 2π ③ $2\sqrt{2}\pi$
④ 4π ⑤ $4\sqrt{2}\pi$

2415 Level 2

원점과 세 점 $(-3,\ 1)$, $(-1,\ 2)$, $(0,\ k)$가 한 원 위에 있을 때, 양수 k의 값을 구하시오.

2416 Level 2

원점과 두 점 $(4,\ 0)$, $(0,\ 2)$를 지나는 원의 중심이 직선 $y=kx-3$ 위에 있을 때, 상수 k의 값은?

① 1 ② 2 ③ 3
④ 4 ⑤ 5

2417 Level 2

세 점 $\mathrm{O}(0,\ 0)$, $\mathrm{P}(4,\ 3)$, $\mathrm{Q}(-2,\ 6)$을 꼭짓점으로 하는 삼각형 OPQ의 외접원의 방정식은?

① $x^2+y^2-7x-y=0$
② $x^2+y^2+7x-y=0$
③ $x^2+y^2-x-7y=0$
④ $x^2+y^2-x+7y=0$
⑤ $x^2+y^2-7x-7y=0$

다음은 이 유형에서 출제된 최근 교육청 • 평가원 기출문제입니다.

2418 • 교육청 2020년 9월 Level 2

좌표평면 위의 세 점 $(0,\ 0)$, $(6,\ 0)$, $(-4,\ 4)$를 지나는 원의 중심의 좌표를 $(p,\ q)$라 할 때, $p+q$의 값을 구하시오.

● 정답 및 풀이 417쪽

실전유형 7 원점이 아닌 세 점을 지나는 원의 방정식

원의 중심을 $P(a, b)$로 놓고 원이 지나는 세 점 A, B, C에 대하여 $\overline{PA}=\overline{PB}=\overline{PC}$임을 이용하여 원의 중심의 좌표와 반지름의 길이를 구한다.

2419 대표문제

세 점 $A(-3, -2)$, $B(-2, 1)$, $C(0, 1)$을 지나는 원의 중심의 좌표를 (a, b), 반지름의 길이를 r라 할 때, $a+b+r^2$의 값은?

① 1 ② 2 ③ 3 ④ 4 ⑤ 5

2420

Level 2

세 점 $A(1, 3)$, $B(2, 2)$, $C(3, 2)$를 지나는 원의 중심의 좌표를 (p, q)라 할 때, $p+q$의 값은?

① 4 ② $\frac{9}{2}$ ③ 5 ④ $\frac{11}{2}$ ⑤ 6

2421

Level 2

세 점 $A(3, 4)$, $B(2, -1)$, $C(-3, 0)$을 지나는 원의 넓이를 구하시오.

2422

Level 2

세 점 $A(2, 1)$, $B(0, 1)$, $C(4, 5)$를 지나는 원의 둘레의 길이는?

① $2\sqrt{5}\pi$ ② $2\sqrt{10}\pi$ ③ $4\sqrt{5}\pi$ ④ 10π ⑤ 20π

2423

Level 2

다음 중 세 점 $A(-4, 0)$, $B(-2, -4)$, $C(5, 3)$을 지나는 원 위의 점이 아닌 것은?

① $(-1, -5)$ ② $(1, -5)$ ③ $(4, 4)$ ④ $(-3, 3)$ ⑤ $(1, 5)$

2424

Level 2

세 점 $A(0, 3)$, $B(2, -1)$, $C(-3, 4)$를 지나는 원이 점 $(1, k)$를 지날 때, 모든 k의 값의 곱은?

① -16 ② -8 ③ -4 ④ -2 ⑤ -1

11

2425

Level 2

세 점 A(1, 0), B(1, 6), C(3, 2)를 꼭짓점으로 하는 삼각형 ABC의 외심의 좌표는?

① (−2, 1) ② (4, −3) ③ (1, 2)
④ (0, 3) ⑤ (1, 0)

2426

Level 2

세 점 A(2, 0), B(4, 8), C(−4, 6)을 꼭짓점으로 하는 삼각형 ABC의 세 변의 수직이등분선의 교점의 좌표를 (p, q)라 할 때, $4p+q$의 값은?

① 4 ② 5 ③ 6
④ 7 ⑤ 8

2427 고난도

Level 3

세 직선 $y=3$, $x+2y=0$, $2x-y-5=0$으로 만들어지는 삼각형의 외접원의 방정식을 구하시오.

+Plus 문제

실전유형 8 x축 또는 y축에 접하는 원의 방정식

빈출유형

(1) 중심의 좌표가 (a, b)이고 x축에 접하는 원
→ (반지름의 길이)=|(원의 중심의 y좌표)|=$|b|$
→ 원의 방정식 : $(x-a)^2+(y-b)^2=b^2$

(2) 중심의 좌표가 (a, b)이고 y축에 접하는 원
→ (반지름의 길이)=|(원의 중심의 x좌표)|=$|a|$
→ 원의 방정식 : $(x-a)^2+(y-b)^2=a^2$

2428 대표문제

원 $x^2+y^2+4x-6ky+k^2-12=0$이 x축에 접할 때, 양수 k의 값은?

① 1 ② 2 ③ 3
④ 4 ⑤ 5

2429

Level 1

중심의 좌표가 (−1, 2)이고 y축에 접하는 원의 반지름의 길이는?

① $\frac{1}{2}$ ② 1 ③ $\frac{3}{2}$
④ 2 ⑤ 4

2430

Level 1

원 $x^2+y^2-4x-8y-5=0$과 중심이 같고 x축에 접하는 원의 반지름의 길이는?

① 1 ② 2 ③ 3
④ 4 ⑤ 5

2431

Level 1

원 $x^2+y^2-6x+2y+k=0$이 y축에 접할 때, 상수 k의 값은?

① -3　② -1　③ 1
④ 5　⑤ 9

2432

Level 2

점 $(-3, 2)$를 지나고 x축에 접하는 원의 중심의 좌표가 $(a, 5)$일 때, 양수 a의 값은?

① 1　② 2　③ 3
④ 4　⑤ 5

2433

Level 2

점 $(0, -1)$에서 y축에 접하는 원의 넓이가 9π일 때, 이 원의 방정식은? (단, 원의 중심은 제3사분면 위에 있다.)

① $(x+1)^2+(y+3)^2=3$
② $(x+3)^2+(y+1)^2=3$
③ $(x+1)^2+(y+1)^2=9$
④ $(x+1)^2+(y+3)^2=9$
⑤ $(x+3)^2+(y+1)^2=9$

2434

Level 2

y축에 접하는 원 $x^2+y^2+4x+2ky+9=0$의 중심이 제2사분면 위에 있을 때, 상수 k의 값은?

① -3　② -2　③ 2
④ 3　⑤ 4

2435

Level 2

중심이 직선 $y=x+4$ 위에 있고 점 $(-2, 4)$를 지나는 두 원이 x축에 접할 때, 이 두 원의 반지름의 길이의 합은?

① 4　② 8　③ 12
④ 16　⑤ 20

2436

Level 2

원 $x^2+y^2+2ax-4y+b=0$이 점 $(3, 5)$를 지나고 y축에 접할 때, 상수 a, b에 대하여 $a+b$의 값을 구하시오.

2437 신경향

Level 3

세 점 $\mathrm{A}(-3, 0)$, $\mathrm{B}(3, 0)$, $\mathrm{C}(0, 3\sqrt{3})$을 꼭짓점으로 하는 삼각형 ABC의 내접원의 방정식을 구하시오.

실전 유형 9 x축, y축에 동시에 접하는 원의 방정식

x축과 y축에 동시에 접하고 반지름의 길이가 r인 원

(1) (반지름의 길이)

$=|$(원의 중심의 x좌표)$|$

$=|$(원의 중심의 y좌표)$|$

(2) 원의 방정식

제1사분면 : $(x-r)^2+(y-r)^2=r^2$

제2사분면 : $(x+r)^2+(y-r)^2=r^2$

제3사분면 : $(x+r)^2+(y+r)^2=r^2$

제4사분면 : $(x-r)^2+(y+r)^2=r^2$

$(-r,\ r)$ $(r,\ r)$ $(-r,\ -r)$ $(r,\ -r)$

2438 대표문제

그림과 같이 점 $(2,\ -4)$를 지나고 x축과 y축에 동시에 접하는 두 원의 중심 사이의 거리를 구하시오.

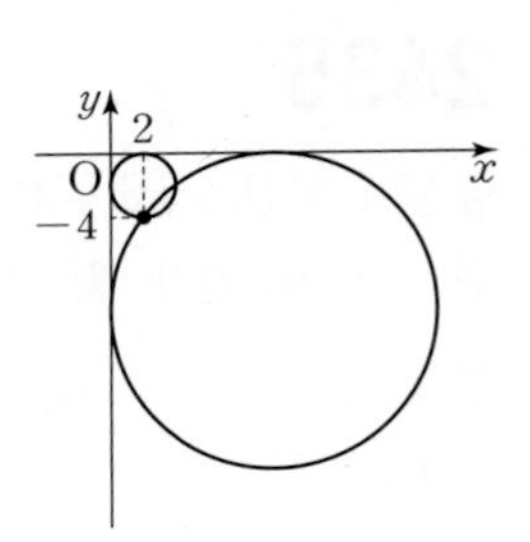

2439

Level 2

중심이 직선 $y=2x+6$ 위에 있고, 제2사분면에서 x축과 y축에 동시에 접하는 원의 방정식을 구하시오.

2440

Level 2

점 $(2,\ 1)$을 지나고 x축과 y축에 동시에 접하는 두 원 중 큰 원의 반지름의 길이는?

① 3 ② 4 ③ 5 ④ 6 ⑤ 7

2441

Level 2

원 $x^2+y^2+4x+2ay+5-b=0$이 x축과 y축에 동시에 접할 때, 양수 a, b에 대하여 $a+b$의 값은?

① 2 ② 3 ③ 4 ④ 5 ⑤ 6

2442

Level 2

중심이 직선 $3x+y-8=0$ 위에 있고 x축과 y축에 동시에 접하는 두 원의 둘레의 길이의 합은?

① 12π ② 14π ③ 16π ④ 18π ⑤ 20π

2443

Level 3

직선 $\frac{x}{6}+\frac{y}{8}=1$과 x축, y축으로 둘러싸인 삼각형의 내접원의 중심을 C_1, 외접원의 중심을 C_2라 할 때, 선분 C_1C_2의 길이를 구하시오.

+Plus 문제

2444 고난도

Level 3

중심이 곡선 $y=x^2-12$ 위에 있고, x축과 y축에 동시에 접하는 모든 원의 넓이의 합은?

① 26π ② 32π ③ 38π ④ 44π ⑤ 50π

● 정답 및 풀이 421쪽

실전유형 10 원 밖의 한 점에서 원에 이르는 거리의 최대 · 최소

원 밖의 한 점 A와 원의 중심 사이의 거리를 d, 반지름의 길이를 r라 할 때, 점 A와 원 위의 점 사이의 거리의 최댓값과 최솟값은

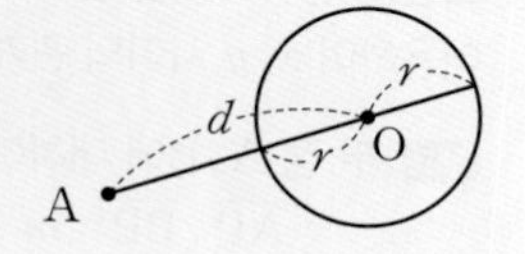

(1) 최댓값 : $d+r$

(2) 최솟값 : $d-r$

2445 대표문제

점 $A(-4,\ -4)$와 원 $x^2+y^2+4x-4y-1=0$ 위의 점 P에 대하여 선분 AP의 길이의 최댓값을 M, 최솟값을 m이라 할 때, $M+m$의 값은?

① $\sqrt{10}$ ② $2\sqrt{10}$ ③ $4\sqrt{10}$
④ $6\sqrt{10}$ ⑤ $8\sqrt{10}$

2446

Level 2

원 $x^2+y^2=r^2$ 밖의 점 $A(6,\ 2)$와 이 원 위의 점 P에 대하여 선분 AP의 길이의 최댓값이 $3\sqrt{10}$일 때, 양수 r의 값을 구하시오.

2447

Level 2

그림과 같이 원 $x^2+y^2=9$ 밖의 점 $A(-a,\ 6)$과 이 원 위의 점 P 사이의 최단 거리가 7일 때, a의 값은? (단, $a>0$)

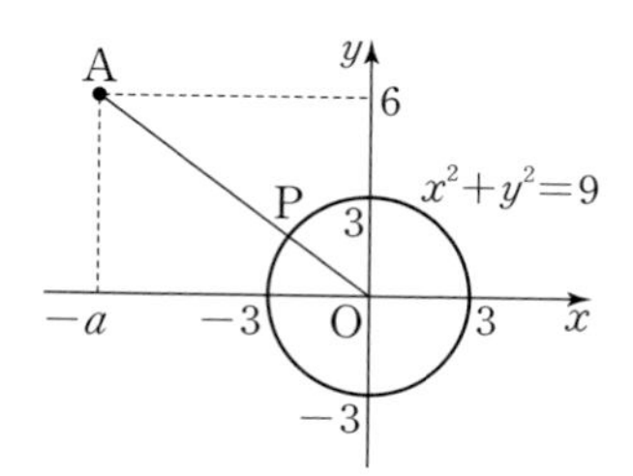

① 6 ② 7
③ 8 ④ 9
⑤ 10

2448

Level 2

원점 O를 중심으로 하고 원 $(x-5)^2+(y-1)^2=4$ 위의 점 P를 지나는 원의 반지름의 길이의 최댓값은?

① $2+2\sqrt{6}$ ② 7 ③ $2+\sqrt{26}$
④ $2+2\sqrt{7}$ ⑤ 9

2449

Level 2

원점 O에서 원 $x^2+y^2-6x-8y+21=0$에 이르는 거리의 최댓값을 M, 최솟값을 m이라 할 때, Mm의 값은?

① 17 ② 21 ③ 25
④ 29 ⑤ 33

2450

Level 2

점 $A(a,\ 4)$와 원 $x^2+y^2=8$ 위의 점 P에 대하여 선분 AP의 최댓값이 $5+2\sqrt{2}$, 최솟값이 $5-2\sqrt{2}$일 때, 가능한 모든 실수 a의 값의 곱은?

① -36 ② -25 ③ -16
④ -9 ⑤ -4

2451

Level 2

원 $(x+2)^2+(y-3)^2=8$ 위의 점 $\mathrm{P}(a,\ b)$에 대하여 $\sqrt{(a-5)^2+(b-2)^2}$의 최댓값을 구하시오.

2452

Level 2

점 $\mathrm{A}(5,\ -5)$와 원 $(x-1)^2+(y+2)^2=4$ 위의 점 P 사이의 거리가 정수가 되도록 하는 점 P의 개수는?

① 2　② 4　③ 6　④ 8　⑤ 10

다음은 이 유형에서 출제된 최근 교육청・평가원 기출문제입니다.

2453 ・교육청 2019년 3월

Level 2

좌표평면에서 점 $\mathrm{A}(4,\ 3)$과 원 $x^2+y^2=16$ 위의 점 P에 대하여 선분 AP의 길이의 최솟값은?

① 1　② 2　③ 3　④ 4　⑤ 5

심화유형 11 조건을 만족시키는 점이 나타내는 도형의 방정식

조건을 만족시키는 점의 좌표를 $(x,\ y)$로 놓고 주어진 조건을 이용하여 x, y 사이의 관계식을 구한다.

참고 두 점 A, B에 대하여

$\overline{\mathrm{AP}}:\overline{\mathrm{BP}}=m:n\ (m>0,\ n>0,\ m\neq n)$

을 만족시키는 점 P가 나타내는 도형은 선분 AB를 $m:n$으로 내분하는 점과 $m:n$으로 외분하는 점을 지름의 양 끝 점으로 하는 원이다. 이 원을 아폴로니오스의 원이라 한다.

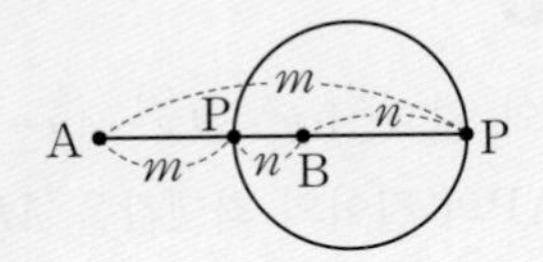

2454 대표문제

두 점 $\mathrm{A}(2,\ -1)$, $\mathrm{B}(8,\ 2)$에 대하여 $\overline{\mathrm{PA}}:\overline{\mathrm{PB}}=2:1$을 만족시키는 점 P가 나타내는 도형의 넓이는?

① 10π　② 15π　③ 20π　④ 25π　⑤ 30π

2455

Level 2

세 점 $\mathrm{A}(1,\ 0)$, $\mathrm{B}(1,\ 3)$, $\mathrm{C}(2,\ 1)$에 대하여 $\overline{\mathrm{AP}}^2=\overline{\mathrm{BP}}^2+\overline{\mathrm{CP}}^2$을 만족시키는 점 P가 나타내는 도형의 둘레의 길이를 구하시오.

2456

Level 2

두 점 $\mathrm{A}(-1,\ 1)$, $\mathrm{B}(2,\ 1)$에 대하여 $\overline{\mathrm{AP}}=2\overline{\mathrm{BP}}$인 점 P가 나타내는 도형은 원이다. 이 원의 반지름의 길이는?

① 1　② 2　③ 3　④ 4　⑤ 5

2457

Level 2

두 점 $A(-3, 0)$, $B(5, 0)$에 대하여 $\overline{PA}:\overline{PB}=1:3$을 만족시키는 점 P가 나타내는 도형의 둘레의 길이는?

① 4π ② 5π ③ 6π
④ 7π ⑤ 8π

2458

Level 2

두 점 $A(-3, 2)$, $B\left(\frac{3}{2}, -1\right)$에 대하여 선분 AB를 2 : 1로 내분하는 점과 외분하는 점을 지름의 양 끝 점으로 하는 원의 방정식은?

① $x^2+y^2-8x+6y=3$
② $x^2+y^2+8x-4y=1$
③ $x^2+y^2-6x+4y=0$
④ $x^2+y^2+4x-4y=2$
⑤ $x^2+y^2-4x+6y=4$

2459

Level 2

두 점 $A(-4, 0)$, $B(2, 0)$에 대하여 점 $P(a, b)$가 $\overline{AP}^2+\overline{BP}^2=22$를 만족시킬 때, $(a-3)^2+(b+4)^2$의 최댓값을 구하시오.

2460

Level 2

점 $A(2, -3)$과 원 $x^2+y^2+4x+2y+1=0$ 위의 점 P를 이은 선분 AP의 중점이 나타내는 도형의 방정식은?

① $x^2+y^2=1$
② $(x-2)^2+y^2=1$
③ $(x+2)^2+y^2=1$
④ $x^2+(y-2)^2=1$
⑤ $x^2+(y+2)^2=1$

2461

Level 3

두 점 $A(-2, 0)$, $B(2, 0)$으로부터의 거리의 비가 1 : 3인 점 P에 대하여 삼각형 PAB의 넓이의 최댓값은?

① 1 ② 2 ③ 3
④ 4 ⑤ 5

+Plus 문제

2462

Level 3

두 점 $A(1, 0)$, $B(7, 0)$으로부터의 거리의 비가 2 : 1인 점 P에 대하여 $\angle PAB$의 크기가 최대일 때, 선분 AP의 길이는?

① $2\sqrt{3}$ ② $3\sqrt{3}$ ③ $4\sqrt{3}$
④ $5\sqrt{3}$ ⑤ $6\sqrt{3}$

2463

Level 3

A 대형 마트로부터 정동쪽으로 6 km, 정북쪽으로 3 km 떨어진 지점에 B 대형 마트가 있다. 1 km당 배송 비용은 A 대형 마트가 B 대형 마트보다 2배 비싸다고 한다. 대형 마트로부터 배송 비용이 동일한 지점이 그리는 도형의 둘레의 길이는? (단, 배송 비용은 거리에 정비례하고 대형 마트의 크기는 무시한다.)

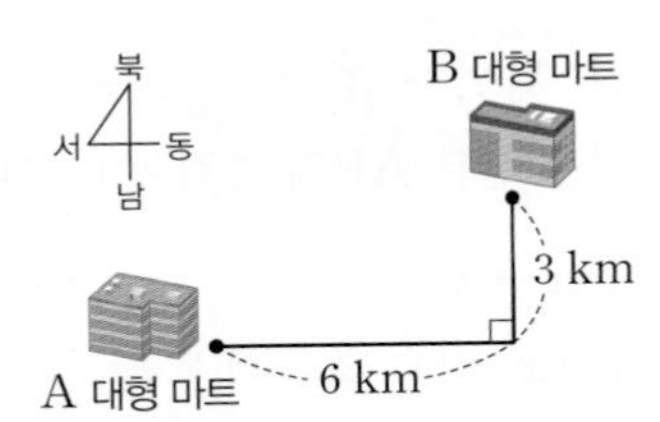

① $2\sqrt{5}\pi$ km　② $4\sqrt{5}\pi$ km　③ $6\sqrt{5}\pi$ km
④ $8\sqrt{5}\pi$ km　⑤ $10\sqrt{5}\pi$ km

2464 고난도

Level 3

두 점 $A(-1, 0)$, $B(4, 0)$에 대하여 $\overline{AP}:\overline{BP}=3:2$를 만족시키는 점 P가 그리는 원 O와 $\overline{AQ}:\overline{BQ}=2:3$을 만족시키는 점 Q가 그리는 원 O'이 있다. 원 O 위의 임의의 점 C와 원 O' 위의 임의의 점 D에 대하여 선분 CD의 길이의 최댓값은?

① 6　② 12　③ 15
④ 22　⑤ 25

실전유형 12 두 원의 교점을 지나는 직선의 방정식 빈출유형

두 점에서 만나는 두 원 $x^2+y^2+ax+by+c=0$, $x^2+y^2+a'x+b'y+c'=0$의 교점을 지나는 직선의 방정식은

$x^2+y^2+ax+by+c-(x^2+y^2+a'x+b'y+c')=0$

즉, $(a-a')x+(b-b')y+(c-c')=0$

2465 대표문제

두 원 $(x+a)^2+y^2=4$, $x^2+(y-1)^2=9$의 교점을 지나는 직선이 직선 $y=x+2$와 수직일 때, 상수 a의 값은?

① -4　② -2　③ 1
④ 2　⑤ 4

2466

Level 1

두 원 $x^2+y^2=4$, $(x-1)^2+y^2=5$의 교점을 지나는 직선의 방정식은?

① $y=x+4$　② $y=x-4$　③ $y=x$
④ $y=4$　⑤ $x=0$

2467

Level 2

두 원 $x^2+y^2-2x+6y+1=0$, $x^2+y^2+2x+2y-7=0$의 교점을 지나는 직선과 직선 $y=mx+3$이 평행할 때, 상수 m의 값을 구하시오.

2468

Level 2

두 원 $x^2+y^2+ax+y-1=0$, $x^2+y^2-x+ay+1=0$의 교점을 지나는 직선이 점 $(3, 2)$를 지날 때, 상수 a의 값을 구하시오.

2469

Level 2

두 원 $x^2+y^2+3x+y-1=0$, $x^2+y^2-x+3y+1=0$의 교점을 지나는 직선이 x축, y축과 만나는 점을 각각 A, B라 할 때, 삼각형 OAB의 넓이는? (단, O는 원점이다.)

① $\frac{1}{4}$ ② $\frac{1}{2}$ ③ 1
④ 2 ⑤ 4

2470

Level 3

두 원 $C_1 : x^2+y^2+2ax-6y+7=0$,
$C_2 : x^2+y^2+6x+4y+9=0$에 대하여 두 원 C_1, C_2의 교점을 지나는 직선이 원 C_2의 넓이를 이등분할 때, 상수 a의 값은?

① 5 ② 6 ③ 7
④ 8 ⑤ 9

+Plus 문제

심화유형 13 공통인 현의 길이

복합유형

두 원 O, O'의 교점을 A, B, $\overline{OO'}$과 $\overline{AB}$의 교점을 C라 할 때, $\overline{AB}$의 길이는 다음과 같은 순서로 구한다.

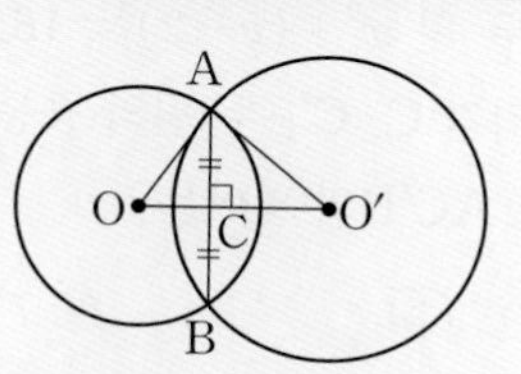

❶ 직선 AB의 방정식을 구한다.
❷ 점과 직선 사이의 거리를 이용하여 $\overline{OC}$의 길이를 구한다.
❸ 피타고라스 정리를 이용하여 $\overline{AC}$의 길이를 구한다.
❹ $\overline{AB}=2\overline{AC}$임을 이용하여 $\overline{AB}$의 길이를 구한다.

2471 대표문제

두 원 $(x-2)^2+(y-5)^2=9$, $(x+1)^2+(y-2)^2=3$의 공통인 현의 길이는?

① 1 ② $\sqrt{2}$ ③ $\sqrt{3}$
④ 2 ⑤ $\sqrt{5}$

2472

Level 2

두 원 $x^2+y^2=8$, $(x-3)^2+(y+3)^2=14$의 두 교점을 A, B라 할 때, 선분 AB의 중점의 좌표를 (a, b)라 하자. 이때 $a-b$의 값은?

① 1 ② 2 ③ 3
④ 4 ⑤ 5

2473

Level 2

두 원 $x^2+y^2=4$, $x^2+(y+1)^2=3$의 두 교점을 A, B라 할 때, 삼각형 OAB의 넓이를 구하시오. (단, O는 원점이다.)

2474

Level 2

두 원 $x^2+(y-2)^2=16$, $(x-3)^2+(y+1)^2=4$의 중심을 각각 C, C′, 두 원의 공통인 현을 선분 AB라 할 때, 사각형 CAC′B의 넓이는?

① $\sqrt{14}$ ② 7 ③ $5\sqrt{2}$
④ $3\sqrt{7}$ ⑤ 9

2475

Level 2

두 원 $x^2+y^2=5$, $(x+2)^2+(y-1)^2=4$의 두 교점을 지나는 원 중에서 넓이가 최소인 원의 넓이를 구하시오.

2476

Level 3

두 원 $x^2+y^2-k=0$, $x^2+y^2-4x-4y=0$의 공통인 현의 길이가 $2\sqrt{6}$이 되도록 하는 모든 상수 k의 값의 합은?

① 26 ② 28 ③ 30
④ 32 ⑤ 34

실전유형 14 두 원의 교점을 지나는 원의 방정식

두 점에서 만나는 두 원 $x^2+y^2+ax+by+c=0$, $x^2+y^2+a'x+b'y+c'=0$의 교점을 지나는 원의 방정식은

$$x^2+y^2+ax+by+c+k(x^2+y^2+a'x+b'y+c')=0$$

(단, $k\neq-1$)

2477 대표문제

두 원 $x^2+y^2-3=0$, $x^2+y^2+2x+4y-6=0$의 교점과 점 $(2, 0)$을 지나는 원의 넓이는?

① 5π ② 6π ③ 7π
④ 8π ⑤ 9π

2478

Level 2

두 원 $x^2+y^2+2x-6y+6=0$, $x^2+y^2-6x-16=0$의 교점과 점 $(-3, 1)$을 지나는 원의 중심의 좌표를 구하시오.

2479

Level 2

두 원 $x^2+y^2=4$, $(x-2)^2+(y-2)^2=4$의 교점과 점 $(2, 2)$를 지나는 원의 방정식을 $x^2+y^2+Ax+By+C=0$이라 할 때, 상수 A, B, C에 대하여 $A+B+C$의 값을 구하시오.

2480

Level 2

두 원 $x^2+y^2-8x+6ay+2=0$, $x^2+y^2-2x-1=0$의 교점과 원점을 지나는 원의 넓이가 9π일 때, 양수 a의 값은?

① 1　② $\sqrt{3}$　③ 2
④ $\sqrt{5}$　⑤ $\sqrt{13}$

2481

Level 2

두 원 $x^2+y^2-3x+ay+2a=0$, $x^2+y^2-2x=0$의 교점과 두 점 $(0, 2)$, $(2, 1)$을 지나는 원의 넓이가 $b\pi$일 때, $2ab$의 값을 구하시오. (단, a는 상수이다.)

2482

Level 2

두 원 $x^2+y^2+4x+2y-7=0$, $x^2+y^2=5$의 교점을 지나고 중심의 좌표가 $(2, 1)$인 원의 반지름의 길이는?

① $\sqrt{7}$　② $2\sqrt{2}$　③ 3
④ $\sqrt{10}$　⑤ $\sqrt{11}$

2483

Level 3

두 원 $x^2+y^2-5x+4y=4$, $x^2+y^2+5x-6y=8$의 교점을 지나고 중심이 y축 위에 있는 원의 둘레의 길이를 구하시오.

실전 유형 15 원과 직선이 서로 다른 두 점에서 만날 때

원과 직선이 서로 다른 두 점에서 만나려면
(1) 원의 중심의 좌표와 반지름의 길이를 알기 쉬울 때
➜ 원의 중심과 직선 사이의 거리를 d, 반지름의 길이를 r라 하면 $d<r$
(2) 직선의 방정식을 원의 방정식에 대입하여 정리하기 쉬울 때
➜ 원의 방정식과 직선의 방정식을 연립하여 얻은 이차방정식의 판별식을 D라 하면 $D>0$

2484 대표문제

원 $x^2+y^2=8$과 직선 $y=x+k$가 서로 다른 두 점에서 만나도록 하는 정수 k의 개수는?

① 6　② 7　③ 8
④ 9　⑤ 10

2485

Level 1

원 $(x+2)^2+(y-1)^2=r^2$과 직선 $4x+3y-5=0$이 서로 다른 두 점에서 만날 때, 자연수 r의 최솟값을 구하시오.

2486

Level 2

원 $(x-1)^2+y^2=5$와 직선 $y=2x+k$가 서로 다른 두 점에서 만나도록 하는 실수 k의 값의 범위가 $\alpha<k<\beta$일 때, $\beta-\alpha$의 값은?

① 9　② 10　③ 11
④ 12　⑤ 13

2487

Level 2

원 $(x-a)^2+(y-1)^2=9$와 직선 $3x-4y-a-3=0$이 서로 다른 두 점에서 만날 때, 정수 a의 개수를 구하시오.

2488

Level 2

원 $x^2+(y-1)^2=1$과 직선 $y=mx+3$이 서로 다른 두 점에서 만날 때, 실수 m의 값의 범위를 구하시오.

2489

Level 3

원점과 두 점 $(2,\ 0)$, $(3,\ 1)$을 지나는 원이 직선 $2x-y+k=0$과 서로 다른 두 점에서 만나도록 하는 자연수 k의 최댓값은?

① 1　② 2　③ 3　④ 4　⑤ 5

실전유형 16 원과 직선이 접할 때

빈출유형

원과 직선이 한 점에서 만나려면

(1) 원의 중심의 좌표와 반지름의 길이를 알기 쉬울 때
→ 원의 중심과 직선 사이의 거리를 d, 반지름의 길이를 r라 하면 $d=r$

(2) 직선의 방정식을 원의 방정식에 대입하여 정리하기 쉬울 때
→ 원의 방정식과 직선의 방정식을 연립하여 얻은 이차방정식의 판별식을 D라 하면 $D=0$

2490 대표문제

원 $x^2+(y-1)^2=5$와 직선 $2x-y+k=0$이 한 점에서 만날 때, 양수 k의 값은?

① 2　② 3　③ 4　④ 5　⑤ 6

2491

Level 1

원 $x^2+y^2=r^2$과 직선 $y=x+3\sqrt{2}$가 한 점에서 만날 때, 양수 r의 값은?

① 1　② 2　③ 3　④ 4　⑤ 5

2492

Level 2

중심의 좌표가 $(2,\ 2)$이고 직선 $x-y+k=0$에 접하는 원의 넓이가 9π일 때, 모든 상수 k의 값의 곱을 구하시오.

● 정답 및 풀이 430쪽

2493

Level 2

원 $x^2+y^2=4$와 직선 $y=ax+2\sqrt{b}$가 접하도록 하는 모든 b의 값의 합을 구하시오.

(단, a, b는 10보다 작은 자연수이다.)

2494

Level 2

중심의 좌표가 $(1,\ 3)$이고 x축에 접하는 원이 직선 $2x-y+k=0$에 접할 때, 모든 상수 k의 값의 합은?

① $\sqrt{3}$　② 2　③ 4
④ $3\sqrt{5}$　⑤ $6\sqrt{5}$

2495

Level 2

x축, y축, 직선 $3x-4y-6=0$에 동시에 접하고 중심이 제4사분면 위에 있는 두 원 중 큰 원의 둘레의 길이는?

① 3π　② 6π　③ 9π
④ 12π　⑤ 15π

2496 고난도

Level 3

직선 $x-y+k=0$과 두 원 $(x+1)^2+y^2=1$, $(x-1)^2+(y-1)^2=1$의 교점의 개수를 각각 a, b라 할 때, $a+b=3$을 만족시키는 모든 상수 k의 값의 합을 구하시오.

+Plus 문제

다음은 이 유형에서 출제된 최근 교육청 · 평가원 기출문제입니다.

2497 · 교육청 2021년 3월

Level 2

직선 $x+2y+5=0$이 원 $(x-1)^2+y^2=r^2$에 접할 때, 양수 r의 값은?

① $\frac{7\sqrt{5}}{5}$　② $\frac{6\sqrt{5}}{5}$　③ $\sqrt{5}$
④ $\frac{4\sqrt{5}}{5}$　⑤ $\frac{3\sqrt{5}}{5}$

2498 · 교육청 2019년 9월

Level 3

직선 $y=x$ 위의 점을 중심으로 하고, x축과 y축에 동시에 접하는 원 중에서 직선 $3x-4y+12=0$과 접하는 원의 개수는 2이다. 두 원의 중심을 각각 A, B라 할 때, $\overline{AB}^2$의 값을 구하시오.

실전 유형 17 원과 직선이 만나지 않을 때

원과 직선이 만나지 않으려면
(1) 원의 중심의 좌표와 반지름의 길이를 알기 쉬울 때
➜ 원의 중심과 직선 사이의 거리를 d, 반지름의 길이를 r라 하면 $d>r$
(2) 직선의 방정식을 원의 방정식에 대입하여 정리하기 쉬울 때
➜ 원의 방정식과 직선의 방정식을 연립하여 얻은 이차방정식의 판별식을 D라 하면 $D<0$

2499 대표문제

원 $(x+1)^2+(y-2)^2=5$와 직선 $y=-2x+k$가 만나지 않을 때, 자연수 k의 최솟값은?

① 6　② 7　③ 8　④ 9　⑤ 10

2500 Level 1

다음 직선 중 원 $x^2+y^2=1$과 만나지 않는 것은?

① $y=x$　② $y=2x+1$　③ $y=3x-2$　④ $y=4x+5$　⑤ $y=5x-4$

2501 Level 2

다음 중 원 $x^2+y^2+4x-5=0$과 직선 $x-y+k=0$이 만나지 않을 때, 상수 k의 값이 될 수 있는 것은?

① 2　② $2+\sqrt{2}$　③ $2+2\sqrt{2}$　④ $2+3\sqrt{2}$　⑤ $2+4\sqrt{2}$

2502 Level 2

원 $x^2+(y-a)^2=18$과 직선 $y=x+1$이 만나지 않도록 하는 실수 a의 값의 범위가 $a<\alpha$ 또는 $a>\beta$일 때, $\alpha^2+\beta^2$의 값을 구하시오.

2503 Level 2

원 $x^2+y^2=1$과 직선 $y=mx+2$가 만나지 않도록 하는 정수 m의 개수는?

① 1　② 2　③ 3　④ 4　⑤ 5

2504 Level 2

원 $x^2+(y+1)^2=r^2$과 직선 $4x-3y+17=0$이 만나지 않을 때, 원 $(x+1)^2+y^2=r^2$의 넓이가 최대가 되도록 하는 자연수 r의 값을 구하시오.

2505 Level 2

두 점 $(-2, -5)$, $(6, 3)$을 지름의 양 끝 점으로 하는 원이 직선 $y=x+k$와 만나지 않도록 하는 자연수 k의 최솟값을 구하시오.

실전 유형 18 현의 길이 빈출유형

반지름의 길이가 r인 원의 중심에서 d만큼 떨어진 현의 길이를 l이라 하면
$l=2\sqrt{r^2-d^2}$

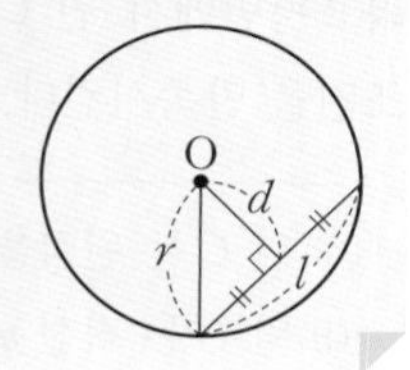

2506 대표문제

원 $x^2+y^2+4x-8y+11=0$과 직선 $x+2y-1=0$이 두 점 A, B에서 만날 때, 선분 AB의 길이는?

① 1 ② 2 ③ 3
④ 4 ⑤ 5

2507 Level 1

원 $x^2+y^2-6x+10y+16=0$이 y축에 의하여 잘린 선분의 길이를 구하시오.

2508 Level 2

원 $(x+1)^2+(y-3)^2=9$와 직선 $4x+3y+5=0$이 두 점 A, B에서 만날 때, 선분 AB의 길이는?

① $2\sqrt{2}$ ② $3\sqrt{2}$ ③ $4\sqrt{2}$
④ $2\sqrt{5}$ ⑤ $4\sqrt{5}$

2509 Level 2

원 $x^2+y^2-4x-2y-6=0$과 직선 $x-y+k=0$이 만나서 생기는 현의 길이가 6일 때, 모든 상수 k의 값의 합은?

① -2 ② -1 ③ 0
④ 1 ⑤ 2

2510 Level 2

원 $x^2+y^2-6y+k=0$과 직선 $y=x-1$의 두 교점을 각각 A, B라 하고, 원의 중심을 C라 하자. 삼각형 ABC의 넓이가 4일 때, 상수 k의 값은?

① -1 ② 0 ③ 1
④ 2 ⑤ 3

2511 Level 2

원 $x^2+y^2=4$와 직선 $3x-4y+5=0$의 교점을 지나는 원 중에서 그 넓이가 최소인 원의 넓이는?

① 2π ② $\sqrt{6}\pi$ ③ $\sqrt{7}\pi$
④ 3π ⑤ 4π

2512

Level 2

원 $x^2+y^2=16$과 직선 $y=x+k$가 두 점 A, B에서 만날 때, 삼각형 OAB가 정삼각형이 되게 하는 양수 k의 값은?

(단, O는 원점이다.)

① $2\sqrt{5}$ ② $2\sqrt{6}$ ③ $2\sqrt{7}$
④ $4\sqrt{2}$ ⑤ 6

다음은 이 유형에서 출제된 최근 교육청 • 평가원 기출문제입니다.

2513 • 교육청 2018년 3월

Level 2

그림과 같이 좌표평면에서 원 $x^2+y^2-2x-4y+k=0$과 직선 $2x-y+5=0$이 두 점 A, B에서 만난다. $\overline{AB}=4$일 때, 상수 k의 값은?

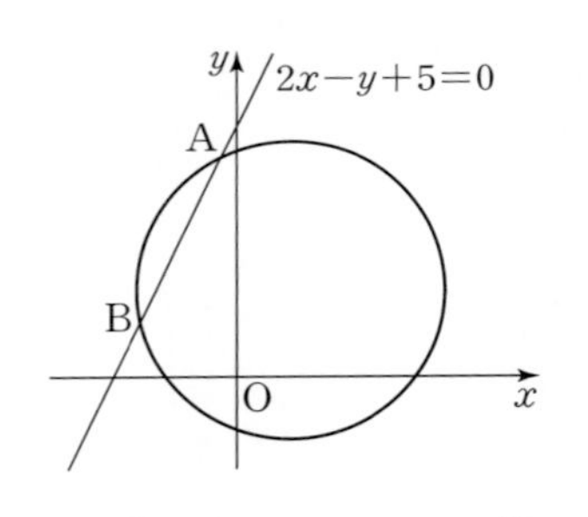

① -4 ② -3 ③ -2
④ -1 ⑤ 0

2514 • 교육청 2019년 3월

Level 3

좌표평면에서 원 $C : x^2+y^2-4x-2ay+a^2-9=0$이 다음 조건을 만족시킨다.

> (가) 원 C는 원점을 지난다.
> (나) 원 C는 직선 $y=-2$와 서로 다른 두 점에서 만난다.

원 C와 직선 $y=-2$가 만나는 두 점 사이의 거리는?

(단, a는 상수이다.)

① $4\sqrt{2}$ ② 6 ③ $2\sqrt{10}$
④ $2\sqrt{11}$ ⑤ $4\sqrt{3}$

2515 고난도 • 교육청 2021년 9월

Level 3

그림과 같이 중심이 제1사분면 위에 있고 x축과 점 P에서 접하며 y축과 두 점 Q, R에서 만나는 원이 있다. 점 P를 지나고 기울기가 2인 직선이 원과 만나는 점 중 P가 아닌 점을 S라 할 때, $\overline{QR}=\overline{PS}=4$를 만족시킨다. 원점 O와 원의 중심 사이의 거리는?

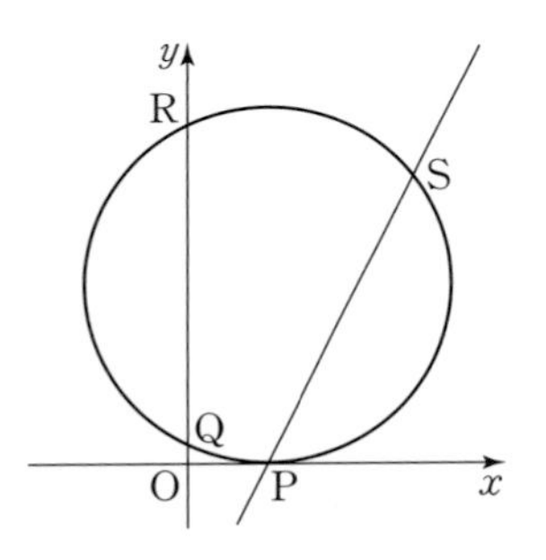

① $\sqrt{6}$ ② $\sqrt{7}$ ③ $2\sqrt{2}$
④ 3 ⑤ $\sqrt{10}$

실전 유형 19 원 위의 점과 직선 사이의 거리의 최대 · 최소

원의 중심과 직선 사이의 거리를 d, 원의 반지름의 길이를 r라 할 때, 원 위의 점과 직선 사이의 거리의 최댓값과 최솟값은

(1) 최댓값 : $M=d+r$

(2) 최솟값 : $m=d-r$

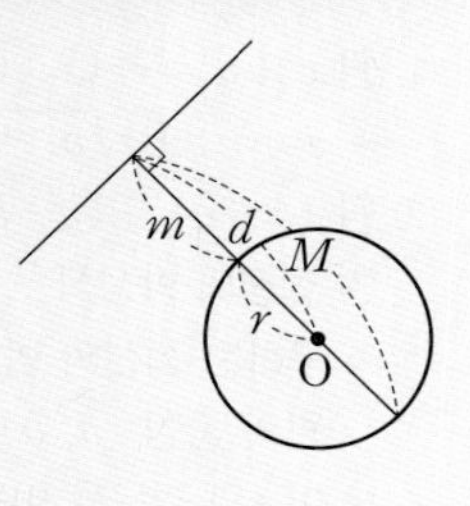

2516 대표문제

원 $(x-1)^2+(y+2)^2=8$ 위의 점 P와 직선 $x-y+3=0$ 사이의 거리의 최댓값을 M, 최솟값을 m이라 할 때, Mm의 값을 구하시오.

2517

Level 2

원 $x^2+y^2=9$ 위의 점과 직선 $4x-3y+k=0$ 사이의 거리의 최댓값이 10일 때, 양수 k의 값을 구하시오.

2518

Level 2

원 $x^2+y^2-10x=0$ 위의 점 P와 직선 $4x-3y+15=0$ 사이의 거리가 자연수인 점 P의 개수는?

① 14 ② 16 ③ 18
④ 20 ⑤ 22

2519

Level 2

원 $x^2+y^2=8$과 직선 $x+y-2=0$이 만나는 두 점을 각각 A, B라 할 때, 원 위의 점 P에 대하여 삼각형 PAB의 넓이의 최댓값은?

① 8 ② 9 ③ $6\sqrt{3}$
④ $8\sqrt{2}$ ⑤ $5\sqrt{6}$

2520

Level 2

두 점 A(2, 4), B(8, 1)과 원 $x^2+y^2=5$ 위의 임의의 점 P에 대하여 삼각형 PAB의 넓이의 최댓값을 M, 최솟값을 m이라 할 때, $M-m$의 값은?

① 11 ② 13 ③ 15
④ 17 ⑤ 19

2521

Level 2

원 $x^2+y^2=1$ 위의 점 P와 직선 $y=mx+3m+4$ 사이의 거리의 최댓값은? (단, m은 상수이다.)

① 6 ② 7 ③ 8
④ 9 ⑤ 10

2522 고난도

Level 3

점 A(5, 1)에서 직선 $y=-x+2$에 내린 수선의 발을 H라 하자. 원 $(x+6)^2+y^2=2$ 위의 점 P에 대하여 삼각형 APH의 넓이의 최댓값을 M, 최솟값을 m이라 할 때, $M+m$의 값은?

① 10　② 16　③ 20　④ 24　⑤ 30

+Plus 문제

다음은 이 유형에서 출제된 최근 교육청 • 평가원 기출문제입니다.

2523 • 교육청 2020년 9월

Level 3

좌표평면 위에 두 원 $C_1:(x+6)^2+y^2=4$, $C_2:(x-5)^2+(y+3)^2=1$과 직선 $l:y=x-2$가 있다. 원 C_1 위의 점 P에서 직선 l에 내린 수선의 발을 H_1, 원 C_2 위의 점 Q에서 직선 l에 내린 수선의 발을 H_2라 하자. 선분 H_1H_2의 길이의 최댓값을 M, 최솟값을 m이라 할 때, 두 수 M, m의 곱 Mm의 값을 구하시오.

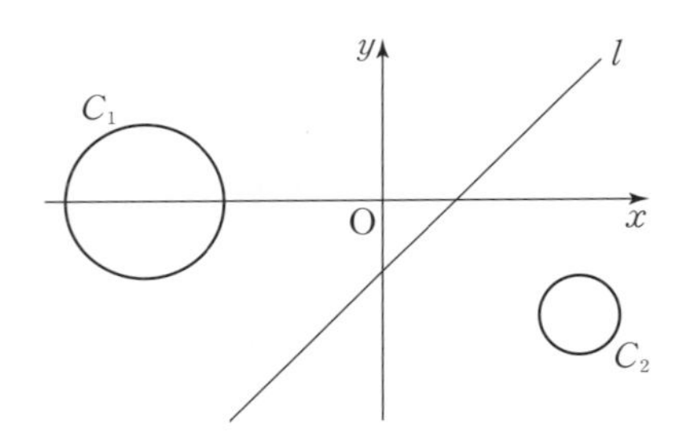

실전유형 20 기울기가 주어진 원의 접선의 방정식 빈출유형

(1) 원 $x^2+y^2=r^2$ $(r>0)$에 접하고 기울기가 m인 접선의 방정식
→ $y=mx\pm r\sqrt{m^2+1}$

(2) 원 $(x-a)^2+(y-b)^2=r^2$ $(r>0)$에 접하고 기울기가 m인 접선의 방정식
→ 구하는 접선의 방정식을 $y=mx+k$ (k는 상수)로 놓고 원의 중심 (a, b)와 이 직선 사이의 거리가 반지름의 길이 r와 같음을 이용한다.

2524 대표문제

직선 $2x+y=3$에 평행하고 원 $x^2+y^2=16$에 접하는 직선의 방정식은?

① $y=-2x\pm2\sqrt{5}$　② $y=-2x\pm3\sqrt{5}$　③ $y=-2x\pm4\sqrt{5}$　④ $y=2x\pm3\sqrt{5}$　⑤ $y=2x\pm4\sqrt{5}$

2525

Level 1

직선 $y=-3x+1$에 수직이고 원 $x^2+y^2=9$에 접하는 직선의 방정식을 모두 구하시오.

2526

Level 2

원 $x^2+y^2=1$에 접하고 직선 $x+\sqrt{3}y=3$에 수직인 두 직선이 y축과 만나는 점을 각각 A, B라 할 때, 선분 AB의 길이는?

① $\sqrt{2}$　② 2　③ $2\sqrt{2}$　④ 4　⑤ 8

2527

Level 2

원 $(x+1)^2+(y-4)^2=5$에 접하고 기울기가 2인 두 직선의 y절편의 곱은?

① -11　② -4　③ 1
④ 4　⑤ 11

2528

Level 2

원 $x^2+y^2+4x-1=0$에 접하고 기울기가 -2인 두 직선의 x절편의 차는?

① 3　② 4　③ 5
④ 6　⑤ 7

2529

Level 2

원 $x^2+y^2+8x+2y+9=0$에 접하고 x축의 양의 방향과 이루는 각의 크기가 $45°$인 직선의 방정식을 모두 구하시오.

2530

Level 3

원 $x^2+y^2=25$ 위의 두 점 $A(3, 4)$, $B(0, -5)$와 원 위를 움직이는 점 P에 대하여 삼각형 ABP의 넓이의 최댓값을 구하시오.

실전유형 21 원 위의 점에서의 접선의 방정식

빈출유형

(1) 원 $x^2+y^2=r^2$ $(r>0)$ 위의 점 (x_1, y_1)에서의 접선의 방정식
➜ $x_1x+y_1y=r^2$

(2) 원 $(x-a)^2+(y-b)^2=r^2$ $(r>0)$ 위의 점 (x_1, y_1)에서의 접선의 방정식
➜ 접선이 두 점 (a, b), (x_1, y_1)을 지나는 직선과 수직임을 이용한다.
➜ $(x_1-a)(x-a)+(y_1-b)(y-b)=r^2$

2531 대표문제

원 $(x-3)^2+(y-1)^2=10$ 위의 점 $(4, 4)$를 지나는 접선의 방정식은 $x+ay+b=0$이다. 이때 상수 a, b에 대하여 $a+b$의 값은?

① -10　② -13　③ -15
④ -18　⑤ -20

2532

Level 1

원 $x^2+y^2=5$ 위의 점 $(2, 1)$에서의 접선의 x절편을 구하시오.

2533

Level 2

원 $x^2+y^2=20$ 위의 점 $(-2, 4)$에서의 접선이 직선 $kx-2y+5=0$에 수직일 때, 상수 k의 값은?

① -8　② -4　③ 0
④ 4　⑤ 8

2534

Level 2

원 $x^2+y^2-2x-2y-3=0$ 위의 점 $(2,\ -1)$에서의 접선의 방정식의 y절편은?

① -4 ② -2 ③ 0
④ 2 ⑤ 4

2535

Level 2

원 $(x-2)^2+(y+3)^2=5$ 위의 점 $(3,\ -1)$에서의 접선이 점 $(5,\ a)$를 지날 때, a의 값은?

① -2 ② -1 ③ 0
④ 1 ⑤ 2

2536

Level 2

원 $x^2+y^2-6x+1=0$ 위의 점 $(5,\ 2)$에서의 접선과 x축, y축으로 둘러싸인 부분의 넓이는?

① 23 ② $\frac{47}{2}$ ③ 24
④ $\frac{49}{2}$ ⑤ 25

2537

Level 2

원 $x^2+y^2=2$ 위의 점 $\mathrm{P}(a,\ b)$에서의 접선과 x축, y축으로 둘러싸인 삼각형의 넓이가 2일 때, $a+b$의 값은?
(단, 점 P는 제1사분면 위에 있다.)

① 1 ② 2 ③ 3
④ 4 ⑤ 5

2538

Level 2

그림과 같이 원 $x^2+y^2=2$ 위의 점 $\mathrm{P}(a,\ b)$에서의 접선이 x축, y축과 만나는 점을 각각 Q, R라 할 때, $\overline{\mathrm{QR}}=2\sqrt{2}$이다. 이때 ab의 값은?
(단, 점 P는 제1사분면 위에 있다.)

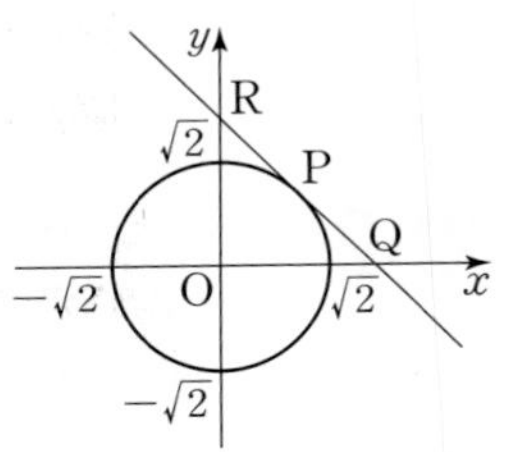

① 1 ② 2 ③ 3
④ 4 ⑤ 5

다음은 이 유형에서 출제된 최근 교육청 • 평가원 기출문제입니다.

2539 • 교육청 2020년 3월

Level 2

좌표평면에서 원 $x^2+y^2=1$ 위의 점 중 제1사분면에 있는 점 P에서의 접선이 점 $(0,\ 3)$을 지날 때, 점 P의 x좌표는?

① $\frac{2}{3}$ ② $\frac{\sqrt{5}}{3}$ ③ $\frac{\sqrt{6}}{3}$
④ $\frac{\sqrt{7}}{3}$ ⑤ $\frac{2\sqrt{2}}{3}$

2540 • 교육청 2020년 11월

Level 3

그림과 같이 좌표평면에 원 $C : x^2+y^2=4$와 점 $\mathrm{A}(-2,\ 0)$이 있다. 원 C 위의 제1사분면 위의 점 P에서의 접선이 x축과 만나는 점을 B, 점 P에서 x축에 내린 수선의 발을 H라 하자. $2\overline{\mathrm{AH}}=\overline{\mathrm{HB}}$일 때, 삼각형 PAB의 넓이는?

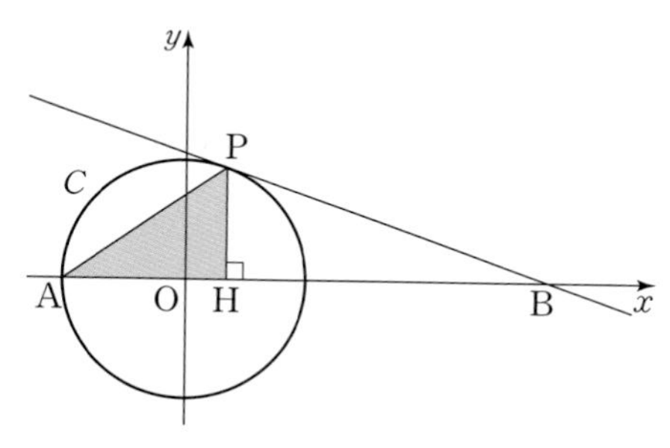

① $\frac{10\sqrt{2}}{3}$ ② $4\sqrt{2}$ ③ $\frac{14\sqrt{2}}{3}$
④ $\frac{16\sqrt{2}}{3}$ ⑤ $6\sqrt{2}$

실전유형 22 원 밖의 한 점에서 원에 그은 접선의 방정식

원 밖의 점 $(a,\ b)$에서 원에 그은 접선의 방정식
(1) 접점의 좌표를 $(x_1,\ y_1)$로 놓고 원 위의 점에서의 접선의 방정식을 세운 후 이 직선이 점 $(a,\ b)$를 지남을 이용한다.
(2) 접선의 기울기를 m이라 하면 접선의 방정식은 $y-b=m(x-a)$, 즉 $mx-y-ma+b=0$이므로 원의 중심과 이 직선 사이의 거리가 반지름의 길이와 같음을 이용한다.

2541 대표문제

점 $(3,\ 4)$에서 원 $(x-1)^2+(y-1)^2=1$에 그은 두 접선의 기울기의 합은?

① 2 ② 3 ③ 4
④ 5 ⑤ 6

2542

Level 2

점 $(1,\ 3)$에서 원 $x^2+y^2=5$에 그은 두 접선의 방정식이 $ax+by+5=0$, $cx+dy-5=0$일 때, 상수 a, b, c, d에 대하여 $a+b+c+d$의 값은? (단, $a>0$, $c>0$)

① -2 ② -1 ③ 0
④ 1 ⑤ 2

2543

Level 2

점 $(2,\ 3)$에서 원 $x^2+y^2+2y-1=0$에 그은 접선의 방정식을 모두 구하시오.

2544

Level 2

점 $(4, 0)$에서 원 $x^2+y^2=8$에 그은 두 접선과 y축으로 둘러싸인 부분의 넓이는?

① 12 ② 14 ③ 16
④ 18 ⑤ 20

2545

Level 2

원 $(x-2)^2+(y-1)^2=r^2$과 원 밖의 한 점 $\mathrm{A}(4, -5)$가 있다. 점 A에서 원에 그은 두 접선이 서로 수직일 때, 양수 r의 값은?

① $2\sqrt{5}$ ② $2\sqrt{6}$ ③ 5
④ $3\sqrt{3}$ ⑤ $2\sqrt{7}$

2546

Level 2

두 원 $O:(x-1)^2+y^2=2$, $O':(x+1)^2+y^2=2$에 대하여 직선 l이 원 O에 접하고 원 O'의 넓이를 이등분할 때, 기울기가 양수인 직선 l의 방정식을 구하시오.

2547

Level 3

점 $(0, a)$에서 원 $(x-3)^2+(y-1)^2=5$에 그은 두 접선이 서로 수직일 때, 양수 a의 값은?

① 1 ② 2 ③ 3
④ 4 ⑤ 5

+Plus 문제

다음은 이 유형에서 출제된 최근 교육청 • 평가원 기출문제입니다.

2548 • 교육청 2018년 3월

Level 2

점 $(0, 3)$에서 원 $x^2+y^2=1$에 그은 접선이 x축과 만나는 점의 x좌표를 k라 할 때, $16k^2$의 값을 구하시오.

2549 • 교육청 2019년 11월

Level 2

좌표평면 위의 점 $(2, -4)$에서 원 $x^2+y^2=2$에 그은 두 접선이 각각 y축과 만나는 점의 좌표를 $(0, a)$, $(0, b)$라 할 때, $a+b$의 값은?

① 4 ② 6 ③ 8
④ 10 ⑤ 12

실전유형 23 접선의 길이 복합유형

중심이 O인 원 밖의 한 점 P에서 원에 그은 접선의 접점을 Q라 하면 직각삼각형 OPQ에서
$\overline{PQ}=\sqrt{\overline{OP}^2-\overline{OQ}^2}$

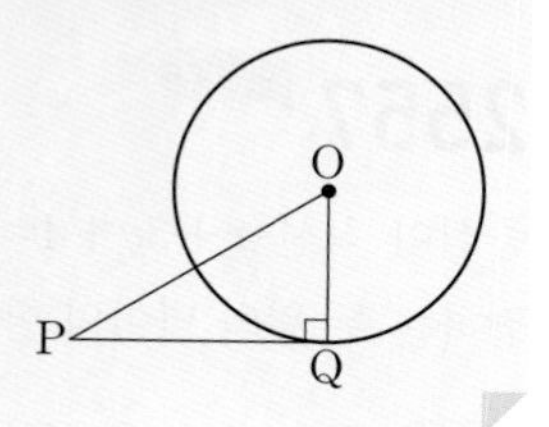

2550 대표문제

점 P(5, 4)에서 원 $(x-2)^2+y^2=9$에 그은 접선의 접점을 Q라 할 때, 선분 PQ의 길이는?

① 2 ② 3 ③ 4
④ 5 ⑤ 6

2551 Level 2

점 P(−4, 0)에서 원 $x^2+y^2=4$에 그은 두 접선의 접점을 각각 A, B라 할 때, 사각형 PAOB의 넓이를 구하시오.
(단, 점 O는 원점이다.)

2552 Level 2

점 P(2, 4)에서 원 $x^2+y^2+4x-2y=0$에 그은 접선의 접점을 Q라 할 때, 선분 PQ의 길이는?

① $2\sqrt{2}$ ② $2\sqrt{3}$ ③ $2\sqrt{5}$
④ $2\sqrt{6}$ ⑤ $2\sqrt{7}$

2553 Level 2

점 P(6, 2)에서 원 $x^2+y^2=8$에 그은 두 접선의 접점을 각각 A, B라 할 때, 선분 AB의 길이는?

① $\frac{2\sqrt{5}}{3}$ ② $\frac{5\sqrt{10}}{3}$ ③ $\frac{3\sqrt{6}}{5}$
④ $\frac{6\sqrt{10}}{5}$ ⑤ $\frac{8\sqrt{10}}{5}$

2554 Level 2

점 P(a, 0)에서 원 $(x-1)^2+(y+1)^2=10$에 그은 접선의 접점을 Q라 할 때, 선분 PQ의 길이가 4가 되도록 하는 모든 상수 a의 값의 합은?

① 1 ② 2 ③ 3
④ 4 ⑤ 5

2555  Level 3

그림과 같이 점 P(3, 0)에서 원 $x^2+y^2=4$에 그은 두 접선의 접점을 각각 A, B라 할 때, 삼각형 PAB의 넓이는?

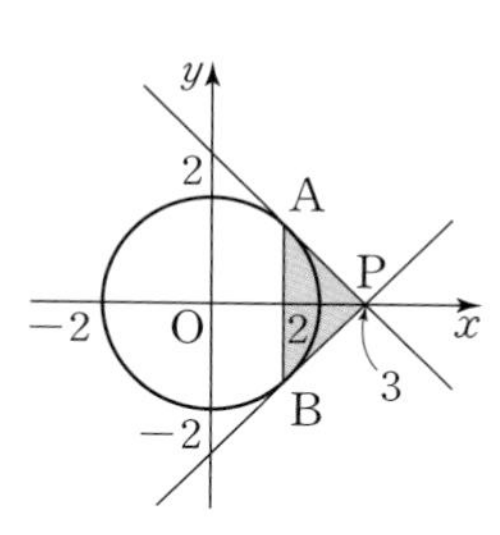

① 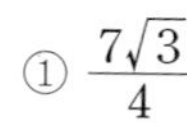 ② $\frac{10\sqrt{5}}{9}$
③ $12\sqrt{3}$ ④ $\frac{15\sqrt{5}}{7}$
⑤ $20\sqrt{3}$

서술형 유형 익히기

2556 대표문제

중심이 직선 $2x+y-2=0$ 위에 있고, x축과 y축에 동시에 접하는 두 원의 반지름의 길이의 합을 구하는 과정을 서술하시오. [6점]

STEP 1 원이 x축과 y축에 동시에 접하는 조건 찾기 [1점]

x축과 y축에 동시에 접하는 원의 중심은
직선 $y=x$ 또는 직선 $y=-x$ 위에 있다.

STEP 2 중심이 직선 $y=x$ 위에 있는 원의 반지름의 길이 구하기 [2점]

$2x+y-2=0$에 $y=x$를 대입하면

$2x+x-2=0 \qquad \therefore x=\frac{2}{3}$

즉, 원의 중심의 좌표는 $\left(\frac{2}{3}, \boxed{(1)}\right)$이고

반지름의 길이는 $\boxed{(2)}$이다.

STEP 3 중심이 직선 $y=-x$ 위에 있는 원의 반지름의 길이 구하기 [2점]

$2x+y-2=0$에 $y=-x$를 대입하면

$2x-x-2=0 \qquad \therefore x=2$

즉, 원의 중심의 좌표는 $(2, \boxed{(3)})$이고

반지름의 길이는 $\boxed{(4)}$이다.

STEP 4 두 원의 반지름의 길이의 합 구하기 [1점]

조건을 만족시키는 두 원의 반지름의 길이의 합은

$\boxed{(5)}$이다.

핵심 KEY 유형 9 x축, y축에 동시에 접하는 원의 방정식

x축, y축에 동시에 접하는 성질을 이용하여 원의 반지름의 길이를 구하는 문제이다. x축과 y축에 동시에 접할 때,
(반지름의 길이)$=|$(원의 중심의 x좌표)$|=|$(원의 중심의 y좌표)$|$
임을 이용한다. 이때 원의 중심이 직선 $y=x$ 위에 있는 경우와 직선 $y=-x$ 위에 있는 경우 모두 고려해야 함에 주의한다.

2557 한번 더

중심이 직선 $x+3y+4=0$ 위에 있고, x축과 y축에 동시에 접하는 두 원의 넓이의 합을 구하는 과정을 서술하시오. [6점]

STEP 1 원이 x축과 y축에 동시에 접하는 조건 찾기 [1점]

STEP 2 중심이 직선 $y=x$ 위에 있는 원의 반지름의 길이 구하기 [2점]

STEP 3 중심이 직선 $y=-x$ 위에 있는 원의 반지름의 길이 구하기 [2점]

STEP 4 두 원의 넓이의 합 구하기 [1점]

2558 유사 1

중심이 곡선 $y=x^2-3x-1$ 위에 있고, x축과 y축에 동시에 접하는 모든 원의 넓이의 합을 구하는 과정을 서술하시오. [9점]

2559 유사 2

중심이 원 $(x-2)^2+(y-2)^2=32$ 위에 있고, x축과 y축에 동시에 접하는 모든 원의 넓이의 합을 구하는 과정을 서술하시오. [9점]

2560 대표문제

두 점 A$(2, -2)$, B$(-6, -2)$에 대하여 $\overline{PA}:\overline{PB}=3:1$을 만족시키는 점 P가 나타내는 도형은 원이다. 이 원의 중심의 좌표를 (a, b)라 할 때, $a+b$의 값을 구하는 과정을 서술하시오. [6점]

STEP 1 $\overline{PA}:\overline{PB}=3:1$임을 이용하여 관계식 구하기 [2점]

$\overline{PA}:\overline{PB}=3:1$이므로 $\overline{PA}=3\overline{PB}$

$\therefore \overline{PA}^2=9\overline{PB}^2$

STEP 2 P(x, y)로 놓고 점 P가 나타내는 도형의 방정식 구하기 [2점]

점 P의 좌표를 (x, y)라 하면

$(x-2)^2+(y+2)^2=9\{(x+6)^2+(y+2)^2\}$

$x^2+y^2+14x+4y+44=0$

$\therefore (x+$ (1) $)^2+(y+2)^2=$ (2)

STEP 3 $a+b$의 값 구하기 [2점]

점 P가 나타내는 도형은 중심의 좌표가 ((3) , -2)이고

반지름의 길이가 (4) 인 원이다.

따라서 $a=$ (3) , $b=-2$이므로 $a+b=$ (5)

2561 한번 더

두 점 A$(-2, 5)$, B$(4, -1)$에 대하여 $\overline{PA}:\overline{PB}=2:1$을 만족시키는 점 P가 나타내는 도형의 넓이를 구하는 과정을 서술하시오. [6점]

STEP 1 $\overline{PA}:\overline{PB}=2:1$임을 이용하여 관계식 구하기 [2점]

STEP 2 P(x, y)로 놓고 점 P가 나타내는 도형의 방정식 구하기 [2점]

STEP 3 점 P가 나타내는 도형의 넓이 구하기 [2점]

11

서술형 유형 익히기

2562 유사 1

세 점 A(a, b), B$(3, 1)$, C$(-2, 3)$을 꼭짓점으로 하는 삼각형 ABC가 있다. 점 A가 반지름의 길이가 3이고 중심의 좌표가 $(2, 5)$인 원 위를 움직일 때, 삼각형 ABC의 무게중심 G가 나타내는 도형의 방정식을 구하는 과정을 서술하시오. [6점]

2563 유사 2

그림과 같이 원 $x^2+y^2=4$의 내부에 점 A가 있다. 점 P가 원 위를 움직일 때, 선분 AP를 $5:1$로 외분하는 점 Q가 나타내는 도형의 둘레의 길이를 구하는 과정을 서술하시오. [7점]

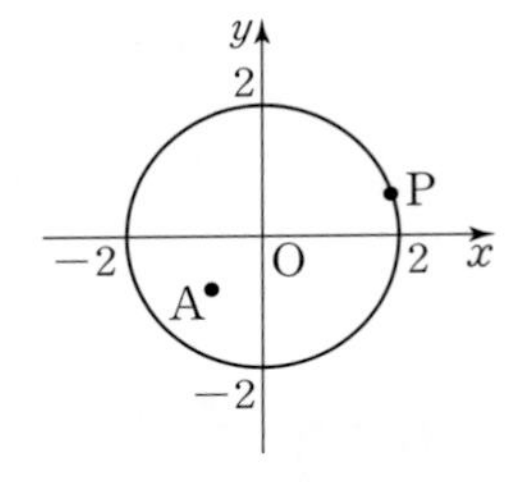

핵심 KEY 유형 11 조건을 만족시키는 점이 나타내는 도형의 방정식

조건을 만족시키는 점의 좌표를 (x, y)로 놓고 주어진 조건을 이용하여 x, y 사이의 관계식을 구하는 문제이다. 좌표평면 위의 두 점 사이의 거리를 구하는 공식이 많이 이용된다.
비례식의 성질을 활용할 때 내항은 내항끼리 곱하고, 외항은 외항끼리 곱해야 함에 주의한다.

2564 대표문제

점 $(2, -4)$에서 원 $x^2+y^2=10$에 그은 두 접선과 x축으로 둘러싸인 부분의 넓이를 구하는 과정을 서술하시오. [7점]

STEP 1 접선의 방정식 세우기 [1점]

접점의 좌표를 (x_1, y_1)이라 하면 접선의 방정식은
$x_1x+y_1y=10$

STEP 2 접점의 좌표를 구하여 접선의 방정식 구하기 [4점]

이 직선이 점 $(2, -4)$를 지나므로
$2x_1-4y_1=10 \quad \therefore x_1=2y_1+5$ ······ ㉠
또, 점 (x_1, y_1)은 원 $x^2+y^2=10$ 위의 점이므로
$x_1^2+y_1^2=10$ ······ ㉡
㉠을 ㉡에 대입하면
$(2y_1+5)^2+y_1^2=10$
$y_1^2+4y_1+$ (1) $=0$
$(y_1+$ (2) $)(y_1+1)=0$
$\therefore y_1=$ (3) 또는 $y_1=-1$
$y_1=$ (3) 을 ㉠에 대입하면 $x_1=-1$
$y_1=-1$을 ㉠에 대입하면 $x_1=$ (4)
즉, 접선의 방정식은
$-x-3y=10$, (5) $x-y=10$

STEP 3 두 접선과 x축으로 둘러싸인 부분의 넓이 구하기 [2점]

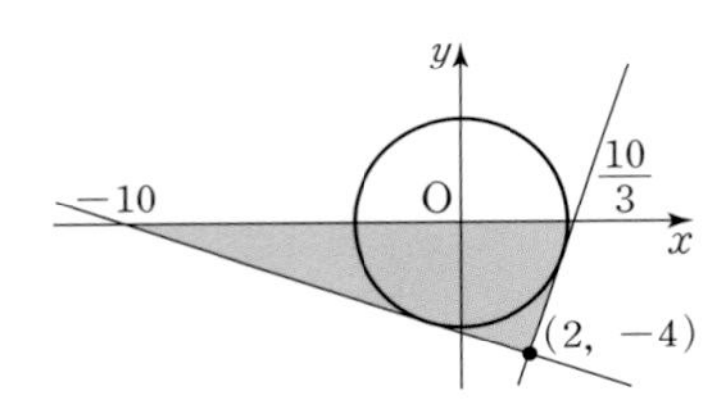

두 접선이 x축과 만나는 점의 좌표는 각각
$(-10, 0)$, $\left(\frac{10}{3}, 0\right)$이므로 구하는 넓이는
$\frac{1}{2}\times\left(\frac{10}{3}+10\right)\times$ (6) $=$ (7)

2565 한번 더

점 $(4,\ 0)$에서 원 $x^2+y^2=4$에 그은 두 접선과 y축으로 둘러싸인 부분의 넓이를 구하는 과정을 서술하시오. [7점]

STEP 1 접선의 방정식 세우기 [1점]

STEP 2 접점의 좌표를 구하여 접선의 방정식 구하기 [4점]

STEP 3 두 접선과 y축으로 둘러싸인 부분의 넓이 구하기 [2점]

2566 유사 1

점 $(3,\ 1)$에서 원 $x^2+y^2=9$에 그은 두 접선의 접점을 각각 A, B라 할 때, 직선 AB의 방정식을 구하는 과정을 서술하시오. [7점]

2567 유사 2

중심의 좌표가 $(-1,\ 1)$이고 반지름의 길이가 1인 원과 직선 $y=mx$ $(m<0)$가 두 점 A, B에서 만난다. 두 점 A, B에서 각각 이 원에 접하는 두 직선이 서로 수직이 되도록 하는 모든 실수 m의 값의 합을 구하는 과정을 서술하시오. [9점]

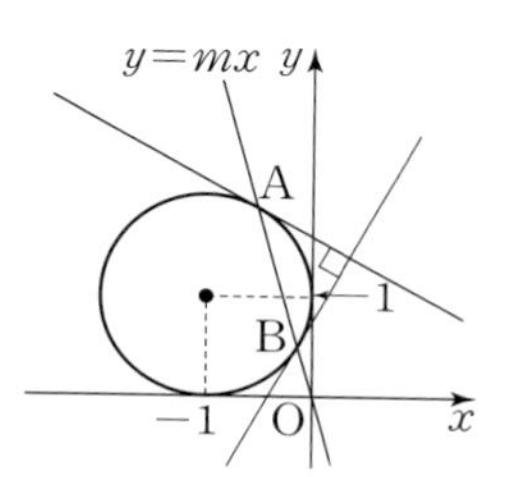

핵심 KEY 유형 22 **원 밖의 한 점에서 원에 그은 접선의 방정식**

원 밖의 한 점에서 원에 그은 접선의 방정식을 구하는 문제이다. 이 유형의 문제는 접점의 좌표를 $(x_1,\ y_1)$로 놓고 원 위의 점에서의 접선의 방정식을 이용하거나 접선의 기울기를 m으로 놓고 원의 중심과 접선 사이의 거리가 반지름의 길이와 같음을 이용하여 해결할 수 있다. 이때 원의 중심이 원점이면 접점의 좌표를 $(x_1,\ y_1)$로 놓고 해결하는 것이 계산이 더 수월하다.

실력 check 실전 마무리하기 1회

점 / 100점

• 선택형 21문항, 서술형 4문항입니다.

1 2568

중심의 좌표가 $(-2,\ 1)$이고 점 $(1,\ -3)$을 지나는 원의 방정식은? [3점]

① $(x-2)^2+(y+1)^2=5$
② $(x-2)^2+(y+1)^2=25$
③ $(x+2)^2+(y-1)^2=5$
④ $(x+2)^2+(y-1)^2=15$
⑤ $(x+2)^2+(y-1)^2=25$

2 2569

원 $x^2+y^2-2x+3y-1=0$의 둘레의 길이가 $k\pi$일 때, k^2의 값은? [3점]

① 17 ② 18 ③ 19
④ 20 ⑤ 21

3 2570

다음 중 원의 방정식이 아닌 것은? [3점]

① $x^2+y^2-x-y-1=0$
② $x^2+y^2+x+y-1=0$
③ $x^2+y^2+2x+y+1=0$
④ $x^2+y^2+4x-2y+5=0$
⑤ $x^2+y^2+4x+4y+4=0$

4 2571

방정식 $x^2+y^2+4x+2ky+k+10=0$이 원을 나타낼 때, 실수 k의 값의 범위는? [3점]

① $k<-3$ 또는 $k>2$ ② $k<-2$ 또는 $k>3$
③ $-3<k<2$ ④ $-2<k<3$
⑤ $-2<k<2$

5 2572

y축에 접하는 원의 중심의 좌표가 $(a,\ -2)$이고 점 $(3,\ -5)$를 지날 때, a의 값은? [3점]

① 1 ② 2 ③ 3
④ 4 ⑤ 5

6 2573

점 $(2,\ -1)$을 지나고 x축과 y축에 동시에 접하는 두 원의 중심 사이의 거리는? [3점]

① $\sqrt{2}$ ② $2\sqrt{2}$ ③ $3\sqrt{2}$
④ $4\sqrt{2}$ ⑤ $5\sqrt{2}$

7 2574

두 원 $x^2+y^2=1$, $x^2+y^2-2x+4y+3=0$의 교점을 지나는 직선의 기울기는? [3점]

① $\frac{1}{4}$ ② $\frac{1}{3}$ ③ $\frac{1}{2}$
④ 1 ⑤ 2

8 2575

원 $(x-3)^2+(y-2)^2=r^2$과 직선 $3x+4y+5=0$이 서로 다른 두 점에서 만날 때, 자연수 r의 최솟값은? [3점]

① 3 ② 4 ③ 5
④ 6 ⑤ 7

9 2576

직선 $\frac{x}{6}+\frac{y}{2}+1=0$이 x축, y축과 만나는 점을 각각 P, Q라 할 때, 두 점 P, Q를 지름의 양 끝 점으로 하는 원의 방정식은? [3.5점]

① $(x-3)^2+(y+1)^2=40$
② $(x+3)^2+(y+1)^2=40$
③ $(x-3)^2+(y-1)^2=40$
④ $(x+3)^2+(y+1)^2=10$
⑤ $(x-3)^2+(y-1)^2=10$

10 2577

세 점 $A(-5, 0)$, $B(1, 2)$, $C(3, 4)$를 지나는 원의 중심의 좌표는? [3.5점]

① $(-10, -5)$ ② $(-5, 10)$ ③ $(0, 5)$
④ $(5, -10)$ ⑤ $(5, 10)$

11 2578

두 점 $A(-2, 1)$, $B(4, 1)$에 대하여 $\overline{PA}:\overline{PB}=2:1$을 만족시키는 점 P가 나타내는 도형의 넓이는? [3.5점]

① 14π ② 16π ③ 18π
④ 20π ⑤ 22π

12 2579

원 $x^2+y^2-4x+2y+k=0$이 y축과 만나서 생기는 현의 길이가 4일 때, 상수 k의 값은? [3.5점]

① -3　② -1　③ 1
④ 3　⑤ 5

13 2580

직선 $y=x-3$에 수직이고 원 $x^2+y^2=2$에 접하는 직선의 방정식이 $y=px+q$일 때, 상수 p, q에 대하여 p^2+q^2의 값은? [3.5점]

① 1　② 3　③ 5
④ 7　⑤ 9

14 2581

원 $x^2+y^2=10$ 위의 점 $(1,\ -3)$에서의 접선이 원 $x^2+8x+y^2-4y+k=0$에 접할 때, 상수 k의 값은? [3.5점]

① -20　② -10　③ -2
④ 10　⑤ 20

15 2582

점 $(2,\ 1)$에서 원 $x^2+y^2=4$에 그은 두 접선의 접점을 각각 A, B라 할 때, 직선 AB의 기울기는? [3.5점]

① -2　② $-\frac{1}{2}$　③ $\frac{1}{2}$
④ 1　⑤ 2

16 2583

두 원 $x^2+y^2-2ax-3ay+8=0$, $x^2+y^2-2x=0$의 교점과 두 점 $(0,\ 1)$, $(1,\ 1)$을 지나는 원의 중심의 좌표를 $(b,\ c)$라 할 때, $a+b+c$의 값은? (단, a는 상수이다.) [4점]

① 1　② 2　③ 3
④ 4　⑤ 5

17 2584

원 $x^2+y^2=9$와 직선 $3x+4y-5=0$의 교점을 지나는 원 중에서 그 넓이가 최소인 원의 넓이는? [4점]

① π　② 2π　③ 3π　④ 5π　⑤ 8π

18 2585

원 $x^2+y^2+4x-6y-3=0$ 위의 점 P와 직선 $4x-3y-8=0$ 위의 서로 다른 두 점 A, B에 대하여 정삼각형 PAB의 넓이의 최댓값은? [4점]

① $23\sqrt{3}$　② $24\sqrt{3}$　③ $25\sqrt{3}$　④ $26\sqrt{3}$　⑤ $27\sqrt{3}$

19 2586

점 $(1, -3)$에서 원 $(x-3)^2+(y-1)^2=5$에 그은 두 접선이 이루는 각을 이등분하는 직선의 기울기를 m이라 할 때, 모든 m의 값의 합은? [4점]

① $\frac{3}{2}$　② $\frac{5}{2}$　③ $\frac{7}{2}$　④ $\frac{9}{2}$　⑤ $\frac{11}{2}$

20 2587

점 $P(0, 6)$에서 원 $x^2+y^2=8$에 그은 두 접선의 접점을 각각 A, B라 할 때, 선분 AB의 길이는? [4점]

① $\frac{\sqrt{14}}{3}$　② $\frac{2\sqrt{14}}{3}$　③ $\sqrt{14}$　④ $\frac{4\sqrt{14}}{3}$　⑤ $\frac{5\sqrt{14}}{3}$

21 2588

그림과 같이 원 $x^2+y^2-2x+6y-15=0$을 선분 PQ를 접는 선으로 하여 접었더니 점 $(3, 0)$에서 x축에 접하였다. 이때 선분 PQ의 길이는? [4.5점]

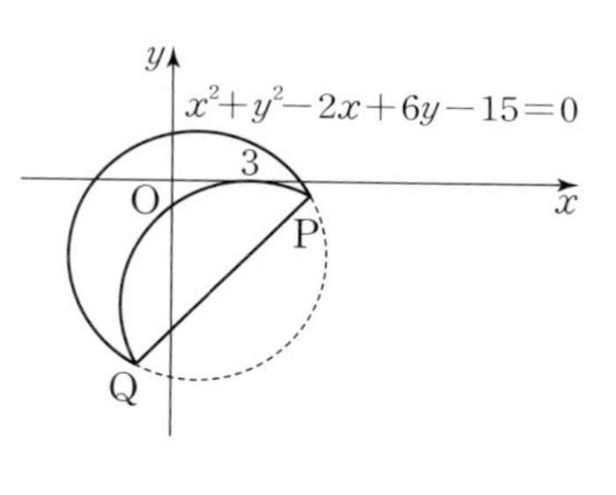

① 8　② $5\sqrt{3}$　③ $2\sqrt{23}$　④ $6\sqrt{3}$　⑤ 12

서술형

22 2589

두 점 $\mathrm{A}(-3,\ 0)$, $\mathrm{B}(1,\ 0)$으로부터의 거리의 비가 $3:1$인 점 P에 대하여 삼각형 PAB의 넓이의 최댓값을 구하는 과정을 서술하시오. [6점]

23 2590

두 원 $x^2+y^2-4x-6y+7=0$, $x^2+y^2-ax=0$의 교점과 점 $(0,\ 1)$을 지나는 원의 넓이가 32π일 때, 양수 a의 값을 구하는 과정을 서술하시오. [6점]

24 2591

그림과 같이 원 $x^2+y^2=25$ 위의 제1사분면 위에 있는 점 P에서의 접선 l이 원 $x^2+(y-5)^2=9$와 두 점 A, B에서 만난다. $\overline{\mathrm{AB}}=2\sqrt{5}$일 때, 직선 l의 기울기를 구하는 과정을 서술하시오. [7점]

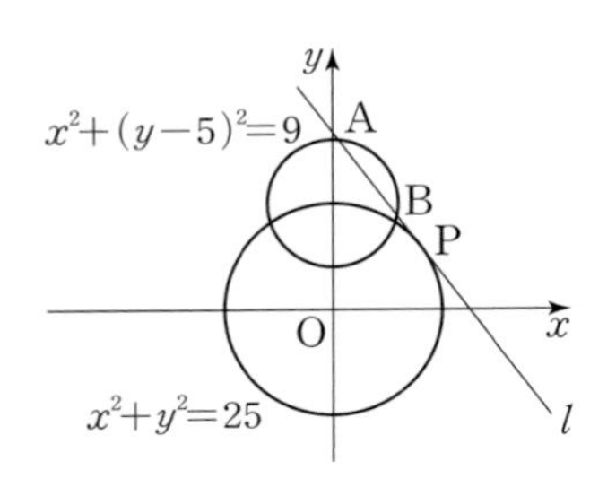

25 2592

직선 $y=-x+k$가 다음 조건을 만족시킬 때, 정수 k의 개수를 구하는 과정을 서술하시오. [8점]

> (가) 원 $(x+1)^2+y^2=1$과 만나지 않는다.
> (나) 원 $(x-3)^2+(y+2)^2=4$와 서로 다른 두 점에서 만난다.

● 정답 및 풀이 453쪽

2회

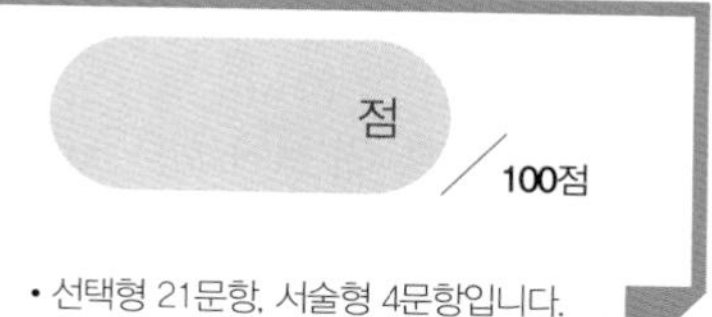

• 선택형 21문항, 서술형 4문항입니다.

1 2593

중심이 y축 위에 있고 두 점 $(4,\ 0)$, $(3,\ 7)$을 지나는 원의 방정식은? [3점]

① $(x-3)^2+y^2=5$　② $(x+3)^2+y^2=25$
③ $x^2+(y-3)^2=5$　④ $x^2+(y-3)^2=25$
⑤ $x^2+(y+3)^2=25$

2 2594

두 점 $\mathrm{A}(-2,\ 3)$, $\mathrm{B}(6,\ 1)$을 지름의 양 끝 점으로 하는 원의 넓이는? [3점]

① 15π　② 16π　③ 17π
④ 18π　⑤ 19π

3 2595

방정식 $x^2+y^2-2kx+4ky+10k-10=0$이 원을 나타낼 때, 원의 넓이가 최소가 되도록 하는 상수 k의 값은? [3점]

① 1　② 2　③ 3
④ 4　⑤ 5

4 2596

원점과 두 점 $(2,\ 0)$, $(3,\ 1)$을 지나는 원의 반지름의 길이는? [3점]

① $\sqrt{3}$　② 2　③ $\sqrt{5}$
④ $\sqrt{7}$　⑤ 3

5 2597

두 점 $(2,\ 0)$, $(0,\ -2)$를 지나고 x축에 접하는 원의 넓이는? [3점]

① 2π　② 3π　③ 4π
④ 5π　⑤ 6π

6 2598

점 $(3,\ 2)$를 지나고 x축과 y축에 동시에 접하는 두 원의 반지름의 길이의 합은? [3점]

① 4　② 6　③ 8
④ 10　⑤ 12

7 2599

점 A(3, 0)과 원 $x^2+y^2+4x-10y+20=0$ 위의 점 P에 대하여 선분 AP의 길이의 최댓값을 M, 최솟값을 m이라 할 때, $M+m$의 값은? [3점]

① $2\sqrt{2}$　② $4\sqrt{2}$　③ $6\sqrt{2}$
④ $8\sqrt{2}$　⑤ $10\sqrt{2}$

8 2600

중심이 원점인 원과 직선 $3x+4y=15$가 접할 때, 접점의 좌표는 (a, b)이다. 이때 $a+b$의 값은? [3점]

① $\frac{21}{5}$　② $\frac{22}{5}$　③ $\frac{23}{5}$
④ $\frac{24}{5}$　⑤ 5

9 2601

직선 $x+2y+1=0$에 수직이고 원 $x^2+y^2=5$에 접하는 두 직선의 y절편의 차는? [3점]

① 6　② 7　③ 8
④ 9　⑤ 10

10 2602

세 직선 $x-3y+4=0$, $x-y-2=0$, $2x+y+8=0$으로 둘러싸인 삼각형의 외접원의 반지름의 길이는? [3.5점]

① 5　② 6　③ 7
④ 8　⑤ 9

11 2603

두 점 A$(-4, 0)$, B$(2, 0)$으로부터 거리의 비가 2 : 1인 점 P에 대하여 삼각형 PAB의 넓이의 최댓값은? [3.5점]

① 10　② 11　③ 12
④ 13　⑤ 14

12 2604

두 원 $x^2+y^2+5x+y-6=0$, $x^2+y^2-x-y=0$의 교점과 점 $(1,\ 2)$를 지나는 원의 지름의 길이는? [3.5점]

① $\sqrt{2}$ ② $2\sqrt{2}$ ③ $2\sqrt{3}$
④ $3\sqrt{2}$ ⑤ $2\sqrt{5}$

13 2605

원 $(x-2)^2+(y+3)^2=10$과 직선 $3x+y+k=0$이 만나도록 하는 정수 k의 개수는? [3.5점]

① 15 ② 17 ③ 19
④ 21 ⑤ 23

14 2606

원 $x^2+y^2+ax-8y-b=0$은 중심의 좌표가 $(2,\ c)$이고, 원 $x^2+y^2=2$ 위의 점 $(-1,\ -1)$에서의 접선과 한 점에서 만난다. 이때 $a+b+c$의 값은? (단, a, b는 상수이다.)

[3.5점]

① -12 ② -4 ③ 4
④ 12 ⑤ 20

15 2607

그림은 원 $(x+1)^2+(y-3)^2=4$와 직선 $y=mx+2$를 좌표평면 위에 나타낸 것이다. 원과 직선의 두 교점을 각각 A, B라 할 때, 선분 AB의 길이가 $2\sqrt{2}$가 되도록 하는 상수 m의 값은? [3.5점]

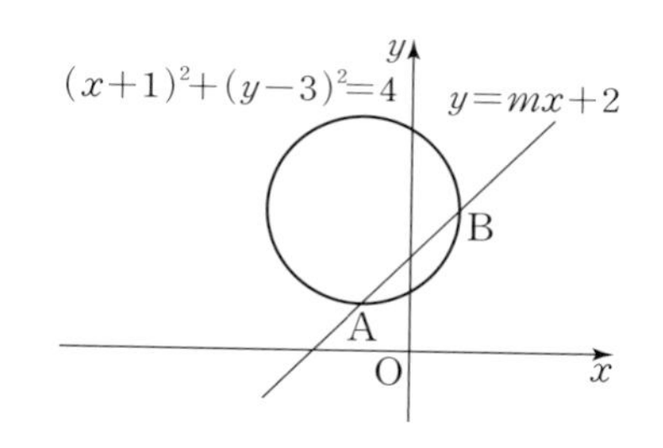

① $\dfrac{\sqrt{3}}{3}$ ② $\dfrac{\sqrt{2}}{2}$ ③ 1
④ $\sqrt{2}$ ⑤ $\sqrt{3}$

16 2608

점 $(2,\ 3)$에서 원 $(x-1)^2+(y+2)^2=4$에 그은 두 접선의 기울기의 곱은? [3.5점]

① -7 ② -6 ③ -5
④ -4 ⑤ -3

11

17 2609

그림과 같이 원 $x^2+y^2=9$를 선분 PQ를 접는 선으로 하여 접었더니 점 $(2,\ 0)$에서 x축에 접하였다. 이때 원의 중심 O와 직선 PQ 사이의 거리는? [4점]

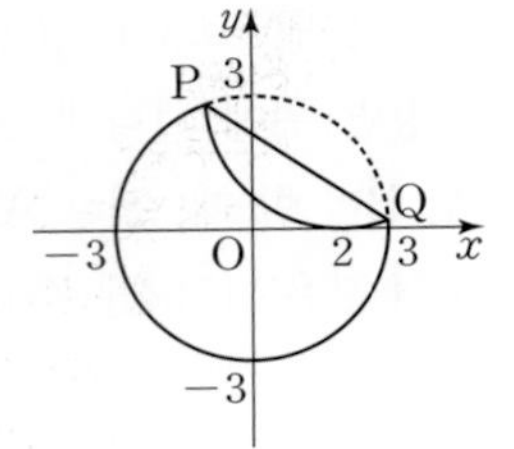

① $\frac{\sqrt{11}}{2}$　　② $\sqrt{3}$　　③ $\frac{\sqrt{13}}{2}$
④ $\frac{\sqrt{14}}{2}$　　⑤ $\frac{\sqrt{15}}{2}$

18 2610

두 원 $x^2+y^2+2x+2y-k=0$, $x^2+y^2-4x+6y-5=0$의 공통인 현의 길이가 $2\sqrt{2}$가 되도록 하는 모든 상수 k의 값의 합은? [4점]

① 56　　② 57　　③ 58
④ 59　　⑤ 60

19 2611

좌표평면 위에 25개의 원 $x^2+y^2=R(R=1,\ 2,\ 3,\ \cdots,\ 25)$가 있다. 이 25개의 원과 직선 $2x+y-10=0$이 만나는 점의 개수는? [4점]

① 10　　② 11　　③ 12
④ 13　　⑤ 14

20 2612

그림과 같이 원 $x^2+y^2=25$ 위의 두 점 $\mathrm{A}(0,\ -5)$, $\mathrm{B}(4,\ 3)$과 원 위를 움직이는 점 P에 대하여 삼각형 PAB의 넓이의 최댓값은 $a+b\sqrt{5}$이다. 이때 유리수 a, b에 대하여 $a+b$의 값은? [4점]

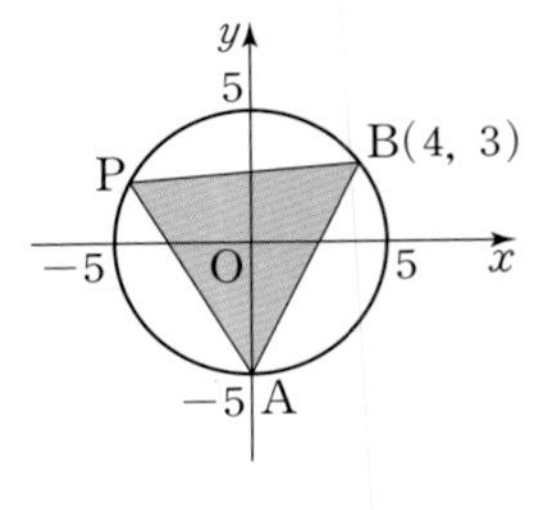

① 12　　② 14　　③ 16
④ 18　　⑤ 20

21 2613

y축 위의 점 $(0,\ n)$에서 원 $x^2+y^2=1$에 접선을 그을 때, 제1사분면에 있는 접점의 좌표를 $(x_n,\ y_n)$이라 하자.

$(x_2\times x_3\times\cdots\times x_{10})^2=\frac{p}{q}$일 때, $p+q$의 값은?

(단, n은 1보다 큰 자연수이고, p, q는 서로소인 자연수이다.)

[4.5점]

① 21　　② 31　　③ 41
④ 51　　⑤ 61

서술형

22 2614

두 원 $(x-3)^2+(y-2)^2=4$, $(x-5)^2+(y-1)^2=1$의 두 교점을 A, B라 하고 직선 AB가 x축과 만나는 점을 P라 할 때, $\overline{PA}\times\overline{PB}$의 값을 구하는 과정을 서술하시오. [6점]

23 2615

두 원 $C_1: x^2+y^2=1$, $C_2: x^2+y^2-8x+6y+21=0$이 있다. 그림과 같이 x축 위의 점 P에서 원 C_1에 그은 한 접선의 접점을 Q, 점 P에서 원 C_2에 그은 한 접선의 접점을 R라 하자. $\overline{PQ}=\overline{PR}$일 때, 점 P의 x좌표를 구하는 과정을 서술하시오. [6점]

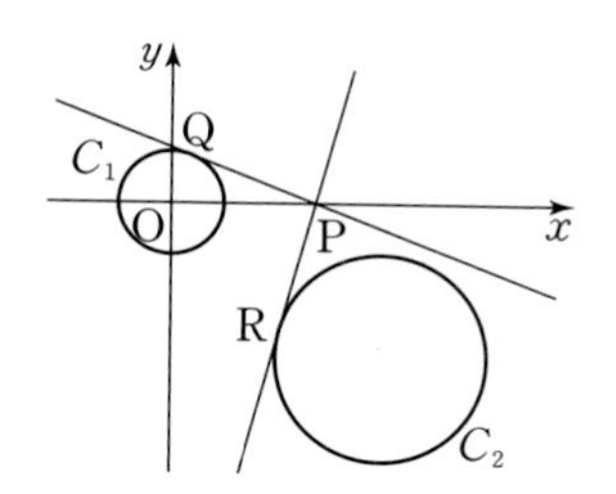

24 2616

두 점 A$(-1, 4)$, B$(3, -4)$와 직선 AB 위의 점 C에 대하여 삼각형 OBC의 넓이가 삼각형 OAC의 넓이의 3배가 되도록 하는 두 점을 C_1, C_2라 하자. 이때 C_1, C_2 중 원점에서 거리가 더 먼 점을 C_1이라 할 때, 점 C_1을 중심으로 하고 y축에 접하는 원의 넓이를 구하는 과정을 서술하시오.

(단, O는 원점이다.) [8점]

25 2617

점 $(-3, 1)$에서 원 $x^2+y^2=5$에 그은 두 접선 중 기울기가 양수인 접선과 중심의 좌표가 $(0, 5)$이고 x축에 접하는 원이 두 점에서 만날 때, 두 점 사이의 거리를 구하는 과정을 서술하시오. [8점]

순간에 **행복**하십시오

그것으로 족합니다

우리에게 필요한 것은

오직 매순간뿐

그 이상도 그 이하도 아닙니다

지금 행복하십시오

– 마더 테레사 –

도형의 이동 12

12

IV. 도형의 방정식

도형의 이동

1 평행이동

핵심 1~2

(1) **평행이동**

좌표평면 위의 도형을 일정한 방향으로 일정한 거리만큼 옮기는 것

(2) **점의 평행이동**

점 $\mathrm{P}(x,\ y)$를 x축의 방향으로 a만큼, y축의 방향으로 b만큼 평행이동한 점 P'의 좌표는

$$\mathrm{P}'(x+a,\ y+b)$$

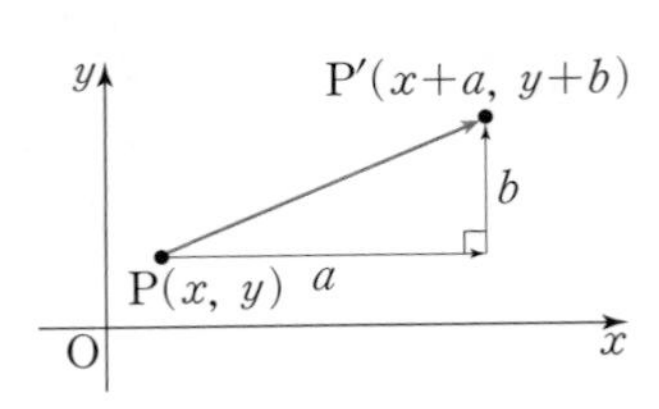

참고 점 (x, y)를 x축의 방향으로 a만큼, y축의 방향으로 b만큼 평행이동하는 것을 다음과 같이 나타낸다.

$$(x, y) \longrightarrow (x+a, y+b)$$

(3) **도형의 평행이동**

방정식 $f(x,\ y)=0$이 나타내는 도형을 x축의 방향으로 a만큼, y축의 방향으로 b만큼 평행이동한 도형의 방정식은

$$f(x-a,\ y-b)=0$$

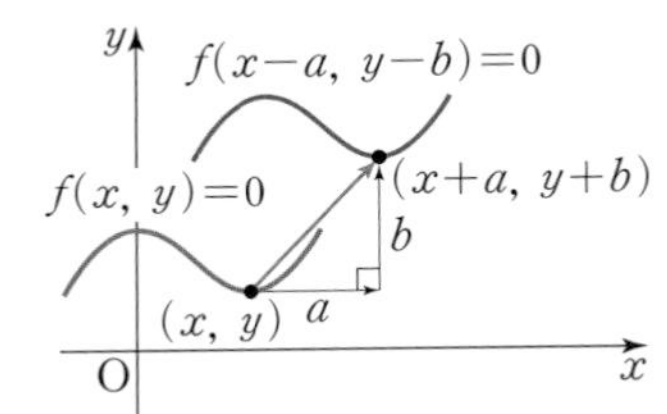

참고 도형 $f(x, y)=0$을 x축의 방향으로 a만큼, y축의 방향으로 b만큼 평행이동하는 것을 다음과 같이 나타낸다.

$$f(x, y)=0 \longrightarrow f(x-a, y-b)=0$$

Note

- 점을 x축의 방향으로 a만큼 평행이동한다는 것은 $a>0$일 때 x축의 양의 방향으로, $a<0$일 때 x축의 음의 방향으로 $|a|$만큼 평행이동한다는 뜻이다.
- 평행이동한 점의 좌표는 x 대신 $x+a$, y 대신 $y+b$를 대입하여 구할 수 있다.
- $f(x, y)$는 x, y에 대한 식을 의미하며 좌표평면 위의 도형의 방정식은 $f(x,\ y)=0$과 같이 나타낼 수 있다.
- 평행이동한 도형의 방정식은 $f(x, y)=0$에 x 대신 $x-a$, y 대신 $y-b$를 대입하여 구할 수 있다.

2 대칭이동

핵심 3~4

(1) **대칭이동**

좌표평면 위의 도형을 주어진 직선 또는 점에 대하여 대칭인 도형으로 옮기는 것

(2) **점의 대칭이동**

점 $\mathrm{P}(x,\ y)$를 x축, y축, 원점, 직선 $y=x$에 대하여 대칭이동한 점의 좌표는 다음과 같다.

① x축에 대하여 대칭이동한 점의 좌표는

$$\mathrm{P}_1(x,\ -y)$$

② y축에 대하여 대칭이동한 점의 좌표는

$$\mathrm{P}_2(-x,\ y)$$

③ 원점에 대하여 대칭이동한 점의 좌표는

$$\mathrm{P}_3(-x,\ -y)$$

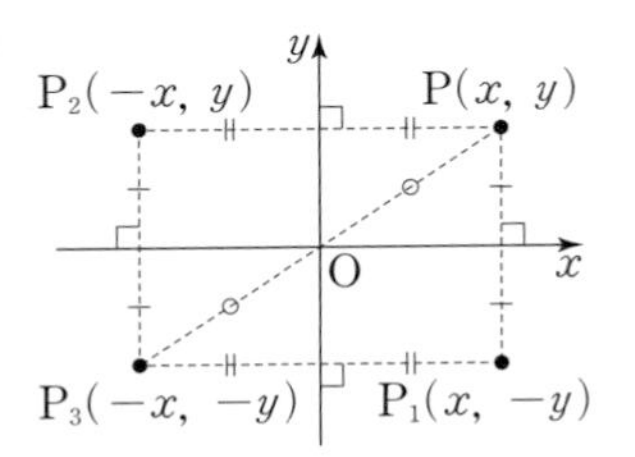

④ 직선 $y=x$에 대하여 대칭이동한 점의 좌표는

$$\mathrm{P}_4(y,\ x)$$

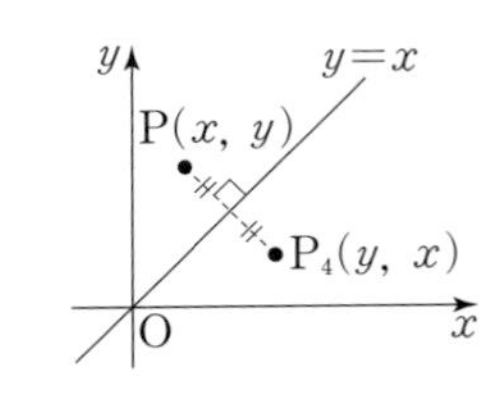

참고 점 $\mathrm{P}(x, y)$를 직선 $y=-x$에 대하여 대칭이동한 점의 좌표는

$$\mathrm{P}_5(-y,\ -x)$$

- x축에 대한 대칭이동은 $(x, y) \longrightarrow (x, -y)$
  y축에 대한 대칭이동은 $(x, y) \longrightarrow (-x, y)$
  원점에 대한 대칭이동은 $(x, y) \longrightarrow (-x, -y)$
  직선 $y=x$에 대한 대칭이동은 $(x, y) \longrightarrow (y, x)$
  와 같이 나타낸다.
- 직선 $y=-x$에 대하여 대칭이동한 것은 직선 $y=x$에 대하여 대칭이동한 후 원점에 대하여 대칭이동한 것과 같다.

(3) **도형의 대칭이동**

방정식 $f(x, y)=0$이 나타내는 도형을 x축, y축, 원점, 직선 $y=x$에 대하여 대칭이동한 도형의 방정식은 다음과 같다.

① x축에 대하여 대칭이동한 도형의 방정식은 $f(x, -y)=0$

② y축에 대하여 대칭이동한 도형의 방정식은 $f(-x, y)=0$

③ 원점에 대하여 대칭이동한 도형의 방정식은 $f(-x, -y)=0$

④ 직선 $y=x$에 대하여 대칭이동한 도형의 방정식은 $f(y, x)=0$

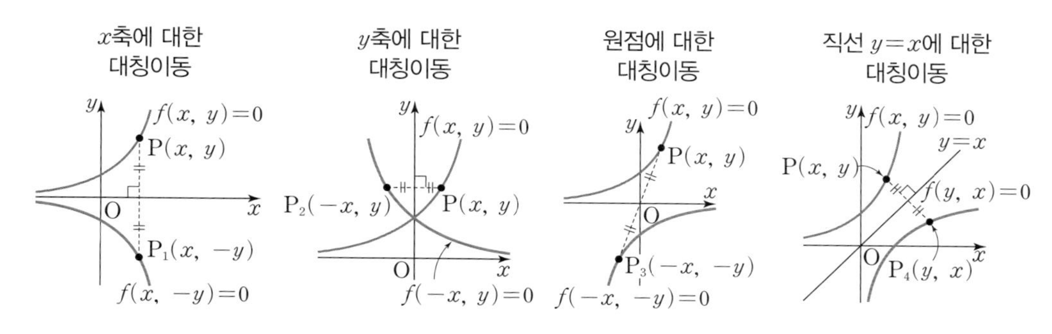

참고 직선 $y=-x$에 대하여 대칭이동한 도형의 방정식은 $f(-y, -x)=0$

3 점에 대한 대칭이동 핵심 5

(1) 점 $\mathrm{P}(x, y)$를 점 $\mathrm{A}(a, b)$에 대하여 대칭이동한 점을 P'이라 하면

$$\mathrm{P}'(2a-x, 2b-y)$$

(2) 방정식 $f(x, y)=0$이 나타내는 도형을 점 $\mathrm{A}(a, b)$에 대하여 대칭이동한 도형의 방정식은

$$f(2a-x, 2b-y)=0$$

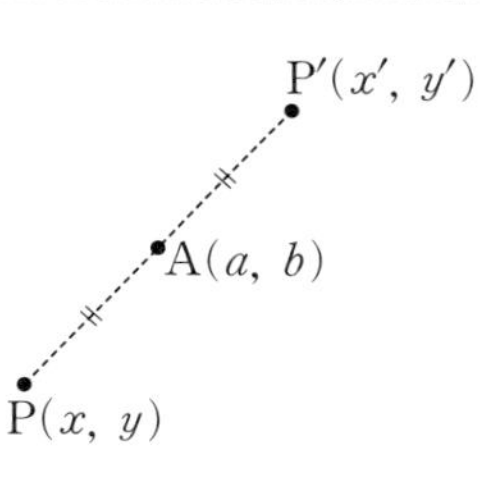

점 P′의 좌표를 (x', y')이라 하면 점 A는 선분 PP′의 중점이므로
$a=\frac{x+x'}{2}$, $b=\frac{y+y'}{2}$
$\therefore x'=2a-x$, $y'=2b-y$
따라서 방정식 $f(x, y)=0$에 x 대신 x', y 대신 y'을 대입하면
$f(2a-x, 2b-y)=0$

4 직선에 대한 대칭이동 핵심 6

점 $\mathrm{P}(x, y)$를 직선 $y=ax+b$ $(a\neq0)$에 대하여 대칭이동한 점을 $\mathrm{P}'(x', y')$이라 하면 점 P'의 좌표는 중점 조건과 수직 조건을 이용하면 구할 수 있다.

(i) 중점 조건을 이용하면

선분 PP′의 중점 $\mathrm{M}\left(\frac{x+x'}{2}, \frac{y+y'}{2}\right)$이

직선 $y=ax+b$ 위의 점이므로

$$\frac{y+y'}{2}=a\times\frac{x+x'}{2}+b$$

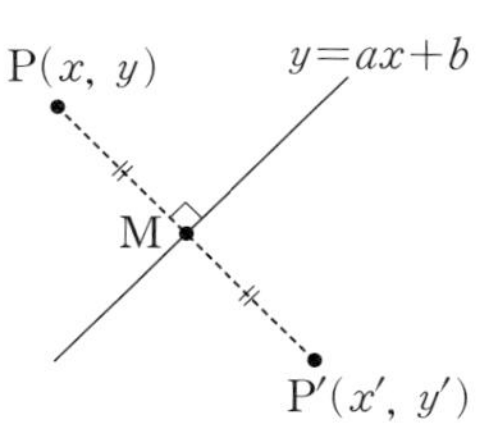

(ii) 수직 조건을 이용하면

직선 PP′은 직선 $y=ax+b$와 서로 수직이므로

$$\frac{y'-y}{x'-x}\times a=-1$$

수직인 두 직선의 기울기의 곱은 -1이다.

핵심 1 점의 평행이동 유형 1, 7

점 $(1,\ 2)$를 평행이동해 보자.

x축의 방향으로 3만큼

$(x,\ y) \longrightarrow (x+3,\ y+5)$에 의한 평행이동

y축의 방향으로 5만큼

$(1,\ 2) \longrightarrow (1+3,\ 2+5)$, 즉 $(4,\ 7)$

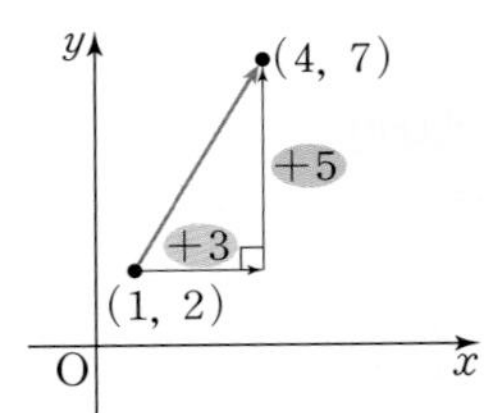

x축의 방향으로 -7만큼

$(x,\ y) \longrightarrow (x-7,\ y-5)$에 의한 평행이동

y축의 방향으로 -5만큼

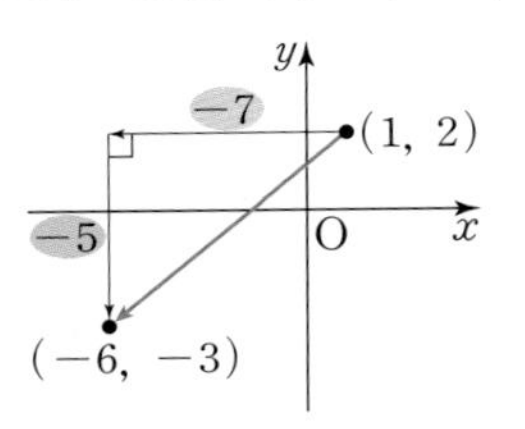

2618 좌표평면 위의 점 $(3,\ 2)$를 x축의 방향으로 2만큼, y축의 방향으로 -1만큼 평행이동한 점의 좌표를 구하시오.

2619 평행이동 $(x,\ y) \longrightarrow (x-3,\ y+2)$에 의하여 점 $(0,\ 1)$로 옮겨지는 점의 좌표를 구하시오.

핵심 2 도형의 평행이동 유형 2~3, 8~10

포물선 $y=5(x-1)^2+4$와 원 $(x-1)^2+(y-4)^2=1$을 x축의 방향으로 2만큼, y축의 방향으로 -3만큼 평행이동해 보자.

● **포물선**

$y=5(x-1)^2+4 \longrightarrow$ 꼭짓점 $(1,\ 4)$

y 대신 $y+3$ 대입, x 대신 $x-2$ 대입

$y+3=5(x-2-1)^2+4$ ➔ $y=5(x-3)^2+1$ → 꼭짓점 $(3,\ 1)$

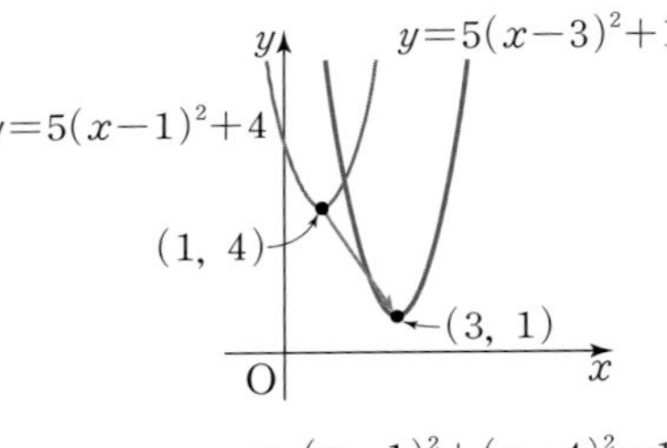

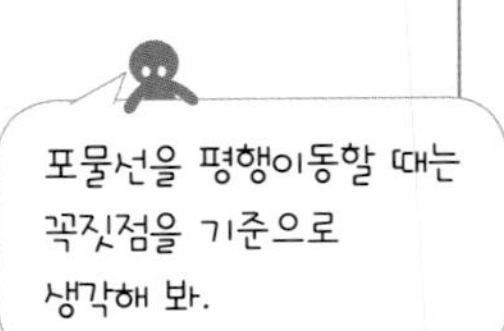

● **원**

$(x-1)^2+(y-4)^2=1 \longrightarrow$ 원의 중심 $(1,\ 4)$

x 대신 $x-2$ 대입, y 대신 $y+3$ 대입

$(x-2-1)^2+(y+3-4)^2=1$ ➔ $(x-3)^2+(y-1)^2=1$ → 원의 중심 $(3,\ 1)$

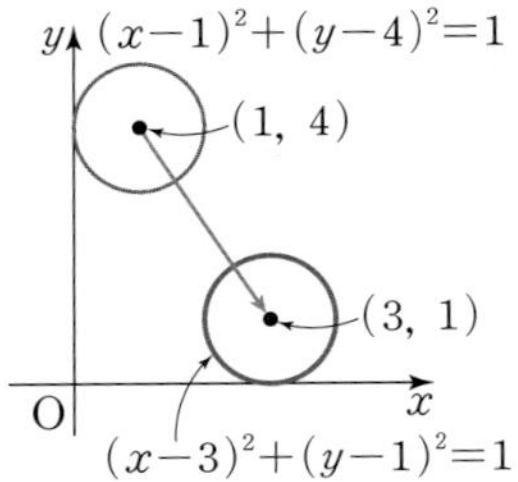

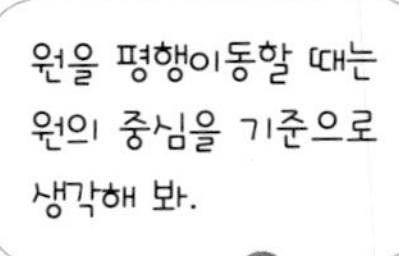

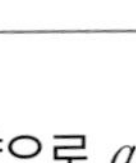

2620 포물선 $y=x^2+2x+3$을 x축의 방향으로 1만큼, y축의 방향으로 -2만큼 평행이동한 도형의 방정식을 구하시오.

2621 직선 $2x-y+1=0$을 x축의 방향으로 a만큼, y축의 방향으로 b만큼 평행이동하였더니 직선 $2x-y+5=0$과 일치하였다. 이때 b를 a에 대한 식으로 나타내시오.

핵심 3 점의 대칭이동 유형 4, 7

점 $(8,\ 6)$을 대칭이동해 보자.

y축에 대한 대칭이동
➔ x좌표 부호 반대

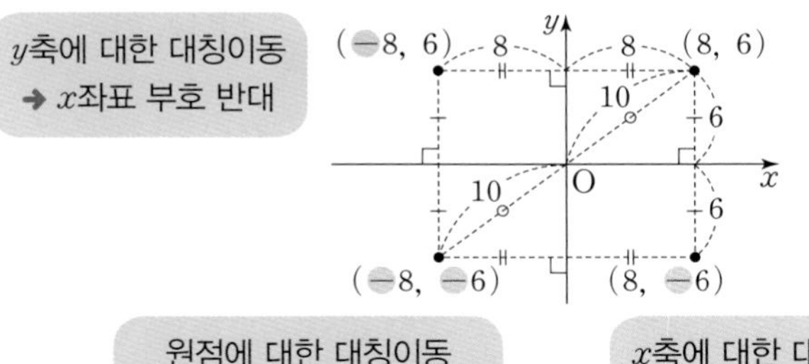

(6, 8)
$y=x$
(8, 6)

원점에 대한 대칭이동
➔ x좌표, y좌표 부호 반대

x축에 대한 대칭이동
➔ y좌표 부호 반대

직선 $y=x$에 대한 대칭이동
➔ x좌표와 y좌표 서로 바뀜

2622 점 $(3,\ 5)$를 x축에 대하여 대칭이동한 점을 A, 원점에 대하여 대칭이동한 점을 B라 할 때, 두 점 A, B의 좌표를 각각 구하시오.

2623 점 $(8,\ -3)$을 y축에 대하여 대칭이동한 후, 직선 $y=x$에 대하여 대칭이동한 점의 좌표를 구하시오.

핵심 4 도형의 대칭이동 유형 5~6, 8~10

원 $(x-8)^2+(y-6)^2=9$를 대칭이동해 보자.

y축에 대한 대칭이동
➔ x 대신 $-x$ 대입

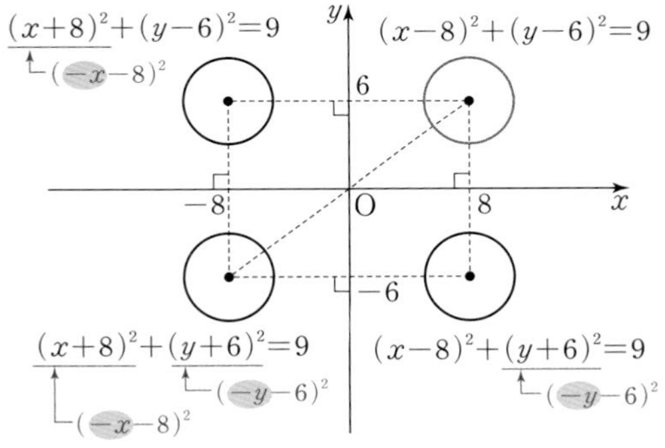

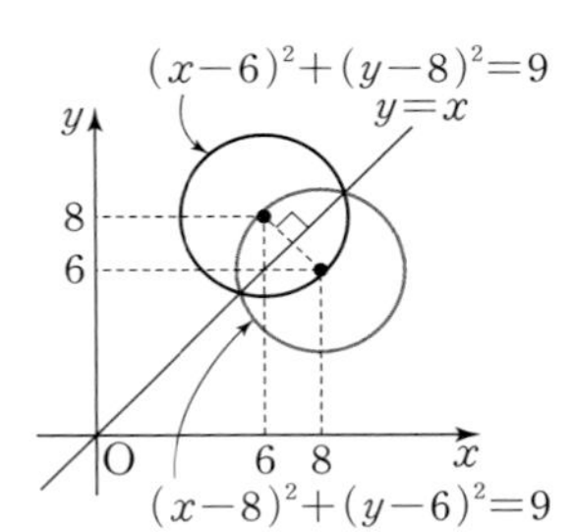

직선 $y=x$에 대한 대칭이동
➔ x 대신 y, y 대신 x 대입

원점에 대한 대칭이동
➔ x 대신 $-x$, y 대신 $-y$ 대입

x축에 대한 대칭이동
➔ y 대신 $-y$ 대입

2624 원 $(x-2)^2+(y+3)^2=1$을 원점에 대하여 대칭이동한 원의 방정식을 구하시오.

2625 직선 $y=ax+4$를 x축에 대하여 대칭이동한 직선이 점 $(2,\ 4)$를 지날 때, 상수 a의 값을 구하시오.

핵심 5 점에 대한 대칭이동 유형 11

점 $\mathrm{P}(-1,\ -5)$를 점 $(1,\ -1)$에 대하여 대칭이동해 보자.

점 $\mathrm{P}(-1,\ -5)$를 점 $(1,\ -1)$에 대하여 대칭이동한 점을 $\mathrm{P}'(a,\ b)$라 하면
점 $(1,\ -1)$은 선분 PP'의 중점이므로

$$\frac{-1+a}{2}=1,\ \frac{-5+b}{2}=-1$$

$\therefore a=3,\ b=3$

➔ $\mathrm{P}'(3,\ 3)$

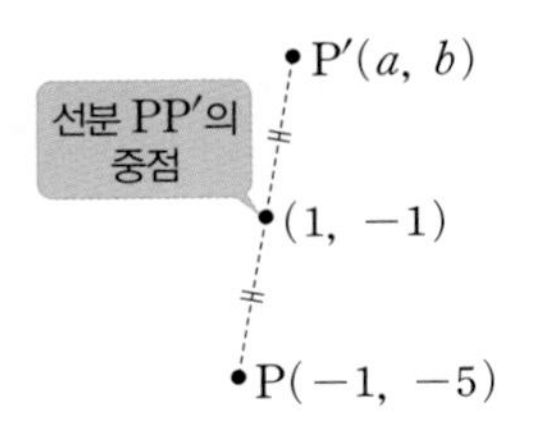

2626 점 $(-3,\ 2)$를 점 $(2,\ -1)$에 대하여 대칭이동한 점의 좌표를 구하시오.

2627 원 $(x-2)^2+(y+4)^2=4$를 점 $(1,\ 3)$에 대하여 대칭이동한 원의 방정식을 구하시오.

핵심 6 직선에 대한 대칭이동 유형 12

점 $\mathrm{P}(-2,\ 4)$를 직선 $y=x+1$에 대하여 대칭이동해 보자.

점 $\mathrm{P}(-2,\ 4)$를 직선 $y=x+1$에 대하여 대칭이동한 점을 $\mathrm{P}'(a,\ b)$라 하자.

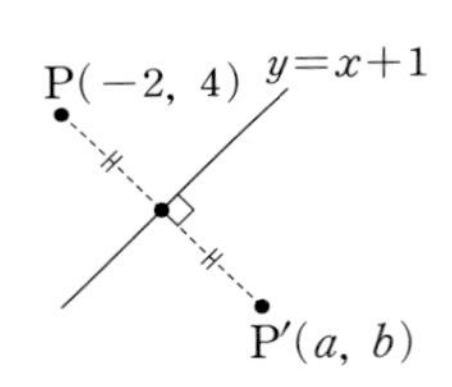

중점 조건 이용하기

선분 PP'의 중점 $\left(\frac{-2+a}{2},\ \frac{4+b}{2}\right)$는 직선 $y=x+1$ 위의 점이므로

$$\frac{4+b}{2}=\frac{-2+a}{2}+1 \qquad \therefore a-b=4 \cdots\cdots ㉠$$

↓

수직 조건 이용하기

직선 PP'은 직선 $y=x+1$과 수직이므로

$$\frac{b-4}{a-(-2)}\times 1=-1 \qquad \therefore a+b=2 \cdots\cdots ㉡$$

→ (두 직선의 기울기의 곱)$=-1$

↓

점 P′의 좌표 구하기

㉠, ㉡을 연립하여 풀면

$a=3,\ b=-1$ ➔ $\mathrm{P}'(3,\ -1)$

2628 점 $(1,\ 2)$를 직선 $y=-2x+9$에 대하여 대칭이동한 점의 좌표를 구하시오.

2629 원 $(x-1)^2+(y+5)^2=16$을 직선 $y=3x-3$에 대하여 대칭이동한 원의 방정식을 구하시오.

정답 및 풀이 459쪽

16유형, 138문항입니다.

기초 유형 0 이차함수의 그래프의 평행이동 | 중3

$y=ax^2$ $\xrightarrow[y\text{축의 방향으로 } q\text{만큼 평행이동}]{x\text{축의 방향으로 } p\text{만큼}}$ $y=a(x-p)^2+q$

(1) 꼭짓점의 좌표 : $(0, 0)$ ⟶ (p, q)

(2) 축의 방정식 : $x=0$ ⟶ $x=p$

$a>0,\ p>0,\ q>0$일 때

$y=ax^2$ $y=a(x-p)^2+q$ (p, q)

2630 대표문제

이차함수 $y=x^2$의 그래프를 x축의 방향으로 3만큼, y축의 방향으로 -2만큼 평행이동하였더니 이차함수 $y=(x-p)^2+q$의 그래프와 일치하였다. 상수 p, q에 대하여 $p+q$의 값을 구하시오.

2631

Level 1

이차함수 $y=-x^2$의 그래프를 x축의 방향으로 -1만큼, y축의 방향으로 4만큼 평행이동한 이차함수의 그래프에 대하여 꼭짓점의 좌표와 축의 방정식을 각각 구하면?

	꼭짓점의 좌표	축의 방정식
①	$(-1, -4)$	$x=-1$
②	$(-1, 4)$	$x=-1$
③	$(-1, 4)$	$x=1$
④	$(1, 4)$	$x=-1$
⑤	$(1, 4)$	$x=1$

2632

Level 2

이차함수 $y=3x^2$의 그래프를 x축의 방향으로 1만큼, y축의 방향으로 2만큼 평행이동한 이차함수의 그래프가 점 $(2, k)$를 지날 때, k의 값은?

① 1 ② 2 ③ 3
④ 4 ⑤ 5

2633

Level 2

이차함수 $y=2x^2$의 그래프를 x축의 방향으로 p만큼 평행이동한 이차함수의 그래프가 두 점 $(1, 2)$, $(0, q)$를 지날 때, $p+q$의 값을 구하시오. (단, $p\neq0$)

2634

Level 2

이차함수 $y=ax^2+1$의 그래프를 x축의 방향으로 $k+1$만큼, y축의 방향으로 $k-1$만큼 평행이동하였더니 이차함수 $y=-2(x-b)^2+5$의 그래프와 일치하였다. 상수 a, b, k에 대하여 $a+b+k$의 값은?

① 6 ② 7 ③ 8
④ 9 ⑤ 10

실전 유형 1 점의 평행이동

점 (x, y)를 x축의 방향으로 a만큼, y축의 방향으로 b만큼 평행이동한 점의 좌표는

➔ x 대신 $x+a$, y 대신 $y+b$를 대입한다.

➔ $(x+a, y+b)$

2635 대표문제

점 $(2, 1)$을 점 $(-1, 2)$로 옮기는 평행이동에 의하여 점 (a, b)가 점 $(1, -2)$로 옮겨질 때, $a+b$의 값을 구하시오.

2636 Level 1

점 $(a, -3)$을 x축의 방향으로 -1만큼, y축의 방향으로 2만큼 평행이동한 점의 좌표가 $(3, b)$일 때, ab의 값은?

① -8 ② -4 ③ 0
④ 4 ⑤ 8

2637 Level 2

점 P를 x축의 방향으로 1만큼, y축의 방향으로 -2만큼 평행이동한 점을 P′이라 할 때, 선분 PP′의 길이는?

① 1 ② $\sqrt{2}$ ③ $\sqrt{3}$
④ 2 ⑤ $\sqrt{5}$

2638 Level 2

평행이동 $(x, y) \longrightarrow (x-3, y+4)$에 의하여 점 $(2, 2)$가 직선 $y=ax+9$ 위의 점으로 옮겨질 때, 상수 a의 값은?

① 1 ② 2 ③ 3
④ 4 ⑤ 5

2639 Level 2

두 점 $\text{A}(-1, a)$, $\text{B}(b, 4)$가 어떤 평행이동에 의하여 각각 두 점 $\text{A}'(2, -5)$, $\text{B}'(4, -3)$으로 옮겨질 때, 이 평행이동에 의하여 점 (a, b)가 옮겨지는 점의 좌표를 구하시오.

2640 Level 2

점 $\text{A}(4, 3)$을 x축의 방향으로 a만큼, y축의 방향으로 -9만큼 평행이동하였더니 원점 O로부터의 거리가 처음 거리의 2배가 되었다. 이때 양수 a의 값은?

① 2 ② 4 ③ 6
④ 8 ⑤ 10

● 정답 및 풀이 460쪽

2641

Level 2

세 점 A(3, 1), B(2, 5), C(4, -3)을 x축의 방향으로 a만큼, y축의 방향으로 b만큼 평행이동한 점을 각각 A′, B′, C′이라 하자. 삼각형 A′B′C′의 무게중심의 좌표가 (1, 0)일 때, ab의 값은?

① -4　② -2　③ 1
④ 2　⑤ 4

다음은 이 유형에서 출제된 최근 교육청 · 평가원 기출문제입니다.

2642 · 교육청 2020년 11월

Level 1

좌표평면 위의 점 (-4, 3)을 x축의 방향으로 a만큼, y축의 방향으로 b만큼 평행이동한 점의 좌표가 (1, 5)일 때, $a+b$의 값을 구하시오. (단, a, b는 상수이다.)

2643 · 교육청 2019년 11월

Level 2

좌표평면 위의 점 P(a, a^2)을 x축의 방향으로 $-\frac{1}{2}$만큼, y축의 방향으로 2만큼 평행이동한 점이 직선 $y=4x$ 위에 있을 때, 상수 a의 값은?

① -2　② -1　③ 0
④ 1　⑤ 2

실전유형 2 직선의 평행이동

빈출유형

직선 $ax+by+c=0$을 x축의 방향으로 m만큼, y축의 방향으로 n만큼 평행이동한 직선의 방정식은
→ x 대신 $x-m$, y 대신 $y-n$을 대입한다.
→ $a(x-m)+b(y-n)+c=0$

참고 직선을 평행이동하여도 직선의 기울기는 변하지 않는다.

2644 대표문제

직선 $2x+y-6=0$을 x축의 방향으로 2만큼, y축의 방향으로 n만큼 평행이동한 직선의 방정식이 $2x+y-1=0$일 때, n의 값은?

① -5　② -6　③ -7
④ -8　⑤ -9

2645

Level 1

직선 $y=2x+1$을 x축의 방향으로 3만큼, y축의 방향으로 2만큼 평행이동한 직선의 y절편을 구하시오.

2646

Level 1

직선 $2x-3y-4=0$을 x축의 방향으로 -5만큼, y축의 방향으로 k만큼 평행이동한 직선이 원점을 지날 때, k의 값은?

① -3　② -2　③ -1
④ 1　⑤ 2

2647

Level 2

직선 $y=ax+2$를 x축의 방향으로 -2만큼, y축의 방향으로 b만큼 평행이동하였더니 처음 직선과 일치하였다. 이때 $\frac{b}{a}$의 값은? (단, a는 0이 아닌 상수이다.)

① -2　② -1　③ 1
④ 2　⑤ 3

2648

Level 2

직선 $x+ay+b=0$을 x축의 방향으로 1만큼, y축의 방향으로 -2만큼 평행이동한 직선의 방정식이 $x+3y-5=0$일 때, 상수 a, b에 대하여 $a+b$의 값은?

① -9　② -8　③ -7
④ -6　⑤ -5

2649

Level 2

점 $(1,\ 2)$를 점 $(2,\ 5)$로 옮기는 평행이동
$(x,\ y) \longrightarrow (x+a,\ y+b)$에 의하여 직선 $3x-2y+1=0$을 옮긴 직선이 점 $(2,\ c)$를 지날 때, $a+b+c$의 값은?

① 7　② 8　③ 9
④ 10　⑤ 11

2650

Level 2

직선 $y=ax+b$를 x축의 방향으로 3만큼, y축의 방향으로 -3만큼 평행이동하면 직선 $y=-\frac{1}{3}x+2$와 x축 위의 한 점에서 수직으로 만난다. 이때 상수 a, b에 대하여 $a-b$의 값을 구하시오.

다음은 이 유형에서 출제된 최근 교육청 • 평가원 기출문제입니다.

2651 • 교육청 2018년 9월

Level 2

직선 $y=2x+k$를 x축의 방향으로 2만큼, y축의 방향으로 -3만큼 평행이동한 직선이 원 $x^2+y^2=5$와 한 점에서 만날 때, 모든 상수 k의 값의 합을 구하시오.

2652 • 교육청 2018년 11월

Level 2

좌표평면에서 직선 $3x+4y+17=0$을 x축의 방향으로 n만큼 평행이동한 직선이 원 $x^2+y^2=1$에 접할 때, 자연수 n의 값은?

① 1　② 2　③ 3
④ 4　⑤ 5

실전유형 **3 포물선과 원의 평행이동** 빈출유형

(1) 포물선 $y=ax^2+bx+c$를 x축의 방향으로 m만큼, y축의 방향으로 n만큼 평행이동한 포물선의 방정식은
➔ x 대신 $x-m$, y 대신 $y-n$을 대입
➔ $y-n=a(x-m)^2+b(x-m)+c$

(2) 원 $(x-a)^2+(y-b)^2=r^2$을 x축의 방향으로 m만큼, y축의 방향으로 n만큼 평행이동한 원의 방정식은
➔ x 대신 $x-m$, y 대신 $y-n$을 대입
➔ $(x-m-a)^2+(y-n-b)^2=r^2$

참고 포물선의 평행이동은 꼭짓점을 기준으로, 원의 평행이동은 원의 중심을 기준으로 생각한다.

2653 대표문제

원 $(x-a)^2+(y-b)^2=c$를 x축의 방향으로 -3만큼, y축의 방향으로 1만큼 평행이동하였더니 원 $x^2+y^2=4$와 일치하였다. 이때 상수 a, b, c에 대하여 $a+b+c$의 값은?

① 6 ② 7 ③ 8
④ 9 ⑤ 10

2654

Level 1

포물선 $y=x^2+2x-6$을 x축의 방향으로 -3만큼, y축의 방향으로 2만큼 평행이동한 포물선의 꼭짓점의 좌표는?

① $(-8, -7)$ ② $(-4, -7)$ ③ $(-4, -5)$
④ $(4, -7)$ ⑤ $(4, -5)$

2655

Level 1

〈보기〉 중 평행이동하여 원 $x^2+y^2-4x+2y+3=0$과 겹쳐지는 것만을 있는 대로 고른 것은?

〈보기〉
ㄱ. $x^2+y^2+4y+3=0$ ㄴ. $(x-2)^2+(y-1)^2=4$
ㄷ. $(x-5)^2+(y+3)^2=2$ ㄹ. $x^2+y^2-2x+6y+8=0$

① ㄱ, ㄴ ② ㄱ, ㄷ ③ ㄴ, ㄷ
④ ㄴ, ㄹ ⑤ ㄷ, ㄹ

2656

Level 1

포물선 $y=x^2+4x-2$를 x축의 방향으로 a만큼, y축의 방향으로 b만큼 평행이동하였더니 포물선 $y=x^2$과 일치하였다. 이때 $a+b$의 값은?

① 6 ② 8 ③ 10
④ 12 ⑤ 14

2657

Level 2

원 $(x-1)^2+(y+1)^2=4$가
평행이동 $(x, y) \longrightarrow (x+a, y-b)$에 의하여
원 $x^2+y^2-4x+6y+9=0$으로 옮겨질 때, 이 평행이동에 의하여 원점이 옮겨지는 점의 좌표는?

① $(-1, -2)$ ② $(-1, 2)$ ③ $(1, -2)$
④ $(1, 2)$ ⑤ $(2, 1)$

2658

Level 2

포물선 $y=x^2-4x+1$을 x축의 방향으로 a만큼, y축의 방향으로 $a-3$만큼 평행이동한 포물선의 꼭짓점이 y축 위에 있을 때, 이 꼭짓점의 좌표는?

① $(0, -8)$ ② $(0, -6)$ ③ $(0, -4)$
④ $(0, -2)$ ⑤ $(0, 2)$

2659

Level 2

원 $C_1 : (x+1)^2+(y+2)^2=9$를 x축의 방향으로 -2만큼, y축의 방향으로 k만큼 평행이동한 원을 C_2라 하자. 두 원 C_1, C_2의 중심 사이의 거리가 3일 때, k^2의 값은?

① 1 ② 2 ③ 3
④ 4 ⑤ 5

2660

Level 2

포물선 $y=-x^2-6x+m$을 포물선 $y=-x^2$으로 옮기는 평행이동에 의하여 포물선 $y=x^2+mx$가 옮겨지는 포물선의 방정식은 $y=x^2-8x+k$이다. 이때 k의 값은?

(단, m, k는 상수이다.)

① -12 ② -8 ③ -4
④ 4 ⑤ 8

다음은 이 유형에서 출제된 최근 교육청 • 평가원 기출문제입니다.

2661 • 교육청 2021년 3월

Level 1

원 $x^2+(y+4)^2=10$을 x축의 방향으로 -4만큼, y축의 방향으로 2만큼 평행이동하였더니
원 $x^2+y^2+ax+by+c=0$과 일치하였다. $a+b+c$의 값은?

(단, a, b, c는 상수이다.)

① 14 ② 16 ③ 18
④ 20 ⑤ 22

2662 • 교육청 2021년 9월

Level 2

원 $(x+1)^2+(y+2)^2=9$를 x축의 방향으로 m만큼, y축의 방향으로 n만큼 평행이동한 원을 C라 하자. 원 C가 다음 조건을 만족시킬 때, $m+n$의 값을 구하시오.

(단, m, n은 상수이다.)

> (가) 원 C의 중심은 제1사분면 위에 있다.
> (나) 원 C는 x축과 y축에 동시에 접한다.

2663 • 교육청 2018년 9월

Level 2

원 $(x-a)^2+(y-a)^2=b^2$을 y축의 방향으로 -2만큼 평행이동한 도형이 직선 $y=x$와 x축에 동시에 접할 때, a^2-4b의 값을 구하시오. (단, $a>2$, $b>0$)

실전유형 4 점의 대칭이동 빈출유형

점 (x, y)를 대칭이동한 점의 좌표
(1) x축에 대한 대칭이동
→ y좌표의 부호를 반대로 바꾼다. → $(x, -y)$
(2) y축에 대한 대칭이동
→ x좌표의 부호를 반대로 바꾼다. → $(-x, y)$
(3) 원점에 대한 대칭이동
→ x좌표, y좌표의 부호를 반대로 바꾼다. → $(-x, -y)$
(4) 직선 $y=x$에 대한 대칭이동
→ x좌표와 y좌표를 서로 바꾼다. → (y, x)
참고 직선 $y=-x$에 대한 대칭이동
→ x좌표와 y좌표를 서로 바꾼 후 x좌표, y좌표의 부호를 반대로 바꾼다. → $(-y, -x)$

2664 대표문제

점 $\mathrm{A}(4, 2)$를 x축에 대하여 대칭이동한 점을 P, 점 P를 원점에 대하여 대칭이동한 점을 Q라 할 때, 선분 PQ의 길이는?

① $3\sqrt{2}$　② $2\sqrt{5}$　③ $2\sqrt{10}$
④ 8　⑤ $4\sqrt{5}$

2665

Level 1

점 $\mathrm{A}(2, a)$를 x축에 대하여 대칭이동한 점을 A', 점 $\mathrm{B}(4, b)$를 직선 $y=x$에 대하여 대칭이동한 점을 B'이라 하자. 두 점 A', B'이 일치할 때, $a+b$의 값은?

① -2　② -1　③ 0
④ 1　⑤ 2

2666

Level 2

점 $(-1, 7)$을 y축에 대하여 대칭이동한 점을 P, 직선 $y=-x$에 대하여 대칭이동한 점을 Q라 할 때, 두 점 P, Q를 지나는 직선의 기울기를 구하시오.

2667

Level 2

점 $\mathrm{P}(1, 3)$을 y축에 대하여 대칭이동한 점을 Q, 원점에 대하여 대칭이동한 점을 R라 하자. 삼각형 PQR의 무게중심의 좌표를 구하시오.

2668

Level 2

점 $\mathrm{A}(4, -2)$를 x축에 대하여 대칭이동한 점을 P, y축에 대하여 대칭이동한 점을 Q라 할 때, 선분 PQ를 1 : 2로 내분하는 점의 좌표는?

① $\left(\frac{4}{3}, \frac{2}{3}\right)$　② $\left(\frac{4}{3}, 1\right)$　③ $\left(\frac{4}{3}, \frac{4}{3}\right)$
④ $\left(\frac{8}{3}, \frac{4}{3}\right)$　⑤ $(4, 2)$

2669

Level 2

직선 $y=2x$ 위의 점 $\mathrm{P}(a,\ b)$를 x축, y축에 대하여 대칭이동한 점을 각각 Q, R라 하자. 삼각형 PQR의 넓이가 36일 때, 양수 a의 값은?

① 1　② 2　③ 3　④ 4　⑤ 5

2670

Level 2

점 $(a,\ b)$를 x축에 대하여 대칭이동한 점이 제2사분면 위에 있을 때, 점 $(a+b,\ -ab)$를 원점에 대하여 대칭이동한 후 x축에 대하여 대칭이동한 점은 제몇 사분면 위의 점인지 구하시오.

2671 고난도

Level 3

직선 $y=x$에 대한 대칭이동을 f, 원점에 대한 대칭이동을 g라 할 때, $f\to g\to f\to g\to f\to\cdots$와 같은 순서로 점 $(1,\ 2)$를 2025번 이동한 점의 좌표는?

① $(-2,\ -1)$　② $(-1,\ -2)$　③ $(1,\ -2)$　④ $(1,\ 2)$　⑤ $(2,\ 1)$

+Plus 문제

다음은 이 유형에서 출제된 최근 교육청・평가원 기출문제입니다.

2672 ・교육청 2018년 9월

Level 1

좌표평면 위의 점 $(3,\ 2)$를 직선 $y=x$에 대하여 대칭이동한 점을 A, 점 A를 원점에 대하여 대칭이동한 점을 B라 할 때, 선분 AB의 길이는?

① $2\sqrt{13}$　② $3\sqrt{6}$　③ $2\sqrt{14}$　④ $\sqrt{58}$　⑤ $2\sqrt{15}$

2673 ・교육청 2018년 9월

Level 2

직선 $3x+4y-12=0$이 x축, y축과 만나는 점을 각각 A, B라 하자. 선분 AB를 $2:1$로 내분하는 점을 P라 할 때, 점 P를 x축, y축에 대하여 대칭이동한 점을 각각 Q, R라 하자. 삼각형 RQP의 무게중심의 좌표를 $(a,\ b)$라 할 때, $a+b$의 값은?

① $\frac{2}{9}$　② $\frac{4}{9}$　③ $\frac{2}{3}$　④ $\frac{8}{9}$　⑤ $\frac{10}{9}$

2674 ・교육청 2021년 3월

Level 2

좌표평면에서 세 점 $\mathrm{A}(1,\ 3)$, $\mathrm{B}(a,\ 5)$, $\mathrm{C}(b,\ c)$가 다음 조건을 만족시킨다.

> (가) 두 직선 OA, OB는 서로 수직이다.
> (나) 두 점 B, C는 직선 $y=x$에 대하여 서로 대칭이다.

직선 AC의 y절편은? (단, O는 원점이다.)

① $\frac{9}{2}$　② $\frac{11}{2}$　③ $\frac{13}{2}$　④ $\frac{15}{2}$　⑤ $\frac{17}{2}$

실전 유형 **5 직선의 대칭이동** 빈출유형

직선 $ax+by+c=0$을 대칭이동한 직선의 방정식
(1) x축에 대한 대칭이동
→ y 대신 $-y$를 대입한다.
→ $ax-by+c=0$
(2) y축에 대한 대칭이동
→ x 대신 $-x$를 대입한다.
→ $-ax+by+c=0$
(3) 원점에 대한 대칭이동
→ x 대신 $-x$, y 대신 $-y$를 대입한다.
→ $-ax-by+c=0$
(4) 직선 $y=x$에 대한 대칭이동
→ x 대신 y, y 대신 x를 대입한다. → $bx+ay+c=0$
참고 직선 $y=-x$에 대한 대칭이동
→ x 대신 $-y$, y 대신 $-x$를 대입한다.
→ $-bx-ay+c=0$

2675 대표문제

직선 $y=2x-3$을 직선 $y=x$에 대하여 대칭이동한 직선을 l_1, 직선 l_1을 원점에 대하여 대칭이동한 직선을 l_2라 할 때, 직선 l_2의 y절편을 구하시오.

2676

Level 1

직선 $2x-2y+3=0$을 y축에 대하여 대칭이동한 직선의 기울기는?

① -2 ② -1 ③ 1
④ 3 ⑤ 9

2677

Level 1

직선 $y=ax+2$를 x축에 대하여 대칭이동한 직선이 두 점 $(3, 7)$, $(4, b)$를 지날 때, $a+b$의 값은? (단, a는 상수이다.)

① 6 ② 7 ③ 8
④ 9 ⑤ 10

2678

Level 2

점 $(3, -2)$를 점 $(2, -3)$으로 옮기는 대칭이동에 의하여 직선 $4x+5y+3=0$이 옮겨지는 직선은 점 $(3, a)$를 지난다. 이때 a의 값은?

① -3 ② -1 ③ 1
④ 3 ⑤ 5

2679

Level 2

직선 $3x+ay+1=0$을 원점에 대하여 대칭이동한 직선에 수직이고 점 $(0, 5)$를 지나는 직선의 방정식이 $2x-y+b=0$일 때, 상수 a, b에 대하여 ab의 값을 구하시오.
(단, $a\neq0$)

2680

Level 2

다음 중 직선 $y=-x+2$를 y축에 대하여 대칭이동한 직선과 수직이고 원점으로부터의 거리가 $2\sqrt{2}$인 직선의 방정식은?

① $x+y-4=0$　② $x+y+2\sqrt{2}=0$
③ $x-y-4=0$　④ $x-\sqrt{2}y+4=0$
⑤ $x-\sqrt{2}y-4=0$

2681

Level 2

두 직선 $(a-4)x+by-7=0$, $(a+4)x-(b+2)y-7=0$이 직선 $y=x$에 대하여 서로 대칭일 때, 직선 $y=ax+b$의 x절편을 구하시오. (단, a, b는 상수이다.)

2682

Level 2

직선 $y=ax+1$을 x축에 대하여 대칭이동한 직선이 원 $x^2+y^2+8x-4y+4=0$의 넓이를 이등분할 때, 상수 a의 값은?

① $\frac{1}{4}$　② $\frac{1}{2}$　③ $\frac{3}{4}$
④ 1　⑤ $\frac{5}{4}$

2683

Level 2

직선 $(3k+2)x+(2k+1)y-6=0$을 직선 $y=x$에 대칭이동한 직선이 실수 k의 값에 관계없이 항상 점 (a, b)를 지날 때, $a+b$의 값은?

① -6　② -8　③ -10
④ -12　⑤ -14

다음은 이 유형에서 출제된 최근 교육청 • 평가원 기출문제입니다.

2684 • 교육청 2020년 9월

Level 1

직선 $2x+3y+6=0$을 직선 $y=x$에 대하여 대칭이동한 직선의 y절편은?

① -5　② -4　③ -3
④ -2　⑤ -1

2685 • 교육청 2018년 9월

Level 1

직선 $y=ax-6$을 x축에 대하여 대칭이동한 직선이 점 $(2, 4)$를 지날 때, 상수 a의 값은?

① 1　② 2　③ 3
④ 4　⑤ 5

실전 유형 6 포물선과 원의 대칭이동

(1) 포물선을 대칭이동하면
→ 포물선의 꼭짓점은 대칭이동한 포물선의 꼭짓점으로 옮겨지지만 포물선의 폭은 변하지 않는다.
(2) 원을 대칭이동하면
→ 원의 중심은 대칭이동한 원의 중심으로 옮겨지지만 원의 반지름의 길이는 변하지 않는다.

2686 대표문제

포물선 $y=-x^2+4ax-3$을 y축에 대하여 대칭이동한 포물선의 꼭짓점이 직선 $y=2x+5$ 위에 있을 때, 양수 a의 값은?

① 1 ② 2 ③ 3 ④ 4 ⑤ 5

2687

Level 1

포물선 $y=x^2-2x+2$를 x축에 대하여 대칭이동한 포물선이 점 $(1, k)$를 지날 때, k의 값은?

① -2 ② -1 ③ 0 ④ 1 ⑤ 2

2688

Level 1

포물선 $y=x^2+4x-3$을 x축에 대하여 대칭이동한 포물선의 꼭짓점이 포물선 $y=x^2+ax+11$의 축 위에 있을 때, 상수 a의 값을 구하시오.

2689

Level 2

원의 중심의 좌표가 $(1, -2)$이고 반지름의 길이가 k인 원을 y축에 대하여 대칭이동하면 점 $(-3, -5)$를 지난다. 이때 실수 k의 값은?

① $\sqrt{13}$ ② $\sqrt{14}$ ③ $\sqrt{15}$ ④ 4 ⑤ $\sqrt{17}$

2690

Level 2

포물선 $y=x^2+2ax+b$를 원점에 대하여 대칭이동한 후 다시 x축에 대하여 대칭이동한 포물선의 꼭짓점의 좌표가 $(1, -3)$일 때, 상수 a, b에 대하여 $a-b$의 값은?

① 3 ② 4 ③ 5 ④ 6 ⑤ 7

2691

Level 2

원 $C_1:(x-4)^2+(y+5)^2=2$에 대하여 원 C_1을 y축에 대하여 대칭이동한 원을 C_2라 하고, 원 C_1을 직선 $y=-x$에 대하여 대칭이동한 원을 C_3이라 할 때, 두 원 C_2, C_3의 중심 사이의 거리는?

① 9 ② $\sqrt{82}$ ③ 10 ④ $\sqrt{101}$ ⑤ 11

2692
Level 2

원 $(x+3)^2+(y-2)^2=9$를 직선 $y=x$에 대하여 대칭이동한 원의 넓이를 직선 $y=-4x+k$가 이등분할 때, 상수 k의 값은?

① 3 ② 4 ③ 5
④ 6 ⑤ 7

2693
Level 2

원 $x^2+y^2+ax+by=0$을 직선 $y=-x$에 대하여 대칭이동한 원의 중심의 좌표가 $(-2,\ 2)$이고, 반지름의 길이가 r일 때, $a-b+r^2$의 값은? (단, a, b는 상수이다.)

① 2 ② 4 ③ 8
④ 16 ⑤ 32

다음은 이 유형에서 출제된 최근 교육청 • 평가원 기출문제입니다.

2694 • 교육청 2018년 3월
Level 2

좌표평면에서 원 $x^2+y^2+10x-12y+45=0$을 원점에 대하여 대칭이동한 원을 C_1이라 하고, 원 C_1을 x축에 대하여 대칭이동한 원을 C_2라 하자. 원 C_2의 중심의 좌표를 $(a,\ b)$라 할 때, $10a+b$의 값을 구하시오.

실전유형 7 점의 평행이동과 대칭이동
빈출유형

점의 평행이동과 대칭이동을 이어서 할 때, 이동하는 순서에 주의하여 점의 좌표를 구한다.

2695 대표문제

점 P를 x축의 방향으로 1만큼, y축의 방향으로 2만큼 평행이동한 후 y축에 대하여 대칭이동하였더니 점 $(3,\ -2)$가 되었다. 이때 점 P의 좌표를 구하시오.

2696
Level 1

점 $(-4,\ 5)$를 x축의 방향으로 3만큼 평행이동한 후 y축에 대하여 대칭이동한 점의 좌표가 $(a,\ b)$일 때, $a+b$의 값은?

① -9 ② -6 ③ -3
④ 3 ⑤ 6

2697
Level 1

점 $(-2,\ -1)$을 원점에 대하여 대칭이동한 후 x축의 방향으로 -1만큼, y축의 방향으로 2만큼 평행이동한 점을 P라 할 때, 선분 OP의 길이는? (단, O는 원점이다.)

① $2\sqrt{2}$ ② 3 ③ $\sqrt{10}$
④ $\sqrt{11}$ ⑤ $2\sqrt{3}$

● 정답 및 풀이 469쪽

2698

Level 1

점 $(5,\ -3)$을 x축에 대하여 대칭이동한 후 직선 $y=x$에 대하여 대칭이동한 점을 x축의 방향으로 -3만큼 평행이동하였더니 직선 $y=-2x+a$ 위의 점이 되었다. 이때 상수 a의 값은?

① -4　② -2　③ 2　④ 4　⑤ 5

2699

Level 2

점 P를 y축에 대하여 대칭이동한 점을 x축의 방향으로 4만큼, y축의 방향으로 -2만큼 평행이동한 후 직선 $y=x$에 대하여 대칭이동하였더니 다시 점 P가 되었다. 점 P의 좌표를 구하시오.

2700

Level 2

점 $\mathrm{P}(-8,\ 4)$를 x축의 방향으로 15만큼, y축의 방향으로 -8만큼 평행이동한 점을 Q, 점 Q를 직선 $y=-x$에 대하여 대칭이동한 점을 R라 하자. 삼각형 PQR의 무게중심을 $\mathrm{G}(a,\ b)$라 할 때, $3ab$의 값은?

① -9　② -7　③ -5　④ -3　⑤ -1

2701

Level 2

점 $\mathrm{A}(3,\ 1)$을 x축의 방향으로 m만큼 평행이동한 점을 B, 점 B를 직선 $y=x$에 대하여 대칭이동한 점을 C라 하자. 세 점 A, B, C를 지나는 원의 중심이 $\mathrm{O}(0,\ 0)$일 때, 음수 m의 값을 구하시오.

2702

Level 2

세 점 $\mathrm{O}(0,\ 0)$, $\mathrm{P}(0,\ 6)$, $\mathrm{Q}(p,\ q)$를 평행이동 $(x,\ y) \longrightarrow (x+m,\ y+n)$에 의하여 옮긴 후 y축에 대하여 대칭이동한 점을 각각 O′, P′, Q′이라 하면 점 Q′의 좌표는 $(-2-3\sqrt{3},\ 0)$이고, 삼각형 O′P′Q′은 정삼각형이다. 이때 $m+n$의 값은? (단, 점 Q는 제1사분면 위의 점이다.)

① -2　② -1　③ 0　④ 1　⑤ 2

다음은 이 유형에서 출제된 최근 교육청 • 평가원 기출문제입니다.

2703 • 교육청 2019년 3월

Level 2

좌표평면에 두 점 $\mathrm{A}(-3,\ 1)$, $\mathrm{B}(1,\ k)$가 있다. 점 A를 y축에 대하여 대칭이동한 점을 P라 하고, 점 B를 y축의 방향으로 -5만큼 평행이동한 점을 Q라 하자. 직선 BP와 직선 PQ가 서로 수직이 되도록 하는 모든 실수 k의 값의 곱은?

① 8　② 10　③ 12　④ 14　⑤ 16

실전 유형 8 직선의 평행이동과 대칭이동 빈출유형

직선의 평행이동과 대칭이동을 이어서 할 때, 이동하는 순서에 주의하여 직선의 방정식을 구한다.

2704 대표문제

직선 $ax-2y+3=0$을 x축의 방향으로 3만큼, y축의 방향으로 -1만큼 평행이동한 직선을 직선 $y=x$에 대하여 대칭이동하였더니 직선 $2x-ay+8=0$과 일치하였다. 이때 상수 a의 값은?

① 1 ② 2 ③ 3
④ 4 ⑤ 5

2705 Level 1

직선 $y=2x$를 x축의 방향으로 2만큼 평행이동한 후 x축에 대하여 대칭이동한 직선의 y절편은?

① -1 ② 0 ③ 1
④ 2 ⑤ 4

2706 Level 1

직선 $y=2x+3$을 x축의 방향으로 3만큼 평행이동한 후 직선 $y=-x$에 대하여 대칭이동한 직선의 방정식은 $y=ax+b$이다. 상수 a, b에 대하여 $4(a^2+b^2)$의 값은?

① 4 ② 6 ③ 8
④ 10 ⑤ 12

2707 Level 1

직선 $x-y+1=0$을 y축에 대하여 대칭이동한 후 y축의 방향으로 -2만큼 평행이동하였더니 점 $(-1, k)$를 지날 때, k의 값은?

① -2 ② -1 ③ 0
④ 1 ⑤ 2

2708 Level 1

직선 $l : y=-3x+k$를 x축의 방향으로 2만큼, y축의 방향으로 2만큼 평행이동한 후 원점에 대하여 대칭이동하였더니 처음 직선 l과 일치하였을 때, 상수 k의 값을 구하시오.

2709 Level 2

직선 $y=x+4$를 x축의 방향으로 3만큼, y축의 방향으로 -3만큼 평행이동한 후 원점에 대하여 대칭이동한 직선을 l이라 할 때, 직선 l과 x축 및 y축으로 둘러싸인 부분의 넓이는?

① 1 ② 2 ③ 3
④ 4 ⑤ 5

2710

Level 2

직선 $x+2y+4=0$을 y축의 방향으로 a만큼 평행이동한 후 직선 $y=x$에 대하여 대칭이동한 직선을 l이라 하자. 직선 l이 원 $x^2+y^2=20$과 한 점에서 만날 때, 양수 a의 값은?

① 3 ② 4 ③ 5
④ 6 ⑤ 7

2711

Level 3

두 원 $(x-2)^2+(y-a)^2=4$와 $(x-b)^2+(y+1)^2=1$의 넓이를 모두 이등분하는 직선을 x축에 대하여 대칭이동한 후 x축의 방향으로 -1만큼, y축의 방향으로 2만큼 평행이동하였더니 직선 $y=-2x$와 일치하였다. 상수 a, b에 대하여 ab의 값은? (단, $a\neq-1$, $b\neq2$)

① -1 ② -2 ③ -3
④ -4 ⑤ -5

+Plus 문제

다음은 이 유형에서 출제된 최근 교육청 • 평가원 기출문제입니다.

2712 • 교육청 2017년 9월

Level 2

직선 $y=-\frac{1}{2}x-3$을 x축의 방향으로 a만큼 평행이동한 후 직선 $y=x$에 대하여 대칭이동한 직선을 l이라 하자. 직선 l이 원 $(x+1)^2+(y-3)^2=5$와 접하도록 하는 모든 상수 a의 값의 합은?

① 14 ② 15 ③ 16
④ 17 ⑤ 18

실전유형 9 포물선과 원의 평행이동과 대칭이동 (복합유형)

도형의 평행이동과 대칭이동을 이어서 할 때, 이동하는 순서에 주의하여 도형의 방정식을 구한다.

2713 대표문제

원 $C:(x-3)^2+(y+1)^2=16$을 직선 $y=x$에 대하여 대칭이동한 후 x축의 방향으로 a만큼, y축의 방향으로 b만큼 평행이동하였더니 처음 원 C와 일치하였다. 이때 ab의 값을 구하시오.

2714

Level 1

포물선 $y=x^2-1$을 x축의 방향으로 -2만큼 평행이동한 후 x축에 대하여 대칭이동한 포물선의 꼭짓점의 좌표는?

① $(-2,\ -2)$ ② $(-2,\ -1)$ ③ $(-2,\ 1)$
④ $(2,\ -1)$ ⑤ $(2,\ 1)$

2715

Level 1

포물선 $y=-x^2+k$를 x축의 방향으로 2만큼, y축의 방향으로 3만큼 평행이동한 후 y축에 대하여 대칭이동한 포물선의 방정식이 $y=-x^2-4x+5$일 때, 상수 k의 값은?

① 3 ② 4 ③ 5
④ 6 ⑤ 7

2716

Level 2

포물선 $y=2x^2+4x+a$를 원점에 대하여 대칭이동한 후 y축의 방향으로 6만큼 평행이동한 포물선의 y절편이 4일 때, 상수 a의 값은?

① 1 ② 2 ③ 3
④ 4 ⑤ 5

2717

Level 2

포물선 $y=2x^2-4x-3$을 x축에 대하여 대칭이동한 후 x축의 방향으로 m만큼, y축의 방향으로 n만큼 평행이동하면 포물선 $y=-2x^2-4x+1$과 일치할 때, $m+n$의 값을 구하시오.

2718

Level 2

원 $x^2+y^2=9$를 x축의 방향으로 m만큼, y축의 방향으로 n만큼 평행이동한 후 직선 $y=x$에 대하여 대칭이동하였더니 원 $x^2+y^2-2x-4y-4=0$과 일치하였다. 이때 $m+n$의 값을 구하시오.

2719

Level 2

원 $(x+2)^2+(y+3)^2=16$을 x축의 방향으로 -1만큼 평행이동한 후 직선 $y=-x$에 대하여 대칭이동한 원이 x축과 두 점 P, Q에서 만난다. 이때 선분 PQ의 길이는?

① $\sqrt{7}$ ② $2\sqrt{7}$ ③ $3\sqrt{7}$
④ $4\sqrt{7}$ ⑤ $5\sqrt{7}$

2720

Level 2

원 $(x-1)^2+(y-a)^2=4$를 x축의 방향으로 2만큼, y축의 방향으로 -2만큼 평행이동한 후 직선 $y=x$에 대하여 대칭이동한 원이 y축에 접할 때, 양수 a의 값은?

① 1 ② 2 ③ 3
④ 4 ⑤ 5

2721

Level 2

원 $(x-a)^2+(y+3)^2=r^2$을 x축에 대하여 대칭이동한 후 y축의 방향으로 -1만큼 평행이동한 원이 x축과 y축에 모두 접할 때, 양수 a, r에 대하여 $a+r$의 값은?

① 1 ② 2 ③ 3
④ 4 ⑤ 5

2722

Level 2

원 $x^2+y^2-4x=0$을 y축에 대하여 대칭이동한 후 y축의 방향으로 2만큼 평행이동한 원이 직선 $y=mx-2$에 접할 때, 상수 m의 값은?

① $-\frac{3}{4}$　② $-\frac{1}{2}$　③ $-\frac{1}{4}$
④ $\frac{1}{4}$　⑤ $\frac{1}{2}$

2723

Level 2

원 $x^2+y^2=4$를 x축의 방향으로 a만큼, y축의 방향으로 $2\sqrt{3}$만큼 평행이동한 후 직선 $y=x$에 대하여 대칭이동한 원이 직선 $y=\sqrt{3}x$에 접할 때, 모든 상수 a의 값의 곱은?

① -28　② -20　③ 8
④ 12　⑤ 20

2724 고난도

Level 3

원 $x^2+(y-2)^2=9$ 위의 한 점 P를 y축의 방향으로 -2만큼 평행이동한 후 y축에 대하여 대칭이동한 점을 Q라 하자. 두 점 $A(1, -\sqrt{2})$, $B(2, \sqrt{2})$에 대하여 삼각형 ABQ의 넓이가 최대일 때, 점 Q의 y좌표는?

① $-2\sqrt{2}$　② $-\sqrt{2}$　③ -1
④ 1　⑤ $\sqrt{2}$

+Plus 문제

심화유형 10 도형 $f(x, y)=0$의 평행이동과 대칭이동

도형 $f(x, y)=0$을 평행이동하거나 대칭이동한 도형은 다음을 이용하여 찾는다.

(1) $f(x, y)=0 \longrightarrow f(x-a, y-b)=0$
➔ x축의 방향으로 a만큼, y축의 방향으로 b만큼 평행이동

(2) $f(x, y)=0 \longrightarrow f(x, -y)=0$
➔ x축에 대하여 대칭이동

(3) $f(x, y)=0 \longrightarrow f(-x, y)=0$
➔ y축에 대하여 대칭이동

(4) $f(x, y)=0 \longrightarrow f(-x, -y)=0$
➔ 원점에 대하여 대칭이동

(5) $f(x, y)=0 \longrightarrow f(y, x)=0$
➔ 직선 $y=x$에 대하여 대칭이동

(6) $f(x, y)=0 \longrightarrow f(-y, -x)=0$
➔ 직선 $y=-x$에 대하여 대칭이동

2725 대표문제

방정식 $f(x, y)=0$이 나타내는 도형이 그림과 같을 때, 다음 중 방정식 $f(-x+1, y+1)=0$이 나타내는 도형은?

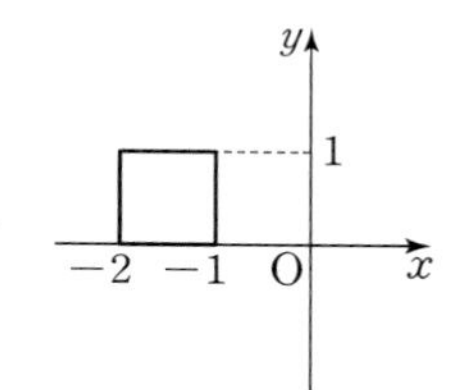

①
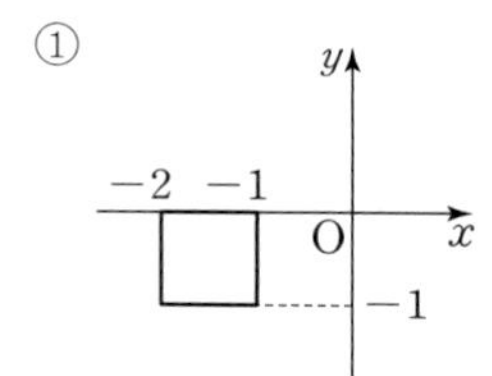

②
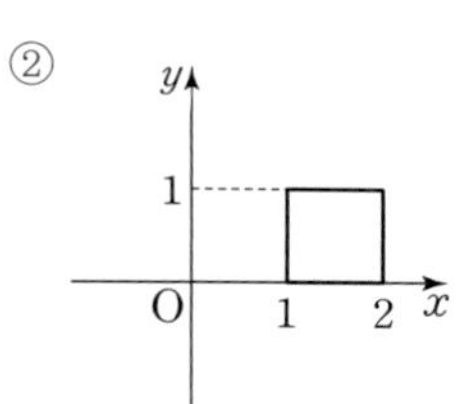

③
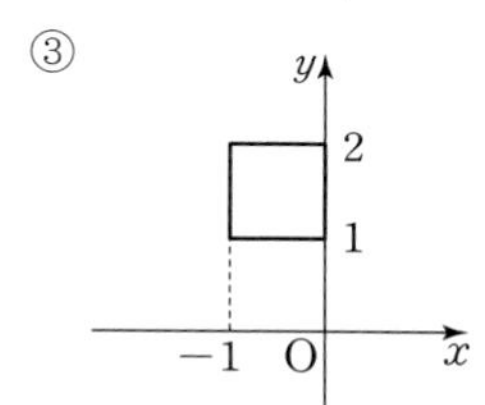

④
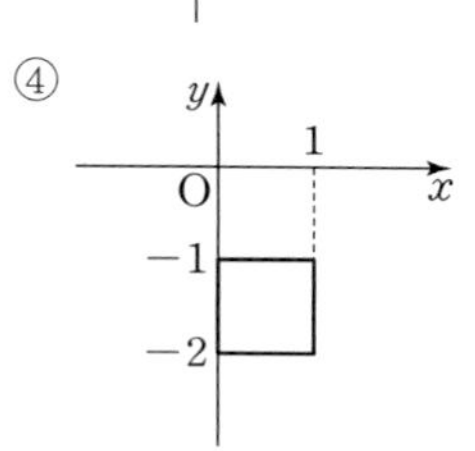

⑤
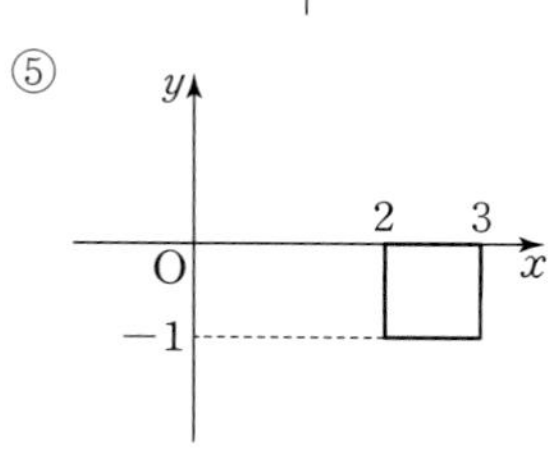

2726

Level 1

두 방정식 $f(x, y)=0$, $g(x, y)=0$이 나타내는 도형이 그림과 같을 때, 다음 중 방정식 $g(x, y)=0$이 나타내는 도형과 같은 도형을 나타내는 방정식은?

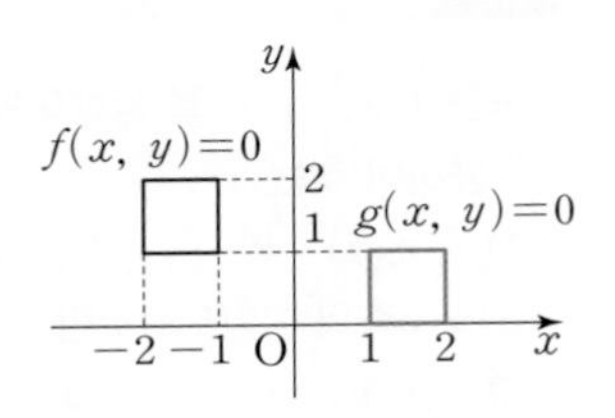

① $f(x+2, y-1)=0$
② $f(x+3, y-1)=0$
③ $f(x-2, y+1)=0$
④ $f(x-3, y+1)=0$
⑤ $f(x-3, y+2)=0$

2727

Level 2

방정식 $f(x, y)=0$이 나타내는 도형이 그림과 같을 때, 다음 중 방정식 $f(y-1, x)=0$이 나타내는 도형은?

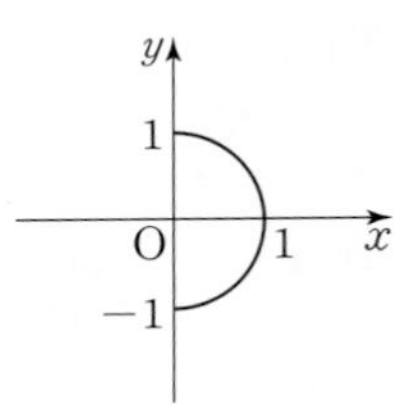

①
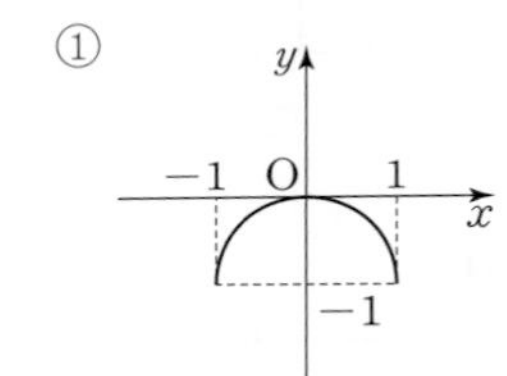

②
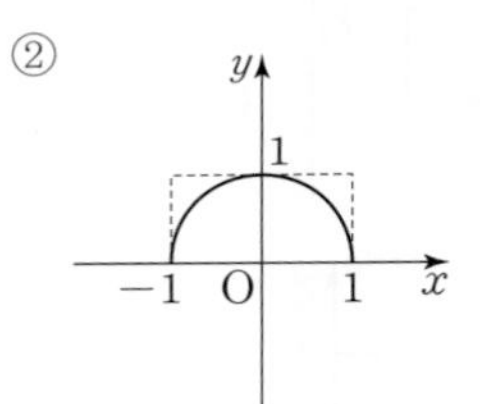

③
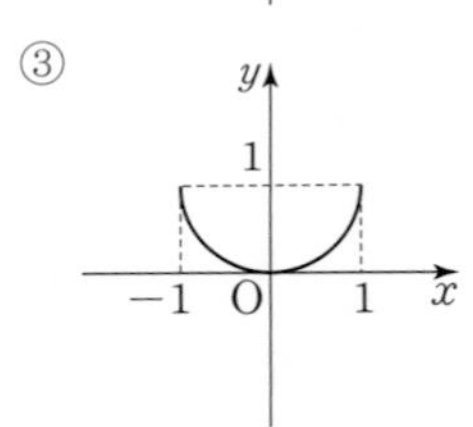

④
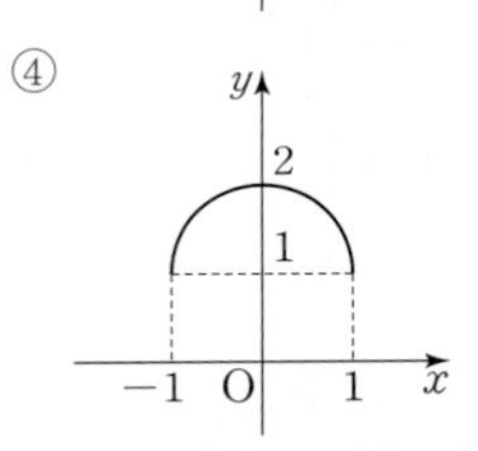

⑤
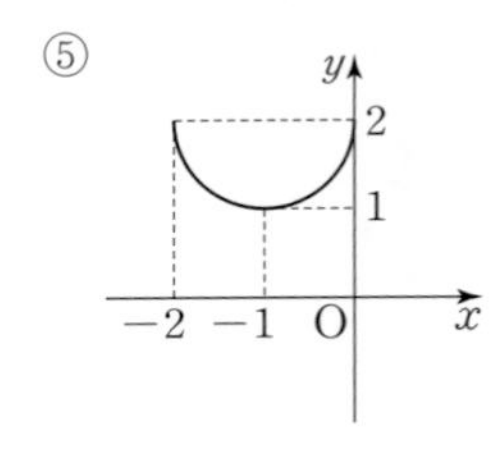

2728

Level 2

그림과 같이 사각형 ABCD를 나타내는 방정식을 $f(x, y)=0$이라 할 때, 다음 중 사각형 EFGH를 나타내는 방정식으로 알맞은 것은?

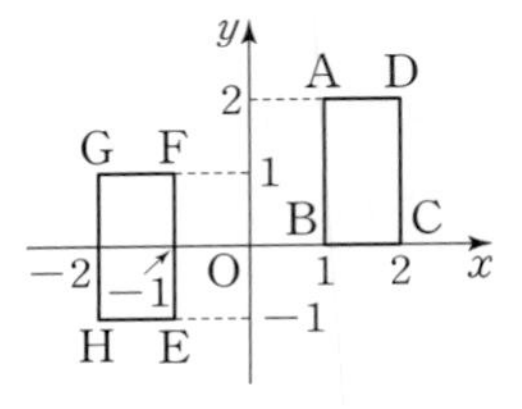

① $f(x, -y+1)=0$
② $f(-x, -y+1)=0$
③ $f(-x, y+2)=0$
④ $f(-x, y-1)=0$
⑤ $f(-y+2, x)=0$

2729

Level 2

그림과 같이 삼각형 ABC를 나타내는 방정식을 $f(x, y)=0$이라 할 때, 다음 중 삼각형 A′B′C′을 나타내는 방정식으로 알맞은 것은?

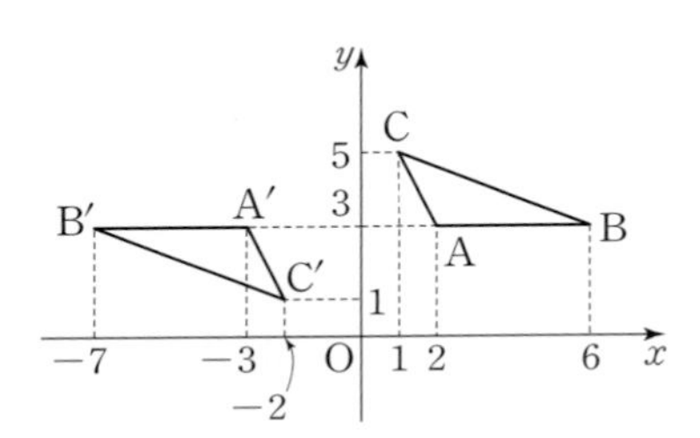

① $f(-x-1, y-3)=0$
② $f(-x+1, y-3)=0$
③ $f(x+1, -y+3)=0$
④ $f(-x-1, -y-6)=0$
⑤ $f(-x-1, -y+6)=0$

2730

Level 2

방정식 $f(x, y)=0$이 나타내는 도형이 [그림 1]과 같을 때, [그림 2]와 같은 도형을 나타내는 방정식인 것만을 〈보기〉에서 있는 대로 고른 것은?

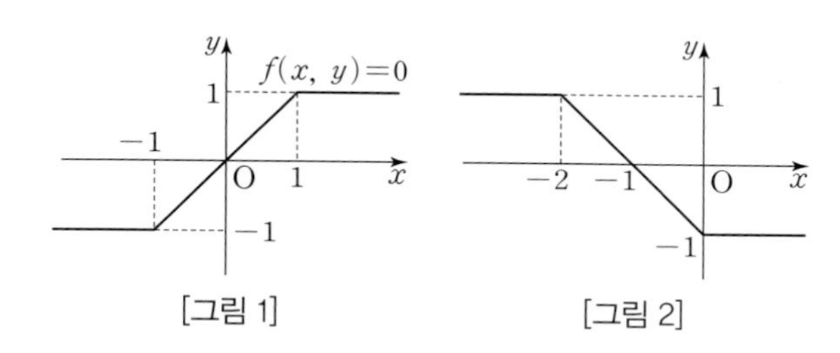

〈보기〉

ㄱ. $f(x-1, -y)=0$
ㄴ. $f(x+1, -y)=0$
ㄷ. $f(-x-1, y)=0$

① ㄴ　② ㄷ　③ ㄱ, ㄴ
④ ㄴ, ㄷ　⑤ ㄱ, ㄴ, ㄷ

2731

Level 2

방정식 $f(x, y)=0$이 나타내는 도형이 그림과 같을 때, 방정식 $f(x, y)=0$이 나타내는 도형을 원점에 대하여 대칭이동한 도형의 방정식을 $g(x, y)=0$이라 하자.
방정식 $g(x-1, y+1)=0$이 나타내는 도형 위의 점과 원점 사이의 거리의 최댓값은?

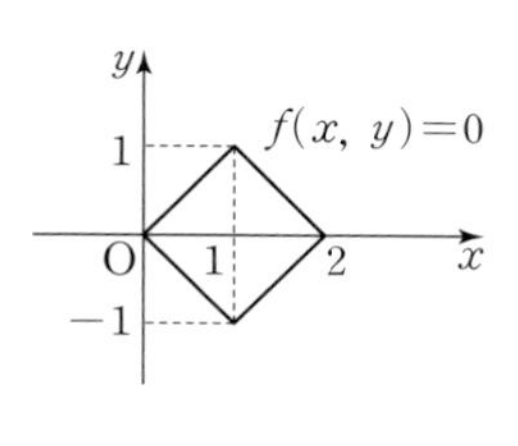

① 1　② $\sqrt{2}$　③ $\sqrt{3}$
④ 2　⑤ $\sqrt{5}$

2732

Level 2

그림과 같이 방정식 $f(x, y)=0$이 나타내는 도형이 세 점 $A(-1, 1)$, $B(2, 0)$, $C(-3, 4)$를 꼭짓점으로 하는 삼각형 ABC일 때, 방정식 $f(-y+2, x+3)=0$이 나타내는 도형의 무게중심의 좌표는 (a, b)이다. 이때 $a-b$의 값은?

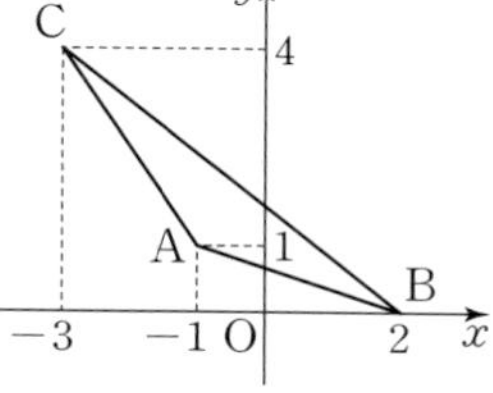

① -4　② $-\frac{11}{3}$　③ $-\frac{10}{3}$
④ -3　⑤ $-\frac{8}{3}$

2733 신경향

Level 3

〈보기〉와 같은 평행이동 (가), (나), (다)에 대하여 방정식 $f(x+1, -y)=0$이 나타내는 도형을
(가) → (나) 순으로 이동한 도형의 방정식을 $f(a_1, b_1)=0$,
(나) → (가) 순으로 이동한 도형의 방정식을 $f(a_2, b_2)=0$,
(다) → (가) 순으로 이동한 도형의 방정식을 $f(a_3, b_3)=0$이라 하자.

〈보기〉

(가) y축의 방향으로 -4만큼 평행이동한다.
(나) 원점에 대하여 대칭이동한다.
(다) 직선 $y=x$에 대하여 대칭이동한다.

이때 $a_1+a_2+b_3$으로 알맞은 것은?

① $-x-1$　② $-2x+y+6$　③ $3y-3$
④ $-3x$　⑤ $-3x+2$

2734

Level 3

중심이 $(-3,\ 0)$이고 반지름의 길이가 1인 원의 방정식을 $f(x,\ y)=0$이라 하고, 중심이 $(1,\ 3)$이고 반지름의 길이가 1인 원의 방정식을 $g(x,\ y)=0$이라 할 때, 같은 도형을 나타내는 방정식끼리 짝지어진 것만을 〈보기〉에서 있는 대로 고른 것은?

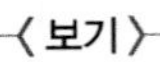

ㄱ. $f(x-2,\ y-1)=0,\ g(x+2,\ y+2)=0$
ㄴ. $f(-y,\ x)=0,\ g(x+1,\ y)=0$
ㄷ. $f(x,\ y)=0,\ g(y+1,\ x+6)=0$

① ㄱ ② ㄴ ③ ㄱ, ㄴ
④ ㄴ, ㄷ ⑤ ㄱ, ㄴ, ㄷ

다음은 이 유형에서 출제된 최근 교육청 • 평가원 기출문제입니다.

2735 • 교육청 2017년 9월

Level 2

좌표평면에서 방정식 $f(x,\ y)=0$이 나타내는 도형이 그림과 같은 ㄱ 모양일 때, 다음 중 방정식 $f(x+1,\ 2-y)=0$이 좌표평면에 나타내는 도형은?

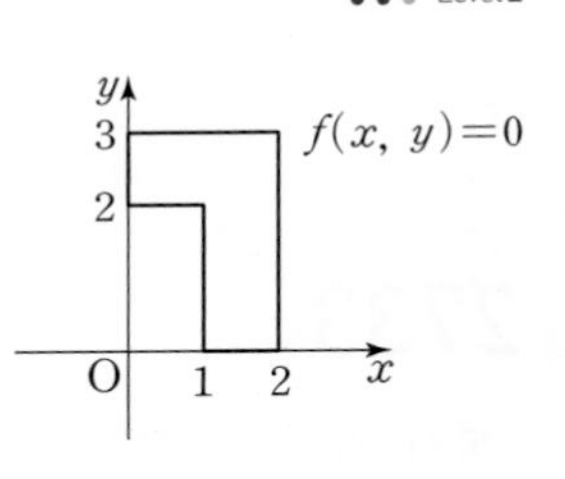

①

②
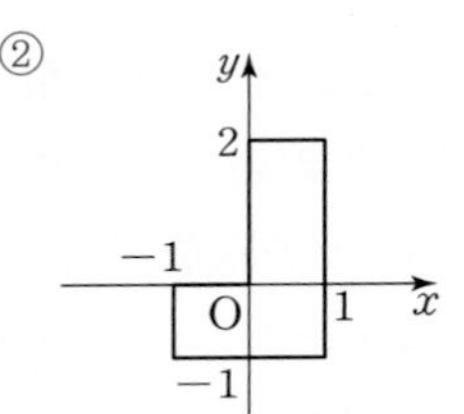

③

④
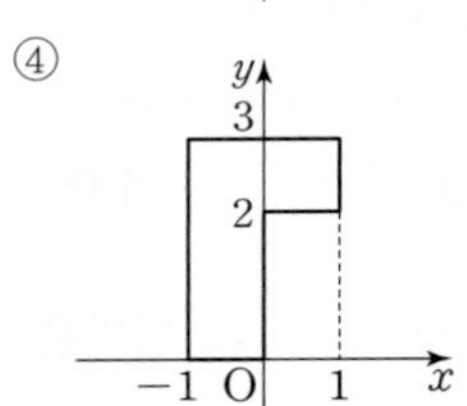

⑤
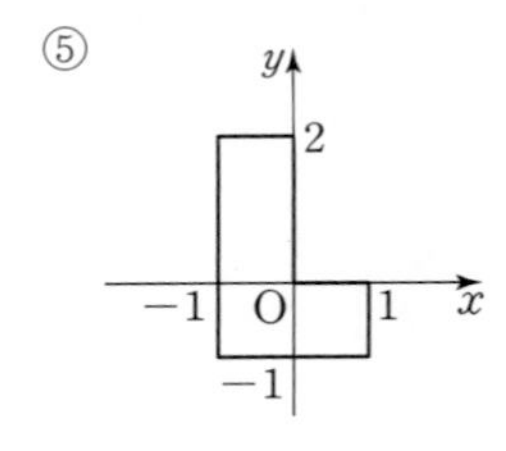

실전유형 11 점에 대한 대칭이동

점 $P(x,\ y)$를 점 $M(a,\ b)$에 대하여 대칭이동한 점을 $P'(x',\ y')$이라 하면 점 $M(a,\ b)$는 선분 PP'의 중점이다.

$\rightarrow \dfrac{x+x'}{2}=a,\ \dfrac{y+y'}{2}=b$

$\therefore P'(2a-x,\ 2b-y)$

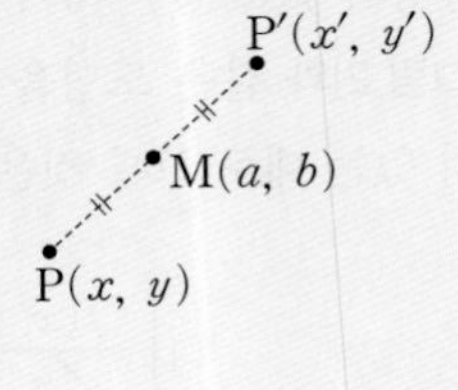

2736 대표문제

직선 $y=-2x-2$를 점 $(1,\ 2)$에 대하여 대칭이동한 직선의 방정식을 $y=ax+b$라 할 때, 상수 $a,\ b$에 대하여 $a+b$의 값을 구하시오.

2737

Level 1

두 점 $(7,\ 4)$, $(-5,\ 10)$이 점 P에 대하여 대칭일 때, 점 P의 좌표는?

① $(-1,\ 7)$ ② $(-1,\ 14)$ ③ $(1,\ 7)$
④ $(1,\ 14)$ ⑤ $(2,\ 7)$

2738

Level 1

점 $A(a,\ b)$를 점 $B(2,\ 3)$에 대하여 대칭이동한 점이 $C(4,\ -7)$일 때, $b-a$의 값은?

① 9 ② 10 ③ 11
④ 12 ⑤ 13

2739

Level 2

원 $x^2+y^2-6x+5=0$을 점 $(0,\ 3)$에 대하여 대칭이동한 원의 방정식은?

① $(x+3)^2+y^2=4$
② $(x+3)^2+(y-2)^2=4$
③ $(x+3)^2+(y-4)^2=4$
④ $(x+3)^2+(y-5)^2=4$
⑤ $(x+3)^2+(y-6)^2=4$

2740

Level 2

포물선 $y=(x-2)^2-1$을 점 $(1,\ -1)$에 대하여 대칭이동한 포물선의 방정식을 구하시오.

2741

Level 2

두 포물선 $y=x^2-4x+5$, $y=-x^2+8x-3$이 점 $\mathrm{P}(a,\ b)$에 대하여 대칭일 때, $a+b$의 값을 구하시오.

2742

Level 2

점 $(a,\ b)$를 점 $(3,\ -2)$에 대하여 대칭이동한 점을 $(a',\ b')$이라 하자. 점 $(a,\ b)$가 직선 $y=2x-3$ 위를 움직일 때, 점 $(a',\ b')$이 나타내는 도형의 방정식을 구하시오.

2743

Level 2

직선 $4x+3y-3=0$을 점 $(1,\ 0)$에 대하여 대칭이동한 직선이 원 $x^2+y^2=r^2$에 접할 때, 상수 r의 값은?

① 1 ② 2 ③ 3
④ 4 ⑤ 5

2744

Level 2

직선 $y=3x+11$을 점 $(-2,\ 3)$에 대하여 대칭이동한 직선이 직선 $y=3x+1$을 y축의 방향으로 m만큼 평행이동한 직선과 일치할 때, m의 값은?

① 3 ② 4 ③ 5
④ 6 ⑤ 7

실전 유형 12 직선에 대한 대칭이동

점 $P(x, y)$를 직선 l에 대하여 대칭이동한 점을 $P'(x', y')$이라 하면
→ $\overline{PP'}$의 중점은 직선 l 위에 있다.
→ 직선 PP'은 직선 l과 수직이다.

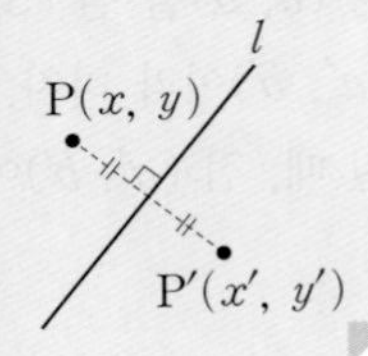

2745 대표문제

점 $(-4,\ -3)$을 직선 $2x+y+2=0$에 대하여 대칭이동한 점의 좌표를 $(a,\ b)$라 할 때, $a+b$의 값은?

① $-\frac{19}{5}$ ② $-\frac{9}{5}$ ③ $-\frac{1}{5}$
④ $\frac{9}{5}$ ⑤ $\frac{19}{5}$

2746

Level 2

두 점 $(3,\ -2)$, $(-3,\ 6)$이 직선 l에 대하여 대칭일 때, 직선 l의 방정식을 구하시오.

2747

Level 2

원 $(x-3)^2+(y-1)^2=1$을 직선 $y=2x$에 대하여 대칭이동한 원의 중심의 좌표는?

① $(-1,\ -3)$ ② $(-1,\ 3)$ ③ $(1,\ -3)$
④ $(1,\ 3)$ ⑤ $(1,\ 5)$

2748

Level 2

원 $C_1 : (x+4)^2+y^2=4$를 직선 $y=x+3$에 대하여 대칭이동한 원을 C_2라 할 때, 원 C_2의 방정식을 구하시오.

2749

Level 2

두 원 $(x+1)^2+(y-2)^2=4$, $(x+3)^2+(y-4)^2=4$가 직선 $ax+by+5=0$에 대하여 대칭일 때, 상수 a, b에 대하여 ab의 값은? (단, $ab\neq0$)

① -3 ② -2 ③ -1
④ 1 ⑤ 3

2750

Level 2

점 $P(2,\ 6)$을 직선 $x-3y+6=0$에 대하여 대칭이동한 점 Q에 대하여 삼각형 OPQ의 넓이는? (단, O는 원점이다.)

① 11 ② 12 ③ 13
④ 14 ⑤ 15

● 정답 및 풀이 479쪽

심화유형 13 대칭이동을 이용한 거리의 최솟값 빈출유형

두 점 A, B와 직선 l 위의 점 P에 대하여 점 B를 직선 l에 대하여 대칭이동한 점을 B′이라 하면

$\overline{AP}+\overline{BP}=\overline{AP}+\overline{B'P}\geq\overline{AB'}$

→ $\overline{AP}+\overline{BP}$의 최솟값은 $\overline{AB'}$의 길이와 같다.

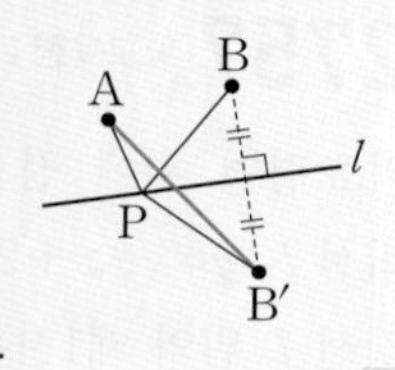

2751 

그림과 같이 두 점 A(2, 4), B(5, 2)와 y축 위를 움직이는 점 P, x축 위를 움직이는 점 Q에 대하여 $\overline{AP}+\overline{PQ}+\overline{QB}$의 최솟값은?

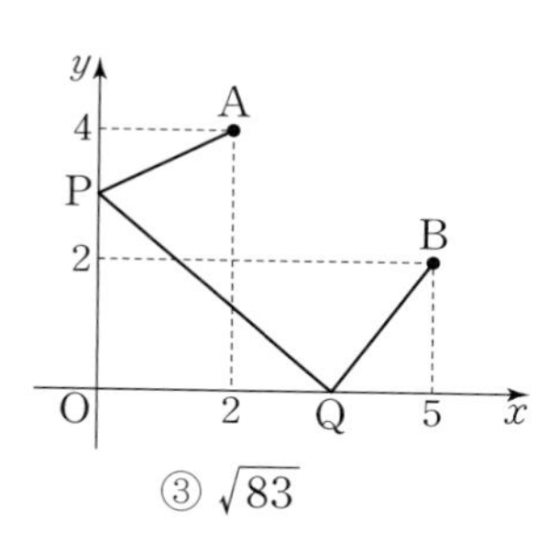

① 9 ② $\sqrt{82}$ ③ $\sqrt{83}$
④ $2\sqrt{21}$ ⑤ $\sqrt{85}$

2752

Level 2

그림과 같이 두 점 A(2, 2), B(4, 10)과 y축 위의 한 점 P에 대하여 $\overline{AP}+\overline{PB}$의 최솟값은?

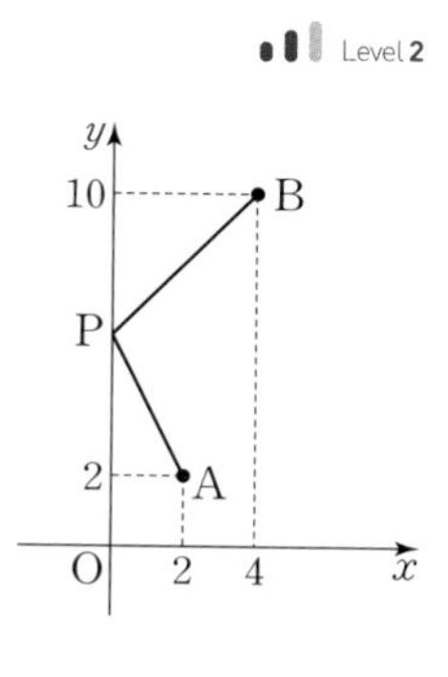

① 9 ② 10
③ 11 ④ 12
⑤ 13

2753

Level 1

그림과 같이 두 점 A(1, 5), B(8, 10)과 직선 $y=x$ 위를 움직이는 한 점 C에 대하여 $\overline{AC}+\overline{BC}$의 값이 최소가 되도록 하는 점 C의 x좌표는?

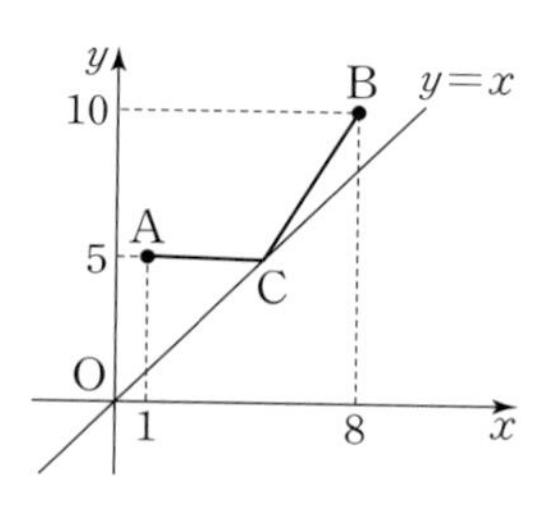

① 6 ② $\frac{25}{4}$ ③ $\frac{27}{4}$
④ 7 ⑤ $\frac{29}{4}$

2754

Level 2

그림과 같이 점 A(5, 3)과 x축 위를 움직이는 점 P, 직선 $y=x$ 위를 움직이는 점 Q에 대하여 세 점 A, P, Q를 꼭짓점으로 하는 삼각형 APQ의 둘레의 길이의 최솟값을 구하시오.

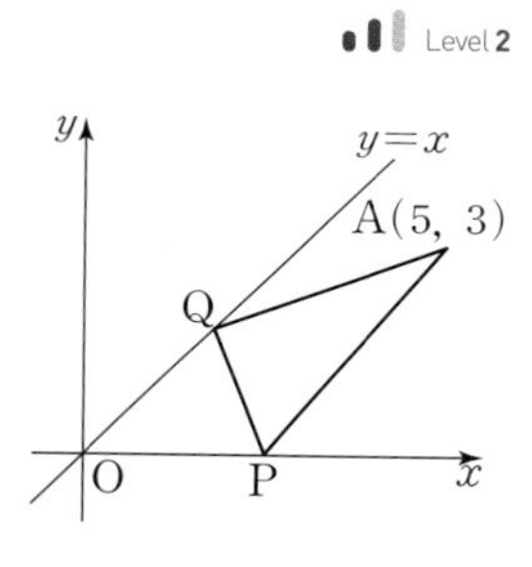

2755

Level 3

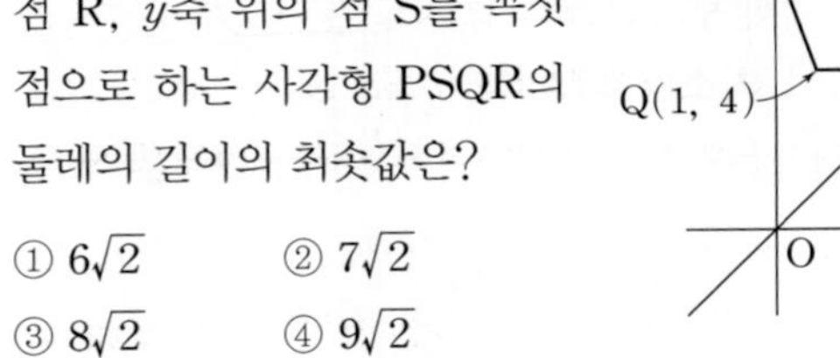

그림과 같이 점 P(3, 8), 점 Q(1, 4)와 직선 $y=x$ 위의 점 R, y축 위의 점 S를 꼭짓점으로 하는 사각형 PSQR의 둘레의 길이의 최솟값은?

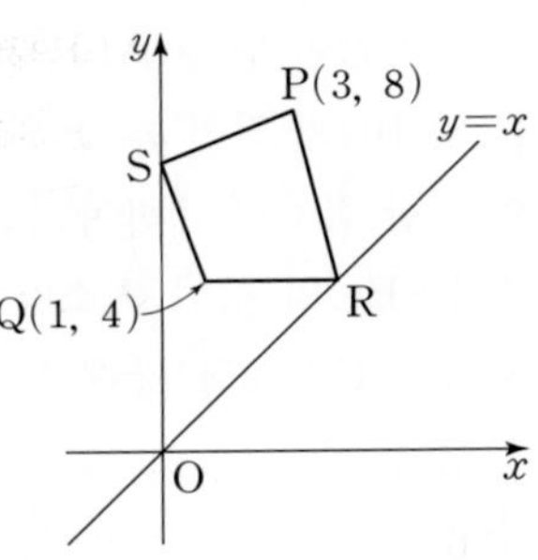

① $6\sqrt{2}$ ② $7\sqrt{2}$ ③ $8\sqrt{2}$ ④ $9\sqrt{2}$ ⑤ $10\sqrt{2}$

2756 고난도

Level 3

그림과 같이 점 A(0, 1)과 원 $(x-4)^2+(y-3)^2=4$ 위를 움직이는 점 B, x축 위를 움직이는 점 P가 있다. 세 점 A, B, P에 대하여 $\overline{AP}+\overline{BP}$의 최솟값이 $a+b\sqrt{2}$일 때, $b-a$의 값은? (단, a, b는 유리수이다.)

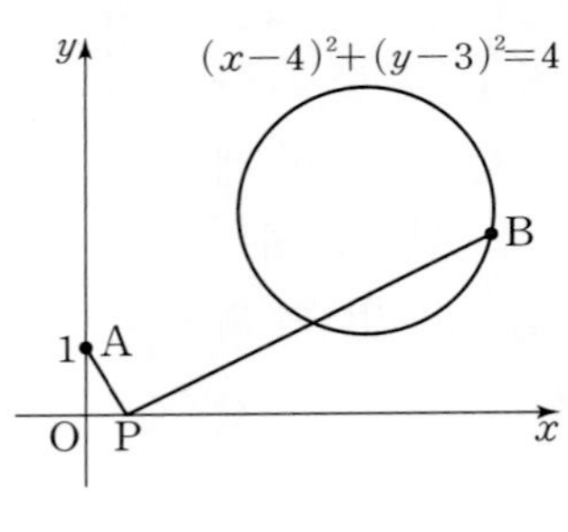

① 2 ② 3 ③ 4 ④ 5 ⑤ 6

다음은 이 유형에서 출제된 최근 교육청 • 평가원 기출문제입니다.

2757 • 교육청 2020년 11월

Level 2

좌표평면 위에 점 A(0, 1)과 직선 $l : y=-x+2$가 있다. 직선 l 위의 제1사분면 위의 점 B(a, b)와 x축 위의 점 C에 대하여 $\overline{AC}+\overline{BC}$의 값이 최소일 때, a^2+b^2의 값은?

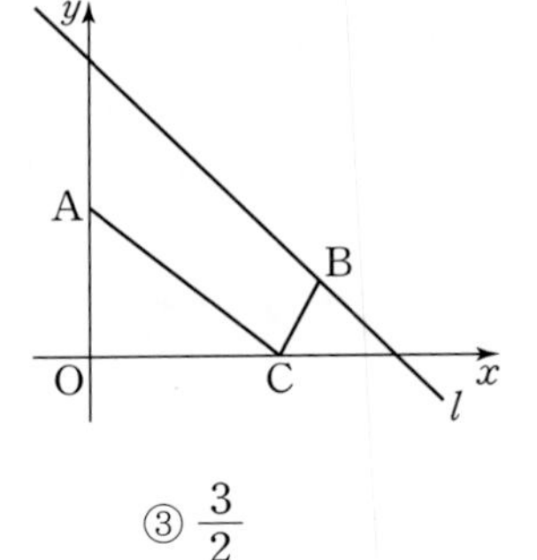

① $\frac{1}{2}$ ② 1 ③ $\frac{3}{2}$ ④ 2 ⑤ $\frac{5}{2}$

2758 • 교육청 2017년 11월

Level 3

좌표평면 위에 세 점 A(0, 1), B(0, 2), C(0, 4)와 직선 $y=x$ 위의 두 점 P, Q가 있다. $\overline{AP}+\overline{PB}+\overline{BQ}+\overline{QC}$의 값이 최소가 되도록 하는 두 점 P, Q에 대하여 선분 PQ의 길이는?

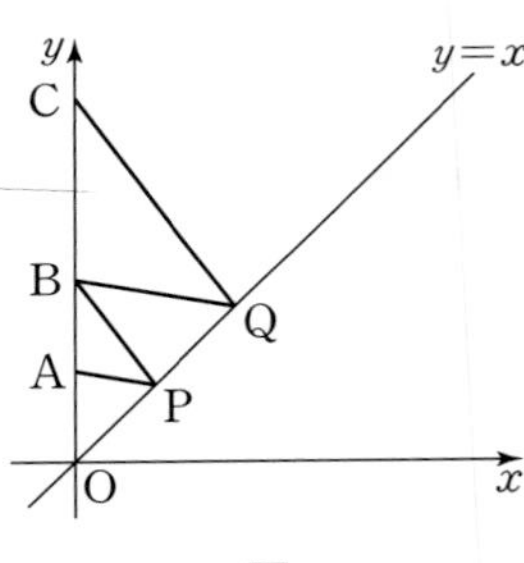

① $\frac{\sqrt{2}}{2}$ ② $\frac{2\sqrt{2}}{3}$ ③ $\frac{5\sqrt{2}}{6}$ ④ $\sqrt{2}$ ⑤ $\frac{7\sqrt{2}}{6}$

심화유형 **14** 실생활에서의 최단거리

상황에 맞게 좌표평면을 도입하고, 점의 대칭이동을 이용하여 구하고자 하는 거리의 최솟값을 구한다.

2759 대표문제

그림과 같이 직사각형 모양 잔디밭의 A 지점에서부터 세로 변에 있는 한 지점과 가로 변에 있는 한 지점을 지나 B 지점까지 가는 길을 만들려고 할 때, 길의 길이의 최솟값은?

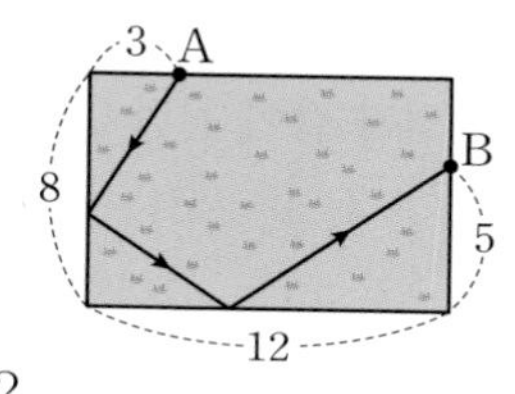

(단, 길의 폭은 무시한다.)

① $\sqrt{385}$ ② $3\sqrt{43}$ ③ $2\sqrt{97}$
④ $\sqrt{394}$ ⑤ 20

2760

Level 2

그림과 같이 수직인 두 직선 도로에서 각각 8 km, 7 km 떨어진 지점에 시청이 있고, 시청에서 10 km 떨어진 도로 위에 버스 정거장 A가 있다. 시청에서 출발하여 두 버스 정거장 A, B를 차례로 거친 후 다시 시청으로 돌아오는 거리가 최소가 되도록 버스 정거장 B를 도로 위에 세우려고 할 때, 두 버스 정거장 A, B 사이의 거리는? (단, 시청의 크기와 도로의 폭은 무시하며 모든 지점과 도로는 같은 평면 위에 있고, 두 버스 정거장 A, B는 서로 다른 도로 위에 있다.)

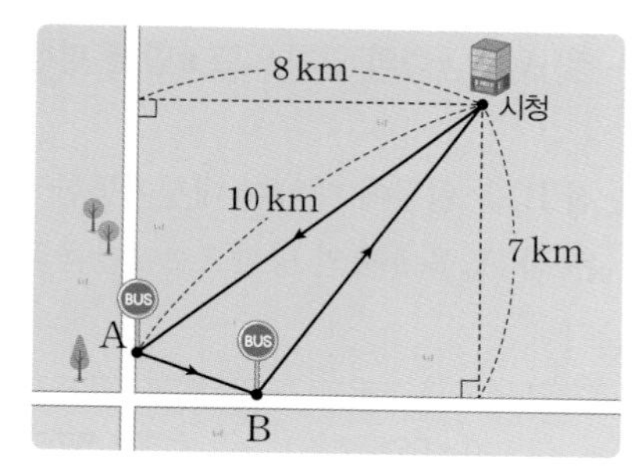

① $\frac{\sqrt{2}}{2}$ km ② 1 km ③ $\sqrt{2}$ km
④ $\sqrt{3}$ km ⑤ $\sqrt{5}$ km

2761

Level 2

빛을 거울에 비추어 반사할 때, 빛이 입사하는 각도를 입사각, 빛이 반사되어 나오는 각도를 반사각이라 한다. [그림 1]과 같이 거울에 비춘 빛의 입사각과 반사각은 같고 빛은 항상 최단거리로 이동한다.

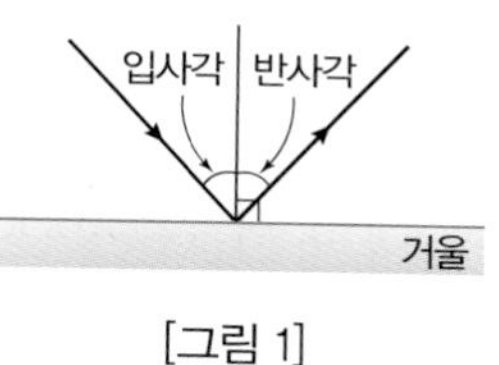

[그림 1]

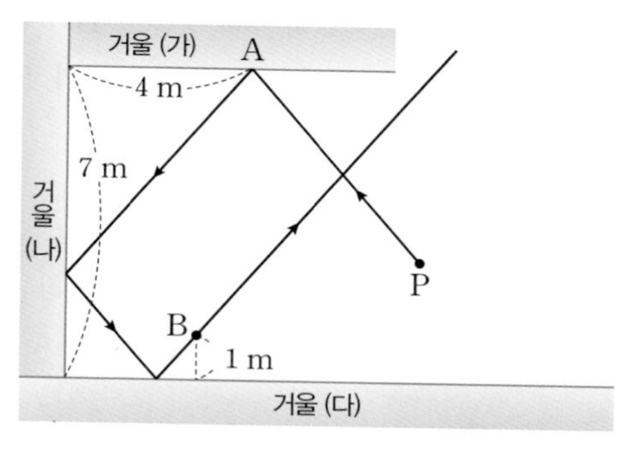

[그림 2]

[그림 2]와 같이 수직으로 만나는 세 거울 (가), (나), (다)가 있고, 거울 (가)와 거울 (다) 사이의 거리는 7 m이다. 거울 (나)에서 4 m 떨어진 거울 (가) 위의 점 A에 대하여 점 P에서 점 A를 향해 레이저 포인터 빛을 비추면 빛이 세 거울에 반사되어 거울 (다)에서 1 m 떨어진 점 B를 통과한다. 빛이 점 A에서 점 B까지 이동한 거리가 $\sqrt{113}$ m일 때, 거울 (나)에서 점 B까지의 거리는? (단, 세 점 P, A, B는 같은 평면 위에 있다.)

① 2 m ② 3 m ③ 4 m
④ 5 m ⑤ 6 m

12

2762 신경향

Level 3

그림과 같이 두 직선 도로 l과 m이 이루는 각의 크기는 $45°$이고, 정류소 A는 두 도로가 만나는 지점 O로부터 동쪽으로 4 km, 북쪽으로 2 km 떨어진 지점에 있다. 정류소 A를 출발해서 도로 l 위의 정류소 B와 도로 m 위의 정류소 C를 차례로 지나 정류소 A로 돌아오도록 두 정류소 B, C와 도로를 만들려고 한다. 만드는 도로의 길이가 최소가 되도록 정류소 B와 정류소 C를 만들 때, 두 정류소 B와 C 사이의 거리는? (단, 도로의 폭은 무시하며 모든 지점과 도로는 같은 평면 위에 있다.)

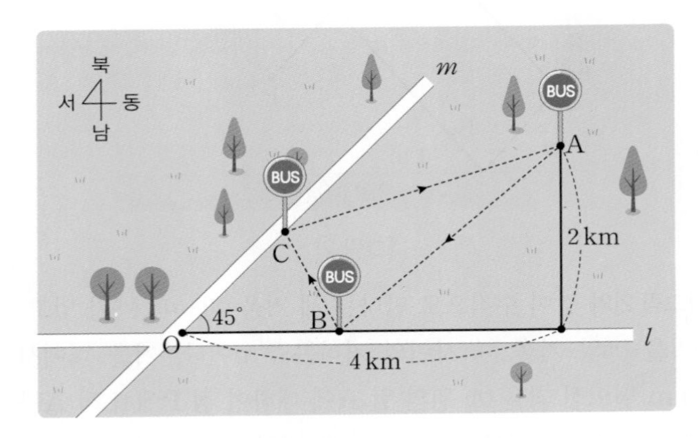

① $\frac{\sqrt{10}}{2}$ km　② $\frac{7\sqrt{10}}{12}$ km　③ $\frac{2\sqrt{10}}{3}$ km
④ $\frac{3\sqrt{10}}{4}$ km　⑤ $\frac{5\sqrt{10}}{6}$ km

실전유형 15 평행이동과 대칭이동의 도형에의 활용 복합유형

주어진 조건에 맞게 점이나 도형을 평행이동하거나 대칭이동한다. 도형을 평행이동하거나 대칭이동해도 모양은 변하지 않음을 이용한다.

2763 대표문제

그림과 같이 원점 O와 두 점 A$(-4,\ 2)$, B$(-2,\ -6)$을 꼭짓점으로 하는 삼각형 OAB를 평행이동한 삼각형을 CDE라 하자. 원점 O가 직선 AE와 직선 BD의 교점일 때, 선분 OA, 선분 AD, 선분 DC, 선분 CE, 선분 EB, 선분 BO로 둘러싸인 부분의 넓이는?

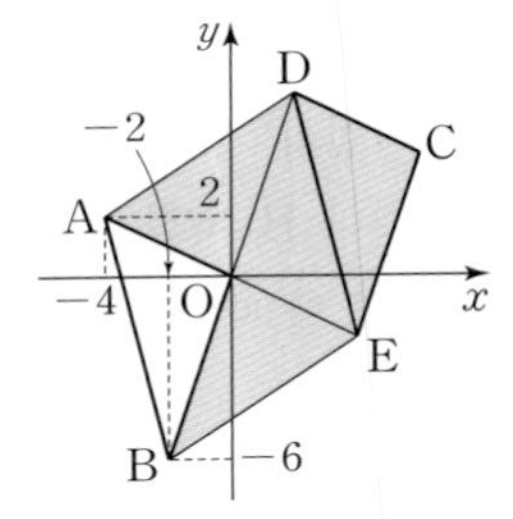

① 40　② 44　③ 48
④ 52　⑤ 56

2764

Level 2

자연수 n에 대하여 세 점 A_n, B_n, C_n이 다음과 같은 규칙에 따라 이동할 때, 삼각형 $A_{25}B_{25}C_{25}$의 넓이는?

(가) $A_1(1,\ 0)$
(나) 점 B_n은 점 A_n을 y축의 방향으로 n만큼 평행이동한 점이다.
(다) 점 C_n은 점 B_n을 원점에 대하여 대칭이동한 점이다.
(라) 점 A_{n+1}은 점 A_n을 x축의 방향으로 1만큼 평행이동한 점이다.

① 475　② 525　③ 575
④ 625　⑤ 675

2765

Level 3

그림과 같이 세 점 O(0, 0), A(4, 0), B(0, 3)을 꼭짓점으로 하는 삼각형 OAB를 평행이동하여 삼각형 O′A′B′이 되었다. 점 A′의 좌표가 (9, 2)일 때, 삼각형 O′A′B′에 내접하는 원의 방정식은 $(x-a)^2+(y-b)^2=c$이다. 상수 a, b, c에 대하여 $a+b+c$의 값은?

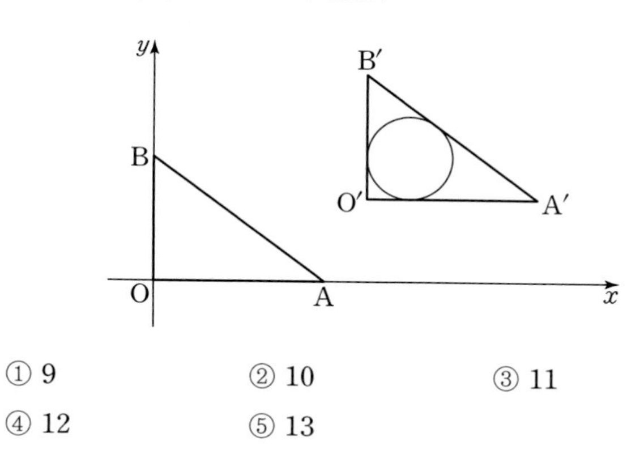

① 9 ② 10 ③ 11
④ 12 ⑤ 13

2766 고난도

Level 3

그림과 같이 두 점 A(4, 0), B(2, 4)를 직선 $y=x$에 대하여 대칭이동한 점을 각각 C, D라 할 때, 선분 AB와 직선 $y=x$의 교점을 E, 선분 AB와 선분 OD의 교점을 F, 선분 OB와 선분 CD의 교점을 G라 하자. 사각형 OFEG의 넓이는? (단, O는 원점이다.)

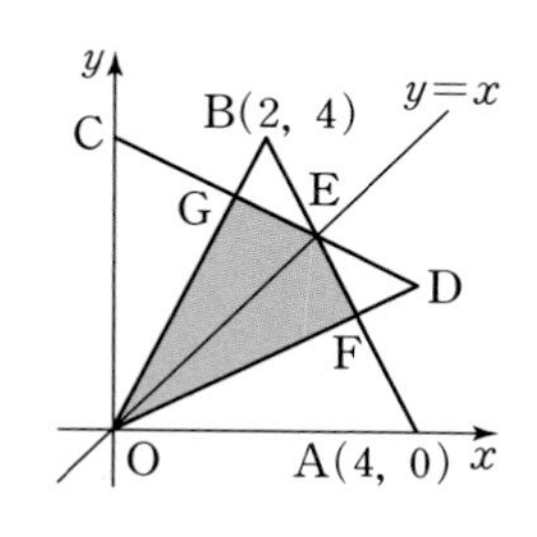

① 4 ② $\frac{61}{15}$ ③ $\frac{62}{15}$
④ $\frac{21}{5}$ ⑤ $\frac{64}{15}$

다음은 이 유형에서 출제된 최근 교육청 • 평가원 기출문제입니다.

2767 • 교육청 2019년 11월

Level 3

곡선 $y=x^2$ 위의 임의의 점 $A(t, t^2)$ $(0<t<1)$을 직선 $y=x$에 대하여 대칭이동한 점을 B라 하고 두 점 A, B에서 y축에 내린 수선의 발을 각각 C, D라 하자.

다음은 사각형 ABDC의 넓이가 $\frac{1}{8}$이 되는 상수 t의 값을 구하는 과정이다.

> 점 A에서 y축에 내린 수선의 발이 C이므로
> $\overline{AC}=t$
> 점 B에서 y축에 내린 수선의 발이 D이므로
> $\overline{BD}=t^2$
> $\overline{DC}=$ (가) 이므로
> 사각형 ABDC의 넓이는
> $\frac{1}{2}t^2\times($ (나) $)$
> 사각형 ABDC의 넓이가 $\frac{1}{8}$이므로
> $\frac{1}{2}t^2\times($ (나) $)=\frac{1}{8}$
> 따라서 $t=$ (다)

위의 (가), (나)에 알맞은 식을 각각 $f(t)$, $g(t)$라 하고, (다)에 알맞은 수를 k라 할 때, $f(k)\times g(k)$의 값은?

① $\frac{\sqrt{2}-1}{4}$ ② $\frac{\sqrt{3}-1}{4}$ ③ $\frac{\sqrt{3}+1}{4}$
④ $\frac{2\sqrt{2}-1}{4}$ ⑤ $\frac{2\sqrt{2}+1}{4}$

+Plus 문제

12

서술형 유형 익히기

2768 대표문제

점 $(a, 2)$를 점 $(3, b)$로 옮기는 평행이동에 의하여 원 $x^2+y^2+2x-8y=0$이 원 $x^2+y^2=17$로 옮겨질 때, $a-b$의 값을 구하는 과정을 서술하시오. [8점]

STEP 1 점 $(a, 2)$를 점 $(3, b)$로 옮기는 평행이동 나타내기 [2점]

점 $(a, 2)$를 x축의 방향으로 (1) ☐ 만큼, y축의 방향으로 (2) ☐ 만큼 평행이동하면 점 $(3, b)$이다.

STEP 2 원 $x^2+y^2+2x-8y=0$을 평행이동한 원의 방정식 나타내기 [3점]

원 $x^2+y^2+2x-8y=0$, 즉 $(x+1)^2+(y-4)^2=17$은 중심의 좌표가 $(-1,$ (3) ☐ $)$이고 반지름의 길이가 (4) ☐ 인 원이다.

점 $(a, 2)$를 점 $(3, b)$로 옮기는 평행이동에 의하여 원 $x^2+y^2+2x-8y=0$은

원 $(x+a-$ (5) ☐ $)^2+(y-b-2)^2=$ (6) ☐ 로 옮겨진다.

STEP 3 a, b의 값 구하기 [2점]

이 원이 원 $x^2+y^2=17$과 일치하므로

$a=$ (7) ☐, $b=$ (8) ☐

STEP 4 $a-b$의 값 구하기 [1점]

$a-b=$ (9) ☐

핵심 KEY 유형 1 + 유형 3 점의 평행이동을 알고 원을 평행이동하기

점의 평행이동과 원의 평행이동을 하는 문제이다.
점의 평행이동과 원의 평행이동을 하는 방법의 차이를 잘 구별할 수 있어야 평행이동한 점의 좌표와 평행이동한 원의 방정식을 정확히 구할 수 있다.

2769 한번 더

점 $(1, 5)$를 점 $(-1, a)$로 옮기는 평행이동에 의하여 원 $x^2+y^2=16$이 원 $x^2+y^2+bx-8y+4=0$으로 옮겨질 때, $a+b$의 값을 구하는 과정을 서술하시오.

(단, b는 상수이다.) [8점]

STEP 1 점 $(1, 5)$를 점 $(-1, a)$로 옮기는 평행이동 나타내기 [2점]

STEP 2 원 $x^2+y^2=16$을 평행이동한 원의 방정식 나타내기 [3점]

STEP 3 a, b의 값 구하기 [2점]

STEP 4 $a+b$의 값 구하기 [1점]

2770 유사 1

원 $x^2+y^2-4x+4y-5=0$을 x축의 방향으로 a만큼, y축의 방향으로 b만큼 평행이동한 원이 점 $(2,\ -2)$를 지나고 직선 $y=2x-13$에 의하여 이등분될 때, 점 $(2,\ 5)$를 x축의 방향으로 a만큼, y축의 방향으로 b만큼 평행이동한 점의 좌표를 구하는 과정을 서술하시오. (단, a, b는 정수이다.) [8점]

2771 유사 2

원 $(x+3)^2+(y-a)^2=25$를 x축의 방향으로 b만큼, y축의 방향으로 2만큼 평행이동한 원이 x축과 y축에 동시에 접할 때, 포물선 $y=-x^2+2x-6$을 x축의 방향으로 a만큼, y축의 방향으로 b만큼 평행이동한 포물선의 꼭짓점의 좌표를 구하는 과정을 서술하시오. (단, $a>0$, $b>0$) [8점]

2772 대표문제

점 $\mathrm{A}(1,\ 3)$을 x축에 대하여 대칭이동한 점을 B, 점 A를 직선 $y=x$에 대하여 대칭이동한 점을 C라 할 때, $\overline{\mathrm{AB}}$, $\overline{\mathrm{BC}}$, $\overline{\mathrm{CA}}$를 $2:1$로 내분하는 점의 좌표를 각각 점 D, E, F라 하자. 삼각형 DEF의 무게중심의 좌표를 구하는 과정을 서술하시오. [6점]

STEP 1 점 B, C의 좌표 구하기 [1점]

점 $\mathrm{A}(1,\ 3)$을 x축에 대하여 대칭이동한 점 B의 좌표는 $\mathrm{B}(1,\ -3)$

점 $\mathrm{A}(1,\ 3)$을 직선 $y=x$에 대하여 대칭이동한 점 C의 좌표는 C((1) ☐ , (2) ☐)

STEP 2 점 D, E, F의 좌표 구하기 [3점]

$\overline{\mathrm{AB}}$를 $2:1$로 내분하는 점 D의 좌표는 $\mathrm{D}(1,\ -1)$

$\overline{\mathrm{BC}}$를 $2:1$로 내분하는 점 E의 좌표는 E((3) ☐ , (4) ☐)

$\overline{\mathrm{CA}}$를 $2:1$로 내분하는 점 F의 좌표는 F((5) ☐ , (6) ☐)

STEP 3 삼각형 DEF의 무게중심의 좌표 구하기 [2점]

삼각형 DEF의 무게중심의 좌표는 ((7) ☐ , (8) ☐)

2773 한번 더

점 $\mathrm{A}(2,\ 4)$를 y축에 대하여 대칭이동한 점을 B, 점 A를 원점에 대하여 대칭이동한 점을 C라 할 때, $\overline{\mathrm{AB}}$, $\overline{\mathrm{BC}}$, $\overline{\mathrm{CA}}$를 $1:3$으로 외분하는 점의 좌표를 각각 점 D, E, F라 하자. 삼각형 DEF의 무게중심의 좌표를 구하는 과정을 서술하시오. [6점]

STEP 1 점 B, C의 좌표 구하기 [1점]

STEP 2 점 D, E, F의 좌표 구하기 [3점]

STEP 3 삼각형 DEF의 무게중심의 좌표 구하기 [2점]

12

2774 유사 1

점 $\mathrm{A}(a,\ b)$를 x축의 방향으로 -2만큼, y축의 방향으로 1만큼 평행이동한 점을 B라 하고, 점 A를 x축에 대하여 대칭이동한 후 직선 $y=x$에 대하여 대칭이동한 점을 C라 하자. 점 B와 점 C가 일치할 때, a^2+b^2의 값을 구하는 과정을 서술하시오. [6점]

2775 유사 2

점 $(a,\ a-1)$을 x축, y축, 원점에 대하여 대칭이동한 점을 각각 A, B, C라 하자. 삼각형 ABC의 넓이가 4일 때, a의 값을 구하는 과정을 서술하시오. (단, $a>1$) [10점]

핵심 KEY 유형 7 **점의 평행이동과 대칭이동**

점을 대칭이동한 점의 좌표를 구하여 해결하는 문제이다. 점의 좌표를 이용하여 조건에 맞게 식을 세워 문제를 해결할 수 있다.

2776 대표문제

그림과 같이 두 점 $\mathrm{A}(4,\ 5)$, $\mathrm{B}(12,\ -7)$과 y축 위의 한 점 P에 대하여 $\overline{\mathrm{AP}}+\overline{\mathrm{BP}}$의 최솟값을 구하는 과정을 서술하시오. [6점]

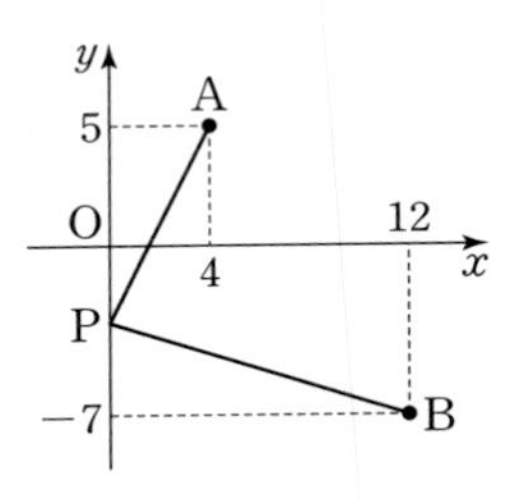

STEP 1 점 A를 y축에 대하여 대칭이동한 점의 좌표 구하기 [2점]

점 $\mathrm{A}(4,\ 5)$를 y축에 대하여 대칭이동한 점을 A′이라 하면

A′((1) ☐ , (2) ☐)

STEP 2 $\overline{\mathrm{AP}}+\overline{\mathrm{BP}}$의 최솟값 구하기 [4점]

y축 위의 점 P에 대하여

$\overline{\mathrm{AP}}=\overline{\mathrm{A'P}}$이므로

$\overline{\mathrm{AP}}+\overline{\mathrm{BP}}=\overline{\mathrm{A'P}}+\overline{\mathrm{BP}}$

$\geq\overline{\mathrm{A'B}}$

즉, $\overline{\mathrm{AP}}+\overline{\mathrm{BP}}$의 최솟값은 선분 A′B의 길이와 같다.

$\overline{\mathrm{A'B}}=$ (3) ☐

따라서 $\overline{\mathrm{AP}}+\overline{\mathrm{BP}}$의 최솟값은 (3) ☐ 이다.

핵심 KEY 유형 13 **대칭이동을 이용한 거리의 최솟값**

점을 대칭이동하여 거리의 최솟값을 구하는 문제이다.
점 A를 대칭이동하면 점 A와 대칭축 위의 한 점 P 사이의 거리와 대칭이동한 점 A′과 점 P 사이의 거리가 같음을 이용하여 거리의 최솟값을 구할 수 있다.

2777 한번 더

그림과 같이 두 점 A$(-1, 4)$, B$(7, 10)$과 직선 $y=x$ 위의 한 점 P에 대하여 $\overline{AP}+\overline{BP}$의 최솟값을 구하는 과정을 서술하시오. [6점]

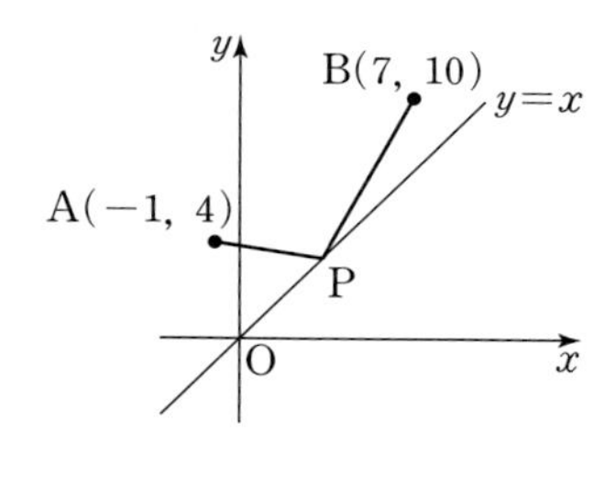

STEP 1 점 A를 직선 $y=x$에 대하여 대칭이동한 점의 좌표 구하기 [2점]

STEP 2 $\overline{AP}+\overline{BP}$의 최솟값 구하기 [4점]

2778 유사 1

그림과 같이 두 점 A$(7, 3)$, B$(5, 6)$과 x축 위의 한 점 P, y축 위의 한 점 Q에 대하여 $\overline{AP}+\overline{PQ}+\overline{QB}$의 최솟값을 구하는 과정을 서술하시오. [8점]

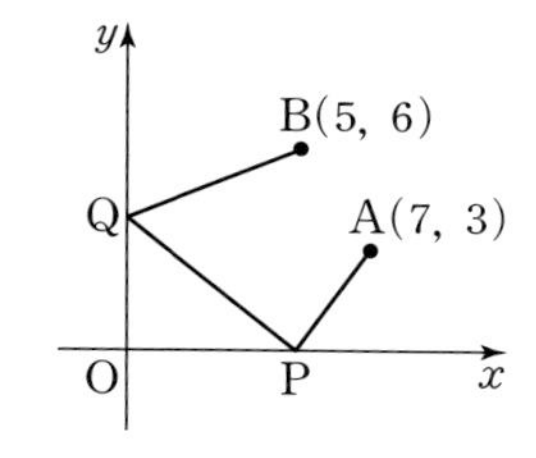

2779 유사 2

그림과 같이 점 P$(12, 6)$과 직선 $y=x$ 위의 한 점 Q, x축 위의 한 점 R에 대하여 삼각형 PQR의 둘레의 길이가 최소일 때, 점 Q의 좌표를 구하는 과정을 서술하시오. [10점]

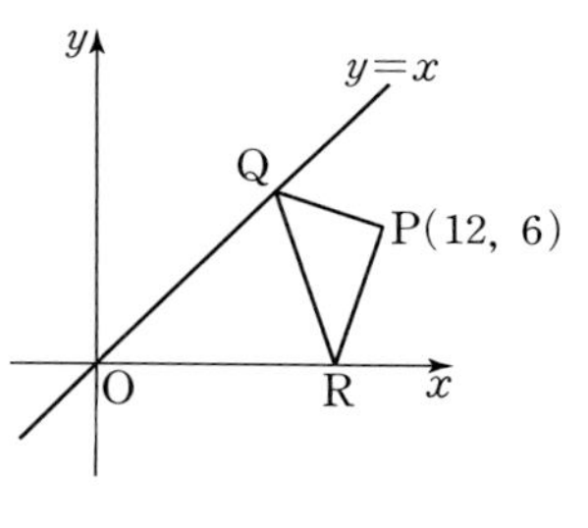

실력 check 실전 마무리하기 1회

점 / 100점

• 선택형 20문항, 서술형 4문항입니다.

1 2780

점 $(2,\ 1)$을 점 $(-2,\ 4)$로 옮기는 평행이동에 의하여 점 $(6,\ 5)$를 평행이동한 점의 좌표는? [3점]

① $(-6,\ 8)$ ② $(-6,\ 20)$ ③ $(-4,\ 8)$
④ $(2,\ 8)$ ⑤ $(2,\ 10)$

2 2781

직선 $x+2y+1=0$을 x축의 방향으로 -3만큼, y축의 방향으로 1만큼 평행이동한 직선의 방정식은? [3점]

① $x-2y+2=0$ ② $x-2y-2=0$
③ $x+2y+2=0$ ④ $x+2y+3=0$
⑤ $2x+y-2=0$

3 2782

점 $\mathrm{A}(5,\ -2)$를 x축에 대하여 대칭이동한 점을 P, 점 P를 원점에 대하여 대칭이동한 점을 Q라 할 때, 선분 PQ의 길이는? [3점]

① $2\sqrt{19}$ ② 9 ③ $4\sqrt{6}$
④ 10 ⑤ $2\sqrt{29}$

4 2783

직선 $y=-\frac{1}{3}x+1$을 y축에 대하여 대칭이동한 직선에 수직이고, 점 $(2,\ 1)$을 지나는 직선의 y절편은? [3점]

① 3 ② 5 ③ 7
④ 9 ⑤ 11

5 2784

직선 $y=x$에 대하여 대칭이동한 도형이 처음 도형과 일치하는 것만을 〈**보기**〉에서 있는 대로 고른 것은? [3점]

〈 보기 〉

ㄱ. $x^2+y^2=1$ ㄴ. $y=3x+2$
ㄷ. $y=-x$ ㄹ. $(x-2)^2+(y-3)^2=4$

① ㄱ, ㄴ ② ㄱ, ㄷ ③ ㄴ, ㄷ
④ ㄴ, ㄹ ⑤ ㄷ, ㄹ

6 2785

점 $(1,\ 3)$을 직선 $y=x$에 대하여 대칭이동한 다음 x축의 방향으로 -3만큼, y축의 방향으로 1만큼 평행이동한 점의 좌표가 $(p,\ q)$일 때, $p+q$의 값은? [3점]

① 1　② 2　③ 3
④ 4　⑤ 5

7 2786

포물선 $y=x^2-4x+k$를 y축의 방향으로 -6만큼 평행이동한 포물선이 x축에 접할 때, 상수 k의 값은? [3.5점]

① 2　② 4　③ 6
④ 8　⑤ 10

8 2787

원 $(x-1)^2+(y+2)^2=9$를 x축의 방향으로 3만큼, y축의 방향으로 a만큼 평행이동한 원의 넓이를 직선 $2x+3y-1=0$이 이등분할 때, a의 값은? [3.5점]

① -1　② $-\frac{2}{3}$　③ $-\frac{1}{3}$
④ $\frac{1}{3}$　⑤ 1

9 2788

점 $\mathrm{P}(-1,\ 2)$를 x축에 대하여 대칭이동한 점을 Q, 원점에 대하여 대칭이동한 점을 R라 할 때, 삼각형 PQR의 무게중심의 좌표는? [3.5점]

① $\left(-\frac{1}{3},\ -\frac{2}{3}\right)$　② $\left(-\frac{1}{3},\ \frac{2}{3}\right)$　③ $\left(\frac{1}{3},\ -\frac{2}{3}\right)$
④ $\left(\frac{1}{3},\ \frac{2}{3}\right)$　⑤ $\left(\frac{2}{3},\ -\frac{2}{3}\right)$

10 2789

점 $(3,\ 6)$을 점 $(-6,\ -3)$으로 옮기는 대칭이동에 의하여 직선 $2x+y-3=0$이 옮겨지는 직선이 점 $(2,\ a)$를 지날 때, a의 값은? [3.5점]

① -3　② $-\frac{5}{2}$　③ -2
④ $-\frac{3}{2}$　⑤ -1

11 2790

방정식 $f(x, y)=0$이 나타내는 도형을 방정식 $f(y-1, x+3)=0$이 나타내는 도형으로 옮기는 이동에 의하여 점 $\mathrm{A}(a, b)$가 점 $\mathrm{B}(3, 4)$로 이동할 때, $a+b$의 값은? [3.5점]

① 6　② 7　③ 8　④ 9　⑤ 10

12 2791

원 $x^2+y^2+4x+4y+7=0$을 직선 $ax+by+3=0$에 대하여 대칭이동한 원의 방정식이 $x^2+y^2-2x-4y+4=0$일 때, 상수 a, b에 대하여 $a+b$의 값은? [3.5점]

① 11　② 12　③ 13　④ 14　⑤ 15

13 2792

두 직선 $ax+(b+3)y=2$와 $(a-1)x-(b+2)y=2$가 직선 $y=x$에 대하여 대칭일 때, 직선 $bx+ay+5=0$의 기울기는? (단, a, b는 상수이다.) [4점]

① -3　② -2　③ 1　④ 2　⑤ 3

14 2793

원 $x^2+y^2-8x+2y-3=0$을 x축에 대하여 대칭이동한 후 직선 $y=x$에 대하여 대칭이동한 원이 x축과 만나는 두 점 사이의 거리는? [4점]

① 1　② 2　③ 3　④ 4　⑤ 5

15 2794

직선 $x+3y-27=0$을 x축의 방향으로 9만큼 평행이동한 후 원점에 대하여 대칭이동한 직선을 l이라 할 때, 직선 l과 x축 및 y축으로 둘러싸인 부분의 넓이는? [4점]

① 216　② 220　③ 224　④ 228　⑤ 232

16 2795

포물선 $y=x^2-2x+2$를 점 (a, b)에 대하여 대칭이동한 포물선의 방정식이 $y=-x^2-6x-7$일 때, ab의 값은? [4점]

① $-\frac{3}{2}$　② -1　③ 0　④ 1　⑤ $\frac{3}{2}$

17 2796

두 점 $(-1, -2)$, $(3, 4)$가 직선 $y=ax+b$에 대하여 대칭일 때, 상수 a, b에 대하여 $b-a$의 값은? [4점]

① $\frac{1}{3}$ ② 1 ③ $\frac{5}{3}$
④ $\frac{7}{3}$ ⑤ 3

18 2797

그림과 같이 두 점 $\mathrm{A}(3, 7)$, $\mathrm{B}(5, 1)$과 y축 위의 점 C에 대하여 삼각형 ABC의 둘레의 길이의 최솟값은? [4점]

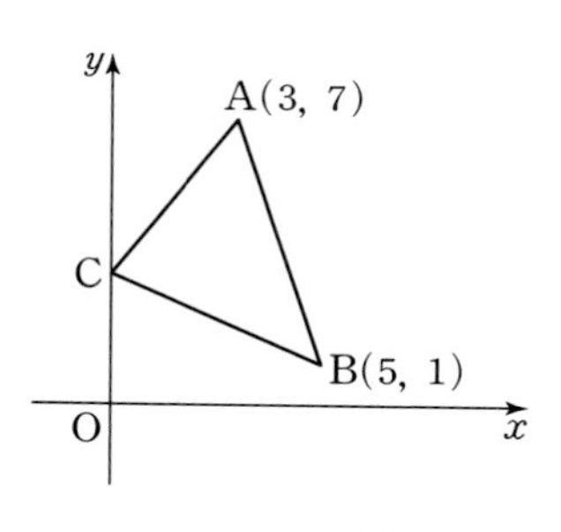

① 16 ② $10+2\sqrt{10}$ ③ $10+4\sqrt{3}$
④ 17 ⑤ $10+5\sqrt{2}$

19 2798

점 $(m, 1)$을 점 $(2m, -4)$로 옮기는 평행이동에 의하여 포물선 $y=-x^2-1$을 평행이동한 포물선이 직선 $y=4x-6$과 접할 때, m의 값은? [4.5점]

① -3 ② -2 ③ -1
④ 1 ⑤ 2

20 2799

그림과 같이 좌표평면 위에 A 학교를 점 $\mathrm{A}(-1, 4)$, B 학교를 점 $\mathrm{B}(2, 7)$로 나타내고, 두 학교 앞 도로변을 직선 $y=x$로 나타내었다. 두 학교까지의 거리의 합이 최소가 되도록 도로변에 도서관을 설치하려고 할 때, 도서관을 설치할 지점의 좌표는? (단, 건물의 크기는 무시한다.) [4.5점]

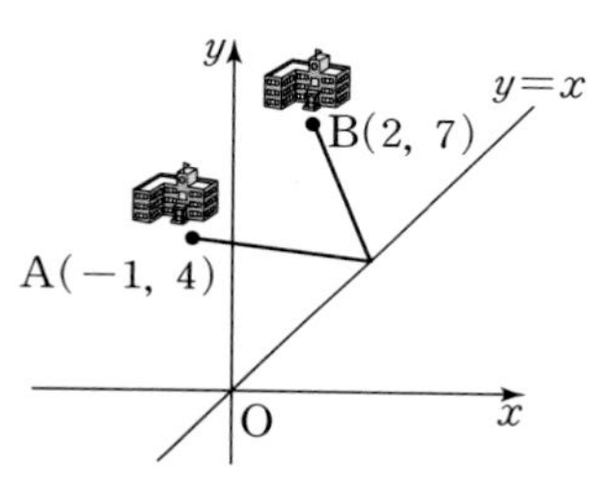

① $(2, 2)$ ② $\left(\frac{12}{5}, \frac{12}{5}\right)$ ③ $\left(\frac{13}{5}, \frac{13}{5}\right)$
④ $\left(\frac{14}{5}, \frac{14}{5}\right)$ ⑤ $(3, 3)$

서술형

21 2800

원 $(x-1)^2+(y+1)^2=4$를 x축의 방향으로 a만큼, y축의 방향으로 b만큼 평행이동한 원이 처음 원과 접할 때, a^2+b^2의 값을 구하는 과정을 서술하시오. (단, $ab\neq0$) [6점]

22 2801

포물선 $y=x^2+2x+k$를 y축의 방향으로 4만큼 평행이동한 후 x축에 대하여 대칭이동한 포물선의 방정식에서 y의 최댓값이 7일 때, 상수 k의 값을 구하는 과정을 서술하시오. [6점]

23 2802

점 $(1, 3)$을 직선 l에 대하여 대칭이동한 점의 좌표가 $(5, -1)$일 때, 점 $(-4, 5)$를 직선 l에 대하여 대칭이동한 점의 좌표를 구하는 과정을 서술하시오. [8점]

24 2803

그림과 같이 방정식 $f(x, y)=0$이 나타내는 도형이 세 점 $A(1, 6)$, $B(3, 6)$, $C(3, 0)$을 꼭짓점으로 하는 삼각형일 때, 도형 $f(x, y)=0$ 위의 임의의 점 P와 도형 $f(-y-2, x-1)=0$ 위의 임의의 점 Q에 대하여 선분 PQ의 길이의 최댓값을 구하는 과정을 다음 단계에 따라 서술하시오. [8점]

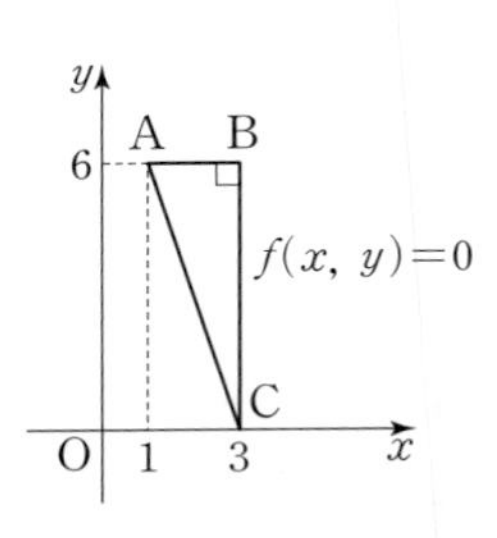

(1) 도형 $f(x, y)=0$을 도형 $f(-y-2, x-1)=0$으로 옮기는 이동에 의하여 세 점 $A(1, 6)$, $B(3, 6)$, $C(3, 0)$이 옮겨지는 점을 각각 A', B', C'이라 할 때, 세 점 A', B', C'의 좌표를 각각 구하시오. [5점]

(2) 도형 $f(x, y)=0$ 위의 임의의 점 P와 도형 $f(-y-2, x-1)=0$ 위의 임의의 점 Q에 대하여 선분 PQ의 길이의 최댓값을 구하시오. [3점]

● 정답 및 풀이 492쪽

2회

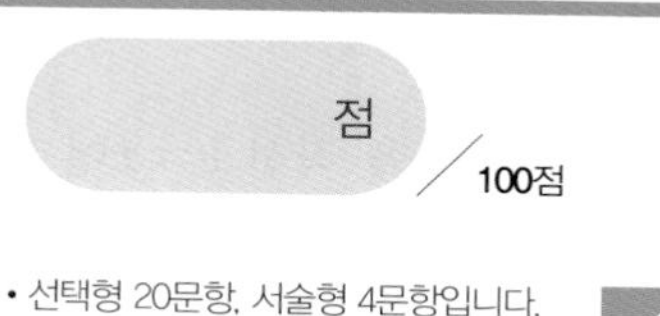

• 선택형 20문항, 서술형 4문항입니다.

1 2804

평행이동 $(x, y) \longrightarrow (x+a, y-2)$에 의하여 점 $(3, -1)$이 점 $(2, b)$로 옮겨질 때, ab의 값은? [3점]

① 1 ② 2 ③ 3
④ 4 ⑤ 5

2 2805

직선 $x-2y+5=0$을 x축의 방향으로 2만큼, y축의 방향으로 -1만큼 평행이동한 직선의 방정식은? [3점]

① $x-2y-5=0$ ② $x-2y-3=0$
③ $x-2y-1=0$ ④ $x-2y+1=0$
⑤ $x-2y+3=0$

3 2806

원 $x^2+y^2+2x-4y+1=0$을 x축의 방향으로 a만큼, y축의 방향으로 b만큼 평행이동한 원의 방정식이 $(x-2)^2+(y+1)^2=4$일 때, $a+b$의 값은? [3점]

① -2 ② -1 ③ 0
④ 1 ⑤ 2

4 2807

직선 $2x+y-3=0$을 직선 $y=x$에 대하여 대칭이동한 직선이 점 $(5, a)$를 지날 때, a의 값은? [3점]

① -1 ② 0 ③ 1
④ 2 ⑤ 3

5 2808

원 $(x-2)^2+(y+3)^2=4$를 y축에 대하여 대칭이동한 원의 중심이 직선 $y=-x+k$ 위에 있을 때, 상수 k의 값은? [3점]

① -5 ② -4 ③ -3
④ -2 ⑤ -1

6 2809

중심이 $(1, -2)$이고 반지름의 길이가 r인 원을 직선 $y=x$에 대하여 대칭이동한 원이 점 $(-3, 2)$를 지날 때, r^2의 값은? [3점]

① 2 ② 4 ③ 12
④ 14 ⑤ 24

7 2810

점 (5, −3)을 직선 $y=x$에 대하여 대칭이동한 후 x축의 방향으로 1만큼, y축의 방향으로 −2만큼 평행이동한 점의 좌표는? [3점]

① (−5, 6) ② (−2, 3) ③ (−2, 7)
④ (3, −2) ⑤ (3, −5)

8 2811

점 (−2, 2)가 점 (4, −5)로 옮겨지는 평행이동에 의하여 직선 $y=-4x+7$이 옮겨지는 직선의 y절편은? [3.5점]

① −24 ② −17 ③ 17
④ 24 ⑤ 31

9 2812

원 $x^2+y^2=8$을 y축의 방향으로 3만큼 평행이동한 원이 직선 $x-y+k=0$과 한 점에서 만날 때, 양수 k의 값은? [3.5점]

① 6 ② 7 ③ 8
④ 9 ⑤ 10

10 2813

점 A(2, 3)을 x축에 대하여 대칭이동한 점을 B, 점 A를 y축에 대하여 대칭이동한 점을 C라 할 때, 삼각형 ABC의 넓이는? [3.5점]

① 2 ② 4 ③ 12
④ 14 ⑤ 24

11 2814

직선 $y=ax-2$를 x축에 대하여 대칭이동한 직선이 원 $x^2+y^2+8x-2y+1=0$의 넓이를 이등분할 때, 상수 a의 값은? [3.5점]

① $-\frac{1}{4}$ ② $-\frac{1}{2}$ ③ 0
④ $\frac{1}{4}$ ⑤ $\frac{1}{2}$

12 2815

두 포물선 $y=x^2-2x+4$와 $y=-x^2+6x-4$가 점 P에 대하여 대칭일 때, 점 P의 좌표는? [3.5점]

① $(2,\ 0)$ ② $(2,\ 2)$ ③ $(2,\ 4)$
④ $(2,\ 6)$ ⑤ $(2,\ 8)$

13 2816

그림과 같이 두 점 $\mathrm{A}(2,\ 5)$, $\mathrm{B}(-4,\ 3)$과 x축 위를 움직이는 점 P에 대하여 $\overline{\mathrm{AP}}+\overline{\mathrm{BP}}$의 최솟값은? [3.5점]

① 8 ② 9
③ 10 ④ 11
⑤ 12

14 2817

포물선 $y=x^2-x+2$를 x축의 방향으로 a만큼, y축의 방향으로 b만큼 평행이동한 포물선이 직선 $y=x+4$에 접할 때, $a-b$의 값은? [4점]

① -5 ② -4 ③ -3
④ -2 ⑤ -1

15 2818

원 $x^2+y^2-2x-4=0$을 원 $x^2+y^2-4x+6y+8=0$으로 옮기는 평행이동에 의하여 직선 $y=ax+b$를 평행이동한 직선이 $y=-x+6$일 때, 상수 a, b에 대하여 $a+b$의 값은?

[4점]

① 1 ② 3 ③ 5
④ 7 ⑤ 9

16 2819

원 $(x-a)^2+(y-a)^2=b^2$을 x축의 방향으로 2만큼 평행이동한 후 원점에 대하여 대칭이동한 원이 직선 $y=x$와 x축에 동시에 접할 때, 양수 a, b에 대하여 a^2+2b^2의 값은?

[4점]

① 5 ② 6 ③ 7
④ 8 ⑤ 9

17 2820

점 $(2,\ 5)$를 직선 $x+y-4=0$에 대하여 대칭이동하면 점 $(a,\ b)$와 일치할 때, ab의 값은? [4점]

① -2　② -1　③ 0　④ 1　⑤ 2

18 2821

두 원 $x^2+y^2-2ax-20y+100=0$과 $x^2+y^2-4bx-8y+4b^2=0$이 직선 $4x-3y-11=0$에 대하여 대칭일 때, 양수 $a,\ b$에 대하여 원 $(x-a)^2+(y-b)^2=1$의 중심의 좌표는? [4점]

① $(3,\ 5)$　② $(3,\ 6)$　③ $(4,\ 6)$　④ $(4,\ 7)$　⑤ $(5,\ 6)$

19 2822

x축에 대한 대칭이동을 f, y축에 대한 대칭이동을 g, 원점에 대한 대칭이동을 h라 할 때,
$f \to g \to h \to f \to g \to h \to \cdots$와 같은 순서로 점 $(2,\ 3)$을 32번 이동한 점의 좌표는? [4.5점]

① $(-3,\ -2)$　② $(-2,\ -3)$　③ $(-2,\ 3)$　④ $(2,\ -3)$　⑤ $(2,\ 3)$

20 2823

방정식 $f(x,\ y)=0$이 나타내는 도형이 그림과 같을 때, 두 방정식 $f(-x,\ y)=0$, $f(x,\ -y+1)=0$이 나타내는 도형으로 둘러싸인 부분의 넓이는? [4.5점]

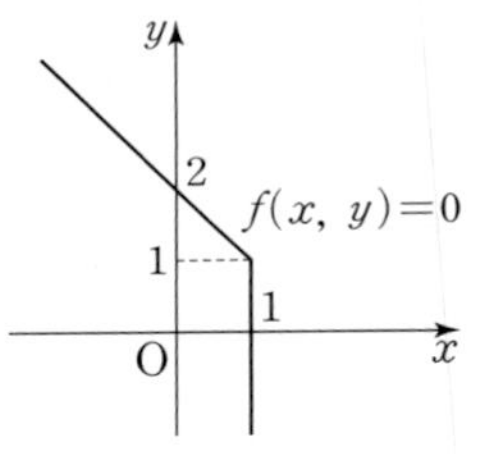

① $\frac{11}{2}$　② 6　③ $\frac{13}{2}$　④ 7　⑤ $\frac{15}{2}$

서술형

21 2824

직선 $2ax-y+8=0$을 직선 $y=x$에 대하여 대칭이동한 후 x축에 대하여 대칭이동한 직선과 직선 $ax-2y+8=0$을 x축의 방향으로 3만큼, y축의 방향으로 -1만큼 평행이동한 후 직선 $y=x$에 대하여 대칭이동한 직선이 서로 수직일 때, 양수 a의 값을 구하는 과정을 서술하시오. [6점]

22 2825

두 점 $A(-2, 5)$, $B(a, b)$에 대하여 점 A를 x축에 대하여 대칭이동한 점을 C, 점 A를 y축에 대하여 대칭이동한 점을 D, 점 B를 원점에 대하여 대칭이동한 점을 E라 할 때, 세 점 C, D, E가 한 직선 위에 있다. 이때 직선 BD의 기울기를 구하는 과정을 서술하시오. (단, $a\neq\pm2$, $b\neq5$) [7점]

23 2826

직선 $y=x+3$ 위의 점 A를 원점에 대하여 대칭이동한 점을 B, 점 B를 직선 $y=x$에 대하여 대칭이동한 점을 C라 할 때, 삼각형 ABC의 넓이가 15이다. 점 A가 제1사분면 위에 있을 때, 점 A의 좌표를 구하는 과정을 서술하시오. [7점]

24 2827

그림과 같이 일직선으로 뻗은 두 해안선이 45°를 이루고 있을 때, 두 해안선에 있는 지점 P와 지점 Q에 거울을 설치하려고 한다. 두 해안선이 만나는 지점 A로부터 북쪽으로 9 km 떨어진 지점 B에서 동쪽으로 3 km 떨어진 지점 C에 등대가 있다. 등대 C의 빛이 거울 P와 Q에 차례로 반사되어 다시 등대 C에 돌아오도록 두 거울 P, Q의 위치를 정할 때, 두 거울의 위치인 지점 P와 지점 Q 사이의 거리를 구하는 과정을 다음 단계에 따라 서술하시오. (단, 빛은 최단 경로로 움직인다.) [9점]

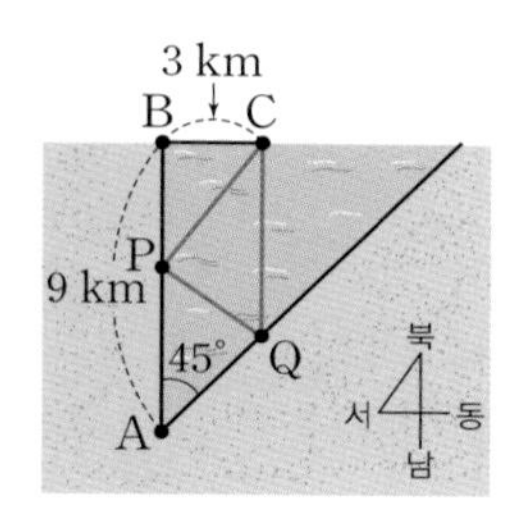

(1) 좌표평면 위에 점 A의 좌표를 $(0, 0)$, 점 B의 좌표를 $(0, 9)$라 할 때, 점 C의 좌표를 구하시오. [1점]

(2) 직선 PQ의 방정식을 구하시오. [4점]

(3) 점 P와 점 Q의 좌표를 각각 구하시오. [2점]

(4) 지점 P와 지점 Q 사이의 거리를 구하시오. [2점]

끈기 있는 **사람**은

다른 사람들이 실패로 끝나는 지점에서

성공을 **시작**한다

– 에드워드 에글스턴 –

우리가 바라는 **꿈**은

계속할 용기만 있다면

모두 이루어집니다

– 월트디즈니 –

수매씽 고등 수학(상)

MATHING

내신과 등업을 위한 강력한 한 권!

수매씽 시리즈

중등	1~3학년 1·2학기
고등	수학(상), 수학(하), 수학Ⅰ, 수학Ⅱ, 확률과 통계, 미적분

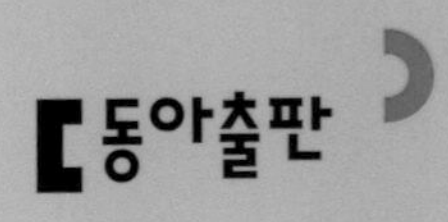

Telephone 1644-0600
Homepage www.bookdonga.com
Address 서울시 영등포구 은행로 30 (우 07242)

- 정답 및 풀이는 동아출판 홈페이지 내 학습자료실에서 내려받을 수 있습니다.
- 교재에서 발견된 오류는 동아출판 홈페이지 내 정오표에서 확인 가능하며, 잘못 만들어진 책은 구입처에서 교환해 드립니다.
- 학습 상담, 제안 사항, 오류 신고 등 어떠한 이야기라도 들려주세요.